电脑首饰设计

主编　张荣红
编委　周汉利　黄贵明
　　　罗　冲　林　斌

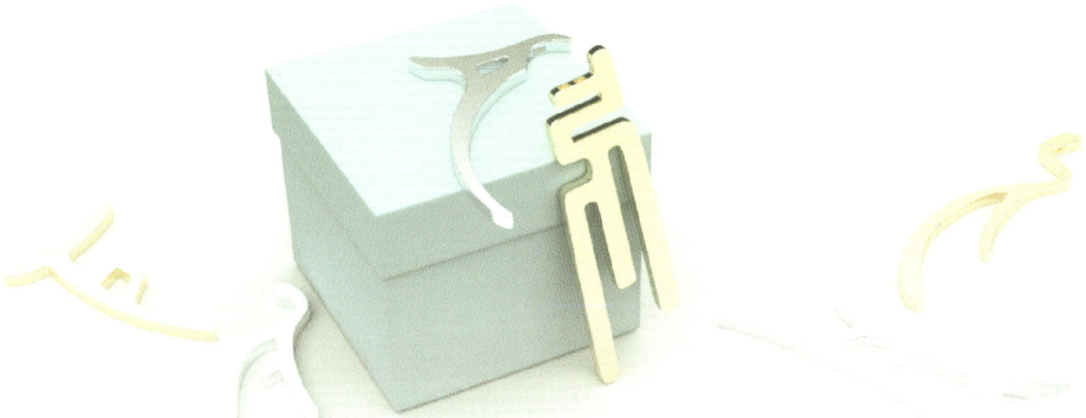

中国地质大学出版社

内容提要

本书包涵了国内最流行的用于电脑首饰设计的两个软件：首饰设计专业软件 Jewel CAD 和大众建模软件件 Rhino。全书共分八章：第一章至第四章详细介绍了专业软件 Jewel CAD 的界面操作、各种编辑工具的用法以及各种曲线的绘制和曲面的建模方式，并配合以由简单到复杂的主要建模方式的首饰设计的实例加以说明；第五章至第八章介绍了软件 Rhino 的界面视窗操作方法，Rhino 中构件 MURBS 模型的常用命令等，并介绍了典型首饰设计的 Rhino 建模方法。

图书在版编目(CIP)数据

电脑首饰设计/张荣红主编．—武汉：中国地质大学出版社，2006．12（2019.10重印）
ISBN 978－7－5625－2149－5

Ⅰ．电…
Ⅱ．张…
Ⅲ．首饰-计算机辅助设计-应用软件
Ⅳ．TS934．3－39

中国版本图书馆 CIP 数据核字(2016)第 166862 号

电脑首饰设计 　　**张荣红　主编**

责任编辑：刘桂涛　张　琰　　责任校对：戴　莹

出版发行：中国地质大学出版社（武汉市洪山区鲁磨路 388 号）　　邮政编码：430074
电话：(027)67883511　　传真：(027)67883580　　E－mail：cbb @ cug. edu. cn
经　　销：全国新华书店　　http://www. cugp. cug. edu. cn

开本：880mm×1 230mm 1/16　　字数：680 千字　印张：22．375
版次：2006 年 12 月第 1 版　　印次：2019 年 10 月第 4 次印刷
印刷：武汉中远印务有限公司　　印数：5 501—6 500 册

ISBN 978－7－5625－2149－5　　定价：138．00 元

前言

本书是国内第一本有关电脑首饰设计的书。

随着社会的发展，计算机技术的发展已经到了一个日新月异的阶段，并广泛运用到各个领域。其中电脑辅助首饰设计、制作(CAJD/CAJM)的运用给首饰设计及生产带来了一场革命。

——由于电脑设计建模准确，修改灵活，存储方便，尤其是计算机的数据库及人机交互式的特点可以给设计者提供新的灵感，并在设计的过程中实现真正的三维立体化设计，首饰设计产品的任何细节都能展现在眼前，设计者可在任意角度和位置进行调整，在形态、色彩、肌理、比例、尺度等方面都可作适时的变动，这是传统设计手段无法完成的。

——电脑首饰制作技术的发展使得电脑设计可以通过 CNC 和 RP 技术实现快速起版，大大提高了生产力，因此在国际珠宝首饰领域得到了广泛的研究和运用。

——电脑首饰设计可以得到真实的渲染效果，因而在制作首饰产品推介、产品宣传册、首饰品牌广告宣传以及大赛获奖产品的效果图展示时均得到了广泛的使用。

——在申请首饰外观设计专利时要求绘制六视图，电脑首饰设计的表达也表现出了它的优势。

鉴于以上电脑首饰设计的用途，目前国内大型珠宝首饰企业也大多要求首饰设计师掌握电脑首饰设计的方法。但目前电脑首饰设计人才短缺，远不能满足行业的需求。

为适应行业发展的需要，我国高等院校的首饰设计专业大多开设电脑首饰设计课程，但一直没有合适的教材，不能满足学科建设和人才培养的需要。

在上述背景下，笔者根据自 2000 年以来为首饰设计专业本科生开设的电脑首饰设计课程，同时承担中国地质大学(武汉)珠宝学院 GIC 电脑首饰设计证书课程的教学体会和经验，并结合近几年承担教育部及省教育厅有关电脑首饰设计、制作科研项目的成果，编写了本书。

目前，国内珠宝行业大多运用首饰设计专业软件 Jewel CAD，该软件是针对首饰设计专门编写的，因此在首饰建模中常用的曲线绘制和变形方式都比较方便，而且具有设计数据库。但作为专业软件价格较高，一般适用于公司或企业购买使用。大众建模软件 Rhino 使用修剪自由形式 NURBS 曲面来精确表现曲线外形，具有完全整合实体与曲面建构能力。其建模功能强大，操作界面简单，容易掌握，是一套优秀的造型设计软件，也非常适合表现首饰设计造型的任意性和不规划性，为首饰设计及其他工业产品设计的设计师首选的大众设计软件。

本书分别介绍了上述两个软件在首饰设计中的应用(并附有配套光盘)。由于有关专业软件 Jewel CAD 的教程很少，而关于大众软件 Rhino 的基本教程很多，所以本书比较全面地介绍了 Jewel CAD 的所有命令及使用方法，但只重点介绍 Rhino 中与首饰建模相关的命令及使用。这就是本书在篇幅上偏重于 Jewel CAD 的原因。

本书的编写和出版包含了很多人的辛勤工作。首先感谢李巨平先生对本书编写和出版的自始至终的鼓励和支持，感谢李少红先生为本书出版所作出的努力。特别要感谢陈敬中教授、袁心强教授、亓利剑教授、刘吉平教授对本书提出的宝贵的修改意见，感谢徐力工程师和许春华老师为本书早期初稿编写所作的基础工作。另外下列研究生也参与了本书实例教学的讨论及校对工作：罗理婷、赵以绢、陈杨、汪晓玥、洑璐璐、张颖、秦峰、乔芳芳、张艳捷、杨井兰、郝奇、赵靖娜等。

笔者真诚地希望本书对所有期待运用电脑首饰设计的人有所帮助。

编　者

2006 年 9 月

目 录

第一章 Jewel CAD 5.1 初识界面

首先，来熟悉一下 Jewel CAD 5.1 的用户界面。本书按图 1-1 所示的简体中文界面来介绍。

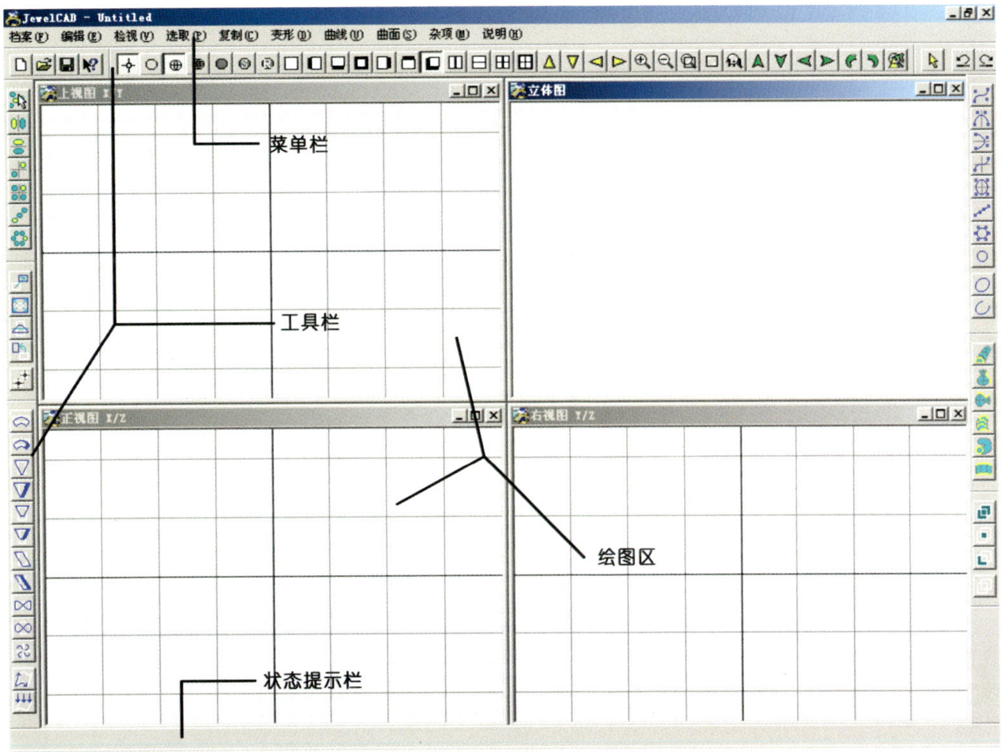

图 1-1 Jewel CAD 5.1 的界面

用户界面分为以下 4 个区域：

(1)菜单栏——在菜单栏里，可以找到所有的命令工具。Jewel CAD 5.1 的菜单栏中包括：档案(File)、编辑(Edit)、检视(View)、选取(Pick)、复制(Copy)、变形(Deform)、曲线(Curve)、曲面(Surface)、杂项(Misc)、帮助(Help)，下面将逐一介绍。

(2)工具栏——Jewel CAD 5.1 工具栏默认状态下，把较常用的命令以工具按钮的方式显示出来。在系统默认状态下，单击**检视/工具列**命令可以看到，所有的工具都被勾选，说明所有可以展示的工具已经被打开。当然有的时候可能不需要那么多的工具栏，对于不常用的工具按钮，可以使用自定义工具栏将它们关闭。

(3)绘图区——Jewel CAD 5.1 绘图区有单视图、双视图、四视图 3 种类型的视图显示模式，图 1-1 就是四视图显示模式。默认显示状态为 Front(正视图)单视图。

(4)状态提示栏——显示各个建模过程中的操作提示或光标所处位置的坐标。

运行 Jewel CAD 5.1 会出现如图 1-1 所示的操作界面。分辨率的大小决定了显示区域的大小，建议用户使用的分辨率不要低于 1024×768，这样可以获得较大的视图区域，方便绘图过程中的精确调整。

第一节　档案(File)菜单

档案菜单如图 1－2 所示，各个指令如下：

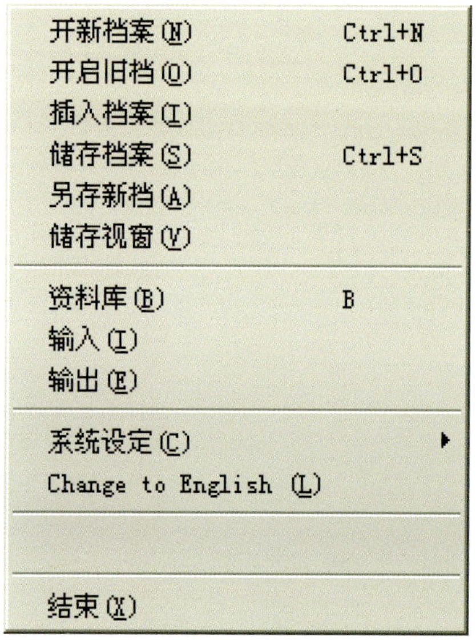

图 1－2　档案菜单

1. 开新档案(New)　用于新建一个文件。

2. 开启旧档(Open)　用于打开已有的 jcd 格式的文件。当选择这个命令后，会弹出一个对话框，让你选择将要打开的文件。如果已经有一个被打开的 jcd 文件，那么已经打开的文件会被新打开的文件完全替换，无论原来已经打开的文件是否包含隐藏的内容。这样的一步操作是不能通过**编辑/复原**来撤销的。

3. 插入档案(Insert)　用于插入 jcd 格式的文件，相当于把已有的文件跟插入的文件拼合起来。当选择这个命令后，会弹出一个对话框，让你选择你将要插入的文件。如果原来已经存在的文件包含隐藏的内容，那么隐藏部分将仍然存在。这样的一步操作是可以通过**编辑/复原**来撤销的。

4. 储存档案(Save)　用于保存编辑过的文件。它会把隐藏的部分一起保存。如果是新建的文件，会弹出对话框让你选择保存的地址并命名文件。

5. 另存新档(Save As)　用于另外保存文件，主要是为了重命名并保存文件。当选择这个命令后，会弹出一个对话框，让你选择保存的地址并命名文件。

6. 储存视窗(Save Views)　储存视窗是其他的建模软件没有的一个特殊功能，它可以将绘图区以位图的形式(图片)保存下来，支持以 bmp、jpg 格式的图片保存。

7. 资料库(Database)　资料库里积累了大量的模型，可以随时调用。当选择这个命令后，会弹出一个选择窗口。它包含两部分内容，左边是树状目录列表，它将资料库的模型按类别建立目录，以树状的形式展示；右边是模型的缩略效果图。在左边选择想要打开模型的类别，在右边找到对应的模型，就可以双击打开调用它。这时的操作相当于插入档案(Insert)。如果想要添加模型到资料库里，只要把模型以及它的图像文件(bmp 格式)复制到 JewelCAD/database 文件夹里就可以了。注意该图像文件要求是 100 像素×100 像素，而且要与 jcd 文件使用相同的名字。也可以对资料库的类别文件夹进行编辑，以建立适合你个人的资料库。

8. 输入(Import)　用于导入其他格式的文件，如：dxf、iges、stl 3 种格式。

9. 输出(Export)　用于导出其他格式的文件。

10. 系统设定(Configuration)　在该命令中可以根据用户自己的操作习惯，对绘图区的背景、轴线、网格和选取物件的颜色、资料夹的地址路径、快捷键等进行设置，让操作更加简便、快捷，并符合个人的习惯。

(1)颜色(Colors)　用于调整绘图区的背景、轴线、网格和选取物件的颜色。见图 1－3。

(2)资料夹(Directories)　可以修改资料库和材料的地址。这样在使用资料库或材料命令时，弹出的窗口可以连接到新设置的地址上。这个设置可以方便地实现资料库和材料库的网络共享，通过网络实现合作。

(3)热键(Hotkeys)　无论什么软件，热键[图 1－4(快捷键)]都是提高操作速度的最好捷径。当选择这个命令后，会弹出一个热键设置对话框。可以设置所习惯的热键。

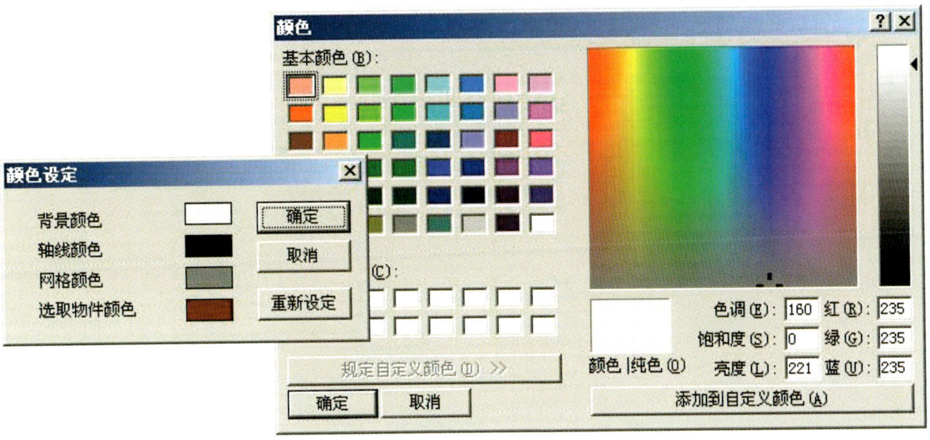

图 1-3　颜色

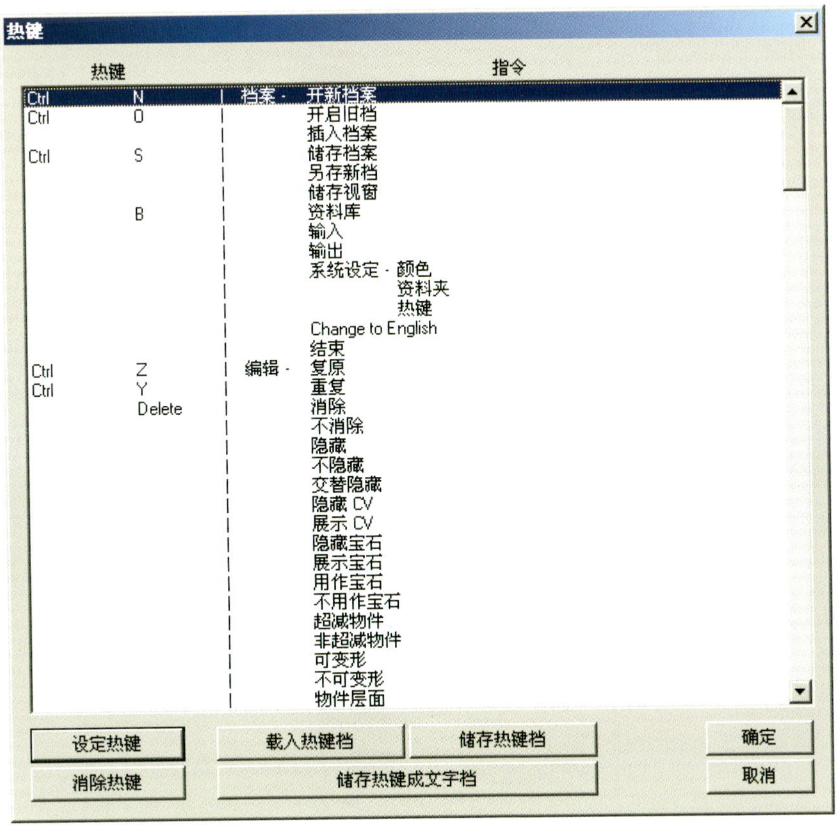

图 1-4　热键对话框

11. 语言(Language)　可以修改软件的显示语言，Jewel CAD 5.1 支持英语、德语、法语、泰国语、简体中文和繁体中文。选择该命令后会弹出如图 1-5 所示的对话框。

12. 退出(Exit 出)　用于退出该软件操作系统。

图 1-5 语言对话框

第二节 编辑(Edit)菜单

编辑菜单的各个指令如图 1-6 所示。

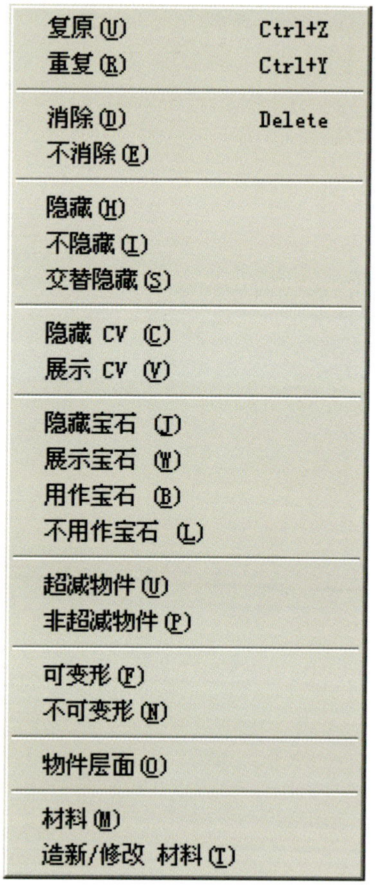

图 1-6 编辑菜单

1. 复原(Undo) 用于撤销操作。

2. 重复(Redo) 用于恢复操作。

3. 消除(Delete) 用于删除选中的物体。

4. 不消除(Undelete) 恢复被删除物体的操作。

5. 隐藏(Hide) 隐藏选中物体。

6. 不隐藏(Unhide) 显示所有物体。

7. 交替隐藏(Swap Hide) 将隐藏的物体显示,显示的物体隐藏。

8. 隐藏 CV(Hide CV) 将选中的 CV 点隐藏。

9. 展示 CV(Show CV) 显示所有的 CV 点。

10. 隐藏宝石(Hide Jewel) 隐藏宝石,必须先选择要隐藏的宝石。

11. 展示宝石(Show Jewel) 用于显示所有的宝石。

12. 用作宝石(Be Jewel) 将选中的物体定义成宝石。

13. 不用作宝石(Not Jewel) 是用作宝石(Be Jewel)的逆操作,即解除选中宝石的宝石定义。

14. 超减物件(Super Subtractor) 用于把选中的物体定义为超减物件物体,但是在物体被定义成宝石,即用作宝石(Be Jewel)后,就不能再被定义成超减物件物体。作为超减物件物体,它可以在被减物体上产生相减的效果,即在被减的物体上减去超减物件物体。它与布林体相减的效果是一样的,不同的是超减物件物体发生作用后,两个物体仍然是独立的,可以继续编辑,而布林体的相减发生后,两个物体就合为一个,要想修改还必须先执行还原布林体的命令。

15. 非超减物件(Not Super Subtractor) 用于把选中的(已经被定义为超减物件的)物体解除超减物件的定义。

16. 可变形(Deformable) 即用于将选择的物体定义为可以变形的。当物体在可变形的状态时，对它进行**曲面/线映射**(UV-Map)、**曲面/线投影**(ProjMap)等变形修改时，它的形状会发生改变。比如，在对一个被定义为可变形的圆进行**曲面/线映射**(UV-Map)、**曲面/线投影**(ProjMap)等变形修改时，它的形状在修改后将不再是圆形。

17. 不可变形(Non-deformable) 该命令用于将选择的物体定义为不可以变形的。当对不可变形的物体进行**曲面/线映射**(UV-Map)、**曲面/线投影**(ProjMap)等变形修改时，它的形状从某个方向看不会发生改变，只是在空间的位置或方向会发生改变。比如，在对一个被定义成不可变形的圆进行**曲面/线映射**(UV-Map)、**曲面/线投影**(ProjMap)等变形修改时，它的形状在修改后从某个方向上看，仍然是圆形的，只是空间的位置发生了相应的改变。一般新建的物体在没有对它进行不可变形(Non-deformable)的定义时，它都是处在可变形状态的。

18. 物件层面(Object Layers) 该命令用于改变物件层面的属性。当选择该命令后，会弹出物件层面的对话框如图 1-7 所示，编辑的物体都可以放置在物件层面里的各个不同图层来管理。在对话框里，列出了所有的物件层面，一共 20 个。可以把不同的物体放置在不同的图层里，这样的管理对于创建复制模型是非常有用的。对图层可以进行如下 5 项属性的修改操作。

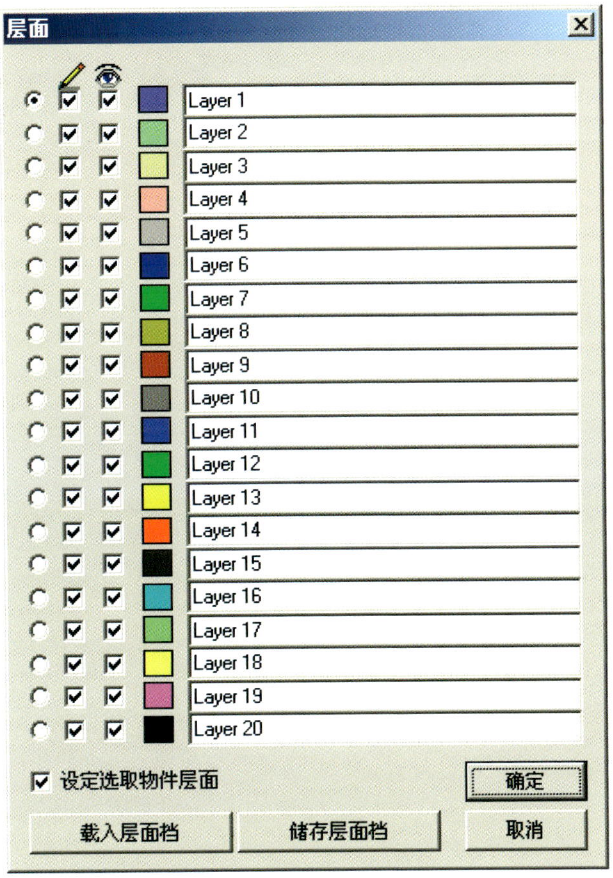

图 1-7 物件层面对话框

(1)编辑(Editable) 如果该选项被点选，那么该图层里的物体就可以被选中和编辑修改。如果没有点选，那么该图层的物体就被锁定，只能看到却不能选中编辑。

(2)隐藏/显示(Visible) 如果该选项被点选，那么该图层里的物体就可以显示出来。否则，该图层的物体就被隐藏，不能选中编辑。

(3)图层颜色(Color) 默认状态下不同的图层用不同的颜色来显示。但这是可以修改的，只要点击要修改的图层前的色块，就可以在弹出的窗口里选择需要的颜色。

(4)重命名(Name)　用于对图层更改名字。

(5)除了可以修改图层的属性之外,还可以选择一个图层作为当前操作图层,这样新创建的物体都将被划分到这个图层里面。在这里还可以把图层保存,以便以后调用。

19. 材料(Material)　对建模物体赋予材质。在 JewelCAD 里新建的任何物体都被赋予了相同的材质。如果需要修改物体的材质,必须先将物体选中然后执行该命令。选择该命令,会弹出一个对话框如图 1－8 所示,它也包含左右两部分,左边是材质的目录,右边是材质的缩略图。只要双击就可以改变选中物体的材质。

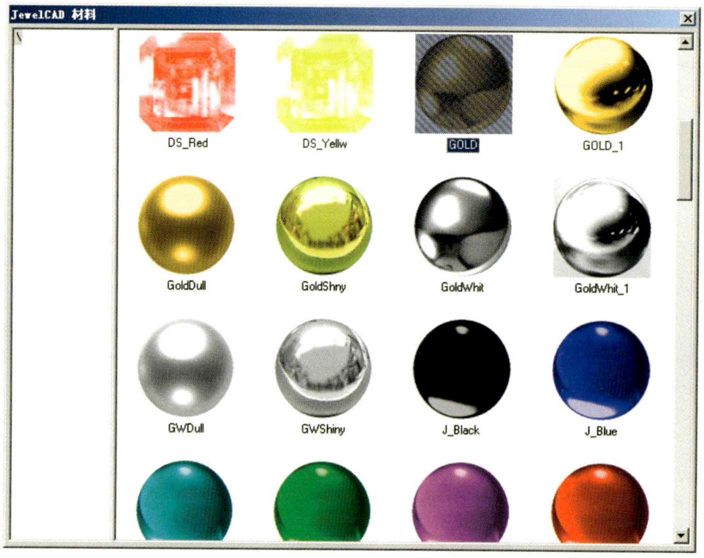

图 1－8　材料对话框

20. 造新/修改材料(Create/Edit Material)　打开材质编辑器,对建模物体赋予材质,进行各种参数设置,调节达到理想的渲染效果。

第三节　检视(View)菜单

检视菜单的各个指令如图 1－9 所示。

1. 背景(Background)　该命令用于在绘图区的视图背景里插入图片(只支持 bmp 格式)。当点击该命令时,会弹出背景编辑对话框如图 1－10 所示,它包含以下内容。

(1)空白背景(Blank Background)　该选项用于取消背景显示图片。

(2)浏览(Background Image file)　它用来寻找想要在背景展示的图片。

(3)背景图片的显示设置(Image Displaying Options)　用来设置背景图片的显示方式,这里又有 6 种选择:

①真实尺寸(Actual Size)　背景图片按照它的实际大小显示。

②调至图像的最大宽度(Fit to View's Width)　根据操作视图窗口的宽度来调整图片的显示大小,使图片的宽度适合操作视图窗口的宽度。

③调至图像的最大高度(Fit to View's Height)　根据操作视图窗口的高度来调整图片的显示大小,使图片的高度适合操作视图窗口的高度。

④调至图像的最大宽度和高度(Fit to View's Width and Height)　根据操作视图窗口的宽度和高度来调整图片的显示大小,使图片的宽度和高度适合操作视图窗口的宽度和高度。该选项会破坏

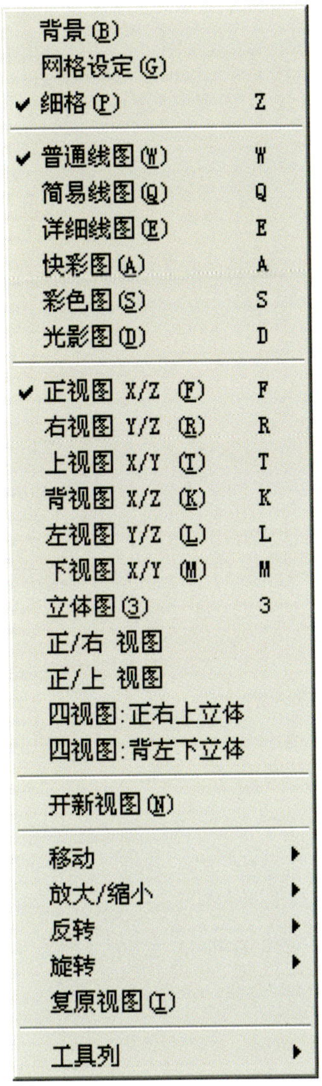

图 1－9　检视菜单

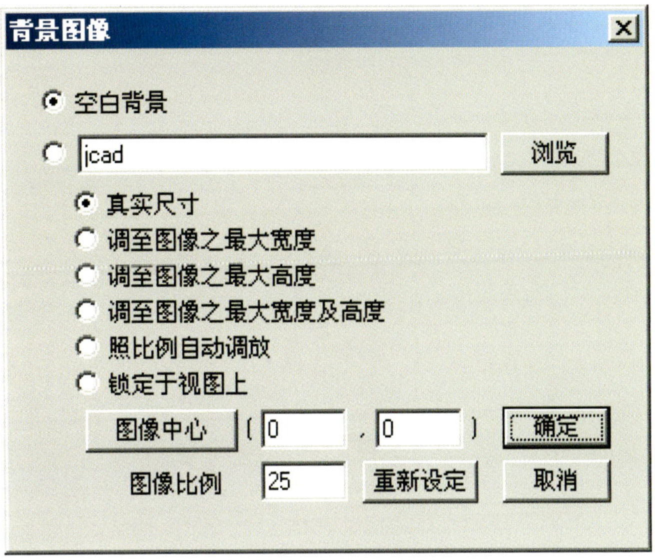

图 1－10　背景对话框

背景图片的原始比例。

⑤按照比例自动调放[Auto Fit(keep aspect ratio)]　与调至图像的最大宽度和高度(Fit to view's Width and Height)选项类似，根据操作视图窗口的宽度和高度来调整图片的显示大小，使图片的宽度和高度适合操作视图窗口的宽度和高度，使得背景图片尽量布满整个操作视窗。而该选项不会破坏背景图片的原始比例。

⑥锁定于视图上(Locked to View)　背景图片按照它的实际大小比例锁定于视图上显示。当移动、缩小/放大视图背景时，图片将保持原来状态。

(4)图像中心(Image Center)　对于锁定于视图上的背景图片，可以通过图像中心(Image Center)来设置背景图片的中心在操作视窗里的位置。可以用鼠标在视窗中直接点选，也可以在该对话框中填写具体的坐标位置。

(5)图像比例(Image Scale)　在该对话框中填写具体的比例，就可以修改背景图片的显示比例。

(6)重新设定(Reset)　将背景图片的图像中心和图像比例恢复成系统的默认状态。

2. 网格设定(Grid Settings)　该命令用于改变正视图[Front View(X/Z)]、右视图[Right View(Y/Z)]、上视图[Top View(X/Y)]的网格设置。点击它会弹出如图 1－11 所示的对话框，可以用它来实现对背景网格距离以及是否显示作设定。

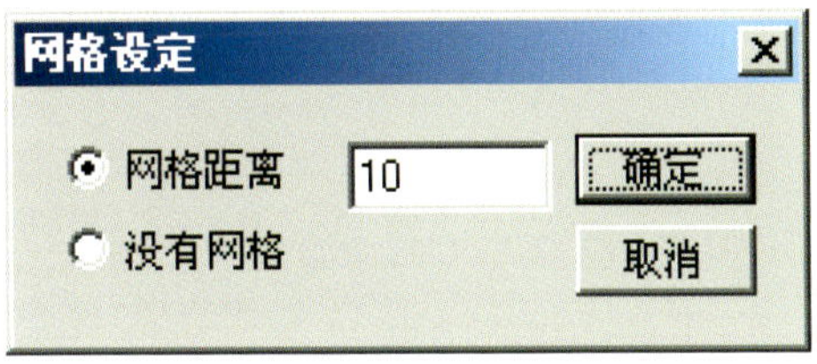

图 1－11　网格设定对话框

3. 细格(Fine Snap)　该命令用于打开和关闭细格捕捉功能，在没有开启该功能的时候，系统处于粗略捕捉状态。不管在画线，还是在移动、旋转等编辑修改时，为了精确，可以打开细格捕捉功能。它在工具栏里面显示的图标为 。

4. 普通线图(Normal wire frame)　该命令用于将物体在绘图区的显示状态变为普通线图。它在工具栏里面显示的图标为。

5. 简易线图(Quick wire frame)　该命令用于将物体在绘图区的显示状态变为简化的网格线，它是系统默认状态下的显示视图。它在工具栏里面显示的图标为。

6. 详细线图(Mesh wire frame)　该命令用于将物体在绘图区的显示状态变为详细网格线。它在工具栏里面显示的图标为。

7. 快彩图(Fast Shading)　该命令用于将物体在绘图区的显示状态变为简化的黑白图显示，仅仅显示出实体的体积感。它在工具栏里面显示的图标为。

8. 彩色图(Shading in color)　该命令用于将物体在绘图区的显示状态变为简化的彩色图显示，显示出实体一定的体积感。它在工具栏里面显示的图标为。

9. 光影图(Rendering)　该命令用于将物体在绘图区的显示状态变为包含光影彩色图显示，不仅显示出实体一定的体积感，而且实体的材料都会详细地显示。它在工具栏里面显示的图标为。

10. 正视图[Front view(X/Z)]　该命令用于将整个绘图区切换为正视图显示。

11. 右视图[Right view(Y/Z)]　该命令用于将整个绘图区切换为右视图显示。

12. 上视图[Top view(X/Y)]　该命令用于将整个绘图区切换为上视图显示。

13. 背视图[Back view(X/Z)]　该命令用于将整个绘图区切换为背视图显示。

14. 左视图[Left view(Y/Z)]　该命令用于将整个绘图区切换为左视图显示。

15. 下视图[Bottom view(X/Y)]　该命令用于将整个绘图区切换为下视图显示。

16. 立体图[3 dimensional view]　该命令用于将整个绘图区切换为立视图显示。

以上都为单视图的显示模式。

17. 正/右视图(Front and Right views)　该命令用于将整个绘图区切换为正/右视图显示。

18. 正/上视图(Front and Top views)　该命令用于将整个绘图区切换为正/上视图显示。

以上都为双视图的显示模式。

19. 四视图：正右上立体(Four views：Front/Right/Top/3D)　该命令用于将整个绘图区切换为四视图显示。

20. 四视图：背左下立体(Four views：Back/Left/Bottom/3D)　该命令用于将整个绘图区切换为视图显示。

以上都为四视图的显示模式。

以上第10～20项在工具栏里面显示的图标为：

21. 开新视图(New view)　该命令可以新开一个视图，新开的视图为当前操作的视图。

22. 移动(Pan)　该命令用于把当前操作的视图沿一个方向移动，包含4个部分：

移上(Up)

移下(Down)

移左(Left)

移右(Right)

可以通过配合键盘的Tab键和Ctrl键以及鼠标的左键来实现鼠标的操作。先按下Tab键，再按下Ctrl键，这时再按住鼠标的左键在窗口里面拖动就可以随意地移动视图了。当移动好了以后，释放所有的键，系统将恢复到按下Tab键前的操作状态。这里要注意的是按键的步骤不能颠倒。

23. 放大/缩小(Zoom)　该命令用于放大/缩小当前操作的视图。它包含6个部分：

(1)放大(Up)　放大当前操作的视图。

(2)缩小(Down)　缩小当前操作的视图。

(3)格放(Box)　将当前操作视图中被框选的部分放大。

(4)全图(All)　完全显示当前操作视图中的所有物体。

(5)缩放 1∶1(Zoom 1∶1)　根据物体的实际大小缩放当前操作视图，使物体按 1∶1 的比例显示。

以上 5 项在工具栏里面显示的图标为：

(6)比例设定(Calibrate)　重新定义显示的比例。

这里可以通过配合键盘的 Tab 键和鼠标的右键来实现鼠标的操作。先按下 Tab 键，这时再按住鼠标的右键在窗口里面拖动就可以随意地缩放视图了。当缩放到你满意的大小以后，释放所有的键，系统将恢复到按下 Tab 键前的操作状态。如果鼠标有中键，也可以通过滚动中键来实现视窗的缩放。这里也要注意的是按键的步骤不能颠倒。

24. 反转(Flip)　该命令用于把立体视图沿一个方向移动，它包含 4 个部分：

移上(Up)

移下(Down)

移左(Left)

移右(Right)

它们在工具栏里面显示的图标为：

在使用该命令时，必须事先选中立体视图。可以通过配合键盘的 Tab 键和鼠标的左键来实现鼠标的操作。先按下 Tab 键，这时再按住鼠标的左键在窗口里面拖动就可以随意地移动视图了。当移动好了以后，释放所有的键，系统将恢复到按下 Tab 键前的操作状态。这里也要注意的是按键的步骤不能颠倒。

25. 旋转(Roll)　该命令可以将立体视图沿顺时针或逆时针方向旋转，它包含 2 个部分：

向左(Left)　将立体视图沿逆时针方向旋转。

向右(Right)　将立体视图沿顺时针方向旋转。

它们在工具栏里面显示的图标为：

可以通过配合键盘的 Tab 键和 Ctrl 键以及鼠标的左键来实现鼠标的操作。先按下 Tab 键，再按下 Ctrl 键，这时再按住鼠标的右键在窗口里面拖动就可以随意地缩放视图了。当缩放到你满意的大小以后，释放所有的键，系统将恢复到按下 Tab 键前的操作状态。如果鼠标有中键，也可以通过滚动中键实现视窗的缩放。这里也要注意的是按键的步骤不能颠倒。

26. 复原视图(Reset view)　该命令用于将视窗恢复到上一步视窗操作的状态。它在工具栏里面显示的图标为：

27. 工具列(Tool Bars)　用于控制工具栏里面的工具是否在视窗里显示。只要在菜单里面勾选，就可以在工具栏里面看到该工具。

第四节　选取(Pick)菜单

选取(Pick)菜单如图 1－12 所示。

1. 选取物件(Pick)　该命令的功能是更改物体的被选中与未被选中状态。要进入该命令状态可以使用空格键(Space)这个快捷键。当使用它选中物体时，物体会变成白色，而当再次点选该物体的时候，选中的状态被取消，物体将显示为它所在图层的颜色。物体只有在处于被选中的状态下，才能对它进行另外的变形修改。可以通过鼠标的左键点选，也可以拖动鼠标左键框选，还可以按下 Ctrl

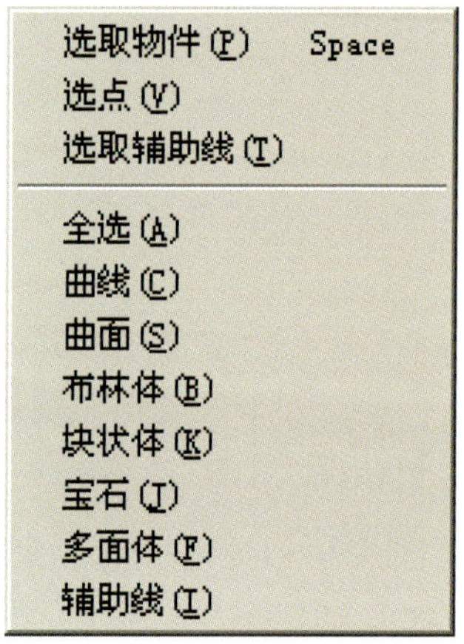

图 1－12　选取菜单

键的同时，按住鼠标的左键拖动画出要选取的范围来选择。而按鼠标的右键则是取消所有物体的被选中状态。处于该命令状态下，鼠标对于 CV 点的选择需要按下 Shift 键才能实现。但是要选中物体的 CV 点时，物体必须处于未被选择状态，并且物体的 CV 点处于不隐藏状态。

2. 选点(Pick CV)　该命令是用来更改物体 CV 点的被选中与未被选中状态。对于一个没有被选中的物体，当它的 CV 点被选中时也会显示成白色，未被选中时为该物体所在图层的颜色。同样可以通过鼠标的左键点选，也可以按住左键拖动鼠标框选，还可以按下 Ctrl 键的同时，按住鼠标的左键拖动画出要选取的范围来选择。按鼠标的右键也是取消所有物体 CV 点的被选中状态。

3. 选取辅助线(Pick T-Line)　该命令是用来更改辅助线的被选中与未被选中状态。

4. 全选(All)　该命令是可以把所有未被隐藏的物体选中，除辅助线外。

5. 曲线(Curve)　该命令是用来限定可以选中的物体仅为处于显示状态的曲线。

6. 曲面(Surface)　该命令是用来限定可以选中的物体仅为处于显示状态的曲面。

7. 布林体(Boolean)　该命令是用来限定可以选中的物体仅为处于显示状态的布林体。

8. 块状体(Block)　该命令是用来限定可以选中的物体仅为处于显示状态的块状体。

9. 宝石(Jewel)　该命令是用来限定可以选中的物体仅为处于显示状态的宝石。

10. 多面体(Facet Object)　该命令是用来限定可以选中的物体仅为处于显示状态的多面体。

11. 辅助线(T-Line)　该命令是用来限定可以选中的物体仅为处于显示状态的辅助线。

第五节　复制(Copy)菜单

复制(Copy)菜单如图 1－13 所示。

1. 剪贴(Cut & Paste)　该命令用于复制选中的物体。使用剪贴命令时被选取的物体会先在视图中消失，然后就可以在视图中需要粘贴物体的位置点击，即可达到复制目的。但使用剪贴命令时要注意被剪贴的物体的坐标是否位于世界坐标的原点位置，因为该命令粘贴的参照点是坐标原点，即点选的需要粘贴物体的位置都是原来原点的位置。如果物体偏离坐标原点一定的距离，那么复制粘贴的物体也将偏离点选位置相同的距离。在点选需要粘贴物体的位置时，按下鼠标左键，复制的物体就会出现，这时按住并拖动，可以拖动复制的物体，为复制的物体选择更合适的位置。如果该命令状态下，将鼠标移动到已经复制了的物体上，这时按下键盘的 Shift 键，再按下鼠标的左键并拖动，可以实现对该物体的拖动。如果该命令状态下，将鼠标移动到已经复制了的物体外，这时按下键盘的 Shift 键，再按下鼠标的左键并拖动，可以实现对该物体的缩放。如果该命令状态下，将鼠标移动到已经复制了的物体外，这时按下键盘的 Shift 键，再按下鼠标的右键并拖动，可以实现对该物体的旋转。

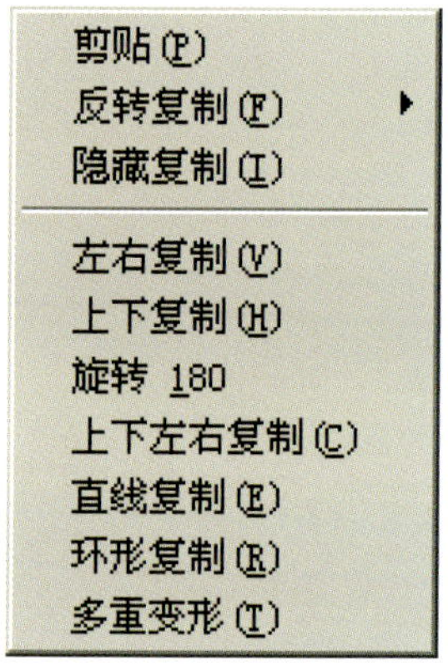

图 1－13　复制菜单

使用该命令时还要注意的是：当前操作视图中，物体的显示状态与复制后产生的物体空间位置有一定的联系。

①如果当前操作视图中的物体以线图来显示，即普通线图(Normal wire frame)、简易线图(Quick wire frame)、详细线图(Mesh wire frame)3 种显示方式中的一种，那么复制后产生的物体会出现在视窗中点击的位置，方向不会发生改变。

②如果当前操作视图中的物体以色彩图来显示，即快彩(Fast Shading)、彩色(Shading in color)、光影图(Rendering)3 种显示方式中的一种，复制后产生的物体会在视窗中点击的位置出现。如果点击的位置已经有物体存在，那么复制产生的物体的方向会发生改变，新产生的物体的方向将会是刚刚点击位置物体表面的法线方向。

2. *反转复制*(Flip 90)　该命令用于将选中的物体在空间中旋转 90°并复制。它包含 4 种旋转 90°复制的方式。

(1)反上(Up)　该复制方式是沿着当前操作视图的水平轴向上旋转 90°并复制，即沿着当前操作视图的水平轴，顺时针方向旋转 90°并复制。

(2)反下(Down)　该复制方式是沿着当前操作视图的水平轴向下旋转 90°并复制，即沿着当前操作视图的水平轴，逆时针方向旋转 90°并复制。

(3)反左(Left)　该复制方式是沿着当前操作视图的竖直轴向左旋转 90°并复制，即沿着当前操作视图的竖直轴，顺时针方向旋转 90°并复制。

(4)反右(Right)　该复制方式是沿着当前操作视图的竖直轴向右旋转 90°并复制，即沿着当前操作视图的竖直轴，逆时针方向旋转 90°并复制。

该复制操作完成后将会取消原物体的选中状态，新复制的物体将处于被选中状态。

3. *隐藏复制*(Copy to Hide)　该命令用于复制选中的物体，并且把复制后得到的物体隐藏。

4. *左右复制*(Vert-Mirror)　该命令是将选中的物体沿着当前的操作视图的竖直轴左右复制。

5. *上下复制*(Hori-Mirror)　该命令是将选中的物体沿着当前的操作视图的水平轴上下复制。

6. *旋转 180*(Revolve 180)　该命令是将选中的物体沿着当前的操作视图的坐标原点旋转 180°复制。

7. *上下左右复制*(Cycle)　该命令是将选中的物体沿着当前的操作视图的竖直轴左右复制，并且沿着当前的操作视图的水平轴上下复制。

8. *直线复制*(Extend)　该命令是将选中的物体沿着设定好的坐标方向沿直线大量地复制。点击它会弹出如图 1－14 所示的对话框，可以用它来实现对直线复制作具体的设定。它包含以下的内容：

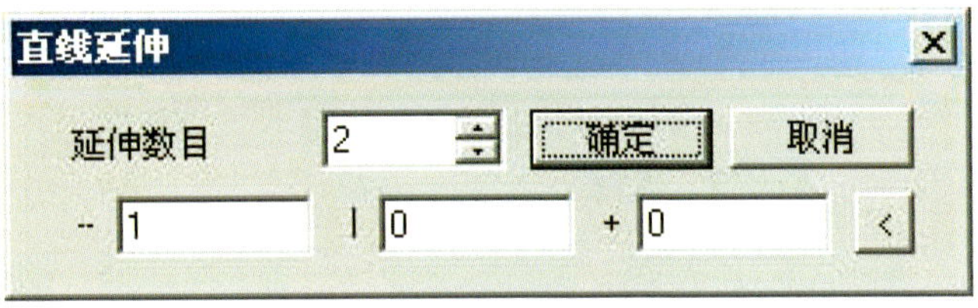

图 1－14　直线复制对话框

(1)延伸数目(Extend Number)　用来设定直线复制后在视窗中出现的物体的总数。它的数值不能小于 2。

(2)水平[Horizontal(—)]　用来设置复制的物体在水平轴方向上的间距。

(3)竖直[Vertical(|)]　用来设置复制的物体在竖直轴方向上的间距。

(4)进/出[In/Out(＋)]　用来设置复制的物体在进/出轴方向上的间距。

这 3 项值的设定也可以通过鼠标来完成。只要在该状态下，在绘图的视窗中按住键拖动鼠标并拖动，即可以完成设定。这 3 项还可以变为以下极坐标的设定方式(通过点选＜按钮来切换)：

(5)长度[Length(/)]　用来设置复制的物体在极轴方向上的间距。

(6)与极轴的成角[Angle at horizon(<)]　用来设置复制物体的方向与极轴所成的角。

(7)与极平面的成角[Angle away from view plane or vice versa(>)]　用来设置复制物体的方向与极平面所成的角。

9. 环形复制(Revolve)　该命令是将选中的物体按圆形大量地复制。该圆是一个以坐标原点为圆心,以被复制物体的中心点到坐标原点的距离为半径的圆。点击它会弹出如图1-15的对话框,可以用它来实现对环形复制作具体的设定。它包含以下的内容:

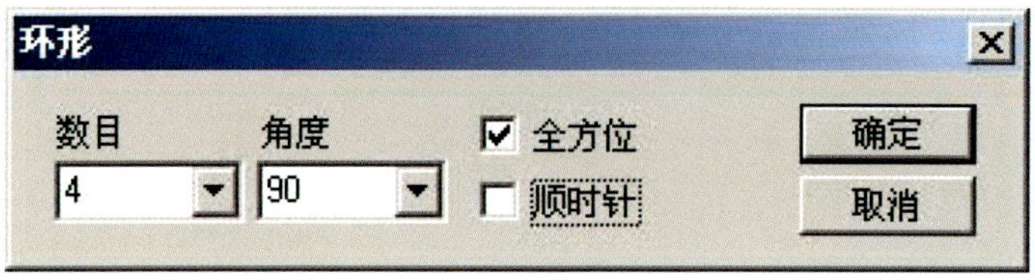

图1-15　环形复制对话框

(1)数目(Number)　用来设定环形复制后,在视窗中出现的物体的总数。它的数值不能小于2。

(2)角度(Degree)　用于设定两个相邻的物体的中心点与坐标原点组成的角的大小。

(3)全方位(Full Revolution)　这个选项在默认的状态下是被选中的。它是用来限制设定数目的物体平均分布在复制圆上。

(4)顺时针(Clockwise)　用于设定物体按当前操作视图的顺时针方向复制。

10. 多重变形(Transform)　该命令是将选中的物体进行多重变形的复制。点击它会弹出如图1-16* 的对话框,可以用它来实现对多重变形复制作具体的设定。它包含以下的内容:

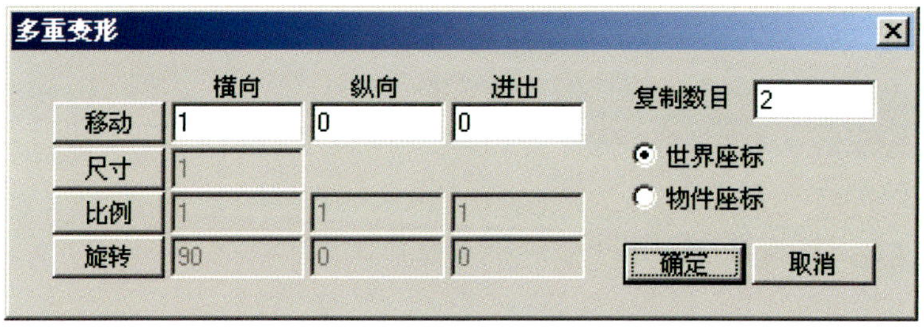

图1-16　多重变形复制对话框

(1)复制数目(Copy No)　该选项用来设定多重变形复制后,在视窗中出现的物体的总数。它的数值不能小于2。

(2)移动(Move)　该选项用于设置物体在空间中移动复制的距离。包含3个轴向上的设置:**横向**(Horizontal)、**纵向**(Vertical)、**进/出**(In / Out)。可以通过设置3个轴向的值,来实现对物体的移动复制。

(3)尺寸(Size)　该选项用于设置物体复制后缩放的比例,只可以设置一个数值。当设置的数值小于1时,物体会被缩小;当设置的数值大于1时,物体会被放大。

(4)比例(Scale)　该选项用于设置物体沿不同轴向缩放比例的复制。包含3个轴向上的设置:**横向**(Horizontal)、**纵向**(Vertical)、**进/出**(In / Out)。可以通过设置3个轴向的值,来实现对物体在不同轴向的缩放复制。

---

* 由于图中"座标"的"座"的修改涉及到软件程序的变动,本书原用"座"(其他类似情况同)。

(5)旋转(Rotate) 该选项用于设置物体沿不同轴向旋转复制的度数。包含 3 个轴向上的设置：**横向**(Horizontal)、**纵向**(Vertical)、**进/出**(In / Out)。可以通过设置 3 个轴向的值，来实现对物体在不同轴向的旋转复制。

(6)世界坐标(World Origin) 该选项用来设置物体移动复制、旋转复制、缩放复制时所参照的坐标为世界坐标。该选项用为系统的默认设置。

(7)物件坐标(Object Axis) 该选项用来设置物体移动复制、旋转复制、缩放复制时所参照的坐标为物件坐标。

第六节 变形(Deform)菜单

变形菜单如图 1-17 所示。

1. 移动(Move) 该命令用于将选中的物体或物体的 CV 点移动到一个新的位置。这时按住鼠标左键并拖动，可以把物体沿着锁定的 X 轴或 Y 轴方向移动；而按住鼠标的右键则是不锁定轴向的移动。在默认的情况下，移动物体是沿着系统的世界坐标来移动。只有在选取了物件坐标(Object Axis)后，物体的移动将会变成以物体自身坐标为参照移动。若要结束移动命令，必须选择其他的工具，以进入其他的命令，否则将一直保持移动状态。

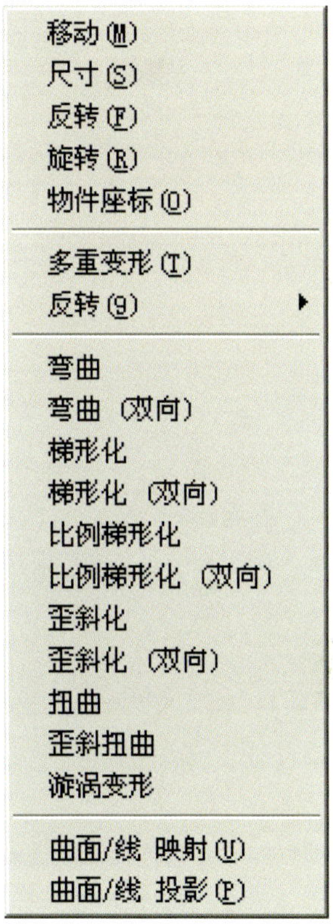

图 1-17 变形菜单

2. 尺寸(Size) 该命令用于改变选中的物体或物体的 CV 点比例大小，即可以放大缩小物体的尺寸。进入该操作状态，这时按住鼠标左键并拖动，可以对整个物件沿锁定的轴向进行缩放；而按住鼠标的右键则是不锁定轴向的缩放。要结束缩放命令，必须选择其他的工具，以进入其他的命令，否则将一直保持缩放状态。这里要注意的是，物体的缩放变形与物体所处的位置和坐标原点的距离存在一定关系。如果物体的中心位于坐标原点，那么在缩放尺寸时，物体的空间位置不会发生改变；反之，物体的中心位置会发生变化。而当选取了物件坐标(Object Axis)后，不管物体空间中所处的位置如何，在使用该缩放命令时，也不会发生改变。

3. 反转(Flip) 该命令用于旋转选中的物体或物体的 CV 点，这种旋转是围绕坐标轴的旋转。进入该操作状态，这时按住鼠标左键并拖动，可以把物体沿着锁定的轴向旋转；而按住鼠标的右键则是不锁定轴向的随意旋转。要结束命令，必须选择其他的工具，才能进入其他的命令，否则将一直保持反转状态。这里要注意的是，物体的旋转也是与物体所处的位置和坐标原点的距离存在一定的关系。因为在默认的状态下，物体的旋转是以世界坐标轴为参照的，也就是说，物体将围绕世界坐标轴旋转。而当选取了物件坐标(Object Axis)后，物体将围绕物体自身的坐标轴旋转。

4. 旋转(Roll) 该命令用于旋转选中的物体或物体的 CV 点。这种旋转是围绕坐标原点的旋转。进入该操作状态，这时按住鼠标左键并拖动，可以把物体沿着锁定的轴向旋转；而按住鼠标的右键则是不锁定轴向的随意旋转。要结束命令，必须选择其他的工具，才能进入其他的命令，否则将一直保持旋转状态。这里要注意的是，物体的旋转也是与物体所处的位置和坐标原点的距离存在一定的关系。因为在默认的状态下，物体的旋转是以坐标原点为参照的，也就是说，物体将围绕坐标原点旋转。而当选取了物件坐标(Object Axis)后,物体将围绕物体的中心点旋转。

5. 物件坐标(Object Axis) 该命令用于改变物体的移动、缩放、旋转的参照坐标。默认状态下它是关闭的,也就是说,默认状态下的参照坐标是世界坐标。而当它被点选后系统的参照坐标就变成了选中物体的自身坐标了。

以上5项命令在工具栏里面显示的图标为:

6. 多重变形(Transform) 该命令可以在一步操作内完成移动、旋转、缩放选中的物体。当点击它以后,会弹出如图1-18所示的对话框,它包含以下内容:

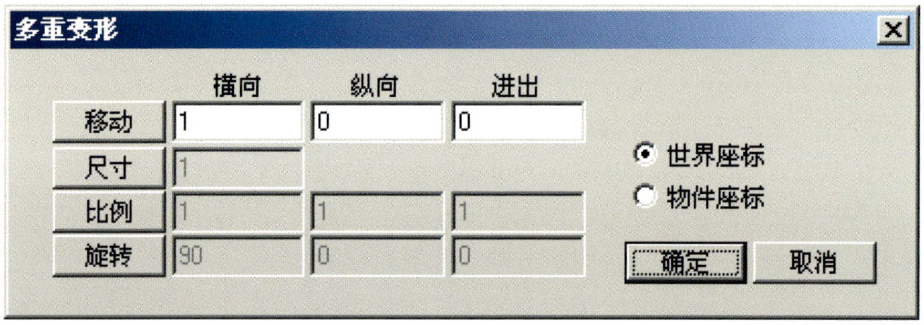

图1-18 多重变形对话框

(1)移动(Move) 该选项用于设置物体在空间中移动的距离。包含3个轴向上的设置:横向(Horizontal)、纵向(Vertical)、进/出(In / Out)。可以通过设置3个轴向的值,来实现对物体的移动。

(2)尺寸(Size) 该选项用于设置物体缩放的比例,只可以设置一个数值。当设置的数值小于1时,物体会被缩小;当设置的数值大于1时,物体会被放大。

(3)比例(Scale) 该选项用于设置物体沿不同轴向缩放的比例。包含3个轴向上的设置:横向(Horizontal)、纵向(Vertical)、进/出(In / Out)。可以通过设置3个轴向的值,来实现对物体在不同轴向的缩放。

(4)旋转(Rotate) 该选项用于设置物体沿不同轴向旋转的角度。包含3个轴向上的设置:横向(Horizontal)、纵向(Vertical)、进/出(In / Out)。可以通过设置3个轴向的值,来实现对物体在不同轴向的旋转。

(5)世界坐标(World Origin) 该选项用来设置物体移动、旋转、缩放所参照的坐标为世界坐标。该选项为系统的默认设置。

(6)物件坐标(Object Axis) 该选项用来设置物体移动、旋转、缩放所参照的坐标为物件坐标。

7. 反转(Flip 90) 该命令用于将选中的物体在空间中旋转90°。它包含4种旋转90°的方式。

(1)反上(Up) 该方式是沿着当前操作视图的水平轴向上旋转90°,即沿着当前操作视图的水平轴,顺时针方向旋转90°。

(2)反下(Down) 该方式是沿着当前操作视图的水平轴向下旋转90°,即沿着当前操作视图的水平轴,逆时针方向旋转90°。

(3)反左(Left) 该方式是沿着当前操作视图的竖直轴向左旋转90°,即沿着当前操作视图的竖直轴,顺时针方向旋转90°。

(4)反右(Right) 该方式是沿着当前操作视图的竖直轴向右旋转90°,即沿着当前操作视图的竖直轴,逆时针方向旋转90°。

注意:这里只作反转,不复制。

以下的弯曲(Bend)、双向弯曲[Bend(Two sides)]、梯形化(Taper)、双向梯形化[Taper(Two sides)]、比例梯形化(Scaled Taper)、双向比例梯形化[Scaled Taper(Two sides)]、歪斜化(Skew)、双向歪斜化[Skew(Two sides)]、扭曲(Twist)、歪斜扭曲(Sk-twist)、漩涡变形(Whirl)都是不同的变形修改模式。但它们的操作步骤和方法是相同的。

第一步(Determine the axis to deform objects) 确定发生变化的轴和需要产生变形物体。在这一步里,应该先将鼠标移动到要执行变形操作的视图中,然后按下鼠标的左键并拖动鼠标,就可以看到一个变化的轴向被锁定,物体也将沿着这个轴向产生变形。如果发现变形的轴向是错的,可以通过复原(Undo)来撤销该步操作,也可以通过重复(Redo)来恢复操作。

第二步(Deform the objects) 实际上在确定发生变化的轴向的时候,物体已经开始发生变形。当变化到想要的效果后,就释放鼠标的左键。

第三步(Finish and exit from the deforming mode) 完成并退出变形操作。这一步只要选择进入其他的命令就可以退出该变形操作。

8. 弯曲(Bend) 该命令用于弯曲选中的物体或选中物体的 CV 点。

9. 双向弯曲[Bend(Two sides)] 该命令用于双向弯曲选中的物体或选中物体的 CV 点。

10. 梯形化(Taper) 该命令用于梯形化选中的物体或选中物体的 CV 点。

11. 双向梯形化[Taper(Two sides)] 该命令用于双向梯形化选中的物体或选中物体的 CV 点。

12. 比例梯形化(Scaled Taper) 该命令用于比例梯形化选中的物体或选中物体的 CV 点。

13. 双向比例梯形化[Scaled Taper(Two sides)] 该命令用于双向比例梯形化选中的物体或选中物体的 CV 点。

14. 歪斜化(Skew) 该命令用于歪斜化选中的物体或选中物体的 CV 点。

15. 双向歪斜化[Skew(Two sides)] 该命令用于双向歪斜化选中的物体或选中物体的 CV 点。

16. 扭曲(Twist) 该命令用于扭曲选中的物体或选中物体的 CV 点。

17. 歪斜扭曲(Sk-twist) 该命令用于歪斜扭曲选中的物体或选中物体的 CV 点。

18. 漩涡变形(Whirl) 该命令用于漩涡变形选中的物体或选中物体的 CV 点。

第 8～18 项命令在工具栏里面显示的图标为:

19. 曲面/线 映射(UV-Map) 该命令用来将选中的曲线或曲面映射到另外的曲线或曲面上,以产生相应的变形。这种变形是让物体的位置、方向、形态与映射到的整个曲线或曲面保持一致。这里产生的变形还与物体的 CV 点的多少有一定的关系。点击该命令,系统将弹出一个对话框,如图 1-19 所示,它有以下内容:

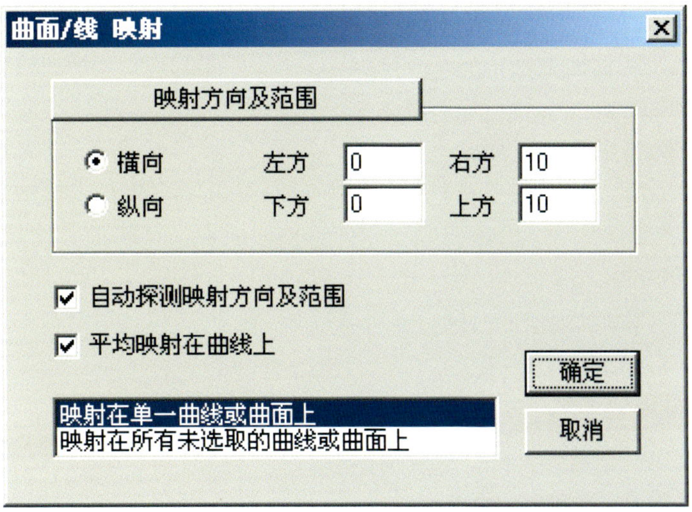

图 1-19 曲面/线 映射对话框

(1)映射方向(Mapping direction) 要将物体映射到曲线或曲面上,首先必须定义映射的方向。如果是将物体映射到曲线上,那么映射的方向就是将要映射到的曲线的方向。如果要将物体映射到曲面上面,那么映射的方向就由将要映射到的曲面上面的 U、V 方向曲线的 CV 点的多少来决定。

- 横向(Horizontal) 把被映射到物体的水平方向作为映射方向。
- 纵向(Vertical) 把被映射到物体的竖直方向作为映射方向。

(2)映射范围(Mapping extent) 要将物体映射到曲线或曲面上,还必须定义映射的范围。映射的范围是指对被映射的物体的映射范围作一个限定,在该范围内的部分就会完全映射到曲线或曲面上面,而在该范围外的部分将被映射到曲线或曲面的外面。也就是说,如果要将物体完全映射到曲线或曲面上面,那么设置的映射范围就必须刚好包含被映射的物体。

- 左方(Left) 用来设置被映射物体左边的范围。
- 右方(Right) 用来设置被映射物体右边的范围。
- 下方(Bottom) 用来设置被映射物体底部的范围。
- 上方(Top) 用来设置被映射物体顶部的范围。

可以在以上 4 项的右边直接输入相应的数值来精确定义映射范围。还可以点击映射方向及范围(Mapping direction and extent),然后在视窗中通过拖动鼠标来进行更直观的设置。点击它后,在视窗内会出现一个蓝色的范围框,对它的操作有以下步骤:

①移动鼠标,将箭头指向蓝色线框的边界或顶点处,按下鼠标的左键。

②保持鼠标左键的按下状态并拖动鼠标,这时可以看到映射范围的边界也随着鼠标的移动而变化。可以在状态提示栏里面看到拖动到的位置。

③当把映射范围调整到需要的范围时,就可以释放鼠标的左键。

④以上操作也可以配合键盘的 Shift 键来使用,当移动鼠标,将箭头指向蓝色线框的边界或顶点处,按下键盘的 Shift 键的同时也按下鼠标的左键,这时就可以通过拖动鼠标来拖动整个映射范围线框的位置,在到达需要的位置后释放这两个键就可以了。

⑤上面的步骤可以重复地操作,来得到需要的映射范围。

⑥按下鼠标的右键,就可以拖出映射范围的设置,这时系统还会弹出曲面/线映射对话框。

(3)自动探测映射方向及范围(Auto mapping direction and extent) 如果勾选了该选项,那么自行输入与定义的映射范围和方向都会被忽略。系统将会根据情况自动地设定映射的范围和方向,使物体完全映射到曲线或曲面上。

(4)平均映射在曲线上(Uniformly mapping onto curve) 该选项是用来定义物体平均地映射到曲线或曲面上。如果不勾选该选项,那么系统将会根据曲线或曲面上的 CV 点的远近来映射。

(5)映射在单一曲线或曲面上(Map onto ONE curve or surface) 选取该选项,就必须在视窗中选择一条曲线或一个曲面,那么物体就会被映射到刚刚选取的曲线或曲面上面。

(6)映射在所有未选取的曲线或曲面上(Map onto ALL unpicked curves and surfaces) 如果选择了该选项,那么当在视窗中选择曲线或曲面时物体就会被映射到所有未选中的曲线或曲面上。选择该命令必须在视窗中存在两条以上的曲线或两个以上的曲面。在该命令完成后,可以看到映射物体被多个复制到曲线或曲面上面。

另外,要关闭曲面/线映射对话框有以下 3 种方法:

①点击曲面/线映射对话框中的确定键。

②双击平均映射在曲线上(Uniformly mapping onto curve)。

③双击映射在所有未选取的曲线或曲面上(Map onto ALL unpicked curves and surfaces)。

20. *曲面/线投影(ProjMap)* 该命令用来将选中的物体或者物体上面的 CV 点投影到另外的曲线或曲面上,以产生相应的变形,这种变形只保证投影物体与投影到的曲线或者曲面的局部保持一致。这里产生的变形还与物体的 CV 点的多少有一定的关系。点击该命令,系统将弹出一个对话框,如图 1-20 所示，它有以下内容：

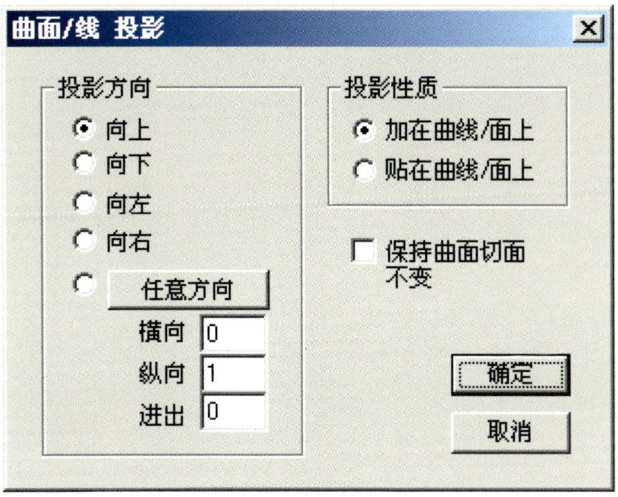

图 1-20　曲面/线投影对话框

(1)投影方向(Project Direction)

①向上(Top)　沿着操作视图的竖直轴向将物体投影到曲线或曲面的顶部。

②向下(Bottom)　沿着操作视图的竖直轴向将物体投影到曲线或曲面的底部。

③向左(Left)　沿着操作视图的水平轴向将物体向左投影到曲线或曲面上。

④向右(Right)　沿着操作视图的水平轴向将物体向右投影到曲线或曲面上。

⑤任意方向(Arbitrary to project objects in an arbitrary direction)　让物体沿任意方向投影，仍然需要定义投影的方向。可以在横向、纵向、进出旁边的方框内填写相应的数字，也可以点击**任意方向**键，然后通过鼠标的拖动，在视窗中直观地设置。操作的步骤如下：

a. 移动鼠标的箭头将它指向视图区。

b. 这时按下鼠标的左键，就可以拖动鼠标来设置水平轴和竖直轴的投影方向，也可以按下鼠标的右键并任意拖动来设置任意的投影方向。

c. 拖动鼠标直到得到想要的方向，这时就可以释放按下的键。

d. 在释放鼠标的键后，**曲面/线投影**(ProjMap)的对话框会再次弹出来，这时就可以在横向、纵向、进出旁边的方框里面看到刚刚通过鼠标设置的数值。

(2)投影性质(Offset Base)

①加在曲线/面上(Superimpose)　就是将物体不压缩地投影到曲线或曲面上，相当于将物体上面的 CV 点平移到曲线或曲面上。

②贴在曲线/面上(Just touch)　就是将物体压缩地投影到曲线或曲面上。

(3)保持曲面切面不变(Keep Surface Section)　该选项可以保证投影后物体的曲面切面保持不变。

第七节　曲线(Curve)菜单

曲线菜单如图 1-21 所示。

1. 任意曲线(Simple)　该命令用来创建任意曲线。画任意曲线的模式，包含 3 种操作，见表 1-1。

表 1－1　画线时鼠标的操作方法

操作(Operations)	鼠标的用法[Mouse button(s)to use]
通过创建 CV 点来定义曲线	在视图中点击鼠标的左键
通过拖动 CV 点来修改曲线	在视图中用鼠标的左键点选 CV 点并拖动
删除不需要的 CV 点	在视图中用鼠标的左键点选 CV 点并按下右键

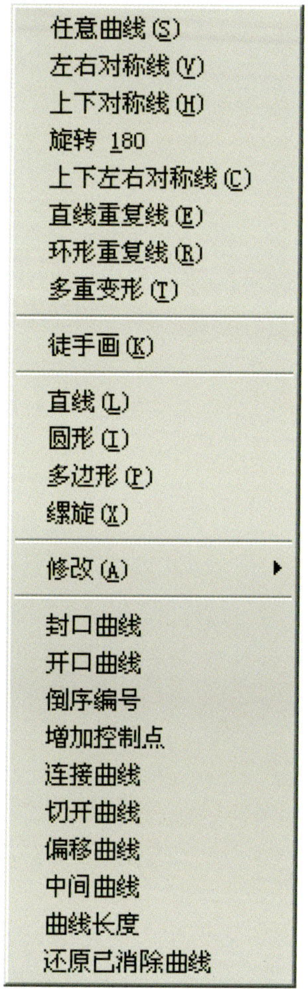

图 1－21　曲线菜单

因为任意曲线是由曲线上的 CV 点来控制的，所以对曲线的创建和编辑操作实际上就是对 CV 点的创建和编辑操作。下面介绍具体的操作方法：

(1)创建 CV 点(Create CV)　进入创建任意曲线模式后，在视图中点击鼠标的左键，每点一次都会在对应的位置出现一个 CV 点。在第一次点击的点上出现 0 的编号，再点就出现第二点，并且在它上面出现编号 1，在它们之间会出现一条直线将该两点连接。以后的点击都会出现相应的点，并会出现依次增加的编号，线条也会跟着 CV 点不断地延伸，但是线条就可能不再是直线了(若要线条仍然是直线，那么所有的 CV 点应该处在同一条直线上)。如果发现创建的 CV 点的位置不是自己想要的位置，可以用鼠标点选它，并按住左键拖动，把该 CV 点拖动到自己想要的位置释放，就可以完成 CV 点的拖动调整。

在创建 CV 点时，点击的位置与 CV 点的编号有如下的关系：

如果在编号为 0 的 CV 点前(远离曲线的方向)点击，则原来的 0 编号 CV 点变成了 1，后面的点的编号也会依次增加 1，曲线也将延伸到新 0 点的位置。

如果在曲线末端的 CV 点后(远离曲线的方向)点击，那么将会出现一个新的 CV 点，它的编号是末端的 CV 点的编号加 1。曲线也将延伸到新创建的 CV 点的位置。

如果不在曲线的两端外点击，而是在两端内点击，那么在点击的地方也会产生一个新的点，该插入点的编号就是与该插入点相邻的两个 CV 点原来其中一个的编号(是较大的那个)。而编号较大的那个 CV 点的编号将加 1，后面的点的编号也会依次加 1。

(2)移动 CV 点(Move CV)　可以通过移动 CV 点的位置，来改变曲线的形状。该操作只需要在视图中用鼠标的左键点选 CV 点，并拖动到想要的位置。

(3)删除 CV 点(Delete CV)　在视图中用鼠标的左键点选 CV 点，并按下右键。

(4)创建复合 CV 点(Multiple CVs)　复合 CV 点是指处在相同位置的几个 CV 点。在绘制任意曲线状态，将鼠标指向已经绘制的曲线，然后在曲线上双击就可以创建复合 CV 点。

(5)移动复合 CV 点(Move Multiple CV)　与移动 CV 点一样，该操作只需要在视图中用鼠标的左键点选复合 CV 点，并拖动到想要的位置。

(6)删除复合 CV 点(Delete a Multiple CV)　与删除 CV 点一样，在视图中用鼠标的左键点选复合 CV 点，并按下右键。

(7)封口和开口曲线(Close and Open curve)　在绘制曲线时，如果希望绘制的曲线是闭合的，那么就可以点击封口曲线命令来完成该操作。在闭合封口后，如果还想将曲线修改成不闭合的曲线，这时只要点选开口曲线命令就可以将曲线开口了。

(8)画另一条曲线(Draw another curve)　在绘制任意曲线状态，绘制完成了一条需要的曲线后，还需要再绘制一条另外的曲线，这时可以按一下键盘的 Ctrl 键，就会进入绘制新曲线的状态，再使用鼠标的左键进行画线。

(9)调整修改另一条曲线(Modify an existing curve) 在绘制任意曲线状态,想调整修改绘制完成的另外一条曲线,需要将鼠标移动到想要调整修改的曲线上,这时可以按下键盘的 Shift 键,再按下鼠标的左键,就会进入调整修改另外一条曲线的状态。

2. *左右对称线*(Vert-Mirror) 该命令用于绘制以操作视图的竖直轴为对称轴的曲线,即左右对称的曲线。操作的方法与任意曲线(Simple)是类似的,唯一不同的是,绘制 CV 点时,会以操作视图的竖直轴为对称轴左右同时出现对称的 CV 点,其他操作详见任意曲线(Simple)的操作。

3. *上下对称线*(Hori-Mirror) 该命令用于绘制以操作视图的水平轴为对称轴的曲线,即上下对称的曲线。操作的方法与任意曲线(Simple)是类似的,唯一不同的是,绘制 CV 点时,会以操作视图的水平轴为对称轴上下同时出现对称的 CV 点,其他操作详见任意曲线(Simple)的操作。

4. *旋转* 180(Revolve 180) 该命令用于绘制以操作视图的坐标原点为对称中心的曲线。操作的方法与任意曲线(Simple)是类似的,唯一不同的是,绘制 CV 点时,会以操作视图的坐标原点为对称中心旋转 180°,出现对称的 CV 点,其他操作详见任意曲线(Simple)的操作。

5. *上下左右对称线*(Cycle) 该命令用于绘制以操作视图的水平轴和竖直轴为对称轴的曲线,即上下左右对称的曲线。操作的方法与任意曲线(Simple)是类似的,唯一不同的是,绘制 CV 点时,会以操作视图的竖直轴和水平轴为对称轴左右上下同时出现对称的 CV 点,其他操作详见任意曲线(Simple)的操作。

6. *直线重复线*(Extend) 该命令用于绘制一条直线重复线。当点击该命令时会弹出如图 1-22 所示的直线延伸对话框,它包含以下内容:

图 1-22 直线重复线对话框

(1)延伸数目(Extend Number) 它用来设定直线延伸后,在视窗中出现的直线的 CV 点总数。它的数值不能小于 2。

(2)水平[Horizontal(—)] 它是用来设置延伸直线的 CV 点在水平轴方向上的间距。

(3)竖直[Vertical(|)] 它是用来设置延伸直线的 CV 点在竖直轴方向上的间距。

(4)进/出[In/Out(+)] 它是用来设置延伸直线的 CV 点在进/出轴方向上的间距。

这 3 项值的设定也可以通过鼠标来完成。只要在该状态下,在绘图的视窗中,按左键拖动鼠标,系统将会按照鼠标拖动的大概方向,来确定是按水平还是竖直轴来设定(这是锁定轴向的设定),这时只能设定其中的一个轴向的数值,如果在绘图的视窗中,按右键拖动鼠标,这时只能设定其中的两个轴向的数值,这 3 项还可以变为以下的极坐标的设定方式(通过点选<按钮来切换)。

(5)长度[Length(/)] 它是用来设置复制的物体在极轴方向上的间距。

(6)与极轴的成角[Angle at horizon(<)] 它是用来设置复制物体的方向与极轴所成的角。

(7)与极平面的成角[Angle away from view plane or vice versa(>)] 它是用来设置复制物体的方向与极平面所成的角。

绘制完成后也可以像编辑修改任意曲线一样编辑修改直线重复线,操作方法详见任意曲线(Simple)的操作。这里要注意的是,直线重复线延伸数目设置产生的 CV 点具有相同的属性,编辑修改一个 CV 点,其他的 CV 点也会跟着发生相同的变化。

7. *环形重复线*(Revolve) 该命令用于绘制一条环形重复线。它将绘制出类似圆形的曲线,该圆是一个以坐标原点为圆心，以鼠标点击的位置到坐标原点的距离为半径的圆。当点击该命令时会弹出如图 1－23 的直线延伸对话框，它包含以下内容：

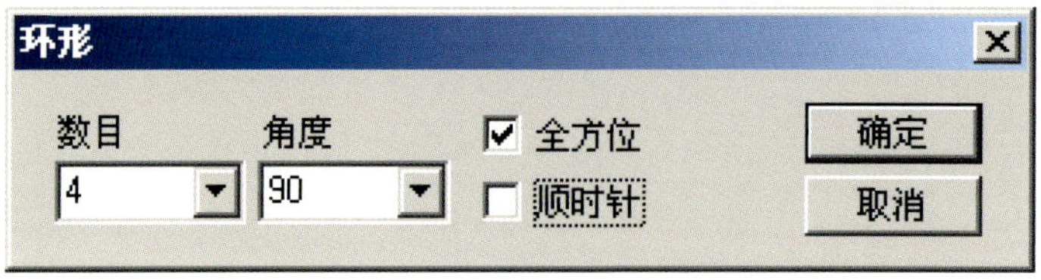

图 1－23　环形重复线对话框

(1)数目(Number)　它用来设定环形重复线的 CV 点的总数。它的数值不能小于 2。

(2)角度(Degree)　用于设定两个相邻的 CV 点与坐标原点组成的夹角的大小。

(3)全方位(Full Revolution)　这个选项在默认的状态下是被选中的。它是用来限制设定数目的 CV 点平均分布在创建的圆上，而且绘制的曲线是闭合的曲线。如果没有勾选就不能保证绘制的曲线是闭合的曲线。

(4)顺时针(Clockwise)　用于设定物体按当前操作视图的顺时针方向复制。

以上各项的值的设定也可以通过鼠标来完成。只要在该状态下，在绘图的视窗中，按左键拖动鼠标，系统将会按照鼠标拖动的大概方向，来确定是顺时针还是逆时针方向，并确定 CV 点的数目和角度。在点击“确定”后，在视窗中点击一下环形重复线就会出现。这里也要注意的是，环形重复线中 CV 的点数目设置产生的 CV 点具有相同的属性，编辑修改一个 CV 点，其他的 CV 点也会跟着发生相同的变化。

8. 多重变形(Transform)　该命令用于创建曲线，该曲线上面的 CV 点将会按照多重变形对话框设置的属性产生。对话框如图 1－24 所示，内容如下：

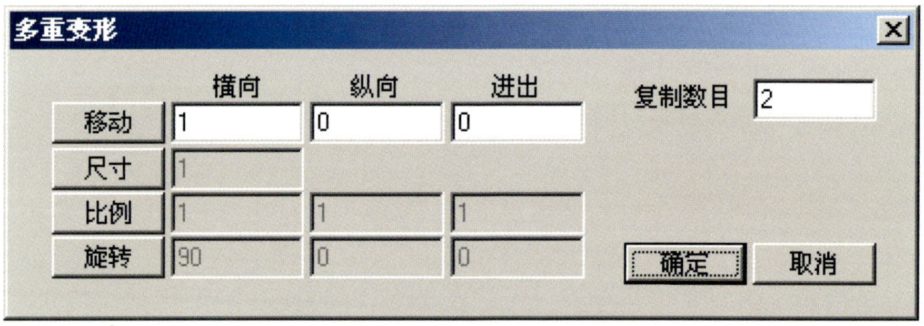

图 1－24　多重变形曲线对话框

(1)复制数目(Copy No)　该命令用来设定创建多重变形曲线的 CV 点总数。它的数值不能小于 2。

(2)移动(Move)　该选项用于设置曲线上两个相邻的 CV 点在空间中的距离，包含 3 个轴向上的设置：横向(Horizontal)、纵向(Vertical)、进/出(In / Out)。可以通过设置 3 个轴向的值来实现对 CV 点的间距的设置。

(3)尺寸(Size)　该选项用于设置缩放的比例，只可以设置一个数值。当设置的数值小于 1 时，曲线会被缩小；当设置的数值大于 1 时，曲线会被放大。

(4)比例(Scale)　该选项用于设置创建的曲线沿不同轴向缩放的比例。包含 3 个轴向上的设置：横向(Horizontal)、纵向(Vertical)、进/出(In / Out)。可以通过设置 3 个轴向的值来实现对创建的曲线在不同轴向的缩放。该选项与上面的比例(Scale)选项只能设置其中的一个参数，不能同时设置。

(5)旋转(Rotate)　该选项用于设置创建的曲线沿不同轴向旋转的度数。包含 3 个轴向上的设置：横向(Horizontal)、纵向(Vertical)、进/出(In / Out)。可以通过设置 3 个轴向的值来实现对创建的曲线在不同轴向的旋转。

9. 徒手画(Sketch)　该命令用于通过徒手画线来创建曲线。点击它进入徒手画模式后，就可以将鼠标移动到要绘制曲线的视图中，按住鼠标的左键并拖动绘制曲线。在绘制完成后释放鼠标左键即可。

10. 直线(Line)　该命令用于创建一条直线。点击它会弹出如图 1－25 所示的对话框。

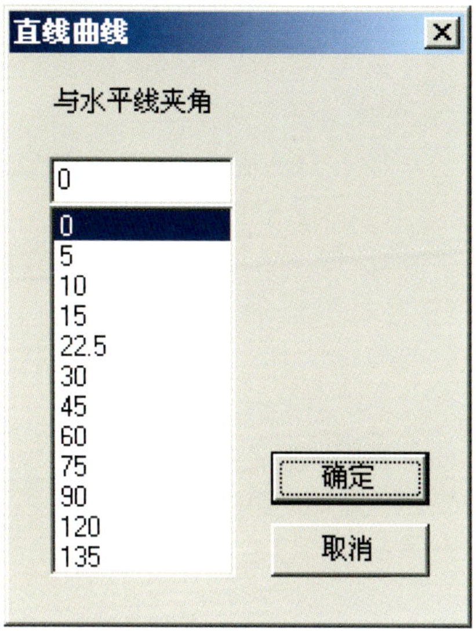

图 1－25　直线对话框

在这里只要设置要创建的直线与当前操作视窗的水平轴的夹角的大小，可以在下面的列表中选取，也可以自己填写想要的数值。设置完成后点击确定就可以创建出一条直线。

11. 圆形(Circle)　该命令用于创建一个以当前操作视窗的坐标原点为中心的圆。点击它会弹出如图 1－26 所示的对话框，它包含以下内容：

(1)直径/半径(Diameter/Radius)　该选项用于设置即将创建的圆是以直径大小还是半径大小来创建。在它后面可以写入想要的数值。

(2)控制点数(No. of CVs)　用于设置创建的圆上的控制点总数。

(3)控制点'0'(CV'0')　用于设置创建的圆上的控制点'0'的位置。

当设置完成并点选确定后，就会在相应的操作视窗中出现想要的圆。

12. 多边形(Polygon)　该命令用于创建正多边形。当选择该命令后，一个如图 1－27 的对话框将会出现。它包含以下的内容：

(1)边的数目(No. of Sides)　该命令用于设置创建的正多边形的边数。

(2)控制点'0'(CV'0')　该命令用于设置创建的正多边形的 CV'0'点的位置，如图 1－27 所示。

13. 螺(缧)旋(Helix)　该命令用于创建一个以当前操作视窗的坐标原点为中心的螺旋线。点

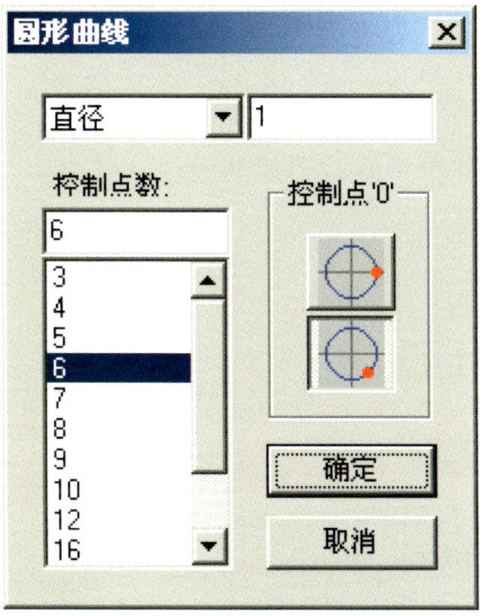

图 1－26　圆形对话框

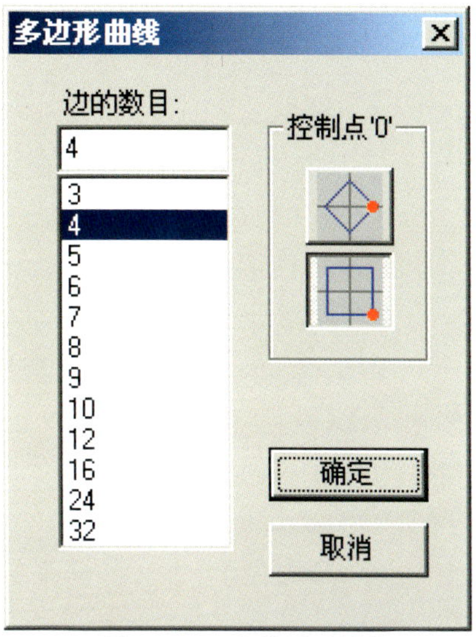

图 1－27　多边形对话框

击它会弹出如图 1－28 的螺旋线创建对话框，它包含以下内容：

(1)半径 1(Radius 1)　该选项用于设置将要创建的螺旋线前端的半径。

(2)半径 2(Radius 2)　该选项用于设置将要创建的螺旋线末端的半径。

(3)长度(Length)　该选项用于设置将要创建的螺旋线的总长。

(4)回圈数目(No. of turns)　该选项用于设置将要创建的螺旋线螺旋的圈数。

(5)每圈 CV 数目(CVs per turn)　该选项用于设置将要创建的螺旋线每圈 CV 点的数目。

(6)反时针(Anti-clockwise)　该选项用于设置将要创建的螺旋线反时针旋转。

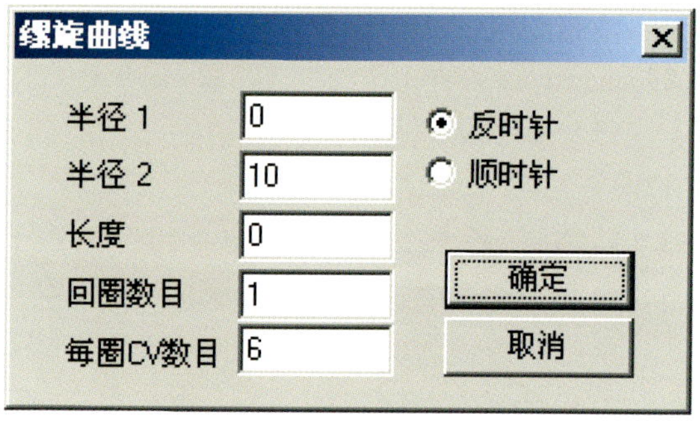

图 1－28　螺旋线对话框

(7)顺时针(Clockwise)　该选项用于设置将要创建的螺旋线顺时针旋转。

14. 修改(Adjust)　该命令用于修改已经创建的曲线。它包含以下的子命令：

(1)任意曲线(Simple)　按任意曲线来修改选中的曲线。具体操作与创建任意曲线(Simple)的一样。

(2)左右对称线(Vert-Mirror)　按左右对称线来修改选中的曲线。具体操作与创建任意曲线(Simple)的一样。

(3)上下对称线(Hori-Mirror)　按上下对称线来修改选中的曲线。具体操作与创建任意曲线(Simple)的一样。

(4)旋转 180(Revolve 180)　按旋转 180°对称线来修改选中的曲线。具体操作与创建任意曲线(Simple)的一样。

(5)上下左右对称线(Cycle)　按上下左右对称线来修改选中的曲线。具体操作与创建任意曲线(Simple)的一样。

(6)直线重复线(Extend)　按直线重复线来修改选中的曲线。具体操作与创建任意曲线(Simple)的一样。

(7)环形重复线(Revolve)　按环形重复线来修改选中的曲线。具体操作与创建任意曲线(Simple)的一样。

(8)多重变形(Transform)　按多重变形来修改选中的曲线。具体操作与创建任意曲线(Simple)的一样。

当进入以上的修改命令模式后，将鼠标移动到想要修改的曲线上，并点击鼠标的左键，选中的曲线将会变成蓝色，说明该曲线进入被编辑修改状态。以后的操作就与创建任意曲线的命令一样了。在编辑修改状态时，不能使用复原(Undo)来撤销操作和重复(Redo)来恢复操作，只能在推出该命令状态后才能使用复原(Undo)来撤销操作和重复(Redo)来恢复操作。

15. 封口曲线(Close)　该命令用于将被选中的曲线封闭。

16. 开口曲线(Open)　该命令用于将被选中的封闭曲线开口。

17. 倒序编号(Reverse)　该命令用于将被选中的曲线的 CV 点编号的顺序颠倒。

18. 增加控制点(Divide)　该命令用于增加被选中曲线的 CV 点的数目，但不改变曲线的形状。曲线原来两个相邻点之间的曲线将平均分布上设置的控制点。在选中要增加控制点的曲线后，系统将弹出如图 1－29 的对话框，可以设置增加倍数(Division No.)。

19. 连接曲线(Join Curves)　该命令用于将多条曲线连接起来，先选的曲线的末尾点和后选的曲线的起始点连接起来，以形成新的曲线。进入连接曲线模式后，只要用鼠标的左键将要连接的线条依次点选，选中后的线条会变成蓝色，也可以用鼠标的右键来点选要取消选择的曲线，来完成删除已经选择的曲线。

20. 切开曲线(Split Curves)　该命令用于一条曲线切开曲线成多条曲线。进入该状态后，在曲线要切开的 CV 点处点击鼠标的左键就可以将曲线在该点处分割。

21. 偏移曲线(Offset Curve)　该命令用于将选中的曲线偏移复制出新的曲线。偏移得到的新曲线与原来的曲线保持平行。点击该命令系统会弹出一个如图 1-30 所示的对话框，可以设置以下的内容：

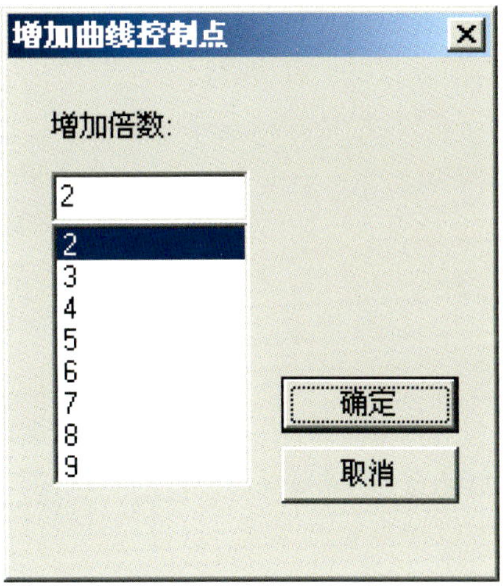

图 1-29　增加控制点对话框

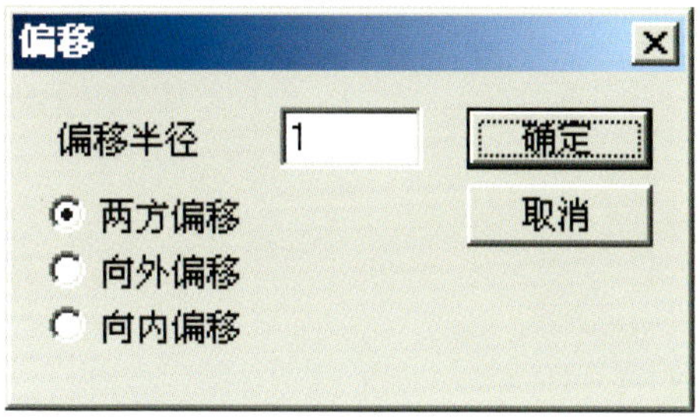

图 1-30　偏移对话框

(1)偏移半径(Offset Radius)　用于设置偏移曲线的半径。

(2)两方偏移(Offset both sides)　用于设置在要偏移的曲线的两个方向偏移复制曲线。

(3)向外偏移(Offset right only)　用于设置在要偏移的曲线的一个方向偏移复制曲线，该方向是曲线的外侧。

(4)向内偏移(Offset left only)　用于设置在要偏移的曲线的一个方向偏移复制曲线，该方向是曲线的内侧。

22. 中间曲线(In Between Curve)　该命令用于在两条曲线中间创建一条新的曲线。新创建的曲线的 CV 点数与原来的曲线的相同。这里要求原来的两条曲线的 CV 点数也要相同。

23. 曲线长度(Curve Length)　该命令用于测算已有曲线的长度。当点击该命令后，系统进入曲线长度测算模式。点选要测算的曲线，那么它的长度将在状态提示栏里面显示出来。

24. 还原已消除曲线(Restore removed curves)　使用它可以还原那些在执行曲面生成命令时被消除的曲线。曲面生成命令有：直线延伸曲面(Extend)、横向环形对称曲面(Horizontal Revolve)、纵向环形对称曲面(Vertical Revolve)、线面连接曲面(Loft)、管状曲面(Pipe)、导轨曲面(Rail)。

该命令是 Jewel CAD 5.1(Update9)版本相当以前版面的改进。

以前的版本，执行曲面生成命令后，曲线被部分或者全部消除，这时要还原被消除的曲线，可以点击编辑菜单下的不消除(Undelete)命令。如果执行曲面生成命令后，又执行了其他的命令，并且操作了多次消除命令去消除多余物体，这时需要使用到前面在执行曲面生成命令时被消除的曲线，就必须多次点击不消除(Undelete)命令来还原曲线。当然前面消除的多余物体也会被还原。也就是说，不消除(Undelete)命令不仅可以还原被消除的物体，还可以还原在执行曲面生成命令时消除的曲线。

版面 Jewel CAD 5.1(Update9)缩减了不消除(Undelete)命令的功能，它只用于还原被消除的物体。而还原在执行曲面生成命令时消除的曲线，则是由还原已消除曲线(Restore removed curves)命令来完成的。

第八节　曲面(Surface)菜单

曲面菜单如图 1－31 所示。

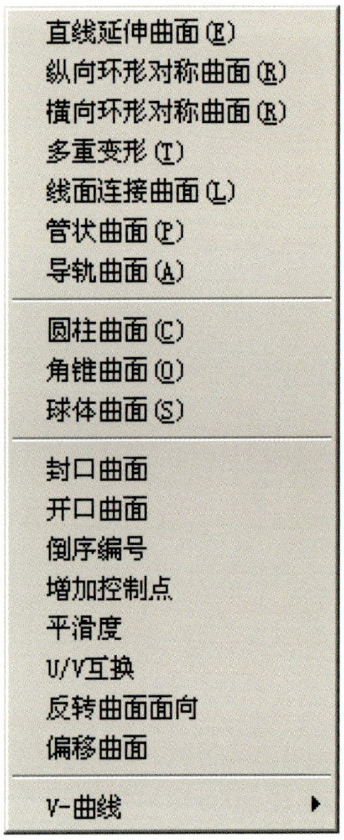

图 1－31　曲面菜单

1. 直线延伸曲面(Extend)　该命令用于通过沿直线延伸截面线来产生曲面。点击该命令以后会弹出如图 1－32 的对话框，它包含如下的内容：

(1)延伸数目(Extend Number)　该选项用于设置延伸的曲面包含几根延伸截面线，延伸数目的大小不能小于 2。

(2)水平[Horizontal(－)]　它是用来设置直线延伸的轮廓截面线在水平轴方向上的间距。

(3)竖直[Vertical(|)]　它是用来设置直线延伸的轮廓截面线在竖直轴方向上的间距。

(4)进/出[In/Out(＋)]　它是用来设置直线延伸的轮廓截面线在进/出轴方向上的间距。

这 3 项值的设定也可以通过鼠标来完成。只要在该状态下，在绘图的视窗中，按左键拖动鼠标，系统将会按照鼠标拖动的大概方向，来确定是按水平还是竖直轴来设定(这是锁定轴向的设定)，这时只能设定其中的一个轴向的数值。如果在绘图的视窗中，按右键拖动鼠标，这时只能设定其中的两个轴向的数值。这 3 项还可以变为以下的极坐标的设定方式(通过点选＜按钮来切换)。

(5)长度[Length(/)]　它是用来设置直线延伸的轮廓截面线在极轴方向上的间距。

(6)与极轴的成角[Angle at horizon(＜)]　它是用来设置直线延伸轮廓截面的延伸方向与极轴所成的角。

图 1－32　直线延伸对话框

(7)与极平面的成角[Angle away from view plane or vice versa(＞)]　它是用来设置直线延伸轮廓截面的延伸方向与极平面所成的角。

2. 纵向环形对称曲面(Vertical Revolve)　该命令用于将一条选中的曲线以当前操作视图的竖直轴为旋转轴旋转来产生曲面。选择该命令后，系统会弹出如图 1－33 所示的对话框，它包含以下的内容：

(1)数目(Number)　它用来设定横向环形对称曲面的旋转轮廓截面(即该旋转曲线)总数。它的数值不能小于 3。

(2)角度(Degree)　用于设定两个相邻的轮廓截面与该操作视图的竖直轴组成的夹角的大小。

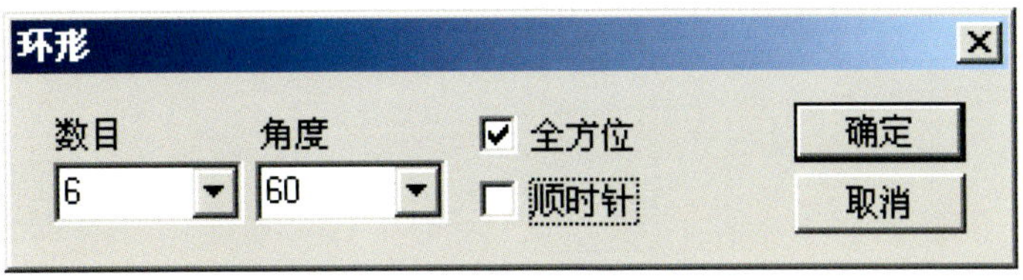

图 1－33 纵向环形对称曲面对话框

(3)全方位(Full Revolution) 这个选项在默认的状态下是被选中的。它是用来限制设定数目的轮廓截面平均分布在创建的圆形曲面上，而且绘制的曲面是闭合的曲面。如果没有勾选，就不能保证绘制的曲面是闭合的。

(4)顺时针(Clockwise) 用于设定按当前操作视图的顺时针方向旋转产生曲面。

以上各项的值的设定也可以通过鼠标来完成。只要在该状态下，在绘图的视窗中，按左键拖动鼠标，系统将会按照鼠标拖动的大概方向，来确定是顺时针还是逆时针方向，并确定轮廓的截面数目和角度。在点击“确定”后，可以在视窗看到生成的曲面。

3. 横向环形对称曲面(Horizontal Revolve) 该命令与纵向环形对称曲面(Vertical Revolve)类似，用于将一条选中的曲线以当前操作视图的水平轴为旋转轴旋转来产生曲面。选择该命令后，系统会弹出如图 1－33 的对话框，它包含以下的内容：

(1)数目(Number) 它用来设定横向环形对称曲面的旋转轮廓截面(即该旋转曲线)总数。它的数值不能小于 3。

(2)角度(Degree) 用于设定两个相邻的轮廓截面与该操作视图的竖直轴组成的夹角的大小。

(3)全方位(Full Revolution) 这个选项在默认的状态下是被选中的。它是用来限制设定数目的轮廓截面平均分布在创建的圆形曲面上，而且绘制的曲面是闭合的曲面。如果没有勾选，就不能保证绘制的曲面是闭合的。

(4)顺时针(Clockwise) 用于设定按当前操作视图的顺时针方向旋转产生曲面。

以上各项的值的设定也可以通过鼠标来完成。只要在该状态下，在绘图的视窗中按左键拖动鼠标，系统将会按照鼠标拖动的大概方向，来确定是顺时针还是逆时针方向，并确定轮廓的截面数目和角度。在点击“确定”后，可以在视窗中看到生成的曲面。

4. 多重变形(Transform) 该命令用于将一条选中的曲线在当前操作视图中，按照多重变形对话框的设置来产生曲面。选择该命令后，系统会弹出如图 1－34 所示的对话框，它包含以下的内容：

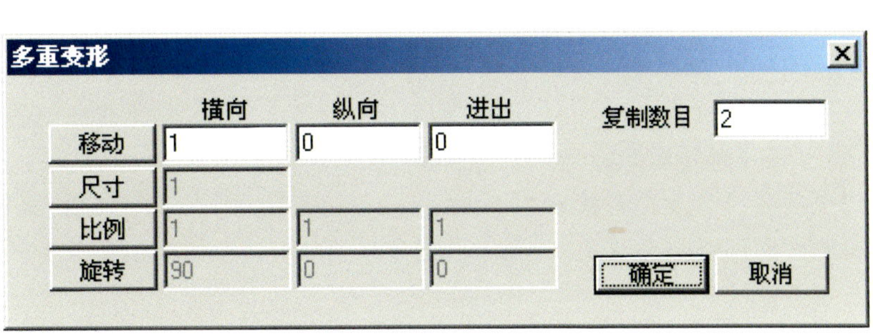

图 1－34 多重变形对话框

(1)复制数目(Copy No) 它用来设定创建多重变形曲线的轮廓截面总数。它的数值不能小于 2。

(2)移动(Move) 该选项用于设置曲线上两个相邻的轮廓截面在空间中的距离，包含 3 个轴向上的设置:横向(Horizontal)、纵向(Vertical)、进/出(In/Out)。可以通过设置3个轴向的值,来实现对轮廓截面的间距的设置。

(3)尺寸(Size) 该选项用于设置缩放的比例,只可以设置1个数值。当设置的数值小于1时,曲面轮廓截面会被缩小;当设置的数值大于1时,曲面轮廓截面会被放大。

(4)比例(Scale) 该选项用于设置创建的曲面轮廓截面沿不同轴向缩放的比例,包含3个轴向上的设置:横向(Horizontal)、纵向(Vertical)、进/出(In / Out)。可以通过设置3个轴向的值,来实现对创建的曲面轮廓截面在不同轴向的缩放。该选项与上面的比例(Scale)选项只能设置其中的1个参数,不能同时设置。

(5)旋转(Rotate) 该选项用于设置创建的曲面轮廓截面沿不同轴向旋转的度数。包含3个轴向上的设置:横向(Horizontal)、纵向(Vertical)、进/出(In / Out)。可以通过设置3个轴向的值,来实现对创建的曲面轮廓截面在不同轴向的旋转。

5. *线面连接曲面*(Loft) 该命令用于将多条选中的轮廓截面线连接起来产生曲面。该命令也可以用来将多个不同的曲面连接起来,形成一个新的曲面。这里要求轮廓截面曲线CV点的数量必须相同。若是曲面连接,那么曲面必须统一是开口的或封口的曲面。选择该命令后,系统会弹出如图1-35所示的对话框,它包含以下的内容:

图1-35 线面连接曲面对话框

(1)切面倒序(Reverse Section) 将选中的曲线或曲面的CV点的编号顺序颠倒。

(2)曲面倒序(Reverse Surface) 将选中的曲面的CV点的编号顺序颠倒。

(3)U/V互换(Swap UV) 将选中的曲面的U/V方向的顺序颠倒。

以上3项是用来防止创建的曲面出现严重的扭曲。为了使新创建的曲面不发生严重扭曲,必须保证曲线或曲面的CV点的顺序是一致的。如果发现有不一致的,将使用以上的命令来修改CV点的顺序,使它们保持一致。当点击进入线面连接曲面(Loft)后,可以通过以下操作步骤来完成线面连接曲面(Loft):

①选择第一曲线或曲面(Selecting the first curve or surface) 将鼠标移动到要选择的曲线或曲面上,点击鼠标的左键,选中的曲线或曲面会变成红色。

②选择更多的曲线或曲面(Selecting more curves and/or surfaces) 只要像第一步那样继续点选即可。

③选择复合轮廓曲线(Selecting a multiple selected curve) 与创建任意曲线里面的复合CV点类似,在创建曲面时也有复合轮廓曲线,也是在相同的轮廓曲线上点击两次或多次,那么该位置的轮廓曲线就是复合轮廓曲线。有复合轮廓曲线的曲面,在该位置曲面的过渡会比较尖锐。

④删除多选的轮廓曲线或曲面(Canceling a selected curve or surface) 只要在不需要的轮廓曲线或曲面上点击右键就能将它删除。

⑤结束线面连接曲面(Loft)(Finishing the loft surface and exit this mode) 只要点选进入其他命令状态,那么就结束了线面连接曲面(Loft)。

要注意的是,使用通过线面连接曲面(Loft)创建的曲面都是不封口的曲面,需要通过封口曲面才能将它封闭。

6. *管状曲面*(Pipe) 该命令用于通过按照选中的路径曲线来延伸截面曲线产生曲面。点击该命令以后会弹出如图1-36所示的对话框,它包含如下的内容:

(1)单切面(One section)　如果点击该选项，那么系统将要求再选取一条截面曲线作为延伸的截面。这时延伸曲面的方向将由后面的两个选项来控制：

- 横向管状(Horizontal)　该项控制管状延伸曲面的截面将横向地通过路径。
- 纵向管状(Vertical)　该项控制管状延伸曲面的截面将纵向地通过路径。

这里的截面曲线与坐标原点的位置将会影响到延伸出来的新曲面的形状。

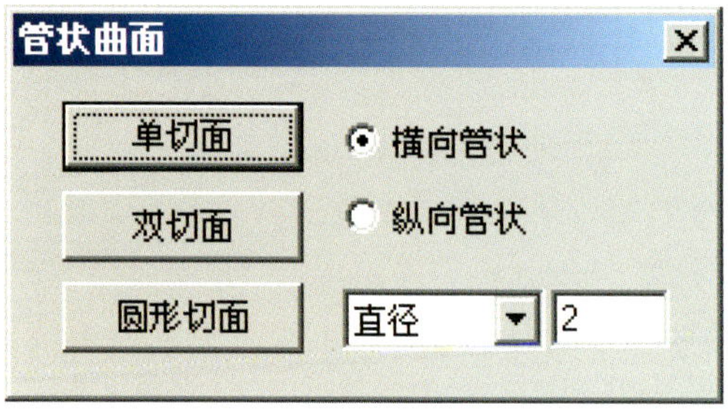

图 1-36　管状曲面对话框

(2)双切面(Two sections)　如果点击该选项，那么系统将要求再选取两条截面曲线作为延伸的截面。这两条截面曲线将作为产生曲面的起始端轮廓和结束端轮廓，而且这两条截面曲线的 CV 点数要求相同。这时延伸曲面的方向将由后面的两个选项来控制：

- 横向管状(Horizontal)　该项控制管状延伸曲面的截面将横向地通过路径。
- 纵向管状(Vertical)　该项控制管状延伸曲面的截面将纵向地通过路径。

这里的截面曲线与坐标原点的位置将会影响到延伸出来的新曲面的形状。

(3)圆形切面(Circular section)　如果点击该选项，那么系统将要选择输入圆形截面的直径或半径的大小。这时延伸曲面的方向将由后面的两个选项来控制：

- 横向管状(Horizontal)　该项控制管状延伸曲面的截面将横向地通过路径。
- 纵向管状(Vertical)　该项控制管状延伸曲面的截面将纵向地通过路径。

这里的截面曲线与坐标原点的位置将会影响到延伸出来的新曲面的形状。

7. 导轨曲面(Rail)　该命令是一个非常有用的曲面创建命令，它是按照指定的扫描路径来扫描截面轮廓线，从而产生封闭的曲面。在使用该命令前，必须创建好扫描路径和截面轮廓。在点击该命令后，系统会弹出如图 1-37 所示的对话框。

一般情况下，导轨曲面命令是通过两条路径扫描截面轮廓来创建曲面，它包含多种导轨路径选择

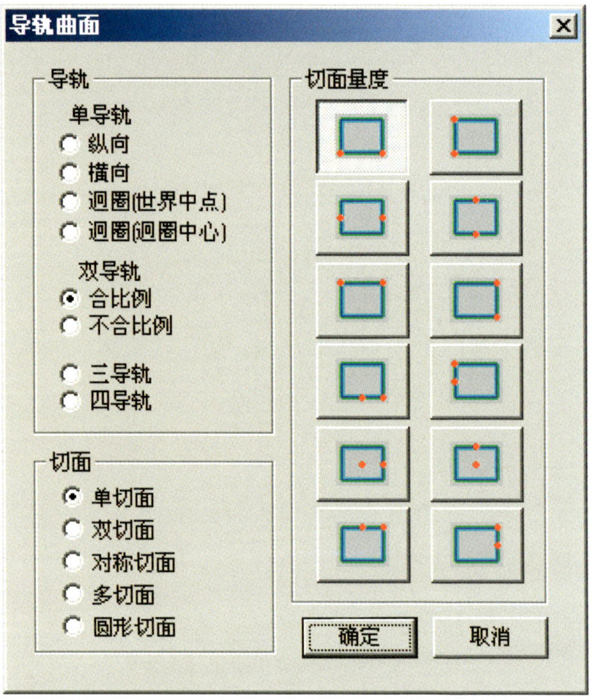

图 1-37　导轨曲面对话框

情况，以及多种截面选择情况：

(1)单轨道

● 纵向(Vertical)　该选项需要通过扫描一条已经存在的导轨路径曲线来产生曲面，而另外一条导轨路径是当前操作视图的竖直轴。截面轮廓将会根据已经存在的导轨路径曲线与竖直轴的距离来缩放它的大小，但是截面轮廓的比例是不发生变化的。

● 横向(Horizontal)　该选项需要通过扫描一条已经存在的导轨路径曲线来产生曲面，而另外一条导轨路径是当前操作视图的水平轴。截面轮廓将会根据已经存在的导轨路径曲线与水平轴的距离来缩放它的大小，但是截面轮廓的比例也是不会发生变化的。

● 过世界中心[Loop(World Origin)]　该选项需要通过扫描一条已经存在的导轨路径曲线来产生曲面，而另外一条导轨路径是当前操作视图世界中心进出轴。截面轮廓将会根据已经存在的导轨路径曲线与进出轴的距离来扫描，同时截面轮廓的宽度(高度)会根据在切面度量里面勾选的选项相应地发生变化，截面轮廓的高度(宽度)则保持不变。

● 过圈中心[Loop(Self Centroid)]　该选项与过世界中心[Loop(World Origin)]是类似的，只是扫描时通过的进出轴不同。该选项通过的进出轴的位置是条已经存在的导轨路径曲线的中心。

(2)双导轨(2 Rails)

● 合比例(Scale)　该选项需要通过扫描两条已经存在的导轨路径曲线来产生曲面。截面轮廓将会根据已经存在的两条导轨路径曲线之间的距离来缩放它的大小，但是截面轮廓的比例是不发生变化的。

● 不合比例(Semi-scale)　该选项需要通过扫描两条已经存在的导轨路径曲线来产生曲面。截面轮廓将会根据已经存在的两条导轨路径曲线之间的距离来扫描，同时截面轮廓的宽度(高度)会根据在切面度量里面勾选的选项相应地发生变化，截面轮廓的高度(宽度)则保持不变。

(3)三导轨(3 Rails)　该选项需要通过扫描 3 条已经存在的导轨路径曲线来产生曲面。截面轮廓将会放置已经存在的前两条导轨路径曲线之间，同时截面轮廓的宽度(高度)会根据在切面度量里面勾选的选项以及在使用该命令时先选择的两条导轨之间的距离相应地发生变化，截面轮廓的高度(宽度)根据第三条导轨曲线与前两条导轨曲线的距离产生相应的变化。

(4)四导轨(4 Rails)　该选项需要通过扫描 4 条已经存在的导轨路径曲线来产生曲面。截面轮廓将会放置已经存在的前两条导轨路径曲线之间，同时截面轮廓的宽度(高度)会根据在切面度量里面勾选的选项以及在使用该命令时先选择的两条导轨之间的距离相应地发生变化，截面轮廓的高度(宽度)根据第 3 条导轨曲线与第 4 条导轨曲线的距离产生相应的变化。

(5)切面度量(Section Extent)

切面度量里面的选项是用来决定截面轮廓在扫描时的放置位置和方向的，它包含以下的选项：

两条导轨从截面轮廓底部的最左和最右通过。

两条导轨从截面轮廓中部的最左和最右通过。

两条导轨从截面轮廓顶部的最左和最右通过。

两条导轨从截面轮廓底部的中心和最右通过。

两条导轨从截面轮廓中部的中心和最右通过。

两条导轨从截面轮廓顶部的中心和最右通过。

两条导轨从截面轮廓左边的顶部和底部通过。

两条导轨从截面轮廓中间的顶部和底部通过。

两条导轨从截面轮廓右边的顶部和底部通过。

两条导轨从截面轮廓左边的顶部和中间通过。

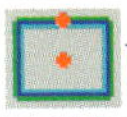两条导轨从截面轮廓中间的顶部和中间通过。

两条导轨从截面轮廓右边的顶部和中间通过。

(6)切面(Section)

- 单切面(Single) 使用单个截面轮廓作为整个导轨曲面的截面轮廓。
- 双切面(Dual) 使用两个截面轮廓作为导轨曲面的截面轮廓。第一条截面轮廓线作为开始截面,第二条截面轮廓线作为结束轮廓线,在这两条轮廓线之间产生渐变的过渡面。
- 对称切面(Mirror) 与双切面(Dual)类似,使用两个截面轮廓作为导轨曲面的截面轮廓。第一条截面轮廓线作为开始截面和结束轮廓线,第二条截面轮廓线作为中间轮廓截面。两截面之间形成渐变的曲面。
- 多切面(Multiple) 用多个截面轮廓作为导轨曲面的截面轮廓。
- 圆形切面(Circular) 用圆形截面轮廓作为导轨曲面的截面轮廓。

当上面的选项选好后,就可以点击确定(OK)键,然后在视窗中依次选取路径曲线和截面轮廓线。这时还分两种情况:

①如果选择的是单导轨,在选择路径曲线的时候就必须注意选取时使用的操作视窗。因为在使用单轨道命令时,虽然选取的导轨曲线只有一条,但是系统在执行导轨扫描运算的时候,是通过扫描两条导轨路径来产生曲面的,而这第二条导轨路径就是不同视窗的竖直轴、水平轴或者进出轴(由在单轨道命令里面选择的选项来决定)。最好不要在立体视图里面作选择,因为立体视图里面的竖直轴、水平轴、进出轴在一些情况下是不好确定的。

②如果选择的是双导轨、三导轨或者四导轨,那么在选择导轨曲线时就必须按照提示栏里面的提示依次选择需要的导轨曲线。

在选取完导轨曲线后,还需要对截面轮廓线进行选择,系统会根据具体的情况,在下面的提示栏里给出具体的提示。如果使用的是单切面,那么就只需要选取一条截面轮廓线。如果是双切面或者是对称切面,那么就要根据提示选择两条截面轮廓线。如果是圆形切面,就不用选择任何截面轮廓线。如果是多切面就必须执行以下的步骤:

①为路径曲线的 CV'0'点选择一条截面轮廓线。

②再在第一路径曲线上面选择一个 CV 点。

③再为该点选择相应的截面轮廓线。

④然后重复上面的②和③,直到为最后一个需要设置截面轮廓的 CV 点选择好需要的截面轮廓线。

当以上的步骤完成后,一个扫描曲面就会在视窗中产生。

8. 圆柱曲面(Cylinder) 该命令用于在操作视窗的坐标原点创建一个圆柱曲面。

9. 角锥曲面(Cone) 该命令用于在操作视窗的坐标原点创建一个角锥曲面。

10. 球体曲面(Sphere) 该命令用于在操作视窗的坐标原点创建一个球体曲面。

11. 封口曲面(Close) 该命令用于将选中的曲面封口。

12. 开口曲面(Open) 该命令用于将选中的曲面开口。

13. 倒序编号(Reverse) 该命令用于将被选中的曲面的 CV 点编号的顺序颠倒。

14. 增加控制点(Divide) 该命令用于增加被选中曲面的 CV 点的数目,但不改变曲面的形状。曲面原来两个相邻点之间的曲线将平均分布设置的控制点。在选中要增加控制点的曲线后,系统将弹出如图 1-38 所示的对话框,可以设置以下内容:

(1)增加倍数(Division No.) 该选项用于设置增加 CV 点的倍数。

(2)U V 方向都增加(Divide Both) 该选项用于设置增加 CV 点,U、V 方向都增加。该选项为

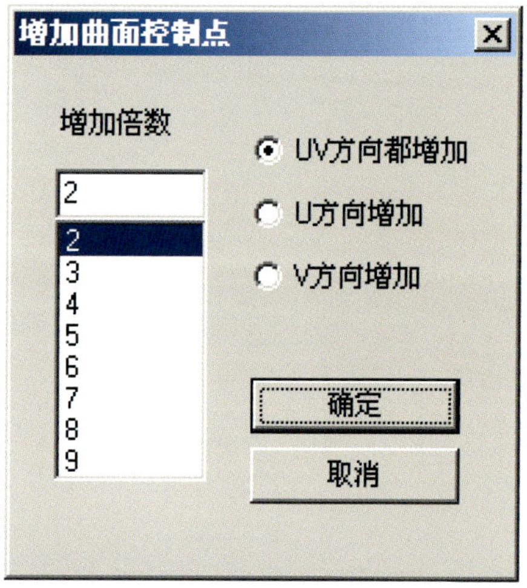

图 1－38　增加控制点对话框

默认的选项。

(3)U 方向增加(Divide U-curve)　该选项用于设置增加 CV 点沿着曲面的 U 方向。

(4)V 方向增加(Divide V-curve)　该选项用于设置增加 CV 点沿着曲面的 V 方向。

15. *平滑度*(Steps)　该命令用于改变选中曲面的平滑度。平滑度的值越高，曲面的表面就越光滑。但是它也将消耗大量的系统硬件资源，使得在显示它的快彩图、光影图的时候，电脑的显示运算速度变慢。点击该命令系统会弹出如图 1－39 所示的对话框，它包含如下内容：

(1)U 方向(U-Step edit box)　该复选框用于设置它右边的平滑度，它决定是否在 U 方向产生作用。

(2)U 方向(U-Step check box)　用于设置 U 方向的平滑度数值。

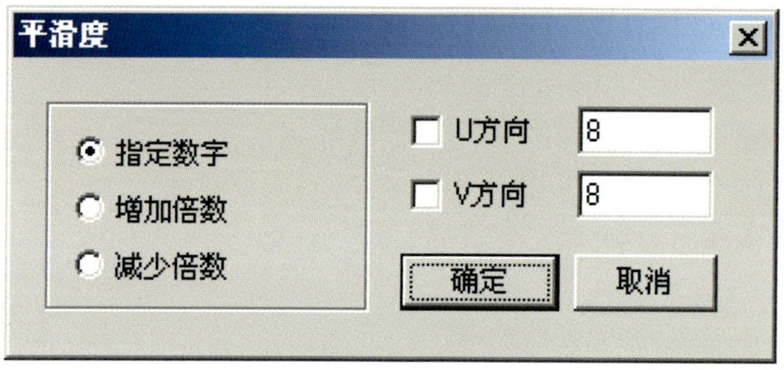

图 1－39　平滑度对话框

(3)V 方向(V-Step edit box)　该复选框用于设置它右边的平滑度。它决定是否在 V 方向产生作用。

(4)V 方向(V-Step check box)　用于设置 V 方向的平滑度数值。

(5)指定数字(Step no. to assign)　右边的输入值的设置，将对选中的曲面的平滑度产生影响。

(6)增加倍数(Increasing ratio)　该选项用于设置是否对选中的曲面平滑度产生倍增影响。比如原来的曲面的平滑度为 8，当在右边都输入 2 后，它 U 方向和 V 方向的平滑度将变为 16。

(7)减少倍数(Decreasing ratio)　该选项用于设置是否对选中的曲面的平滑度产生减少影响。比如原来的曲面的平滑度为 8，当在右边都输入 2 后，它 U 方向和 V 方向的平滑度将变为 4。

16. *U/V 互换*(Swap U/V)　该命令用于互换曲面的 UV 方向。

17. *反转曲面方向*(Flip Normal)　该命令用于改变选择曲面的法线方向，曲面的法线方向关系到曲面是否可以看见的问题。如果法线的方向向外，曲面是可见的。如果向里，曲面是不可见的。

18. *偏移表面*(Offset Surface)　该命令用于将选中的曲面偏移复制出新的曲面。偏移得到的新曲面与原来的曲面保持平行。点击该命令系统会弹出一个如图 1－40 所示的对话框，可以设置以下的内容：

(1)偏移半径(Offset Radius)　用于设置偏移曲面的半径。

(2)两方偏移(Offset both sides)　在要偏移的曲面的两个方向都偏移复制曲面。

(3)向外偏移(Offset right only)　将要偏移的曲面朝一个方向，偏移复制该曲面，该方向是曲面的外侧。

(4)向内偏移(Offset left only) 将要偏移的曲面朝一个方向,偏移复制该曲面,该方向是曲面的内侧。

19. V-曲线(V-Curves) 该命令用于控制曲面的V向曲线的开口或封口,它包含3个子命令:

(1)封口曲线(Close) 该命令用于将曲面的V向曲线封闭。

(2)开口曲线(Open) 该命令用于将曲面的V向曲线开口。

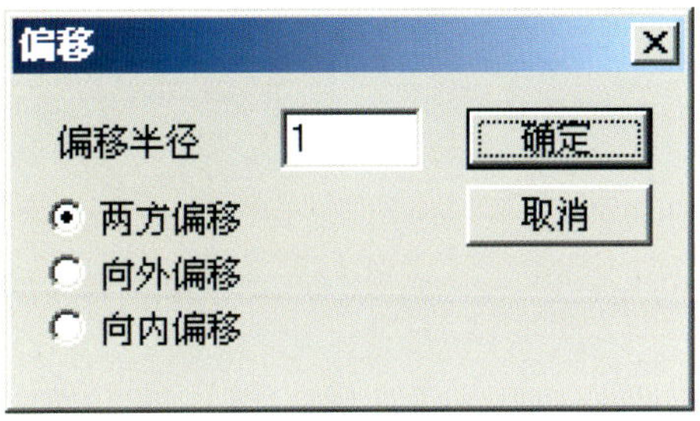

图1-40 偏移表面对话框

(3)倒序编号(Reverse) 该命令用于将曲面的V向曲线的编号颠倒。

第九节 杂项(Misc)菜单

杂项菜单如图1-41所示。

下拉菜单的各个指令解释:

1. 布林体(Boolean)

(1)联集(Union) 该命令用于将选中的多个物体合为一个。

(2)交集(Intersect) 该命令用于将选中的多个物体的相交共用的部分保留下来。

(3)相减(Subtract) 让先选取的几个物体与一个被减物体进行相减的运算。它是先选中几个物体,然后再点击该命令,再去选取被减物体。

(4)还原(Disboolean) 还原作了联集(Union)、交集(Intersect)、相减(Subtract)运算了的布林体,让它们还原成运算前的多个物体。

以上命令在工具栏里面显示的图标为:

(5)显示减去物件(Show Subtractors) 作相减运算后的布林体减去物件在默认的状态下是不显示的,执行该命令可以将它们显示出来。在执行前,必须先选中相应的布林体。

(6)隐藏减去物件(Hide Subtractors) 该命令是显示减去物件(Show Subtractors)的逆操作,用于将上面操作显示的减去物件隐藏。

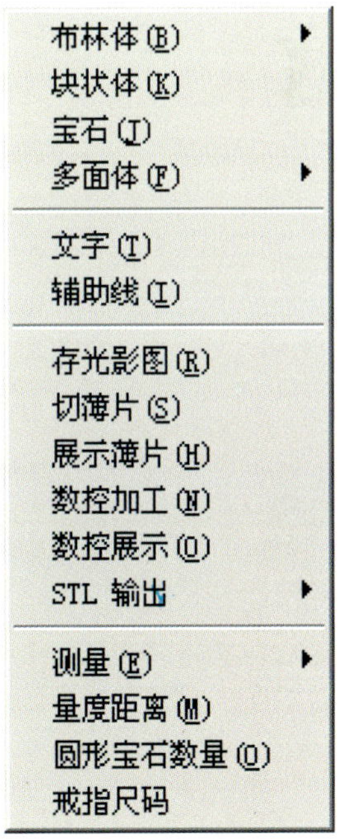

图1-41 杂项菜单

2. 块状体(Block) 该命令用于创建块状体。块状体是通过延伸数条截面轮廓线而产生的实体。它对延伸的截面轮廓线有如下要求:

①所有的截面轮廓线必须是封闭的。

②它们必须围绕在一起,但是不能有叠交的部分。

③最外面的截面轮廓线的方向必须是逆时针方向(即截面轮廓线的CV点排列顺序的方向是逆时针)。

④两相邻截面轮廓线的方向必须相反(即截面轮廓线的CV点排列顺序的方向必须相反)。

使用该命令时,必须先确定操作视图,因为它将按照当前操作视图的进/出轴的方向来延伸曲面。选取该命令后系统将弹出如图1-42所示的对话框,可以设置以下内容:

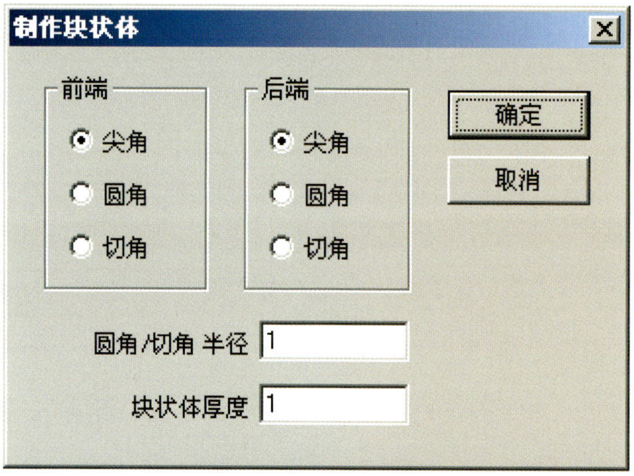

图 1-42　块状体对话框

(1)前端(Front end)

- 尖角(Shape)　设置为不倒角,即为尖角。
- 圆角(Fillet)　设置为倒圆角,即倒的角为圆面。
- 切角(Chamfer)　设置为倒切角,即为切面。

(2)后端(Back end)

- 尖角(Shape)　设置为不倒角,即为尖角。
- 圆角(Fillet)　设置为倒圆角,即倒的角为圆面。
- 切角(Chamfer)　设置为倒切角,即倒的角为切面。

(3)圆角/切角半径((Fillet /Chamfer radius)　设置倒角半径。

(4)块状体厚度(Block thickness)　设置块状体厚度。

下面是一个制作块状体的例子:

图 1-43 是在上视图中绘制的几个闭合的截面轮廓线。

图 1-44 为效果图。

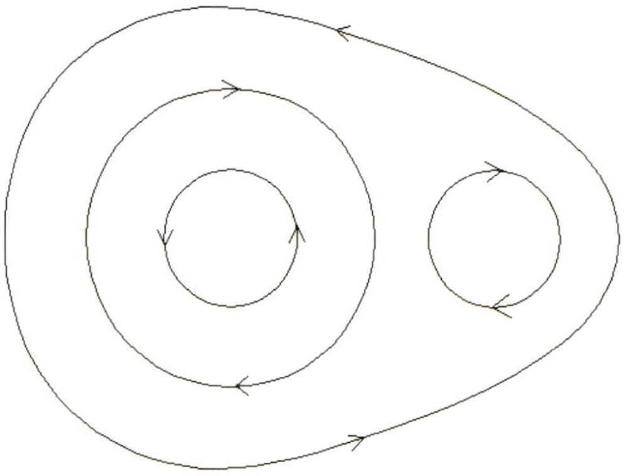

图 1-43　绘制的曲线

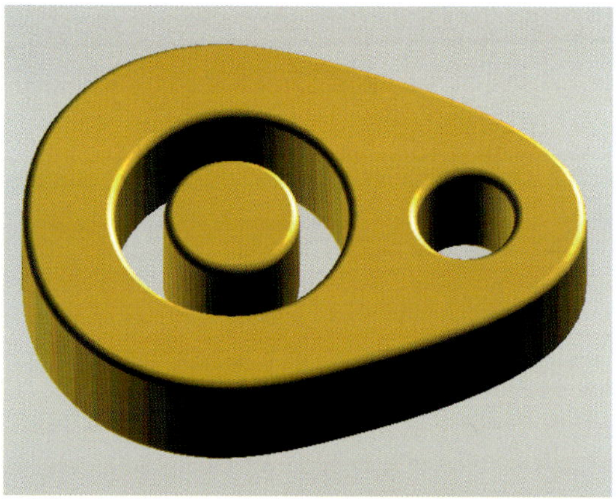

图 1-44　执行块状体后的效果

3. 宝石(Jewel)　该命令用于创建一个刻面宝石。当选取该命令时,会弹出一个对话框如图 1-45 所示,选择相应的宝石后,双击就可以创建相应的宝石。在这些宝石选项中,只有在点击圆形钻石

(Round)时会弹出如图 1－46 所示的对话框。在该对话框里面，需要设置的内容是钻石的直径大小或者是克拉数的多少。可以看到，左边的框是用来填写数值的，右边的是选择单位的。单位有毫米和克拉两种选择，如图 1－47 所示。

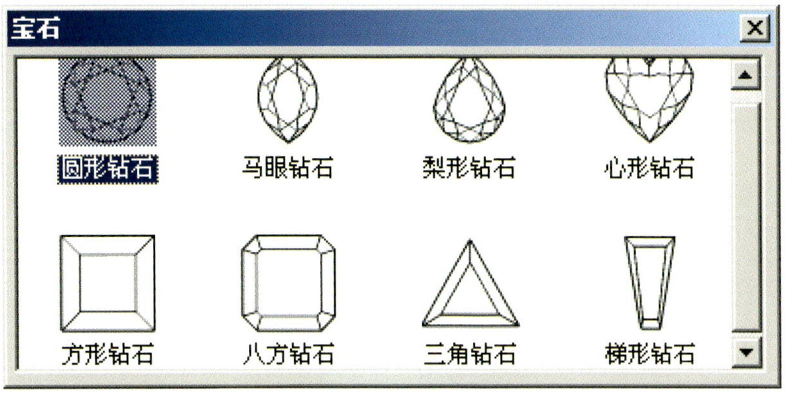

图 1－45　宝石对话框

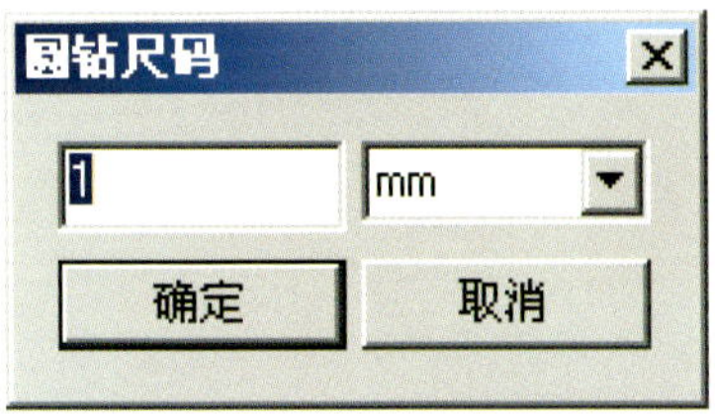

图 1－46　圆钻尺码对话框

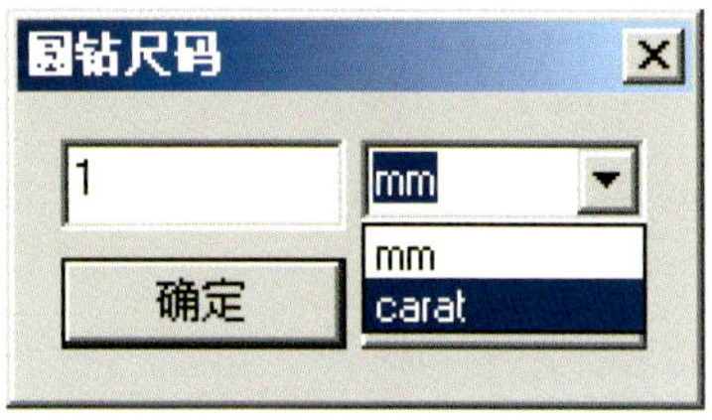

图 1－47　圆钻尺码对话框

4. 多面体(Facet Object)

(1)平面多面体(Flat shaded)　该命令用来将多面体转变成为平面多面体。平面多面体的特征是在不同四侧面中间可以看到尖锐的边界线。使用该命令必须先选中要转换的多面体，然后再点选该命令。

(2)光滑多面体(Smooth shaded)　该命令用来将多面体转变成为光滑多面体。光滑多面体与光滑的实体一样，看不到不同侧面之间的尖锐边界。使用该命令必须先选中要转换的多面体，然后再点选该命令。

(3)反转面向(Flip Normal)　该命令用来将多面体的方向翻转。使用时也是先将要翻转的多面体选中，然后再点选该命令。

(4)延伸成实体(Extend to Solid)　该命令用来将多面体延伸成实体。选中要延伸成实体的多面体后，点击该命令就会弹出如图 1－48 所示的对话框：

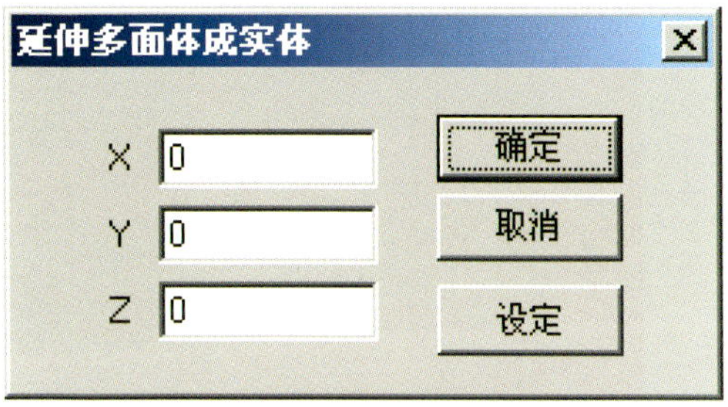

图 1－48　延伸多面体成实体对话框

对这里的 X、Y、Z 可以直接输入想要延伸的数值。也可以点击设定(Setup)来进入鼠标设定状态，这里的鼠标操作步骤如下：

①移动鼠标的箭头将它指向视图区。

②这时按下鼠标的左键，就可以拖动鼠标来设置水平轴和竖直轴的投影方向。也可以按下鼠标的右键并任意拖动来设置任意的投影方向。

③拖动鼠标直到得到想要的方向，这时就可以释放按下的键。

④在释放鼠标的键后，延伸成实体(Extend to Solid)的对话框会再次弹出来，这时就可以在 *X*、*Y*、*Z* 旁边的方框里面看到刚刚通过鼠标设置的数值。

在点击了确定键后延伸成实体(Extend to Solid)的对话框就被关闭，刚刚选中的多面体就会被延伸成实体。

5. 文字(Text)　该命令用于创建文字。点击该命令，会弹出文字创建对话框，如图 1－49 所示，它包含以下的内容：

图 1－49　文字对话框

(1)文字输入框(Text)　空白部分，可以将鼠标移动到文字输入框里面点击，便可以输入文字。

(2)制作立体文字(Create Block Text check)　它是默认的选项。如果不勾选，那么文字将以曲线的形式创建。如果被勾选，那么在输入文字点击确定后还会依次弹出如图 1－50 的对话框，你可以对想要创建的文字实体进行具体的设置。

(3)字体对话框(Set font)　它用来定义输入文字将选用的字体、字形、大小。

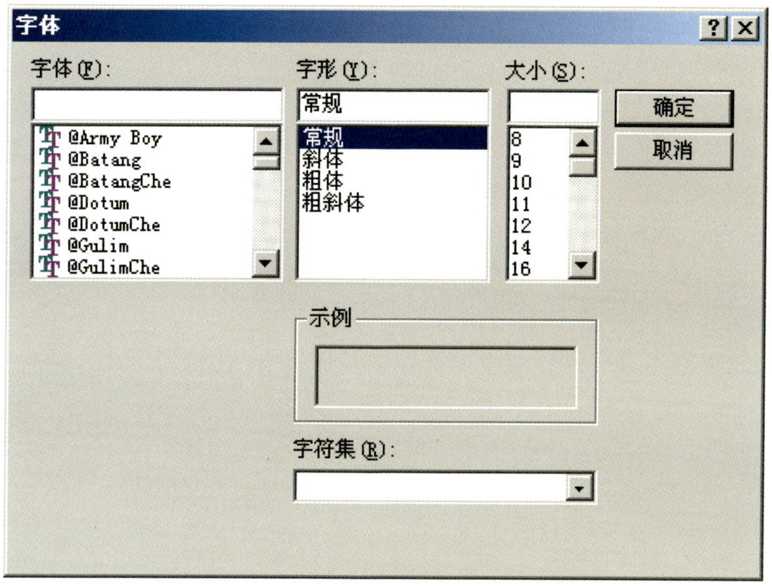

图 1－50　字体设置对话框

(4)制作块状体(Create Block from curves)　用于设置创建的块状体前后端面的倒角情况还有块状体的厚度，它的对话框如图 1－42 所示。

①前端(Front end)

- 尖角(Shape) 设置为不倒角,即为尖角。
- 圆角(Fillet) 设置为倒圆角,即倒的角为圆面。
- 切角(Chamfer) 设置为不倒角,即为尖角。

②后端(Back end)

- 尖角(Shape) 设置为不倒角,即为尖角。
- 圆角(Fillet) 设置为倒圆角,即倒的角为圆面。
- 切角(Chamfer) 设置为倒切角,即倒的角为切面。

③圆角/切角半径((Fillet /Chamfer radius) 设置倒角半径。

④块状体厚度(Block thickness) 设置块状体厚度。

6. 辅助线(T-Line) 该命令用来创建辅助线,在创建图形时起到一定的参考对齐作用。进入该命令状态后,只要将鼠标移动到想要创建辅助线的视图后点击,并拖动鼠标就可以创建一条辅助线,系统是根据鼠标的移动方向来创建辅助线的。如果鼠标大概呈水平移动,那么创建的辅助线为水平的;如果鼠标大概呈竖直移动,那么创建的辅助线为竖直的。若在点击时按住鼠标左键不放,并拖动鼠标,可以在拖动鼠标的同时创建出新的辅助线,即可以一次创建多条辅助线。

7. 存光影图(Render to file) 该命令可以渲染当前操作视图并且将渲染的结果以位图的形式保存。点击它,系统就会弹出如图 1-51 所示的对话框,它包含以下内容:

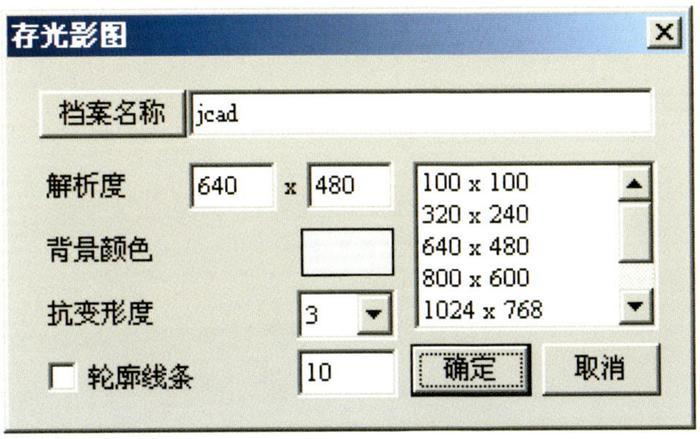

图 1-51 存光影图对话框

(1)档案名称(Image file) 可以在它的右边直接键入将要保存的图片的名字,还可以点击档案名称(Image file)这个按钮,然后在系统弹出的另存为(Save As)对话框里面选择要保存的地址、文件名、文件格式。

(2)解析度(Resolution) 该选项是用来设置渲染图片的分辨率大小的,它包含图片的宽度和高度。可以在它右边的方框里面填写想要的数值,也可以在最右边的选项栏里面直接选择相应的图片解析度(分辨率)。

(3)背景颜色(Background Color) 在这里可以设置渲染图片的背景颜色。默认的情况下,系统使用的是 R228,G228,B228 的一种灰色。可以点击右边的色块进入颜色(Color)对话框来对背景的颜色进行设置。颜色(Color)对话框如图 1-52 所示。

(4)抗变形度(Anti-alias) 与其他渲染工具的抗锯齿的设置是一样的,将图片的品质的值设置得越高图片的效果会越好,但是渲染的速度就会变慢。这里面有 1、2、3 三个设置:

- 设置为 1 时,系统将关闭抗变形度(Anti-alias)。
- 设置为 2 时,抗变形度为 2,渲染的时间就会变成抗变形度为 1 时的 4 倍。
- 设置为 3 时,这是最高的抗变形度,渲染的时间就会变成抗变形度为 1 时的 9 倍。

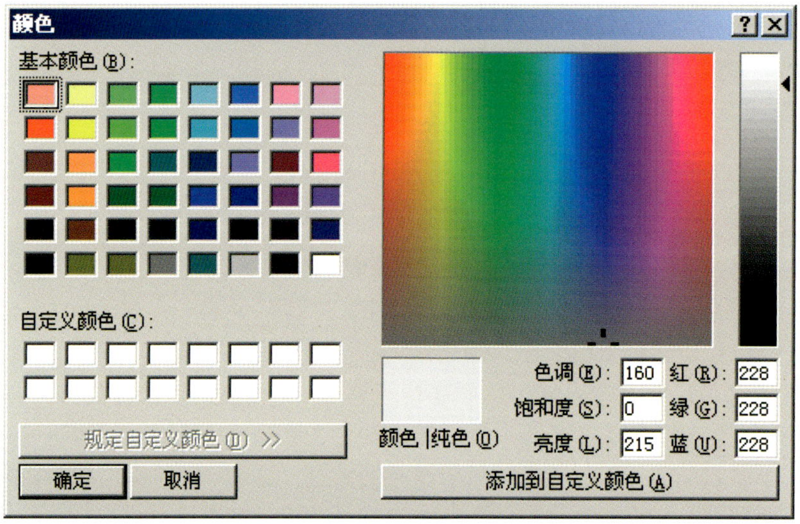

图 1－52　背景颜色设置对话框

(5)轮廓线条(Outline Drawing)　如果勾选了该选项，系统将把图片渲染成为黑白两色的线框图。它右边的方框也是用来设置渲染线框图的品质的。值越高品质越好。

8. *切薄片*(Cut into slices)　该命令是用来为数控加工提供加工数据的。点击它系统就会弹出如图 1－53 所示的切薄片(Cut into slices)对话框，它包含以下内容：

图 1－53　切薄片设置对话框

(1)切片档案(Slice file)　该项是用来设置保存切片数据的，可以在它的右边直接输入保存的路径和名字，也可以通过点击切片档案(Slice file)按钮来打开另存为(Save As)对话框，然后选择要保存的地址、文件格式，输入要保存的文件名。

(2)切片厚度(Slice thickness)　该项用来设置切片的厚度，可以在它右边的下拉列表里面选择想要的厚度数据。

(3)切片输出单位(Slice Output Unit)　该项用来设置切片的输出单位，这里有两种，毫米(mm)和英寸(inch)。

(4)进阶设定(Advanced Settings)　当点击进阶设定(Advanced Settings)按钮时,就可以对它下面的参数进行设置了,如图 1－54 所示。在默认状态下,进阶设定(Advanced Settings)的参数都是呈灰色的,是不能设置的。

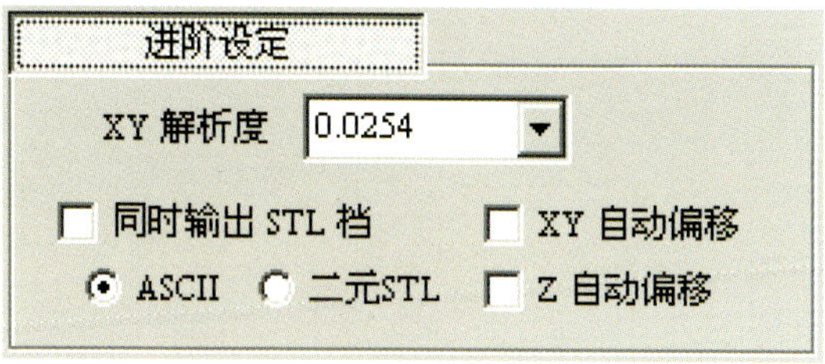

图 1－54　进阶设定对话框

(5)XY 解析度(XY Resolution)　该项是用来设置 XY 两向的解析度的,它的值越小,产生的切面的数据就越精确,切片运算的时间也就越长。

(6)同时输出 STL 档(Also output STL file)　勾选了这个复选框,系统在输出切片数据的同时还会将一个三维模型以 STL 的格式输出,这里还有 ASCII 和 Binary 两种标准供选择。

(7)XY 自动偏移(Auto XY Offset)　该选项用来设定切片运算时自动地沿着 XY 方向偏移。

(8)Z 自动偏移(Auto Z Offset)　该选项用来设定切片运算时自动地沿着 Z 方向偏移。

最后,当点击确定时,系统就开始进行切片计算。而计算的结果要在点击展示薄片(Show slices)后才能看到。

9. *展示薄片*(Show slices)　该命令用来把切薄片(Cut into slices)命令运算的结果展示出来,点击它会弹出如图 1－55 所示的对话框,它有如下内容:

图 1－55　展示薄片对话框

(1)切片档案(Slice file)　它是最左边的一个打开的图标,点击它会弹出打开对话框。在打开对话框里面可以寻找并打开 SLC 格式的切片文件。打开后就可以在视窗中看到切片的情况。

(2)展示所有切片[Show All(>)]　这也是一个图标,当点击了这个图标后系统会将刚刚产生的所有切片同时展示出来,这时就可以看到一个被切成片的物体。

(3)滚动条(Scroll Bar)　可以拖动它来展示不同切面的切面轮廓。

10. *数控加工*(NC Program)　该命令进入数控加工的程序。点击它会弹出数控加工(NC Program)的对话框,在这里可以设置数控加工的一些参数,它的内容如图 1－56 所示。

(1)数控档案(NC file)　这里是用来设置 NC file 的保存地址以及保存的文件名称的。可以在它右边的方框里面直接键入保存的路径和文件名,也可以点击浏览(Browse)按钮来打开一个另存为(Save As)对话框来设置保存路径和文件名。

(2)数控格式(NC file format)　在这里可以选择数控的格式,有 4 种,如图 1－57 所示。

(3)加工范围(Machining bound box)　加工范围是想象的加工空间,即要加工的部分必须在这个范围里面,否则视为不用加工。它包含了胚料位置 1 的 X、Y、Z 方向,以及胚料位置 2 的 X、Y、Z 方向。可以在方框里面直接输入想要的数值,也可以点击设定(Setup)来进行鼠标设定。操作的步骤如下:

- 移动鼠标,将箭头指向蓝色线框的边界或顶点处,按下鼠标的左键。
- 保持鼠标左键的按下状态并拖动鼠标,这时可以看到映射范围的边界也随着鼠标的移动而变化。可以在状态提示栏里面看到拖动到的位置。
- 当把映射范围调整到需要的范围时,就可以释放鼠标的左键。
- 上面的步骤可以重复操作,来得到需要的映射范围。

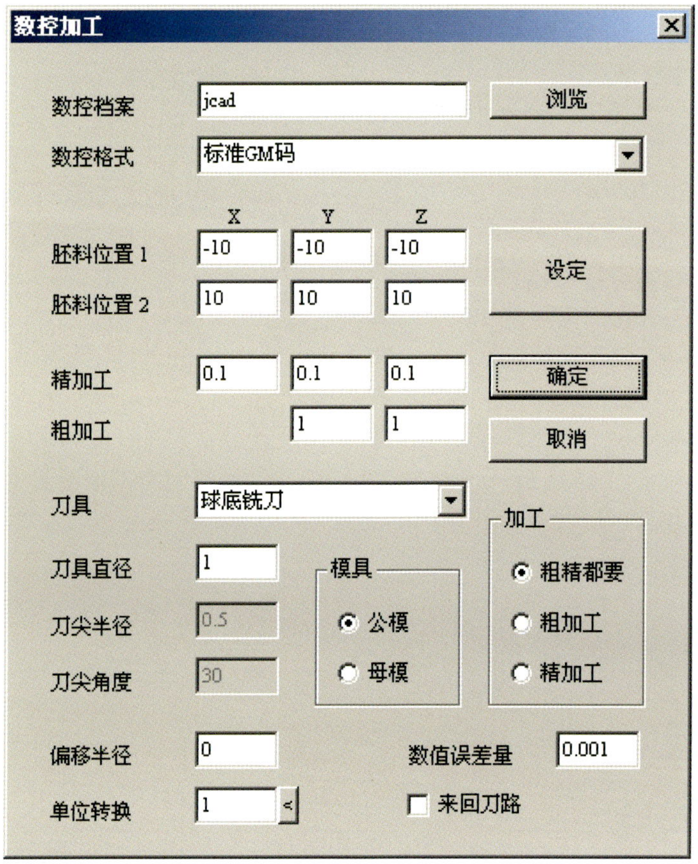

图 1－56　数控加工设置对话框

● 按下鼠标的右键，就可以拖出映射范围的设置，这时系统还会弹出数控加工（NC Program）对话框。

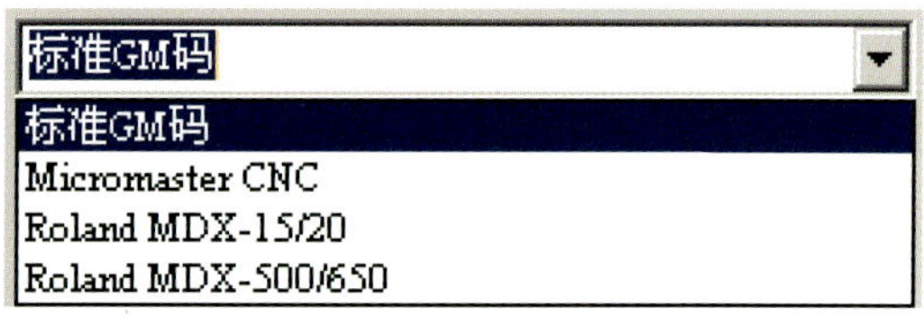

图 1－57　数控格式设置

（4）精加工 X，Y（Fine Cutting X，Y）　这里用来设置加工的精确值。数字越小，精确度越高，产生数控加工文件的时间就越长。

（5）精加工 Z（Fine Cutting Z）　这一项用来设置被加工切除部分的厚度。

（6）粗加工 Y（Roughing Out Y）　粗加工 Y 用来设置 Y 向的加工精度。它的数字应该大于精加工 Y 的值，小于刀具直径的值。如果加工的材料硬度较高，这个值就要设小一些，这样加工的时间会相应地延长。

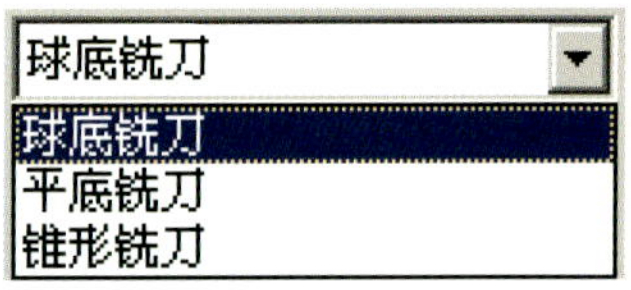

图 1－58　刀具种类选择

（7）粗加工 Z（Roughing Out Z）　粗加工 Z 用来设置粗加工 Z 向的切割的量。它的值应该小于刀具的长度。跟上面的粗加工 Y 一样，如果加工的材料的硬度较高时，它的数值就相应地设小些。

（8）刀具（Cutting Tool）　是用来设置选用刀具的类型的，有如图 1－58 所示的 3 种。

（9）刀具直径（Tool Diameter）　该项是用来设置刀具的直径的。

（10）刀具半径（Tool Tip Radius）　这项只有在锥形铣刀被选择以后才可以设置，它是用来设置锥形铣刀刀具半径的。

(11)刀具角度(Tool Tip angle)　这项与刀具半径(Tool Tip Radius)一样,也是只有在锥形铣刀被选择以后才可以设置,它是用来设置锥形铣刀刀具角度的。

(12)偏移半径(Offset Radius)　这里设置的数值可以控制公模、母模(阴模、阳模)之间的偏移半径。

(13)数值误差量(Rounding Off)　用来设置加工时候的数值误差量。

(14)单位转换(Object Scale)　在这里可以设置屏幕显示的单位比例与机加工的实际比例之间的转换。假设屏幕显示的物体使用的单位是英寸(inch),而机加工使用的单位是毫米(mm),那么在这里输入的转换数值就是 25.4,这样才能保证加工出来的东西与在屏幕里面看到的一样。

(15)模具(Molding)　加工模具的类型有公模、母模(阴模、阳模)供选择。

(16)加工(Rough / Fine)　这里设置产生的数控加工的数据包含的内容有 3 种选择:粗精都要(Altogether)、粗加工(Roughing)、精加工(fine out)。

(17)来回刀路(To and fro machining)　在默认的情况下,数控加工的刀路都是单一地从左到右的方向。如果勾选了该选项,刀路就变成了来回双向的了,即从右到左也可以切割。

当点击确定后,系统就开始数控加工数据的运算。结果可以使用数控展示(Show NC Program)来展示出来。

11. 数控展示(Show NC Program)　数控展示是展示前面的数控加工(NC Program)命令产生的 NC 文件。点击它系统会弹出如图 1-59 所示的对话框,它包含以下内容:

图 1-59　展示数控档案设置对话框

(1)数控档案(NC file name)　通过它可以打开并展示数控加工(NC Program)命令产生的 NC file。可以通过在右边的方框里面直接输入要打开的 NC file 的保存路径和文件名,再点击确定来打开 NC file 类型的文件。也可以点击浏览(Browse)按钮打开一个 打开(File Open)对话框,这时就可以查找到需要打开的文件。

(2)物件比例(Object Scale)　为了让数控加工(NC Program)命令产生的 NC file 以合适的比例展示,物件比例(Object Scale)命令就会经常地使用到。

在点击确定后 NC file 就会在视窗中展示。如果要移除 NC file,即关闭 NC file 的展示状态,就可以先选中它,然后按下 Delete 就可以了。

12. 测量(Estimate)

(1)质量(Weight)　该命令用来估算创建的实体的质量大小。当选取该命令时,会弹出一个对话框,如图 1-60 所示,在里面选择相应的密度,然后系统会自动地估算出实体的质量。

(2)体积(Volume)　该命令用来估算创建的实体的体积。

(3)重心(Centre of Gravity)　该命令用来估算创建的实体的重心。

13. 量度距离(Measure Distance)　该命令用来测量两点间距离和两直线间的夹角。选取该命令后,系统就会进入测量模式。这里的测量模式分为两种:

图 1-60　测量质量设置对话框

(1)测量两点间距离(To measure distance between two points)　移动鼠标到要测量的第一个点的地方,点击一下鼠标的左键,再将鼠标移动到第二个点的位置再点击一下鼠标的左键,就可以在状态提示栏里面看到测得的距离。

(2)测量两直线间的夹角(To measure angle between two straight lines)　操作方法与上面的一样,只是这时要点击的是构成夹角的 3 个点。测得的结果也在状态提示栏里。

14. 圆形宝石数量(Count Round Jewel)　该命令用来统计圆形宝石数量,选取该命令后系统就会自动地进行统计计算,然后列出统计的结果。

15. 戒指尺码(Ring Size)　点击该命令可以产生一定规格的圆形曲线。如图 1-61 所示的对话框,有英式、美式、欧洲 3 种标准。

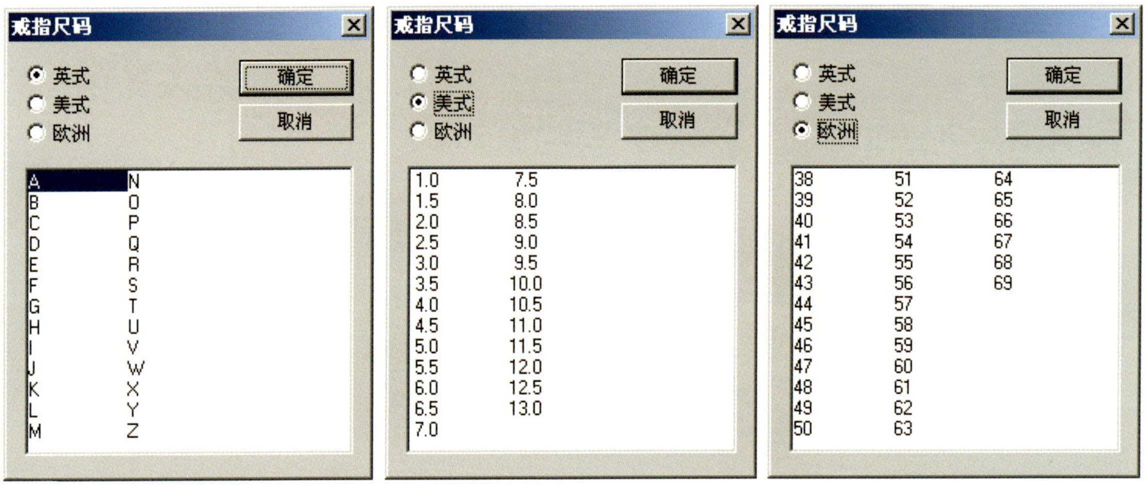

图 1-61　圆钻尺码对话框

第十节　帮助(Help)菜单

帮助菜单如图 1-62 所示。下拉菜单的各个指令解释:

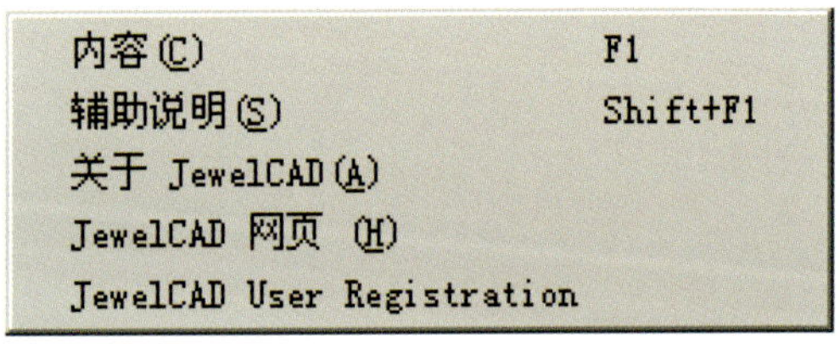

图 1-62　帮助菜单

1. 内容(Contents)　用于显示 JewelCAD 的帮助文件。

2. 辅助说明(Context Sensitive Help)　当点击它时鼠标将变为的图标,这时点击工具栏的任何按钮都会弹出相应的帮助信息。

3. 关于 JewelCAD(About JewelCAD)　它可以

显示正在使用的JewelCAD的版本的信息。

4. JewelCAD网页(JewelCAD Home Page) 如果你的计算机连接了因特网,点击它可以帮助你打开JewelCAD的主页。

5. JewelCAD User Registration 关于用户注册信息方面的内容,在试用版本上面是没有显示的。

本章小结

这一章节介绍了Jewel CAD 5.1的很多基础功能,熟练掌握这些基础操作对于初学者是非常重要的。只有在弄懂了该软件各个命令的操作细节后,才能够通过它方便快速地表达出你的设计想法。充分地掌握这一章的内容,对下面章节的学习有极大的促进作用。

第二章 复制与变形

复制与变形命令是计算机辅助设计与传统手绘设计对比的一个重要优势。在熟悉了计算机设计软件以后，会发现计算机在重复生成相同的物体，以及对一个物体的形状进行修改变形是一件多么简单快捷的事情。相对于手绘，计算机辅助设计大大提高了工作效率。

Jewel CAD 5.1 作为一个已经发展得比较完善的首饰设计专用软件，提供了相当丰富的复制与变形的操作命令。下面将结合一些实例深入地介绍 Jewel CAD 5.1 里面的复制与变形命令的使用方法。

第一节 复制命令的运用

在这部分里，希望通过一些实例介绍让读者能够掌握好 Jewel CAD 这个软件完善的复制功能，并充分地发挥计算机的复制功能上的优势。

1. 剪贴(Cut & Paste) 看下面的例子，如图 2－1 所示。

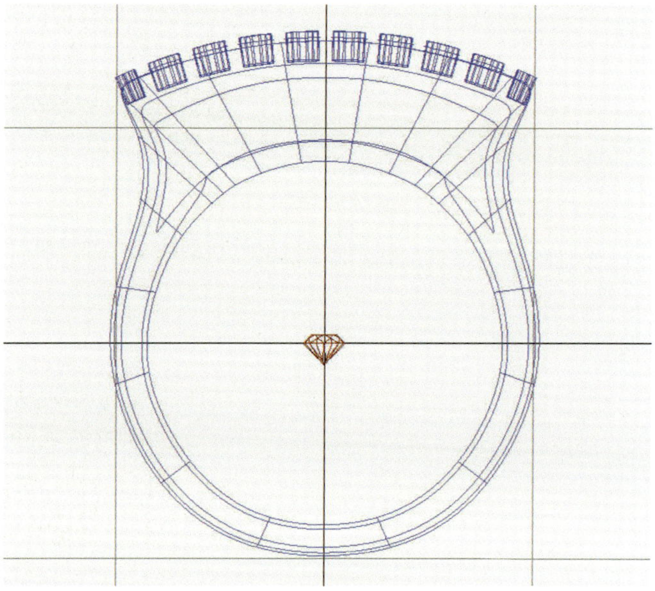

图 2－1 剪贴实例

在这里使用剪贴(Cut & Paste)命令，将位于坐标零点宝石排列到戒指的镶口里面去。使用该命令必须先选中要复制的物体。在点击剪贴命令后被选取的物体会先在视图中消失，然后就可以在视图中相应的位置点击，即可达到复制目的。但使用剪贴命令时，要注意被剪贴的物体的坐标是否位于世界坐标的原点位置。因为该命令粘贴的参照点是坐标原点，即点选的需要粘贴物体的位置都是原来原点的位置。如果物体偏离坐标原点一定的距离，那么复制粘贴的物体也将偏离点选位置相同的距离。在点选需要粘贴物体的位置时，按下鼠标左键，复制的物体就会出现，这时按住左键并拖动，可以拖动复制的物体，为复制的物体选择更合适的位置。

如果该命令状态下，点击之后立即松开了鼠标的左键，而读者又想对刚才复制出来的物体进行移动修改，这时就可以将鼠标移动到已经复制了的物体上，按下键盘的 Shift 键，再按下鼠标的左键并拖动，可以实现对该物体的拖动。这里要注意的是，不能使用变形(Deform)/移动(Move)命令。因为处在剪贴(Cut & Paste)命令状态下，如果点击其他的命令按钮就会结束剪贴(Cut & Paste)命令状态。虽然可以实现对物体的移动调整的目的，但是还想继续剪贴(Cut & Paste)刚才的物体的时候，由于被复制的物体的位置很可能不在坐标原点，这时，在想要粘贴的位置点击，不会在相应的位置出现需要复制的物体，所以在这里要调整复制物体的位置最好配合键盘的 Shift 键来实现。

如果该命令状态下，将鼠标移动到已经复制了的物体以外(鼠标不指向该物体)，这时按下键盘的 Shift 键，再按下鼠标的左键并拖动，可以实现对该物体的缩放。这里也要注意，在缩放了物体以后，再点击复制物体时，产生的物体的大小将会是变形以后的物体的大小，而不是最初的物体的大小。

如果该命令状态下，将鼠标移动到已经复制了的物体外，这时按下键盘的 Shift 键，再按下鼠标的右键并拖动，可以实现对该物体的旋转。需要注意，在旋转了物体以后，再点击复制物体时产生的物体的方向状态将会是旋转以后物体的方向状态，而不是最初的物体的方向状态。

使用该命令时还需注意：当前操作视图中，物体的显示状态与复制后产生物体的空间位置有一定的联系。

①如果当前操作视图中的物体以线图来显示，即普通线图(Normal wire frame)、简易线图(Quick wire frame)、详细线图(Mesh wire frame)3 种显示方式中的一种，那么复制后产生的物体会出现在视窗中点击的位置，方向不会发生改变。如图 2－2 所示，虽然在 top 视图想要粘贴的镶口位置点击，但是可以在其他的视图看到，宝石的位置并不在对应的镶口上面。薄宝石的方向也没有跟随着镶口位置的曲率发生相应的变化。

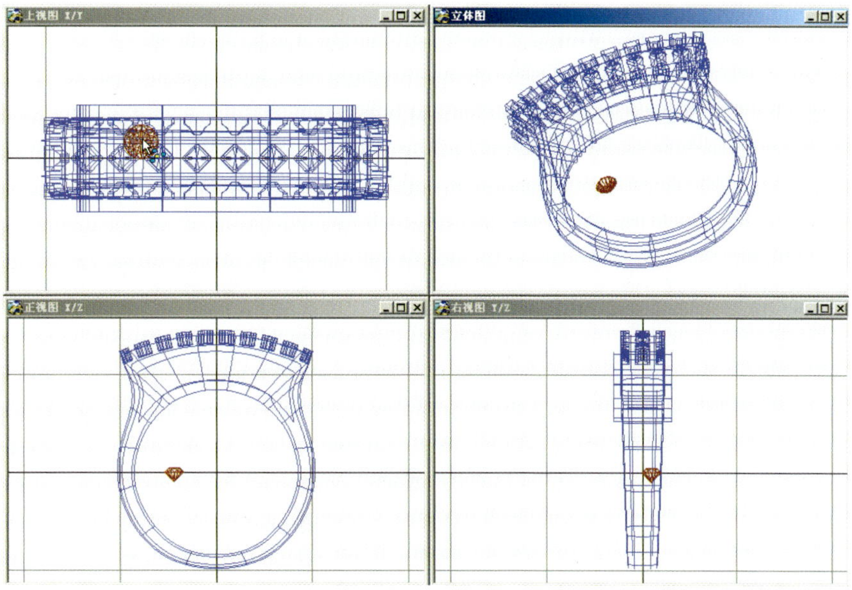

图 2－2 普通线框图模式下执行剪贴命令

②如果当前操作视图中的物体以色彩图来显示，即快彩(Fast Shading)、彩色(Shading in color)、光影图(Rendering)3 种显示方式中的一种，复制后产生的物体会在视窗中点击的位置出现。如果点击的位置已经有物体存在，那么复制产生的物体的方向会发生改变，新产生的物体的方向将会是刚才点击位置物体表面的法线方向。如图 2－3 所示，可以看到，当在 top 视图镶口的对应位置点击

之后，宝石就会在对应的镶口位置出现。宝石的方向以及宝石的位置都是对应的。

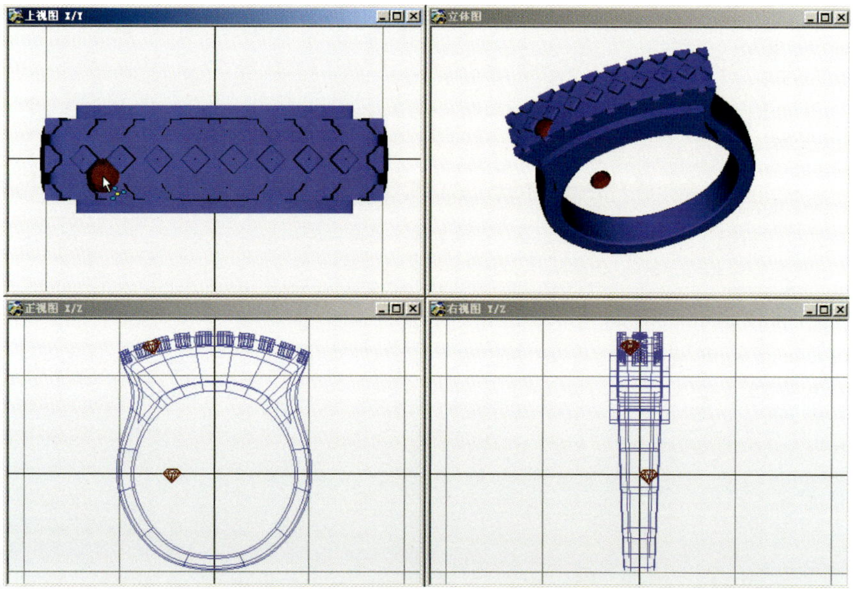

图 2-3　快彩图模式下执行剪贴命令

2. 反转复制(Flip 90)　该命令用于将选中的物体在空间中旋转 90°并复制，它是复制与旋转两个命令的综合。它包含 4 种旋转 90°复制的方式。

(1)反上(Up)　该复制方式是沿着当前操作视图的水平轴向上旋转 90°并复制，即沿着当前操作视图的水平轴，顺时针方向旋转 90°并复制。

(2)反下(Down)　该复制方式是沿着当前操作视图的水平轴向下旋转 90°并复制，即沿着当前操作视图的水平轴，逆时针方向旋转 90°并复制。

(3)反左(Left)　该复制方式是沿着当前操作视图的竖直轴向左旋转 90°并复制，即沿着当前操作视图的竖直轴，顺时针方向旋转 90°并复制。

(4)反右(Right)　该复制方式是沿着当前操作视图的竖直轴向右旋转 90°并复制，即沿着当前操作视图的竖直轴，逆时针方向旋转 90°并复制。

该复制操作完成后将会取消原物体的选中状态，新复制的物体将处于被选中状态。

看如图 2-4 的实例。

图 2-4　反转复制实例

想要创建出这样的一个物体，首先从资料库里面调用一个戒圈。如图 2-5 所示。

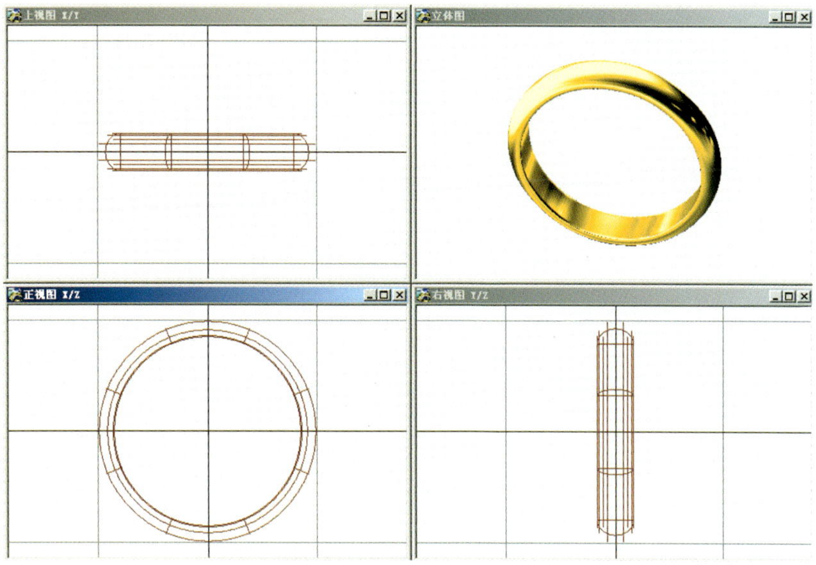

图 2-5　从资料库调用戒圈

然后把 top 视图作为操作视图(即上视图的标题栏呈现为蓝色)。再在菜单栏里面选择变形(Deform)/反转复制(Flip 90)/ 反上(Up)命令。可以看到如图 2-6 所示的效果。

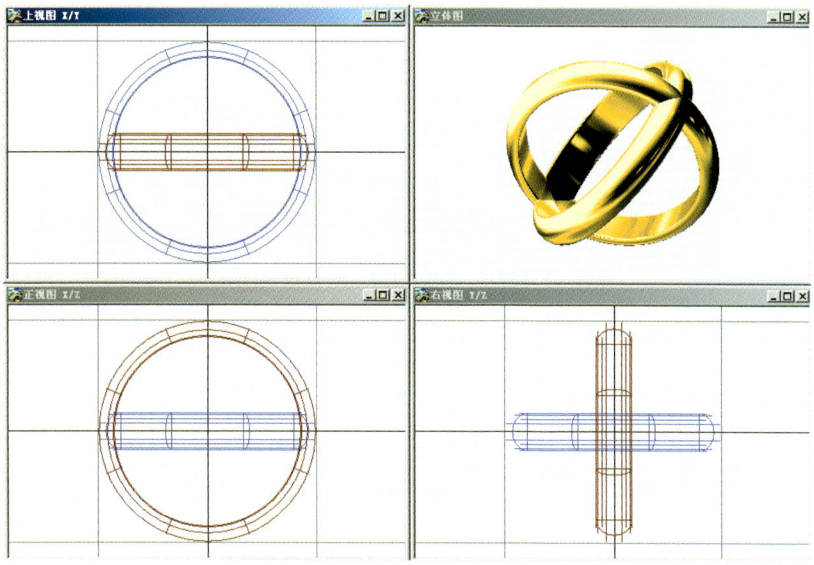

图 2-6　进行反上复制

最后还是把 top 视图作为操作视图，这时再在菜单栏里面选择变形(Deform)/ 反转复制(Flip 90)/ 反左(Left)命令。可以看到如图 2-7 所示的最终效果。

这里可以使用系统默认的快捷键快速地完成以上命令。

反上(Up)——Ctrl+Up(向上键)

反下(Down)——Ctrl+Down(向下键)

反左(Left)——Ctrl+Left(向左键)

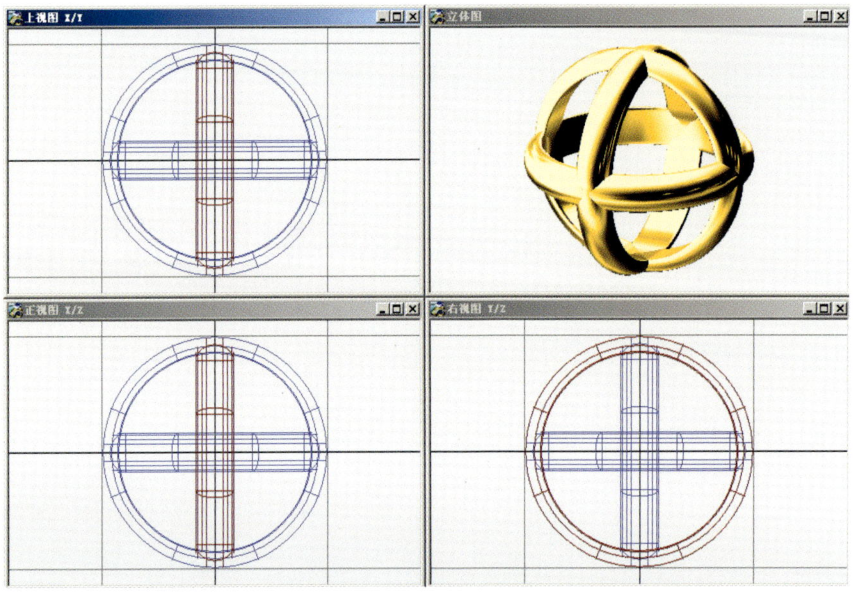

图 2-7　进行反左操作

反右(Right)——Ctrl+Right(向右键)

3. 隐藏复制(Copy to Hide)　该命令用于复制选中的物体,并且把复制后得到的物体隐藏。这是一个非常有用的命令,它提供了一个安全备份物体的快捷方式。选择好要备份的物体之后,再点击这个命令就会弹出如图 2-8 的提示。

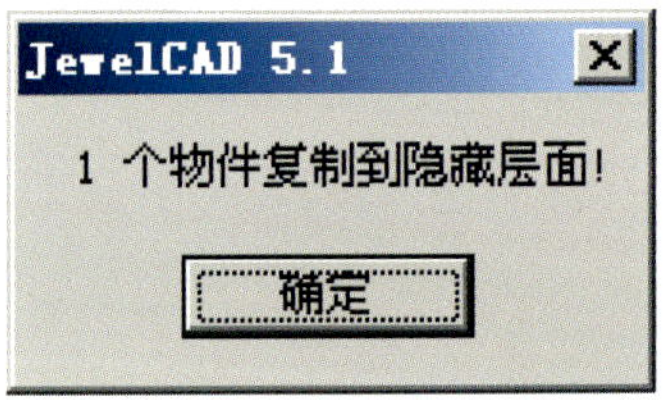

图 2-8　隐藏复制对话框

这样就表示已经备份成功。当需要刚才备份的物体时,就可以通过编辑(Edit)/ 不隐藏(Unhide)把刚才的物体展示出来。

4. 直线复制(Extend)　该命令是将选中的物体沿着设定好的坐标方向直线复制多个物体。看下面的一个简单的直线复制(Extend)的例子。

将一颗矩形的宝石沿着 top 视图的水平方向直线复制 4 个得到图 2-9 的效果。

图 2-9　直线复制实例

首先在资料库里面调入一个矩形的钻石爪镶模型如图 2-10 所示。

然后,在菜单栏里面选择变形(Deform)/ 直线复制(Extend)命令,可以看到如图 2-11 所示的对话框弹出。

这里将延伸数目(Extend Number)改为 4(用来设定直线复制后,在视窗中出现的物体总数。它

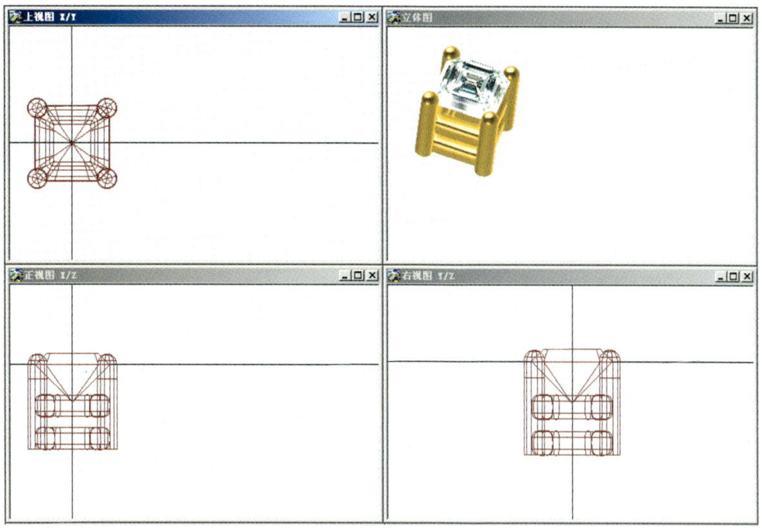

图 2 - 10　从资料库调入矩形钻石爪镶模型

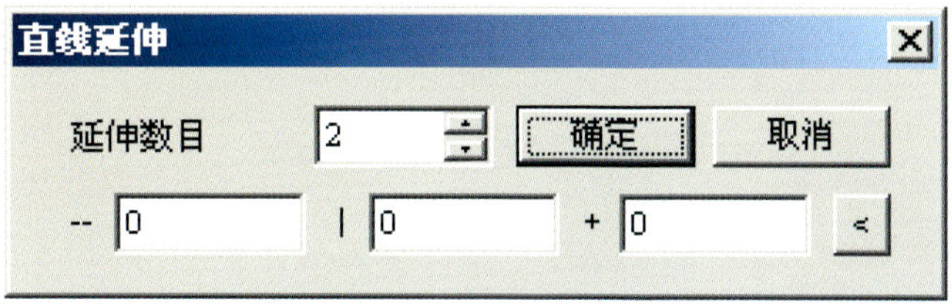

图 2 - 11　直线复制对话框

的数值不能小于 2)。

然后再设置水平[Horizontal(—)]数值的大小。用来设置复制的物体在水平轴方向上的间距。可以在框内直接填写数字,也可以通过鼠标在视窗里面拖动来直观地完成设置。如图 2 - 12 所示。

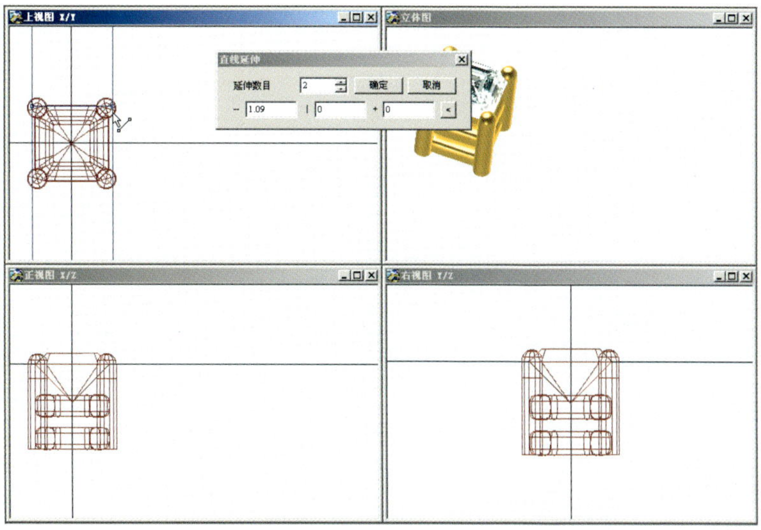

图 2 - 12　鼠标在视窗里拖动延伸长度

竖直[Vertical(|)]、进/出[In/Out(+)]在这个简单直线复制(Extend)例子里面的设置数值都为0。

最后点击确定,就可以得到如图 2-13 所示的最终效果。

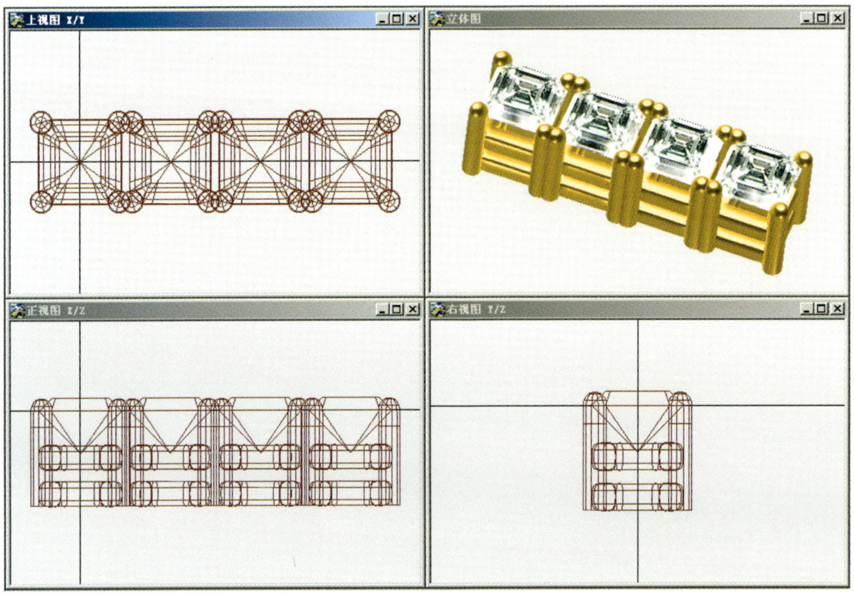

图 2-13 直线复制后的效果

前面介绍的是一个沿坐标平面内的一条坐标轴的方向直线复制(Extend)的例子,当想让物体沿着三维空间里的一条直线作直线复制(Extend)时,就要对水平[Horizontal(—)]、竖直[Vertical(|)]、进/出[In/Out(+)]3 个方向的数值进行设定。这时,可以看到直线复制(Extend)产生的物体的方向不会发生改变。如图 2-14 所示,钻石镶口仍然是竖直向上的。

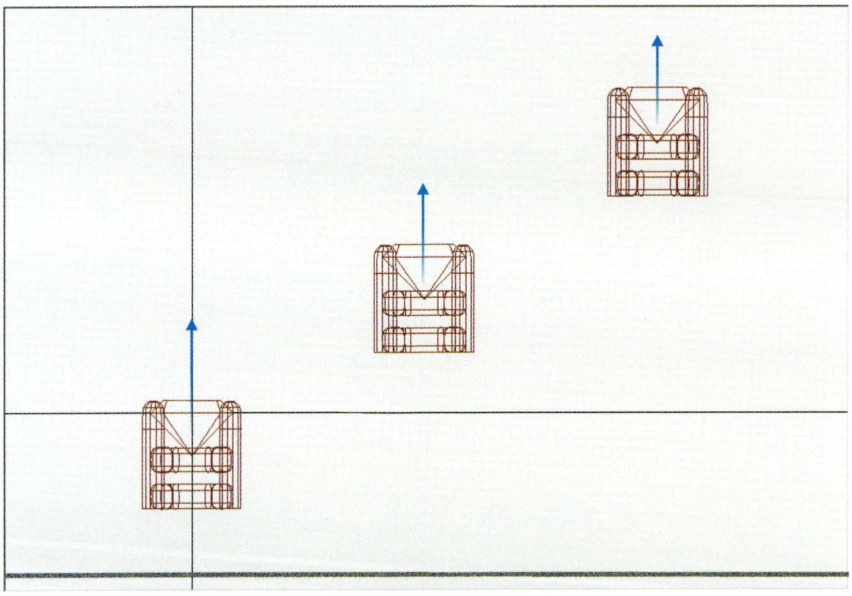

图 2-14 直线复制后问题的方向

5. 环形复制(Revolve) 这个命令与直线复制(Extend)命令类似，将选中的物体按制定圆形路径复制，可产生多个物体。该圆是一个以坐标原点为圆心，以被复制物体的中心点到坐标原点的距离为半径的圆。点击它，就会弹出如图 2 - 15 所示的对话框，可以用它来实现对环形复制作具体的设定。

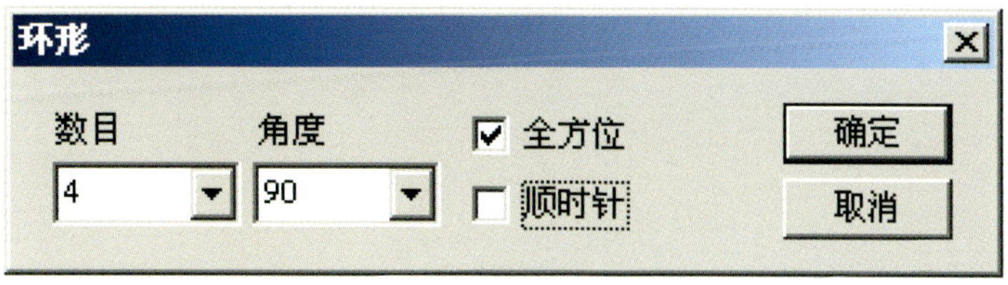

图 2 - 15 环形复制对话框

(1)数目(Number) 用来设定环形复制后，在视窗中出现的物体的总数。它的数值不能小于 2。

(2)角度(Degree) 用于设定两个相邻的物体的中心点与坐标原点组成的角的大小。

全方位(Full Revolution) 这个选项在默认的状态下是被选中的，用来限制设定数目的物体平均分布在复制圆上。也就是说，如果勾选了全方位(Full Revolution)选项，数目(Number)与角度(Degree)的数值是相互对应的。如果在数目(Number)里面选择数字 2，那么角度(Degree)的数值就是 180°，即数目(Number)×角度(Degree)＝360。

看下面两个实例。

一个例子是勾选了全方位(Full Revolution)的，另外一个没有勾选。

在资料库中调用一个球体，并将它移动到偏离坐标原点的一个位置，如图 2 - 16 所示。

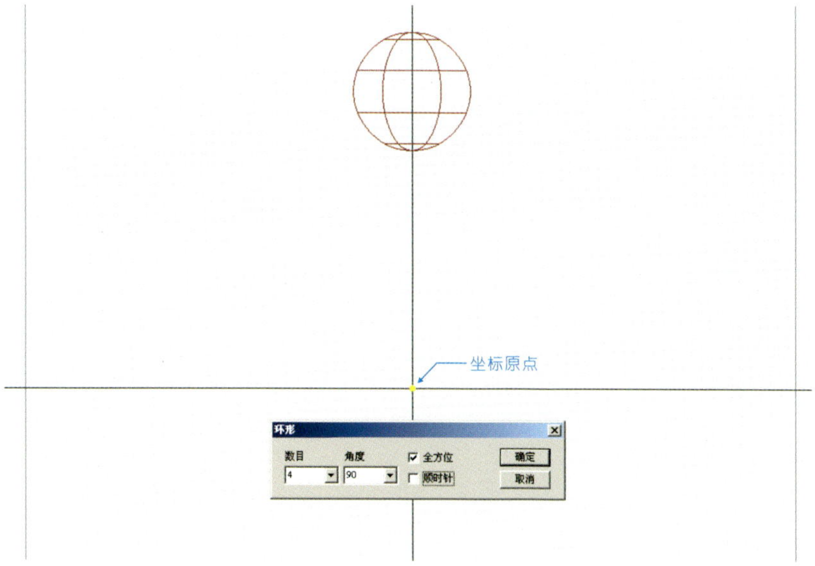

图 2 - 16 将物体拖动到偏离原点位置

这时，点击环形复制(Revolve)命令，进行如图 2 - 16 所示的设置。在点击确定后，就可以看到如图 2 - 17 所示的效果。在图 2 - 17 中，可以看到，环形复制(Revolve)产生物体的方向发生了改变，但是总的变化原则是：垂直于环形复制的路径圆来产生变化。

同样还是使用这个球体，进行如图 2 - 18 所示的设置，可以看到图 2 - 19 的效果。通过对比，就可以区分勾选了全方位(Full Revolution)与不勾选的差别了。

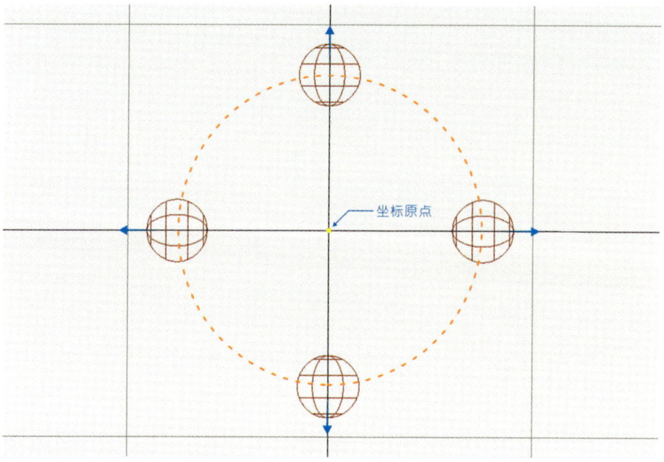

图 2-17　复制后物体的方向

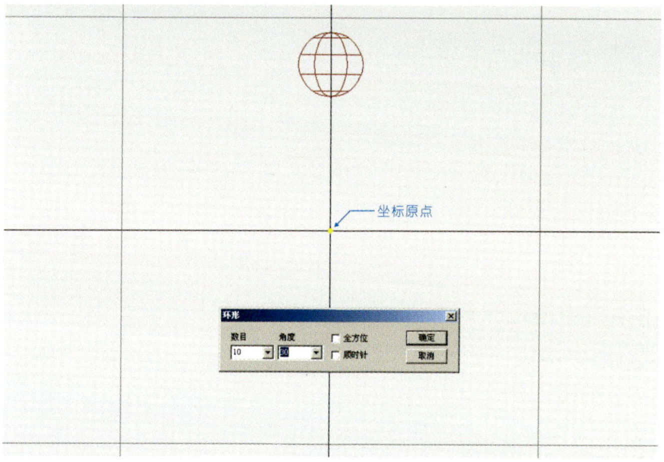

图 2-18　全方位不被勾选的设置

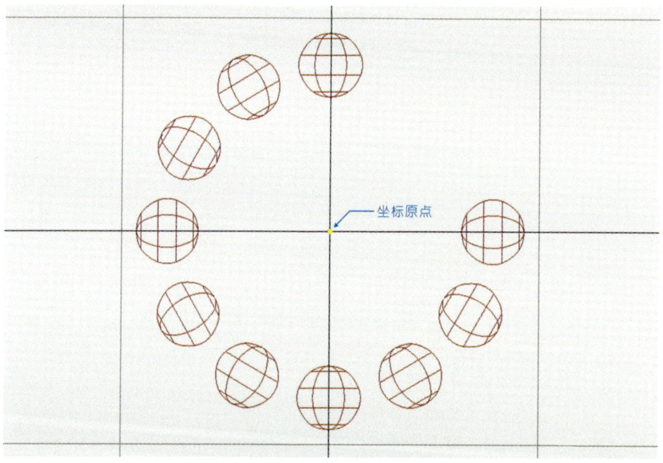

图 2-19　全方位不被勾选的设置效果

(3)顺时针(Clockwise) 用于设定物体按当前操作视图的顺时针方向复制。

6. 多重变形(Transform) 该命令是一个比较复杂的复制命令,可以说是直线复制(Extend)命令的一个进化命令。它不仅可以直线复制被选中物体,而且在复制的同时还可以做到对复制的物体施加一定的变形,还可以改变物体的方向(即让它发生旋转)。点击它会弹出如图 2-20 所示的对话框,用它来实现对多重变形复制作具体的设定。它包含以下的内容:

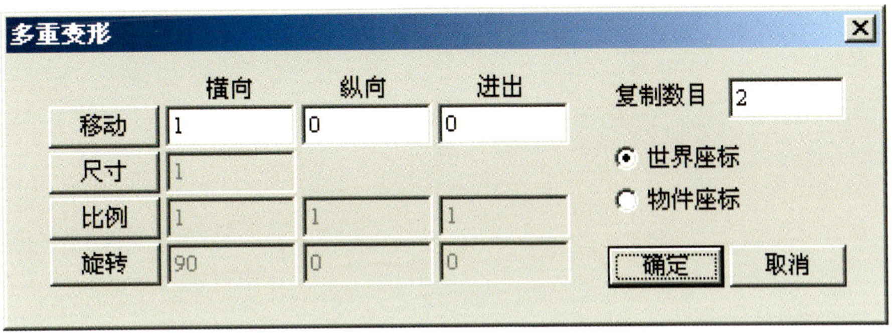

图 2-20 多重变形对话框

(1)复制数目(Copy No) 用来设定多重变形复制后,在视窗中出现的物体的总数。它的数值不能小于 2。

(2)移动(Move) 该选项用于设置物体在空间中移动复制的距离,包含 3 个轴向上的设置:横向(Horizontal)、纵向(Vertical)、进/出(In / Out)。可以通过设置 3 个轴向的值,来实现对物体的移动复制。

(3)尺寸(Size) 该选项用于设置物体复制后缩放的比例,只可以设置一个数值。当设置的数值小于 1 时,物体会被缩小;当设置的数值大于 1 时,物体会被放大。复制产生的物体将会依次按照尺寸(Size)设定的大小数值来产生变化。看如图 2-21 所示设置时产生的效果,效果图如图 2-22 所示。

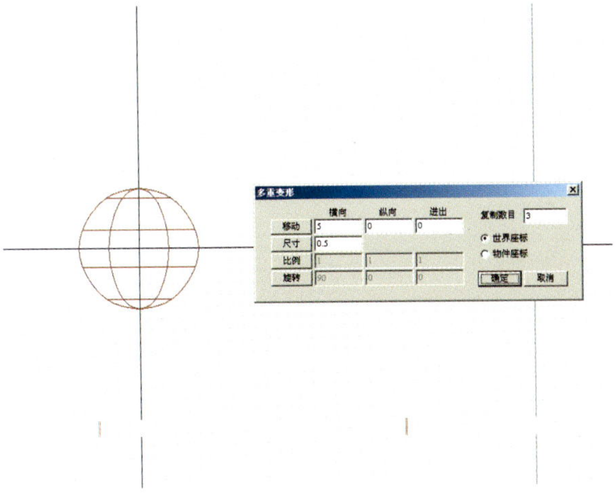

图 2-21 设置多重变形对话框

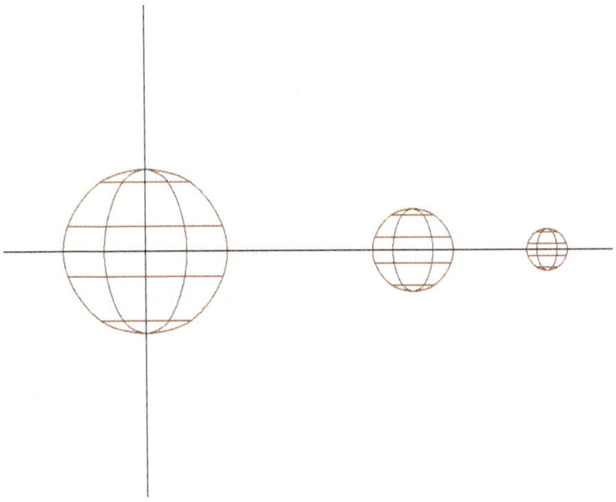

图 2-22 执行多重变形后的效果

可以看到两个物体的比例以 0.5 的倍率缩小,物体的间距也在以 0.5 的倍率缩短。

(4)比例(Scale) 该选项用于设置物体沿不同轴向缩放比例的复制。包含 3 个轴向上的设置:横向(Horizontal)、纵向(Vertical)、进/出(In / Out)。可以通过设置 3 个轴向的值,来实现对物体在不同轴向的缩放复制。

(5)旋转(Rotate)　该选项用于设置物体沿不同轴向旋转复制的度数。包含3个轴向上的设置:横向(Horizontal)、纵向(Vertical)、进/出(In / Out)。可以通过设置3个轴向的值,来实现对物体在不同轴向的旋转复制以改变物体的方向。

(6)世界坐标(World Origin)　该选项用来设置物体移动复制、旋转复制、缩放复制,所参照的坐标为世界坐标。该选项为系统的默认设置。

(7)物件坐标(Object Axis)　该选项用来设置物体移动复制、旋转复制、缩放复制,所参照的坐标为物件坐标。

第二节　变形命令的运用

使用这一部分的命令,可以快速地完成曲面变形的各种变形操作。在这里提供了比较完善的变形操作命令。使用该命令完全可以对付复杂多变的首饰建模。下面就通过简单的例子,较为详尽地介绍这部分命令的具体操作方法及一些相关的注意事项。变形可以细分为4个部分,笔者把它定义为:简单变形、精确变形、复杂变形、高级变形。

一、简单变形

简单变形包括移动(Move)、尺寸(Size)、反转(Flip)、旋转(Roll)4种。

1. 移动(Move)　可以将选中的物体或曲面的CV控制点移动到一个新的位置。这时按左键拖动鼠标,就可以让物体沿着操作视窗的横向或纵向的轴向移动;而按住鼠标的右键则是不锁定轴向的移动。

看下面两个移动物体的实例:

在图2-23中可以看到,当按下鼠标左键并拖动的时候,系统会根据鼠标大致的移动方向来确定物体的移动轴向。鼠标可以在操作视窗的任意位置点击拖动,并不要求鼠标指向要拖动的物体。

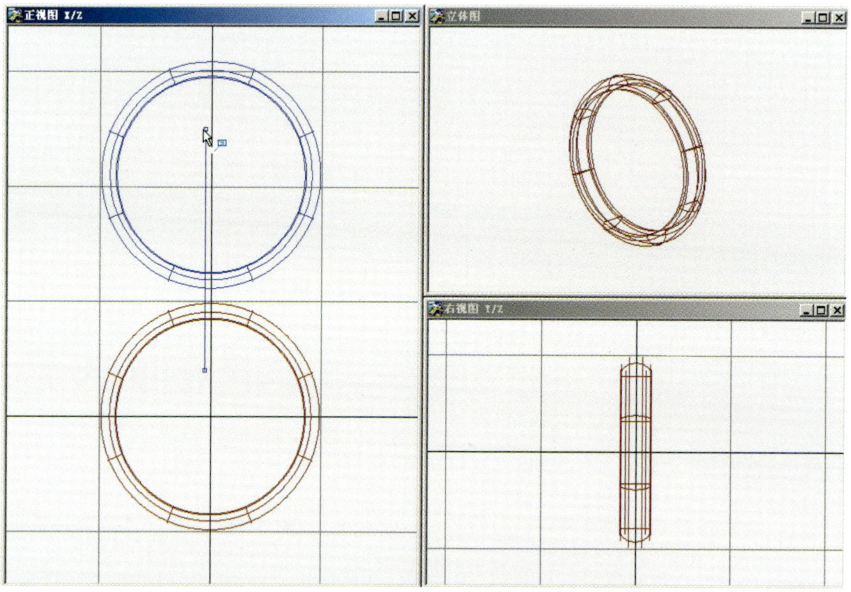

图2-23　使用鼠标左键在视图区移动物体

在图2-24中可以看到,当按下鼠标右键并拖动的时候,系统会根据鼠标的移动方向来确定物体的移动方向。这时鼠标也可以在操作视窗的任意位置点击拖动,并不要求鼠标指向要拖动的物体。

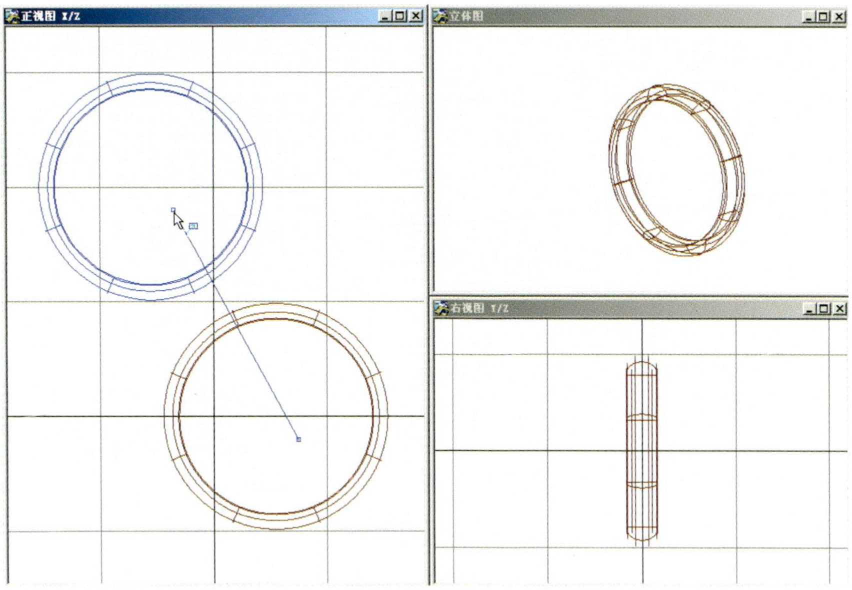

图 2－24　使用鼠标右键在视图区移动物体

看下面的两个移动曲面上的 CV 点实例(图 2－25,图 2－26)：

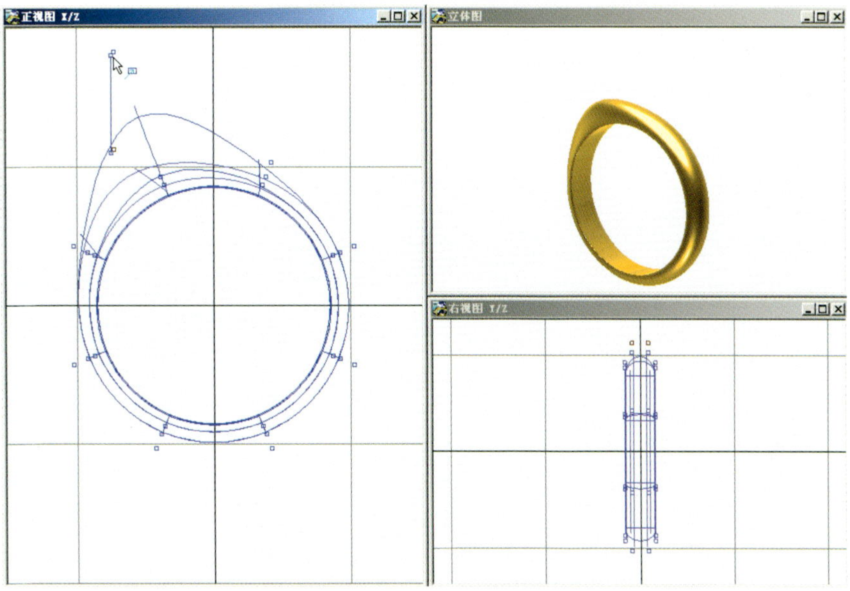

图 2－25　使用左键移动曲面 CV 控制点

在图底部的状态栏里可以看到物体被拖动到的绝对位置及与原来所处位置的相对位置。

这里需要说明的是,曲面的 CV 点必须通过编辑(Edit)/ 显示 CV(Show CV)来显示选中物体曲面上的 CV 点。而要选中曲面上的 CV 点,还必须先取消物体曲面的被选中状态(即通过使用选择(pick)命令,将曲面显示的颜色变为蓝色,系统默认物体处在被选中状态的颜色时呈高亮的白色),这时才能配合键盘的 Shift 键来选择曲面上的 CV 点。

2. 尺寸(Size)　可以用它来改变选中物体的大小比例以及曲面的 CV 点所处位置坐标的大小比

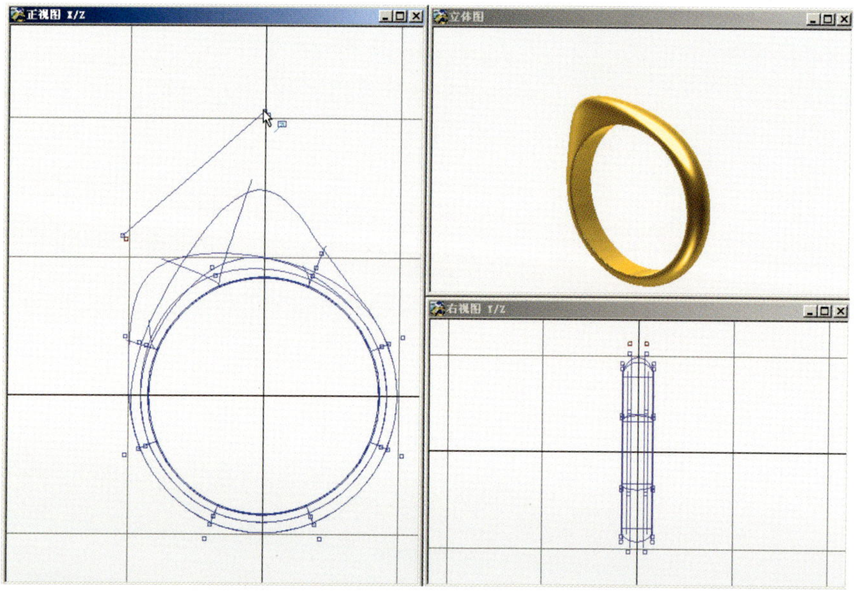

图 2-26 使用右键移动曲面 CV 控制点

例，既可以放大缩小物体的尺寸，也可以对曲面的 CV 点的位置(坐标)进行缩放。进入该操作状态，这时按住鼠标左键并拖动，可以对整个物体进行缩放；而按住鼠标的右键则是锁定轴向比例的缩放。

看下面的实例：

在图 2-27 中可以看到，物体被整体放大了 2.85 倍，在状态栏里面显示了 3 个轴向的缩放倍数都为 2.85。在这个例子里面，使用的方法是点击鼠标左键并拖动，方向是远离原点的方向。如果点击鼠标右键并拖动，那么物体就将变化其中两个轴向上的大小，这时状态栏显示的数值一定会有一个轴向的数值为零。

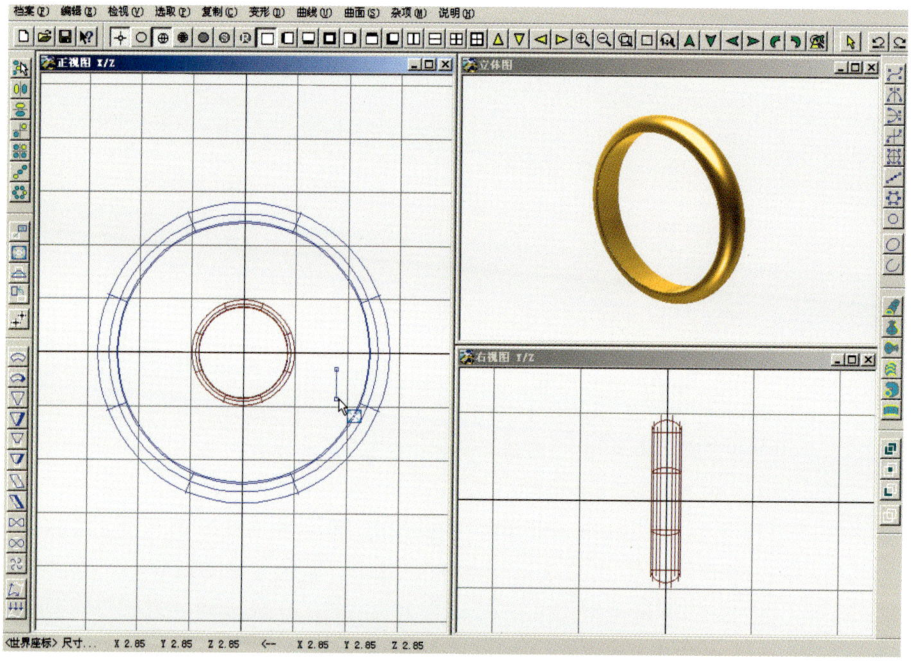

图 2-27 使用尺寸命令放大曲面物体

系统是根据鼠标被拖动的水平或竖直距离来确定物体缩放的大小，而拖动的方向则会决定物体是放大还是缩小。在操作视窗中，如果沿远离坐标原点的方向拖动鼠标，物体就会被放大；如果往靠近坐标原点的方向拖动鼠标，那么物体就会被缩小。

需要注意的是，物体的缩放变形与物体所处的位置和坐标原点的距离存在一定关系。如果物体的中心位于坐标原点，那么在缩放尺寸时，物体的中心位置不会发生改变；如果物体的中心位置不在坐标原点，物体的中心位置会发生变化，变化的位移就是物体原来偏离坐标原点距离乘以缩放的倍数。若选取了物件坐标(Object Axis)，那么不管物体中心所处的位置如何，在使用该缩放命令时，物体的中心位置也不会发生改变。

看下面的 3 个实例(图 2－28，图 2－29，图 2－30)：

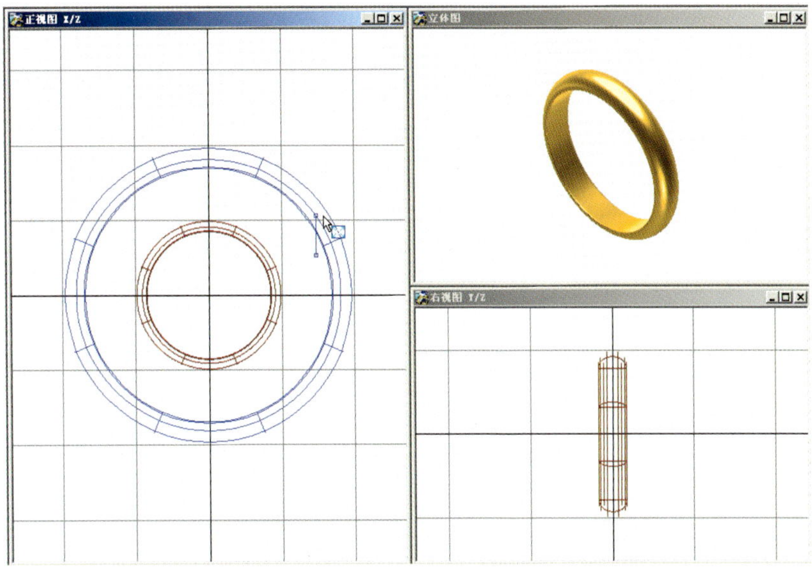

图 2－28　物体的中心位于坐标原点的尺寸变形操作

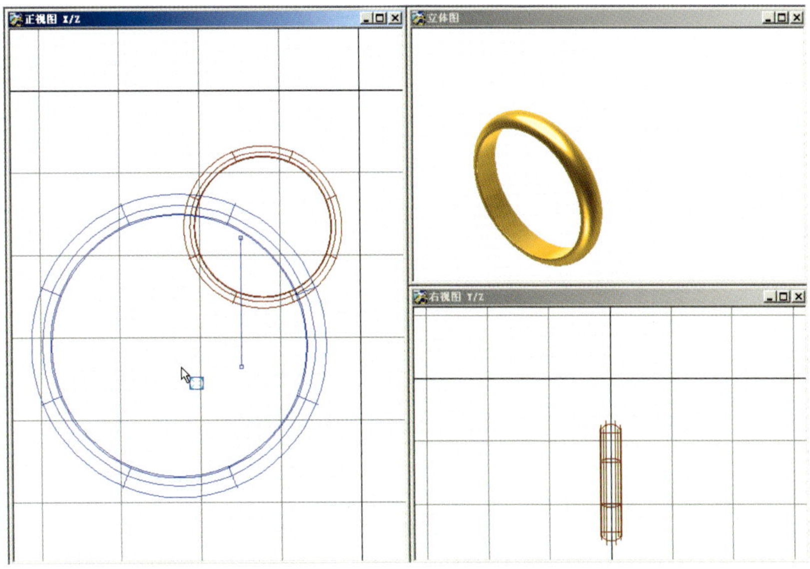

图 2－29　物体的中心不在坐标原点的尺寸变形操作

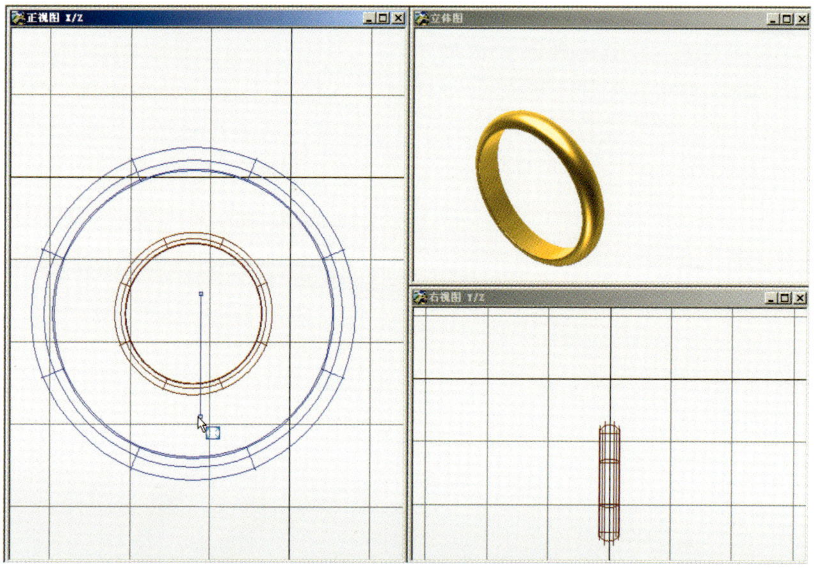

图 2-30　使用了物件坐标的尺寸变形

3. 反转(Flip)　使用该命令可以旋转选中的物体或物体的 CV 点，这种旋转是围绕坐标轴作的旋转。进入该操作状态，这时按住鼠标左键并拖动，可以把物体沿着锁定的轴向旋转；而按住鼠标的右键则是不锁定轴向的任意旋转。

看下面的实例(图 2-31，图 2-32)：

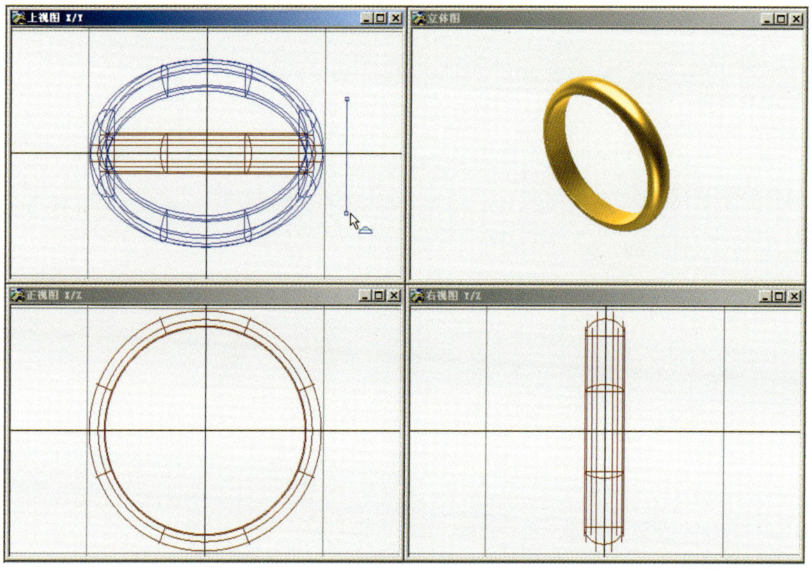

图 2-31　使用左键拖动的反转操作

当点击鼠标的左键并在上视图中上下拖动时，可以看到物体以操作视图中的水平轴为旋转轴旋转。这时在状态提示栏里面，可以看到 X 轴向上物体被转动的角度，角度的大小由鼠标在竖直方向上拖动距离的大小来决定。当在上视图中从上往下拖动时，状态提示栏里显示的数值为正值，这时在右视图里面可以看到物体被逆时针旋转了。而在上视图中从下往上拖动时，状态提示栏里显示的数

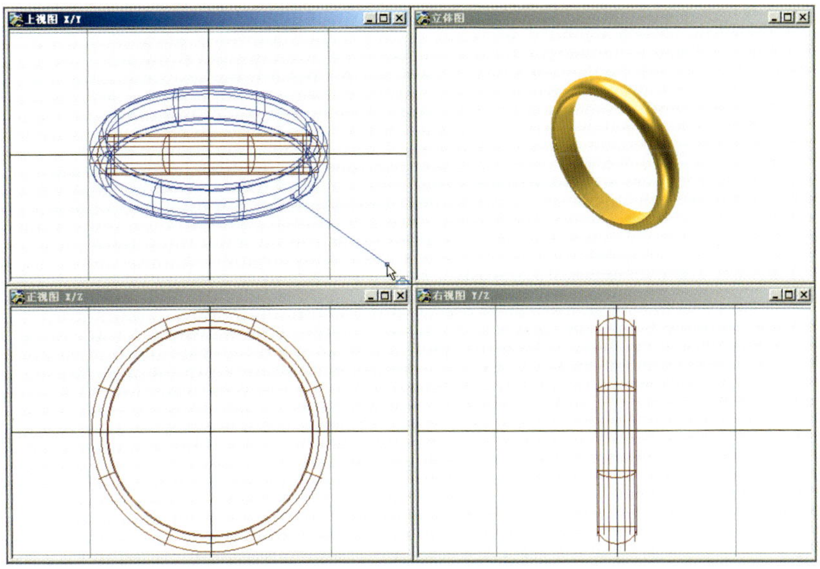

图 2－32 使用右键拖动的反转操作

值为负值，这时可以在右视图里面看到物体被顺时针旋转了。

当点击鼠标的左键并在上视图中左右拖动时，可以看到物体以操作视图中的竖直轴为旋转轴旋转。这时在状态提示栏里面，可以看到 Y 轴向上物体被转动的角度，角度的大小由鼠标在水平方向上拖动距离的大小来决定。当在上视图中从左往右拖动时，状态提示栏里显示的数值为正值，这时可以在正视图里面看到物体被顺时针旋转了。而当在上视图中从右往左拖动时，状态提示栏里显示的数值为负值，这时就可以在正视图里面看到物体被逆时针旋转了。

这里需要注意的是，物体的旋转也是与物体所处位置和坐标原点的距离存在一定关系的。因为在默认状态下，物体的旋转是以世界坐标轴为参照的，也就是说，物体将围绕世界坐标轴旋转。而当选取了物件坐标(Object Axis)后，物体将围绕物体的自身坐标轴旋转。在这里就不举图例了。

4. *旋转*(Roll) 常常使用该命令旋转选中的物体或物体的 CV 点。这种旋转是围绕操作视图的进出轴作的旋转。进入该操作状态，这时用鼠标的左、右键拖动，都可以把物体沿着锁定的轴向旋转；按住鼠标的右键则不再是锁定轴向的任意旋转。

当点击鼠标的左键并在操作视窗中左右拖动时，可以看到物体以操作视图中的进出轴为旋转轴旋转。如果在上视图中左右拖动，这时在状态提示栏里面，可以看到 Z 轴向上物体被转动的角度，角度的大小由鼠标在水平方向上拖动的距离长短来决定。如果在正视图中左右拖动，这时在状态提示栏里面，可以看到 Y 轴向上物体被转动的角度。如果在右视图中左右拖动，这时在状态提示栏里面，可以看到 X 轴向上物体被转动的角度。

这里需要注意，物体的旋转也是与物体所处位置和坐标原点之间的距离存在一定关系的。因为在默认的状态下，物体的旋转是以坐标原点为参照的，也就是说，物体将围绕坐标原点旋转。而当选取了物件坐标(Object Axis)后，物体将围绕物体的中心点旋转。

二、精确变形

这里有两个精确变形命令：多重变形(Transform)、反转(Flip 90)。在使用简单变形命令完成变形时，在状态提示栏里面可以看到物体变形的大小。系统还提供了模糊锁定功能，也就是说在使用简单变形时，系统会把变形的量模糊地认定为当前操作视窗状态的最小单位的整数倍。但是在精确建模的时候，希望可以更直观地控制物体变形的量，这时就需要用到精确变形命令了。

1. 多重变形(Transform)　这是一个常用的精确变形命令。该命令可以在一步操作内完成对选中的物体进行移动、旋转、尺寸(比例)的变形。可以说多重变形(Transform)命令是前面简单变形命令的一个综合命令。使用它可以实现简单变形里面的任何变形，而且多重变形(Transform)命令提供了精确输入的功能。点击鼠标，弹出如图 2-33 所示的对话框，可以看到它包含以下内容：

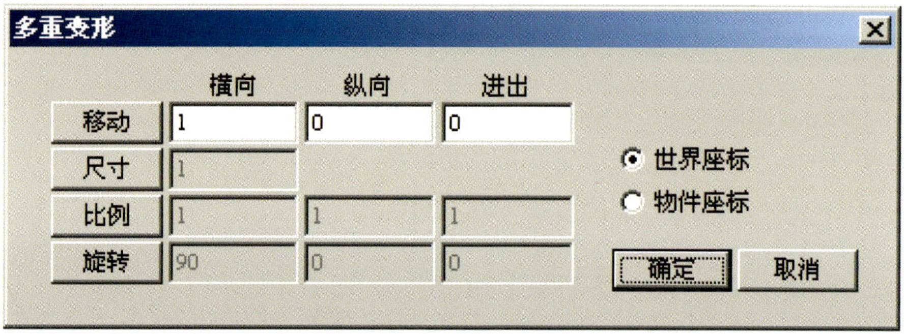

图 2-33　多重变形对话框

在这里移动、旋转、尺寸(比例)命令变成了 4 个开关按钮，在开关按钮的右边是精确输入框，可以在需要变形的轴向上填写想要的变形数值。

系统默认的状态下只有移动(Move)命令是开启的。可以看到它右边的输入框是白色的(可编辑)，而其他命令选项的输入框呈现灰色(不可以编辑)，说明这时只有移动(Move)变形可以作业。这时点击确定按钮，就只有移动(Move)变形产生作用。

假设还是在系统的默认状态下打开多重变形(Transform)命令，如果想对选择的物体实施尺寸(Size)变形，不需要发生移动(Move)变形。这时，就需要先点击尺寸(Size)变形开关按钮，在点击了一次后，可以看到尺寸(Size)变形命令就处于开启状态，而此时的移动(Move)命令仍然是开启的。当再次点击尺寸(Size)变形命令开关按钮以后，移动(Move)命令就被关闭了。假设又想打开旋转(Rotate)变形，就只要点击一次旋转(Rotate)变形命令开关按钮就可以开启它了。当开启了想要发生的变形命令以后，就可以在它的输入框内输入相应的数值，再点击确定按钮就可以在视窗内看到选中的物体发生了相应的变形。

- 移动(Move)
- 尺寸(Size)
- 比例(Scale)
- 旋转(Rotate)
- 世界坐标(World Origin)
- 物件坐标(Object Axis)

以上选项配合使用还需要注意：

①尺寸(Size)、比例(Scale)在一次变形里面只能选择其中的一项。

②移动(Move)+ 世界坐标(World Origin)、移动(Move)+ 物件坐标(Object Axis)的作用效果是一样的，即坐标系的选择对移动(Move)命令没有影响。

③尺寸(Size)、比例(Scale)、旋转(Rotate)3 项在选择不同的坐标系对物体产生的变形效果是不同的。

2. 反转(Flip 90)　虽然在多重变形(Transform)命令里面已经提供了旋转(Rotate)命令选项，但是系统还提供了这样一个命令用于将选中的物体在空间中旋转 90°，这里只作反转，不作复制。这里包含 4 种旋转 90°的方式。

这里就介绍使用系统默认的快捷键快速地完成反转(Flip 90)的命令。系统处在任何命令状态都可以使用以下快捷键(弹出对话框的命令状态除外)。

反上(Up)——Shift+Up(向上键)

反下(Down)——Shift+Down(向下键)

反左(Left)——Shift+Left(向左键)

反右(Right)——Shift+Right(向右键)

三、复杂变形

弯曲(Bend)、双向弯曲[Bend(Two sides)]、梯形化(Taper)、双向梯形化[Taper(Two sides)]、比例梯形化(Scaled Taper)、双向比例梯形化[Scaled Taper(Two sides)]、歪斜化(Skew)、双向歪斜[Skew(Two sides)]、扭曲(Twist)、歪斜扭曲(Sk-twist)、漩涡变形(Whirl)这 11 个变形命令在第一章中已经简单介绍过了。它们有相同的操作步骤和方法,这里的重复是希望能加强记忆。

第一步(Determine the axis to deform objects):

确定发生变化的轴和需要产生的变形物体。在这一步骤里面,应该先将鼠标移动到要执行变形操作的视图中,然后按下鼠标的左键并拖动鼠标,就可以看到一个轴向被锁定,物体也将沿着这个轴向产生变形。如果发现变形的轴向是错的,可以通过复原(Undo)来撤销该步操作,也可以通过重复(Redo)来恢复操作。不过这里的复原(Undo)会把物体还原成刚才进入该变形命令时候的形态。在进入一个变形命令以后可能会点击拖动鼠标多次,这时物体的形态是一个多次变形的叠加。当认为最后的一次或数次叠加多余,也不能通过复原(Undo)命令来撤销。假设这时点击了复原(Undo)命令,物体就会退回刚才进入该变形命令时的形态,而再点击重复(Redo)又回到有多余操作的形态。这时只能通过回想刚才的操作,通过反向拖动鼠标来恢复到前面的状态。

第二步(Deform the objects):

实际上在确定发生变化的轴向的时候,物体就已经开始发生变形。当变化到想要的效果后,就可以释放鼠标的左键。

第三步(Finish and exit from the deforming mode):

完成并退出变形操作。只要选择进入其他的命令就可以退出该变形操作。

在使用上面的操作时要注意:

①当选择的物体处于不可变形的(Non-deformable)的命令状态时,不管怎样拖动鼠标,物体都不会发生变形,这时必须将状态定义为可变形(Deformable)。

②在使用变形命令时,当需要更换操作视窗,继续使用该命令对物体实施变形操作的情况下,直接跳到想要的视图点击,就会发现鼠标显示还处在该变形命令状态,而且另外一个视窗已经被激活,但是刚才还可以实施的变形操作,在这个刚刚激活的视图里面就不行了。这时并不是该物体被定义成了不可变形的(Non-deformable)状态,而是点击一次变形命令按钮,系统就认定一个操作视图可以进行该变形命令操作。这时必须先激活要操作的视图,然后再点击一次该命令按钮,这样就可以在这个新激活的视图中进行操作了。

下面结合一些图例,对各个命令进行具体的说明。

1. 弯曲(Bend) 弯曲选中的物体或选中曲面上的 CV 点,它只能在当前操作视图里面竖直轴向弯曲物体。被弯曲的物体的变形程度在从坐标原点向水平轴向的左右两个方向逐渐增大,这样的弯曲可以把选择物体在当前操作视图中变成一个近似的圆形。在拖动鼠标的时候,系统只考虑鼠标在竖直轴向上的位移,位移的大小决定选择物体的弯曲程度,所以在拖动鼠标的时候可以看到,变形的轴向是上下锁定的。鼠标的拖动方向决定物体的弯曲方向,即物体弯曲的方向与拖动鼠标的方向是一致的。看图 2-34 的例子。

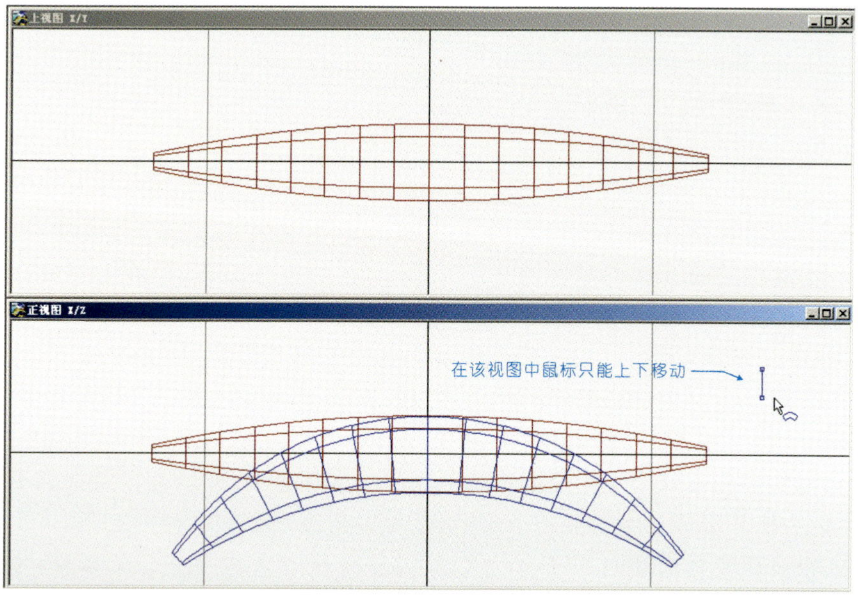

图 2－34　弯曲变形

需要注意的是，被选中的变形物体可以产生的变形的方式与物体所处的当前操作视图中的具体位置有紧密的联系。

下面是一个高度为 40 个单位的圆柱体，它中心位置处在操作视图的坐标原点。对它进行弯曲变形，见图 2－35、图 2－36。

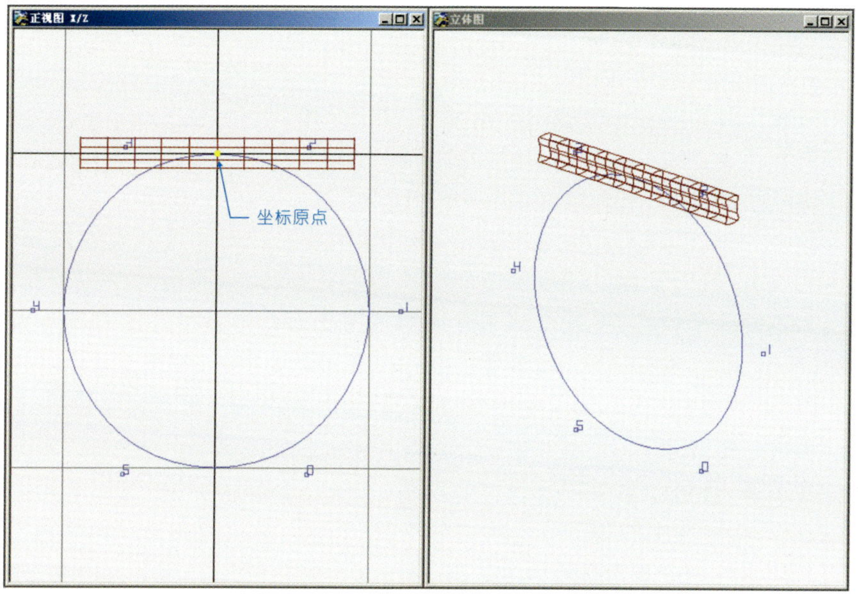

图 2－35　中心在坐标原点的弯曲变形

当物体的中心位置处在操作视图的坐标原点，使用弯曲变形命令对选中的物体进行弯曲变形，物体在该操作视图时不变形，水平方向长度与弯曲以后曲线的长度基本相同。

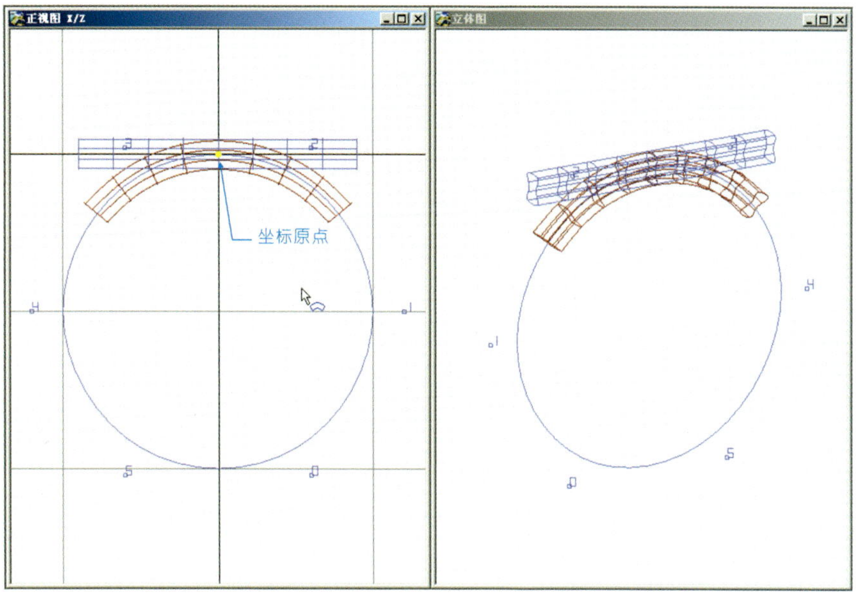

图 2－36　中心在坐标原点的弯曲变形

再看图 2－37 和图 3－38 的例子，高度还是 40 个单位的圆柱体，但是它的中心位置不在操作视图的坐标原点处，也对它实施弯曲变形操作。

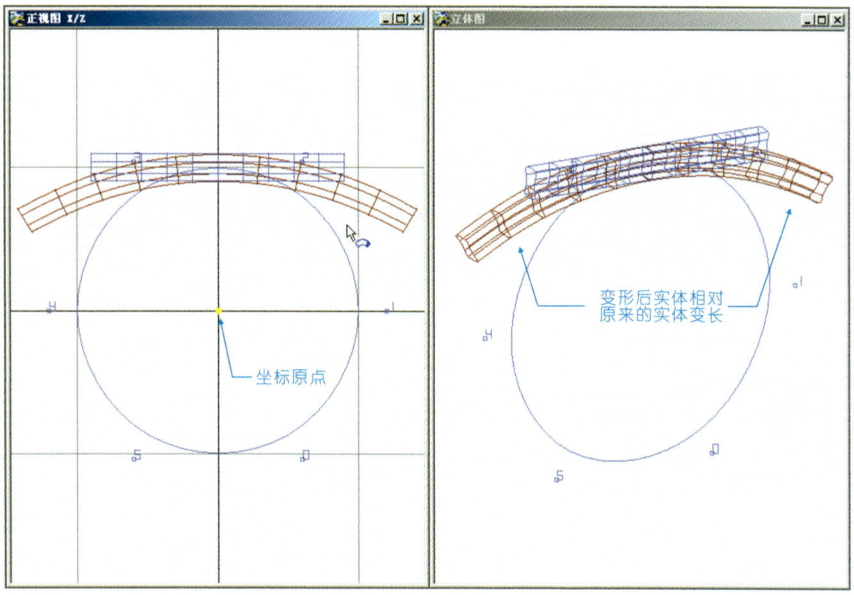

图 2－37　中心不在坐标原点的弯曲变形

可以看到当物体的中心位置不在操作视图的坐标原点时，使用弯曲变形命令对选中的物体进行弯曲变形时，物体在该操作视图未变形时，水平方向长度会根据被弯曲的大小变长或缩短。

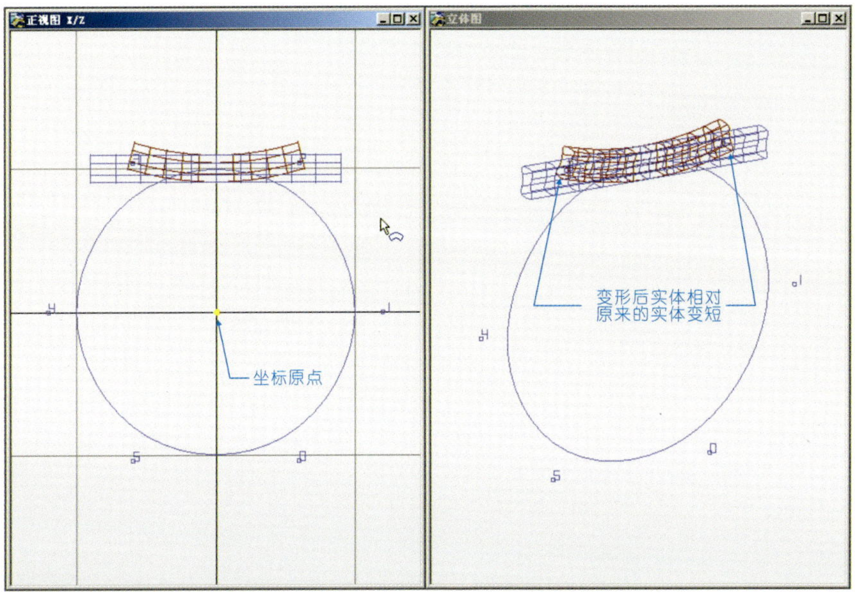

图 2-38 中心不在坐标原点的弯曲变形

2. 双向弯曲[Bend(Two sides)] 双向弯曲命令可以在选中的物体或选中曲面上的 CV 控制点的状态下进行操作。这里的双向是指当前操作视图的水平轴向和竖直方向,就是将物体变成近似球面的一部分(图 2-39)。与弯曲(Bend)不同的是,这里可以竖直或水平地拖动鼠标。

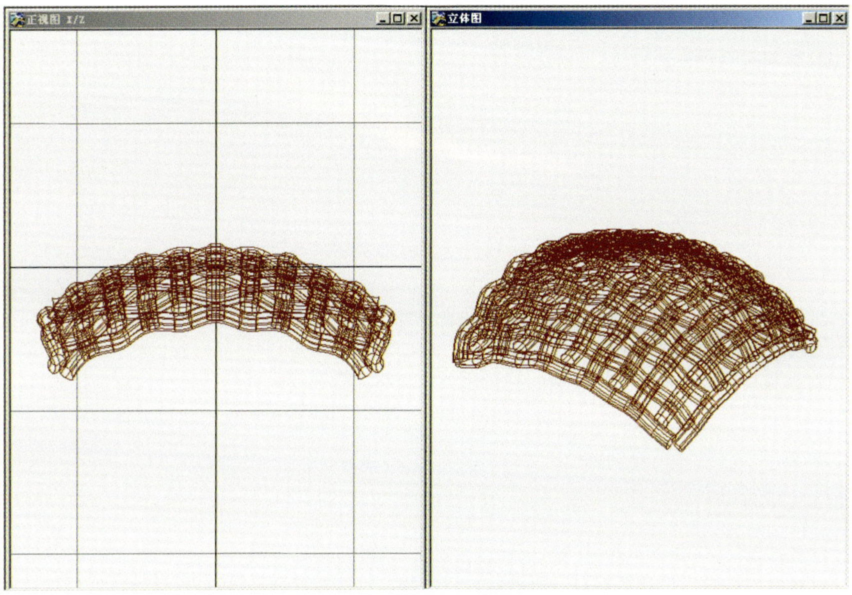

图 2-39 双向弯曲变形

其他的变形性质与弯曲(Bend)是一样的,在这里就不重复介绍了。看下面的图例就可以明白它们的区别。见图 2-40、图 2-41。

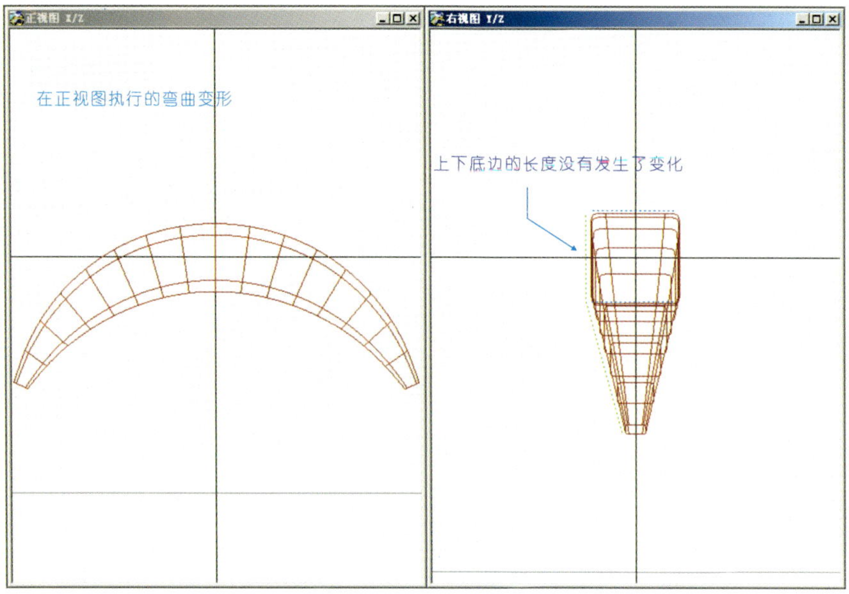

图 2-40　弯曲变形

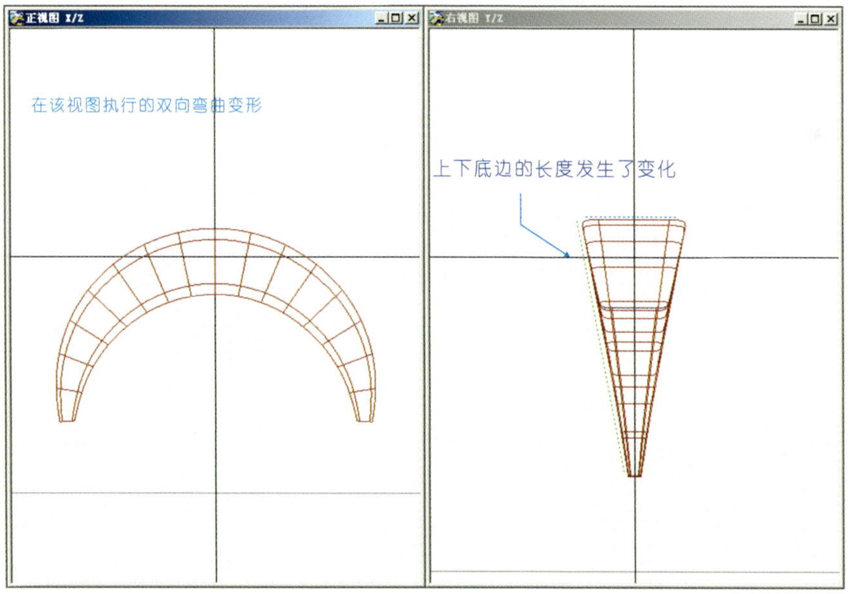

图 2-41　双向弯曲变形

这两个例子中，物体的中心位置都是在操作视图的坐标原点，很容易看出两幅图之间的差别，使用双向弯曲 Bend(Two sides)变形，物体的上下底边的长度发生了变化，而使用弯曲(Bend)变形，物体的上下底边的长度不发生变化。

这里需要仔细说明的是：使用通过双向弯曲 Bend(Two sides)变形，物体的上下底边的长度发生了变化，似乎物体在竖直方向上变尖了。产生这样的变形的原因是，物体在水平轴向上没有细分的截面，所以弯曲就只能变尖。如果对它在水平轴向上进行截面细分以后，物体就可以平滑地变弯了，看下面图 2-42 的例子。

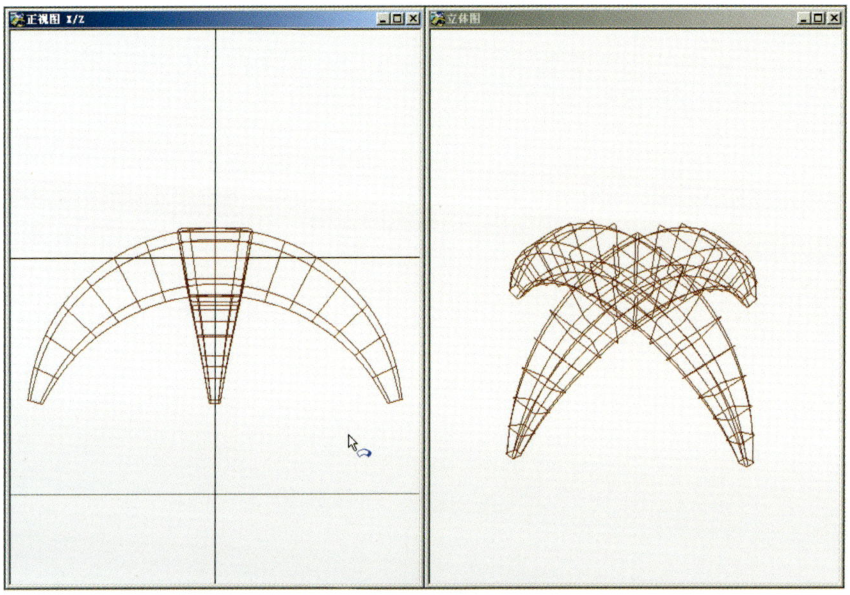

图 2-42　双向弯曲变形

3. 梯形化(Taper)　梯形化命令操作时，选中的物体或曲面的 CV 点，让物体在当前操作视图中的竖直轴向上，一头变窄、一头变宽。而使用该视图的进出轴与竖直轴构成的轴平面去切割物体时，可以看到它的截面轮廓与梯形化(Taper)变形前一样。

下面是物体的一个底面处在水平轴与进出轴组成的轴平面中的例子，见图 2-43、图 2-44。

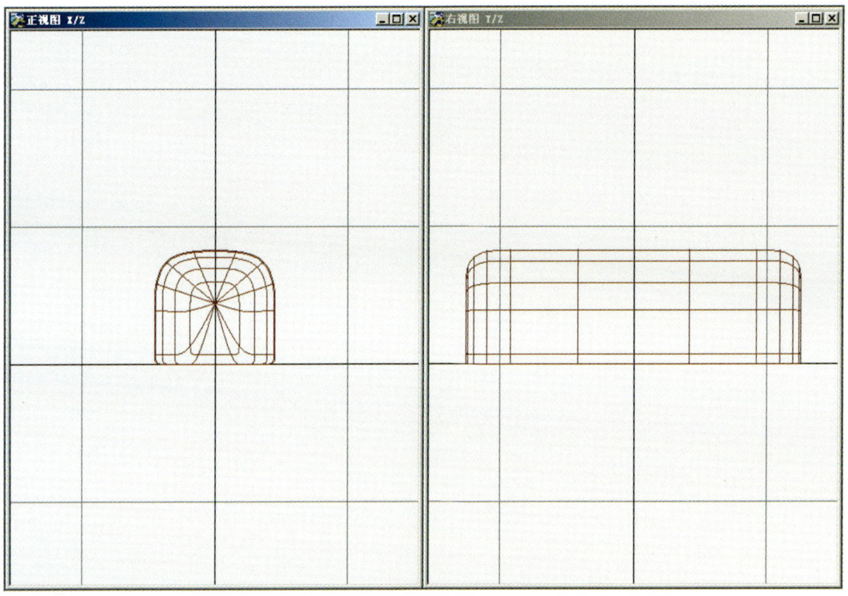

图 2-43　梯形化变形的原物体

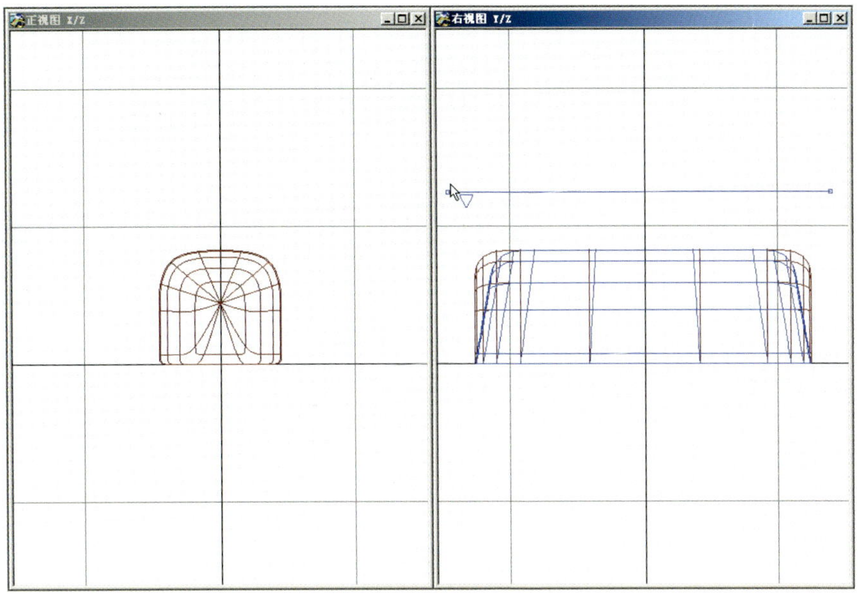

图 2-44 在右视图梯形化的效果

可以看到在使用通过梯形化(Taper)变形命令以后,物体在右视图的竖直轴向上发生了变化。在正视图里观察,物体的截面轮廓没有发生改变,物体处在水平轴与进出轴组成的轴平面中的底面不产生变化。

再看下面的例子,见图 2-45、图 2-46。

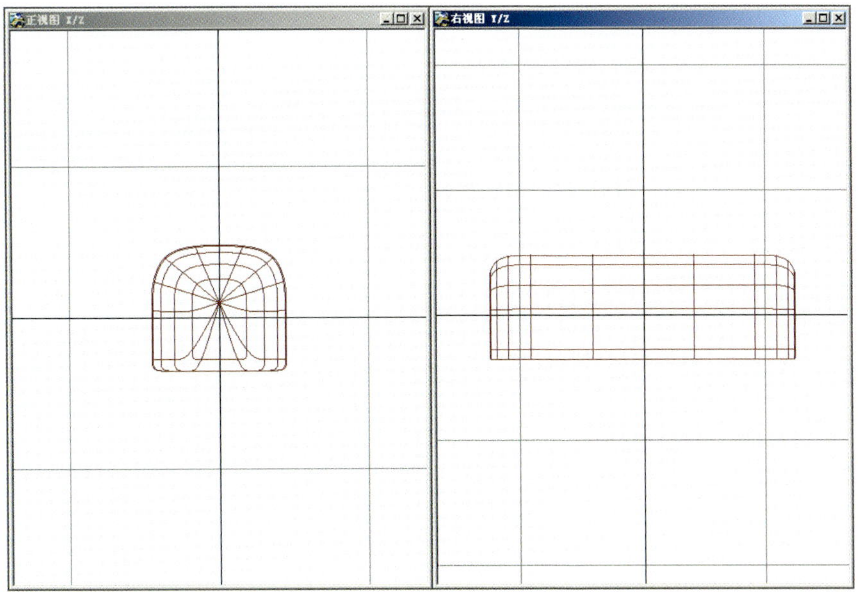

图 2-45 物体中心位于坐标原点的变形原物体

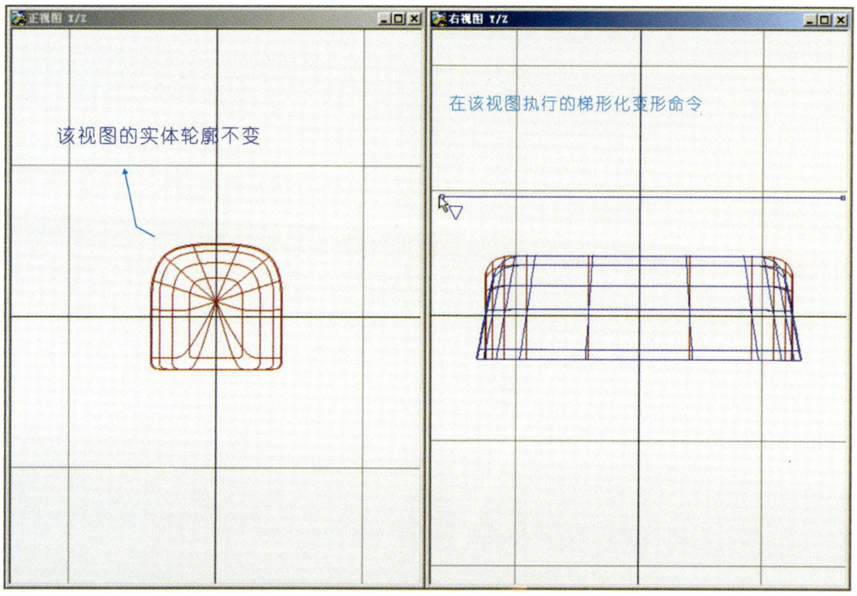

图 2-46　在右视图梯形化的效果

4. 双向梯形化[Taper(Two sides)]　双向梯形化是将选中的物体变尖，所以在使用该命令以后物体会根据变化的轴向变尖。

图 2-47 是变形的原物体。

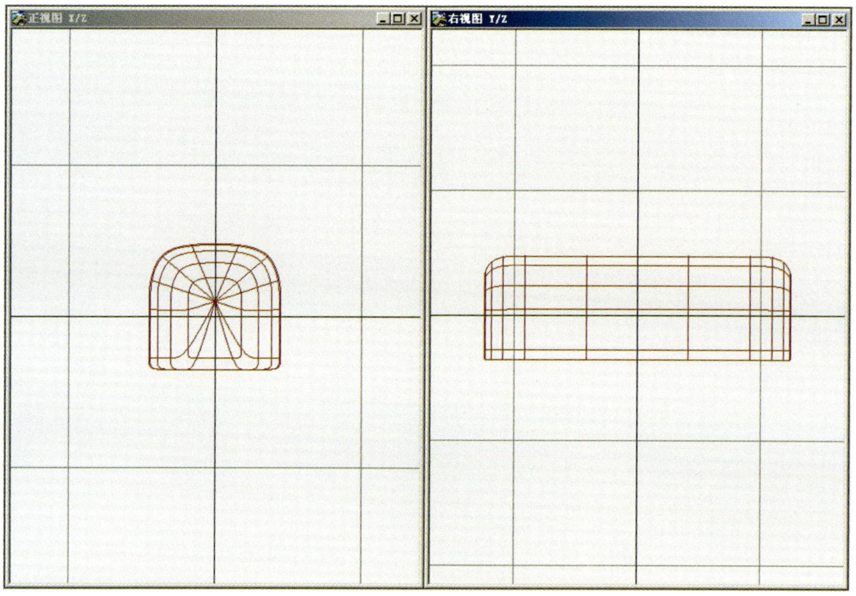

图 2-47　变形的原物体

图 2－48 是使用通过梯形化(Taper)命令的效果。

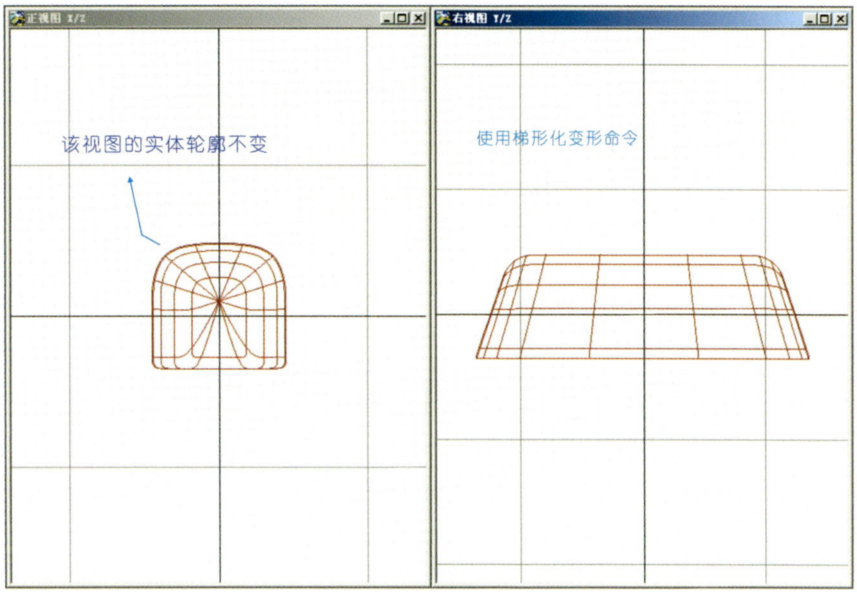

图 2－48 梯形化变形后的效果

在正视图里可以看到，物体的截面轮廓也没有发生改变。

图 2－49 是双向梯形化变形的效果。

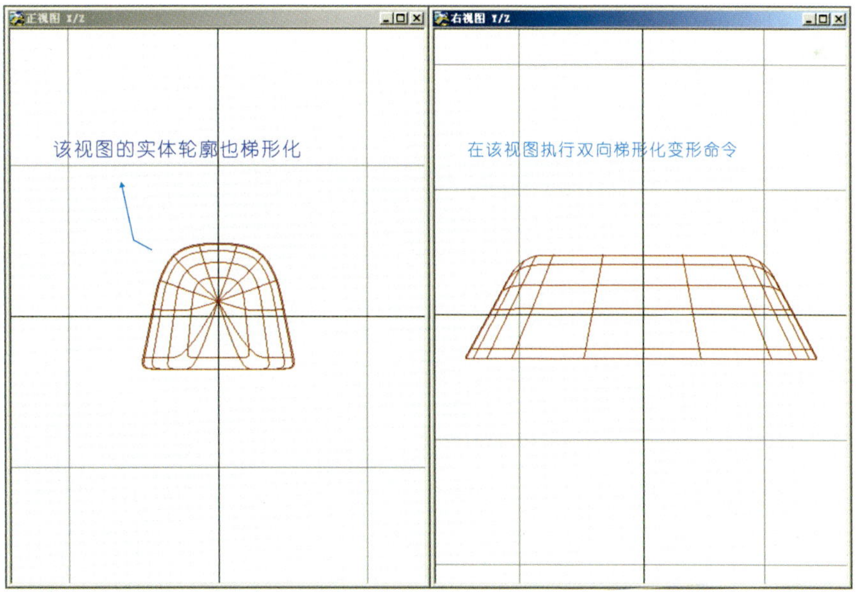

图 2－49 双向梯形化变形后的效果

在正视图里可以看到，物体的截面轮廓也被梯形化了，也就是说，物体在竖直方向上整个变尖了。

5. 比例梯形化(Scaled Taper) 也可以在单个视图(当前操作视图)内沿着一定的轴向把选中的物体变尖，跟梯形化(Taper)类似，但是比例梯形化(Scaled Taper)在把物体变尖的同时，在变化的轴向上的长度也会相应地发生变化，见图 2－50、图 2－51。

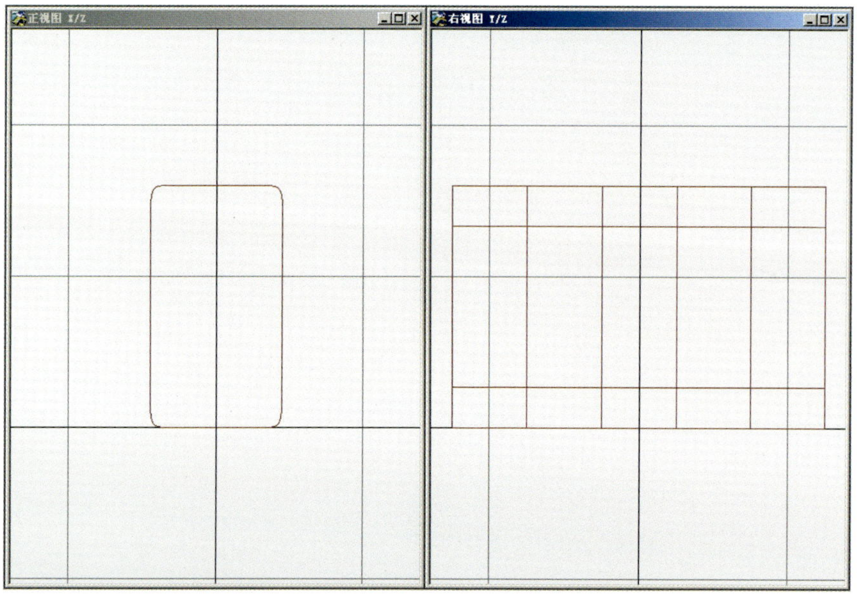

图 2-50　中心不在坐标原点的变形原物体

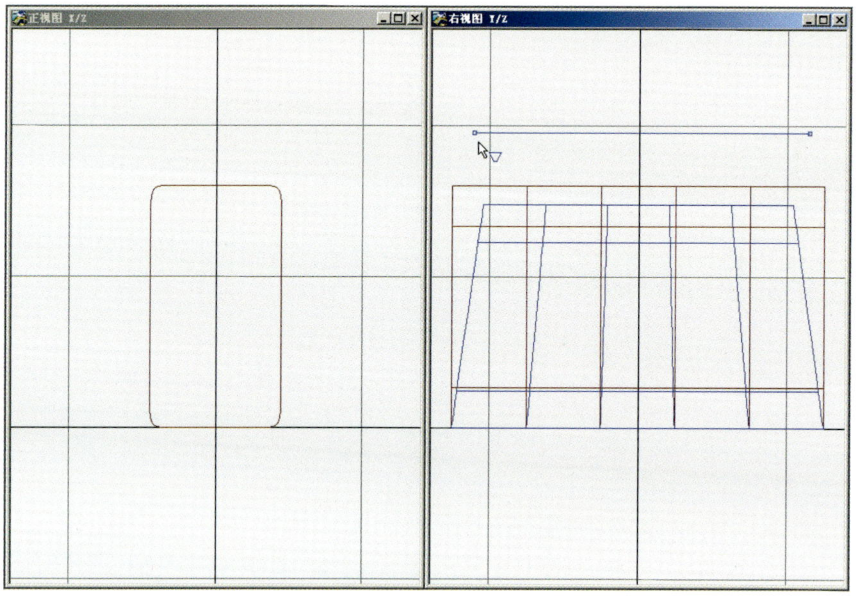

图 2-51　比例梯形化变形后的效果

以上是有一个底面处在水平轴与进出轴组成的轴平面中，这个底面也不发生变形。物体的高度变矮了，处在水平轴与进出轴组成的轴平面上的底面也没有发生变形。

再看下面的例子：图 2-52、图 2-53。

可以看到物体的高度也与变尖的轴向一起发生变化。

图 2－52　中心位于坐标原点的变形原物体

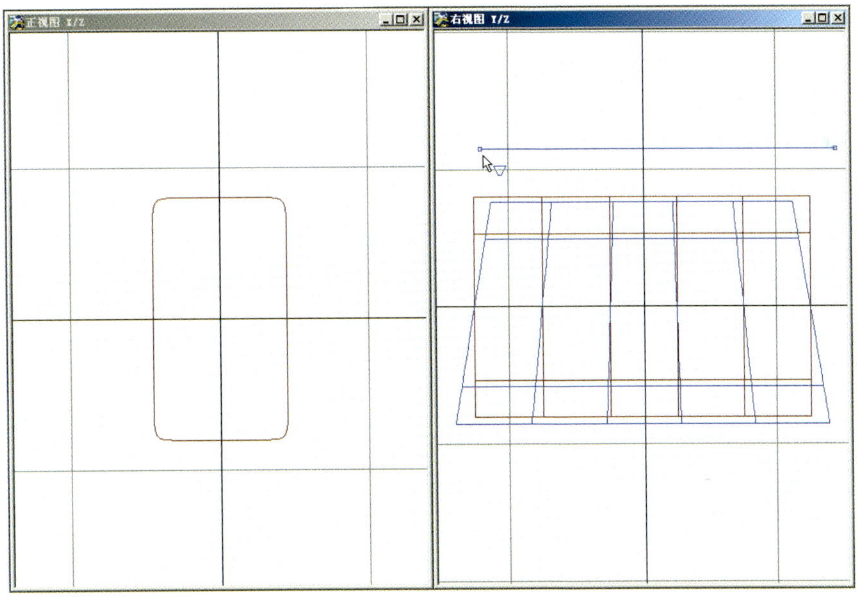

图 2－53　比例梯形化变形后的效果

6. 双向比例梯形化[Scaled Taper(Two sides)]　它是双向梯形化[Taper(Two sides)]和比例梯形化(Scaled Taper)的综合。

7. 歪斜化(Skew)　在当前操作视图让选中的物体上下倾斜变形,物体的水平长度不变。见图 2－54:物体在正视图中发生了倾斜,在上视图中物体的轮廓没有改变。

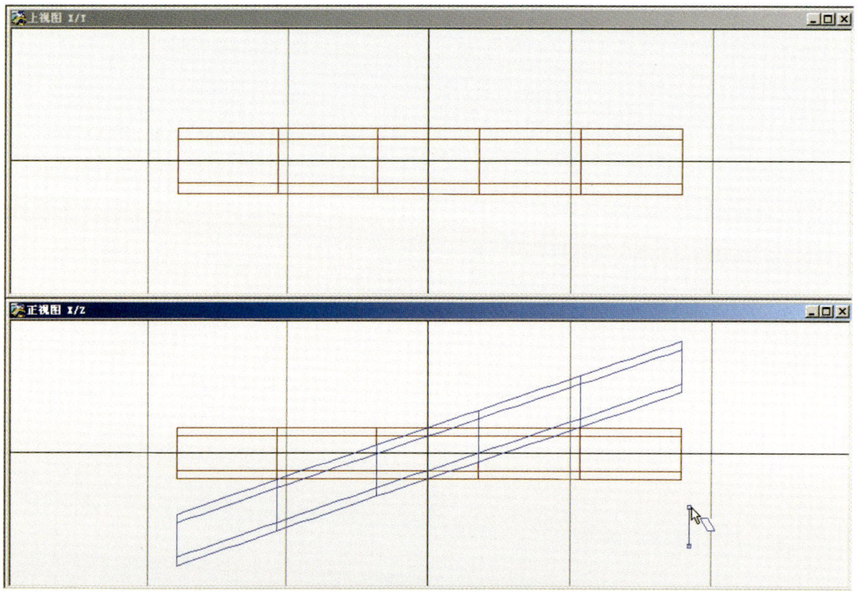

图 2-54　条状物体歪斜化的效果

8. 双向歪斜[Skew(Two sides)]　使用该命令歪斜变形选中的物体，物体同时沿两个方向产生倾斜，物体的水平长度不变。见图 2-55：物体在正视图中发生了倾斜，在上视图里物体的轮廓一起发生改变。

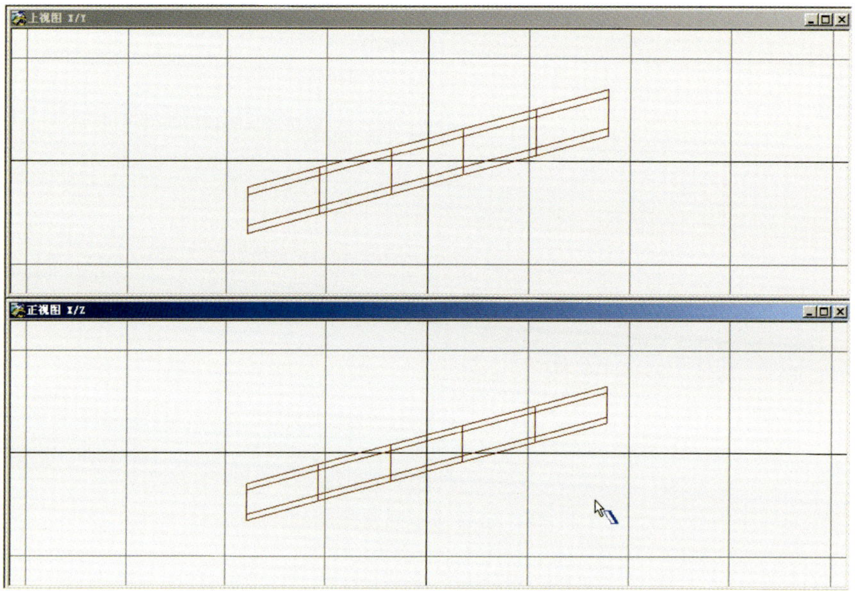

图 2-55　条状物体双向歪斜化的效果

9. 扭曲(Twist)　扭曲选中的物体。见图 2－56 所示。

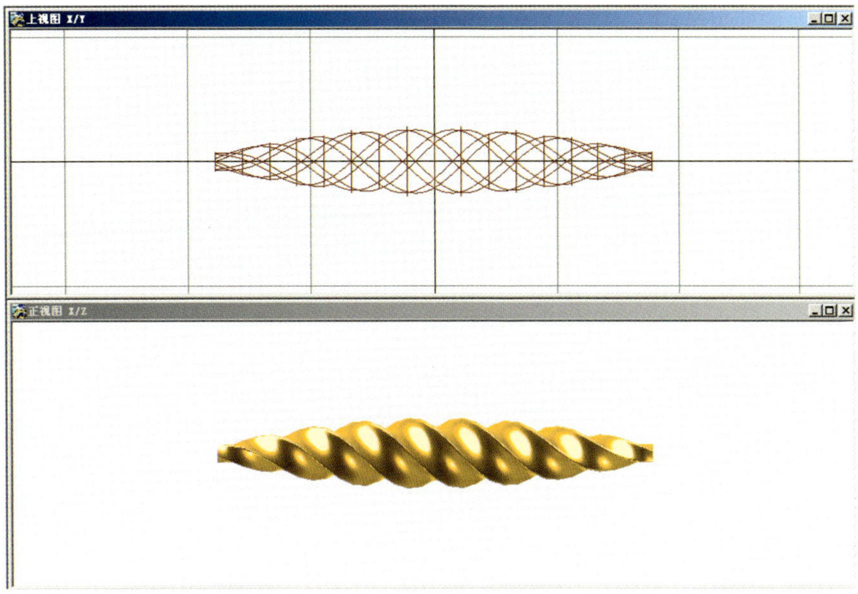

图 2－56　物体扭曲变形后的效果

10. 歪斜扭曲(Sk-twist)　歪斜扭曲选中的物体。见图 2－57 所示。

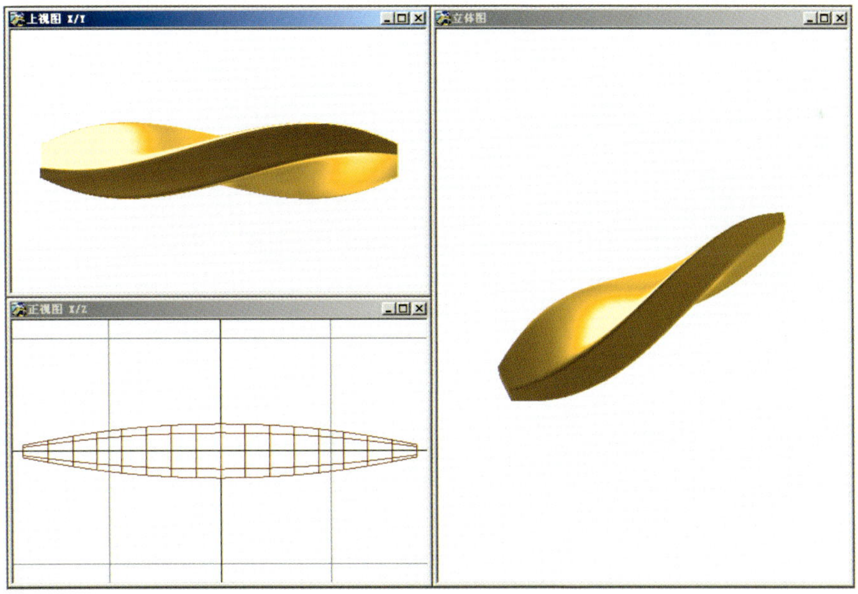

图 2－57　物体歪斜扭曲变形后的效果

歪斜扭曲后的物体只在操作的视图正视图内发生扭曲变形，而在上视图里它的投影轮廓不变。

11. 漩涡变形(Whirl)　漩涡变形可以让选中的物体产生类似漩涡的变形。见图 2－58、图 2－59。

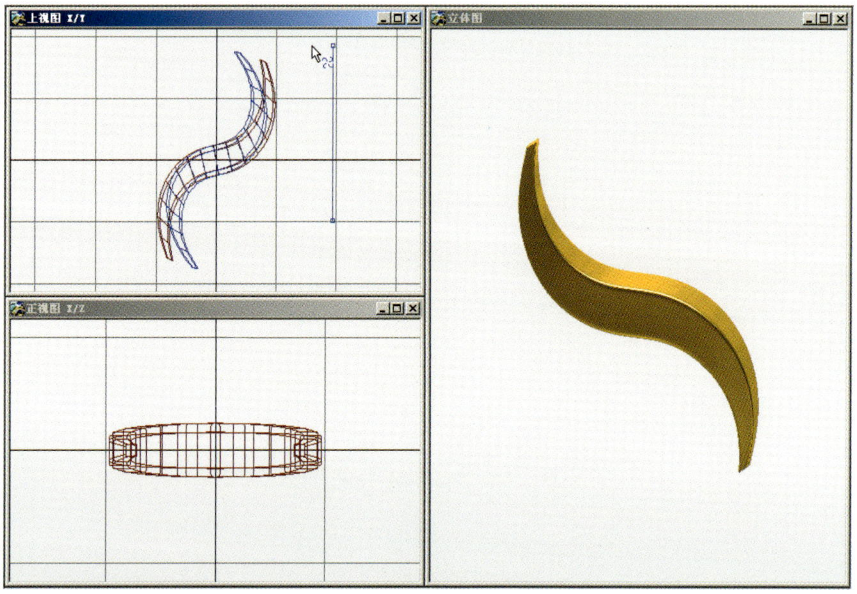

图 2－58　物体漩涡变形后的效果

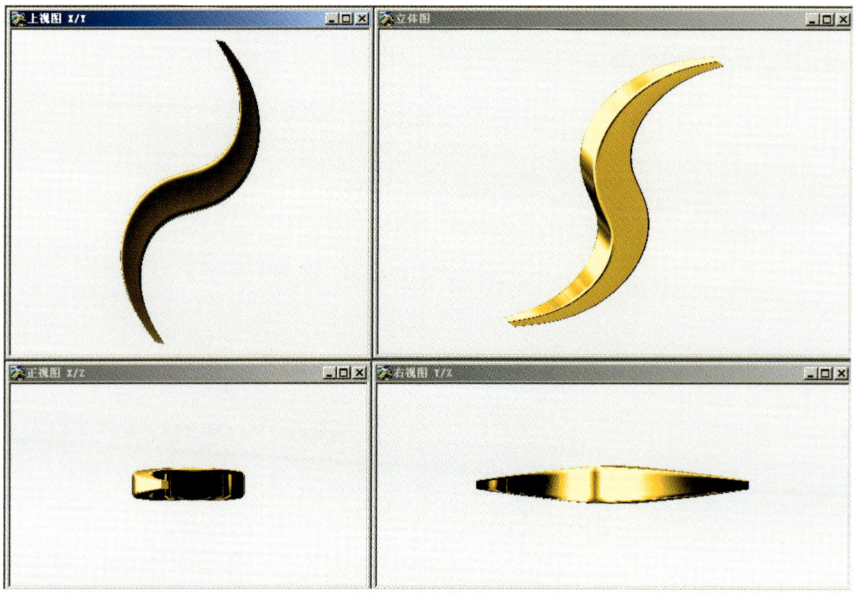

图 2－59　物体漩涡变形后的光影图

四、高级变形

1. 曲面/线映射(UV-Map)　该命令用来将选中的曲线或物体组合映射到别的曲线或曲面上，以产生相应的变形。这里产生的变形还与物体的 CV 点的多少有一定的关系。见图 2－60 所示。

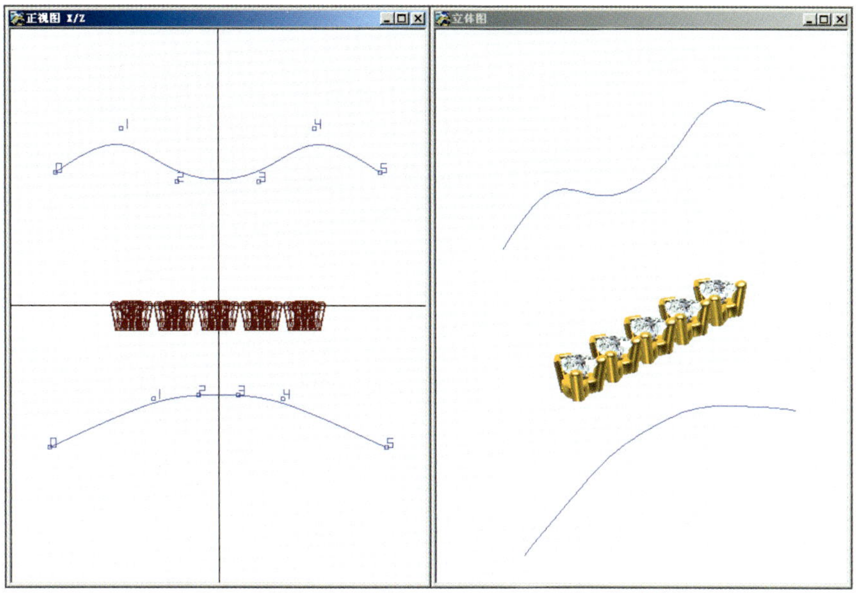

图 2-60 物体映射变形实例场景

在该映射实例场景中，处在被选中状态的镶口宝石需要被映射到两条不同的曲线上，以产生曲线形态的变形。可以看到，位置处在宝石上面的曲线的 6 个 CV 控制点分布较平均，下面的曲线的 6 个 CV 控制点分布不均匀。下面将介绍 CV 控制点的位置不同会对物体映射变形产生的影响。

在被映射的镶口宝石处在选中状态时，点击曲面/线映射(UV-Map)命令可以看到如图 2-61 所示的曲面/线映射对话框。

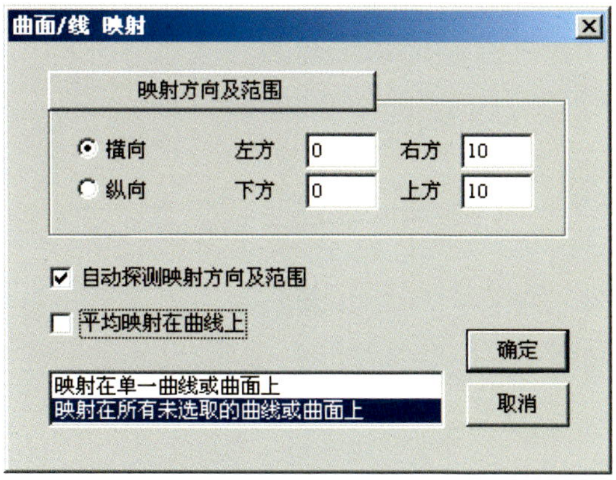

图 2-61 曲面/线映射对话框

该对话框的各项内容的基本功能在第一章中已经有具体的解释，在这里只取消平均映射在曲线上选项。

然后点击确定，再在正视图中点击需要映射到的一条曲线。可以看到如图 2-62 所示的效果。

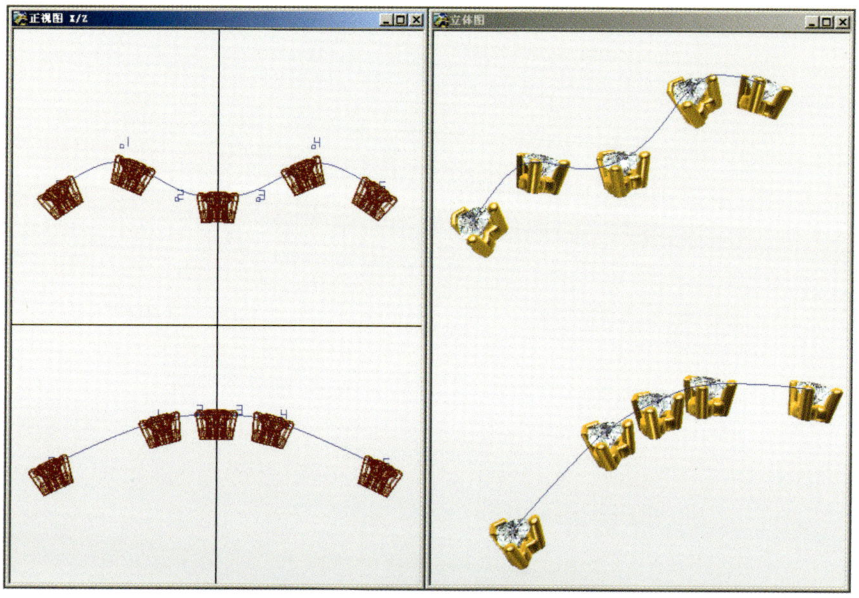

图 2－62　物体映射变形实例效果

可以看到，原来等距离排列的宝石镶口，现在根据 CV 控制点在不同位置的集中程度产生相应的变化。

还要注意的是 CV 控制点的排序对映射的效果也是有影响的。见图 2－63 所示。

在图 2－63 中可以看到，两条形状相同的曲线，但 CV 控制点的排列顺序不同，上面的曲线的 CV 点从右往左排，下面的曲线的 CV 点从左往右排。

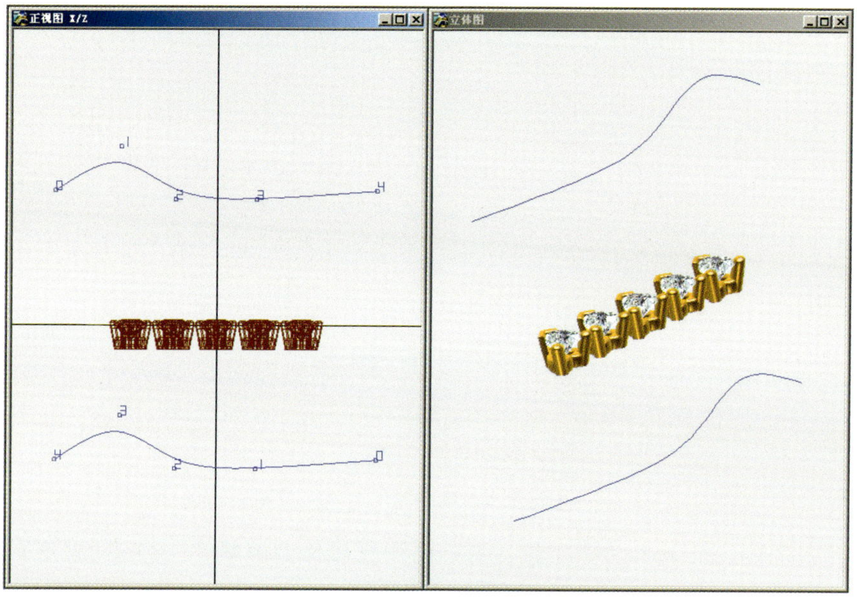

图 2－63　物体映射变形实例场景

在分别执行映射变形后，曲线映射的效果显示，CV 控制点的排序会影响物体映射后的方向。如图 2－64 所示。

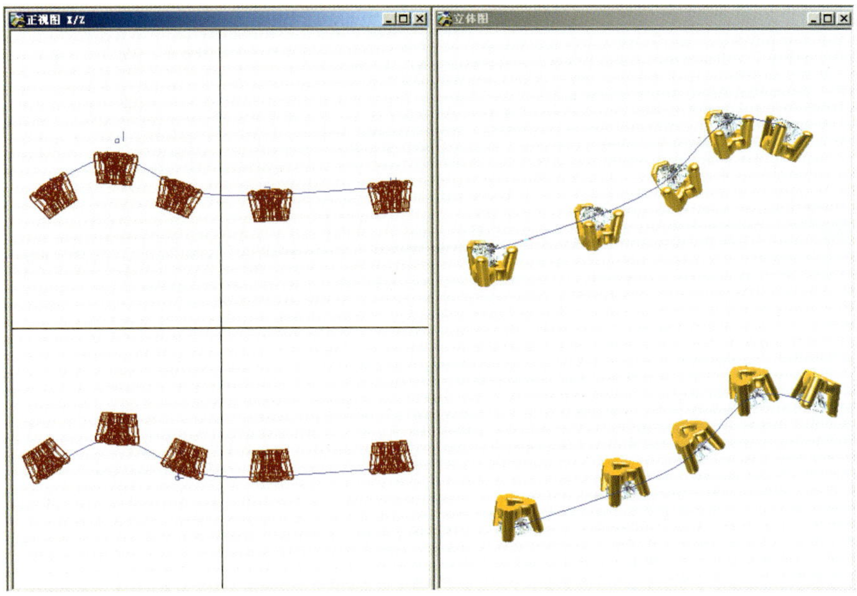

图 2-64　物体映射变形实例效果

2. 曲面/线投影(ProjMap)　该命令用来将选中的物体或者物体上面的 CV 点投影到另外的曲线或曲面上，以产生相应的变形，这种变形只保证投影物体与投影到的曲线或者曲面的局部保持一致。简单地说，投影就像在一个只有一个物体和一面墙的黑暗空间里，平行的光束照射到这个物体后，把物体的影子留在了墙上，在墙上就可以看到这个物体的轮廓形状。实例场景见图 2-65 所示。

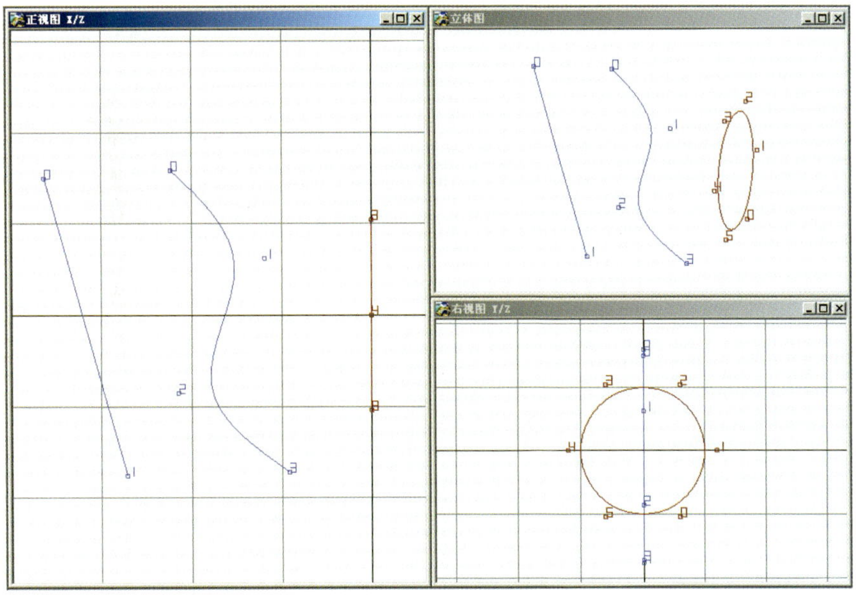

图 2-65　物体投影变形实例场景

处于选中状态的曲线为需要投影的曲线，它只有 6 个 CV 控制点。在右视图可以清楚地看到两条蓝色曲线。

因为操作在右视图进行，可以清楚地看到，被选中的曲线需要向左投影，所以在图 2-66 投影变形对话框中选取的投影方向是向左。

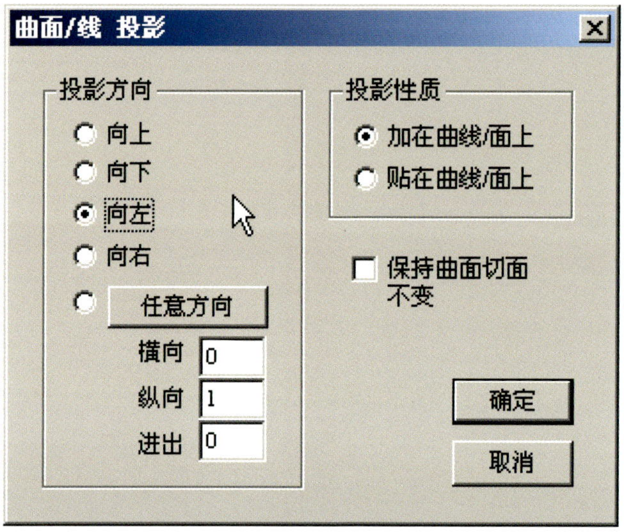

图 2-66　投影变形对话框

在使用两条 6 个 CV 控制点的圆形进行了两次投影操作后，两个圆形分别投影到了左边的两条曲线上。效果见图 2-67。

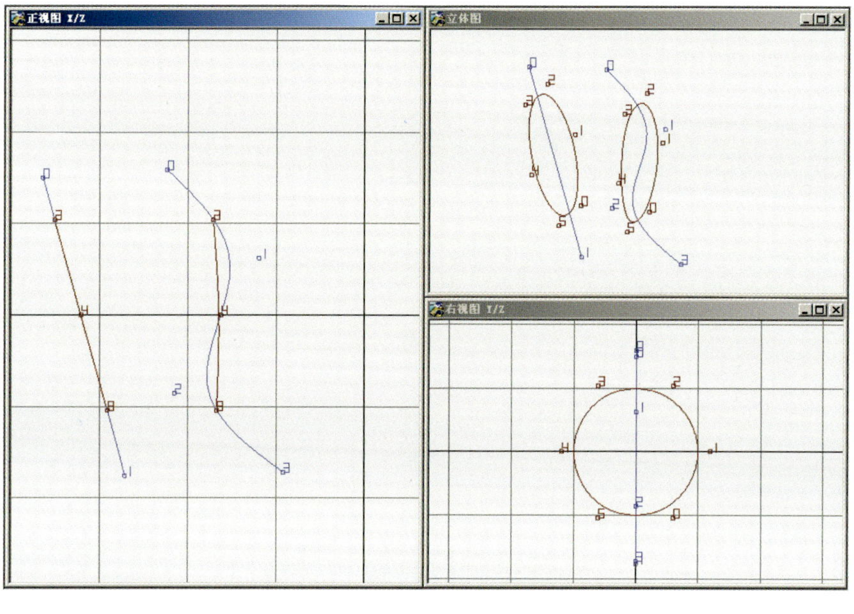

图 2-67　物体映射变形实例效果

可以看到，曲线在映射以后就产生相应的变形，最右边的映射并没有完全使得圆形曲线产生 S 型曲线形态。这只因为圆形曲线的 CV 控制点数较少造成的。

下面使用刚才的投影变形实例场景，但只增加圆形曲线的 CV 控制点到 30 个。同样在右视图执行投影命令，将圆形曲线分别投影到左边的曲线上。物体投影变形实例场景见图 2-68 所示。

在圆形曲线处在被选中状态时，点击曲面/线投影(ProjMap)命令。在弹出的对话框中进行图 2-66 的设置。在点击确定后在右视图选择曲线。

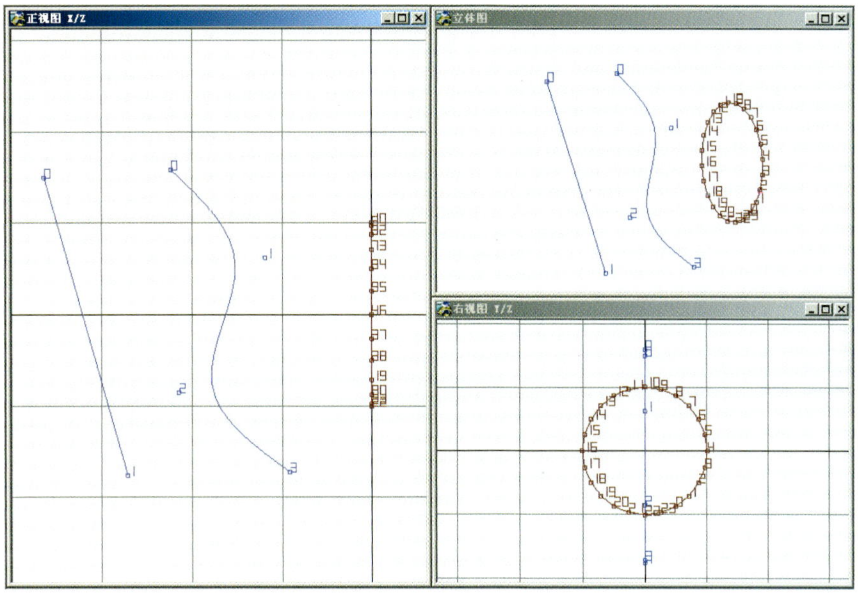

图 2－68 物体投影变形实例场景

在执行了两次投影操作后，可以看到如图 2－69 所示的变形。

可以看到圆形曲线在增加 CV 控制点后的投影变形更贴合 S 型曲线。

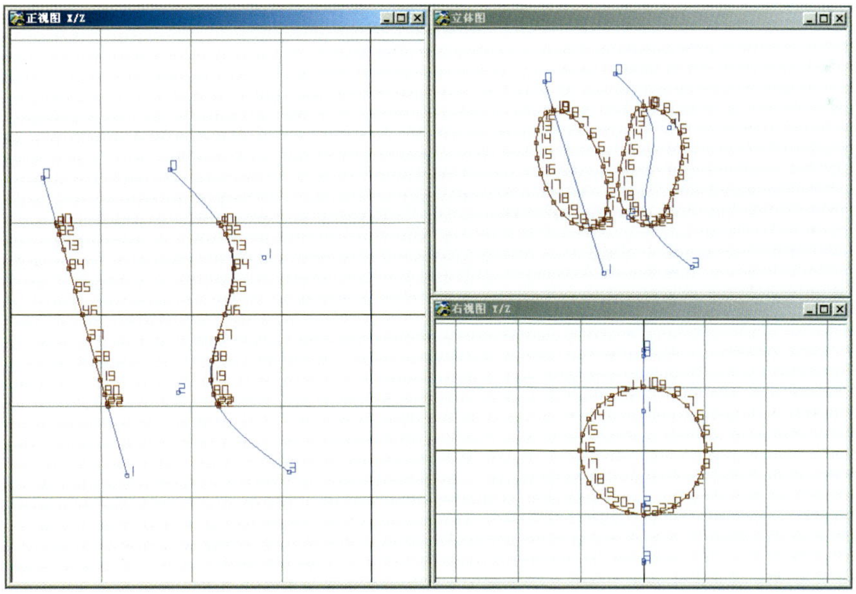

图 2－69 物体投影变形实例效果

本章小结

在这个章节里面，通过一些简单的实例介绍了一些常用命令的使用方法，并通过一些对比，分析出个别相似命令的细节差别。任何复杂的设计都是通过简单的基础步骤逐渐地累积产生的。在出来每一个简单的步骤时必须有足够的耐心，在多次重复的调试后才能得出满意的效果，制作出精致的模型。

第三章　曲线与曲面

从点到曲线、从曲线到曲面是 Jewel CAD 曲面建模的重要思想。在 Jewel CAD 里，曲线由 CV 点构成；曲面是由曲线经过特殊的曲面化运算构建出来的，所以说曲面是由曲线构成的；封闭的曲面就被称之为实体。每一件首饰都是由多个实体组合而成的。

当画好一款首饰草图时，就已经对首饰的大概形态有了一个总体的印象。这时就可以根据草图的形态，在视图里面将首饰的重要轮廓曲线在 Jewel CAD 的相应视图勾画出来，然后再通过适当的曲面命令构建出需要的曲面。如果对模型的形态还不满意，就可以通过第二章讲的变形命令来修改曲面模型，直到满意为止。

这一章分曲线和曲面两大部分来介绍，并通过一些图例详细说明命令的功能属性和使用方法。

第一节　曲线(Curve)工具

创建和编辑曲线是构建模型的第一步。通过分析确定想要创建的模型的主要轮廓线，然后开始建模。

曲线是由曲线上的 CV 点来控制的，所以对曲线的创建和编辑操作实际上就是对 CV 点的创建和编辑操作。曲线(Curve)命令也就分为创建命令和编辑修改命令。

一、创建命令

创建命令包含有任意曲线(Simple)、左右对称线(Vert-Mirror)、上下对称线(Hori-Mirror)、旋转180(Revolve 180)、上下左右复制(Cycle)、直线重复线(Extend)、环形重复线(Revolve)、多重变形(Transform)、徒手画(Sketch)、直线(Line)、圆形(Circle)、多边形(Polygon)、螺旋(Helix)13 项命令。每一项都有各自的画线特性，因而它们都有各自的使用场合。下面就开始逐个介绍。

1. 任意曲线(Simple)　用于创建任意曲线。通过它可以绘制任意形状的曲线，所以它是最常用的画线命令。在进入画任意曲线的模式以后，就可以在操作视图中通过点击或拖动鼠标绘制任意曲线，如图 3-1 所示。

下面是具体的操作方法：

(1)创建 CV 点(Create CV)　进入创建任意曲线模式后，在视图中点击鼠标的左键，每点一次都会在对应的位置出现一个 CV 点。在第一次点击的地方出现的点上出现 0 的编号，再点就出现第二点并且出现编号 1，在它们之间会出现一条直线将该两点连接。以后的点击都会出现相应的点并会出现依次增加的编号，线条也会跟着 CV 点不断地延伸，但是连接 CV 点线条就可能不再是直线了(若要线条仍然是直线，那么所有的 CV 点应该处在同一条直线上)，而是平滑过渡的曲线将绘制的 CV 点按照点的顺序依次连接起来。如果发现创建的 CV 点的位置不是自己想要的位置，可以用鼠标点选它，并按住左键拖动，把该 CV 点拖动到自己想要的位置释放，就可以完成 CV 点的拖动调整。

在创建 CV 点时，点击的位置与 CV 点的编号有如下的关系：

如果在编号为 0 的 CV 点前(远离曲线的方向)点击，而原来的 0 编号 CV 点变成了 1，后面的点的编号也会依次增加 1。曲线也将延伸到新 0 点的位置。

如果在曲线末端的 CV 点后(远离曲线的方向)点击，那么将会出现一个新的 CV 点，它的编号是

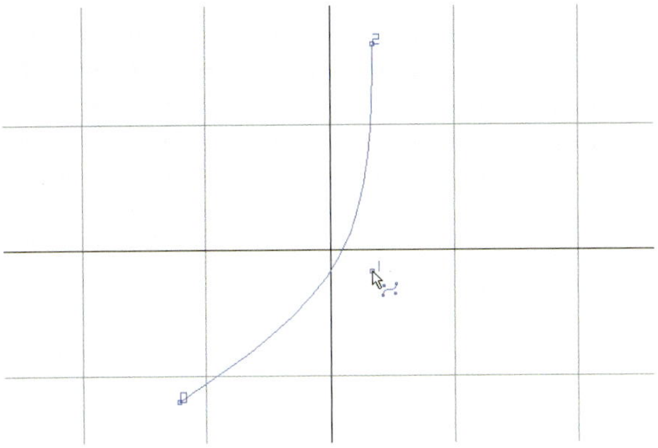

图 3-1　任意曲线的绘制

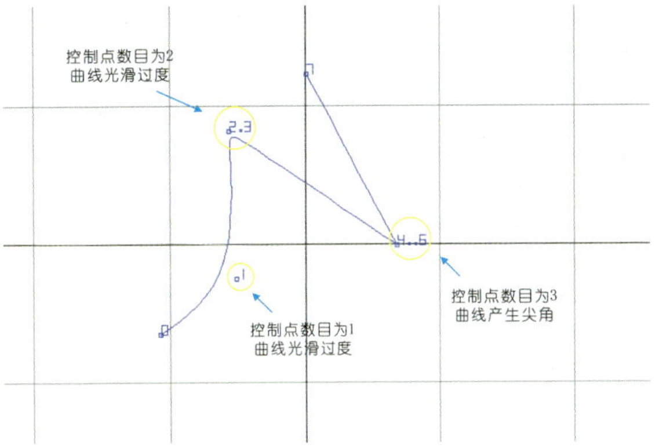

图 3-2　控制点与曲线的关系

末端的 CV 点的编号加 1。曲线也将延伸到新创建的 CV 点的位置。

如果不在曲线的两端外点击，而是在两端内点击，那么在点击的地方也会产生一个新的点，该插入点的编号就是与该插入点相邻的两个 CV 点原来较大的编号。而编号较大的那个 CV 点的编号将加 1，后面的点的编号也会依次加 1。

(2)移动 CV 点(Move CV)　可以通过移动 CV 点的位置，来改变曲线的形状。该操作只需要在视图中用鼠标的左键点选 CV 点并拖动到想要的位置。

(3)删除 CV 点(Delete CV)　在视图中用鼠标的左键点选 CV 点并按下右键。

(4)创建复合 CV 点(Multiple CVs)　复合 CV 点是指处在相同位置的几个 CV 点。在绘制任意曲线状态时，将鼠标指向已经绘制的曲线，然后在曲线上双击就可以创建复合 CV 点。复合 CV 点处，曲线将变得不是光滑过渡，见图 3-2 所示。

(5)移动复合 CV 点(Move Multiple CV)　移动复合 CV 点与移动 CV 点一样，该操作只需要在视图中用鼠标的左键点选复合 CV 点并拖动到想要的位置。

(6)删除复合 CV 点(Delete a Multiple CV)　与删除 CV 点一样，在视图中用鼠标的左键点选复合 CV 点并按下右键。

(7)封口和开口曲线(Close and Open curve)　在绘制曲线时，希望绘制的曲线是闭合的，这时可以点击封口曲线命令来完成该操作。在闭合封口后，如果还想将曲线修改成不闭合的曲线，这时只要点选开口曲线命令就可以将曲线开口了。

(8)画另一条曲线(Draw another curve)　在绘制任意曲线状态，绘制完成了一条需要的曲线后，还需要再绘制一条另外的曲线，这时可以按一下键盘的 Ctrl 键，就会进入绘制新曲线的状态，再使用鼠标的左键进行画线。

(9)调整修改另一条曲线(Modify an existing curve)　在绘制任意曲线状态，假如想调整修改绘制完成的另外一条曲线。需要将鼠标移动到想要调整修改的曲线上，这时可以按下键盘的 Shift 键，再按下鼠标的左键，就会进入调整修改另外一条曲线的状态。

2. *左右对称线*(Vert-Mirror)　该命令用于绘制以操作视图的竖直轴为对称轴的曲线，即左右对称的曲线。操作的方法与任意曲线(Simple)是类似的，唯一不同的是，绘制 CV 点时，会以操作视图的竖直轴为对称轴左右同时出现对称的 CV 点，这样绘制出来的曲线一定是左右对称的。见图 3-3，绘制一个蝴蝶的轮廓，通过左右对称线来绘制将十分方便。

3. *上下对称线*(Hori-Mirror)　可以用来绘制以操作视图的水平轴为对称轴的曲线，即上下对称的曲线。操作的方法与任意曲线(Simple)是类似的，见图 3-4。

4. *旋转 180*(Revolve 180)　使用该命令绘制的曲线以操作视图的坐标原点为对称中心。绘制

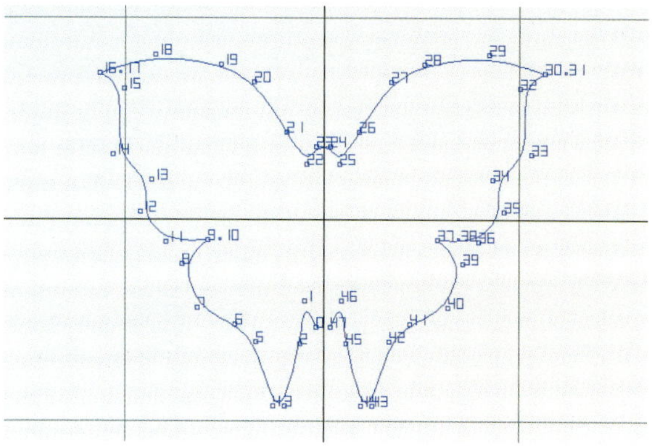

图 3－3　左右对称曲线的绘制

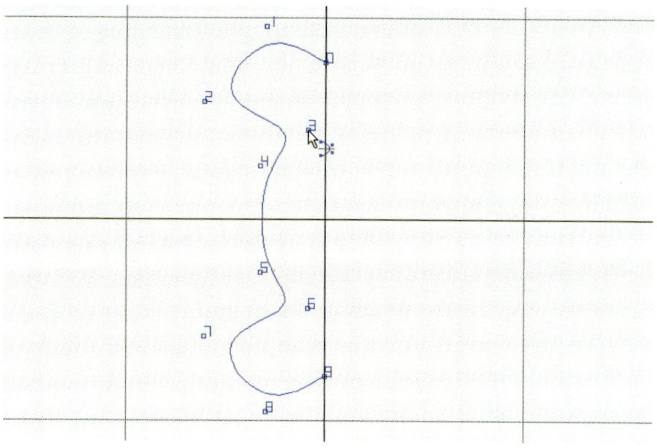

图 3－4　上下对称曲线的绘制

CV 点时，会以操作视图的坐标原点为对称中心旋转 180°，出现对称的 CV 点，曲线必定经过操作视图的坐标原点。操作的方法与任意曲线是类似的，见图 3－5 所示。

5. 上下左右复制(Cycle)　该命令用于绘制以操作视图的水平轴和竖直轴为对称轴的曲线，即上下左右对称的曲线，绘制 CV 点时，会以操作视图的竖直轴和水平轴为对称轴左右上下同时出现对称的 CV 点。见图 3－6 绘制的曲线，操作的方法与任意曲线(Simple)类似。

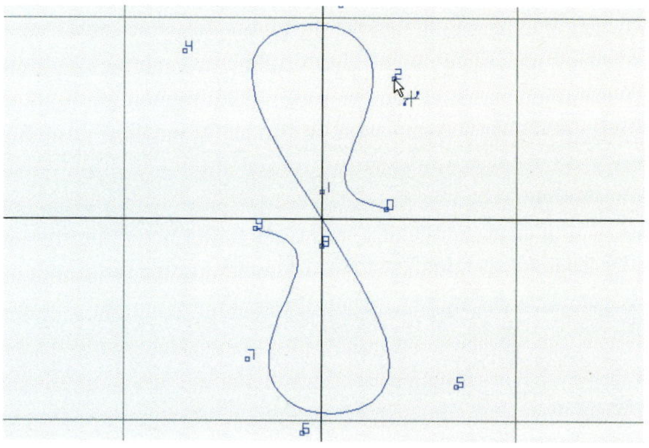

图 3－5　180°对称曲线的绘制

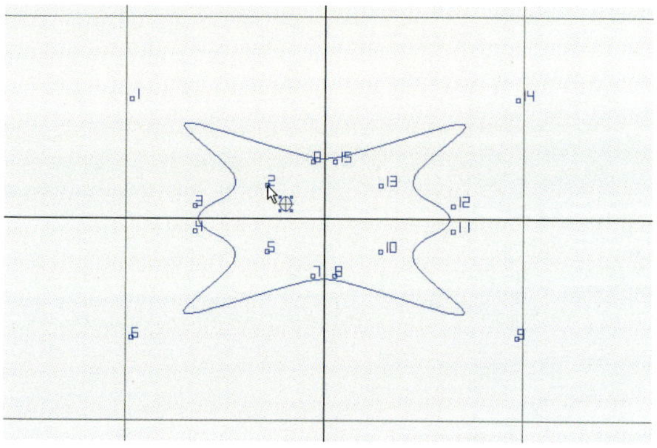

图 3－6　上下左右对称曲线的绘制

6. 直线重复线(Extend)　该命令用于绘制一条直线型的重复线。这里的重复是指 CV 控制点在空间里面间隔一定的距离重复，所以直线重复线并不一定是直线，而是线上面重复的 CV 点是在同一条直线上的。

(1)延伸数目(Extend Number)　它用于设定直线延伸后，在视窗中出现的直线可以重复的 CV 点数。它的数值不能小于 2。

(2)水平[Horizontal(－)]　它是用来设置延伸直线的 CV 点在水平轴方向上的间距。

(3)竖直[Vertical(|)]　它是用来设置延伸直线的 CV 点在竖直轴方向上的间距。

(4)进/出[In/Out(＋)]　它是用来设置延伸直线的 CV 点在进/出轴方向上的间距。

这三项值的设定也可以通过鼠标来完成。只要在该状态下，在绘图的视窗中按左键拖动鼠标，系统将会按照鼠标拖动的大概方向，来确定是按水平轴还是竖直轴来设定(这是锁定轴向的设定)，这时只能设定其中的一个轴向的数值。如果在绘图的视窗中按右键拖动鼠标，这时只能设定其中的两个轴向的数值。这 3 项还可以变为以下的极坐标的设定方式(通过点选＜按钮来切换)。

(5)长度[Length(/)]　它用来设置复制的物体在极轴方向上的间距。

(6)与极轴的成角[Angle at horizon(<)]　它是用来设置复制物体的方向与极轴所成的角。

(7)与极平面的成角[Angle away from view plane or vice versa(>)]　它是用来设置复制物体的方向与极平面所成的角。

绘制完成后也可以像编辑修改任意曲线一样编辑修改直线重复线，操作方法详见任意曲线(Simple)的操作。这里需要注意的是，直线重复线延伸数目设置产生的 CV 点具有相同的位置属性，当编辑修改一个 CV 点时，其他的 CV 点也会跟着发生相同的变化，见图 3-7 和图 3-8。

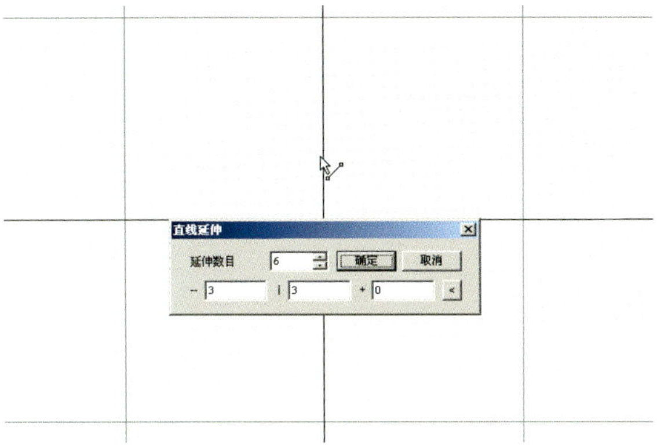

图 3-7　直线延伸对话框

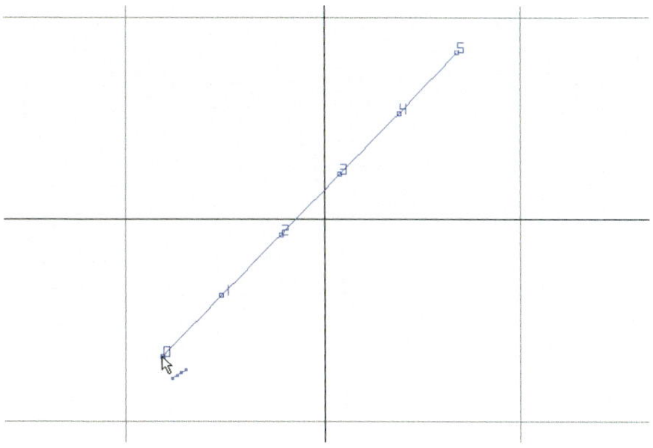

图 3-8　点击第一次的效果

直线重复线并不一定是直线，但是线上面对应的点一定是沿直线重复的(图 3-9)。

配合 Ctrl 键，再次点击产生的一条新的重复线(图 3-10)。

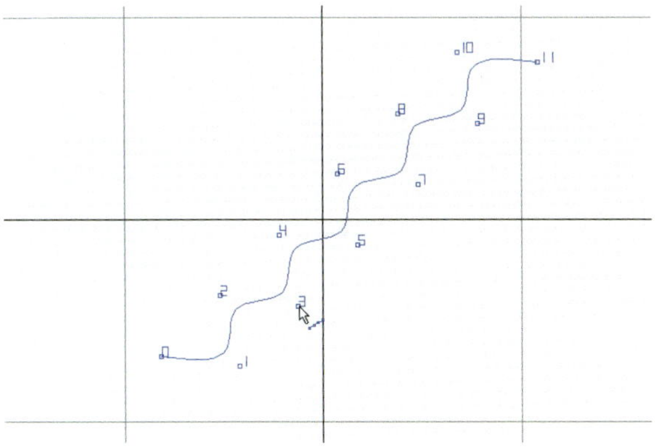

图 3-9　第二次点击的效果

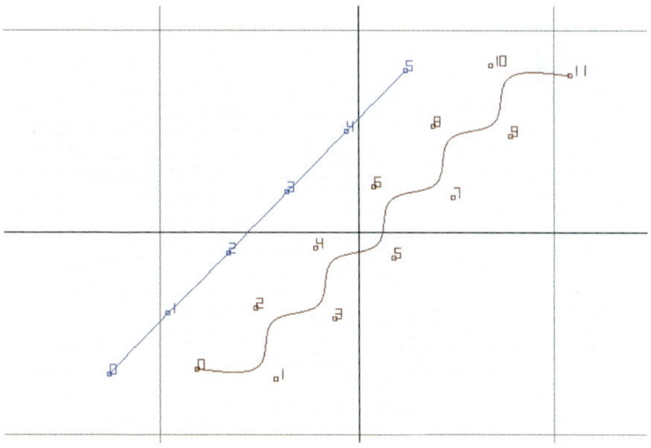

图 3-10　配合 Ctrl 键使用创建一条新的曲线

通过拖动鼠标左键在视窗里面设定两个 CV 点之间间距，有一项数值发生变化，见图 3-11。

通过拖动鼠标右键在视窗里面设定两个 CV 点之间间距，有两项数值发生变化，见图 3-12。

7. 环形重复线(Revolve)　命令跟直线重复线类似，用它可以绘制一条环形重复线，就是 CV 控制点等间距重复出现可以构成一条圆形曲线。它将绘制出类似圆形的曲线，该圆是一个以坐标原点为圆心，以鼠标点击的位置到坐标原点的距离为半径的圆。

(1)数目(Number)　它用来设定环形重复线重复的 CV 点数。它的数值不能小于 2。

(2)角度(Degree)　用于设定两个相邻的 CV 点与坐标原点组成的夹角的大小。

(3)全方位(Full Revolution)　这个选项在默认的状态下是被选中的。它是用来限制设定数目

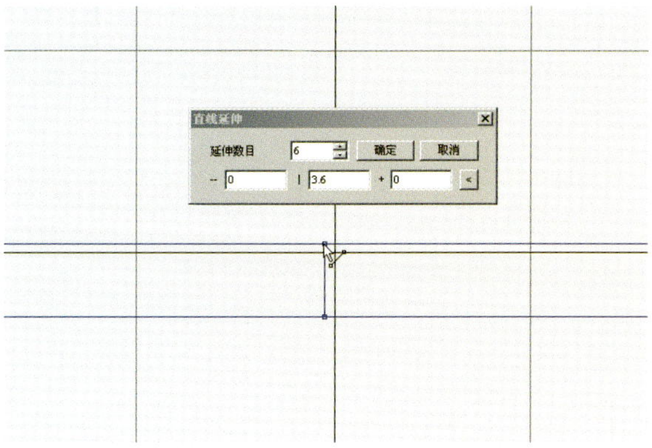

图 3－11　使用鼠标点击左键拖动来设置延伸单个方向的长度

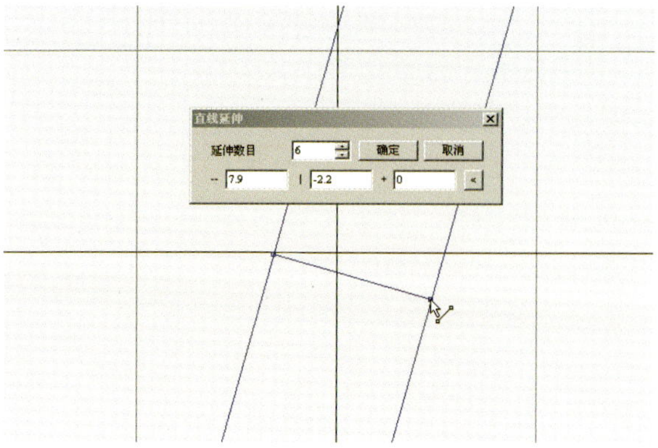

图 3－12　使用鼠标点击右键拖动来设置延伸两个方向的长度

的 CV 点平均分布在创建的圆上，而且绘制的曲线是闭合的曲线。如果没有勾选就不能保证绘制的曲线是闭合的曲线。

(4)顺时针(Clockwise)　用于设定物体按当前操作视图的顺时针方向复制。

以上各项值的设定也可以通过鼠标来完成。只要在该状态下，在绘图的视窗中按左键拖动鼠标，系统将会按照鼠标拖动的大概方向，来确定是顺时针还是逆时针方向，并确定 CV 点的数目和角度。在点击确定后，在视窗中点击一下鼠标，环形重复线就会出现。这里需要注意的是，环形重复线中 CV 点的数目设置产生的 CV 点具有相同的属性，当编辑修改一个 CV 点时，其他的 CV 点也会跟着发生相同的变化。

看下面的图例：(图 3－13～图 3－17)。

最初的环形重复线呈现圆形，一次点击就会出现有 6 个控制点的环形重复线(图 3－14)。

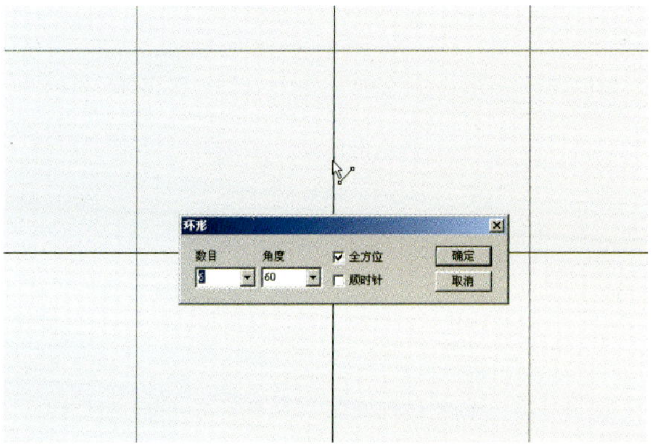

图 3－13　设置环形复制对话框

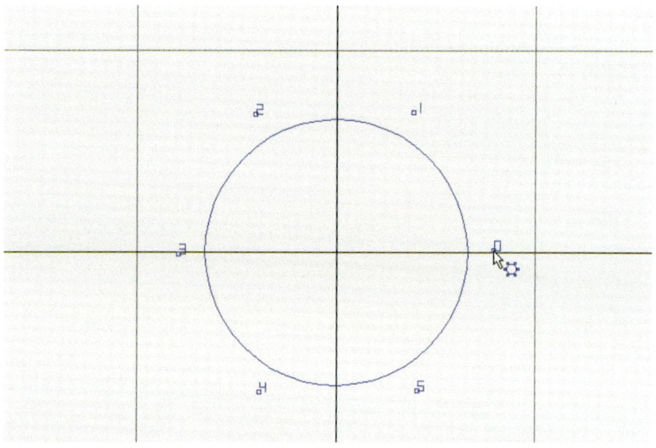

图 3－14　环形复制点击一次的效果

在第二次点击时又出现 6 个环形重复的 CV 点(图 3－15)。

在第三次点击时再次出现 6 个环形重复的 CV 点(图 3－16)。

配合键盘的 Ctrl 键点击绘制新的环形重复线(图 3－17)。

8. 多重变形(Transform)　使用该命令可以创建出相当复杂的曲线，曲线上面的 CV 点将会按照多重变形对话框设置的属性重复出现。

(1)复制数目(Copy No)　它用来设定创建多重变形曲线的重复的 CV 点数。它的数值不能小

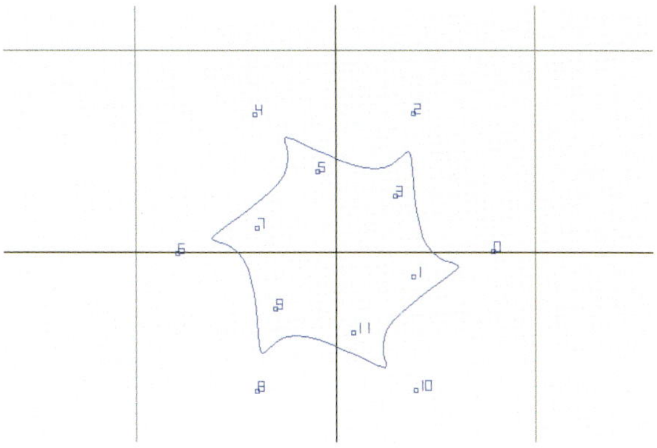

图 3-15　环形复制点击两次的效果

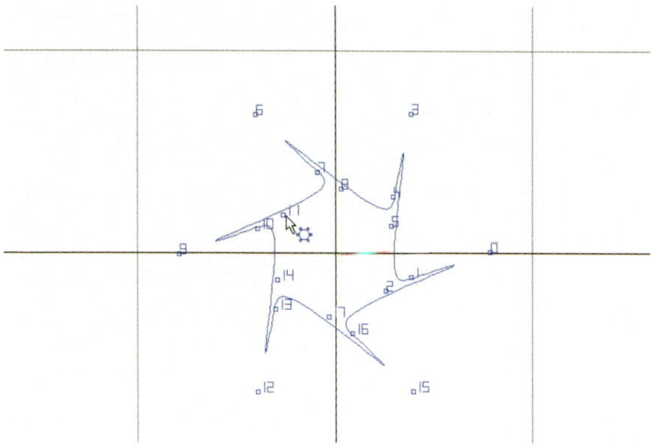

图 3-16　环形复制点击三次的效果

于 2。

(2)移动(Move)　该选项用于设置曲线上两个相邻的 CV 点在空间中的距离。包含 3 个轴向上的设置:横向(Horizontal)、纵向(Vertical)、进/出(In / Out)。可以通过设置 3 个轴向的值,来实现对 CV 点的间距的设置。

(3)尺寸(Size)　该选项用于设置缩放的比例,只可以设置一个数值。当设置的数值小于 1 时,曲线会被缩小;当设置的数值大于 1 时,曲线会被放大。

(4)比例(Scale)　该选项用于设置创建的曲线沿不同轴向缩放的比例。包含 3 个轴向上的设置:横向(Horizontal)、纵向(Vertical)、进/出(In / Out)。可以通过设置 3 个轴向的值,来实现对创建的曲线在不同轴向的缩放。该选项与上面的比例(Scale)选项只能设置其中的一个参数,不能同时设置。

(5)旋转(Rotate)　该选项用于设置创建的曲线沿不同轴向旋转的度数。包含 3 个轴向上的设置:横向(Horizontal)、纵向(Vertical)、进/出(In / Out)。可以通过设置 3 个轴向的值,来实现对创建的曲线在不同轴向的旋转。

9. 徒手画(Sketch)　该命令用于通过徒手画线来创建曲线。点击它进入徒手画模式后,就可以将鼠标移动到要绘制曲线的视图中,按住鼠标的左键并拖动绘制曲线。在绘制完成后释放鼠标左键即可。配合键盘的 Ctrl 键并通过点击鼠标可以绘制新曲线。见图 3-18。

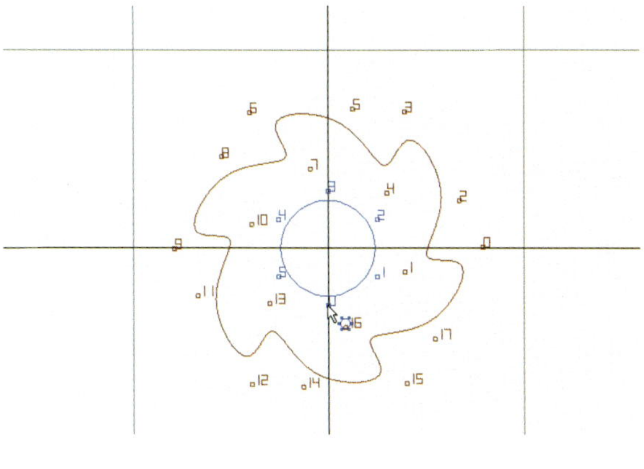

图 3-17　配合 Ctrl 键绘制新的曲线

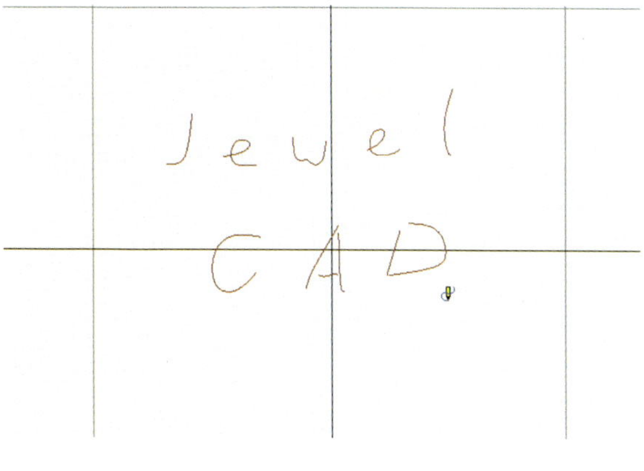

图 3-18　配合 Ctrl 键绘制新的曲线

以上就是使用徒手画(Sketch)命令通过配合键盘的 Ctrl 键绘制的曲线。

10. 直线(Line)　该命令用于创建一条直线。在这里只要设置要创建的直线与当前操作视窗的水平轴的夹角的大小，可以在下面的列表中选取，也可以自己填写想要的数值（图 3－19）。设置完成后点击确定就可以创建出一条直线。该直线只有两个单位长（图 3－20）。

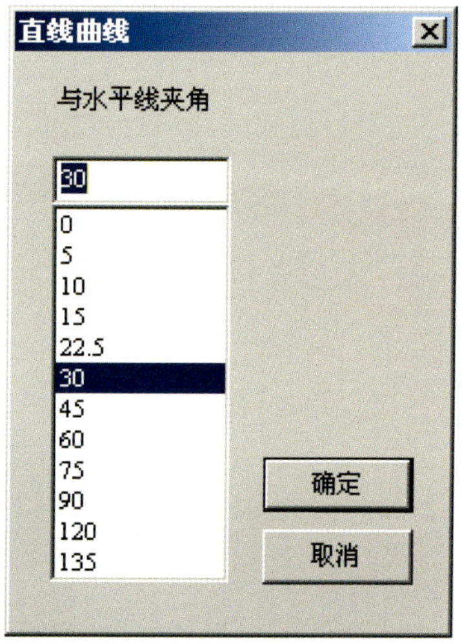

图 3－19　设置直线曲线对话框

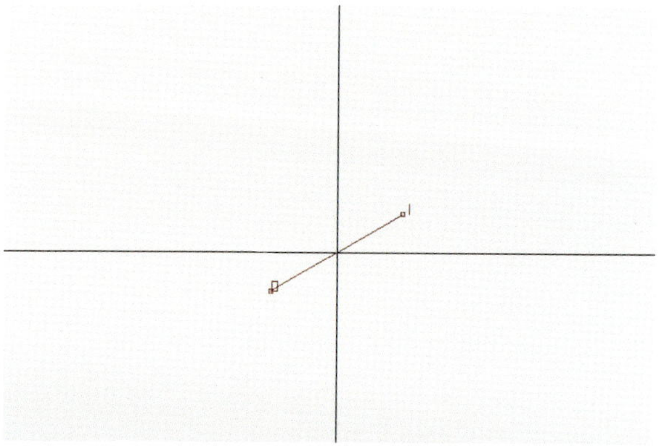

图 3－20　点击确定后产生的直线

11. 圆形(Circle)　该命令用于创建一个以当前操作视窗的坐标原点为中心的圆，它是经常使用的命令。常常用它创建一些参考圆。

(1)直径/半径(Diameter/Radius)　该选项用于设置即将创建的圆是以直径大小还是半径大小来创建。在它后面可以写入想要的数值。

(2)控制点数(No. of CVs)　用于设置创建的圆上的控制点总数。

(3)控制点‘0’(CV ‘0’)　用于设置创建的圆上的控制点‘0’的位置。

当设置完成并点选确定后，就会在相应的操作视窗中出现想要的圆。

12. 多边形(Polygon)　该命令用于创建正多边形。当使用该命令后，创建的多边形的直径也只有两个单位长。

(1)边的数目(No. of Sides)　该命令用于设置创建的正多边形的边数。

(2)控制点‘0’(CV‘0’)　该命令用于设置创建的正多边形的 CV‘0’点的位置。

13. 螺旋(Helix)　该命令用于创建一个以当前操作视窗的坐标原点为中心的螺旋线。

(1)半径 1(Radius 1)　该选项用于设置将要创建的螺旋线前端的半径。

(2)半径 2(Radius 2)　该选项用于设置将要创建的螺旋线末端的半径。

(3)长度(Length)　该选项用于设置将要创建的螺旋线的总长。

(4)回圈数目(No. of turns)　该选项用于设置将要创建的螺旋线螺旋的圈数。

(5)每圈 CV 数目(CVs per turn)　该选项用于设置将要创建的螺旋线每圈 CV 点的数目。

(6)反时针(Anti-clockwise)　该选项用于设置将要创建的螺旋线按反时针旋转。

(7)顺时针(Clockwise)　该选项用于设置将要创建的螺旋线顺时针旋转。

二、编辑修改命令

它包括曲线修改(Adjust)命令集、封口曲线(Close)、开口曲线(Open)、倒序编号(Reverse)、增加控制点(Divide)、连接曲线(Join Curves)、偏移曲线(Offset Curve)、中间曲线(In Between Curve)、曲线长度(Curve Length)、还原已消除曲线(Restore removed curves)10 项内容。

1. 修改(Adjust)　它是一个命令集，用于修改已经创建的曲线，即在推出创建曲线命令以后，还想对以前创建的曲线进行编辑修改,就必须通过在这里选择适当的修改编辑命令。当进入修改命令以后的操作就与在创建命令的操作完全一样了,所以在这里也可以创建曲线。看看它包含的子命令:

- 任意曲线(Simple) 按任意曲线来修改选中的曲线。
- 左右对称线(Vert-Mirror) 按左右对称线来修改选中的曲线。
- 上下对称线(Hori-Mirror) 按上下对称线来修改选中的曲线。
- 旋转 180(Revolve 180) 按旋转 180°对称线来修改选中的曲线。
- 上下左右对称线(Cycle) 按上下左右对称线来修改选中的曲线。
- 直线重复线(Extend) 按直线重复线来修改选中的曲线。
- 环形重复线(Revolve) 按环形重复线来修改选中的曲线。
- 多重变形(Transform) 按多重变形来修改选中的曲线。

当进入了以上的修改命令模式后,将鼠标移动到想要修改的曲线上并点击鼠标的左键,选中的曲线将会变成蓝色,说明该曲线进入被编辑修改状态。以后的操作就与创建任意曲线的命令一样了。在编辑修改状态时,不能使用复原(Undo)来撤销操作和重复(Redo)来恢复操作,只能在推出该命令状态后才能使用复原(Undo)来撤销操作和重复(Redo)来恢复操作。

2. 封口曲线(Close) 用于将被选中的曲线封闭。通过创建命令创建的曲线有一部分是开口的,当想将它封闭时,就需要通过该命令。

使用任意曲线绘制的开口曲线,现在希望将 CV 0 和 CV 9 点连接起来使曲线封闭(图 3 - 21)。

在点击该封口命令以后曲线就被封口了(图 3 - 22)。

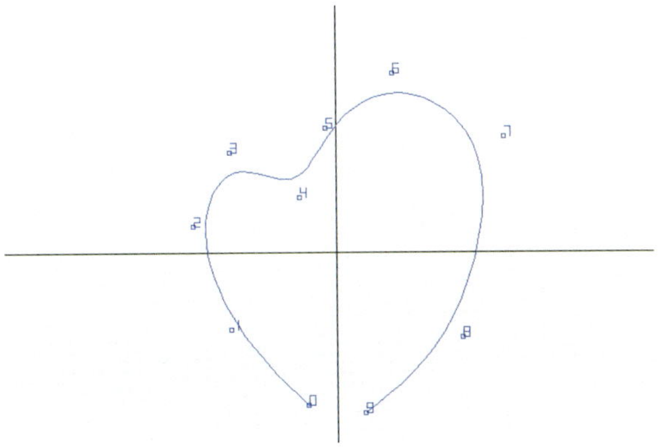

图 3 - 21 将要封口的曲线

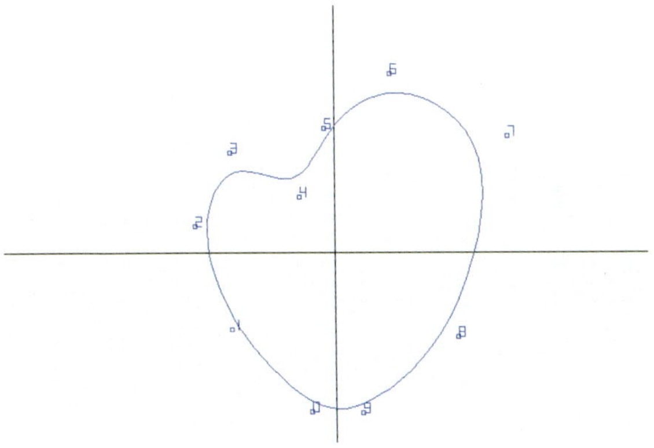

图 3 - 22 封口后的效果

3. 开口曲线(Open) 用于将被选中的封闭曲线开口。是封口曲线(Close)的逆命令。这里就不举例了。

4. 倒序编号(Reverse) 用于将被选中的曲线的 CV 点编号的顺序颠倒。只有在操作视窗的显示模式是普通线框时,才能显示曲线的 CV 点编号。在使用该命令时,需要将操作视图的显示模式改为普通线框模式。

使用倒序编号以后,曲线的形状没有改变,但是 CV 点的顺序与原来相反(图 3 - 23)。

5. 增加控制点(Divide) 用于增加被选中曲线的 CV 点的数目,但不改变曲线的形状。曲线原来两个相邻点之间的曲线将平均分布增加的控制点上。在选中要增加控制点的曲线后,系统将弹出对话框,可以设置增加倍数。在使用该命令时,也需要将操作视图的显示模式改为普通线框模式,才能看到操作以后的结果。

点击该命令弹出的对话框,选择的增加倍数是 3(图 3 - 24)。

曲线的形状没有改变,但是 CV 点数变成原来的 3 倍,就是把原来的两个点再平均地分成 3 份

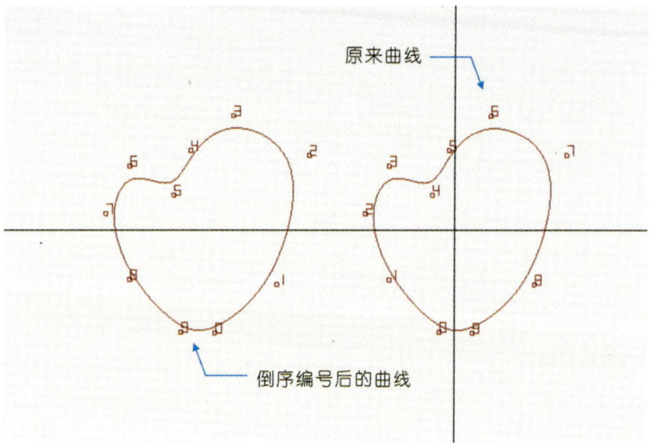

图 3－23　倒序编号

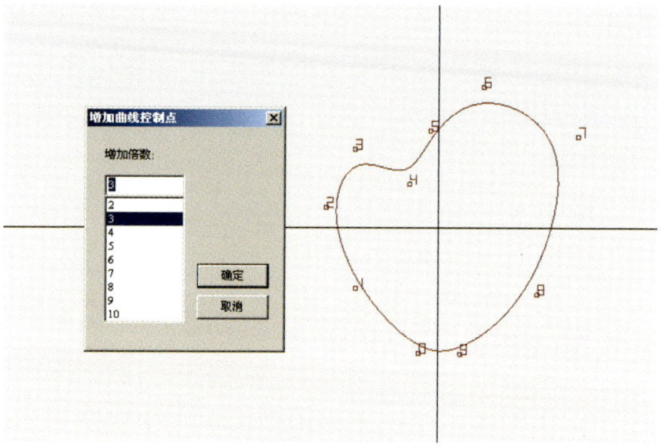

图 3－24　设置增加曲线控制点对话框

(图 3－25)。

6. 连接曲线(Join Curves)　该命令用于将多条曲线连接起来,先选曲线的末尾点和后选曲线的起始点连接起来,以形成新的曲线。进入连接曲线模式后,只要用鼠标的左键将要连接的线条依次点选,选中后的线条会变成蓝色,也可以用鼠标的右键来点选要取消选中的曲线,完成删除已经选择的曲线。

绘制两条任意曲线(图 3－26)。

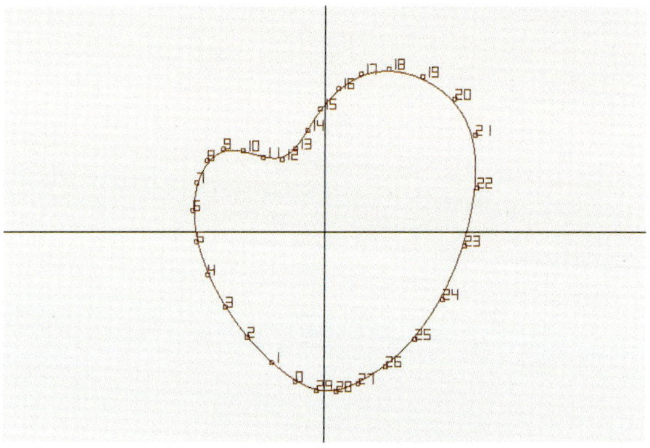

图 3－25　增加后的效果

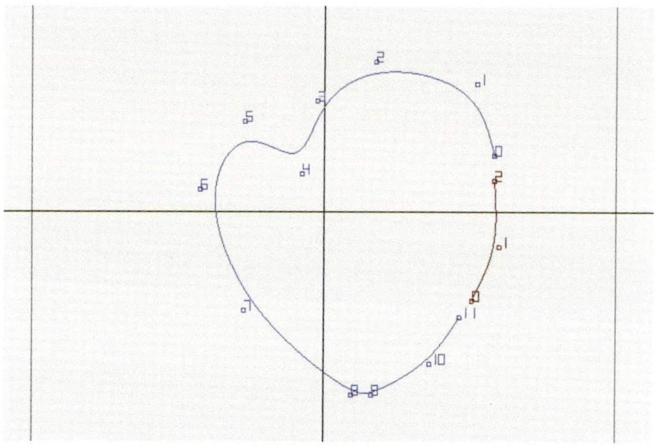

图 3－26　用于连接的两条曲线

使用连接命令连接(图 3－27)。

选择曲线的顺序与连接以后的曲线形状有直接的关系(图 3－28,图 3－29,图 3－30)。

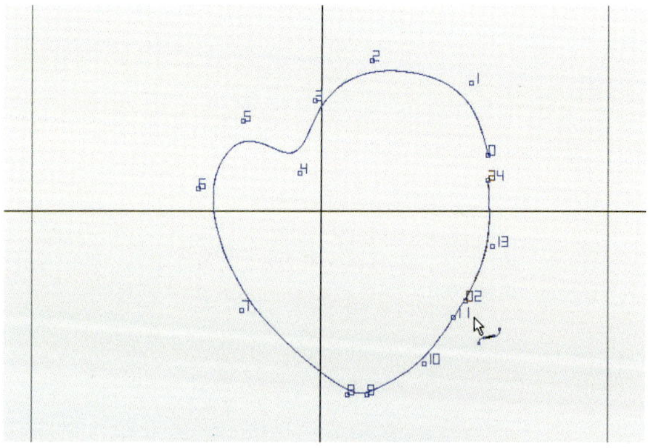

图 3－27　连接后的效果

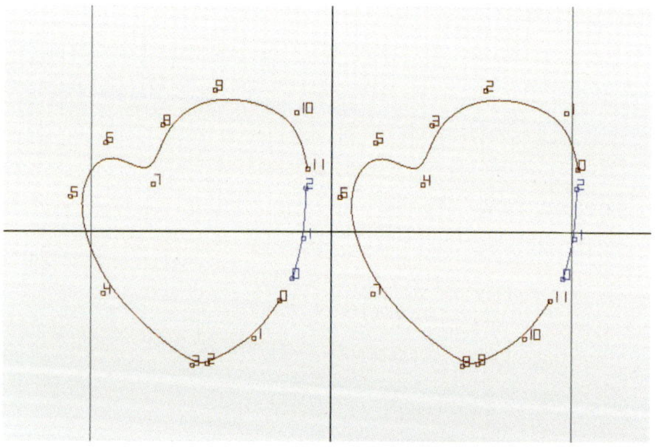

图 3－28　对比连接场景

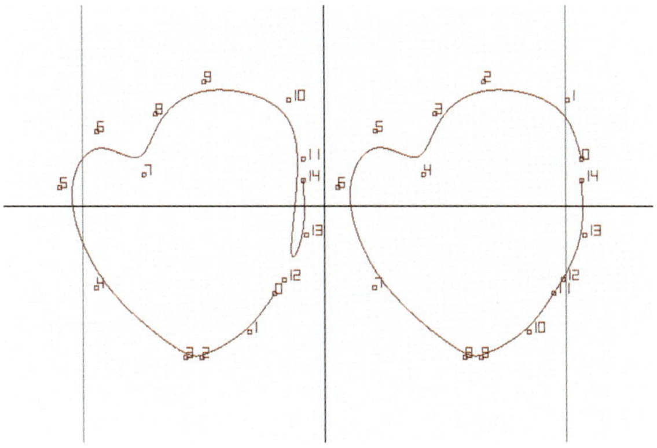

图 3－29　连接后的不同效果

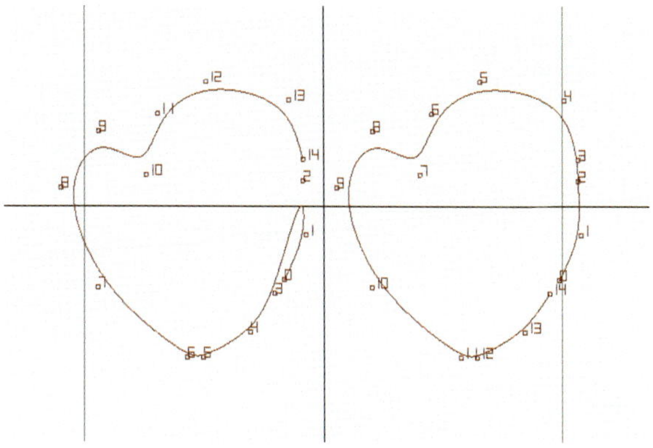

图 3－30　连接后的不同效果

7. 切开曲线(Split Curves)　该命令用于一条曲线切开曲线成多条曲线。进入该状态后，在曲线要切开的 CV 点处点击鼠标的左键就可以将曲线在该点处分割。见图 3－31～图 3－34。

请看图 3－31 中曲线，并注意曲线上面 CV 点的序号。

注意切开中间位置后 CV 点序号的变化(图 3－32)。

图 3－33 中也是一条用于切开的曲线，请观察在这条曲线上所有 CV 点位置都执行切开命令后，观察 CV 点序号发生的变化(图 3－34)。

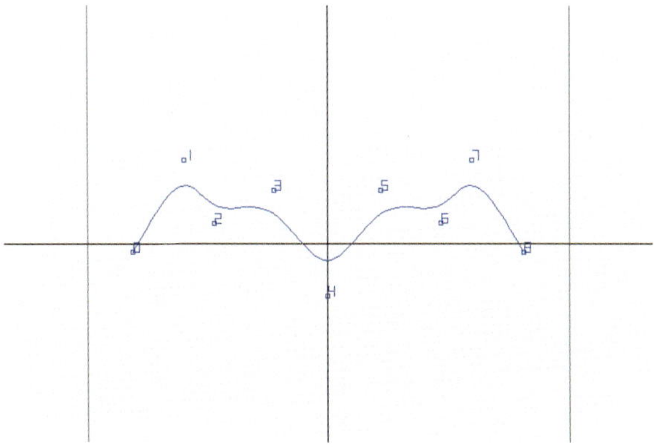

图 3－31　用于切开的曲线

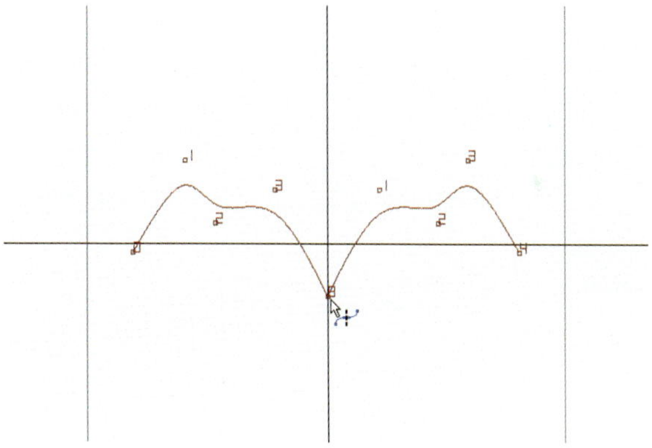

图 3－32　切开中间位置的效果

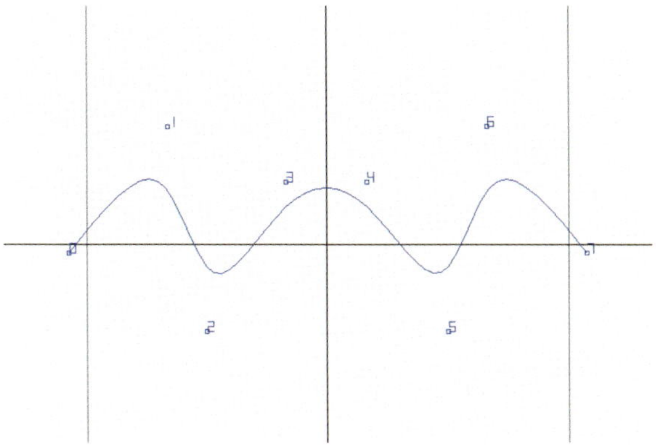

图 3－33　用于切开的曲线

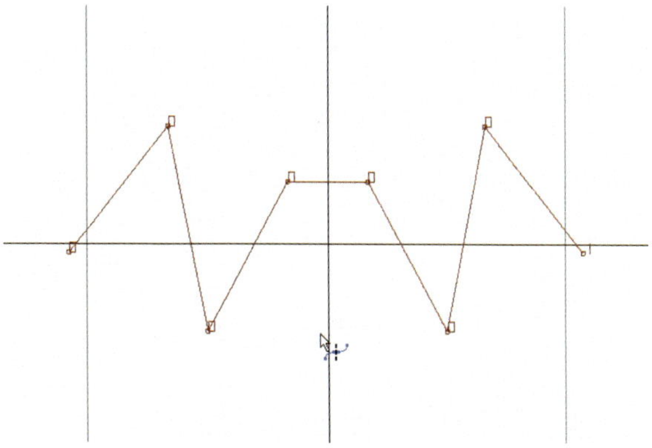

图 3－34　在所有的 CV 点位置都执行切开命令的效果

8. 偏移曲线(Offset Curve) 该命令用于将选中的曲线偏移复制出新的曲线。偏移得到的新曲线与原来的曲线保持平行。看图 3－35 的曲线：

设置偏移半径和选择偏移方向。

(1)偏移半径(Offset Radius) 用于设置偏移曲线的半径。

(2)两方偏移(Offset both sides) 用于设置在要偏移的曲线的两个方向偏移复制曲线。见图 3－36。

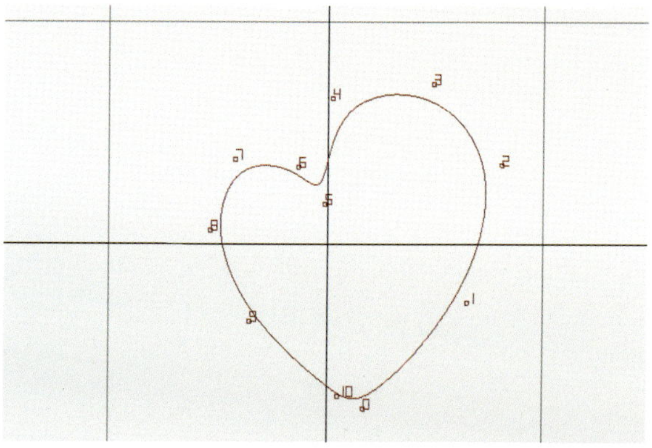

图 3－35 执行曲线偏移命令的原始曲线

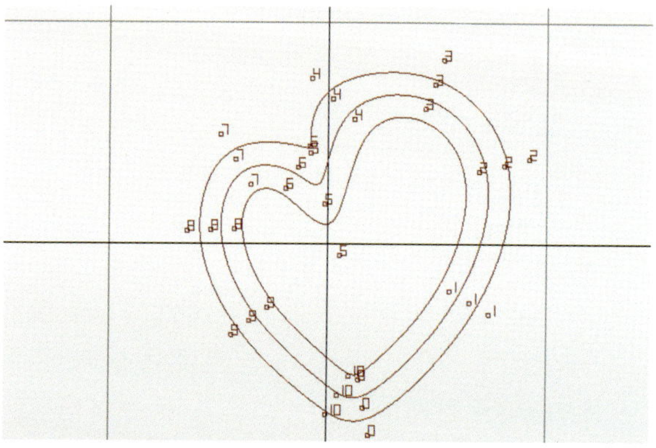

图 3－36 执行两方偏移命令后的效果

(3)向外偏移(Offset right only) 用于设置在要偏移的曲线的一个方向偏移复制曲线，该方向是曲线的外侧。

(4)向内偏移(Offset left only) 用于设置在要偏移的曲线的一个方向偏移复制曲线，该方向是曲线的内侧。

9. 中间曲线(In Between Curve) 该命令用于在 CV 点数相同的两条曲线中间创建一条新的曲线。新创建的曲线的 CV 点数与原来的曲线相同如图 3－37，图 3－38，图 3－39 所示。如两条曲线 CV 点数不同，则无法生成中间曲线，如图 3－40，图 3－41 所示。

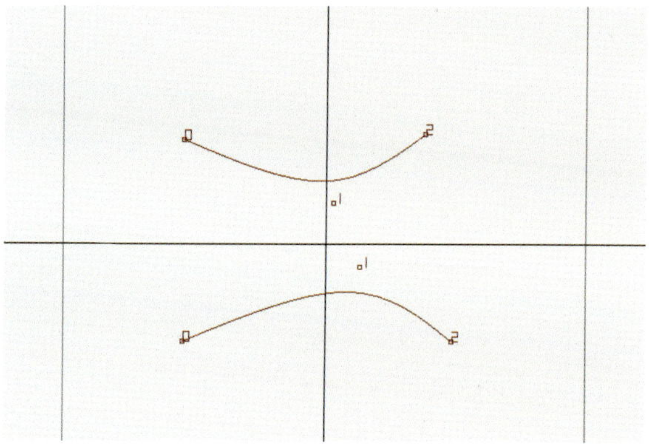

图 3－37 执行中间曲线操作的原始曲线

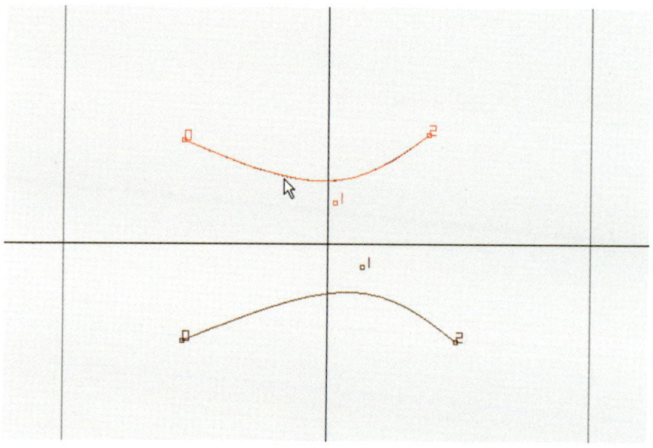

图 3－38 依次点击选取曲线

10. 曲线长度(Curve Length) 该命令用于测算已有曲线的长度。当点击该命令后，系统进入曲线长度测算模式。点选要测算的曲线，那么它的长度将在状态提示栏里面显示出来。见图 3－42。

11. 还原已消除曲线(Restore removed curves) 使用它可以还原那些在执行曲面生成命令时被消除的曲线。曲面生成命令有：直线延伸曲面(Extend)、横向环形对称曲面(Horizontal Revolve)、纵

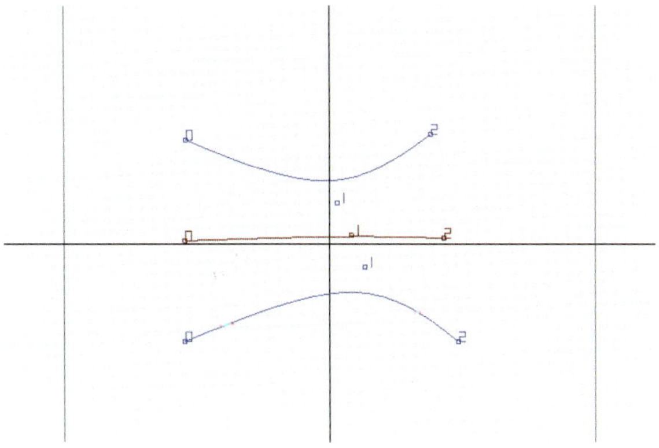

图 3 - 39　执行中间曲线命令后的效果

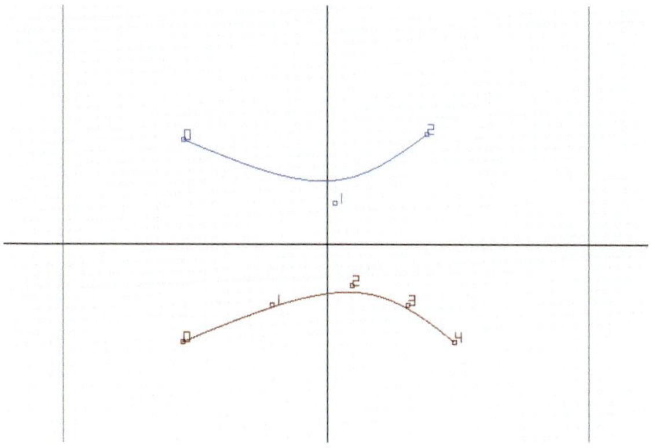

图 3 - 40　相同形状不同 CV 点数的曲线

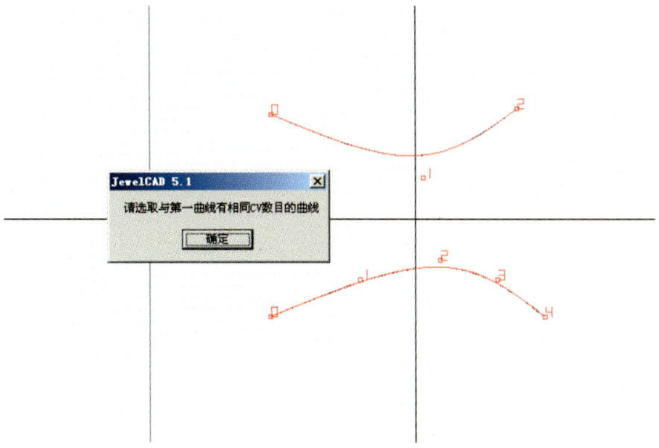

图 3 - 41　执行中间曲线命令弹出的提示

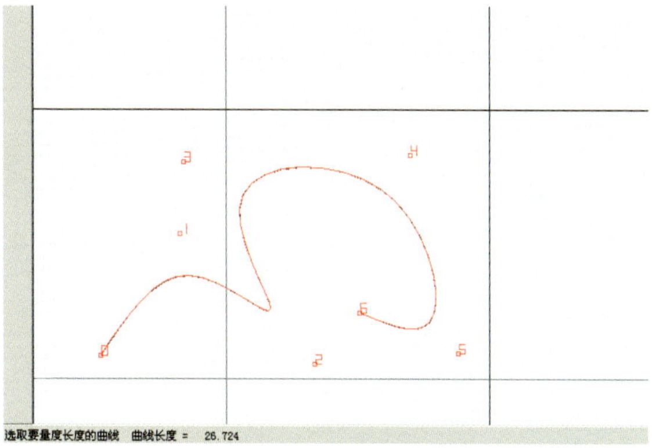

图 3 - 42　曲线长度测量

向环形对称曲面(Vertical Revolve)、线面连接曲面(Loft)、管状曲面(Pipe)、导轨曲面(Rail)。

第二节　曲面(Surface)工具

曲面命令也可以分为创建和修改两大部分,这里也是结合图例说明各项命令的功能特征以及使用技巧。

一、复杂曲面创建命令

直线延伸曲面(Extend)、纵向环形对称曲面(Vertical Revolve)、横向环形对称曲面(Horizontal Revolve)、多重变形(Transform)、线面连接曲面(Loft)、管状曲面(Pipe)、导轨曲面(Rail)这 7 个命令是曲面创建部分中的复杂创建功能命令。

1. 直线延伸曲面(Extend)　可以沿直线延伸截面线来产生曲面,使用该命令产生的柱状体非常方便。

(1)延伸数目(Extend Number)　该选项用于设置延伸的曲面包含几根延伸截面线。其数量不能小于 2。

(2)水平[Horizontal(—)]　通过用它设置直线延伸的轮廓截面线在水平轴方向上的间距。

(3)竖直[Vertical(|)]　它是用来设置直线延伸的轮廓截面线在竖直轴方向上的间距。

(4)进/出[In/Out(+)]　它是用来设置直线延伸在进/出轴方向上的间距。

这 3 项值的设定也可以通过鼠标来完成。只要在该状态下,在绘图的视窗中按左键拖动鼠标,系统将会按照鼠标拖动的大概方向,来确定是按水平还是竖直轴来设定(这是锁定轴向的设定)。这时只能设定其中的一个轴向的数值。如果在绘图的视窗中按右键拖动鼠标，只能设定其中的两个轴向的数值。这 3 项还可以变为以下的极坐标的设定方式(通过点选<按钮来切换)。

(5)长度[Length(/)]　它是用来设置直线延伸的轮廓截面线在极轴方向上的间距。

(6)与极轴的成角[Angle at horizon(<)]　它是用来设置直线延伸轮廓截面的延伸方向与极轴所成的角。

(7)与极平面的成角[Angle away from view plane or vice versa(>)]　它是用来设置直线延伸轮廓截面的延伸方向与极平面所成的角。

下面是一些图例。

在一个视图里面绘制需要延伸的轮廓，可以是封闭的曲线，也可以不封闭(图 3-43)。

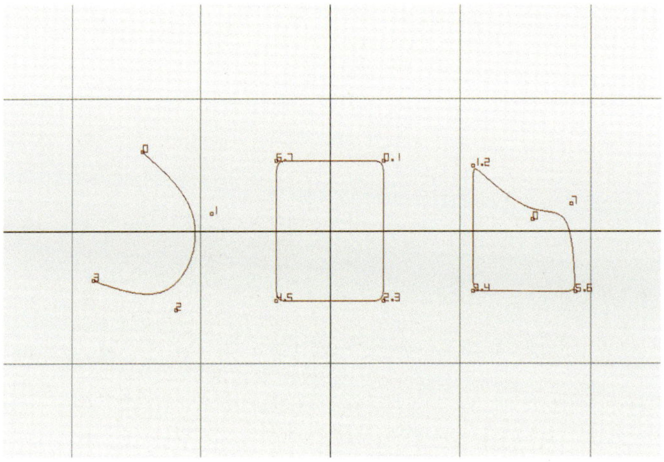

图 3-43　直线延伸曲面场景

通过鼠标拖动在想要延伸的视图中设定延伸的长度(图 3-44)。

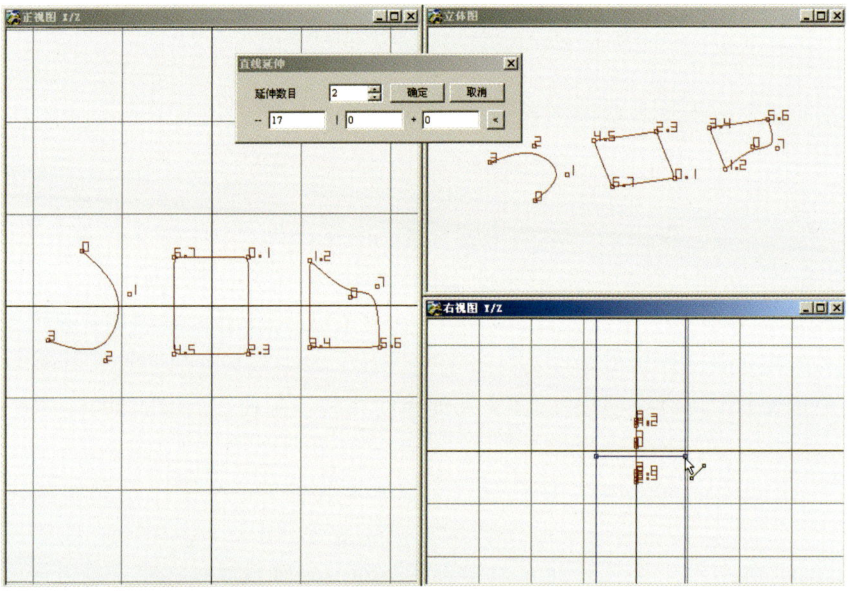

图 3-44　在右视图中设置延伸长度

点击确定以后的效果：不封闭的曲线延伸成开口曲面，封闭曲线延伸成实体(图 3-45)。

不封闭的曲线延伸成开口曲面在渲染时显示效果会产生错误(图 3-46)。

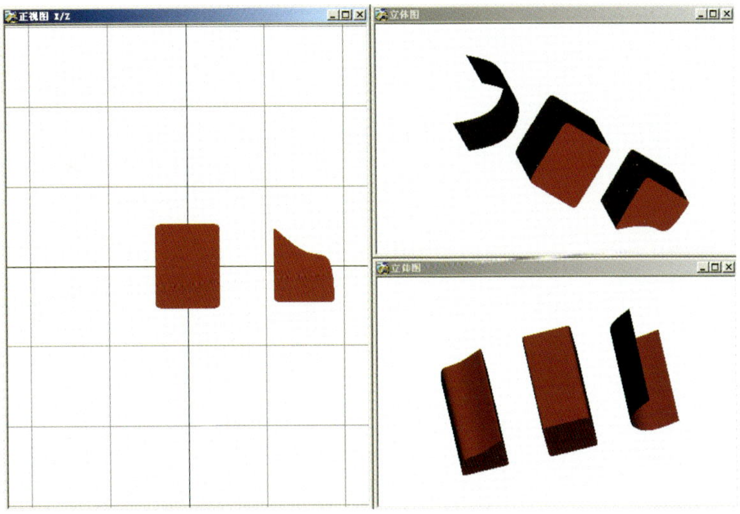

图 3－45　直线延伸曲面后的快彩图效果

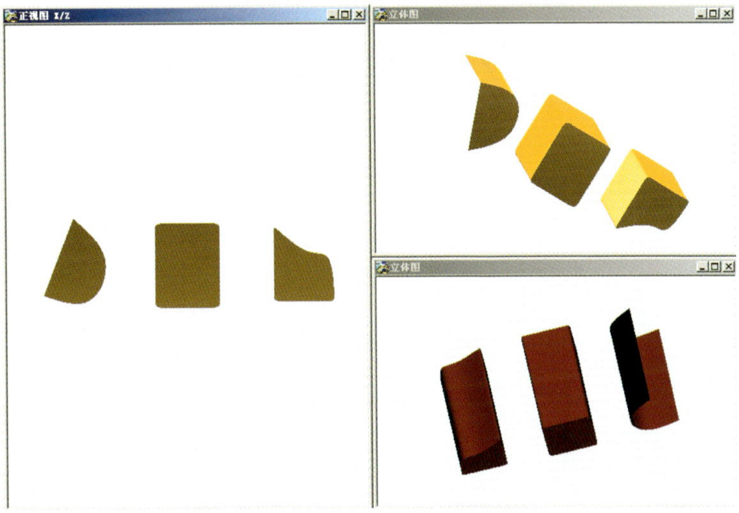

图 3－46　延伸后的光影图效果

2. 纵向环形对称曲面(Vertical Revolve)、横向环形对称曲面(Horizontal Revolve)。

命令用于将一条选中的曲线以当前操作视图的竖直轴(水平轴)为旋转轴旋转来产生曲面。这两个命令常常可以用来创建圆柱体，但是可以在柱体的侧面产生一些旋转体的特征。

(1)数目(Number)　它用来设定环形对称曲面的旋转轮廓截面(即该旋转曲线)总数。它的数值不能小于 3。

(2)角度(Degree)　用于设定两个相邻的轮廓截面与该操作视图的竖直轴(水平轴)组成的夹角的大小。

(3)全方位(Full Revolution)　这个选项在默认的状态下是被选中的。它是用来限制设定数目的轮廓截面平均分布在创建的圆形曲面上，而且绘制的曲面是闭合的曲面。如果没有勾选，就不能保证绘制的曲面是闭合的。

(4)顺时针(Clockwise)　用于设定按当前操作视图的顺时针方向旋转产生曲面。

以上各项的值的设定也可以通过鼠标拖动来完成。只要在该状态下，在绘图的视窗中按左键拖动鼠标，系统将会按照鼠标拖动的大概方向，来确定是顺时针还是逆时针方向，并确定轮廓截面数目和角度。在点击确定后，就可以在视窗中看到生成的曲面。

看下面的图例(图 3－47～图 3－51)。

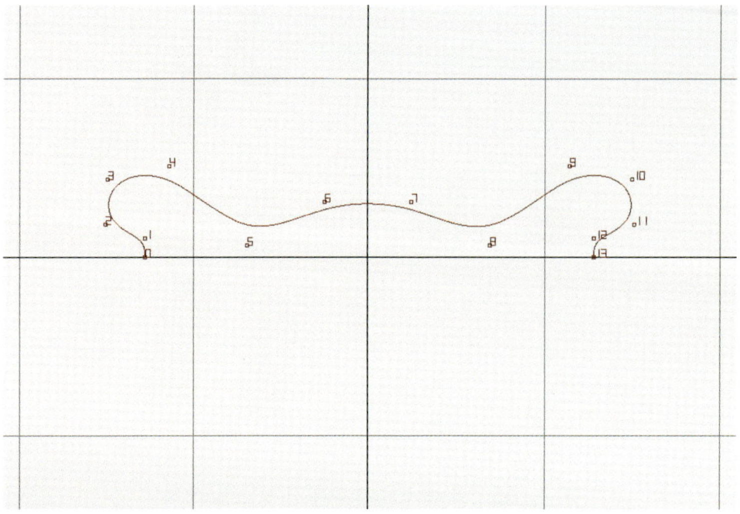

图 3－47　横向环形对称曲面场景

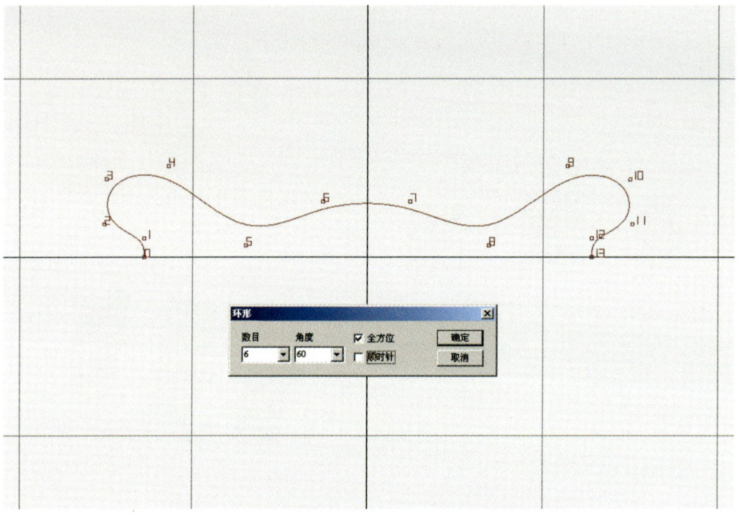

图 3－48　设置横向环形对称曲面对话框

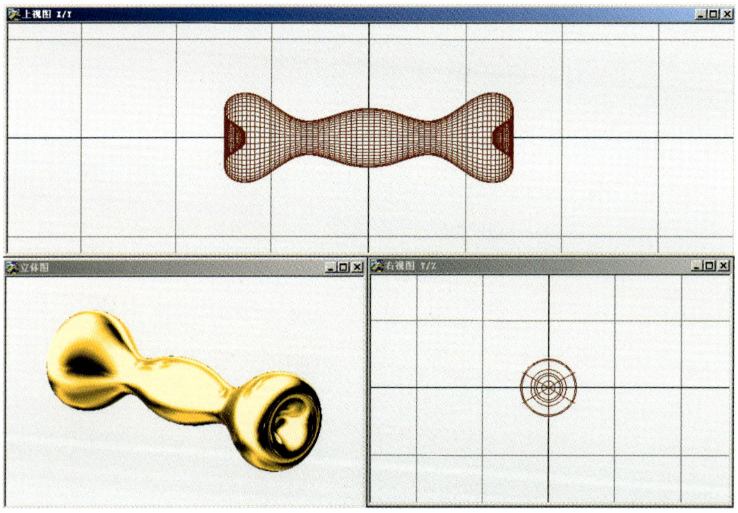

图 3－49　横向环形对称曲面效果

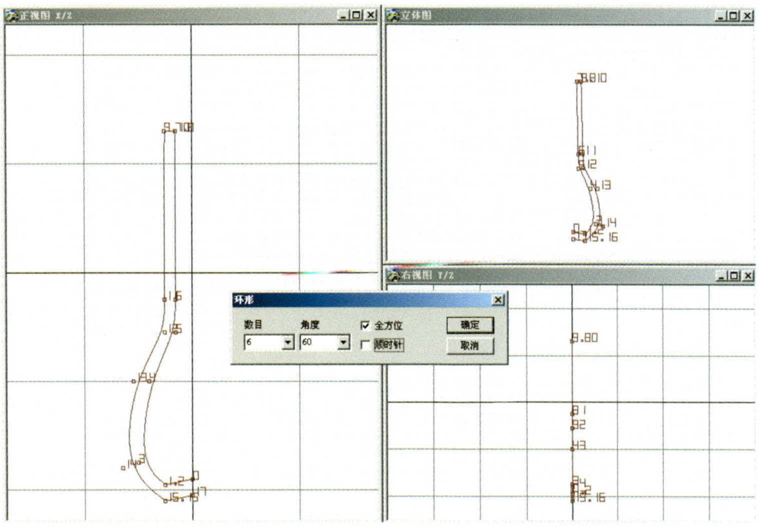

图 3－50　设置纵向环形对称曲面对话框

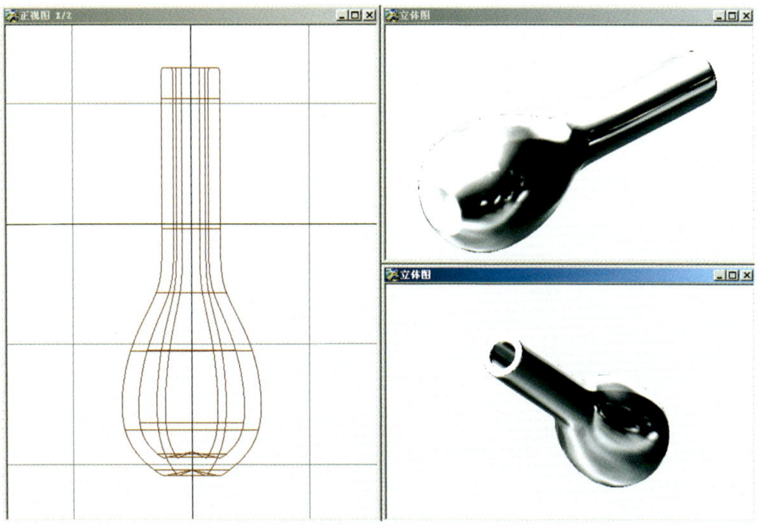

图 3－51　纵向环形对称曲面效果

3. 多重变形(Transform)　该命令用于将一条选中的曲线在当前操作视图中，按照多重变形对话框的设置来产生曲面。

- 复制数目(Copy No)　它用来设定创建多重变形曲线的轮廓截面总数。它的数值不能小于 2。
- 移动(Move)　该选项用于设置曲线上两个相邻的轮廓截面在空间中的距离。包含 3 个轴向上的设置：横向(Horizontal)、纵向(Vertical)、进/出(In / Out)。通过设置 3 个轴向的值，可以实现对轮廓截面间距的设置。
- 尺寸(Size)　该选项用于设置缩放的比例，只可以设置一个数值。当设置的数值小于 1 时，曲面轮廓截面会被缩小；当设置的数值大于 1 时，曲面轮廓截面会被放大。
- 比例(Scale)　该选项用于设置创建的曲面轮廓截面沿不同轴向缩放的比例。包含 3 个轴向上的设置：横向(Horizontal)、纵向(Vertical)、进/出(In / Out)。通过设置 3 个轴向的值，可以实现对创建的曲面轮廓截面在不同轴向的缩放。该选项与上面的比例(Scale)选项只能设置其中的一个参数，不能同时设置。
- 旋转(Rotate)　该选项用于设置创建的曲面轮廓截面沿不同轴向旋转的度数。包含 3 个轴向上的设置：横向(Horizontal)、纵向(Vertical)、进/出(In / Out)。通过设置 3 个轴向的值，可以实现对创建的曲面轮廓截面在不同轴向的旋转。

4. 线面连接曲面(Loft) 该命令用于将多条选中的轮廓截面线连接起来产生曲面。该命令也可以用来将多个不同的曲面连接起来，形成一个新的曲面。这里要求轮廓截面曲线 CV 点的数量必须相同。若是曲面连接，那么曲面必须统一是开口的或封口的曲面。选择该命令后，系统会弹出对话框，它包含以下的内容：

(1)切面倒序(Reverse Section) 将选中的曲线或曲面的 CV 点的编号顺序颠倒。

(2)曲面倒序(Reverse Surface) 将选中的曲面的 CV 点的编号顺序颠倒。

(3)U/V 互换(Swap UV) 将选中的曲面的 U/V 方向的顺序颠倒。

以上 3 项是用来防止创建的曲面出现严重的扭曲。为了使新创建的曲面不发生严重扭曲，必须保证曲线或曲面的 CV 点的顺序是一致的。如果发现不一致，将使用以上的命令来修改 CV 点的顺序，使它们保持一致。点击进入线面连接曲面(Loft)后，就可以通过以下操作步骤来完成线面连接曲面(Loft)：

①选择第一曲线或曲面(Selecting the first curve or surface) 将鼠标移动到要选择的曲线或曲面上，点击鼠标的左键，选中的曲线或曲面会变成红色。

②选择更多的曲线或曲面(Selecting more curves and/or surfaces) 只要像第一步那样继续点选。

③选择复合轮廓曲线(Selecting a multiple selected curve) 与创建任意曲线里面的复合 CV 点类似，在创建曲面时也有复合轮廓曲线，也是在相同的轮廓曲线上点击两次或多次，那么该位置的轮廓曲线就是复合轮廓曲线。有复合轮廓曲线的曲面，在该位置曲面的过渡会比较尖锐。

④删除多选的轮廓曲线或曲面(Canceling a selected curve or surface) 只要在不需要的轮廓曲线或曲面上点击右键就能将它删除。

⑤结束线面连接曲面(Loft)(Finishing the loft surface and exit this mode) 只要点选进入其他命令状态，那么就完成了线面连接曲面(Loft)。

值得注意的是，使用线面连接曲面(Loft)创建的曲面都是不封口的曲面，需要通过封口曲面才能将它封闭。

见下面的图例：

绘制 3 条 CV 点数相同的曲线(图 3-52)。

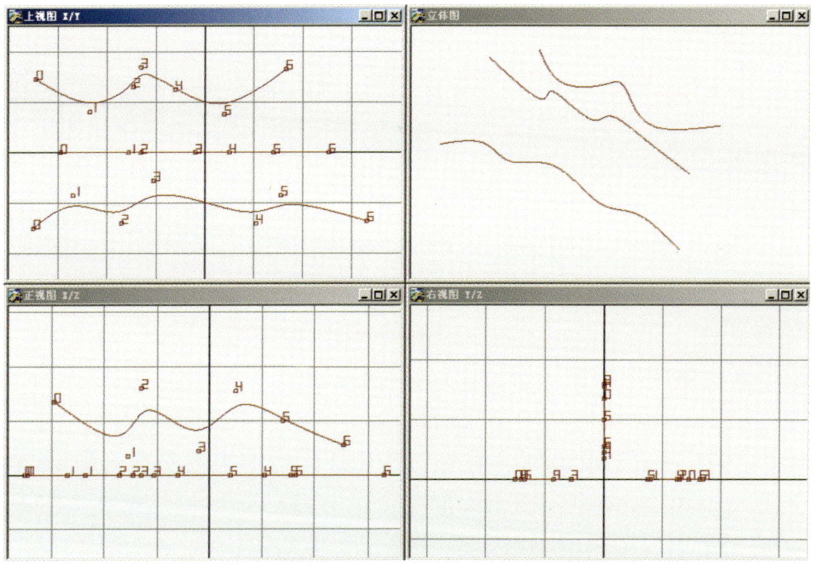

图 3-52 线面连接曲面场景

进入命令以后依次点击曲线，选中了以后曲线成红色(图 3－53)。

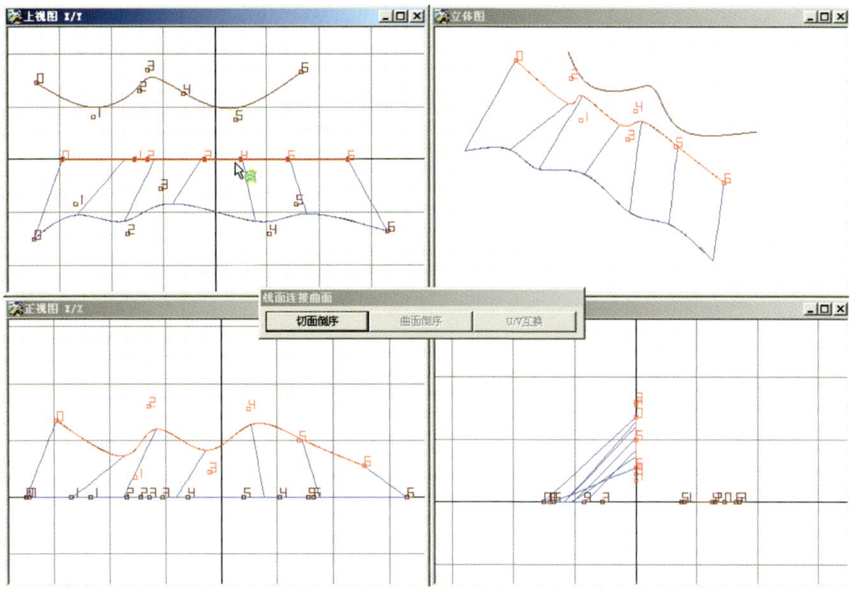

图 3－53 进入线面连接曲面依次点选曲线

点击最后的曲线(图 3－54)。

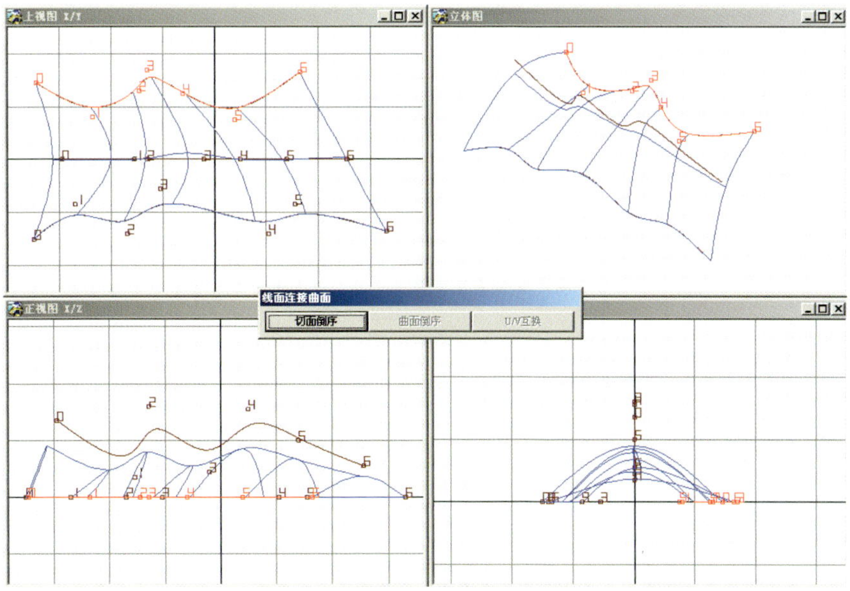

图 3－54 点选最后的曲线

命令完成以后才可以看清楚曲面的形状(图 3－55)。

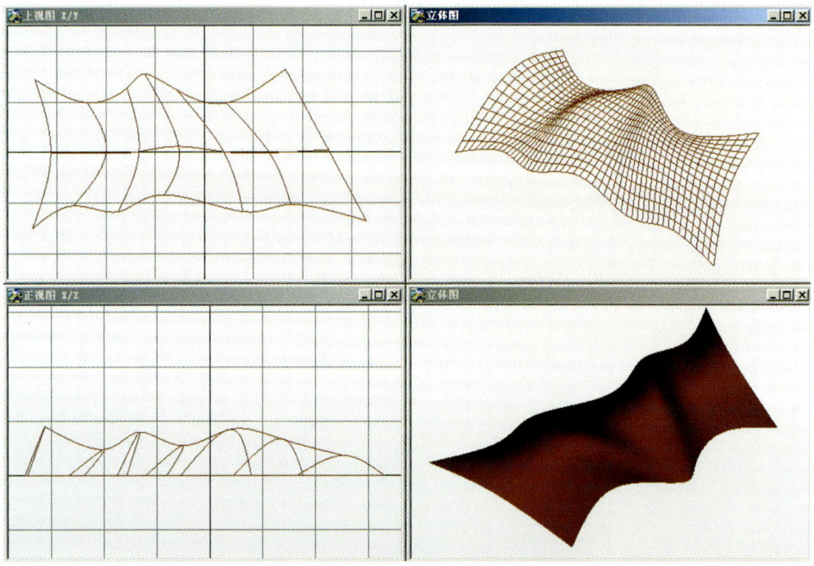

图 3－55　线面连接曲面完成后的效果

5. 管状曲面(Pipe)　按照选中的路径曲线来延伸截面曲线产生曲面。前面的直线延伸曲面(Extend)命令是沿着直线来延伸截面轮廓产生的曲面,使用管状曲面(Pipe)命令产生的曲面的结构与直线延伸曲面(Extend)命令产生的曲面的结构类似,甚至可以使用管状曲面(Pipe)命令产生直线延伸曲面(Extend)命令产生的曲面。见下面的图例。

图 3－56 是管状曲面(Pipe)与直线延伸曲面(Extend)的对比。

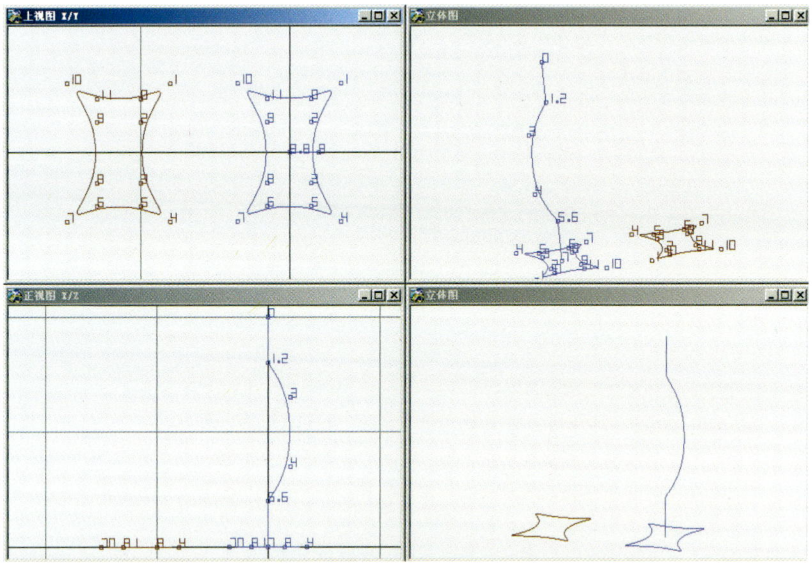

图 3－56　管状曲面与直线延伸曲面的对比场景

图 3－57 的左边使用了直线延伸曲面(Extend)命令。

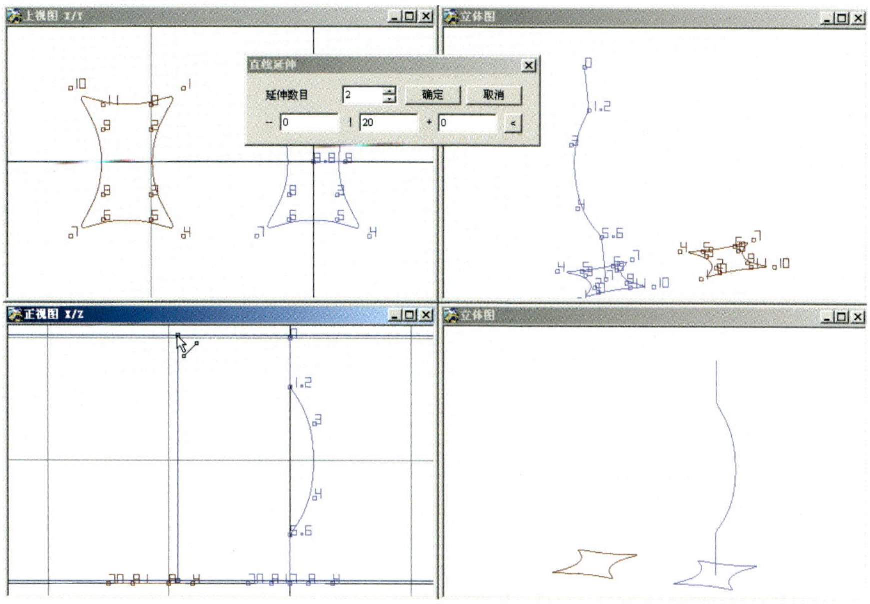

图 3－57 通过在视窗内拖动鼠标设置直线延伸对话框

图 3－58 左边的柱状实体是使用直线延伸曲面(Extend)命令产生的。

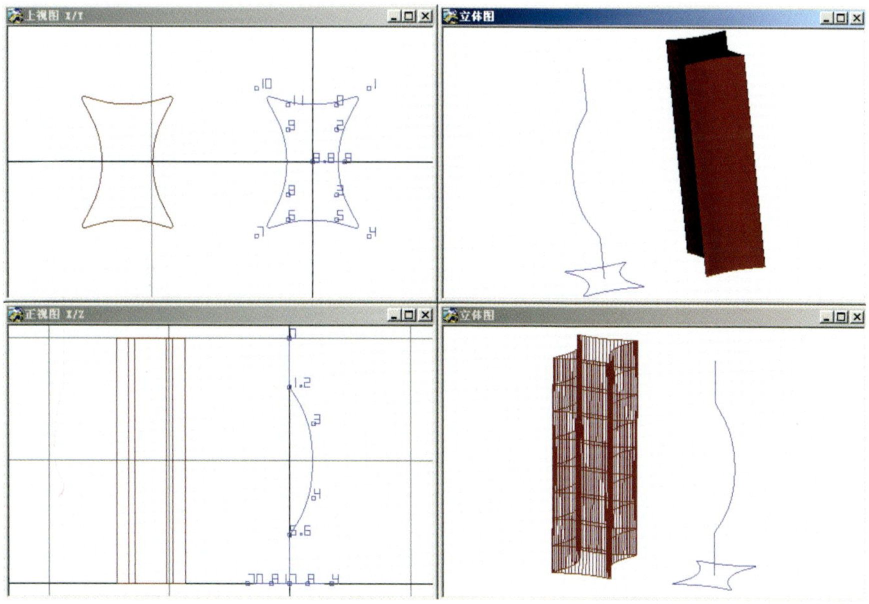

图 3－58 直线延伸曲面的线框显示模式效果

图 3－59 是彩色的效果。

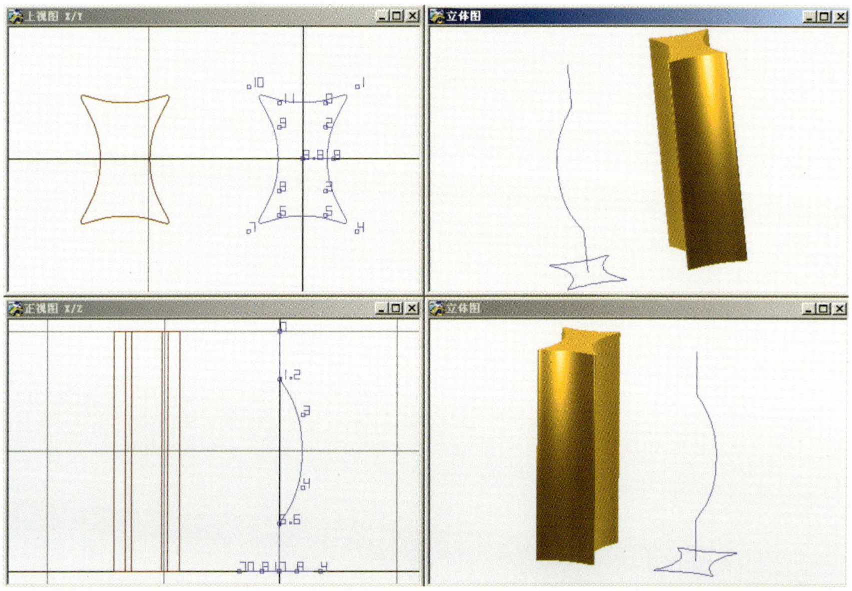

图 3－59　直线延伸曲面的光影图显示模式效果

右边的截面轮廓与左边的是一样的，只是定义了一条曲线作为管状的路径。在路径的中部作了点变化，让路径转了个弯。选中路径曲线，见图 3－60。

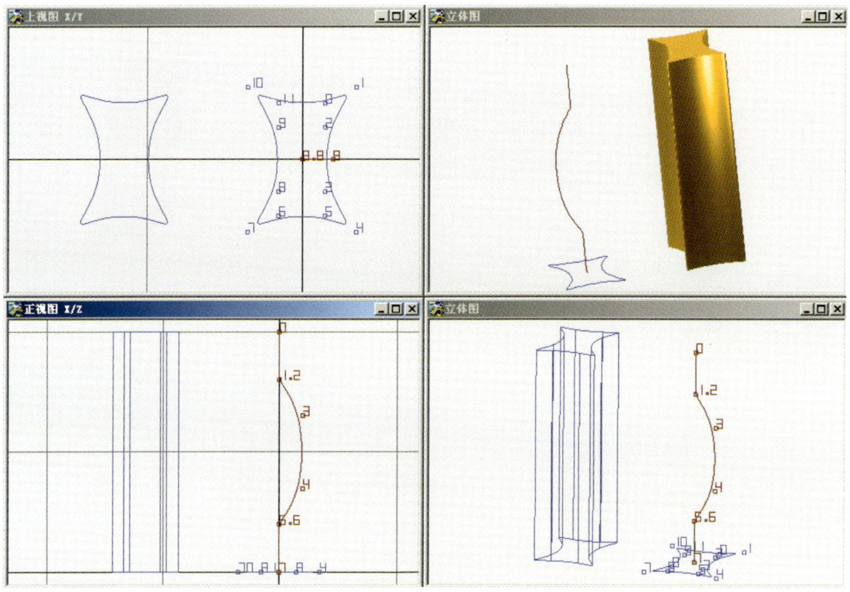

图 3－60　右边的曲线执行管状曲面命令

然后点击管状曲面(Pipe)命令,再选择单切面选项后点选截面轮廓。见图 3－61。

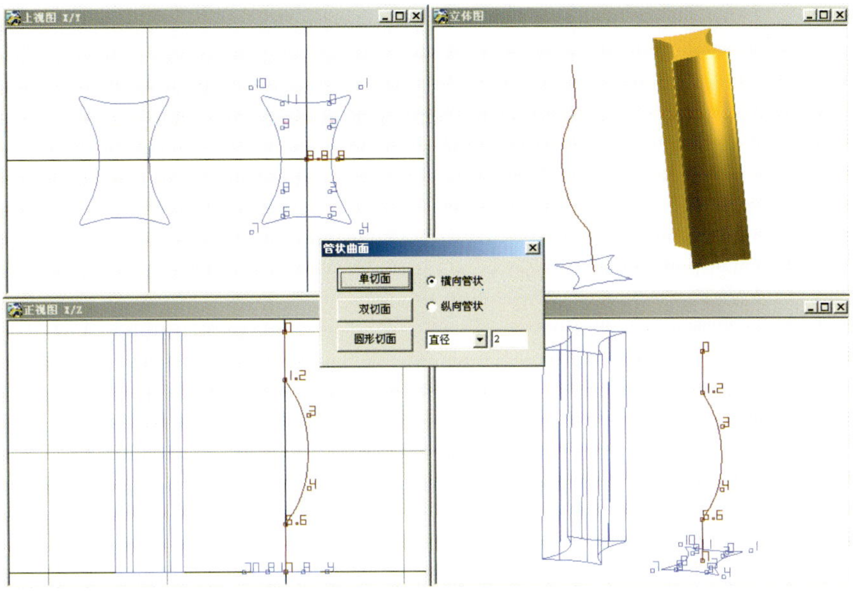

图 3－61　设置管状曲面对话框

可以看到右边使用管状曲面(Pipe)命令产生的实体(曲面)与右边的对比,在中间部位产生了一道弯曲的形状。可以看到管状曲面(Pipe)命令可以在柱体中间轻易地作出特殊的形态。

图 3－62 右边使用管状曲面(Pipe)命令。

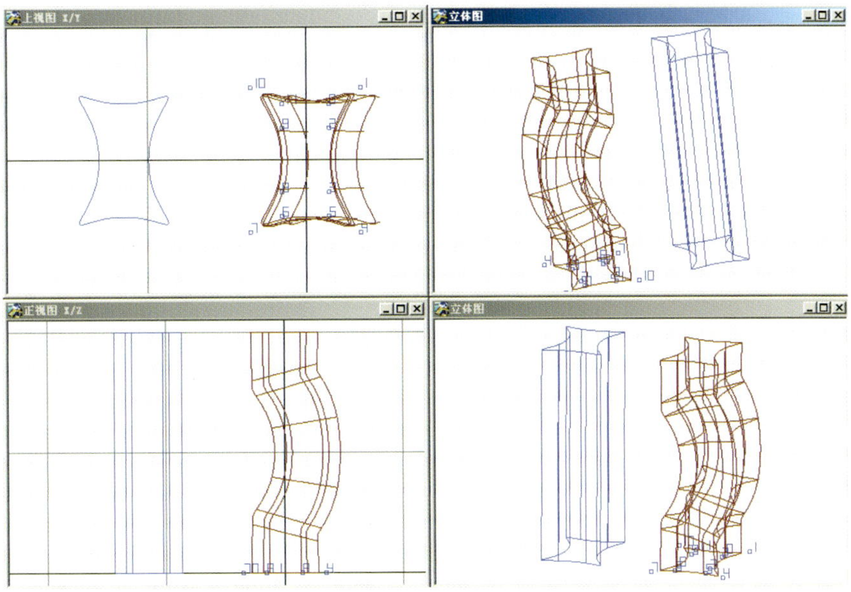

图 3－62　管状曲面线框图效果

图 3 - 63 是彩色的对比图。

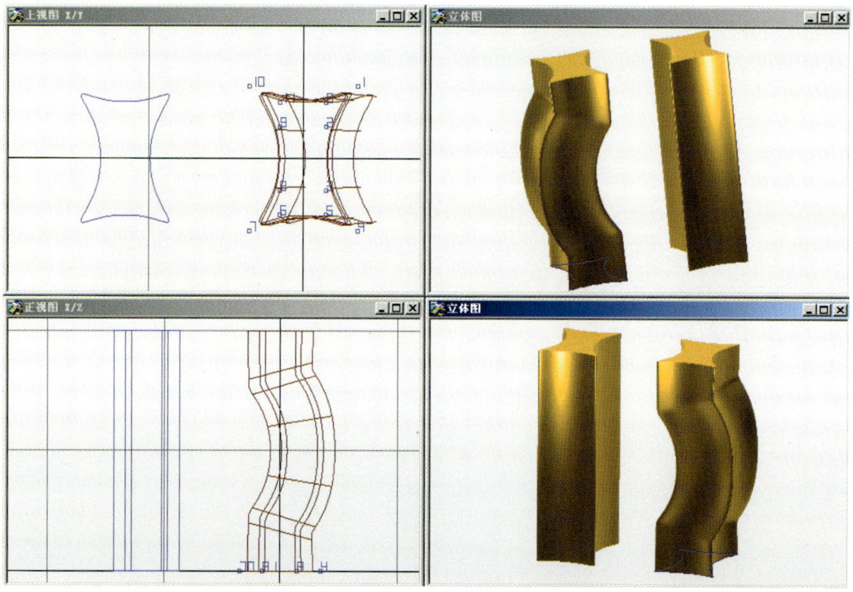

图 3 - 63　管状曲面光影图效果

管状曲面(Pipe)命令是可以轻易地实现直线延伸曲面(Extend)命令产生的效果，并且在管状曲面(Pipe)命令里面有更丰富的内容，使用它可以产生更复杂的曲面。

● 单切面(One section)　点击该选项，系统会要求选取一条截面曲线作为延伸的截面。截面曲线和坐标原点的位置将会影响到管状延伸出来的新曲面的形状。看下面的图 3 - 64～图 3 - 67。

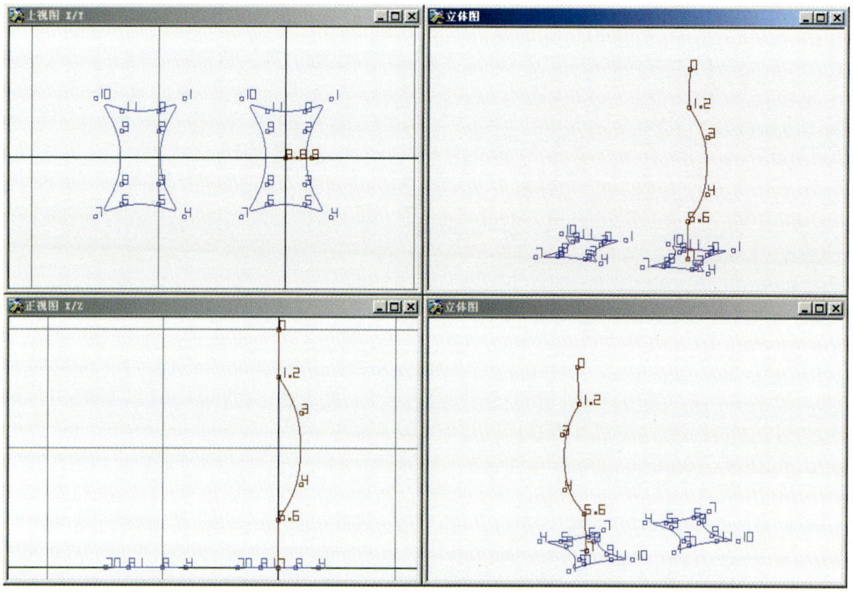

图 3 - 64　管状曲面场景

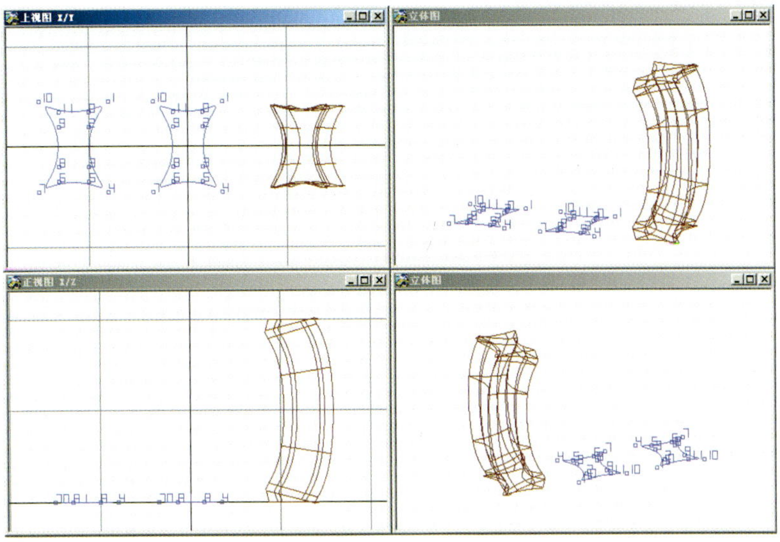

图 3-65　左边截面中心不在坐标原点执行管状曲面命令

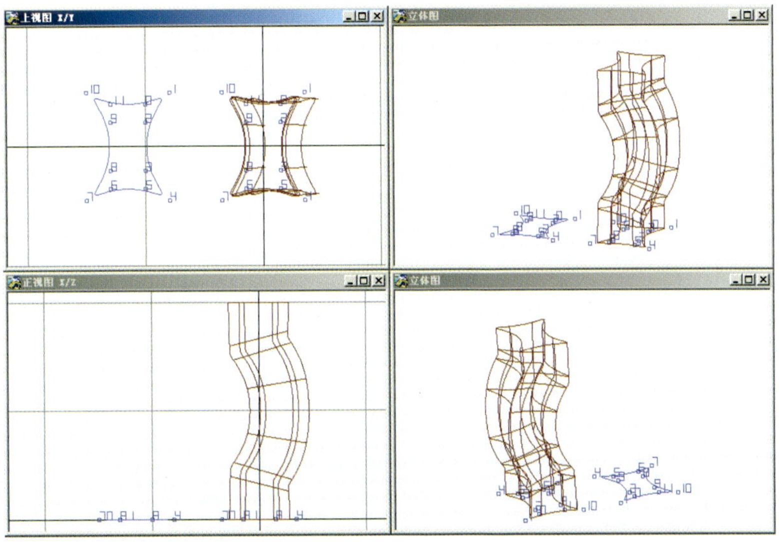

图 3-66　右边截面中心在坐标原点执行管状曲面命令效果

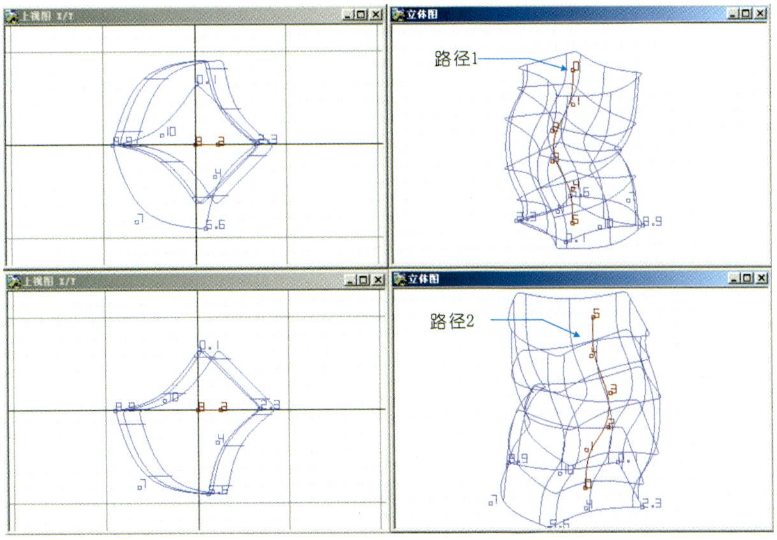

图 3-67　路径的方向不同影响生成曲面的形状

在选取截面轮廓曲线时，在不同的视窗内选取相同的截面轮廓产生的曲面是不同的，读者需要注意这点。路径曲线 CV 点的顺序也会影响到最后产生的曲面形状。

● 双切面(Two sections)　点选该选项，系统会要求选取两条截面曲线作为延伸的截面。这两条截面曲线将作为产生曲面的起始端轮廓和结束端轮廓，这两条截面曲线的 CV 点数要求相同。同样截面曲线和坐标原点的位置、路径曲线 CV 点的顺序都将会影响到延伸出来的新曲面的形状。看下面的图 3-68～图 3-70。

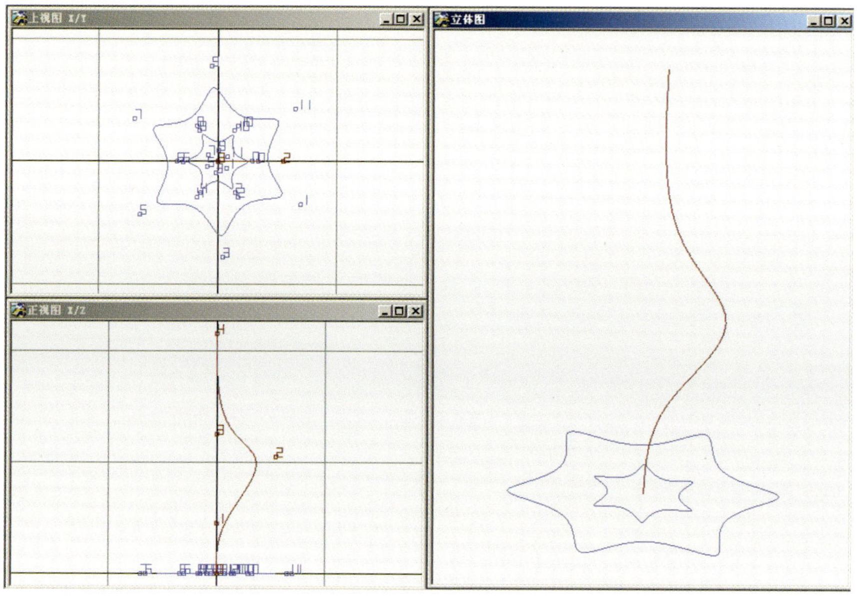

图 3-68　管状曲面双切面场景

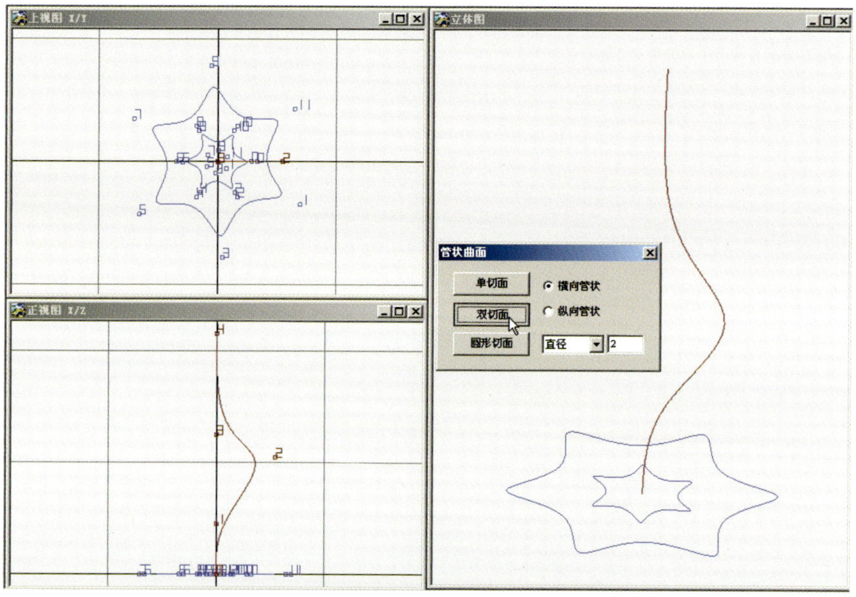

图 3-69　在对话框中选择双切面选项

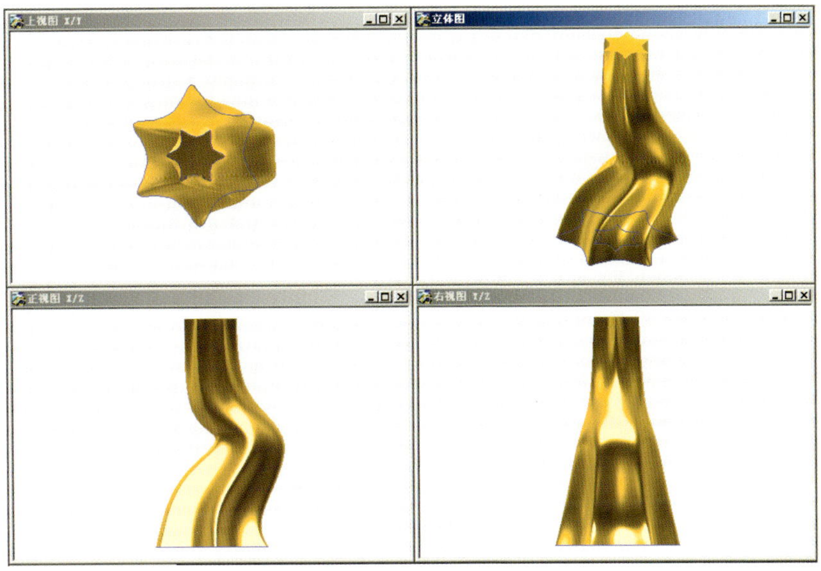

图 3-70　双切面的效果图

● 圆形切面(Circular section)　点击它后，系统会要求选择输入圆形截面的直径或半径的大小，这时横向管状和纵向管状对最后产生的模型曲面的形态就没有影响。

6. 导轨曲面(Rail)　任何形态的曲面实体都可以通过空间的经纬曲线的编织产生。导轨曲面命令是这样一个曲面创建命令：它按照指定的扫描路径(经线)来扫描截面轮廓线(纬线)，从而产生封闭的曲面。在使用该命令前，必须创建好扫描路径和截面轮廓。与其他建模软件不同的是，导轨路径与截面轮廓曲线可以在同一个平面内，也可以在不同的平面内。

图 3-71，图 3-72 是导轨与切面轮廓在同一平面的图例。

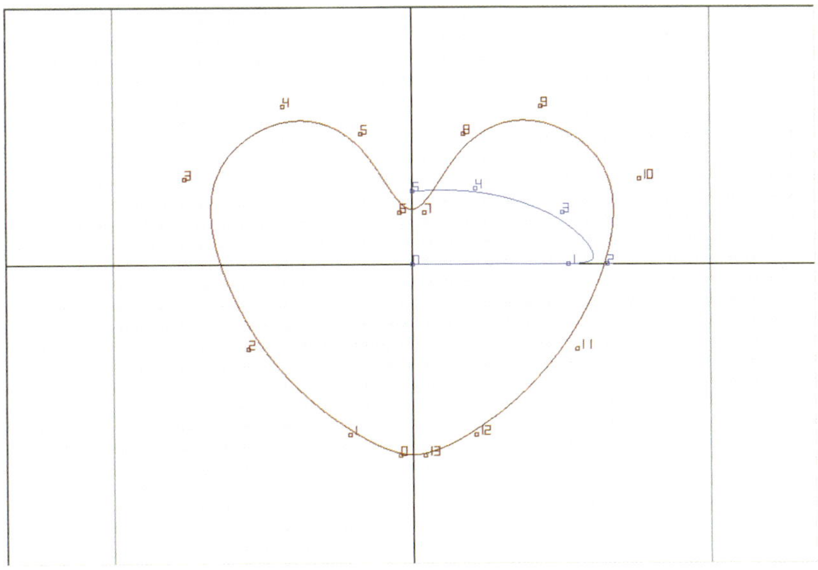

图 3-71　导轨曲面场景

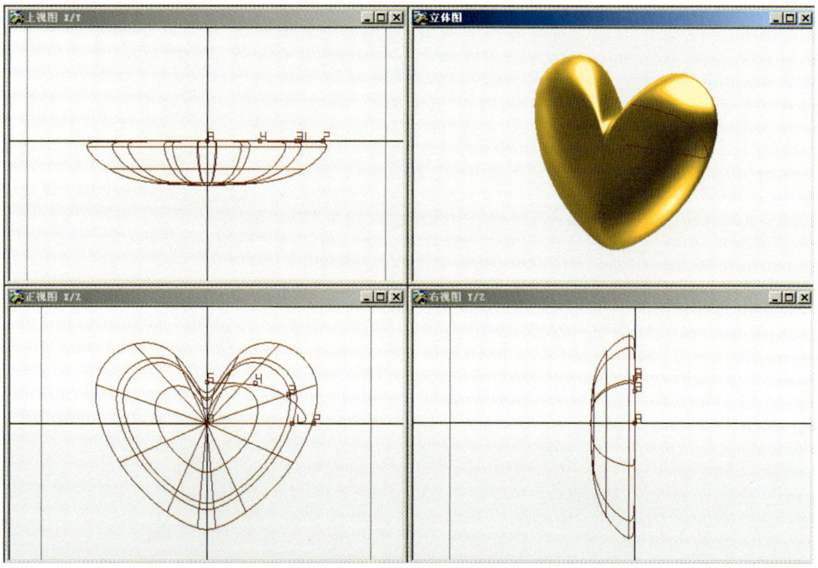

图 3-72　执行简单导轨曲面命令后的效果

图 3-73，图 3-74 是导轨与切面轮廓不在同一平面的图例。

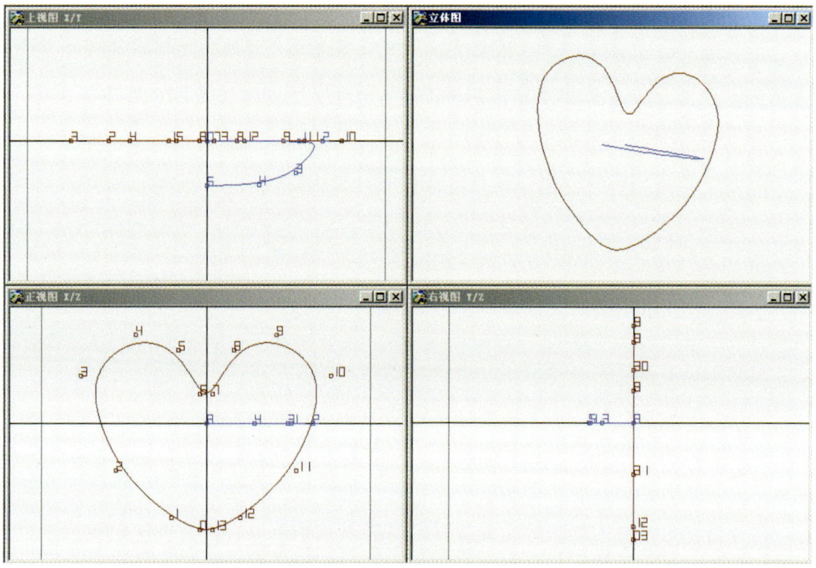

图 3-73　切面曲线与导轨曲线不在同一平面的场景

一般情况下，导轨曲面命令是通过两条或者两条以上的路径来扫描截面轮廓来创建曲面，它包含多种导轨路径选择情况，以及多种截面选择情况。

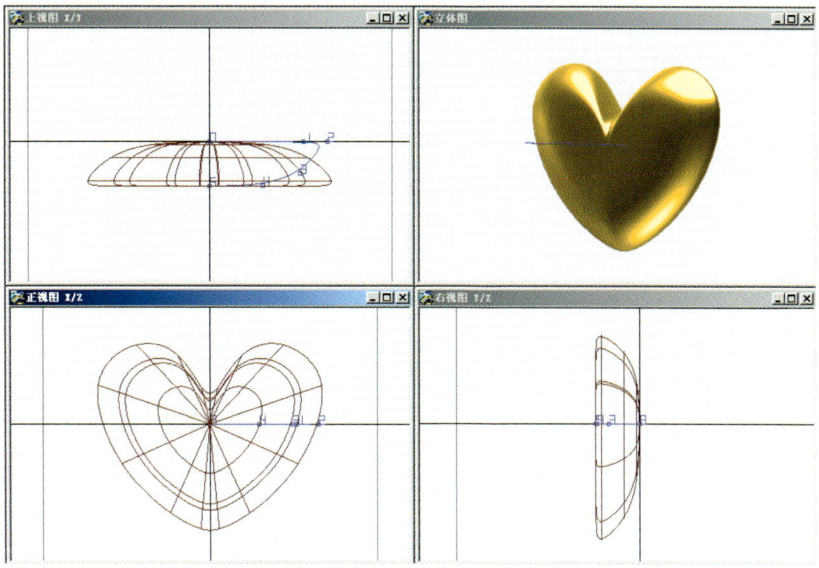

图 3－74　执行单导轨曲面命令后的效果

(1)单轨道

纵向(Vertical)　该选项需要通过扫描一条已经存在的导轨路径曲线来产生曲面，而另外一条导轨路径是当前操作视图的竖直轴。截面轮廓将会根据已经存在的导轨路径曲线与竖直轴的距离来缩放它的大小，但是截面轮廓的比例不发生变化。见图 3－75～图 3－80。

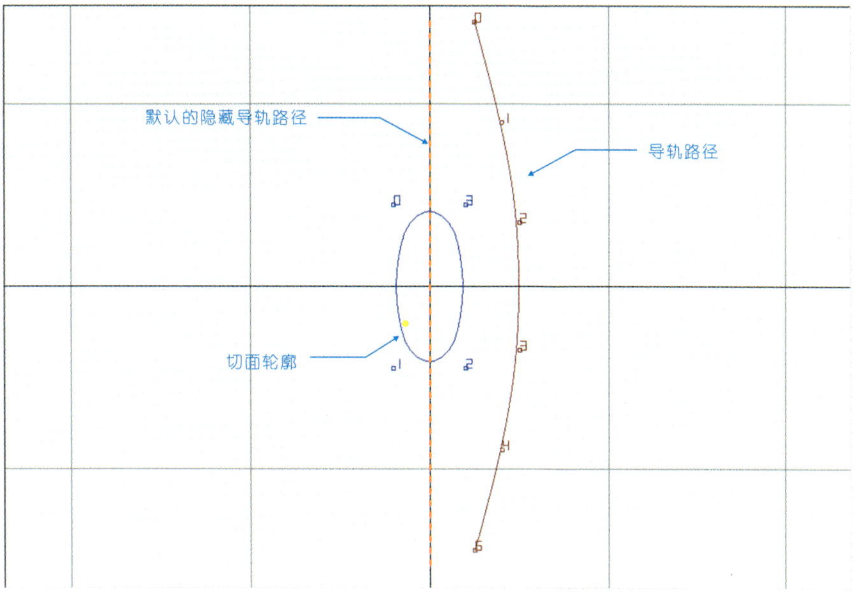

图 3－75　单导轨曲面纵向场景分析

点击命令后弹出的对话框：

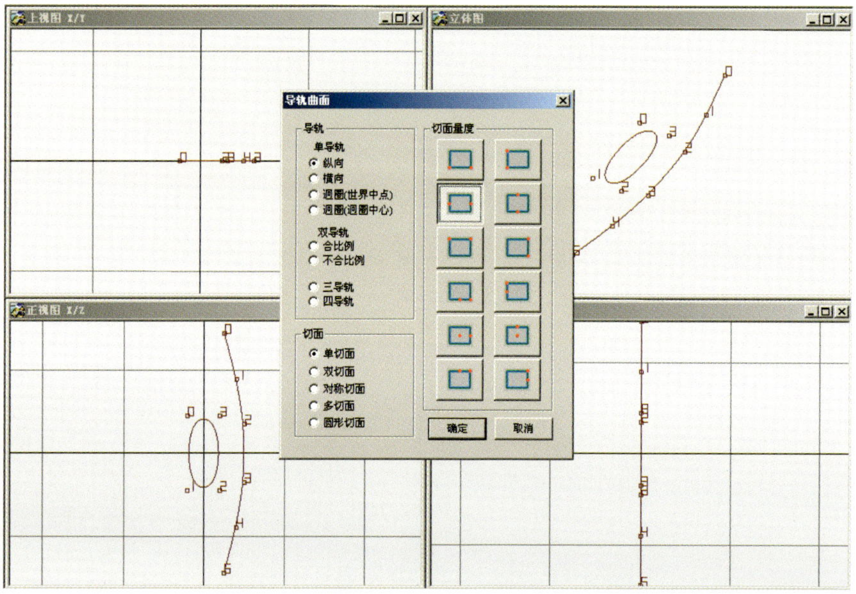

图 3－76　设置导轨曲面对话框

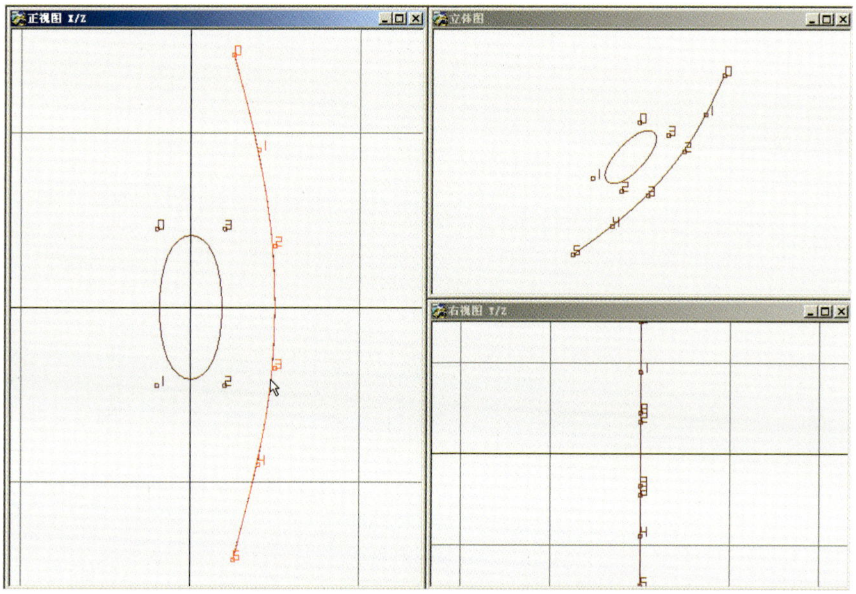

图 3－77　根据状态栏的提示点选导轨曲线

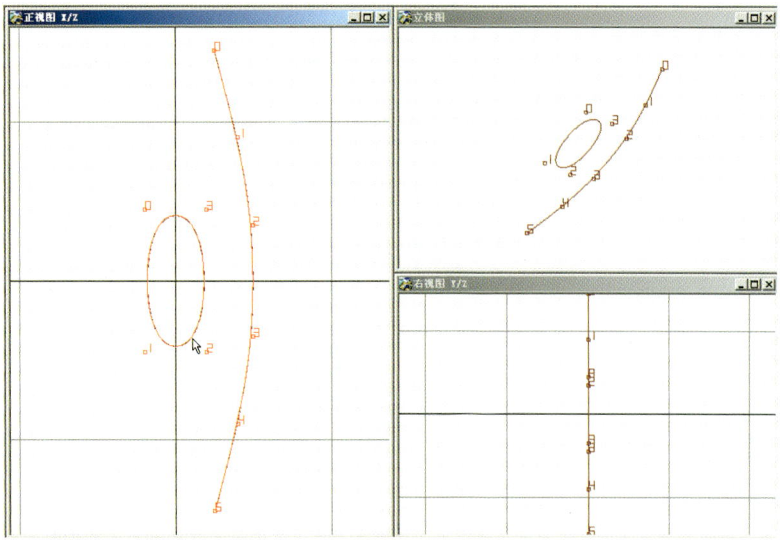

图 3－78　按照提示点选切面曲线

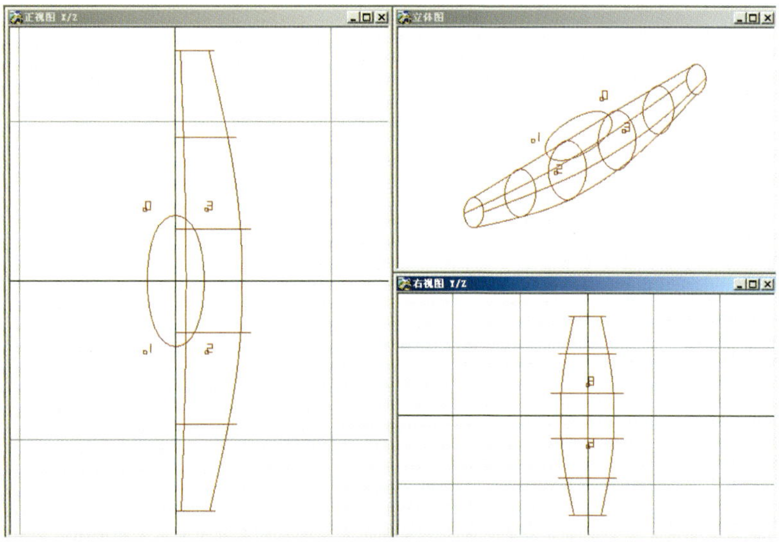

图 3－79　生产曲面的线框图效果

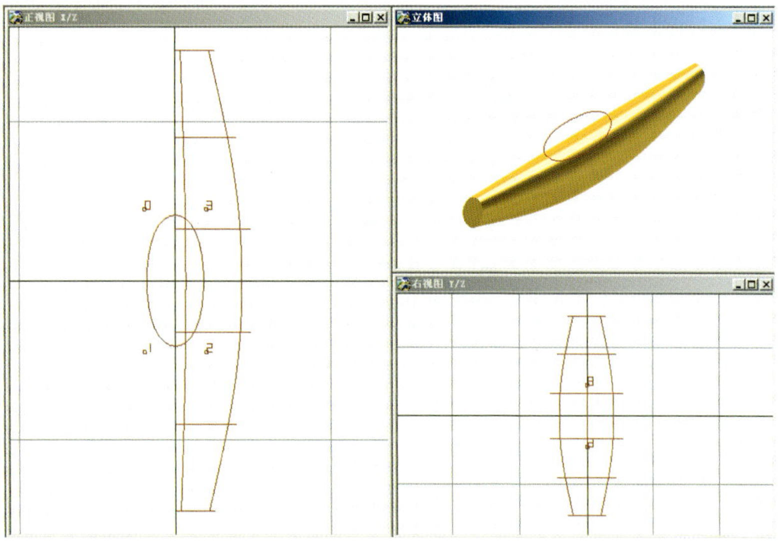

图 3－80　曲面的光影图效果

● 横向(Horizontal) 该选项需要通过扫描一条已经存在的导轨路径曲线来产生曲面，而另外一条导轨路径是当前操作视图的水平轴。截面轮廓将会根据已经存在的导轨路径曲线与水平轴的距离来缩放它的大小，但是截面轮廓的比例也不会发生变化。见图 3-81～图 3-86。

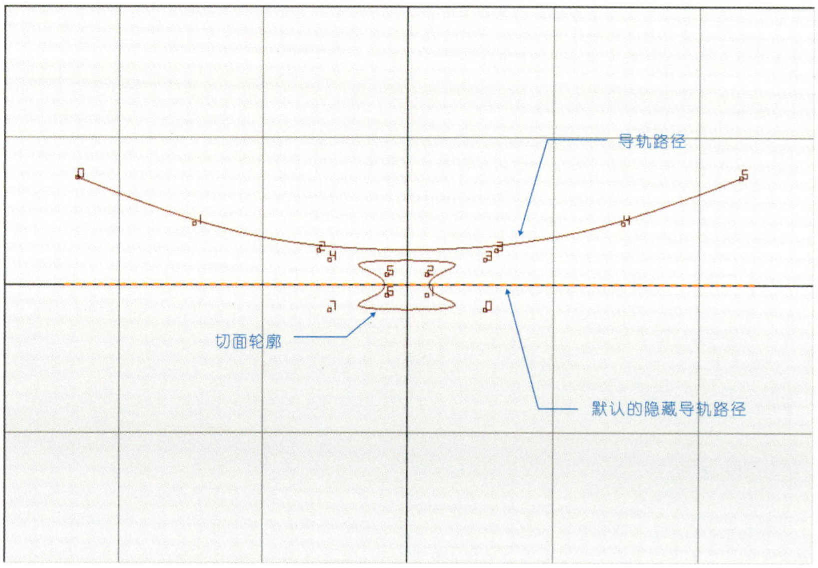

图 3-81 单导轨曲面横向场景分析

点击导轨命令按钮：

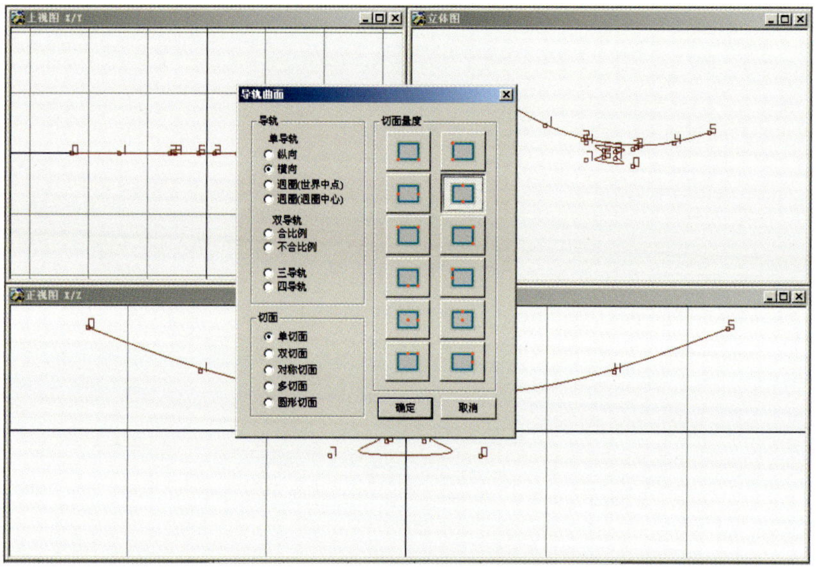

图 3-82 选择横向选项

根据提示依次点选曲线，先点选导轨：

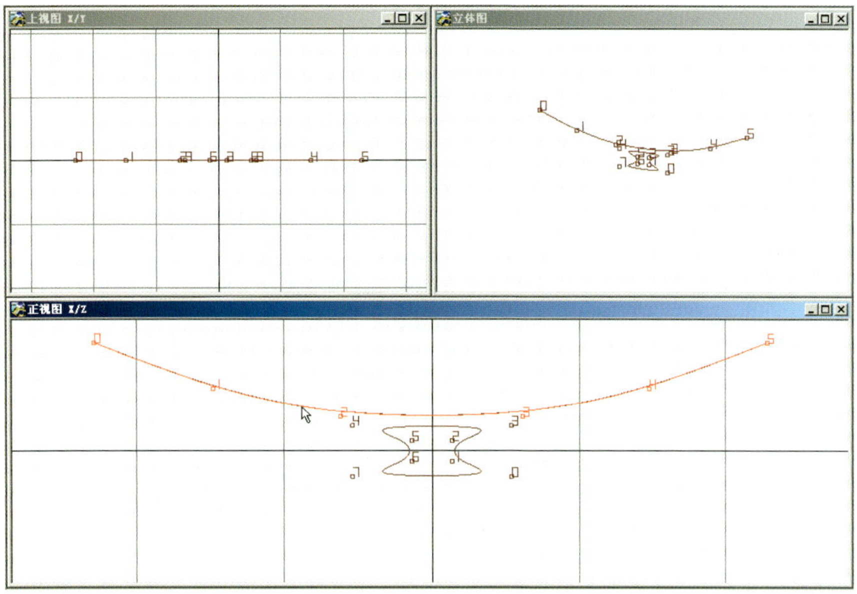

图 3－83　按照提示选择曲线

再点选切面轮廓：

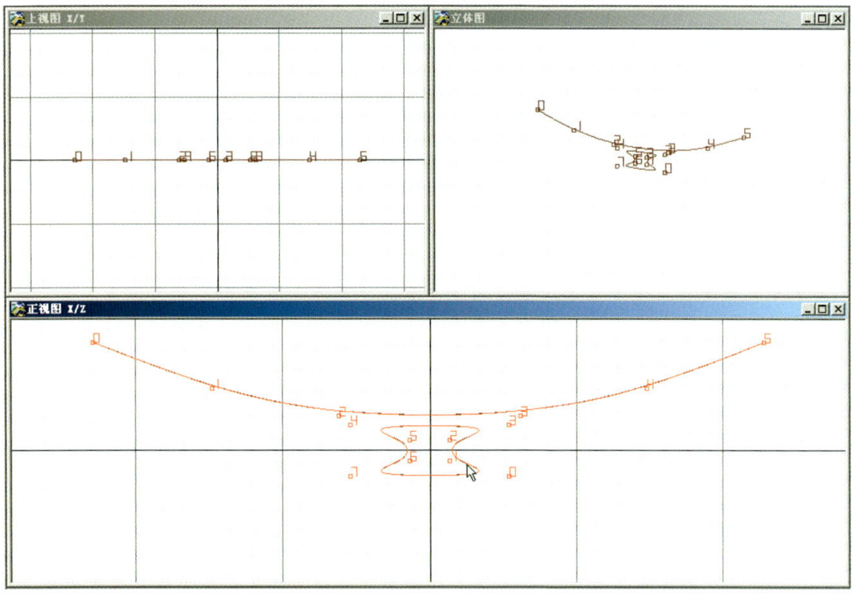

图 3－84　根据提示点选切面曲线

产生的曲面：

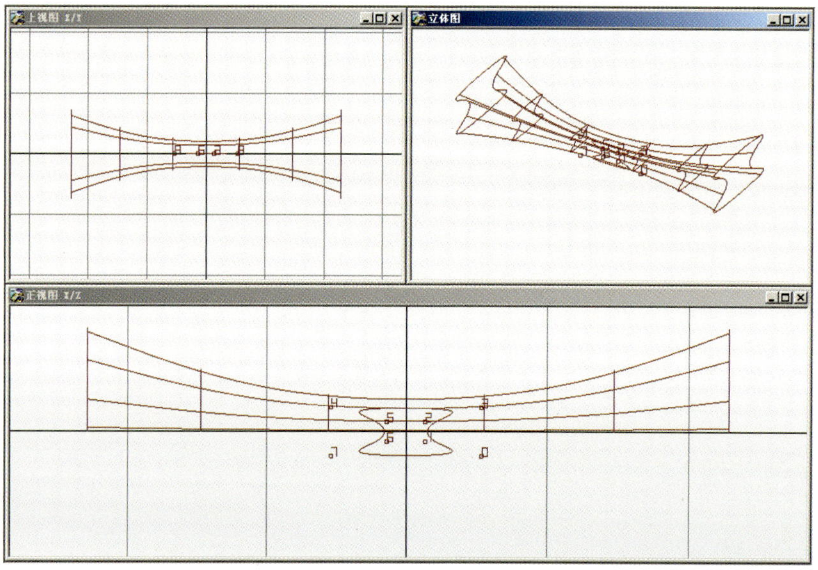

图 3－85　线框图效果

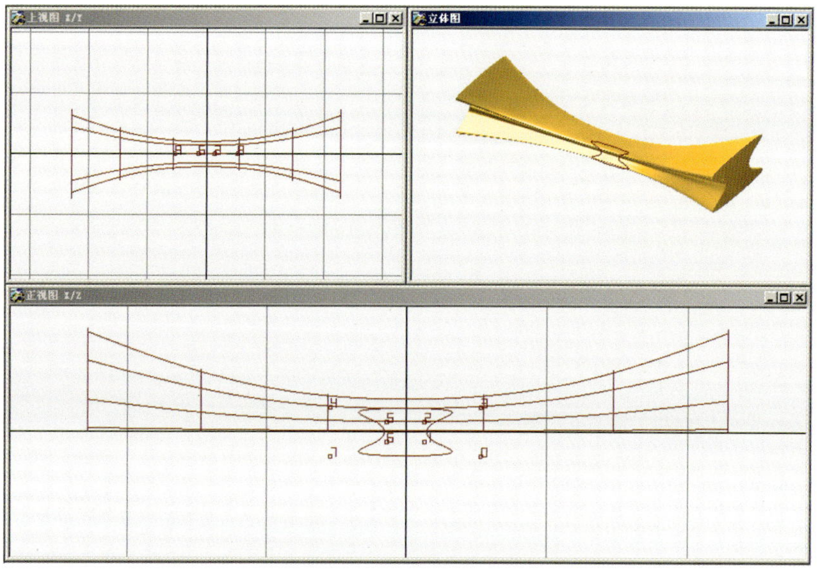

图 3－86　光影图效果

● 过世界中心[Loop(World Origin)]　该选项需要通过扫描一条已经存在的导轨路径曲线来产生曲面，而另外一条导轨路径是当前操作视图世界中心进出轴。截面轮廓将会根据已经存在的导轨路径曲线与进出轴的距离来扫描，同时截面轮廓的宽度(高度)会根据在切面度量里面勾选的选项相应地发生变化，截面轮廓的高度(宽度)则保持不变。见图 3－87～图 3－91。

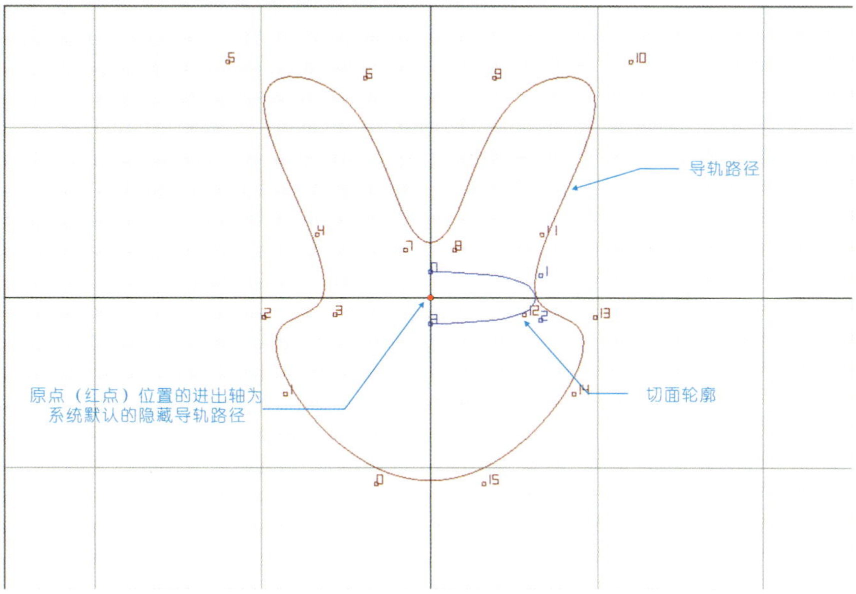

图 3－87　环形导轨曲面场景分析图

点击命令按钮后弹出的对话框：

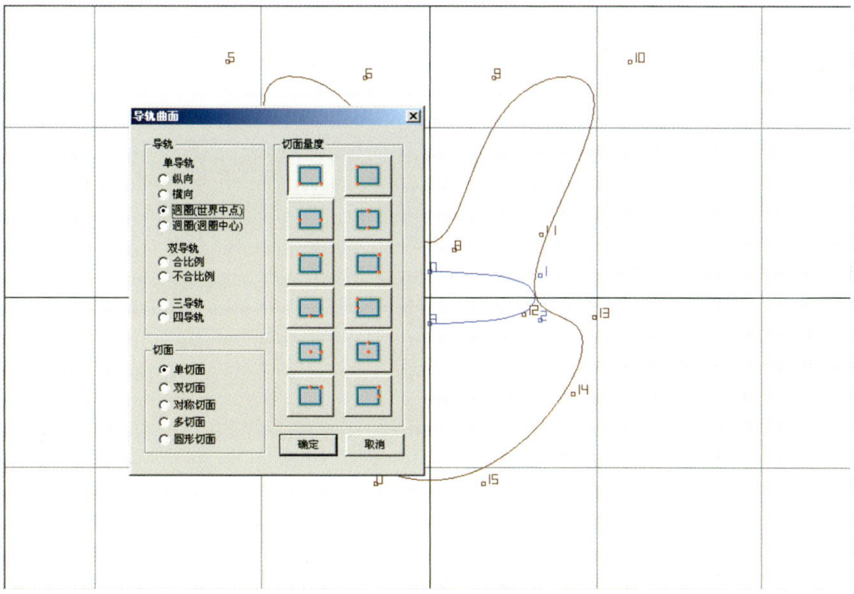

图 3－88　设置导轨曲面对话框

根据提示，先点选导轨：

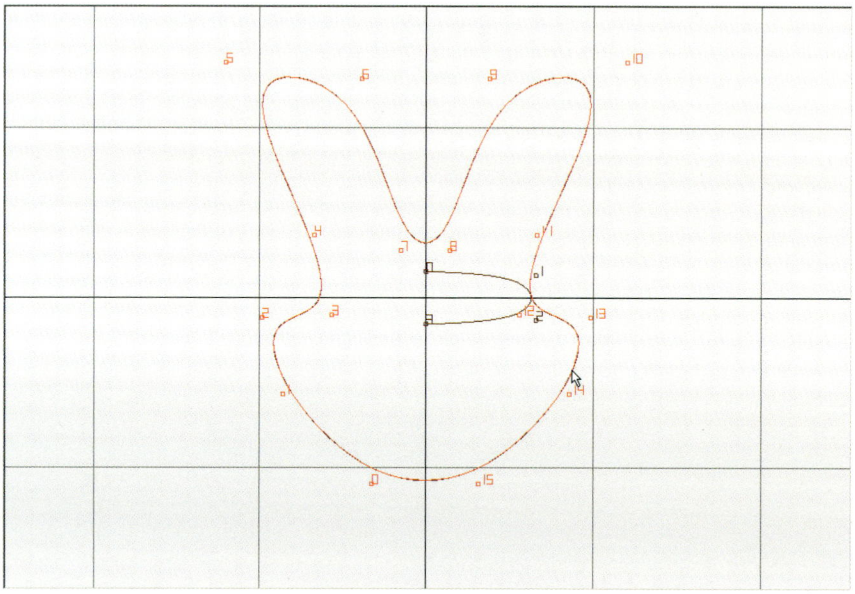

图 3-89 选择导轨曲线

根据提示，点切面轮廓：

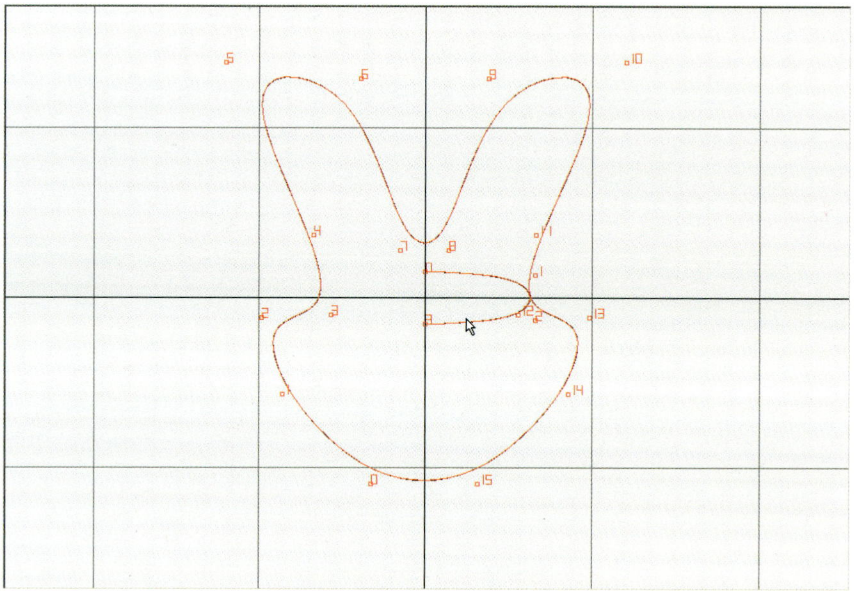

图 3-90 选择切面曲线

光影图效果：

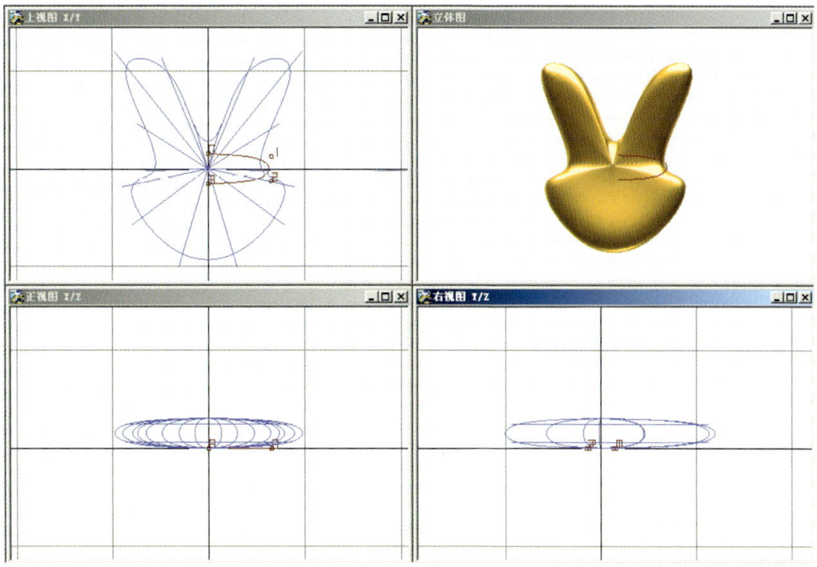

图 3-91　环形导轨曲面效果图

● 过圈中心[Loop(Self Centroid)]　该选项与过世界中心[Loop(World Origin)]是类似的。只是扫描时通过的进出轴不同，该选项通过的进出轴的位置是已经存在的导轨路径曲线的中心。

(2)双导轨(2 Rails)

● 合比例(Scale)　该选项需要通过扫描两条已经存在的导轨路径曲线来产生曲面。截面轮廓将会根据已经存在的两条导轨路径曲线之间的距离来缩放它的大小，但是截面轮廓的比例不发生变化。见图 3-92～图 3-95。

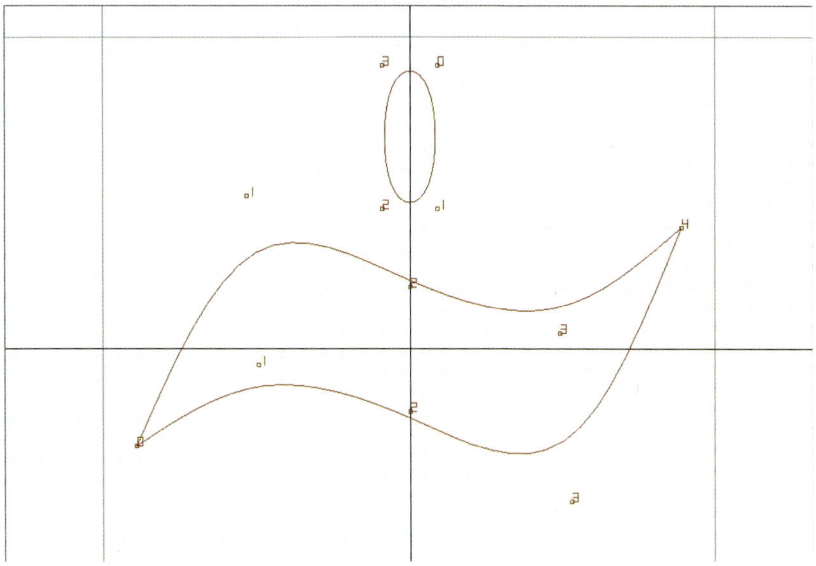

图 3-92　双导轨合比例场景

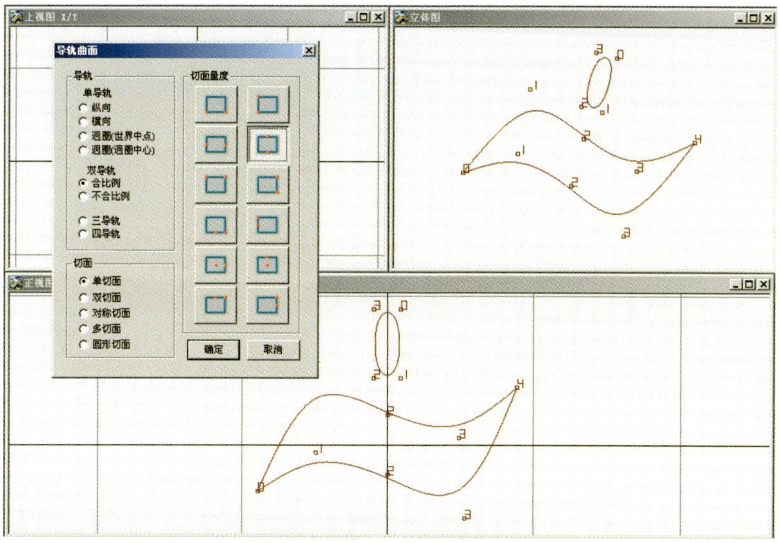

图 3－93　选择双导轨合比例选项

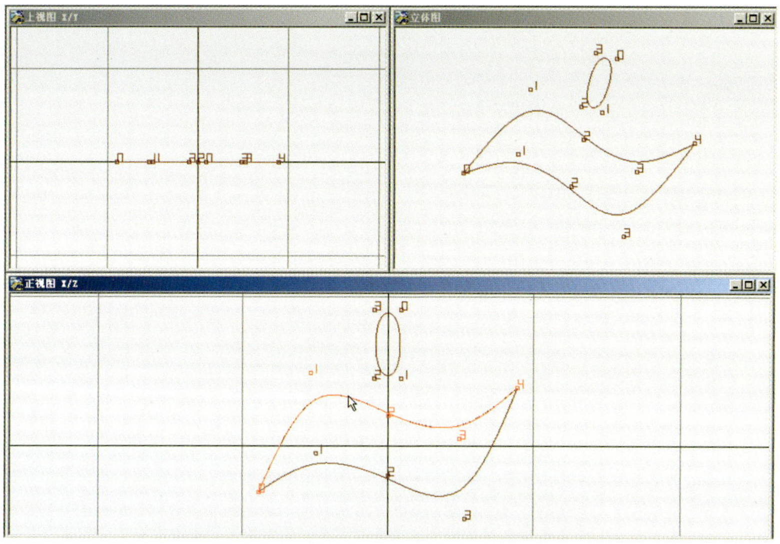

图 3－94　根据提示选择曲线和切面曲线

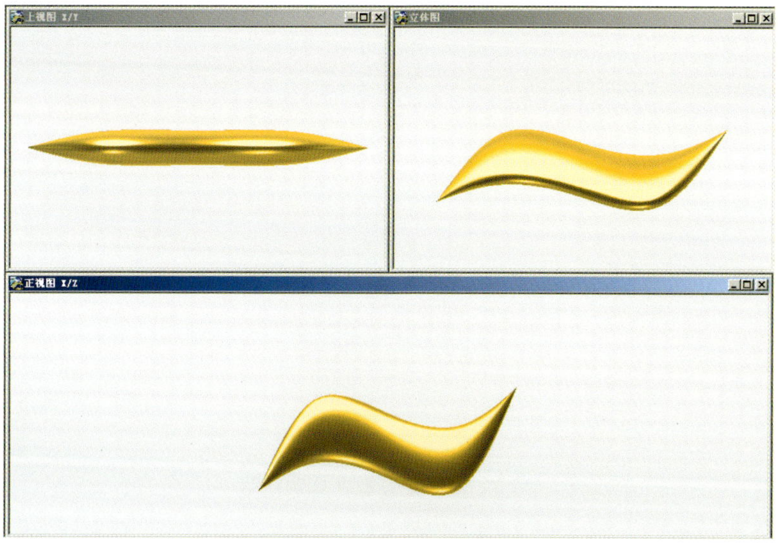

图 3－95　双导轨合比例效果

● 不合比例(Semi-scale)　该选项需要通过扫描两条已经存在的导轨路径曲线来产生曲面。截面轮廓将会根据已经存在的两条导轨路径曲线之间的距离来扫描，同时截面轮廓的宽度(高度)会根据在切面度量里面勾选的选项相应地发生变化，截面轮廓的高度(宽度)则保持不变。见图 3－96～图 3－100。

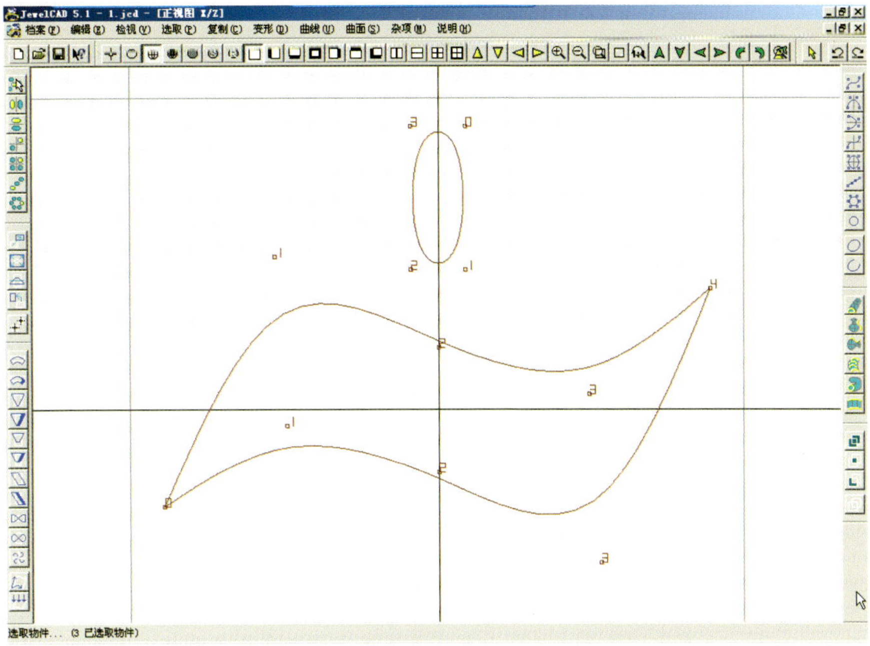

图 3－96　同样的场景执行双导轨不合比例命令

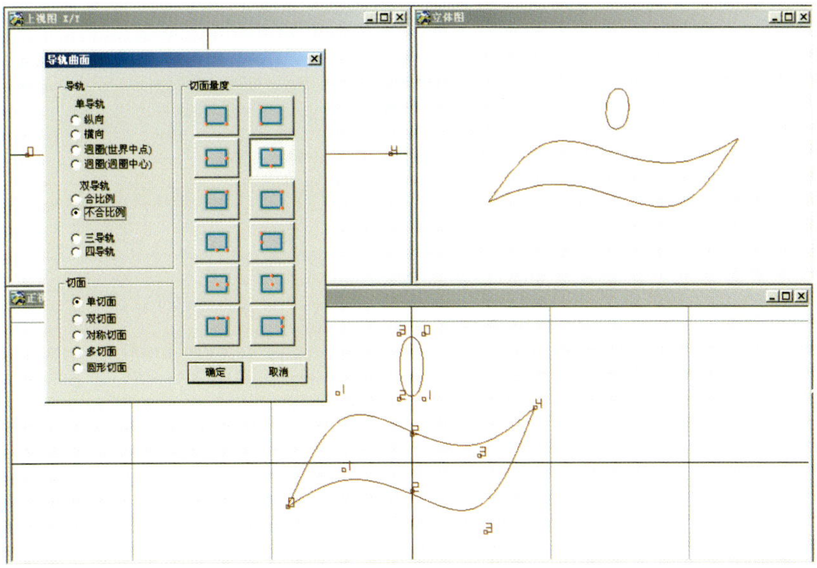

图 3－97　设置对话框

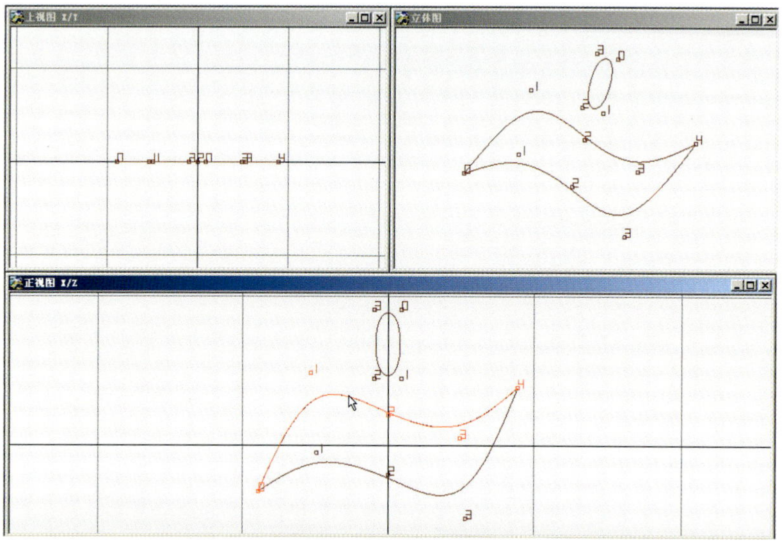

图 3－98　根据提示点选导轨曲线和切面曲线

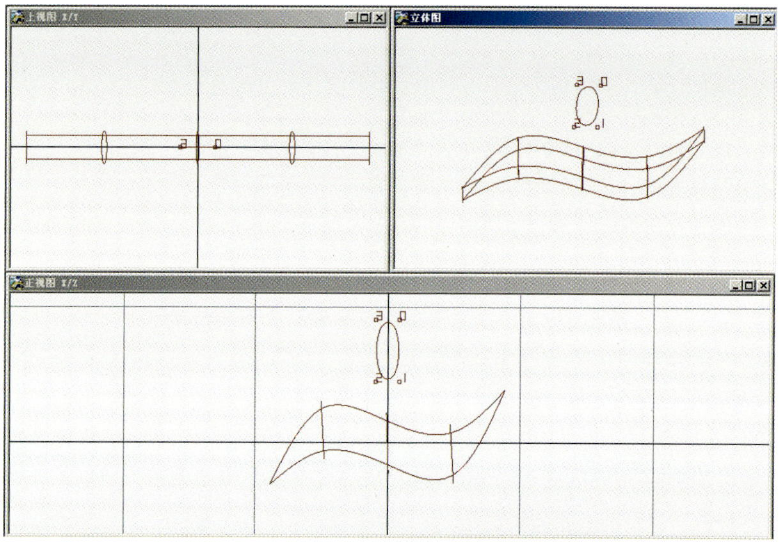

图 3－99　不合双导轨比例线框图效果

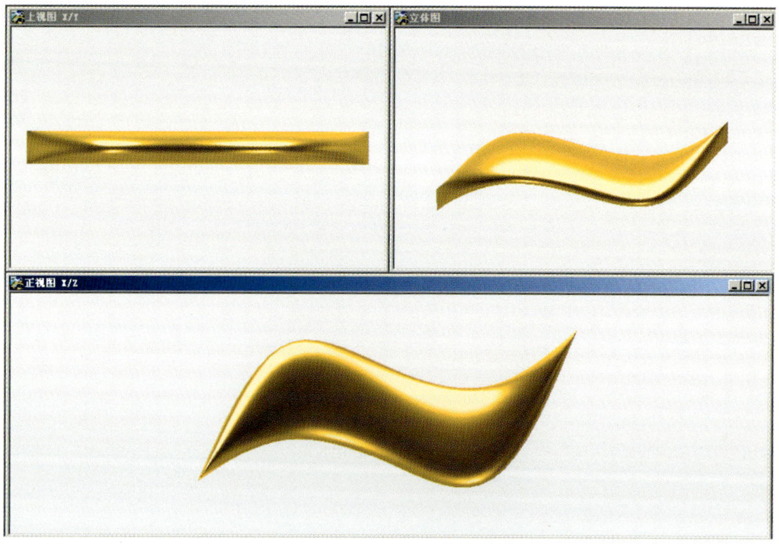

图 3－100　不合双导轨比例光影图效果

(3)三导轨(3 Rails) 该选项需要通过扫描3条已经存在的导轨路径曲线来产生曲面。截面轮廓将会放置于已经存在的前两条导轨路径曲线之间,同时截面轮廓的宽度(高度)会根据在切面度量里面勾选的选项,以及先选择的两条导轨之间的距离相应地发生变化。截面轮廓的高度(宽度)根据第三条导轨曲线与前两条导轨曲线的距离产生相应的变化。见图3-101~图3-105。

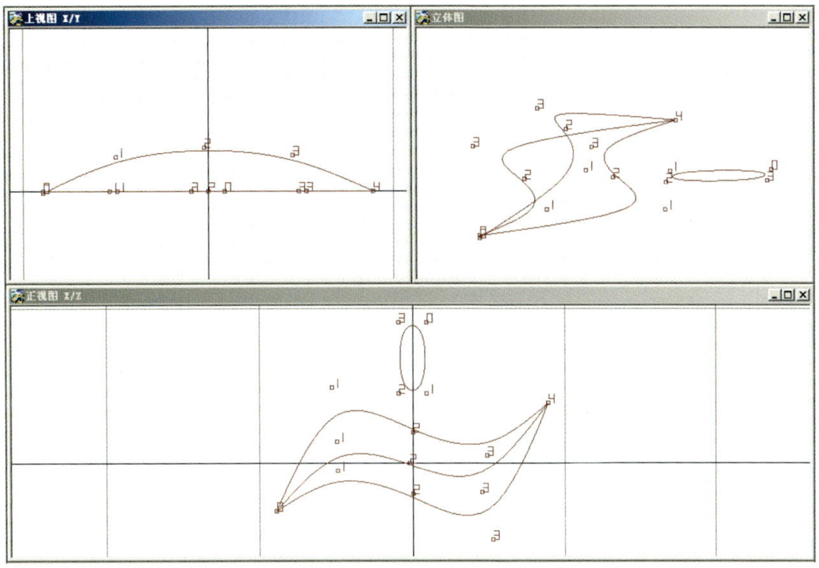

图3-101 三导轨曲面场景

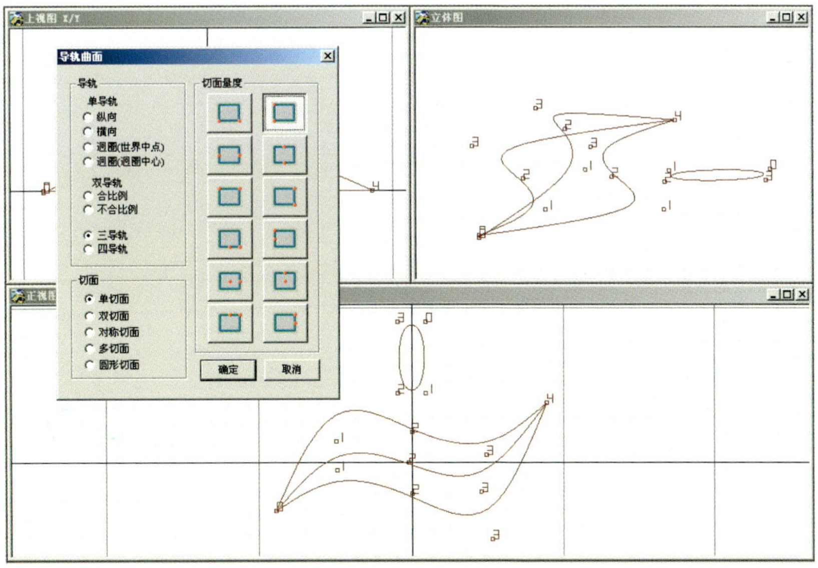

图3-102 设置对话框

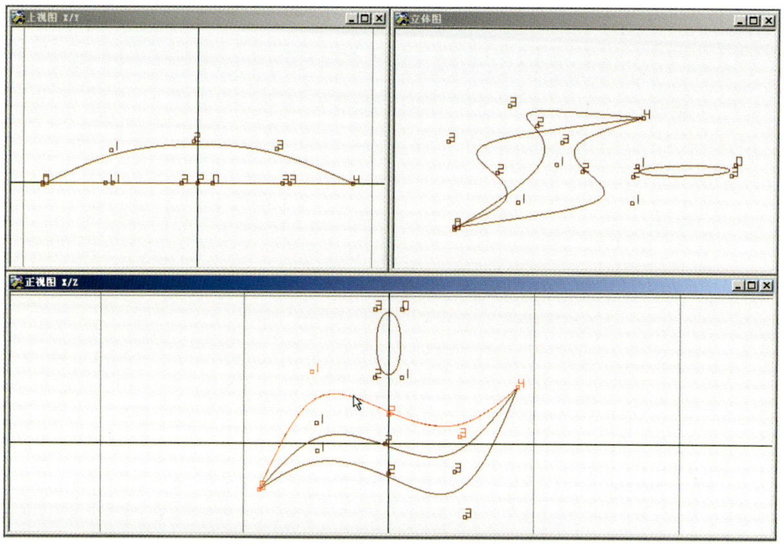

图 3-103　选择导轨曲线和切面线

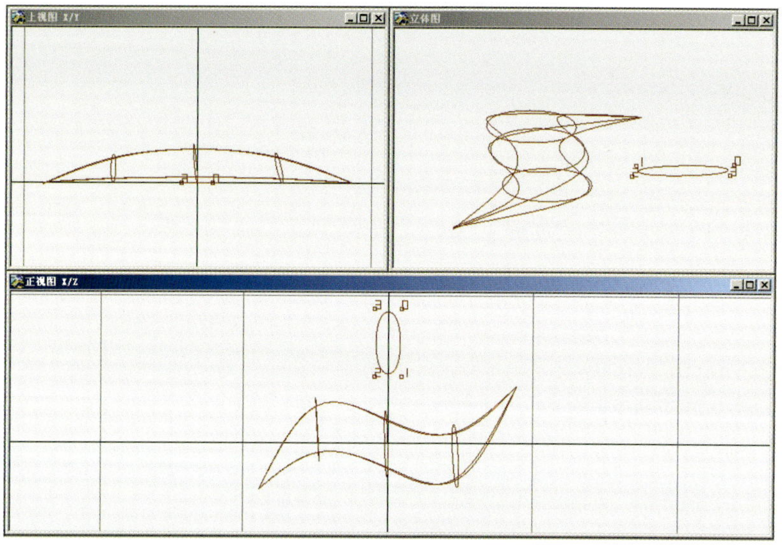

图 3-104　线框图效果

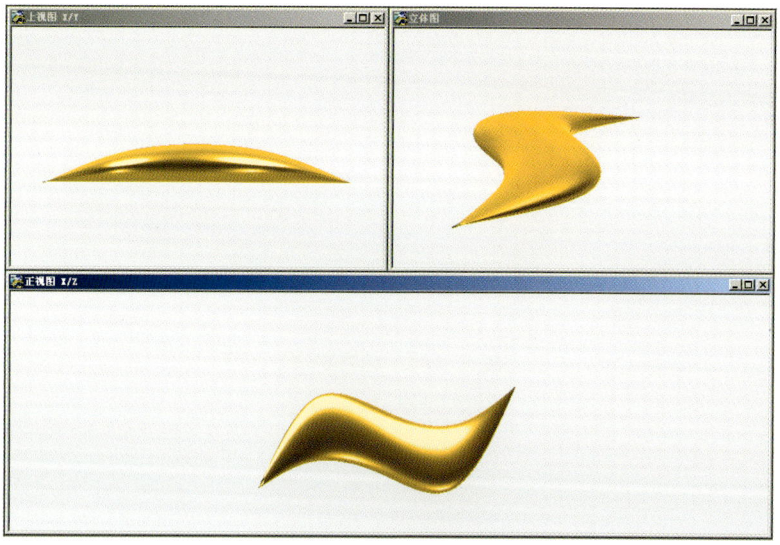

图 3-105　光影图效果

(4)四导轨(4 Rails)　该选项需要通过扫描 4 条已经存在的导轨路径曲线来产生曲面。截面轮廓将会放置于已经存在的前两条导轨路径曲线之间，同时截面轮廓的宽度(高度)会根据在切面度量里面勾选的选项，以及先选择的两条导轨之间的距离相应地发生变化。截面轮廓的高度(宽度)根据第三条导轨曲线与第四条导轨曲线的距离产生相应的变化。见图 3－106～图 3－110。

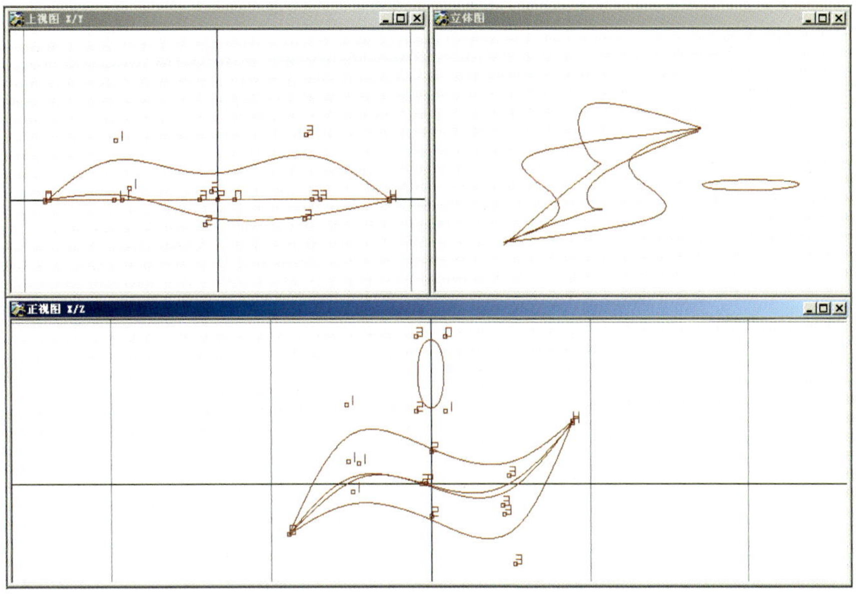

图 3－106　四导轨曲面场景

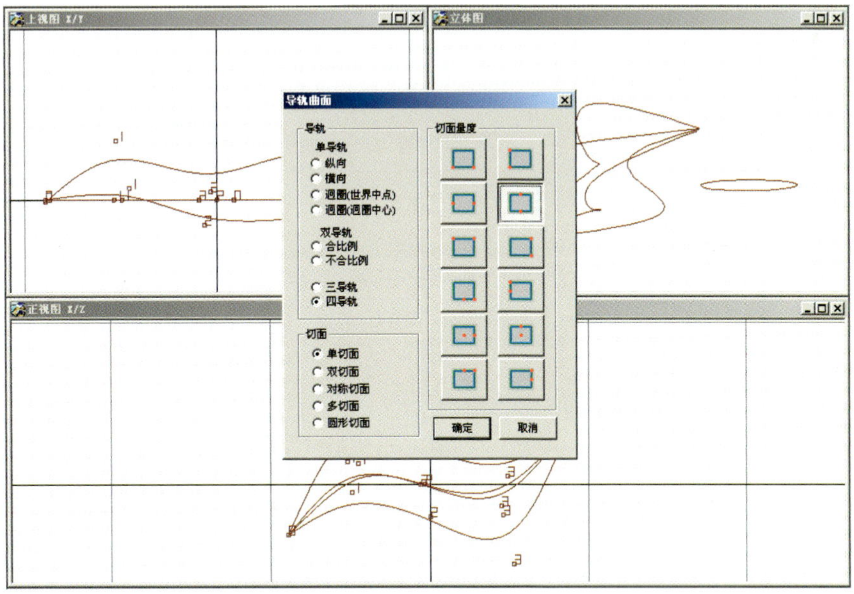

图 3－107　设置对话框

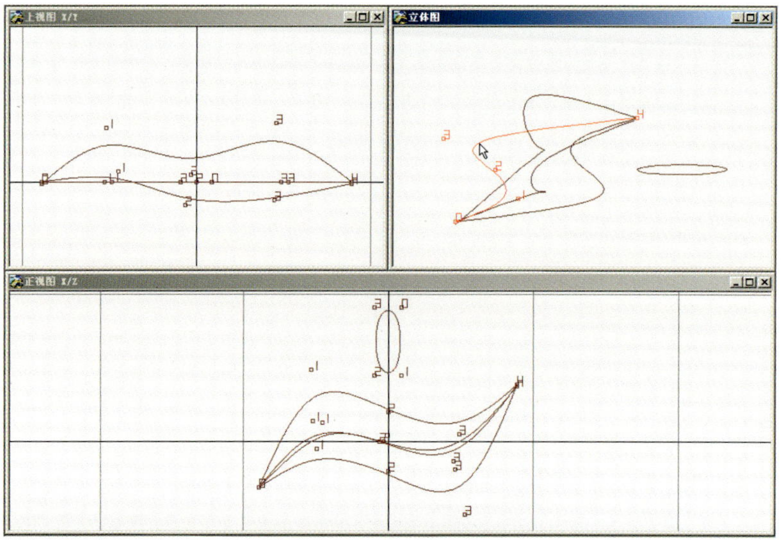

图 3－108　点选导轨和切面

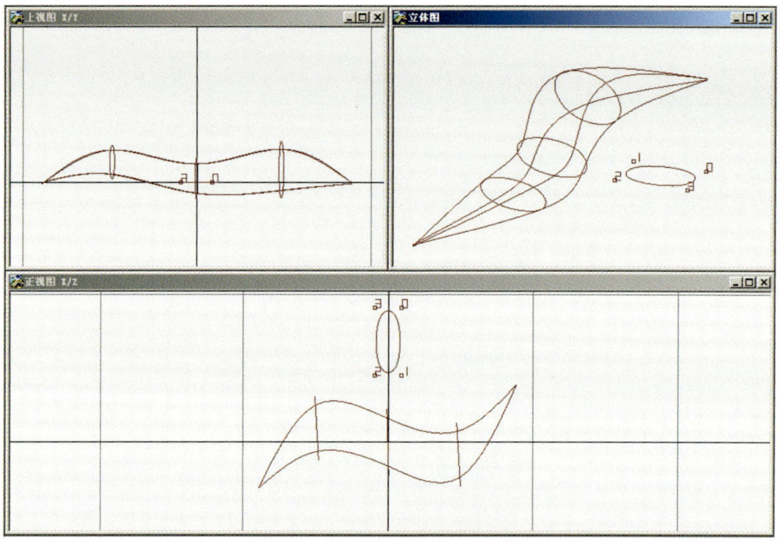

图 3－109　线框图效果

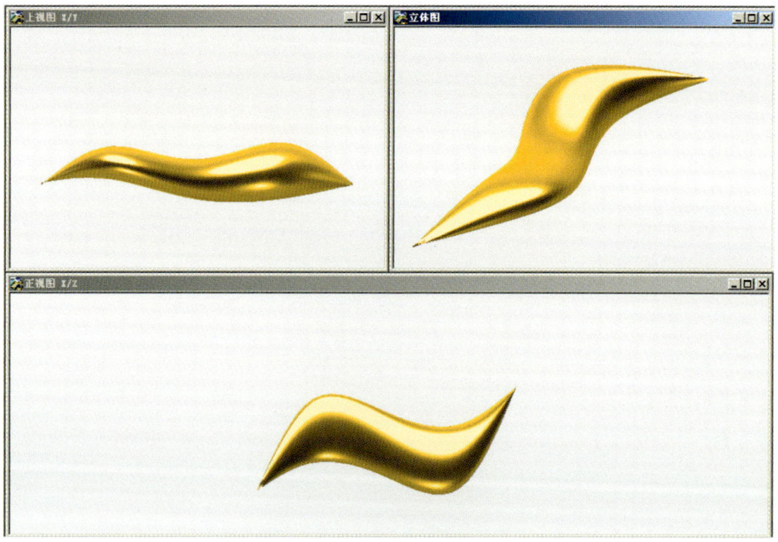

图 3－110　光影图效果

(5)切面度量(Section Extent)

切面度量里面的选项是用来决定截面轮廓在扫描时放置的位置和方向的,包括两个大类的选项:宽度和高度。切面轮廓在 X 轴向上的长度为宽度,在 Y 轴向上的长度为高度。见图 3-111 所示。

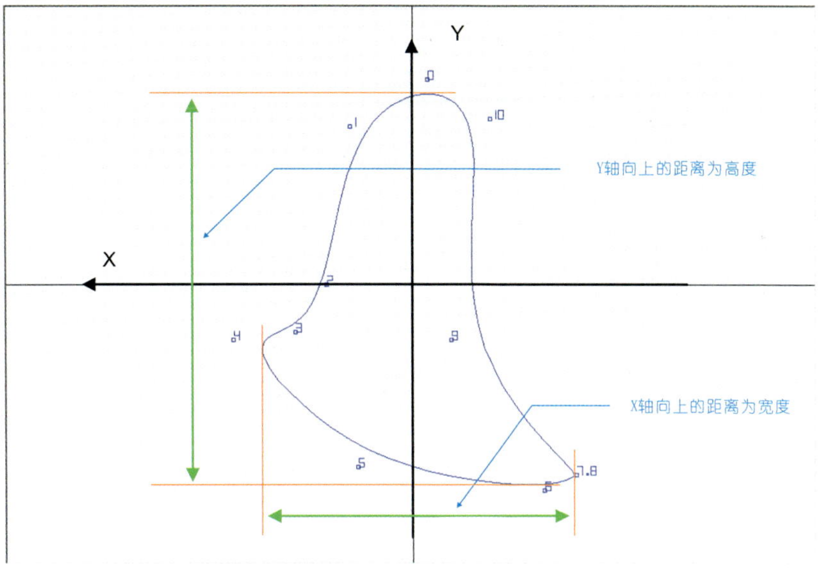

图 3-111 切面方向分析图

二、简单曲面创建命令

简单曲面创建命令有 3 个,分别是圆柱曲面(Cylinder)、角锥曲面(Cone)、球体曲面(Sphere)。下面是一些图例和说明。

1. 圆柱曲面(Cylinder) 使用它可以在当前操作视窗的坐标原点创建一个底面直径为 2 个单位,圆柱高度为 2 个单位的圆柱曲面。见图 3-112。

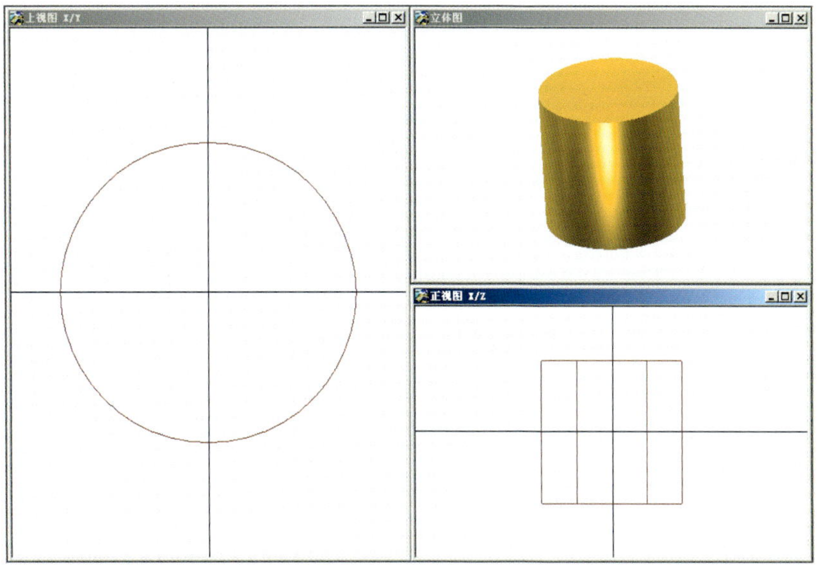

图 3-112 圆柱曲面

2. 角锥曲面(Cone) 使用它可以在当前操作视窗中以坐标原点中心创建一个底面直径为 2 个单位,圆柱高度为 2 个单位的角锥曲面。见图 3-113。

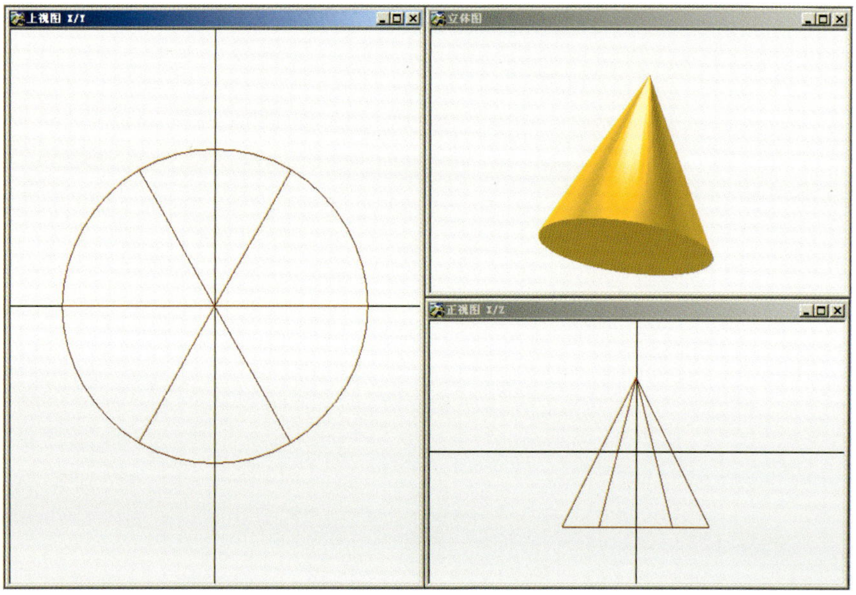

图 3-113 角锥曲面

3. 球体曲面(Sphere) 使用该命令可以在当前操作视窗中以坐标原点创建一个直径为 2 个单位的球体曲面。见图 3-114。

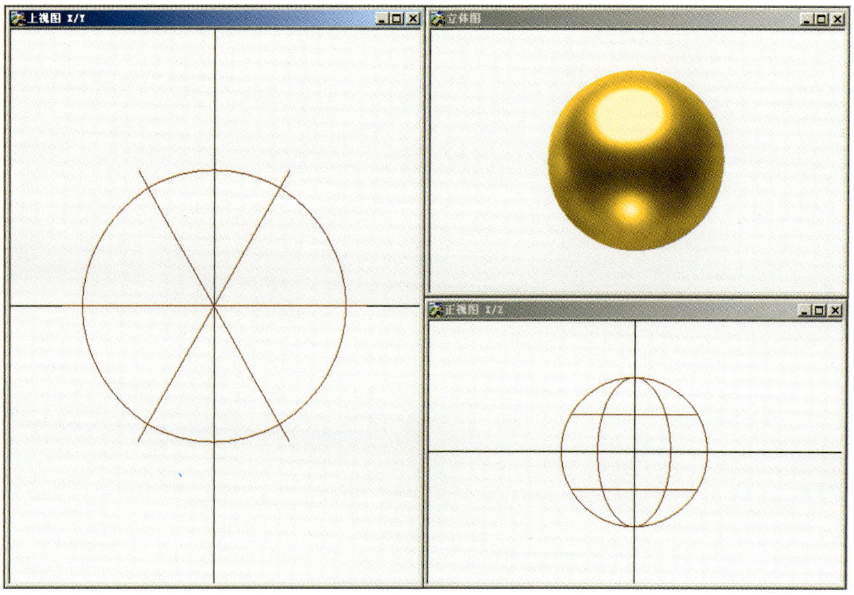

图 3-114 球体曲面

三、曲面修改命令

1. 封口曲面(Close)　该命令用于将选中的曲面封口。看下面的例子:图 3－115,图 3－116。

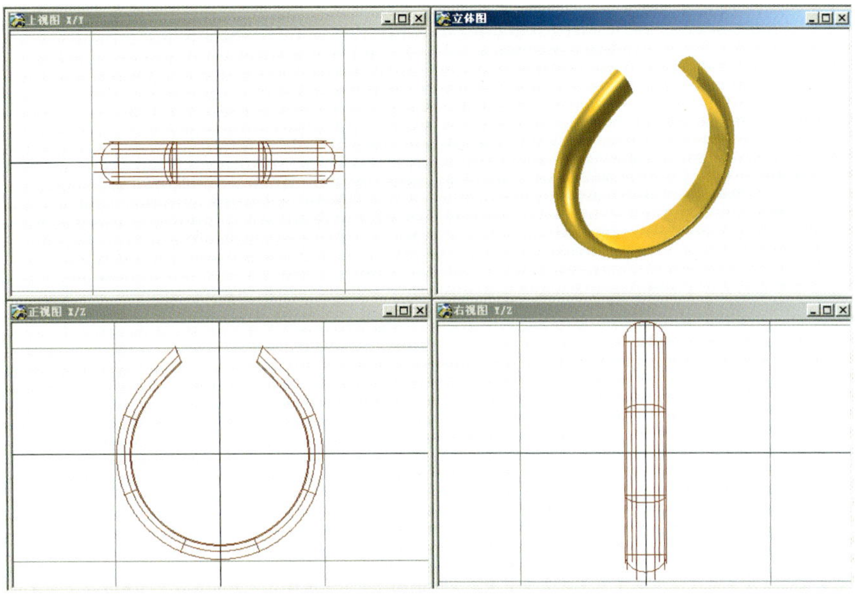

图 3－115　没有封口的曲面

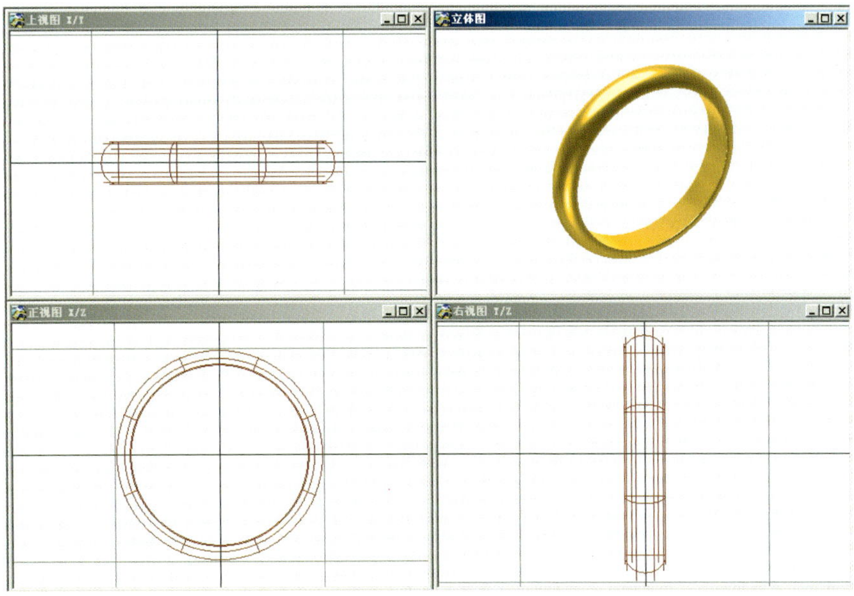

图 3－116　封口后效果

2. 开口曲面(Open)　该命令用于将选中的曲面开口,它的功能与封口曲面(Close)命令相反。

3. 倒序编号(Reverse)　可以使用它把被选中的曲面的 CV 点编号的顺序颠倒。但是必须在普通线图的显示模式下，先把曲面的 CV 点展示出来。见图 3－117。

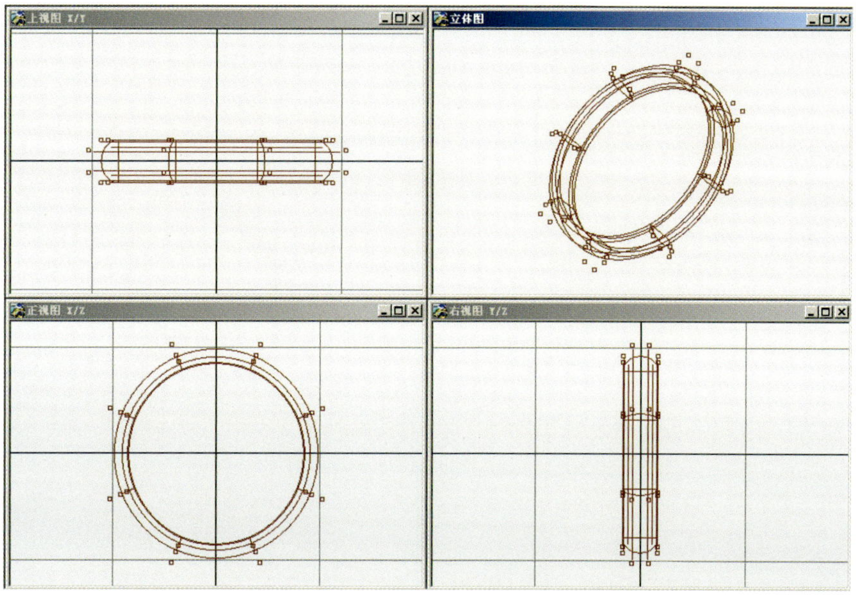

图 3－117　倒序编号

4. 增加控制点(Divide)　该命令用于增加被选中曲面 CV 点的数目，但不改变曲面的形状。曲面原来两个相邻点之间的曲线将平均分布设置的控制点。在普通线图的显示模式下先把曲面的 CV 点展示出来才能看到效果。

图 3－118 为待增加控制点的物体。

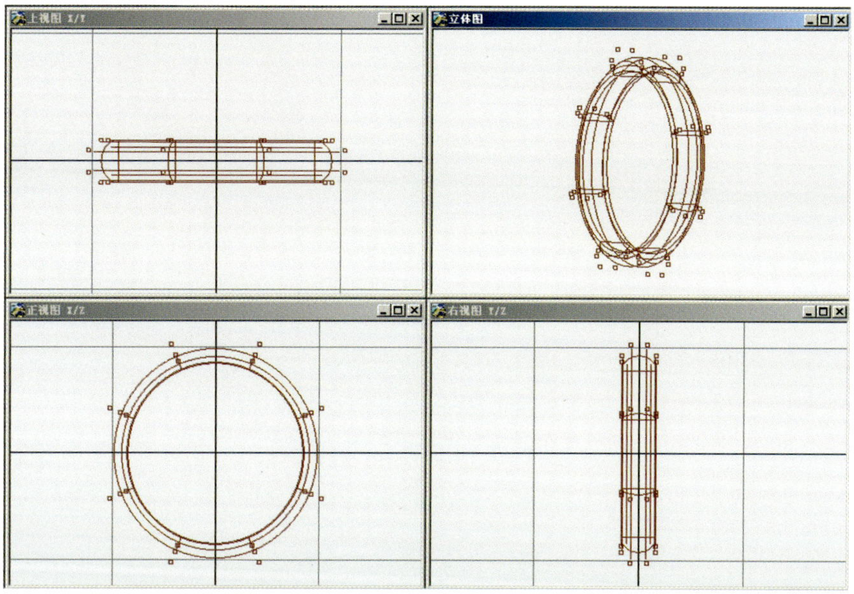

图 3－118　待增加控制点的物体

● 增加倍数(Division No.)　CV 点在设置的方向增加的倍数，这里都选用 2。见图 3－119。

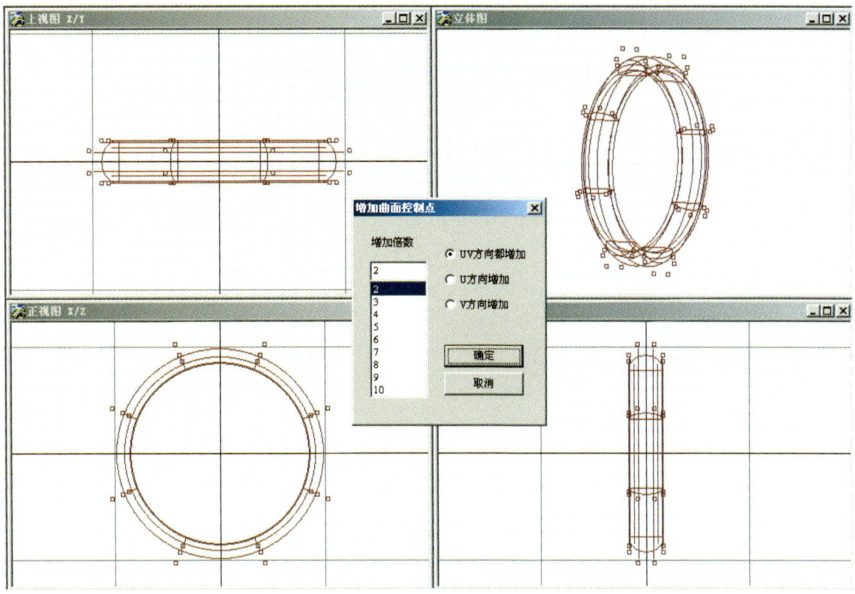

图 3－119　设置增加控制点对话框

● UV 方向都增加(Divide Both)　该选项用于设置增加 CV 点，UV 方向都增加。该选项为默认的选项。下面就是 UV 方向都增加的效果，见图 3－120。

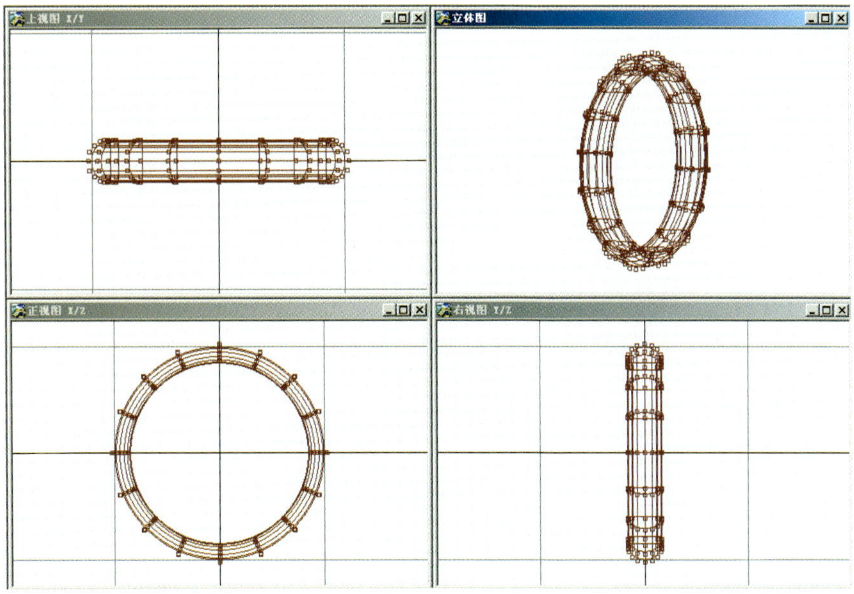

图 3－120　UV 两个方向都增加的效果

● U方向增加(Divide U-curve)　该选项用于设置增加CV点沿着曲面的U方向增加。见图3－121。

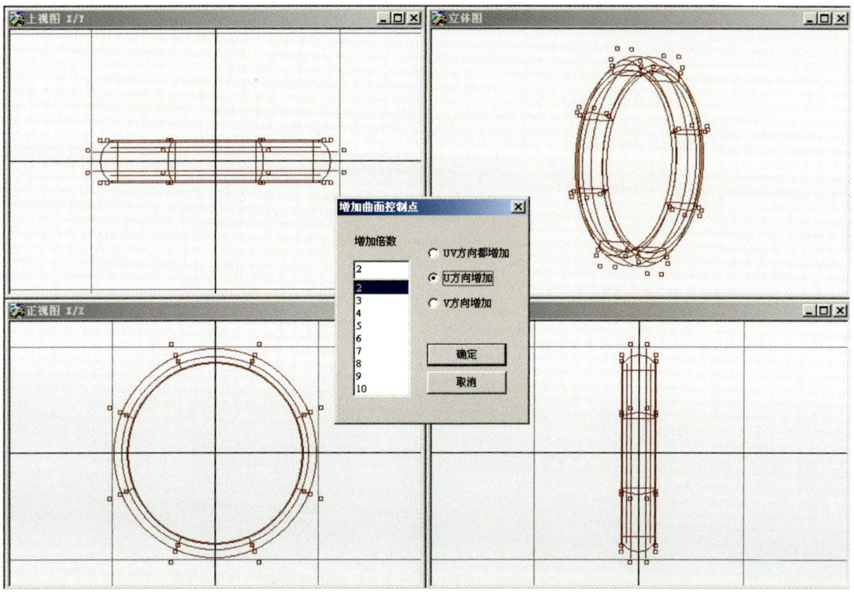

图3－121　选择U向增加选项

U方向增加CV点的效果见图3－122。

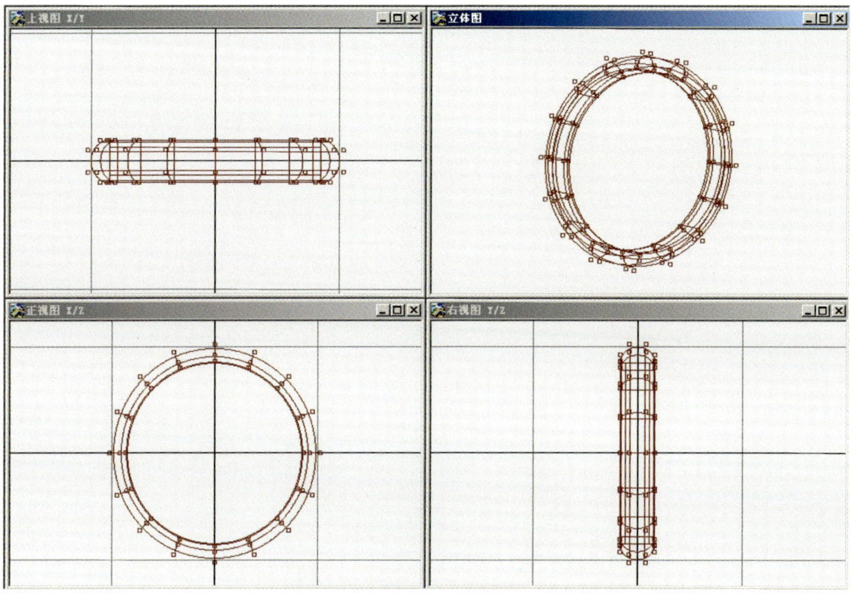

图3－122　U向增加的效果

● V 方向增加(Divide V-curve)　该选项用于设置增加 CV 点沿着曲面的 V 方向增加。见图 3－123。

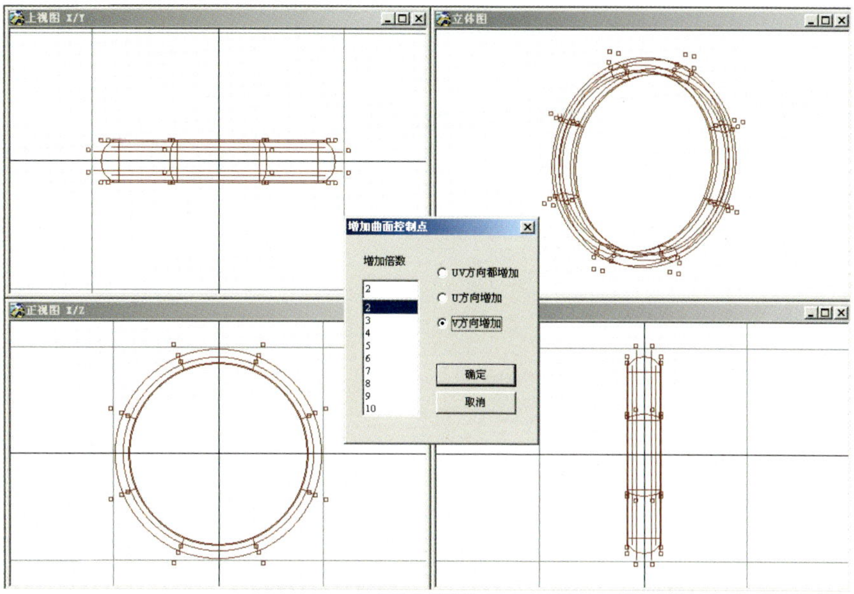

图 3－123　选择 V 向增加选项

V 方向增加 CV 点的效果见图 3－124。

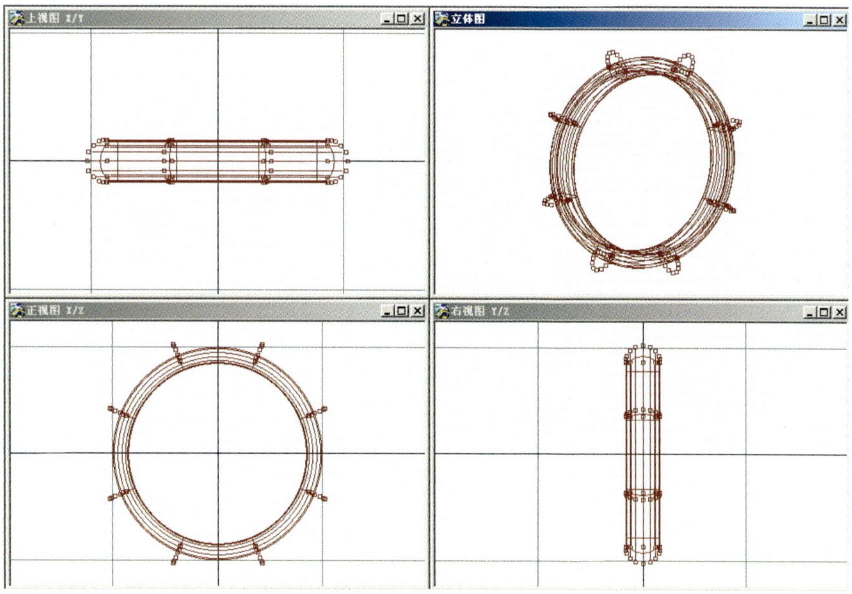

图 3－124　V 向增加控制点的效果

曲面的 CV 点都可以定义为两个方向：一个 U 方向，一个 V 方向。不同曲面 UV 的定义可以是不同的。

本章小结

与第二章一样，在这个章节里面也介绍了许多常用命令的简单操作，通过实例加以分析，了解各个命令、各个参数细节。

在本章里，从画线开始到构建简单的模型，可以发现CV控制点始终在扮演着一个重要的角色。CV点可以调整线的形状，从而影响构建曲面模型的形态，在产生曲面后仍然可以通过它来改变曲面的形状，所以整个建模的过程，其实就是CV点空间的运用。在了解控制点的作用，掌握构建曲面模型的方法后，就可以轻松地构建出头脑里面的模型了。

第四章 Jewel CAD首饰建模综合实例

第一节 简单戒指设计建模1

该实例主要使用线面连接曲面命令来创建曲面造型。

- 使用**左右对称线**命令在右视图绘制曲线，见图4－1。
- 将曲线封闭，见图4－2。

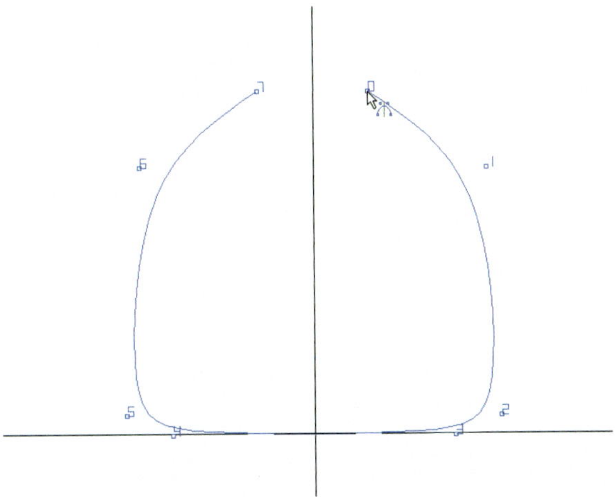

图4－1 绘制左右对称曲线

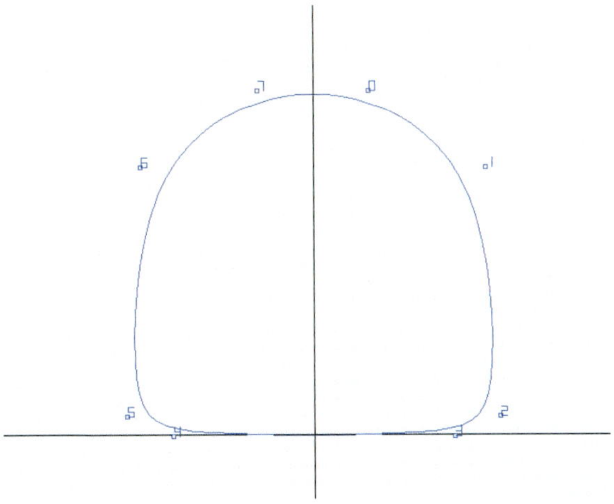

图4－2 封口曲线

- 将绘制的曲线隐藏复制，见图4－3。
- 然后使用**变形**命令里面的尺寸命令将曲线缩小。

可以看到，由于曲线的底边处于操作视窗 X 轴上，而且现在变形使用的是世界坐标系，所以曲线的底部在 Y 轴向不发生偏移，见图4－4。

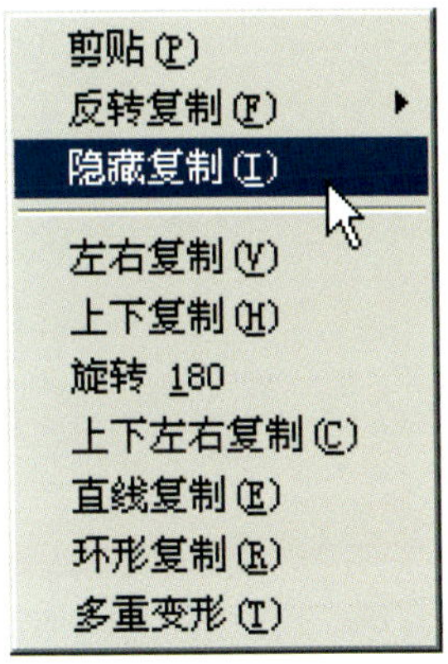

图4－3 复制下拉菜单

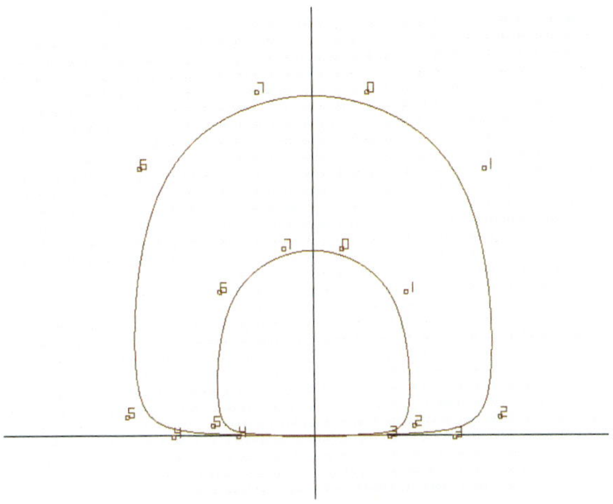

图4－4 将曲线缩小

- 再使用编辑菜单里面的**不隐藏**命令，使刚才隐藏的曲线显示出来。
- 选中两条曲线，见图 4－5。

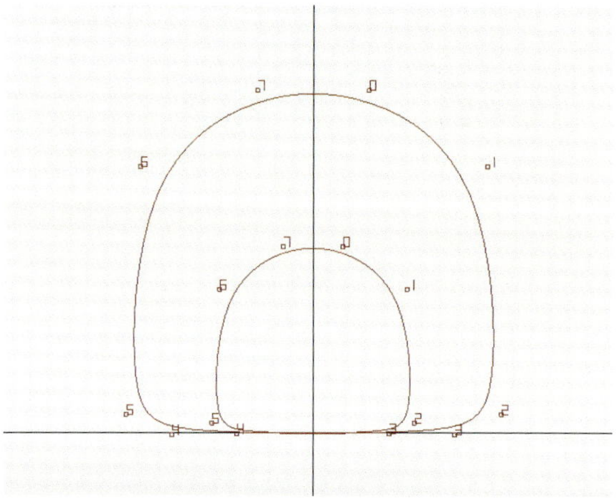

图 4－5　选中两条曲线

- 使用变形菜单的**多重变形**命令，精确移动两条处于选中状态的曲线。
- 设置纵向移动的数值 8.5，并点击确定，见图 4－6。

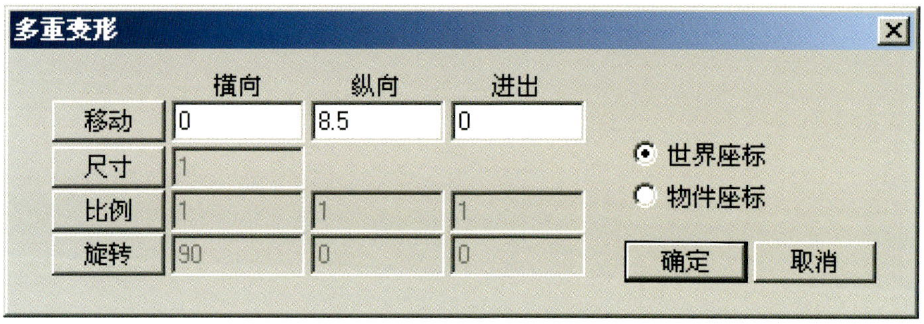

图 4－6　多重变形对话框

- 取消较大的曲线的被选中状态，见图 4－7。

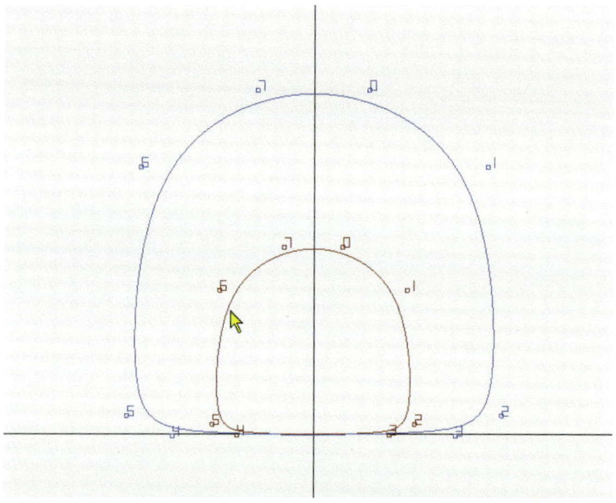

图 4－7　锁定较大曲线

- 再次使用变形菜单里面的**多重变形**命令，对选中的较小曲线进行精确变形。在这里要注意的是，当前操作视图为正视图。

- 点击后，进行如图 4－8 所示的设置。

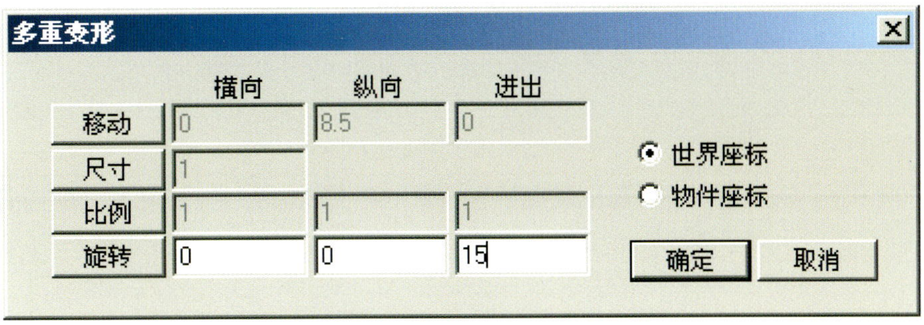

图 4－8　设置对话框

- 可以看到如图 4－9 所示的变化。

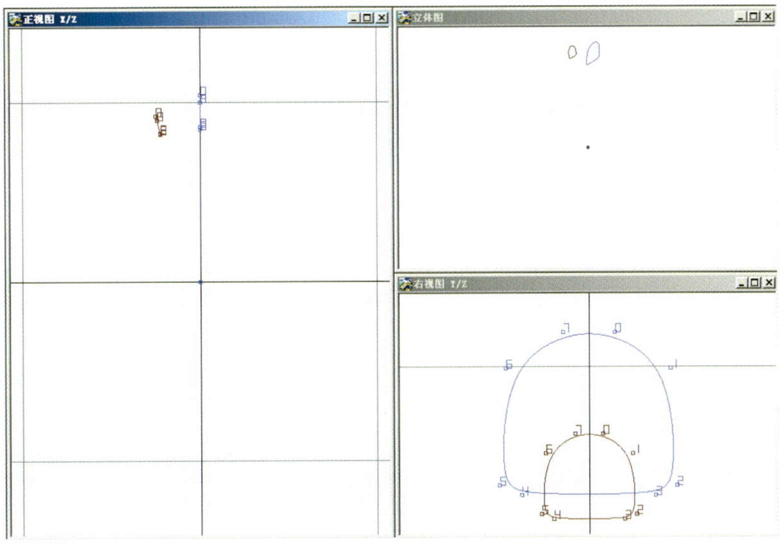

图 4－9　变形后的效果

- 再次选中两条曲线，见图 4－10。

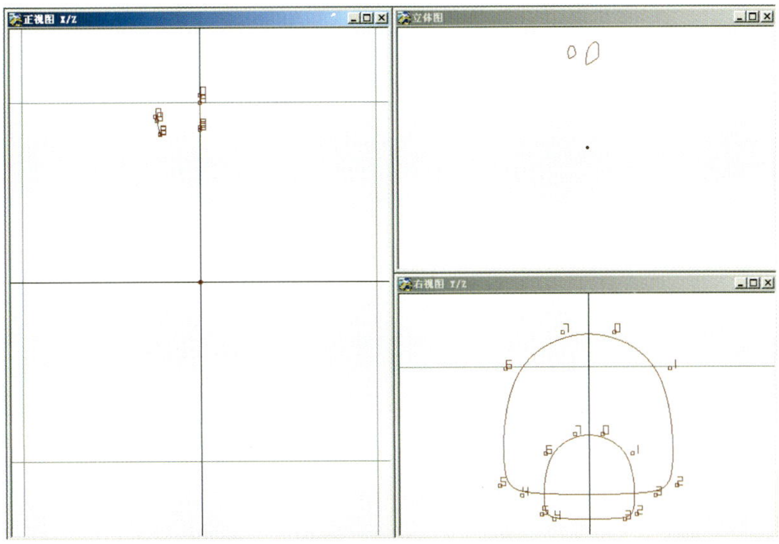

图 4－10　曲线处于选中状态

● 使用复制菜单里面的**环形复制**命令，复制选中的两条曲线，见图 4－11。

● 在弹出的对话框中进行如图 4－12 的设置。

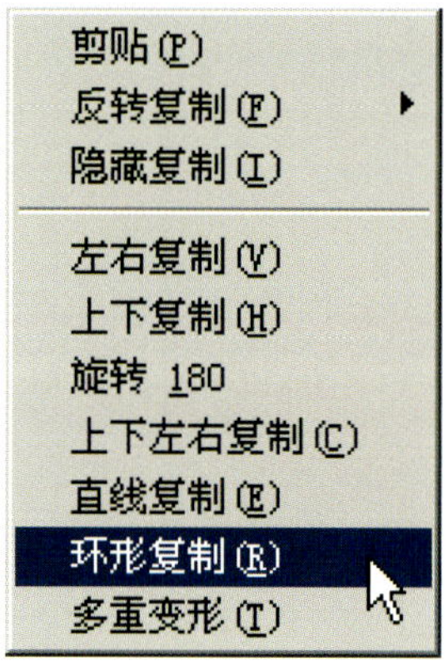

图 4－11　复制下拉菜单

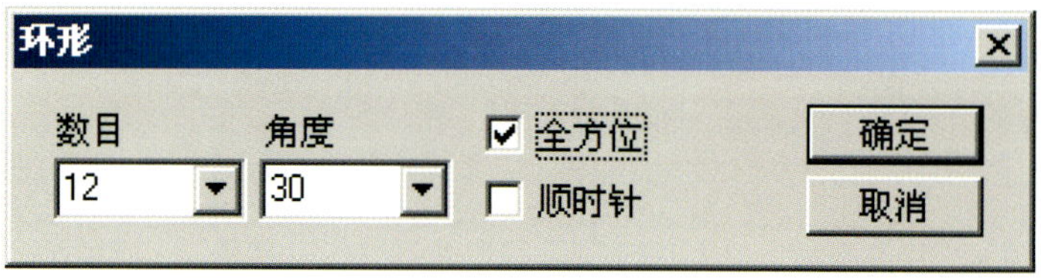

图 4－12　设置对话框

● 在点击确定后，可以看到的效果。见图 4－13。

● 点击曲面菜单里面的线面连接曲面命令，见图 4－14。

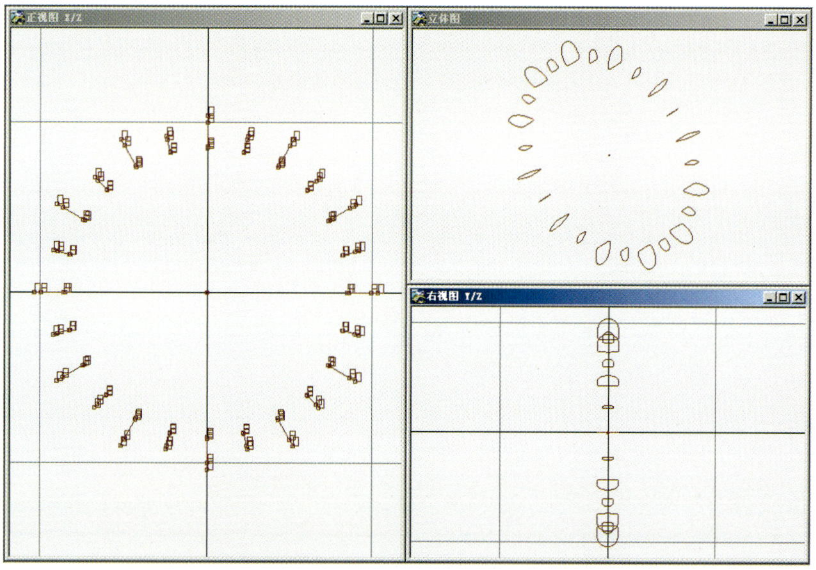

图 4－13　环形复制后的曲线

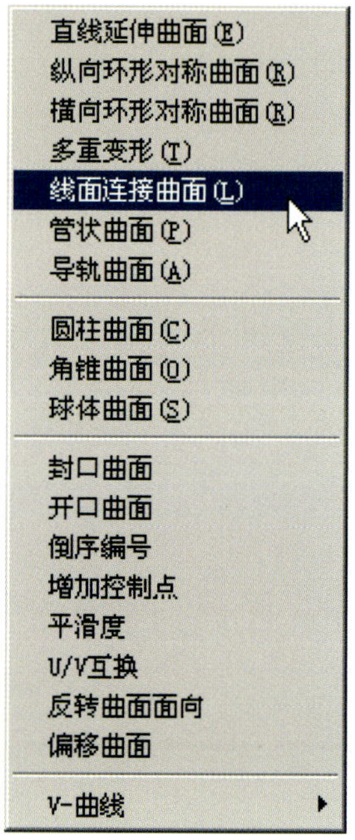

图 4－14　曲面下拉菜单

● 会弹出如图 4－15 所示的窗口，可以不予理会。

图 4－15　线面连接曲面对话框

依次点选曲线，见图 4-16。

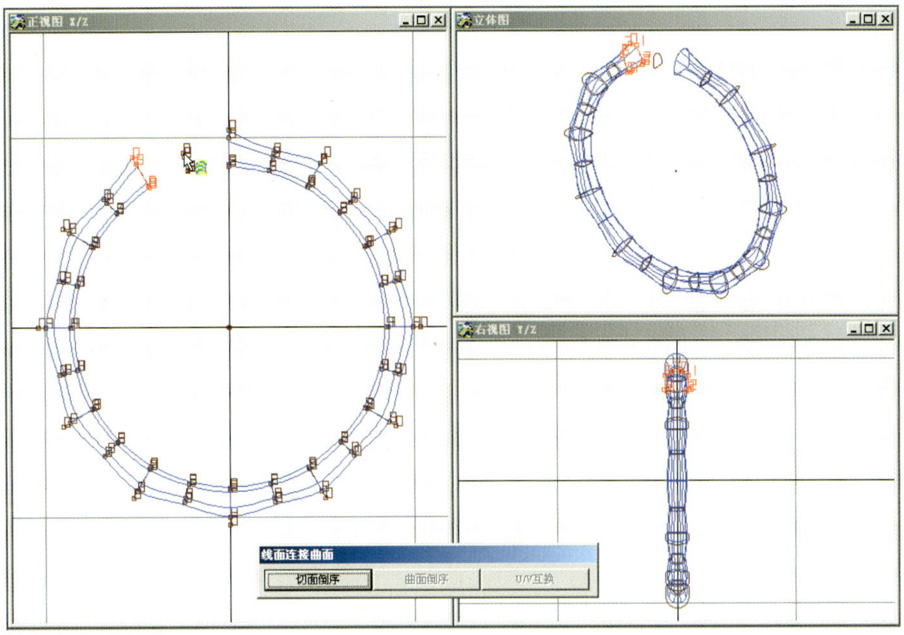

图 4-16　曲面连接

在点击最后的曲线以后，进入任意的命令，以退出此次线面连接曲面命令，可以看到曲面没有被封闭，见图 4-17。

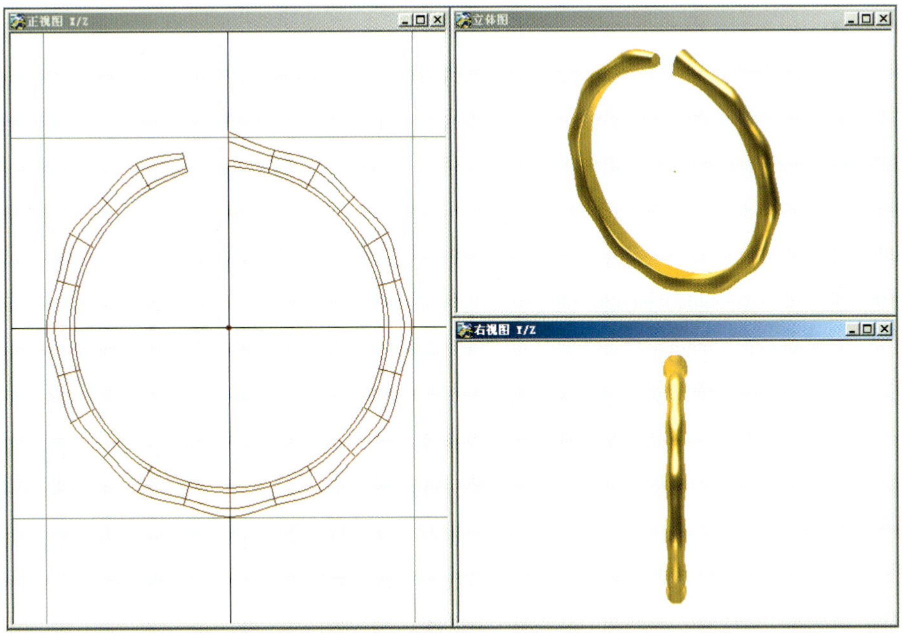

图 4-17　未封口的曲面

这时就需要使用曲面菜单里面的**封口曲面**命令将曲面封闭。

● 最后效果，见图 4－18。

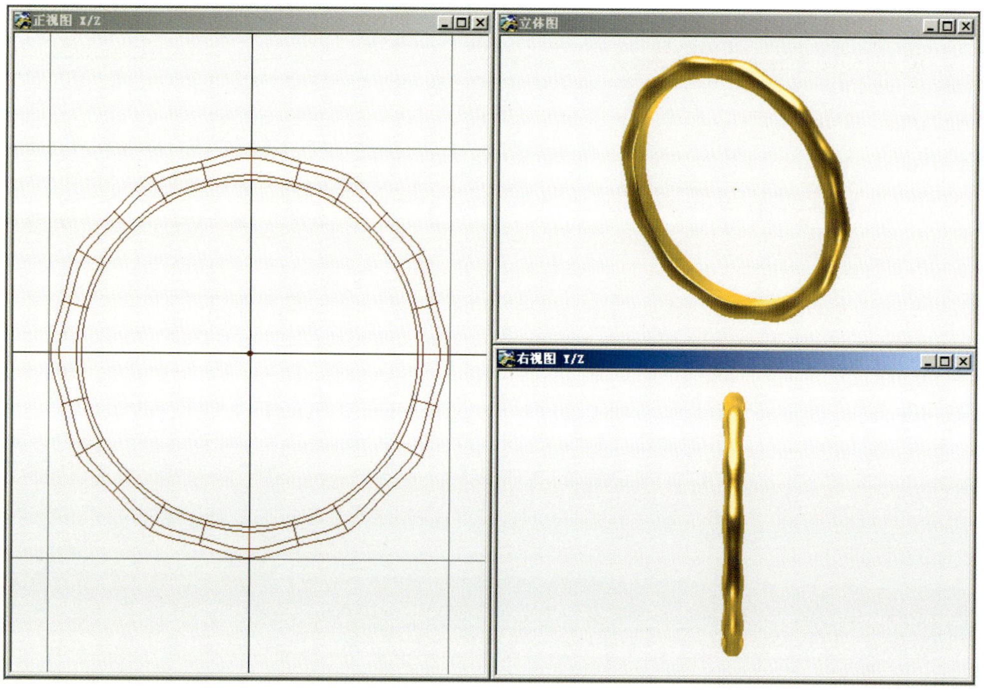

图 4－18　封口后的曲面

第二节　简单戒指设计建模 2

这个实例只介绍通过使用块状体命令来创建曲面的建模方式。

● 在正视图绘制直径为 17 个单位，控制点数为 8 的圆形曲线作为戒圈的内轮廓。见图 4－19 和图 4－20。

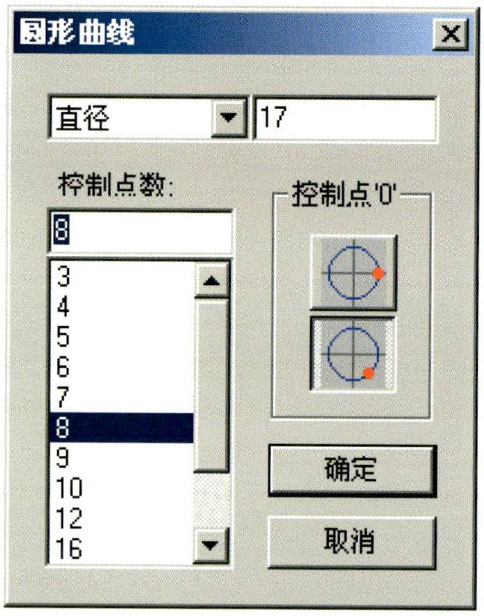

图 4－19　圆形曲线对话框

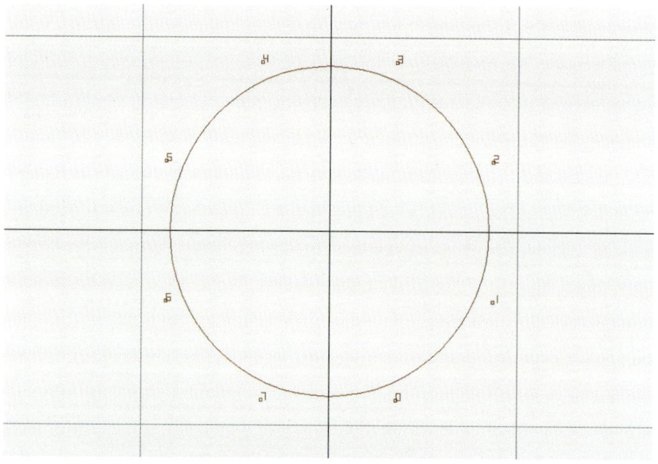

图 4－20　绘制圆形

● 再在正视图绘制直径为 20 个单位，控制点数为 8 的圆形曲线作为戒圈的外轮廓。见图 4－21，图

4－22。

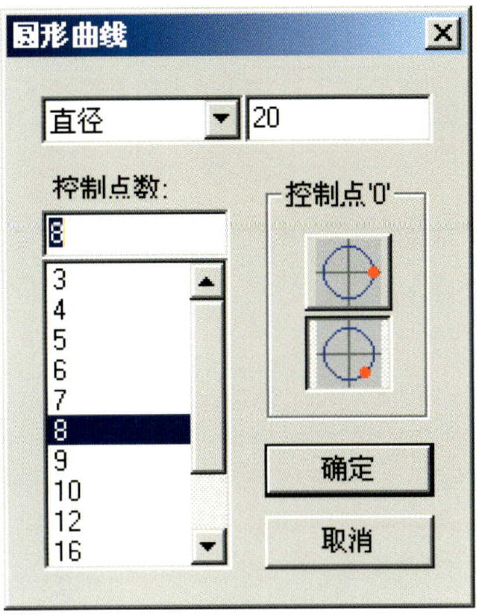

图 4－21　设置圆形曲线对话框

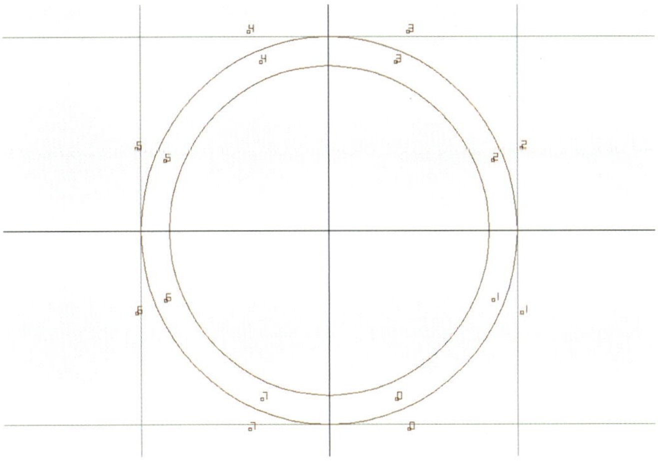

图 4－22　绘制较大圆形

● 选中两条圆形曲线，将它们上下反转 180°，见图 4－23。

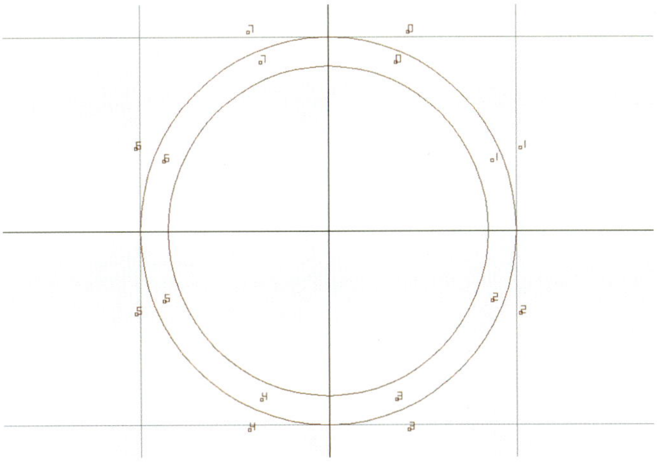

图 4－23　反转曲线

● 取消小圆曲线的被选中状态，见图 4－24。

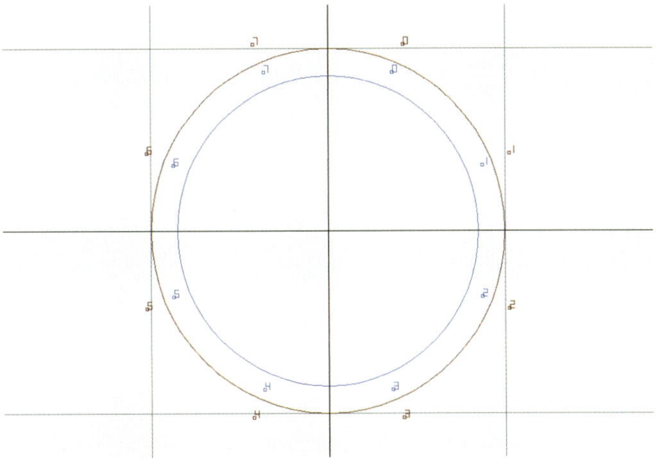

图 4－24　锁定小圆曲线

● 使用变形菜单里面的**多重变形**命令，将较大的圆形曲线在当前操作视图中上移 0.5 个单位，见图 4－25，图 4－26。

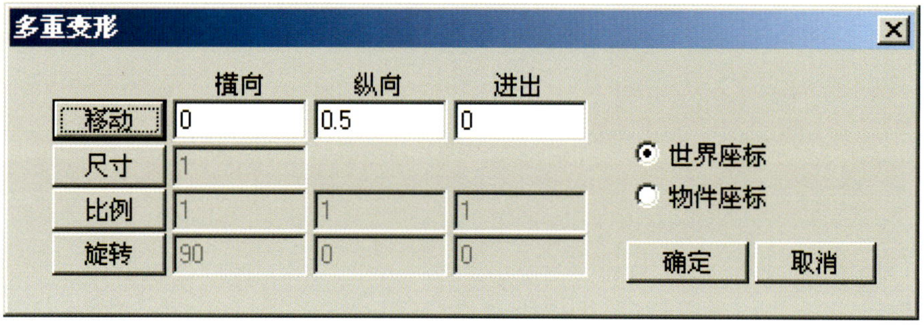

图 4－25　设置对话框

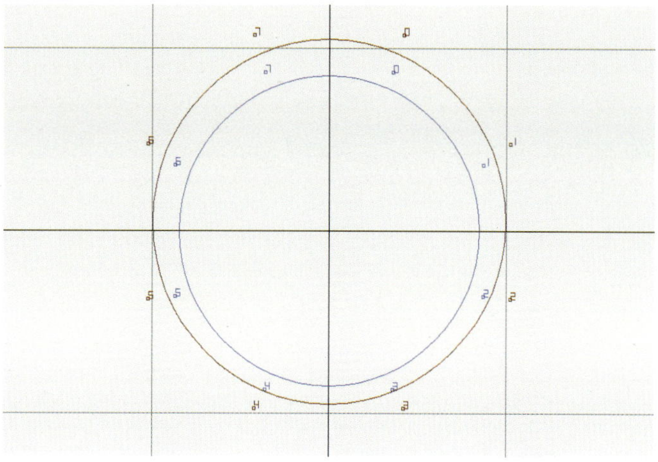

图 4－26　较大圆形曲线上移

● 使用曲线菜单里面的曲线**修改**命令中的**左右对称线**命令对较大的圆形曲线进行修改编辑，见图 4－27。

● 编辑后的效果，见图 4－28。

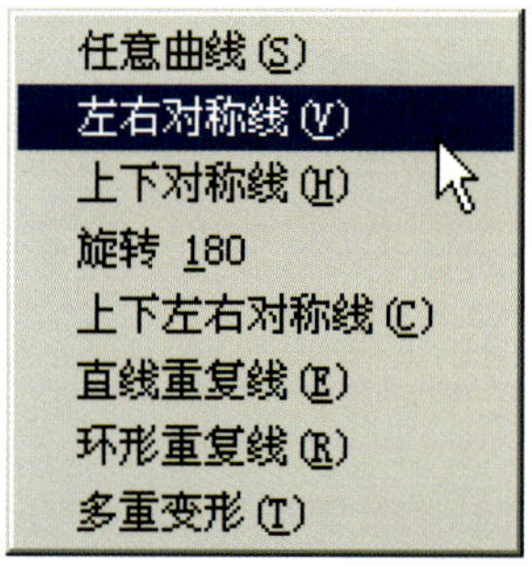

图 4－27　曲线下拉菜单

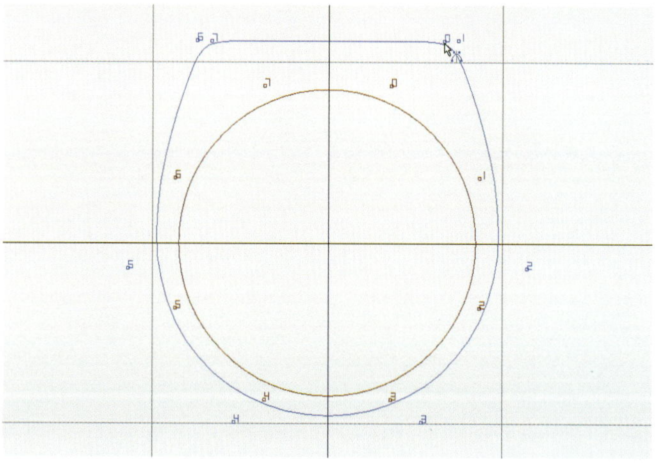

图 4－28　曲线的编辑

● 使用曲线菜单里面的**倒序编号**命令将较大圆形曲线的编号颠倒，成逆时针排列。因为使用**块状体**命令时，要求最外层曲线的 CV 控制点的排序成逆时针方向。

● 可以看到外层曲线的 CV 点的排序已经成逆时针方向，见图 4－29。

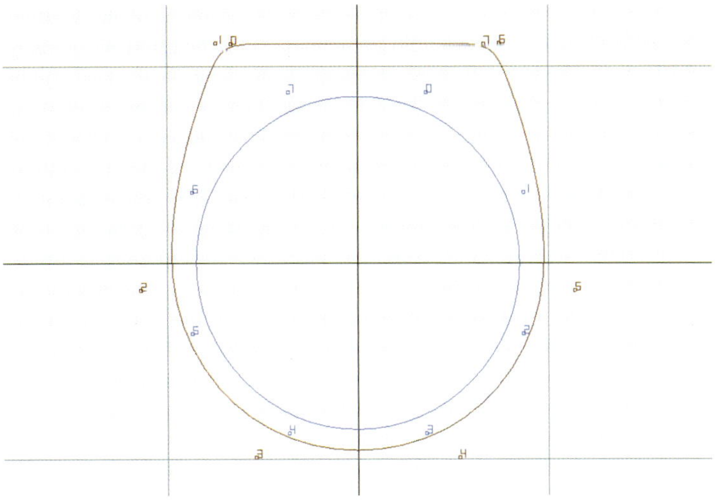

图 4－29　改变曲线上的点序

● 再次选中两条曲线，见图 4－30。

● 点击杂项菜单里面的**块状体**命令，见图 4－31。

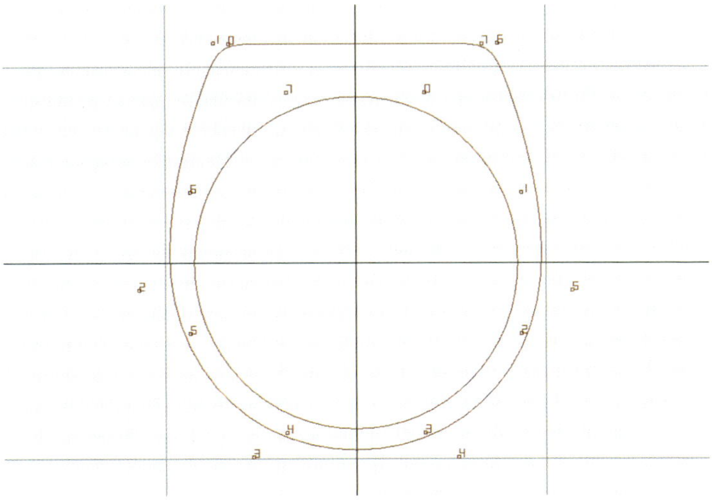

图 4－30　选中两条曲线

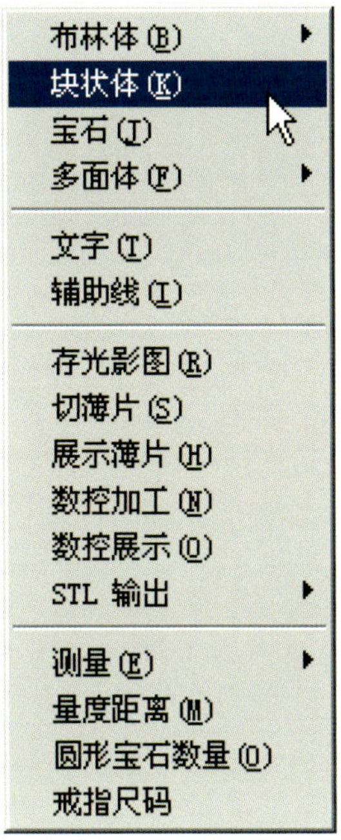

图 4－31　杂项下拉菜单

● 对弹出的对话框进行如图 4 - 32 所示的设置。

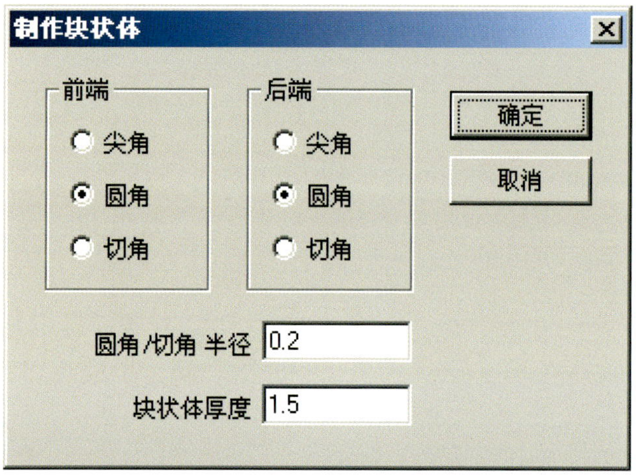

图 4 - 32　设置对话框

● 在点击确定按钮后可以看到如图 4 - 33 所示的效果。

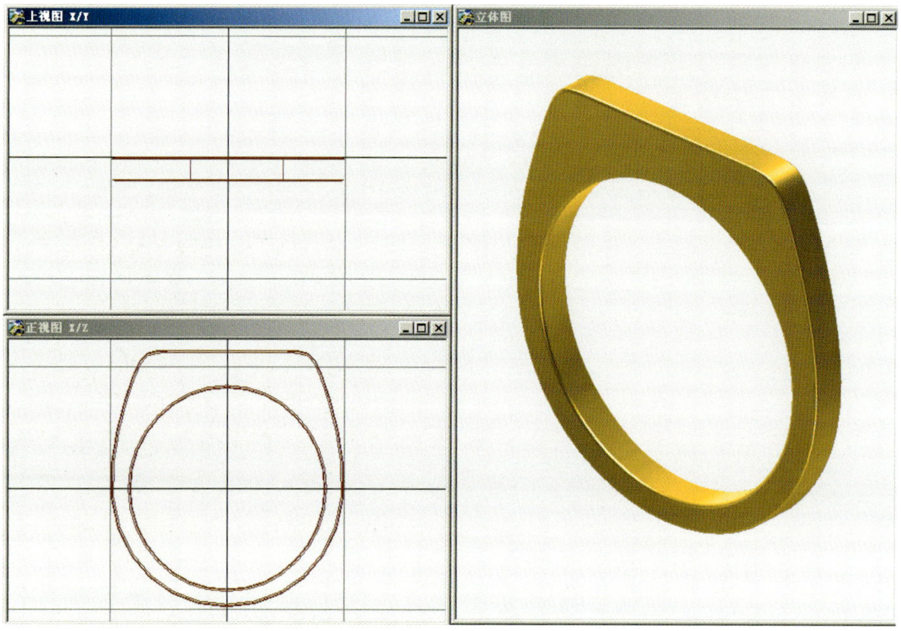

图 4 - 33　产生的块状体模型

● 使用复制菜单里面的**隐藏复制**命令，将产生的曲面复制一份到隐藏的图层，作好备份，以便后面步骤调用的需要，见图 4 - 34。

● 使用复制菜单里面的**直线复制**命令，以右视图为当前操作视图，延该视图的 *X* 轴向复制刚才产生的曲面，见图 4 - 35。

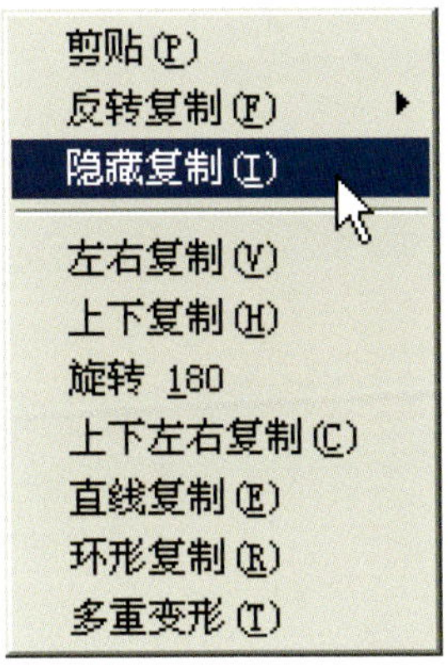

图 4-34 复制下拉菜单

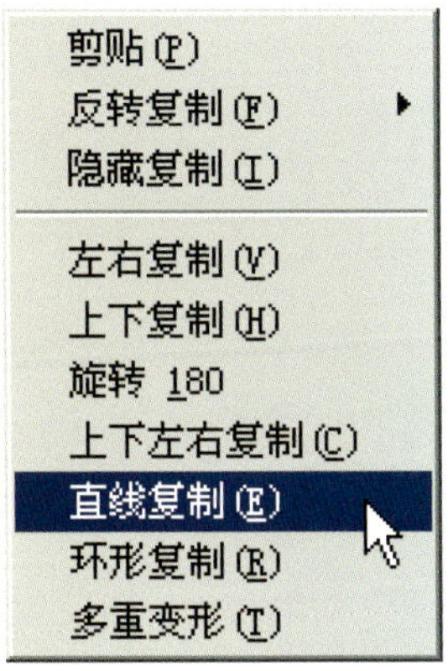

图 4-35 复制下拉菜单

- 点击该命令以后，对弹出的对话框进行如图 4-36 所示的设置。

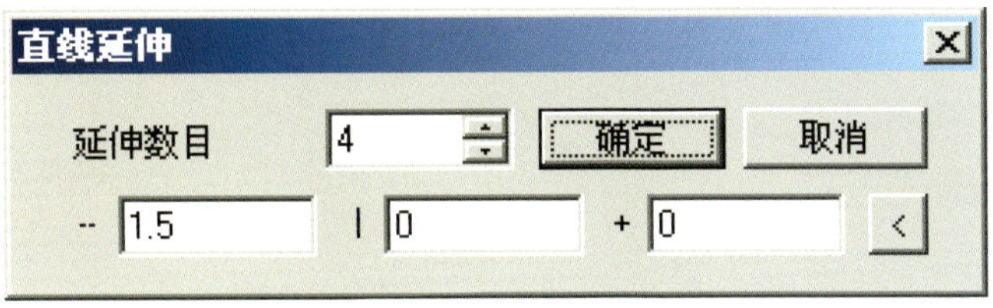

图 4-36 设置对话框

- 点击确定后，可以看到如图 4-37 所示的效果。

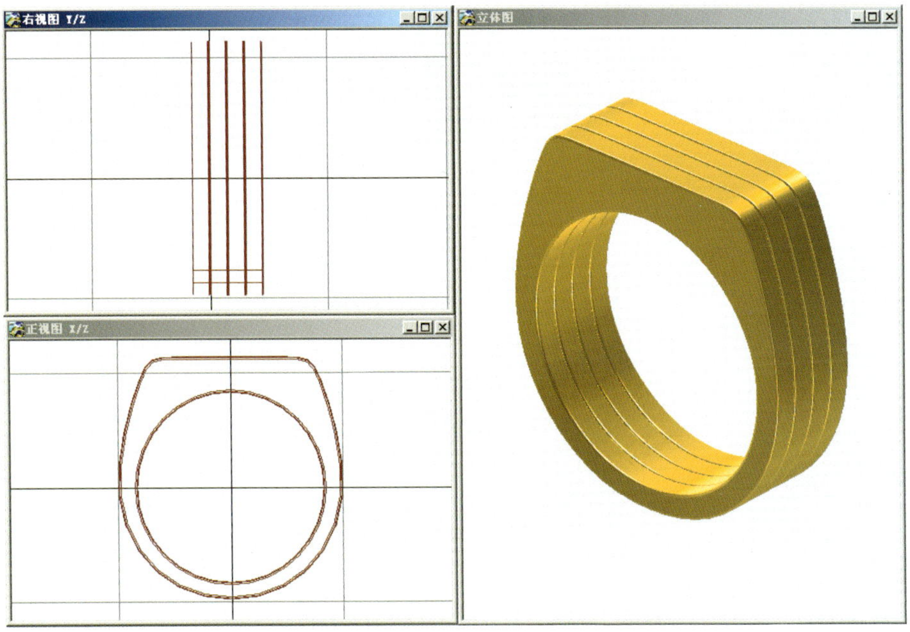

图 4-37 复制后的戒指模型

- 再次使用变形菜单里面的**多重变形**命令，对 4 个曲面进行变形修改操作。

- 点击后，对弹出的对话框进行如图 4－38 所示的设置。

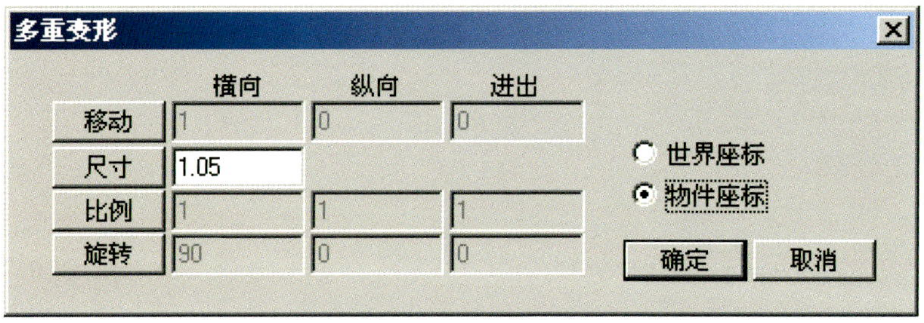

图 4－38　设置对话框

可以看到 4 个曲面略为变大了一些，见图 4－39。

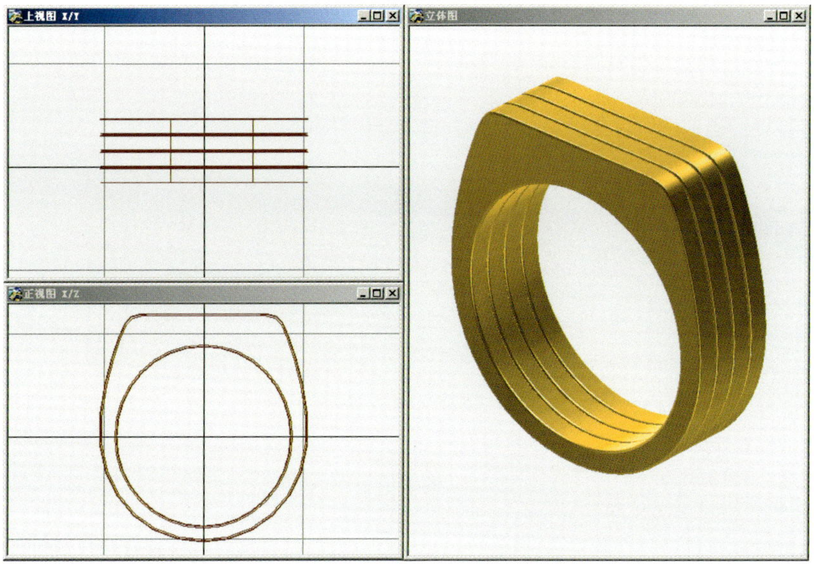

图 4－39　尺寸放大的戒指模型

- 使用编辑菜单里面的**不隐藏**命令，将前面隐藏的曲面显示出来，见图 4－40。

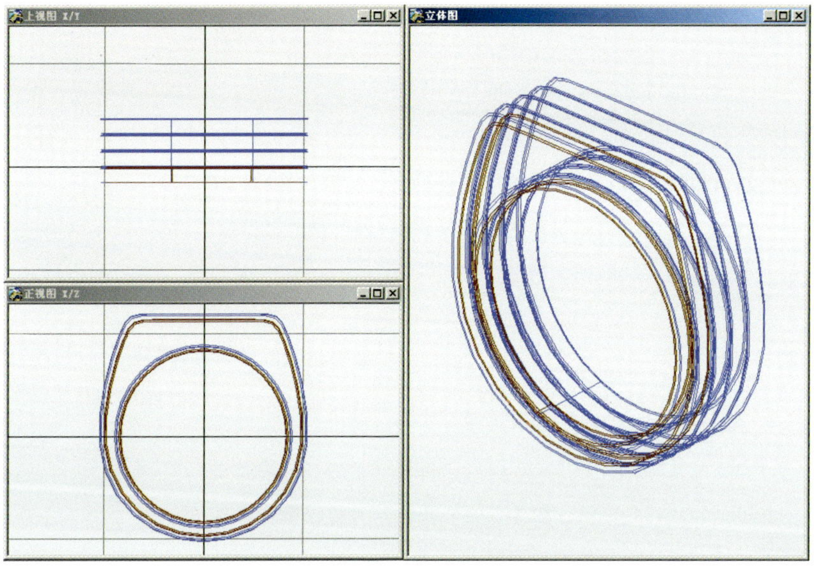

图 4－40　显示原隐藏的曲面

- 再使用变形菜单里面的**多重变形**命令，对刚才显示出来的曲面进行精确的变形修改。
- 在点击命令以后，对弹出的对话框进行如图 4-41 所示的设置。

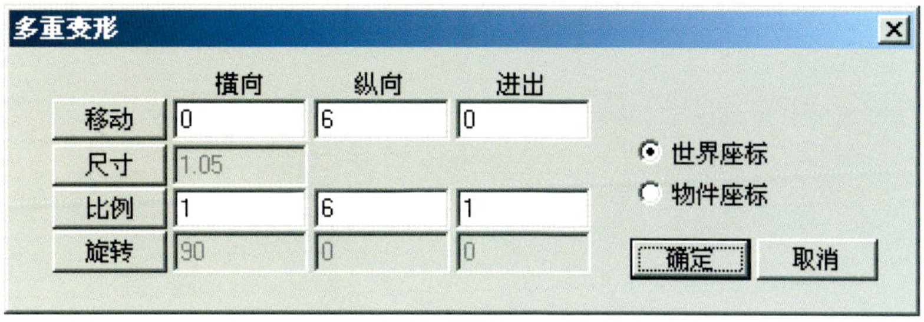

图 4-41 设置对话框

- 点击确定按钮后可以看到如图 4-42 所示的彩色效果。

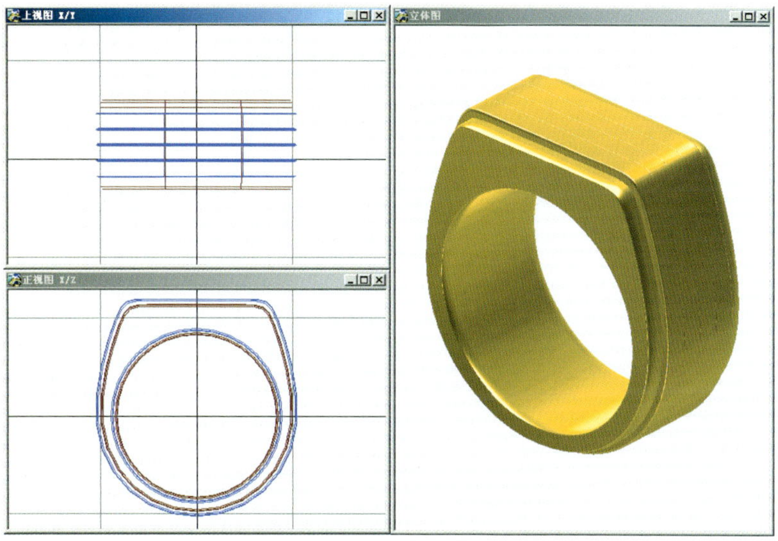

图 4-42 戒指模型的彩色效果图

- 选中外面的 4 个曲面，见图 4-43。

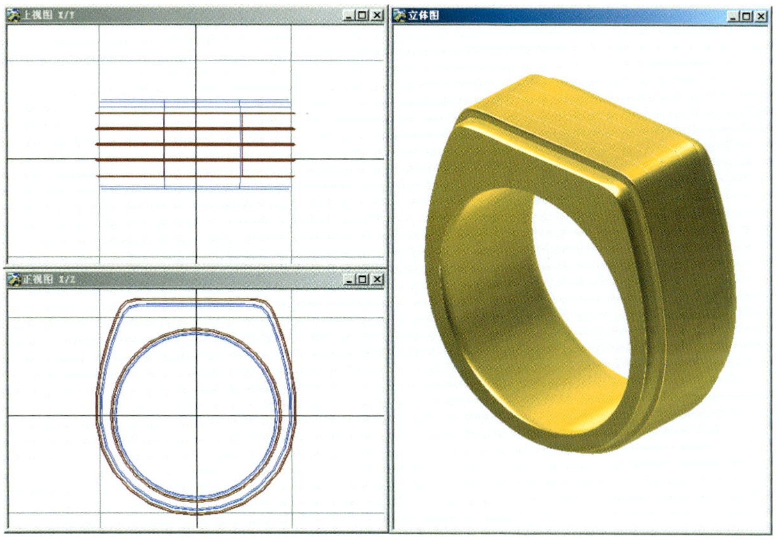

图 4-43 选中所有物体

- 点击编辑菜单的**材料**命令，给外面的 4 个曲面添加白金材质。
- 点击以后就可以选择需要的材质球，见图 4－44。

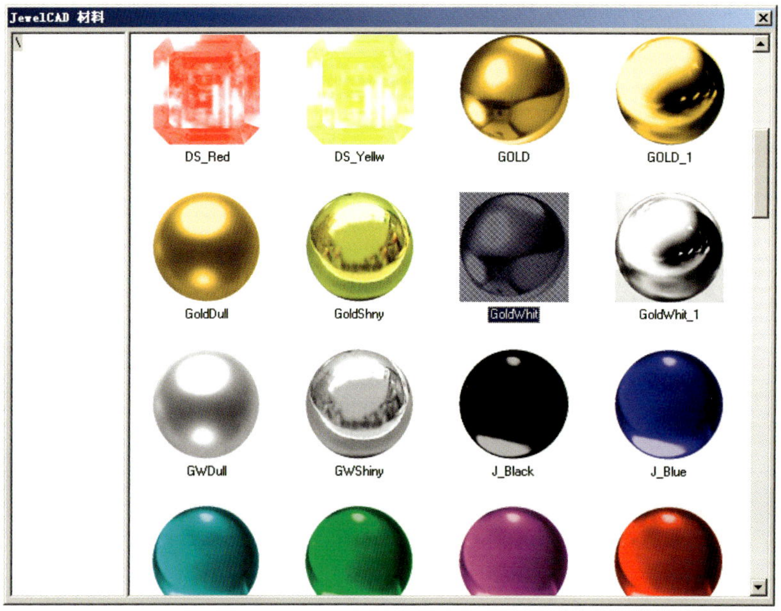

图 4－44　材质库

- 可以在视图里面看到变化，见图 4－45。

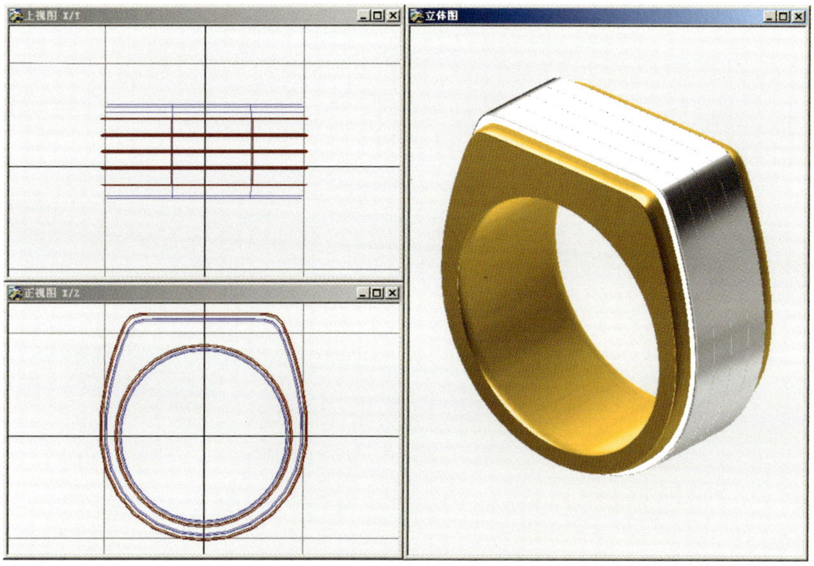

图 4－45　改变材质后的戒指模型

● 放大的光影效果，见图4-46。

图4-46　模型的光影效果图

第三节　简单戒指设计建模3

该实例主要介绍的是导轨建模的方法，以及通过调整曲面的CV控制点来修改曲面造型的使用方法，其中还介绍了**物件层面**命令的使用方法。

● 创建参考圆。使用圆形曲线创建命令创建两个参考圆，它们的直径分别为17个单位、20个单位，控制点数为6，见图4-47，图4-48。

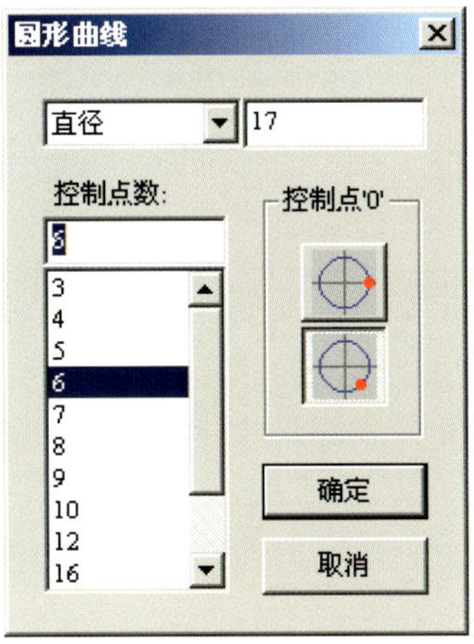

图4-47　设置对话框

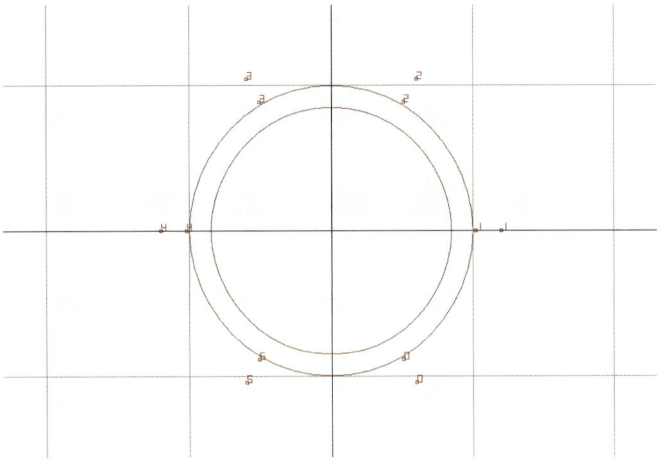

图4-48　绘制参考圆曲线

● 使用编辑菜单里面的**物件层面**命令，将两条参考圆形曲线调整到另外的图层里面。

● 在点击命令后对弹出的对话框进行如图 4－49 所示的设置。

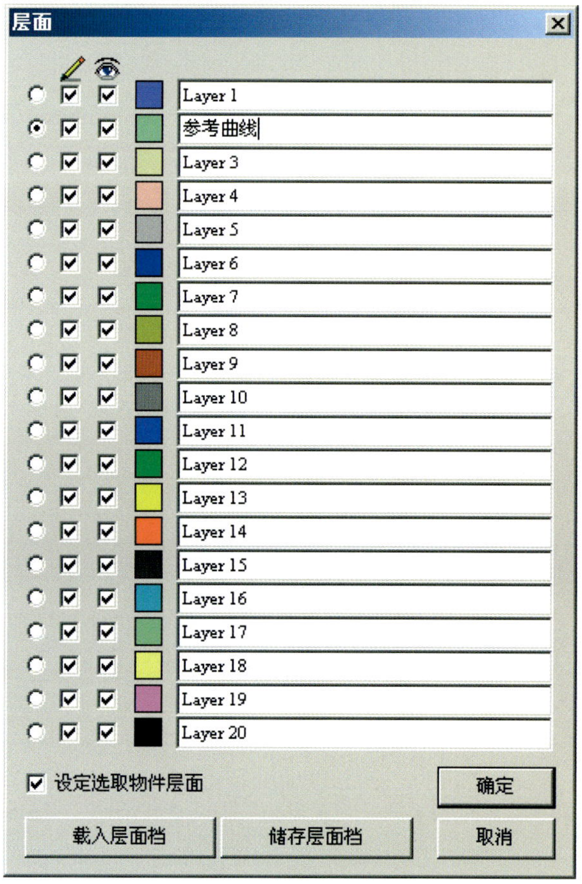

图 4－49　设置对话框

● 在点击确定以后，可以看到两条曲线的颜色发生变化。

● 再使用圆形曲线工具绘制两条圆形曲线。它们的直径仍然是 17 个单位和 20 个单位，但是这里使用的控制点数为 8，比参考圆形曲线多了 2 个控制点，主要是为了方便修改和调整曲面的造型轮廓，见图 4－50，图 4－51。

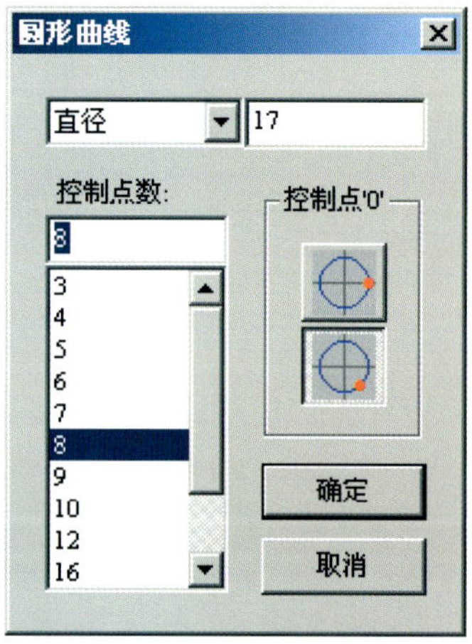

图 4－50　设置对话框

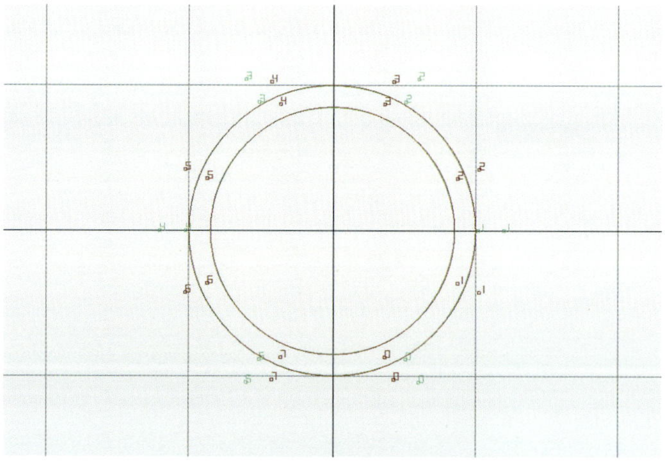

图 4－51　绘制戒圈的轮廓圆曲线

- 使用曲线菜单里面的**开口曲线**命令，将刚才绘制的两条控制点为 8 的曲线开口。
- 开口后可以看到如图 4－52 所示的效果。

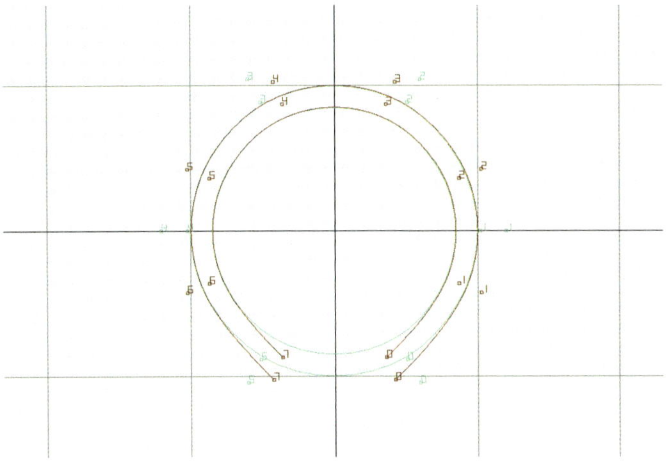

图 4－52　曲线开口

- 使用变形菜单里面的**多重变形**命令，对开口的两条曲线进行精确调整。
- 对弹出的对话框进行如图 4－53 所示的设置。

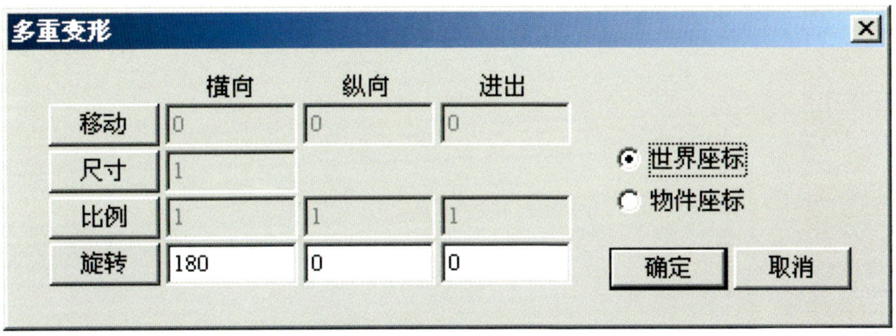

图 4－53　设置对话框

- 点击确定之后的效果，见图 4－54。

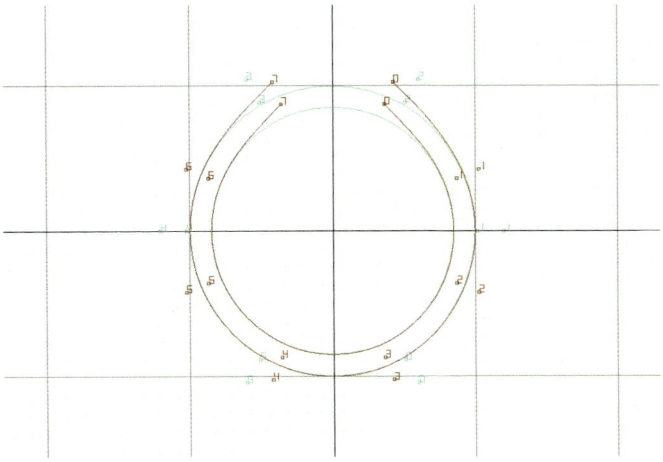

图 4－54　旋转后的曲线

- 选中外轮廓曲线，见图 4－55。

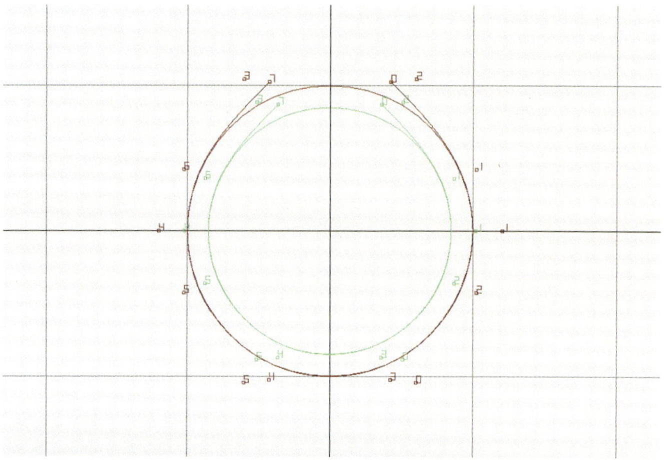

图 4－55　选中外轮廓线

- 再次使用变形菜单里面的**多重变形**命令，精确移动两条外轮廓。
- 对弹出的对话框进行如下设置，见图 4－56，图 4－57。

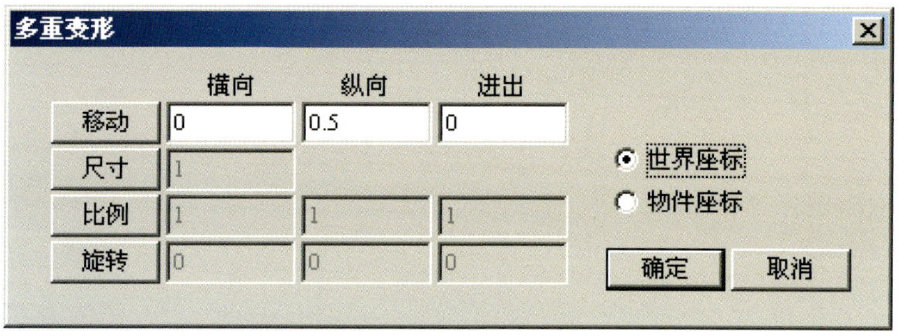

图 4－56　设置对话框

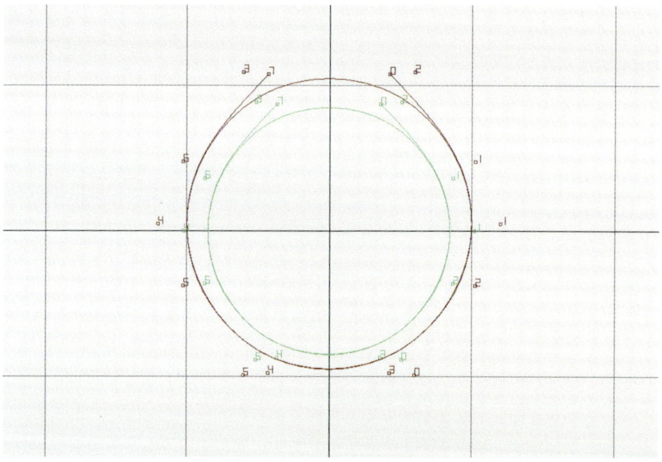

图 4－57　移动后的曲线

- 选中两条开口曲线，见图 4－58。

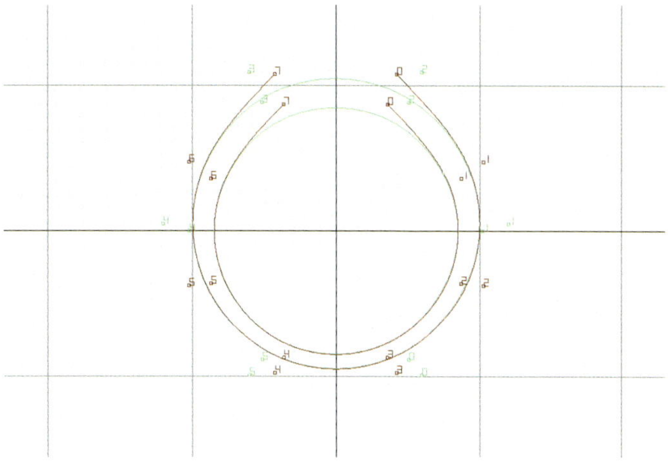

图 4－58　选中两条曲线

- 再次点击使用编辑菜单里面的**物件层面**命令，对选中两条开口曲线进行设置。
- 修改**参考线**层面的可编辑状态，将当前操作层设为 Layer 1，这样后面的操作就不会影响到参考曲线（参考曲线的形状始终不会变化），见图 4－59。
- 使用曲线菜单里面修改选项的**任意曲线**命令对两条开口曲线进行调整，见图 4－60。

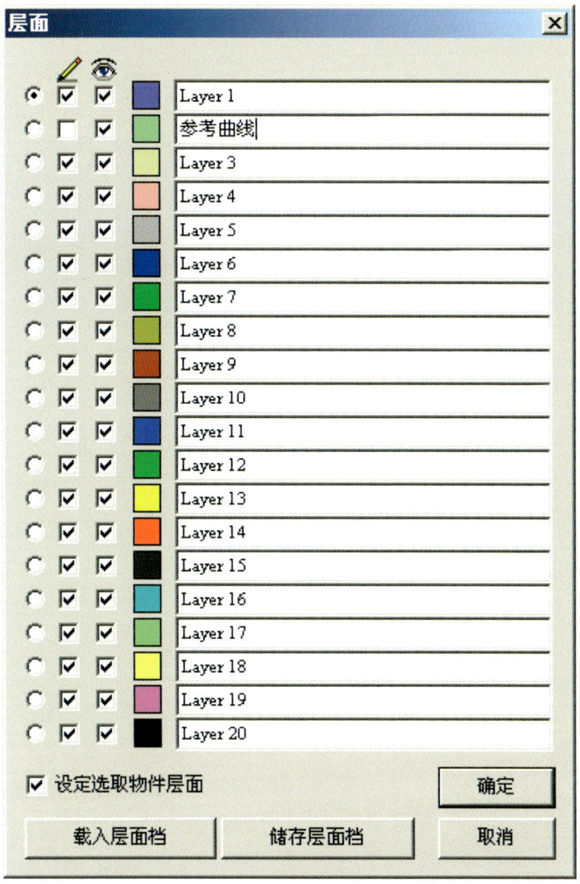

图 4－59　设置对话框

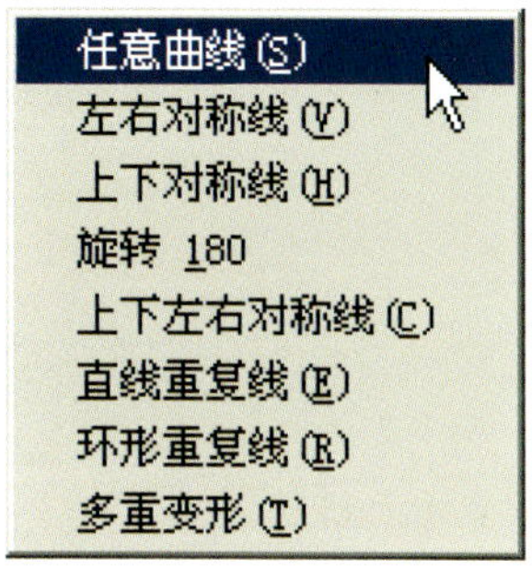

图 4－60　曲线下拉菜单

- 图 4－61 是两条曲线调整后的效果。选中较小的开口曲线。

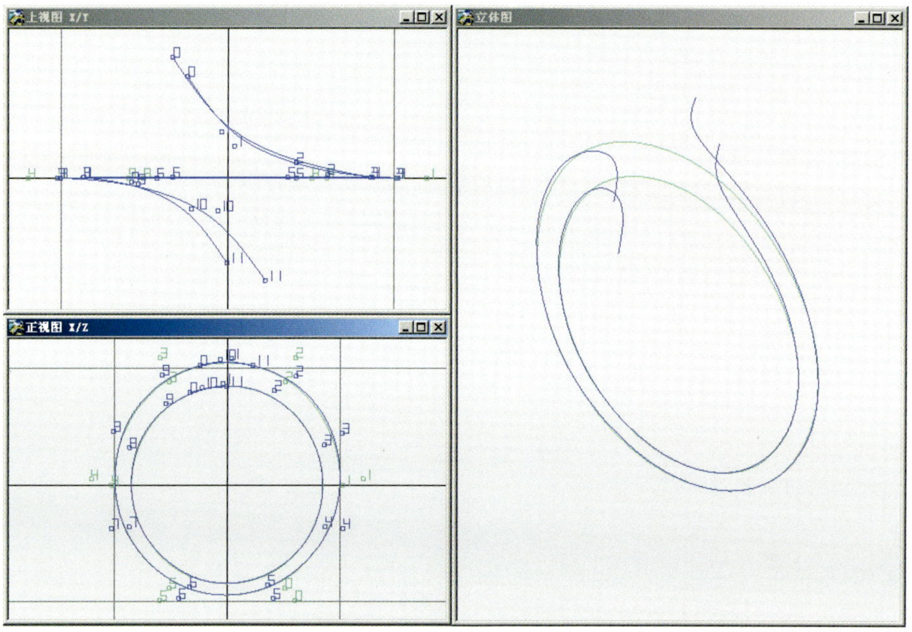

图 4－61 调整较小曲线

- 使用变形菜单里面的**移动**命令，移动开口较小的曲线。
- 移动到大概位置见图 4－62。

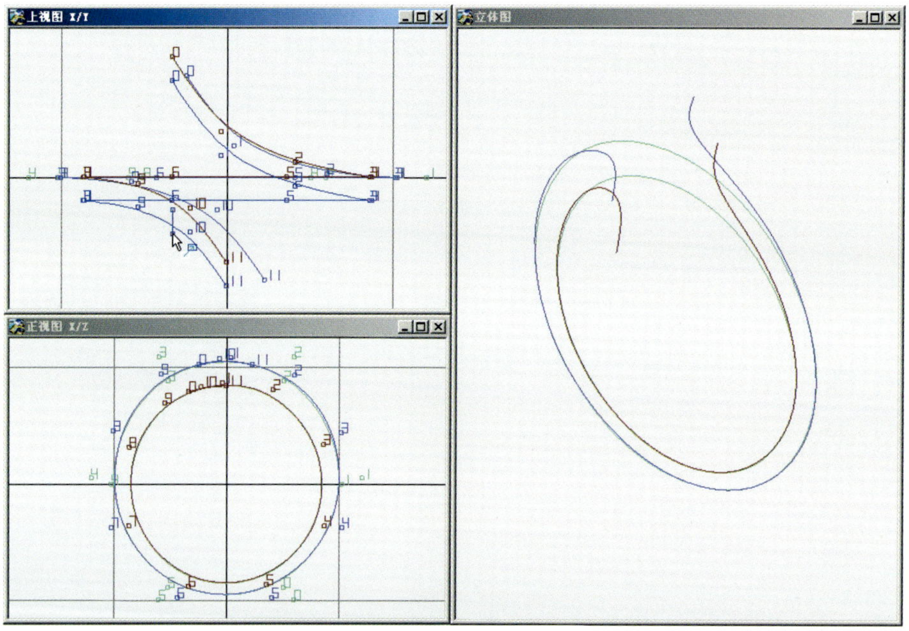

图 4－62 移动曲线

- 再使用曲线菜单里面修改选项的**任意曲线**命令对开口较小的曲线进行调整。
- 图 4－63 是调整的效果。

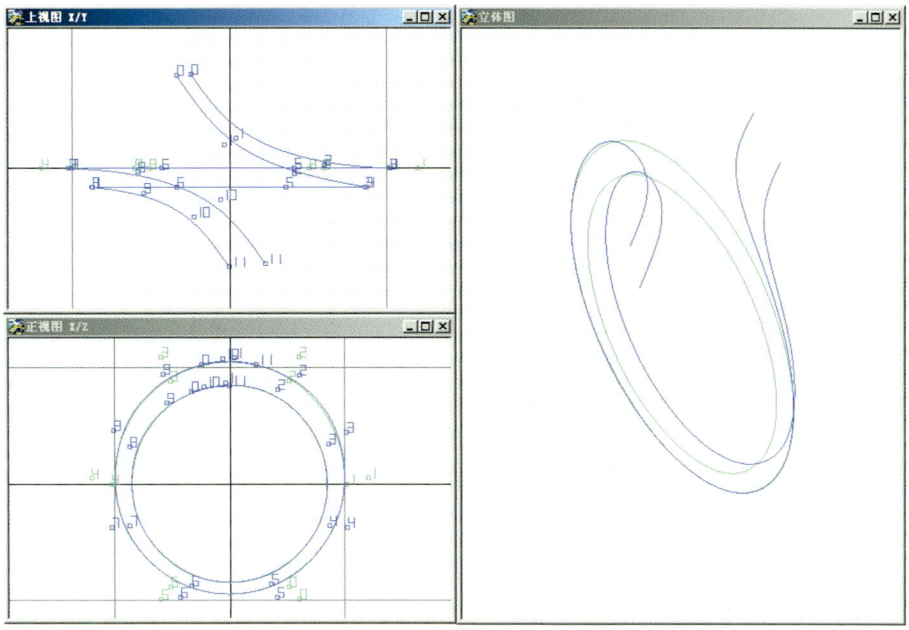

图 4－63　调整后的曲线形态和位置

- 选中较小开口曲线，见图 4－64。

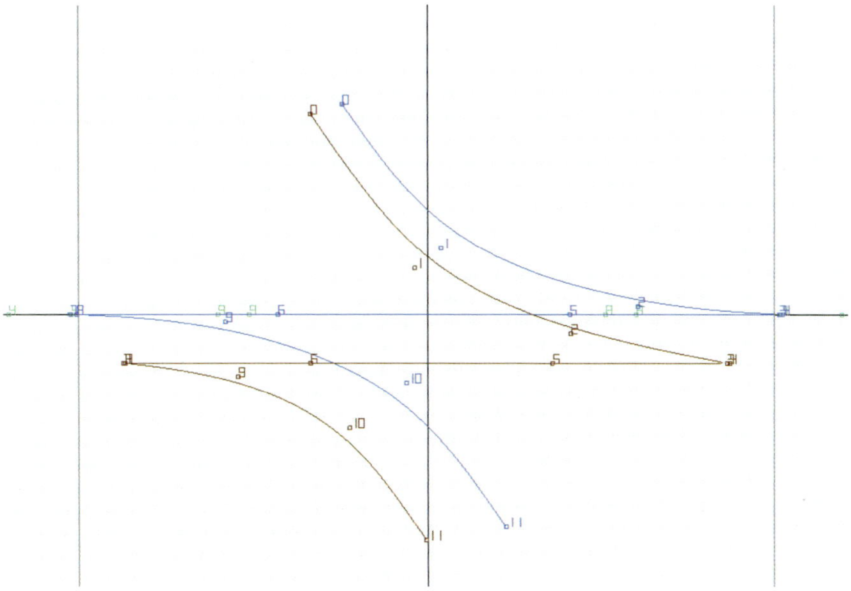

图 4－64　选中较小曲线

- 以上视图为当前操作视图，点击复制菜单里面的**旋转 180°**命令，上下复制开口较小的曲线。
- 复制后的效果见图 4-65，完成了 3 条导轨曲线的创建。

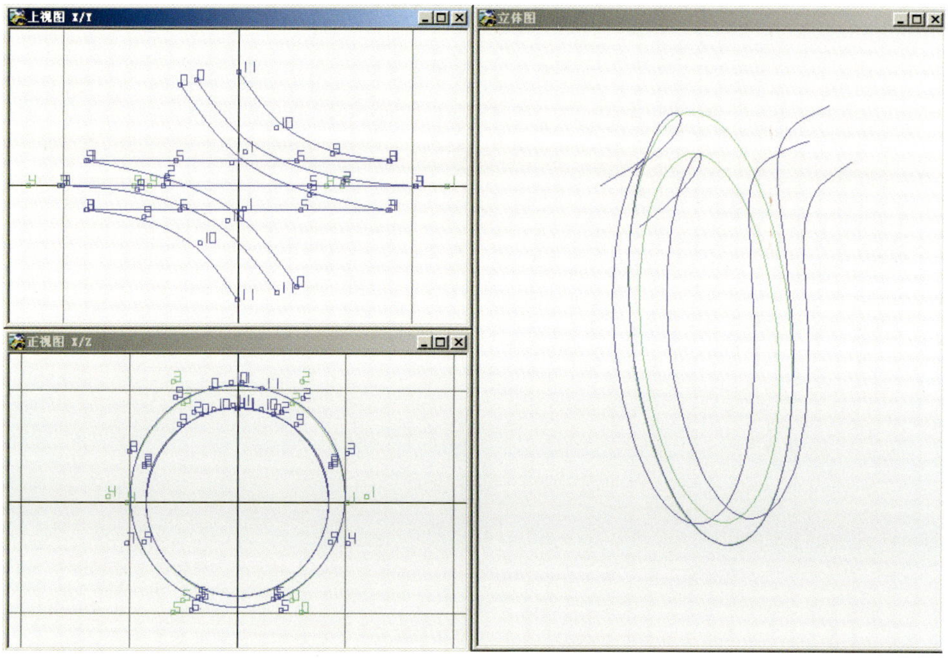

图 4-65　复制后的 3 条导轨曲线

- 使用曲线菜单里面的**上下对称线**命令，创建切面曲线，使用曲线菜单里面的**封口曲线**命令，将刚才选中的曲线封口。见图 4-66。

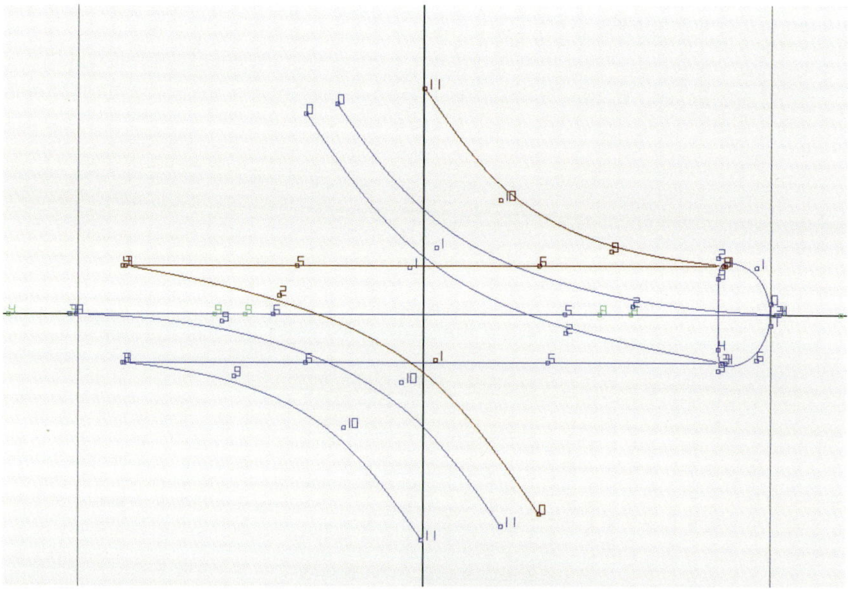

图 4-66　创建切面曲线

选中旋转180°复制产生的曲线，再使用曲线菜单里面的**倒序编号**命令，选中点序不同的曲线，见图4-67。

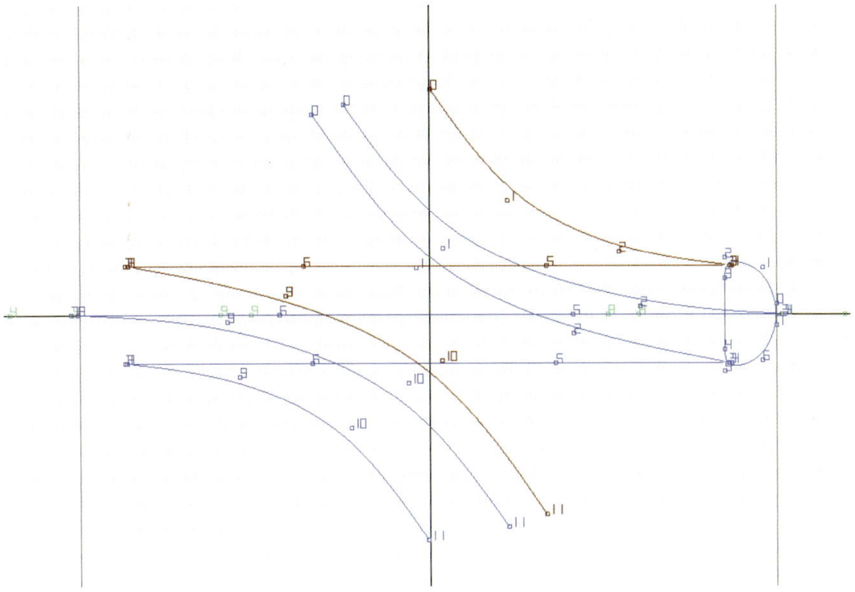

图4-67 选中点序不同的曲线

可以看到，在使用**倒序编号**命令以后，3条导轨曲线的CV控制点的顺序就保持一致了，见图4-68。

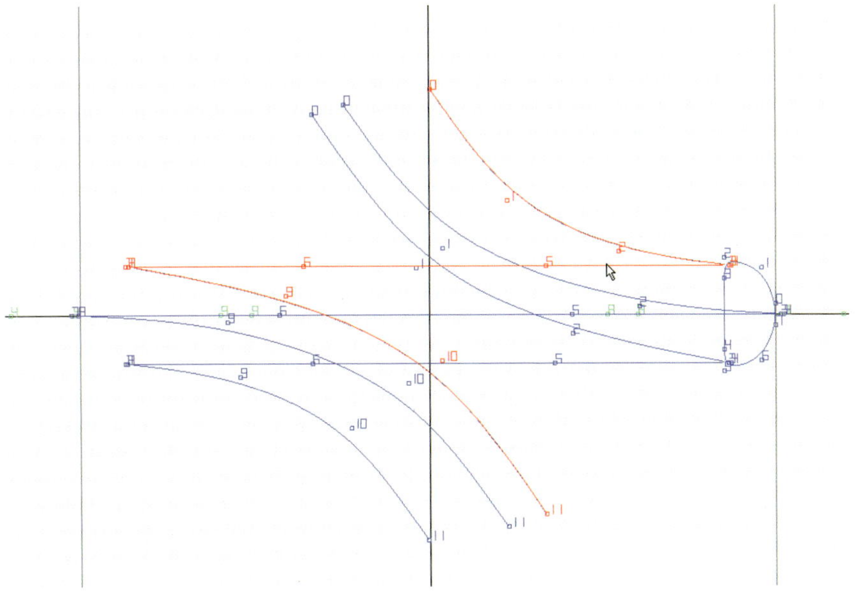

图4-68 调整点序后的曲线

- 点击曲面菜单里面的**导轨曲面**命令。
- 对弹出的对话框进行如图 4-69 所示的设置。

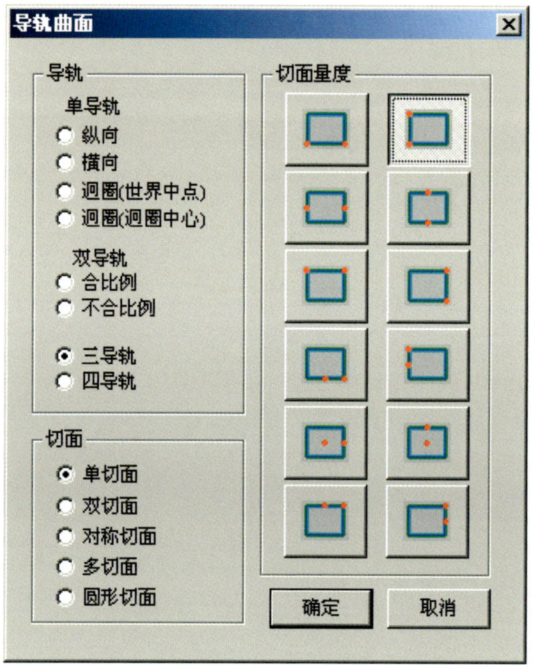

图 4-69　设置对话框

- 依次点选导轨曲线，见图 4-70。

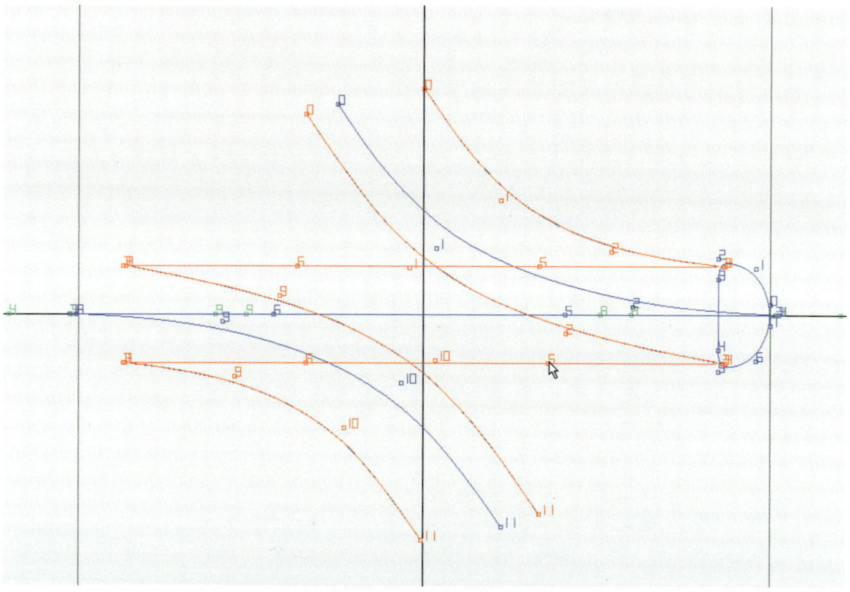

图 4-70　点击导轨曲线

最后点击切面轮廓线，见图 4-71。

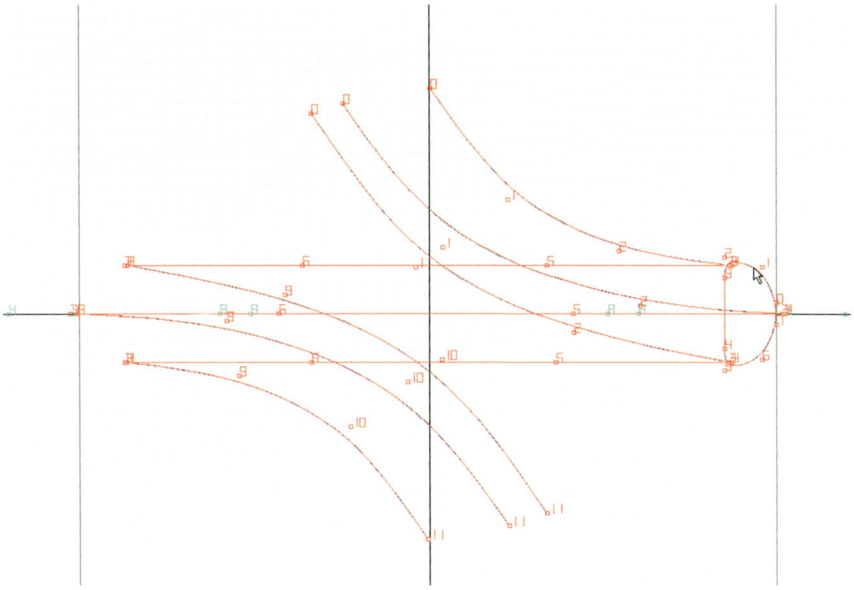

图 4-71 点击切面线

看到产生如图 4-72 所示的曲面模型。

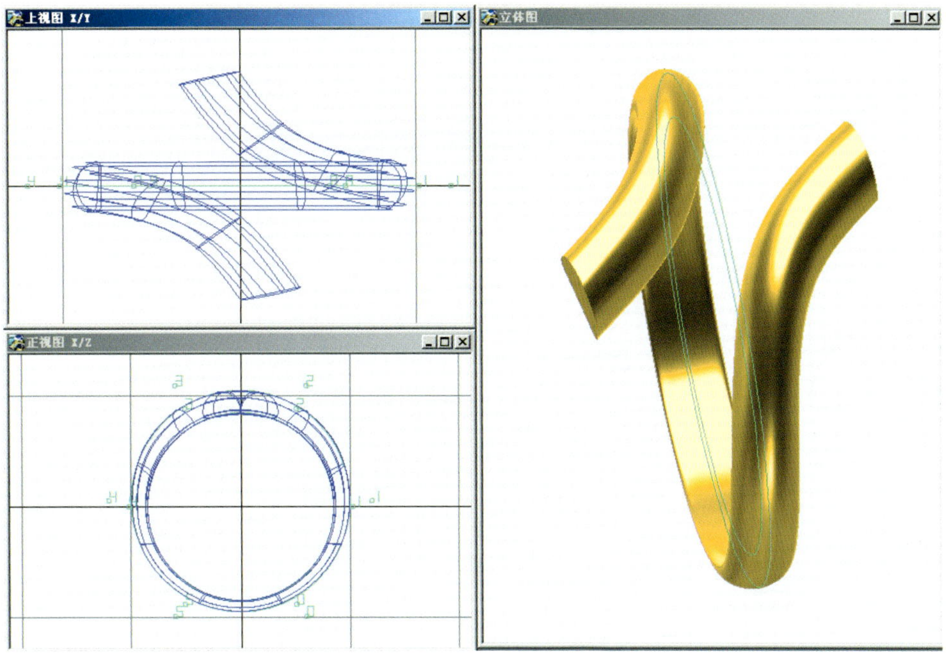

图 4-72 完成的导轨曲面

- 使用编辑菜单里面的**展示 CV** 命令，展示曲面的 CV 控制点，见图 4－73。
- 在线框图显示模式下看到效果，然后选中曲面。

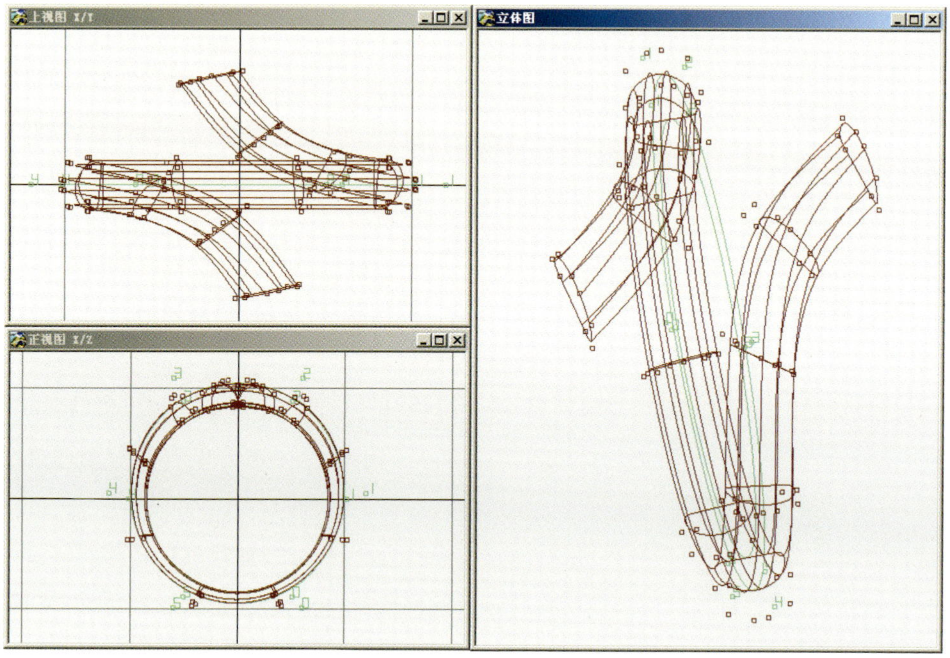

图 4－73　展示曲面上的 CV 点

- 点击曲面菜单里面的**增加控制点**命令。
- 对弹出的对话框进行如图 4－74 所示的设置。

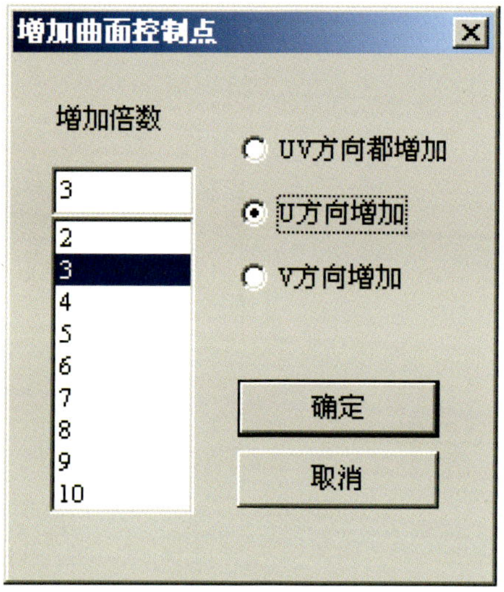

图 4－74　设置对话框

- 可以看到曲面在 U 方向的 CV 控制点增加了 3 倍，见图 4－75。

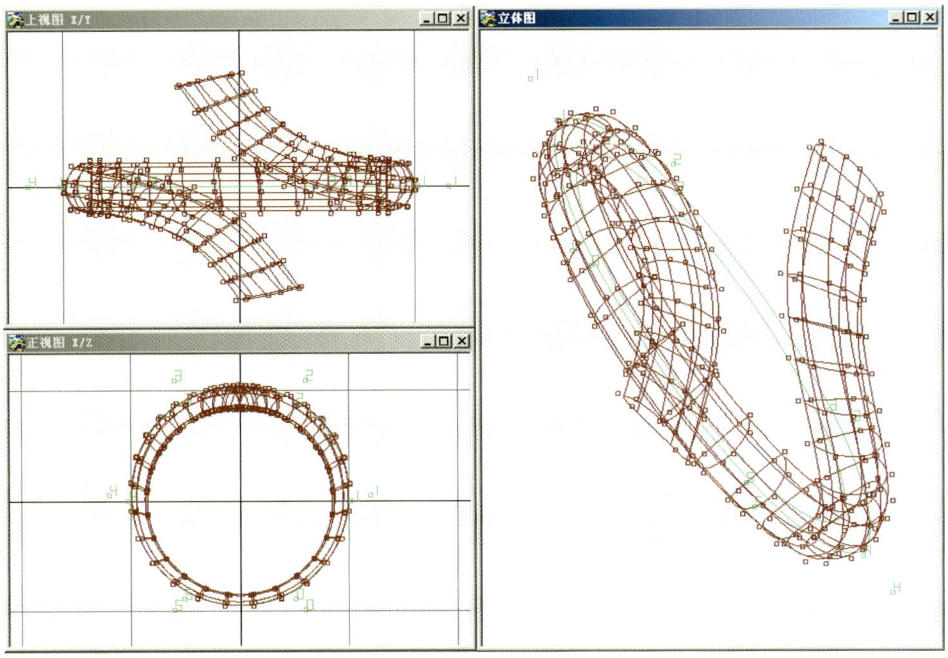

图 4－75 增加控制点后的曲面

- 配合键盘的 Tab 和鼠标左键，旋转视窗。使用鼠标的右键取消物体被选中状态，见图 4－76。

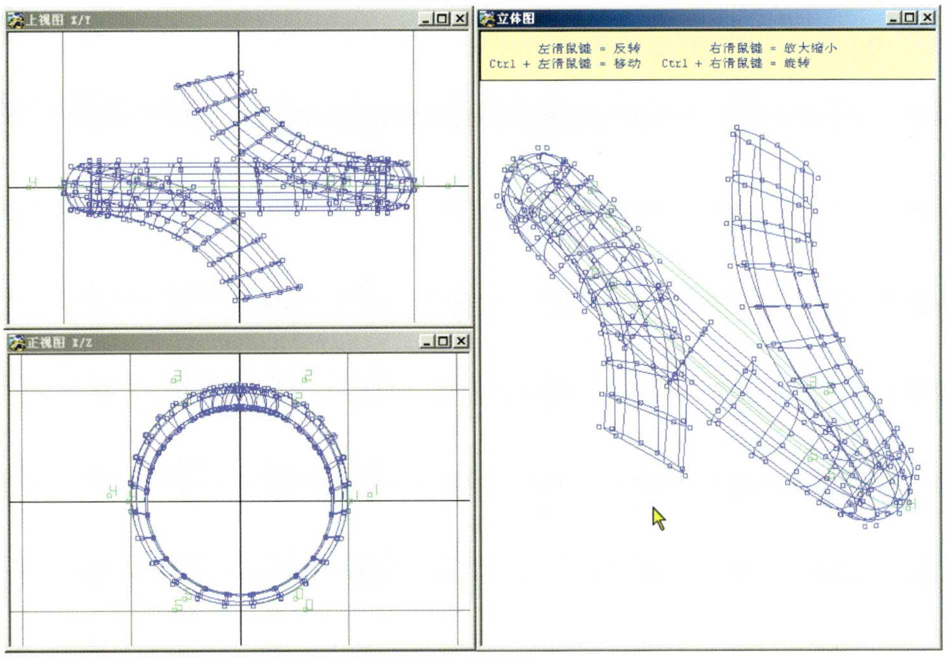

图 4－76 锁定物体

● 配合键盘的 Shift 和鼠标的左键选择曲面的 CV 控制点，见图 4－77。

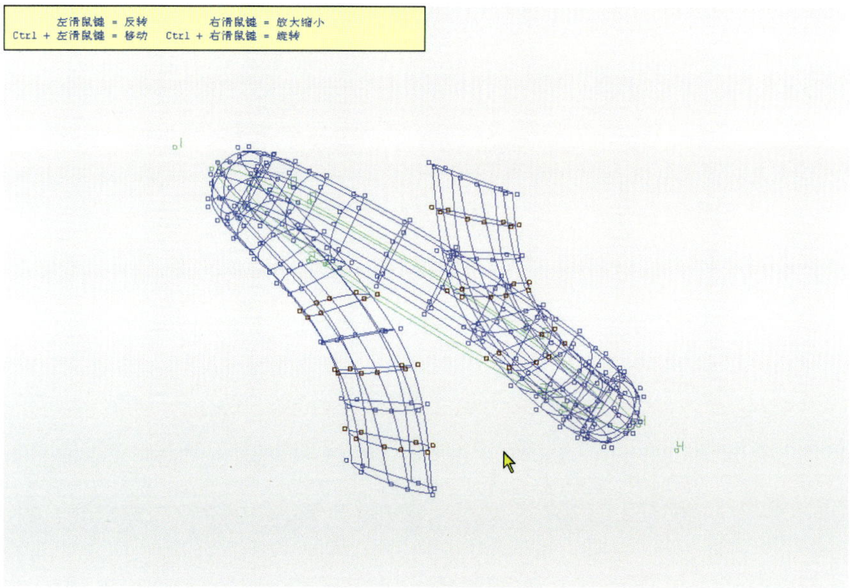

图 4－77　选择控制点

● 在选择好需要的 CV 控制点以后，点击变形菜单里面的**移动**命令，移动调整一下 CV 控制点的位置，见图 4－78。

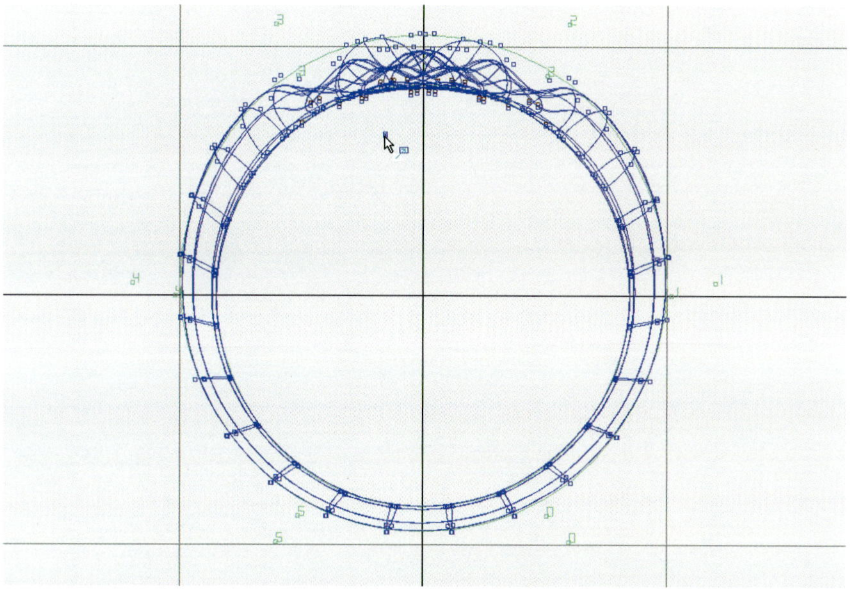

图 4－78　移动控制点

- 调整好的最后效果，见图 4－79。

图 4－79 戒指的效果图

第四节 复杂戒指设计建模 1

在这个实例里，介绍主要**布林体**命令及**剪贴**命令在建模中的运用。

- 使用曲线菜单里面的**圆形**命令，在正视图中绘制戒指的基本曲线圆，直径为 17 个单位，控制点数为 12，见图 4－80 的设置：
- 图 4－81 为产生的圆形曲线。

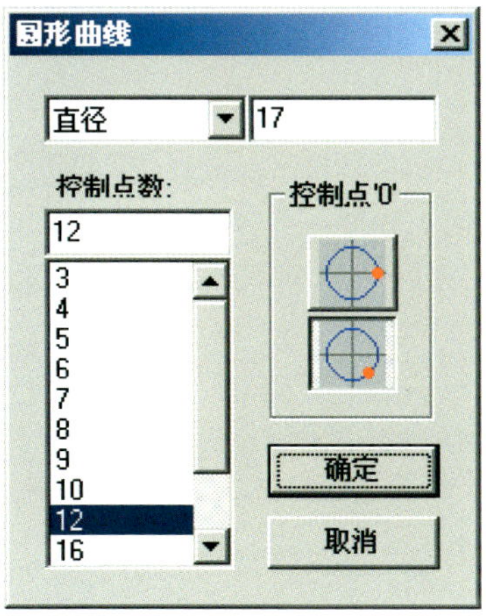

图 4－80 设置对话框

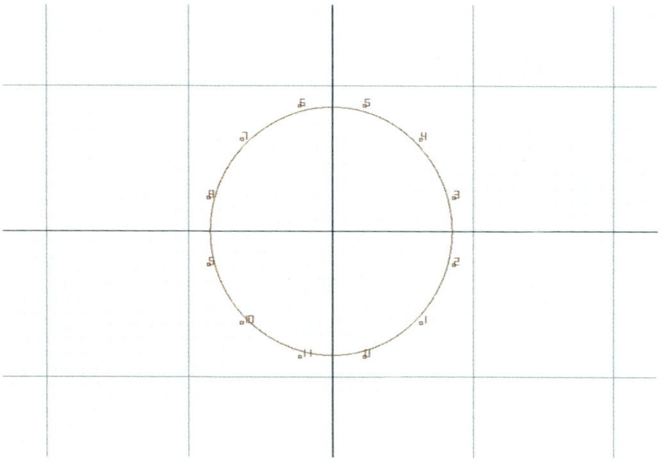

图 4－81 绘制圆曲线

- 再次使用曲线菜单里面的**圆形**命令，同样在正视图中绘制戒指的基本曲线圆，直径为 20.5 个单位，控制点数仍为 12，见图 4－82 的设置。
- 图 4－83 为绘制完成后的效果。

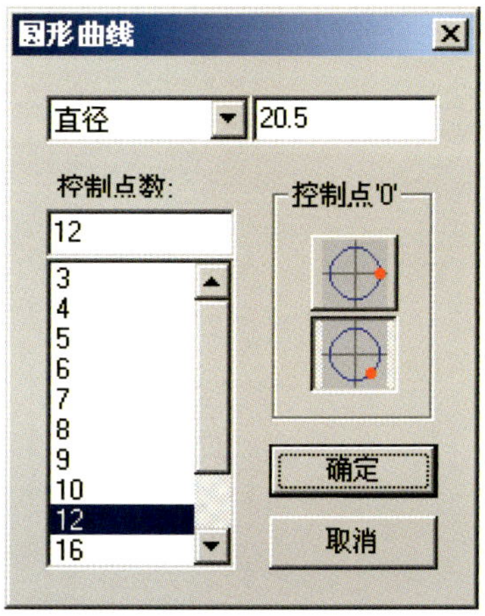

图 4－82　设置对话框

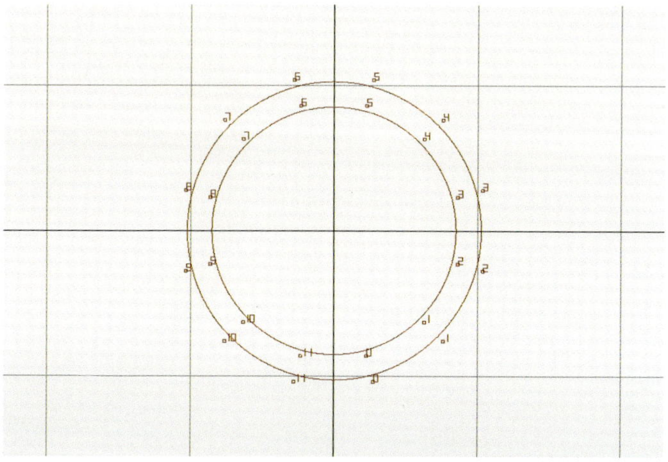

图 4－83　绘制大圆曲线

- 只选中刚才绘制的较大圆形曲线，见图 4－84。

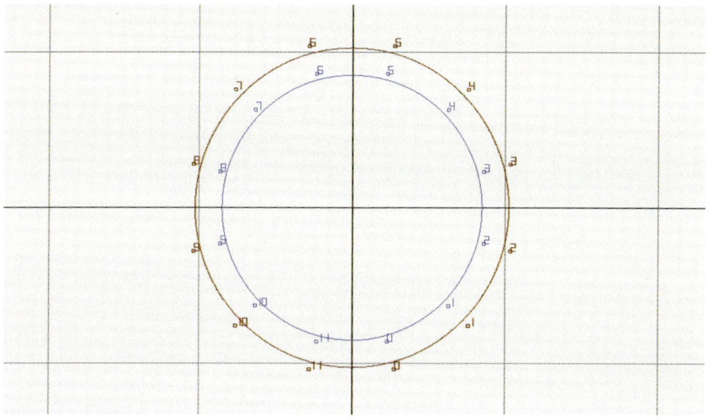

图 4－84　选中大圆曲线

- 点击变形菜单命令中的**多重变形**命令，对较大的圆形曲线进行精确的变形修改。
- 点击后，对弹出的对话框进行如图 4－85 的设置。

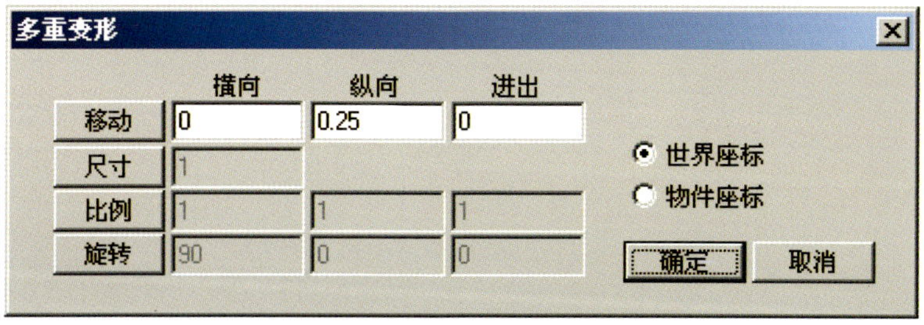

图 4－85　设置对话框

变形以后的效果，见图 4－86。

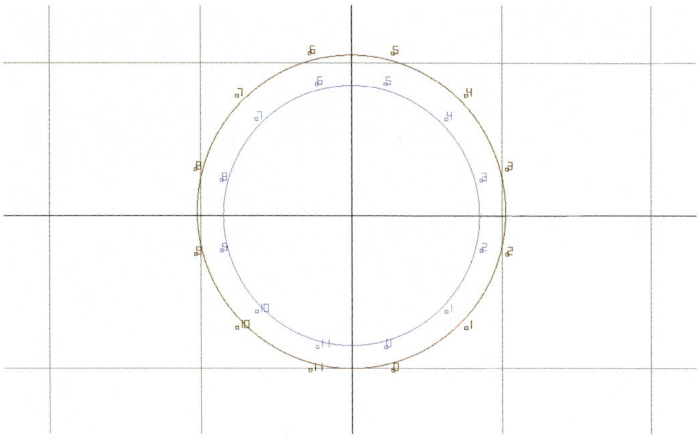

图 4－86 移动大圆曲线

使用曲线菜单**修改**命令中的**左右对称线**修改命令(图 4－87)，对大圆进行修改变形。

变形的操作过程。使用鼠标左键，点击曲线的某一个希望改变的位置，以增加控制点。当发现创建的控制点多余时，可以在左键点选的同时，按下鼠标的右键来删除多余的控制点，见图 4－88。

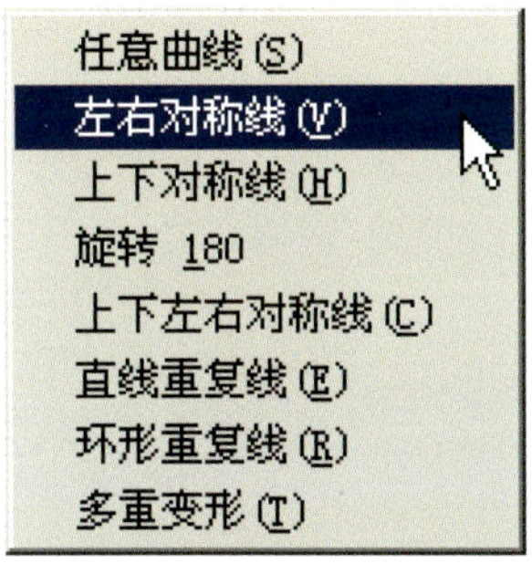

图 4－87 曲线下拉菜单

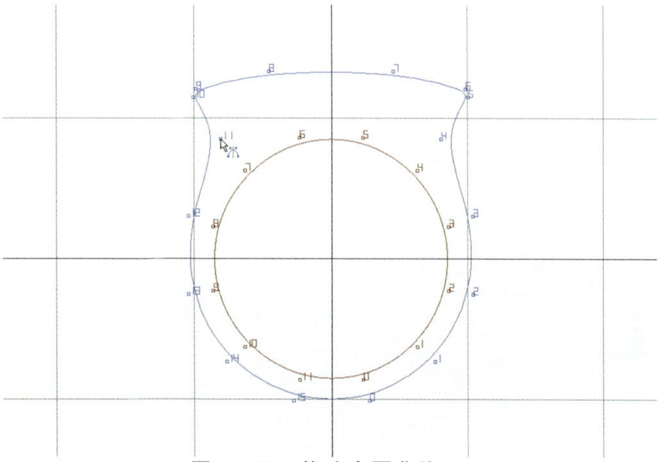

图 4－88 修改大圆曲线

修改以后的效果，见图 4－89。

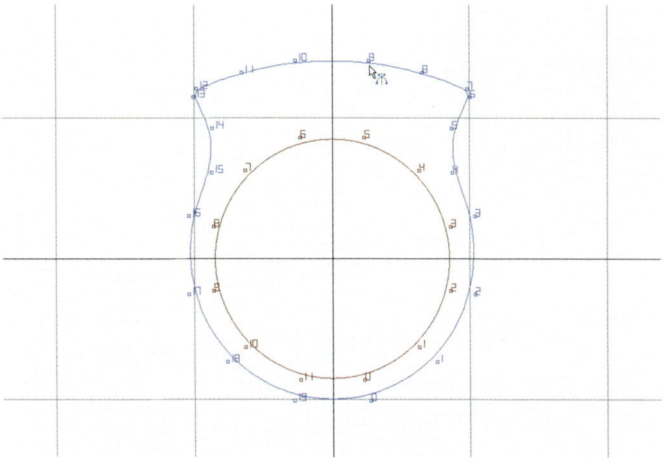

图 4－89 修改后的大圆曲线

- 再使用曲线菜单**修改**命令中的**左右对称线**修改命令，对小圆进行修改变形，见图 4－90。
- 修改以后的效果，见图 4－91。

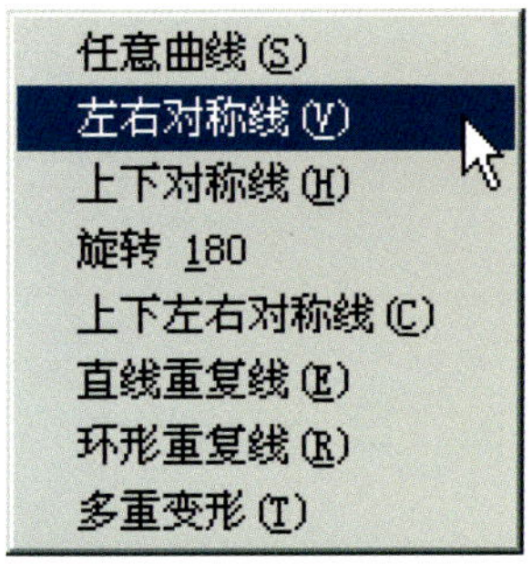

图 4－90　曲线下拉菜单

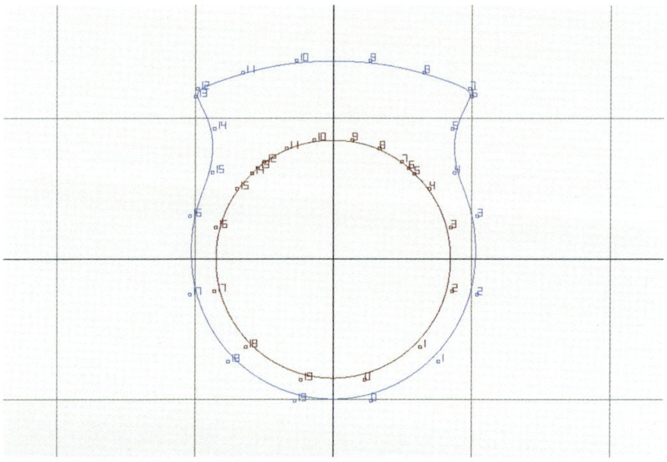

图 4－91　修改后的小圆曲线

- 使用曲线菜单里面的**任意曲线**命令在右视图中绘制投影参考线，见图 4－92。

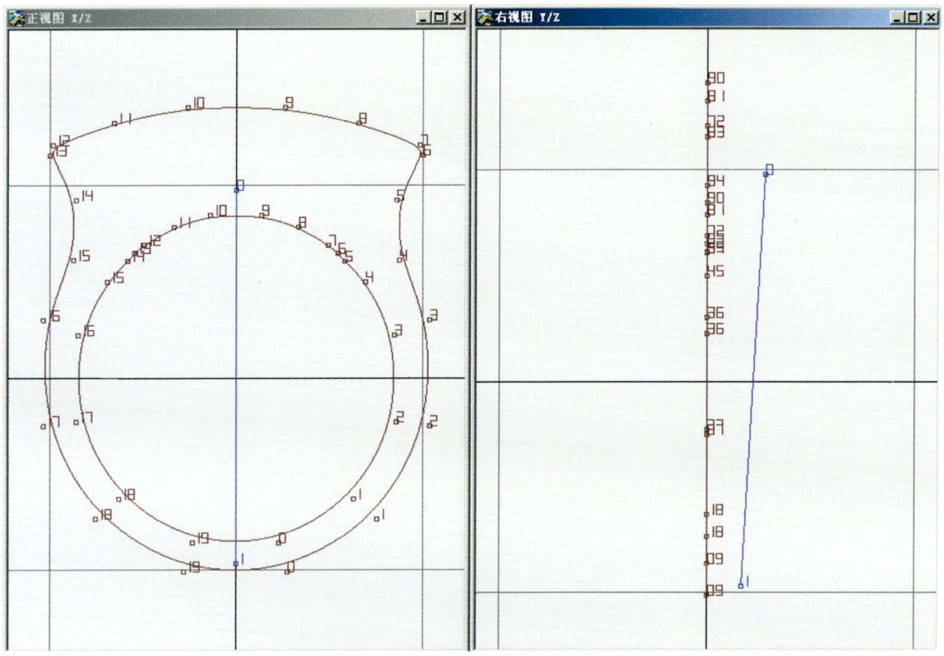

图 4－92　绘制投影参考线

- 选中较小的圆形曲线，见图 4－93。

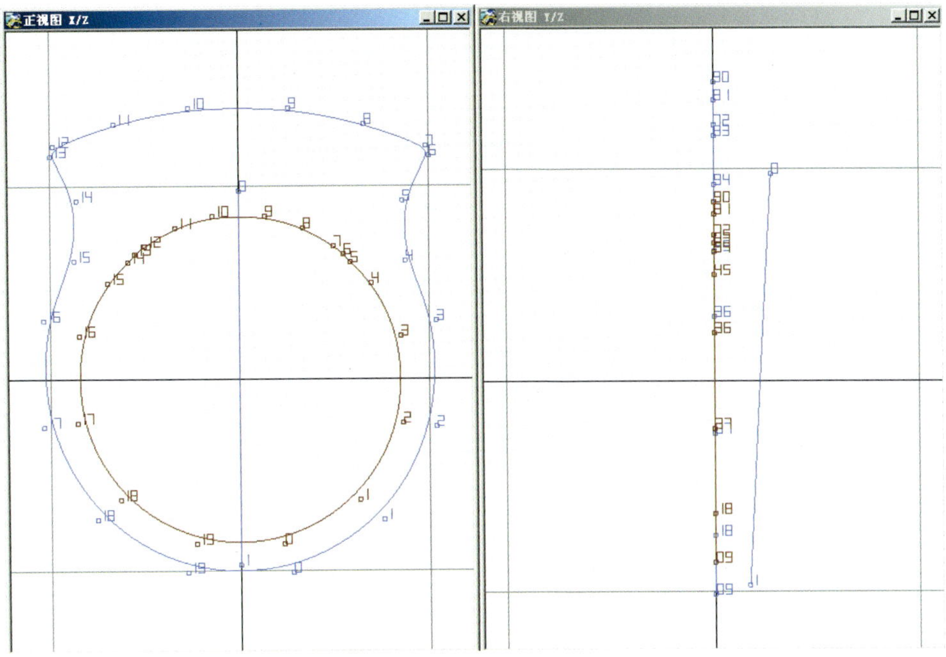

图 4－93 选中小圆曲线

- 点击变形菜单里面的**曲面/线投影**命令。
- 对弹出的对话框进行如图 4－94 的设置。

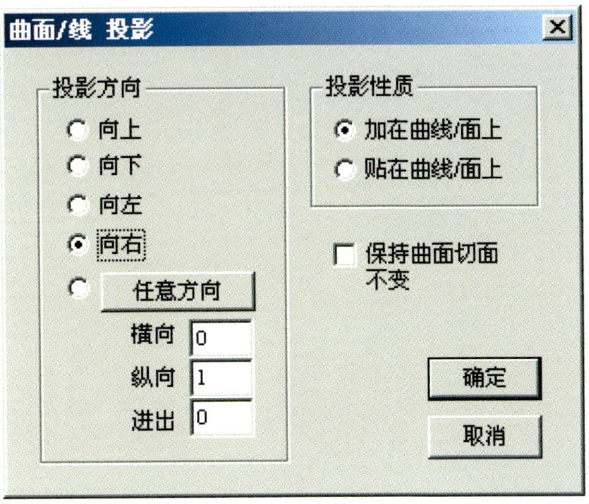

图 4－94 设置对话框

- 投影以后的效果，见图 4－95。

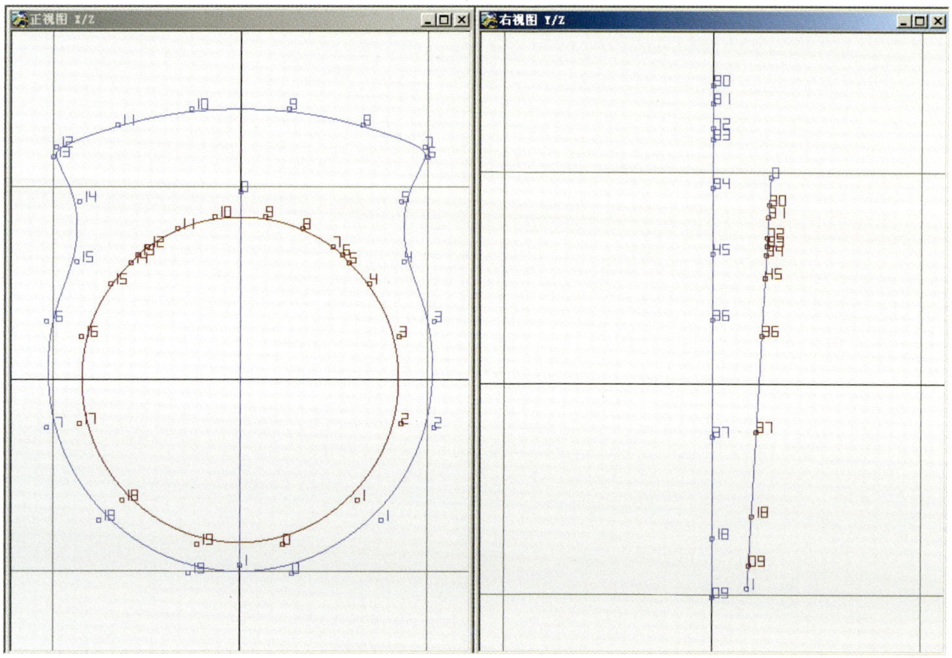

图 4－95　投影小圆曲线

- 使用复制菜单里面的**左右复制**命令复制投影变形以后的曲线，见图 4－96。
- 以右视图为操作视图复制，见图 4－97。

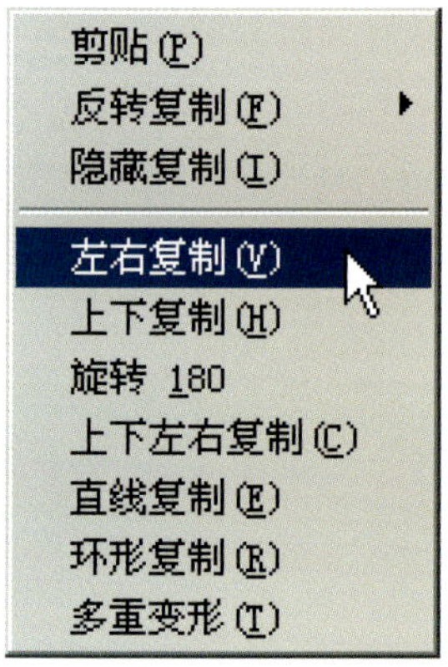

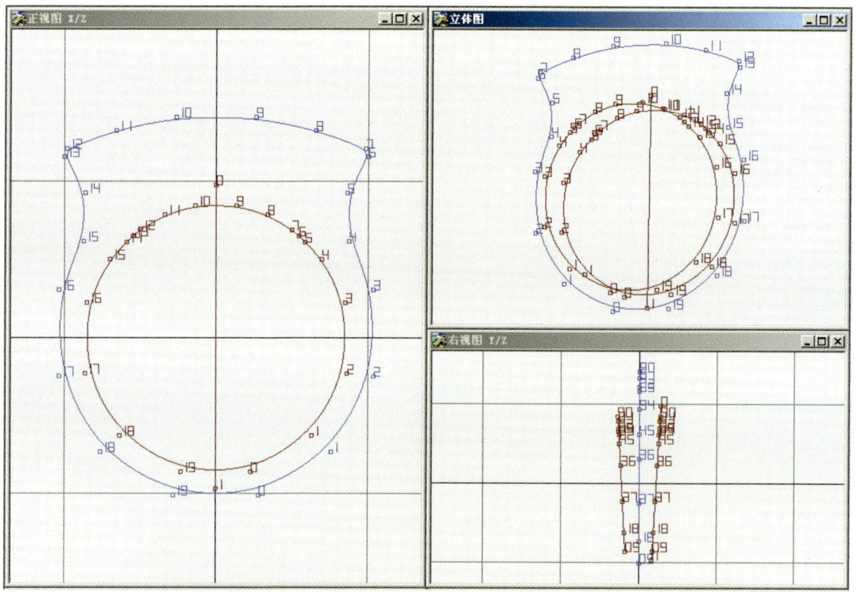

图 4－96　复制下拉菜单

图 4－97　左右复制小圆曲线

- 使用曲线菜单里面的**左右对称线**命令绘制曲线，并用曲线菜单命令的**封口曲线**命令将曲线封口，见图 4－98。

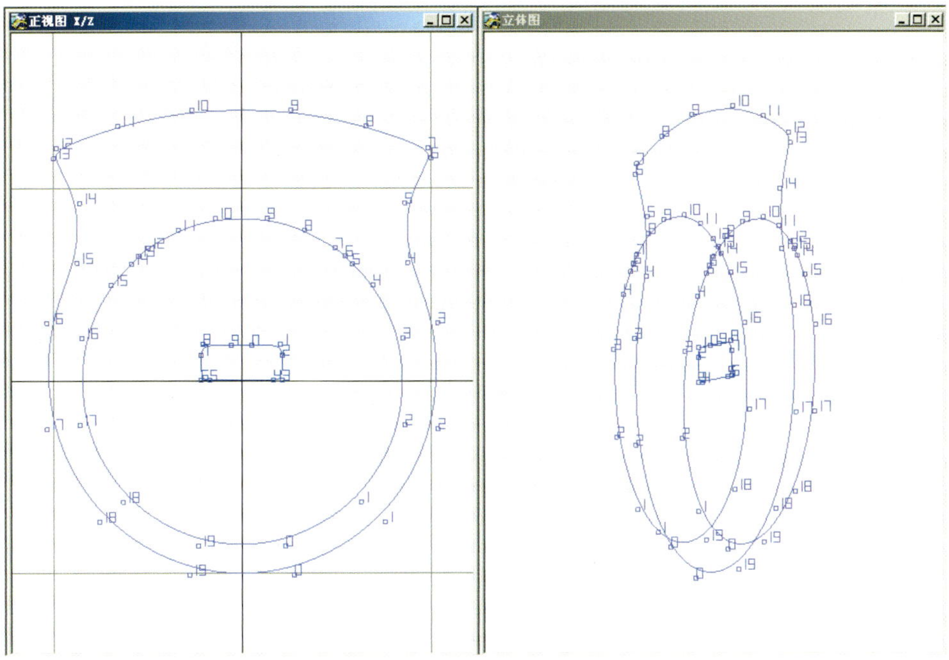

图 4－98　绘制切面曲线

- 点击曲面菜单里面的**导轨曲面**命令。
- 按照图 4－99 设置弹出的对话框。

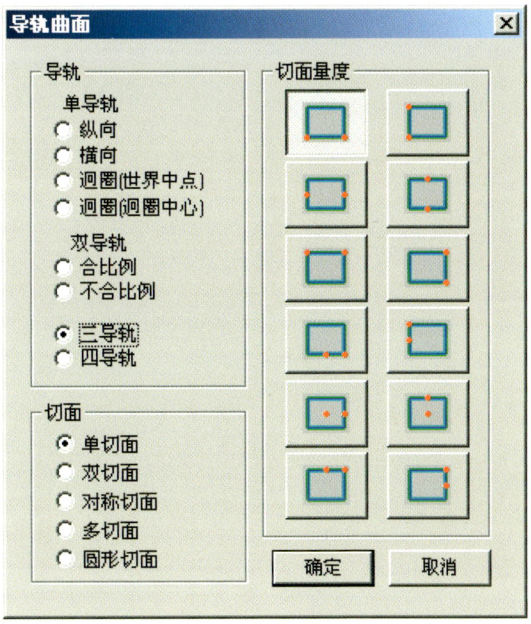

图 4－99　导轨曲面对话框

● 根据提示栏里面的提示，依次点选导轨曲线和切面轮廓曲线，见图 4－100。

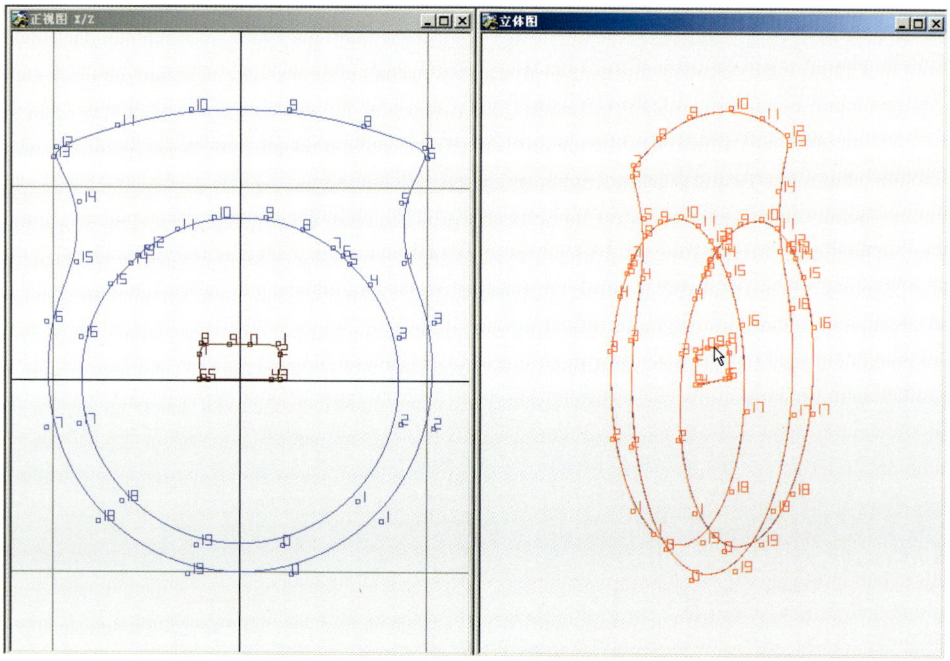

图 4－100　模型的导轨曲线和切面曲线

● 使用导轨曲面命令产生的曲面模型，见图 4－101，图 4－102。

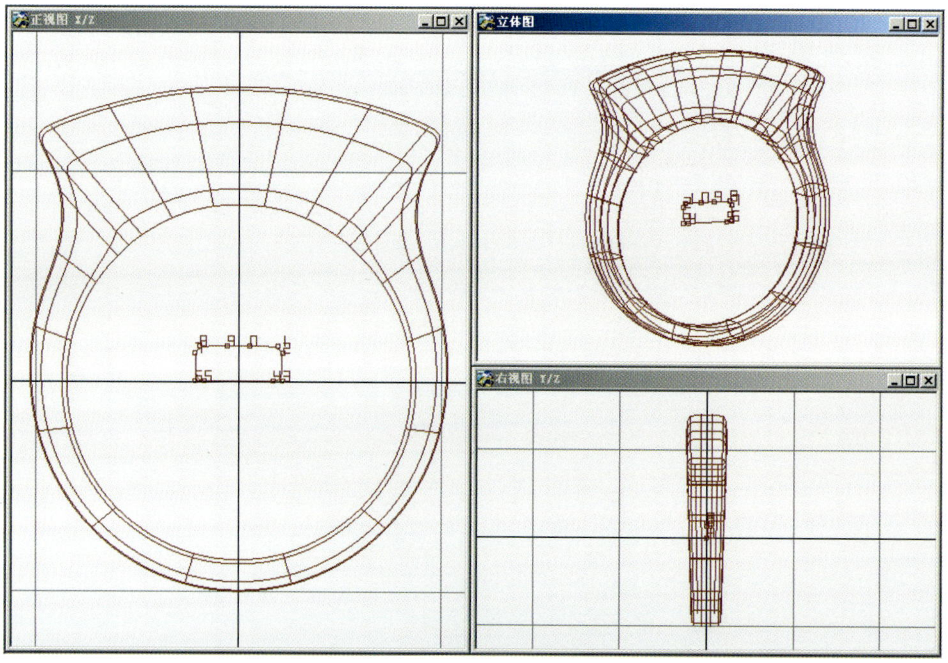

图 4－101　导轨曲面线框图

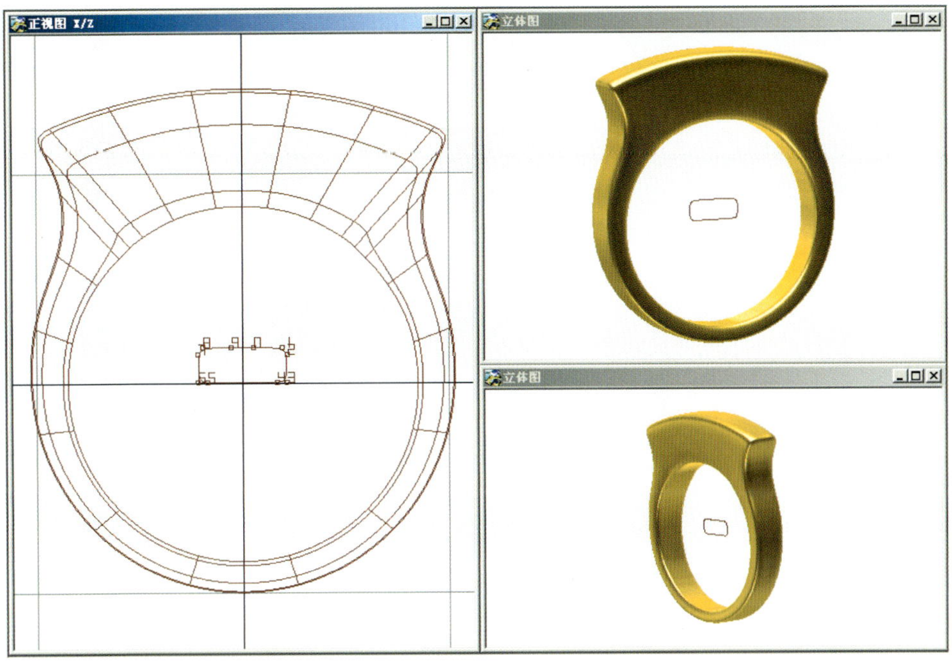

图 4-102 导轨曲面效果图

- 使用曲线菜单里面的**左右对称线**命令创建如图 4-103 的曲线。

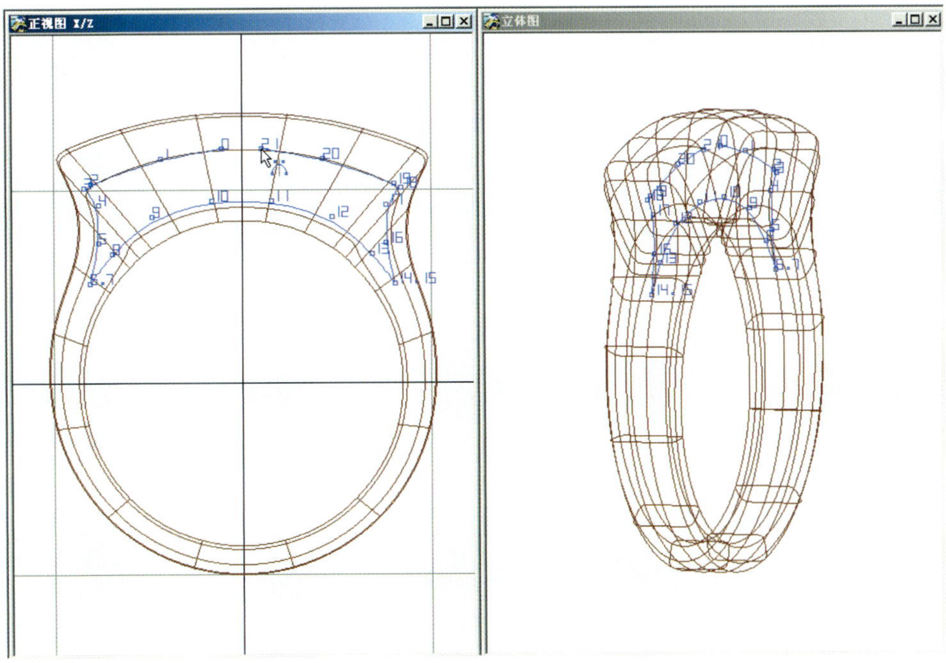

图 4-103 创建曲线

- 使用封口曲线命令将刚才绘制的曲线封口，见图 4－104。

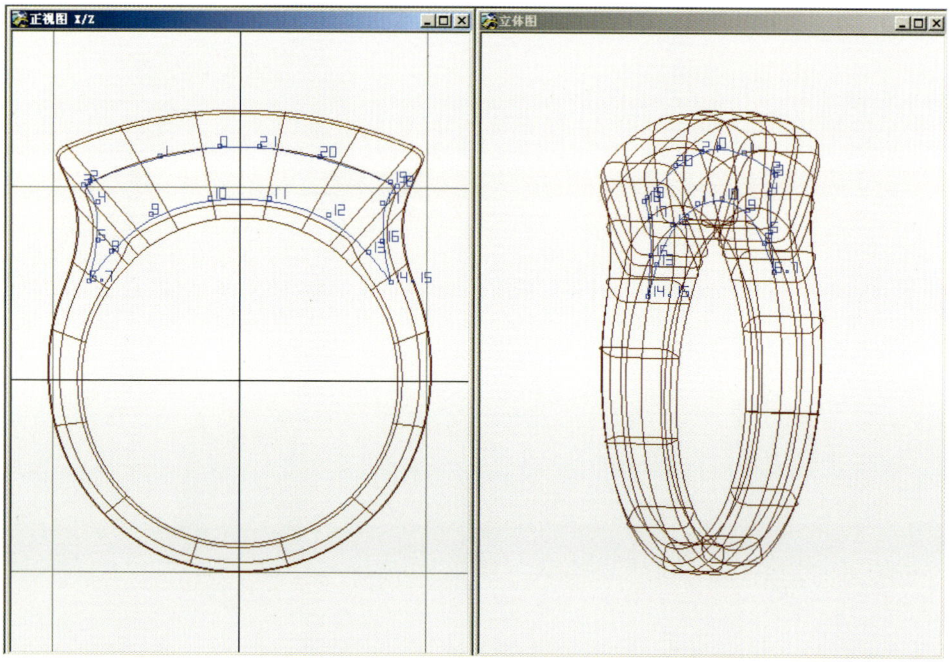

图 4－104　封口曲线

- 使用变形菜单里面的**移动**命令修改一下刚才绘制的曲线的空间位置。
- 修改的具体位置，见图 4－105。

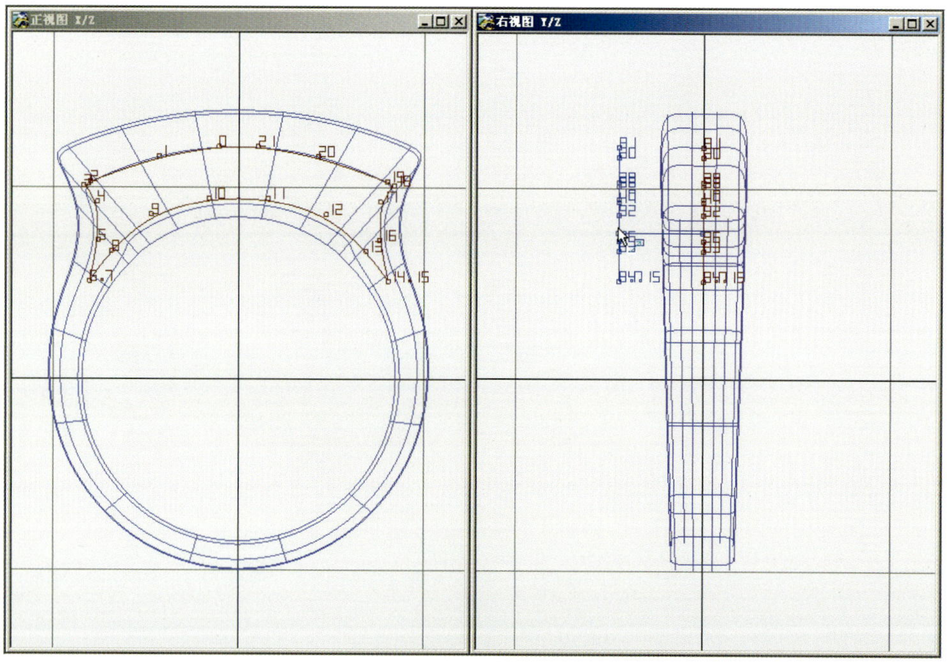

图 4－105　移动曲线

- 使用曲面菜单里面的**直线延伸曲面**命令，将刚才的曲线轮廓延伸成为曲面实体。
- 操作见图 4－106。可以使用鼠标的左键在对应的视窗内拖动来设置延伸的长度。

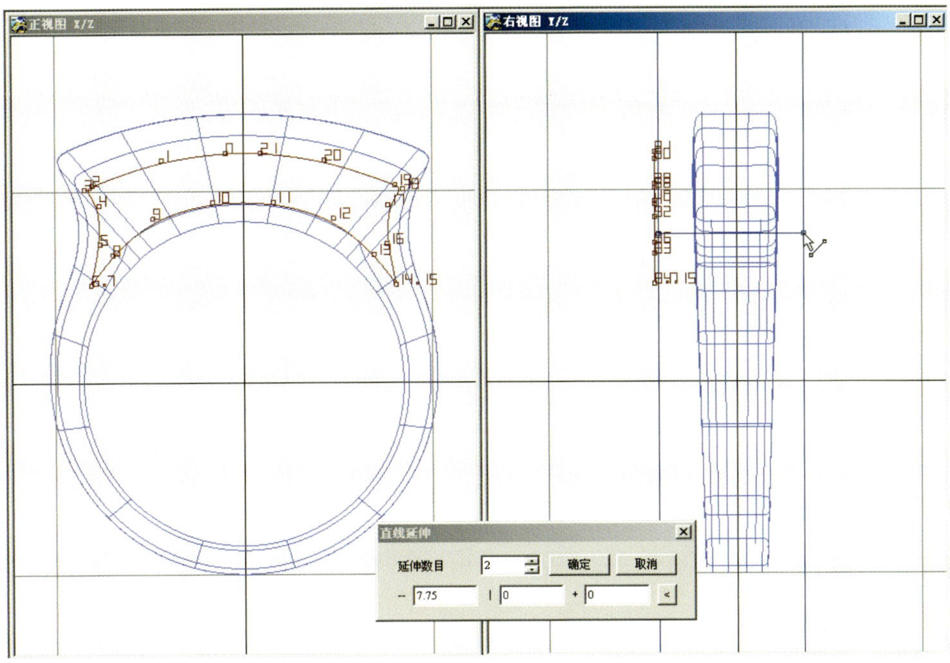

图 4－106　直线延伸曲面设置

- 延伸之后的效果，见图 4－107。

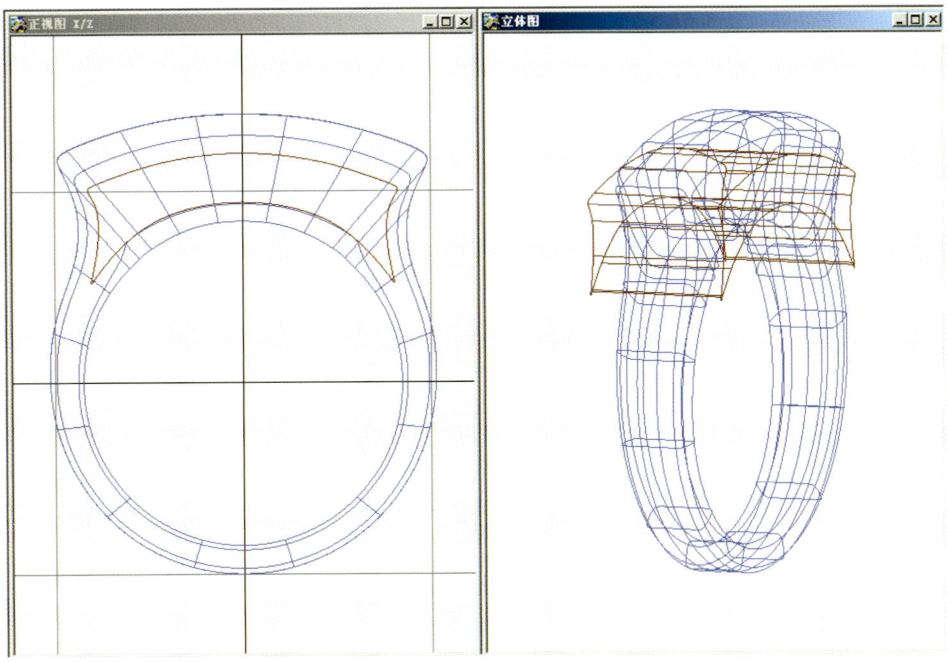

图 4－107　直线延伸曲面得到的实体

● 再使用曲线菜单里面的**任意曲线**命令在正视图里面绘制如图 4－108 所示的曲线。

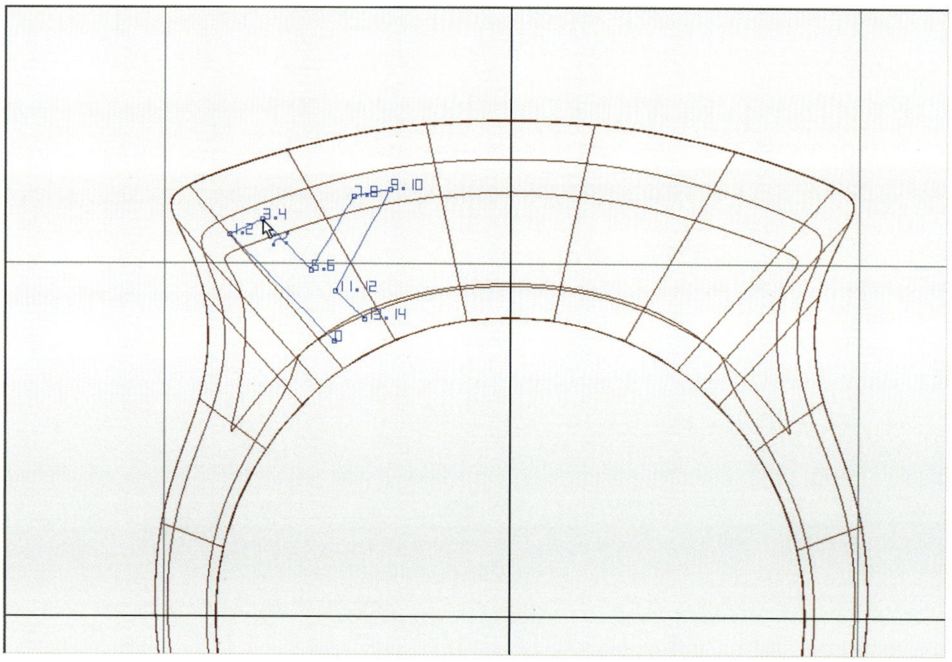

图 4－108　绘制曲线

● 使用封口曲面命令将刚才绘制的曲线封口，见图 4－109。

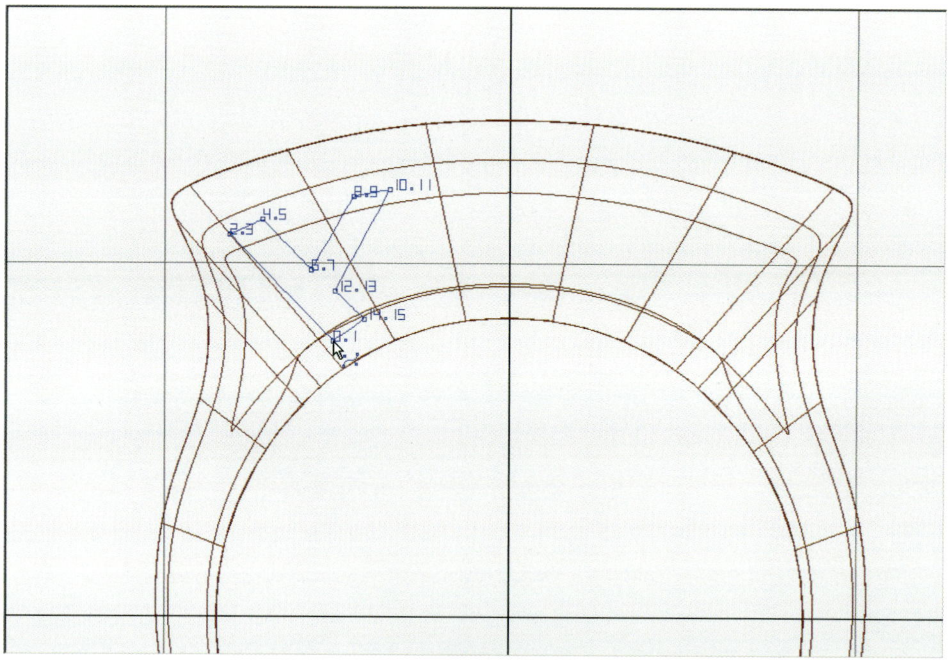

图 4－109　封口曲线

- 以正视图为当前操作视图，使用**左右复制**命令，将刚才绘制完成的曲线复制。
- 复制以后的效果，见图 4－110。

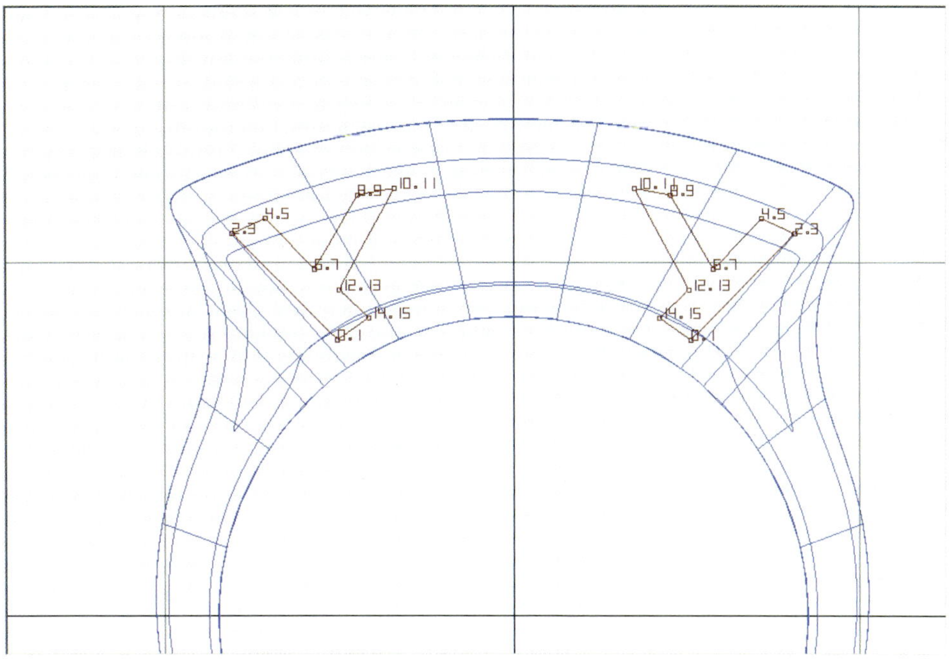

图 4－110　复制曲线

- 在正视图中再次使用**任意曲线**命令绘制如图 4－111 所示的曲线，并使用**封口曲线**命令将它封闭。

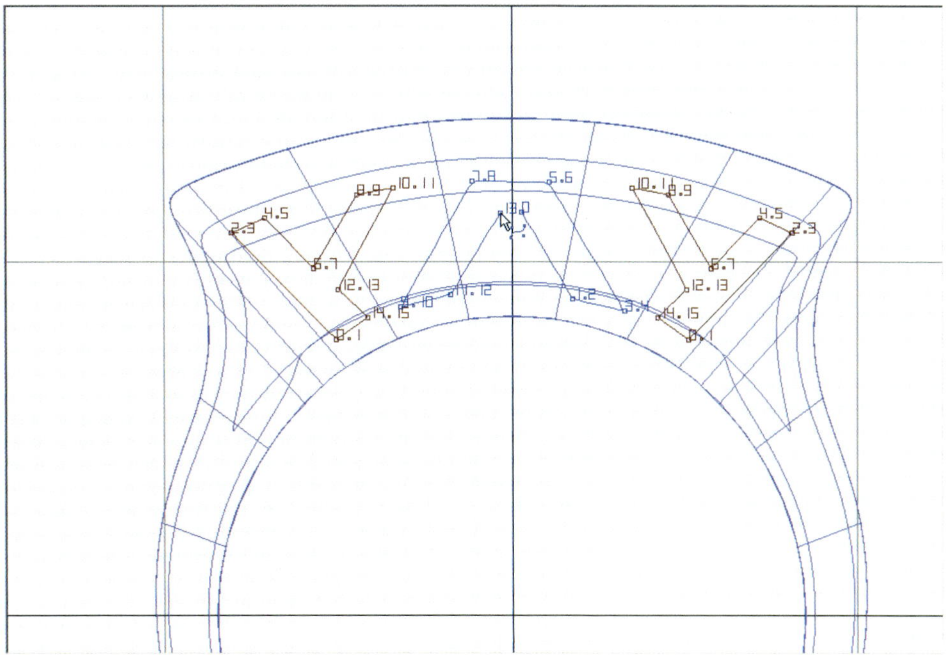

图 4－111　绘制曲线

- 封口后的效果，见图 4－112。

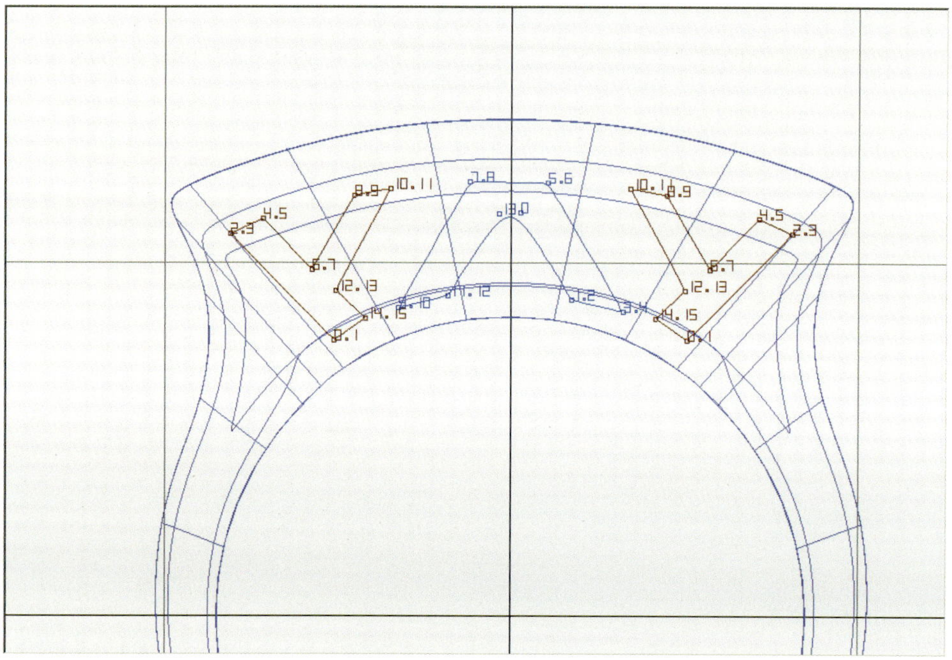

图 4－112　封口曲线

- 选中刚才绘制的 3 条曲线，点击变形菜单里面的**移动**命令调整刚才绘制的 3 条曲线的空间位置。
- 移动的效果，见图 4－113。

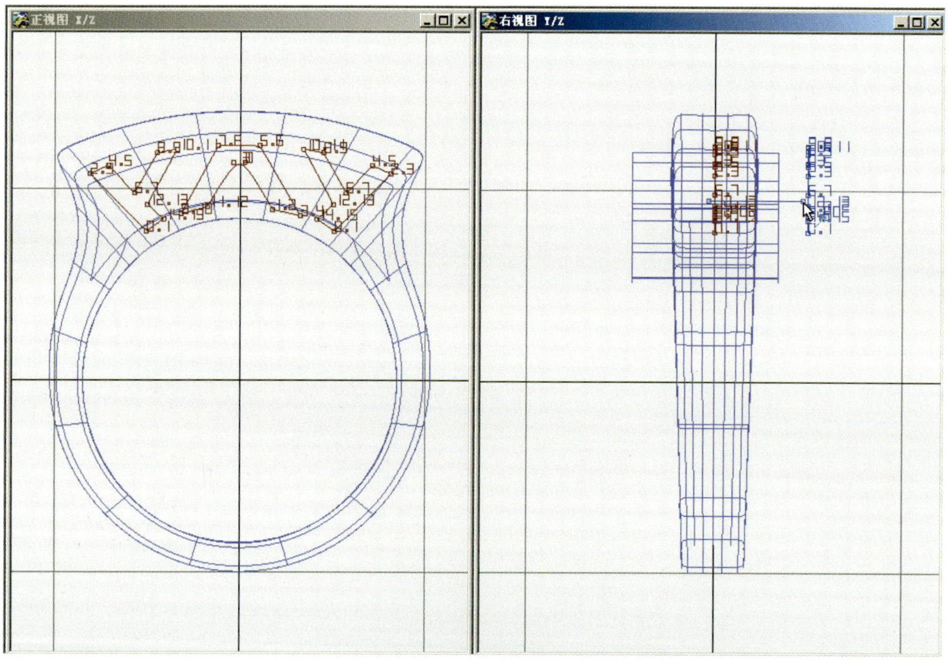

图 4－113　移动曲线

- 再次使用曲面菜单命令的**直线延伸曲面**命令将绘制的 3 条曲线延伸成实体曲面。
- 点击**直线延伸曲面**命令后，进行如图 4－114 所示的设置。

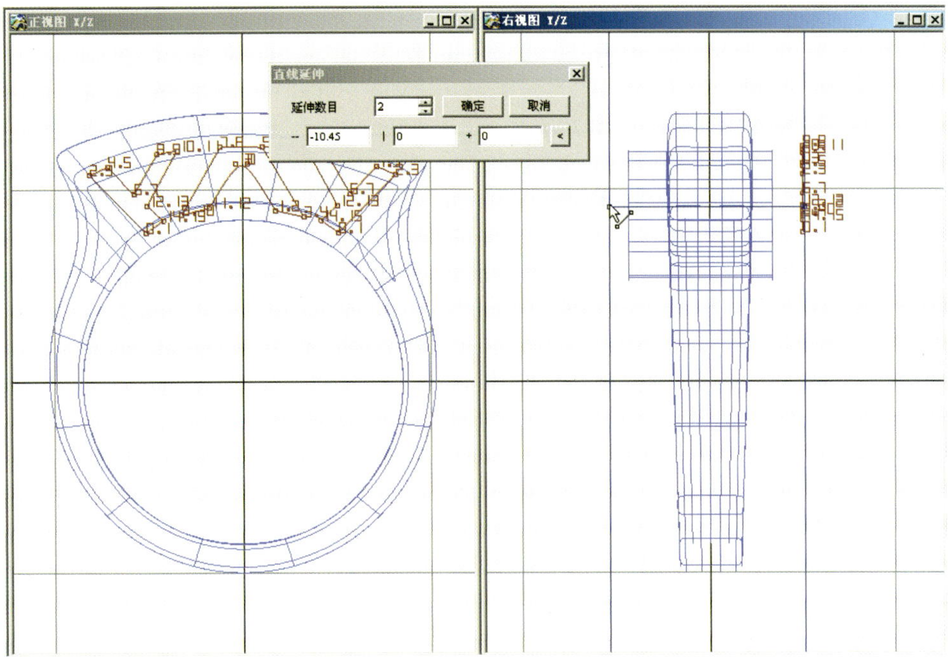

图 4－114　直线延伸曲面设置

- 延伸以后的效果，见图 4－115。

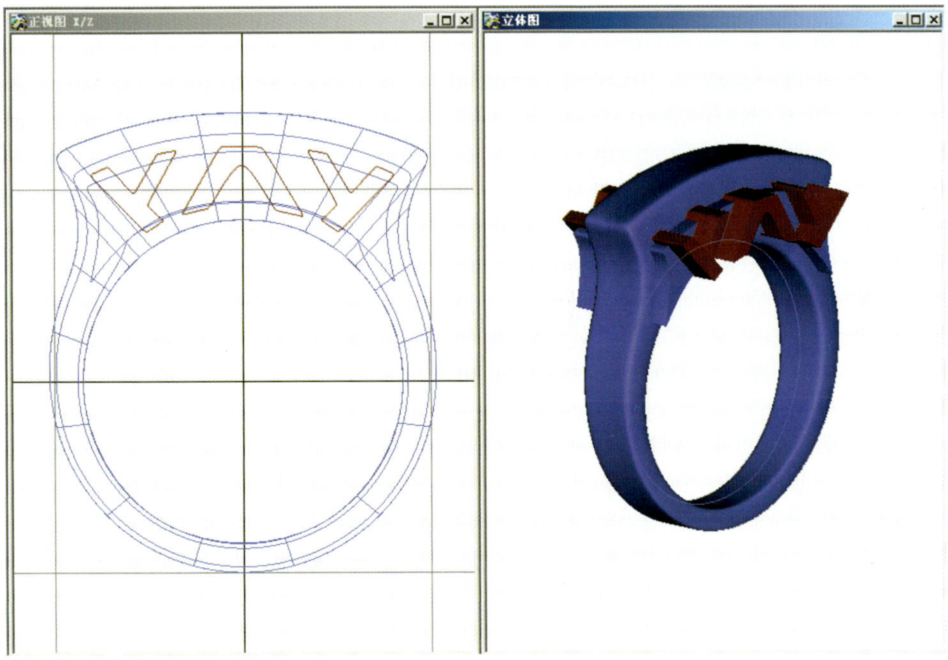

图 4－115　直线延伸曲面得到的实体

- 刚才延伸的实体曲面处在被选中状态，这时点击杂项菜单**布林体**命令里面的**相减**命令。
- 再点选被减实体曲面，见图 4－116。

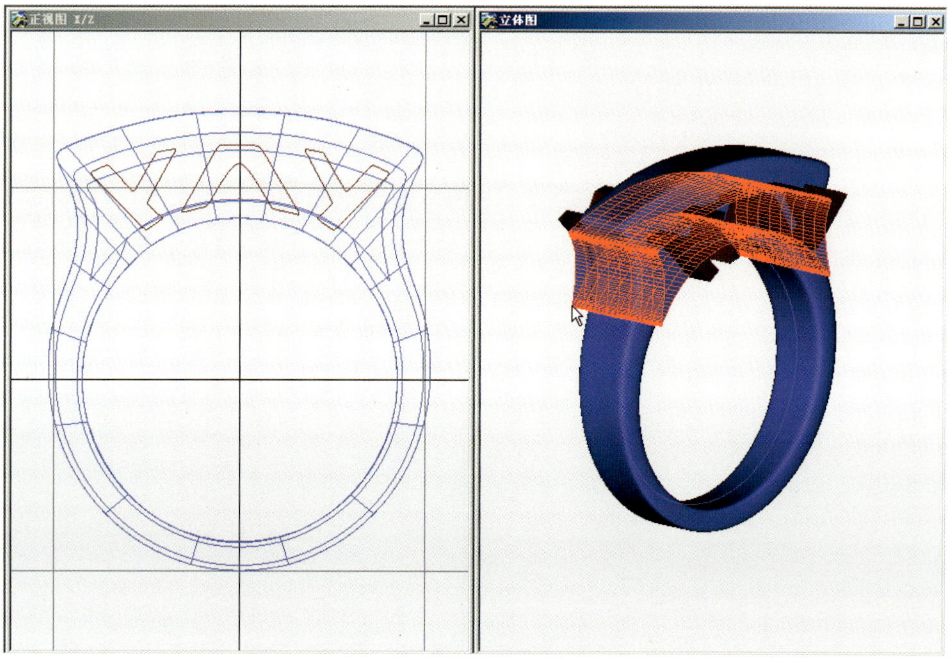

图 4－116　进行布林体运算

- 布林体运算以后的效果，可以看到，被减物体在普通线框视图下的显示效果跟没有使用布林体命令前的效果是一样的，发生的变化是被减物体仍然保留，减的物体消失了，看不到被减的痕迹。但是当将视窗的显示模式改为光影图显示模式，就可以清楚地看到物体被减掉的效果了，见图 4－117。

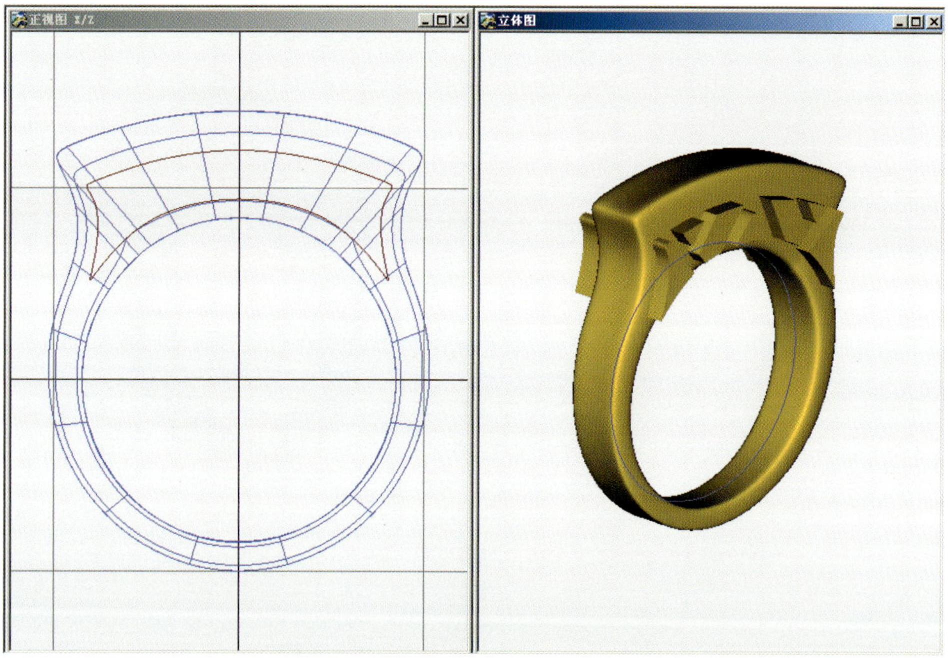

图 4－117　光影图模式下的布林体运算

● 选中刚才布林体运算以后的实体曲面，再次点击杂项菜单**布林体**命令里面的相减命令，见图 4-118。

● 点选使用**导轨曲面**命令产生的实体，完成布林体命令后的效果，见图 4-119。

图 4-118　布林体运算选项

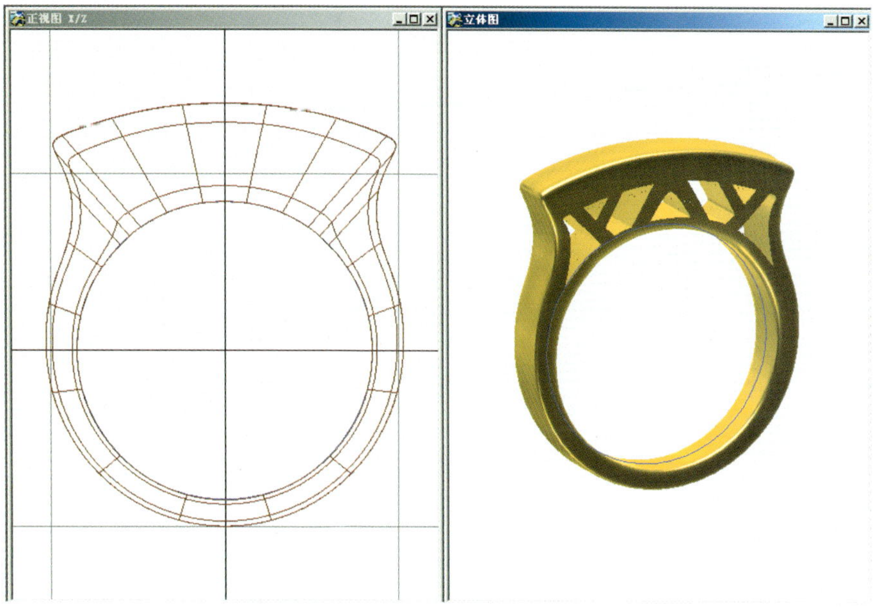

图 4-119　布林体运算结果

● 使用曲线菜单里面的**任意曲线**命令绘制如图 4-120 的曲线。

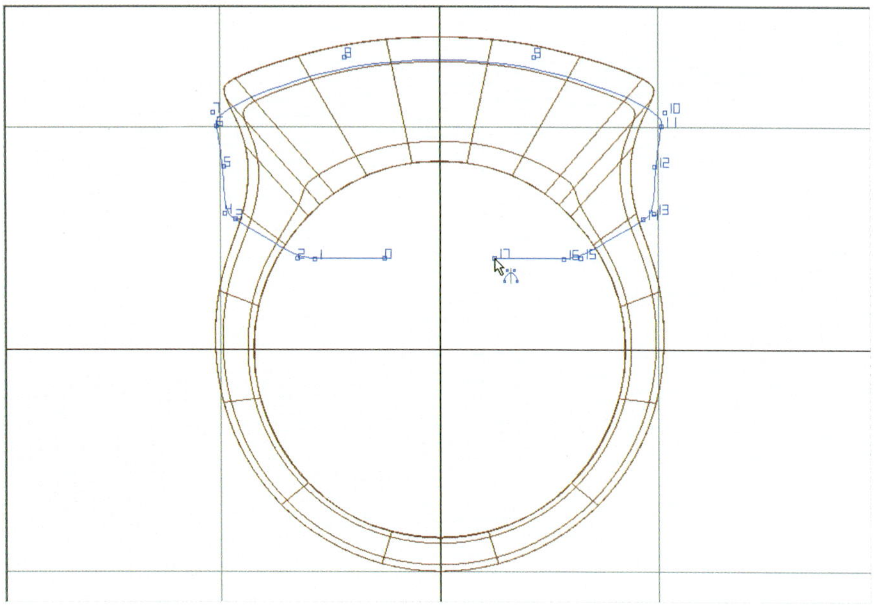

图 4-120　绘制曲线

- 再使用曲线菜单里面的**封口曲线**命令将刚才绘制的曲线封口，见图 4－121。

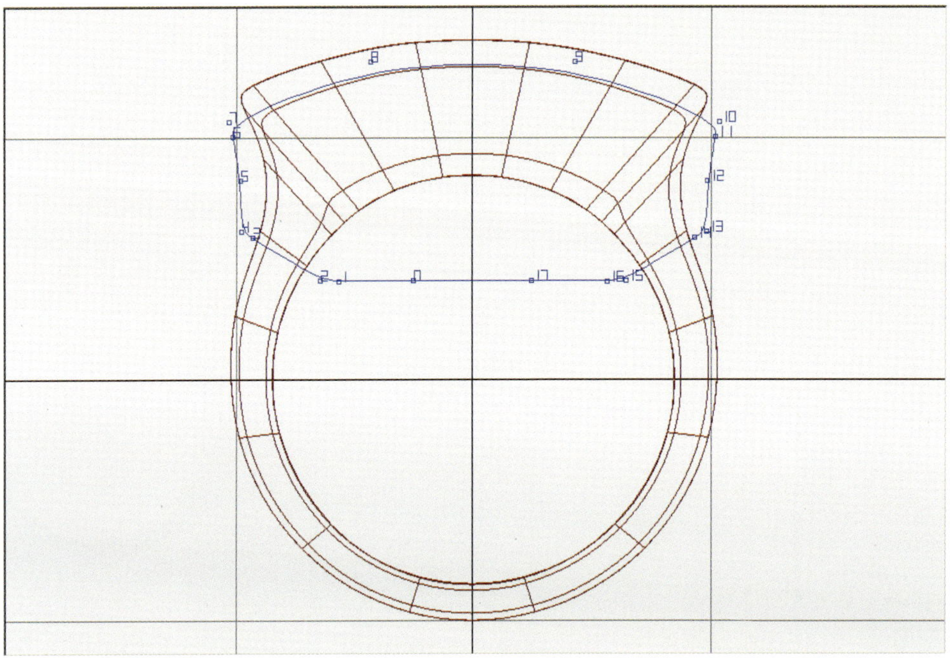

图 4－121　封口曲线

- 点击变形菜单里面的**移动**命令，调整一下曲线的空间位置。
- 调整以后的效果，见图 4－122。

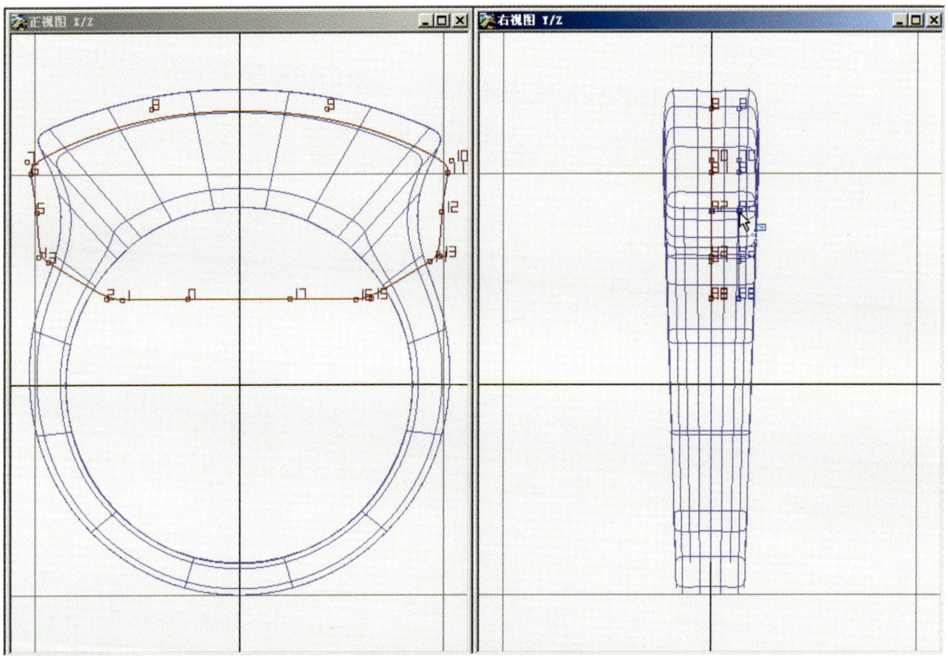

图 4－122　移动曲线

- 再次使用**直线延伸**命令将刚才绘制的曲线轮廓延伸成实体曲面，见图 4－123。

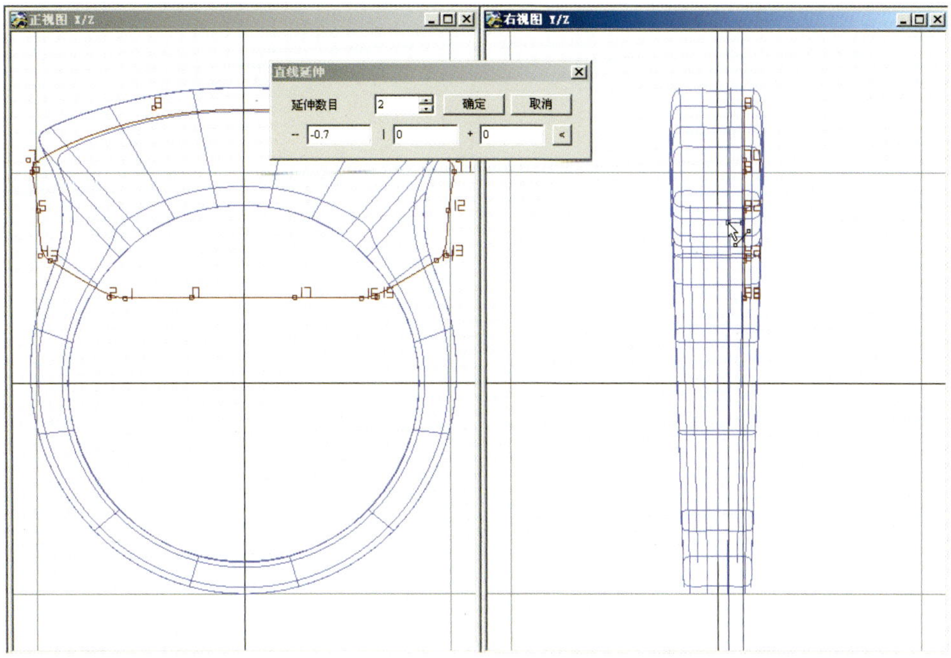

图 4－123　直线延伸曲面

- 以右视图为当前操作视图，使用**左右对称复制**命令(图 4－124)左右复制刚才延伸产生的实体。
- 复制后的效果，见图 4－125。

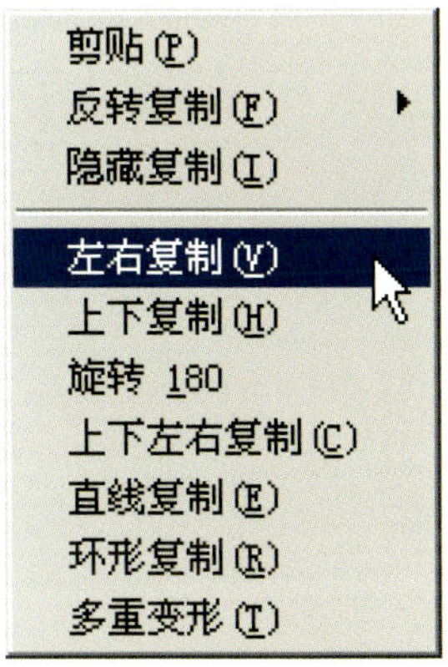

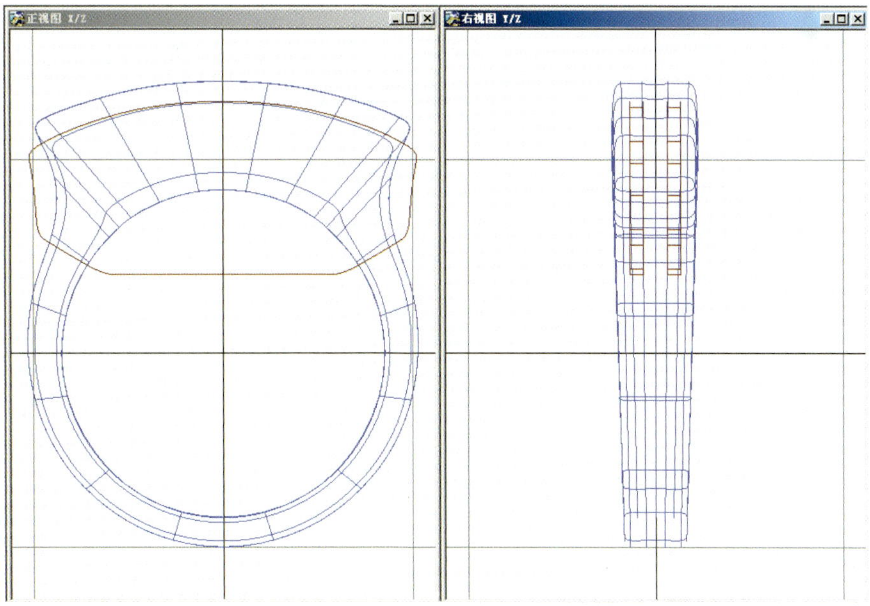

图 4－124　复制下拉菜单

图 4－125　复制后的效果

- 选中刚才复制的两个实体，再次点击**布林体**命令里面的**相减**命令。
- 布林体以后的普通线框图效果，见图 4－126。

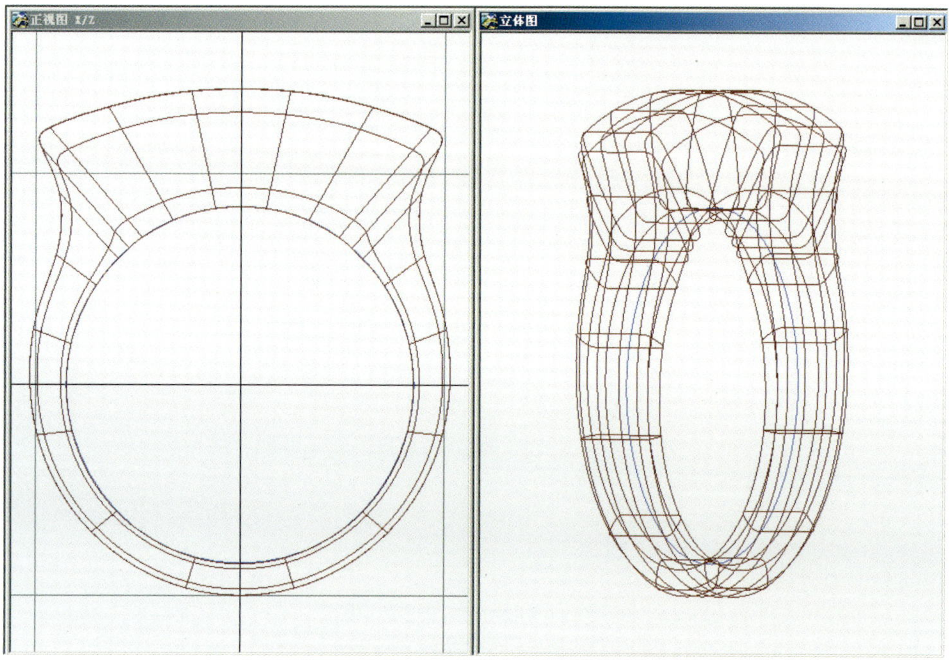

图 4－126　进行布林体运算

- 布林体以后的光影图效果，见图 4－127。

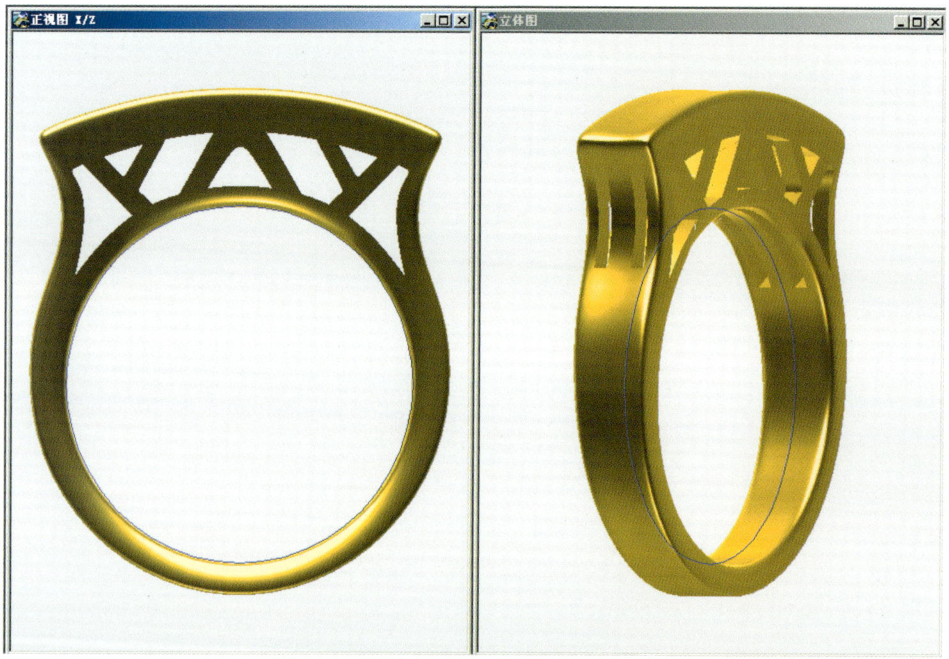

图 4－127　布林体运算后的效果

使用曲线菜单里面的**左右对称线**命令，绘制如图 4－128 的导轨曲线。

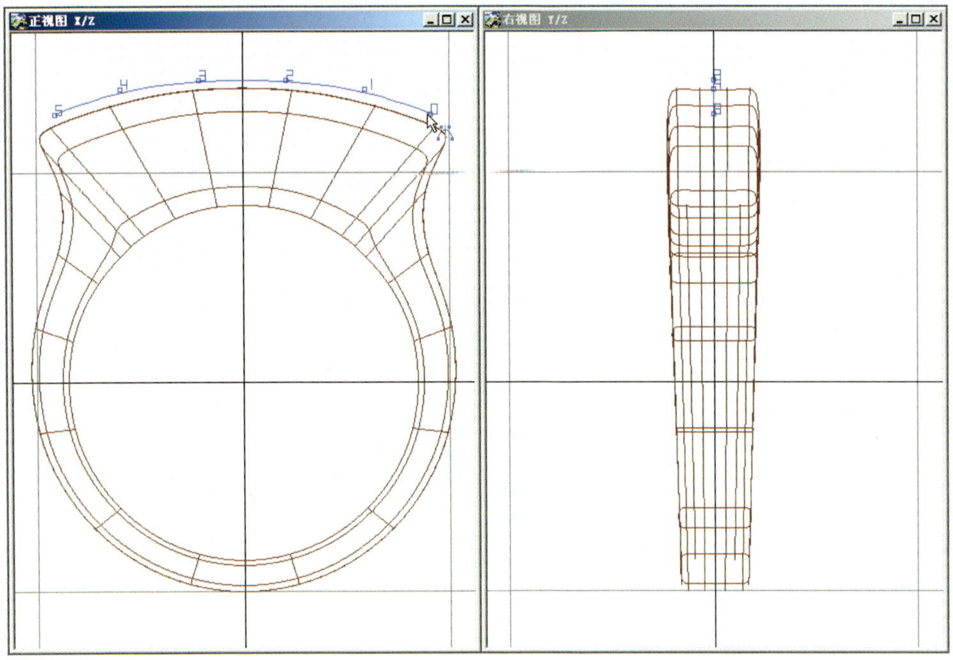

图 4－128　绘制导轨曲线

再使用曲线菜单里面的**左右对称线**命令，绘制如图 4－129 的导轨曲线。

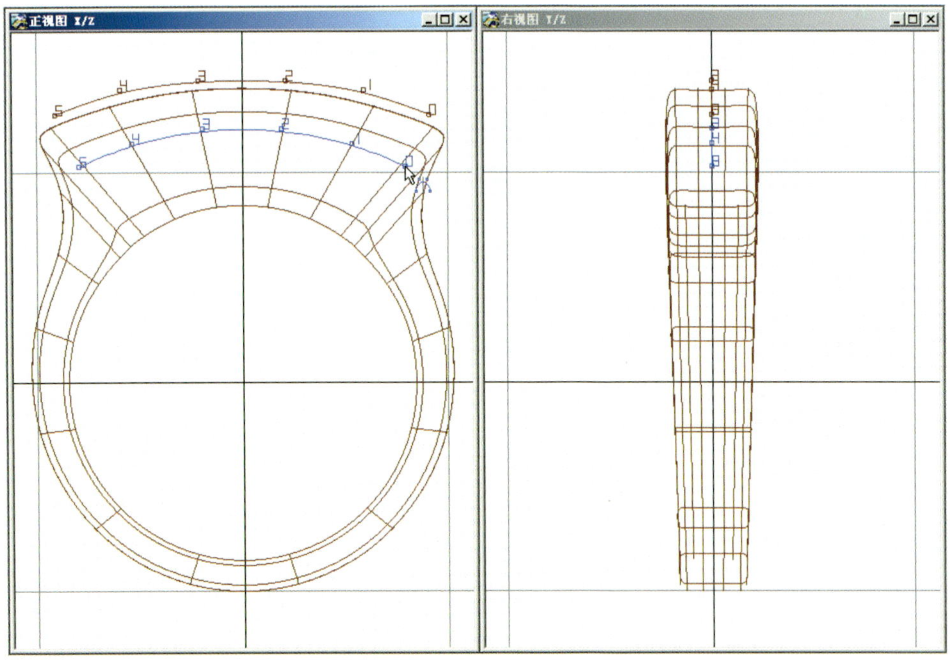

图 4－129　绘制导轨曲线

- 使用变形菜单里面的**移动**命令调整一下曲线的空间位置，见图 4-130。

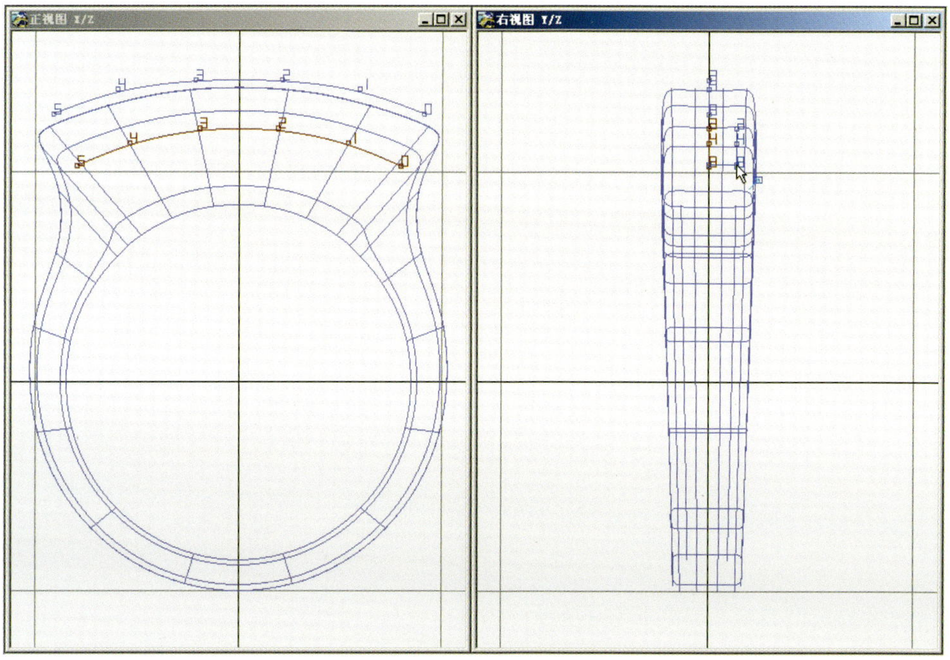

图 4-130　调整导轨曲线

- 移动以后，使用**左右复制**命令将曲线左右对称复制。
- 复制以后的效果，见图 4-131。

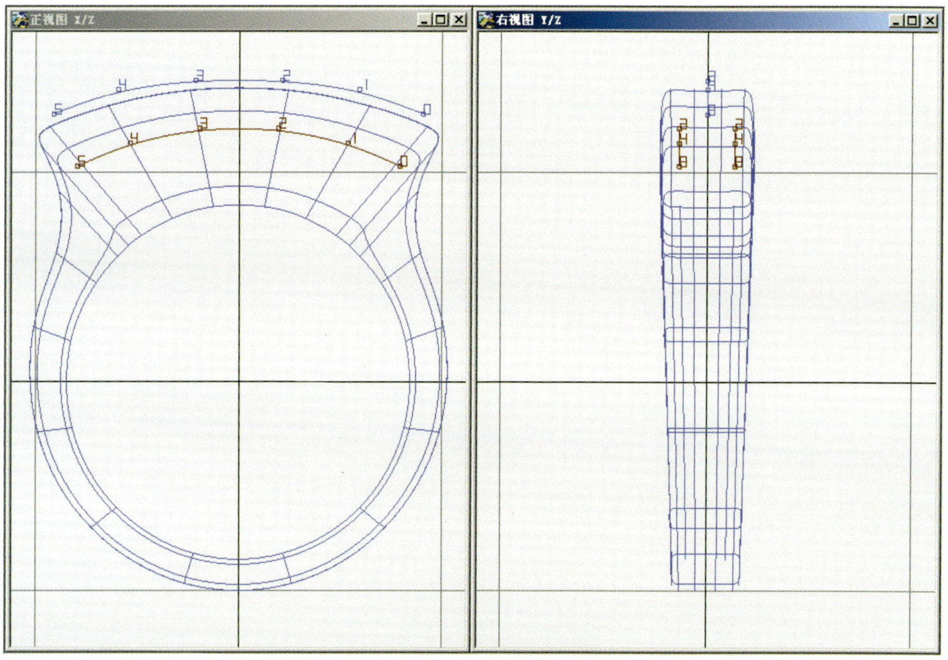

图 4-131　复制导轨曲线

在正视图中使用曲线菜单里面的**左右对称线**命令绘制如图 4－132 的切面轮廓曲线。

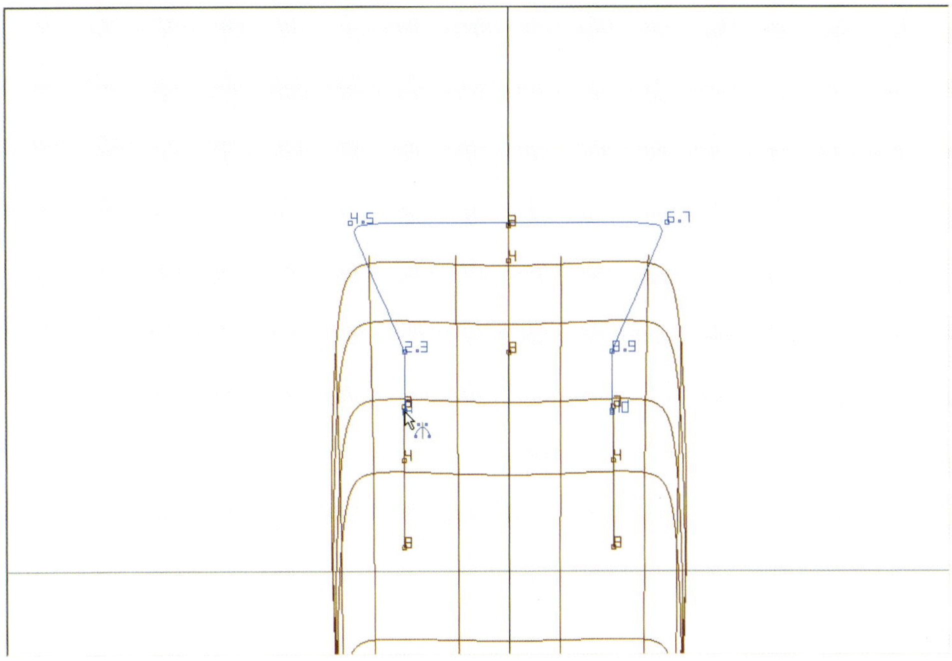

图 4－132 绘制切面曲线

使用**封口曲线**命令将曲线封口，见图 4－133。

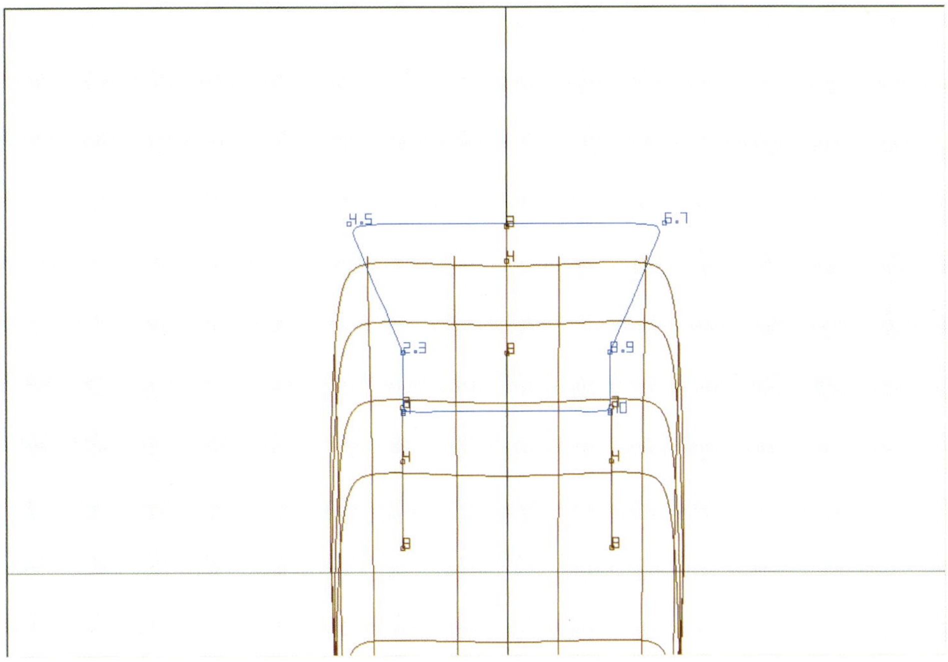

图 4－133 封口切面曲线

● 点击**导轨曲面**命令，对弹出的对话框进行如图 4－134 所示的设置。

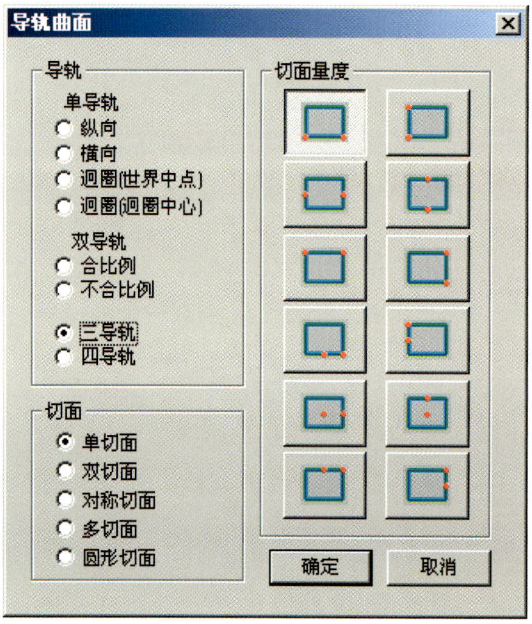

图 4－134　导轨曲面对话框

● 点击确定以后，按照提示栏的提示依次点选导轨曲线及切面轮廓曲线，见图 4－135。

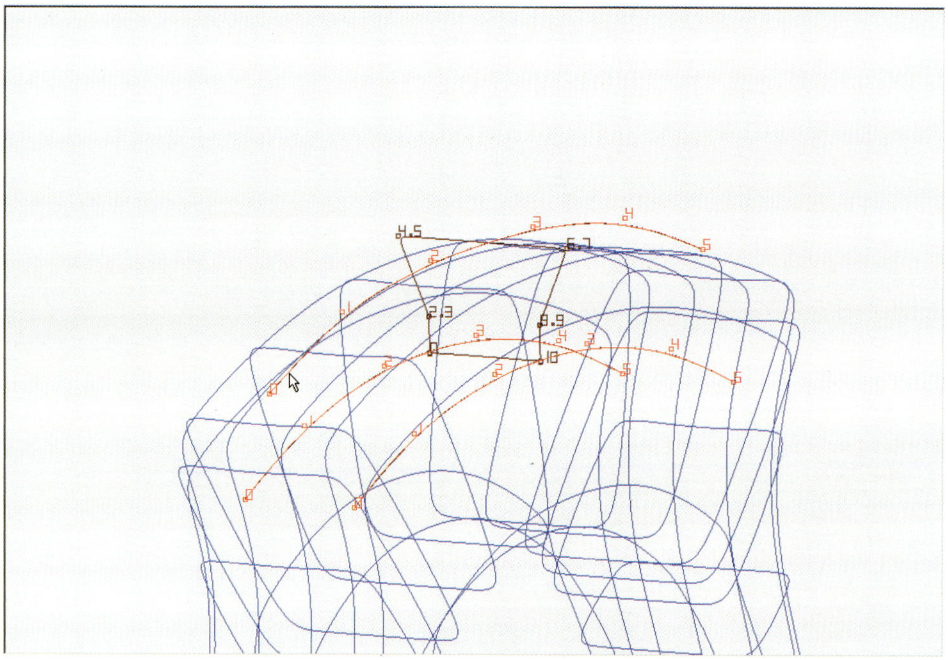

图 4－135　点击导轨曲线及切面曲线

- 导轨曲面产生的曲面，见图 4－136。

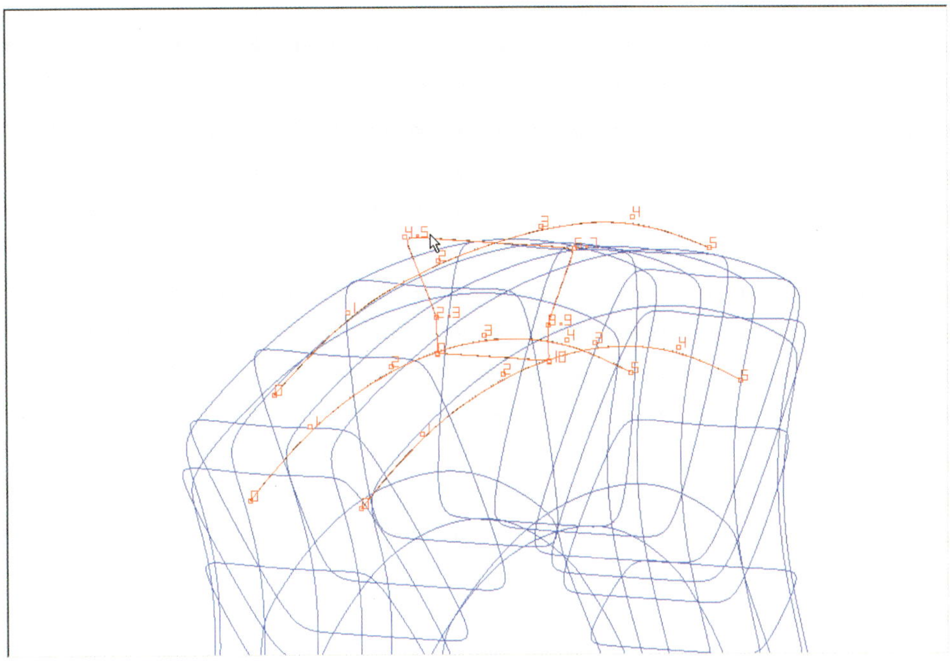

图 4－136 产生的导轨曲面

- 选中刚产生的曲面，点击编辑菜单里面的**展示** CV 命令将曲面的 CV 点展示出来。
- 展示后的普通线框图的效果，见图 4－137。

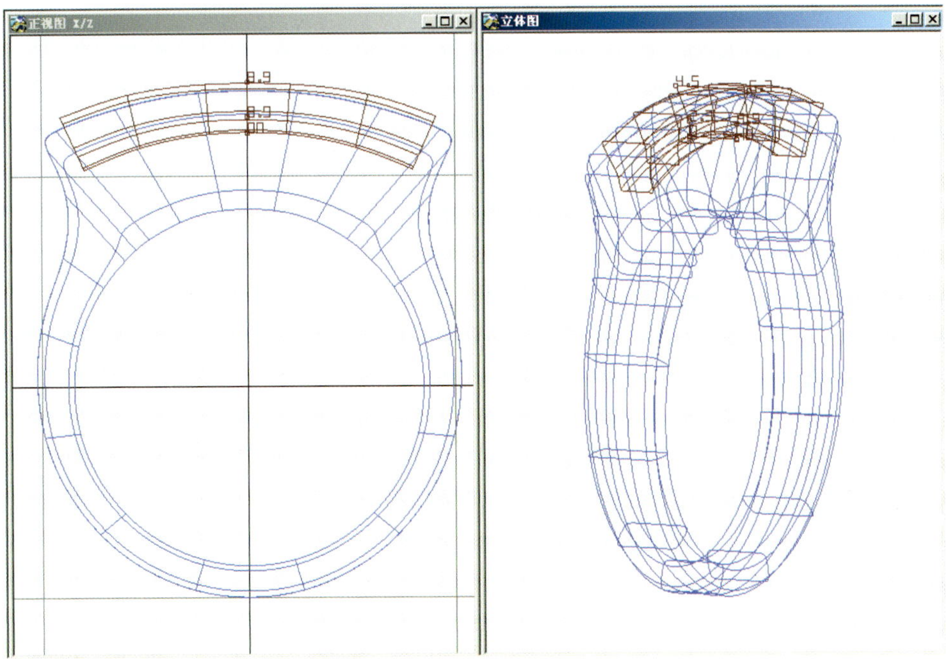

图 4－137 展示曲面上的 CV 点

● 配合键盘的 Shift 键选中如图 4－137 的控制点，并使用**尺寸**命令调整 CV 点的空间位置。点击右键拖动鼠标稍微缩小 CV 控制点的水平距离，见图 4－138。

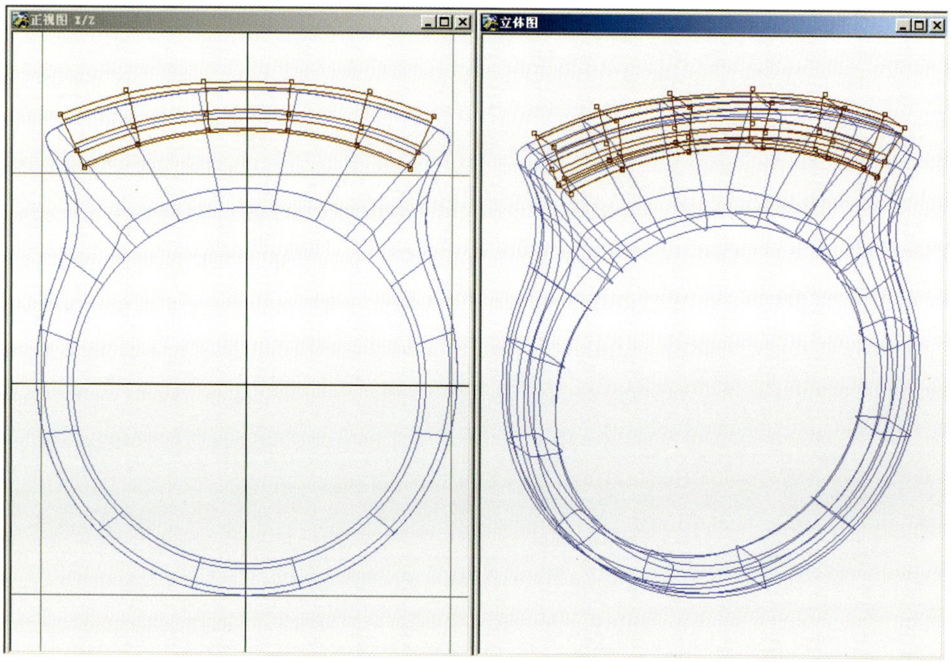

图 4－138　调整 CV 点间水平距离

● 修改以后的效果，见图 4－139。

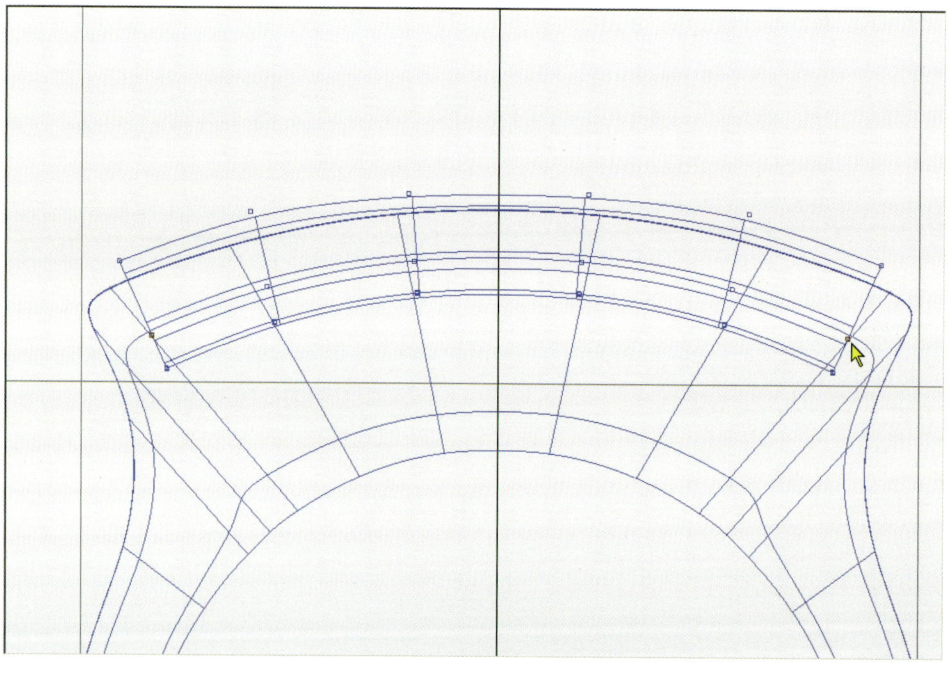

图 4－139　调整后的效果

- 选中刚调整好的实体曲面，再次点击布林体里面的**相减**命令。跟戒圈进行布林体运算。
- 运算后的普通线框图效果，见图 4－140。

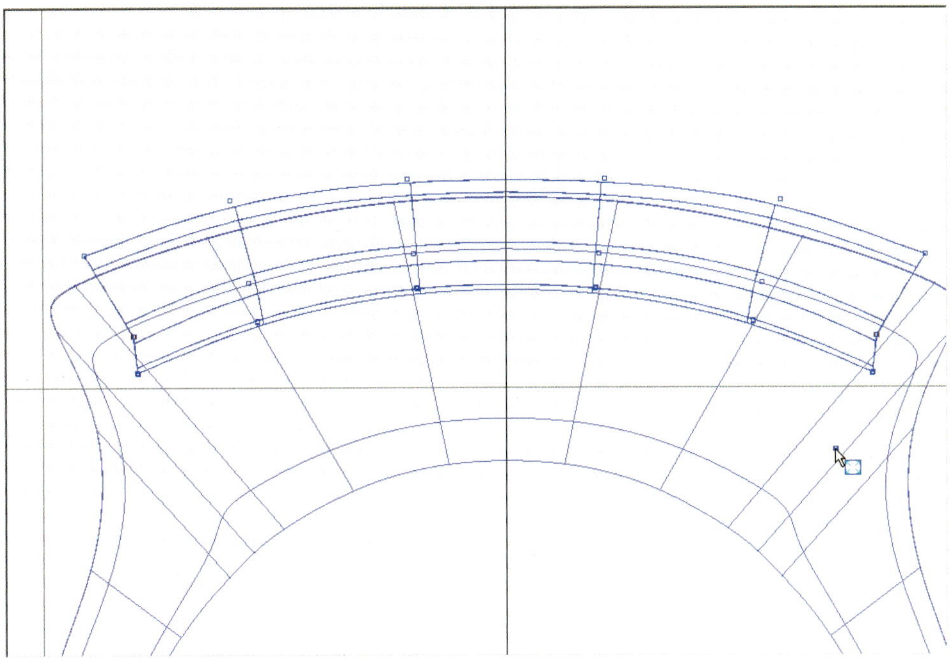

图 4－140 进行布林体相减运算

- 运算后的光影图效果，见图 4－141。

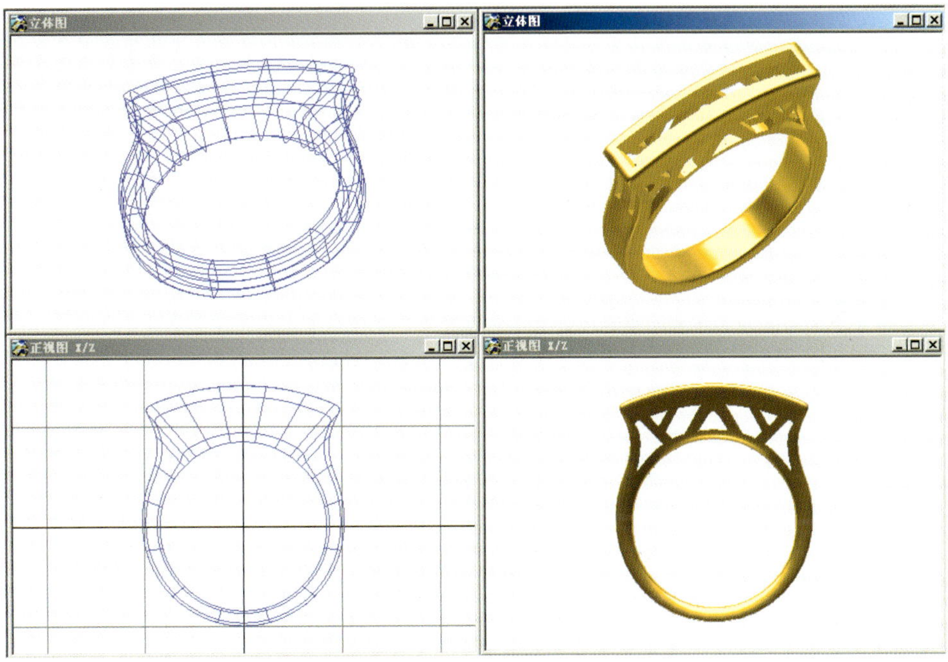

图 4－141 布林体运算后的效果

- 点击杂项菜单里面的**宝石**命令(图 4-142)创建需要的宝石。
- 在弹出的对话框里面点选需要的方形宝石,见图 4-143。

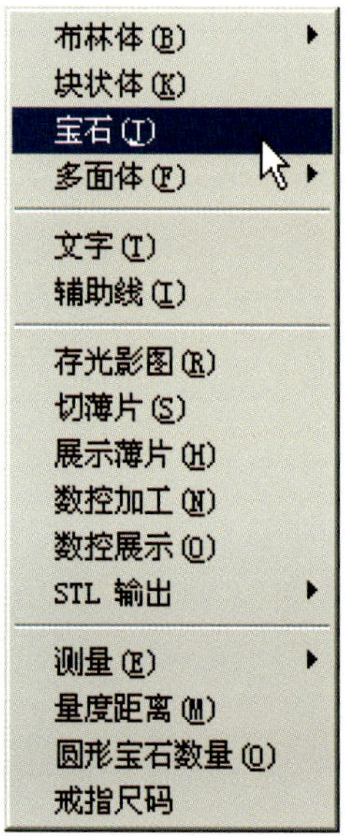

图 4-142　杂项下拉菜单

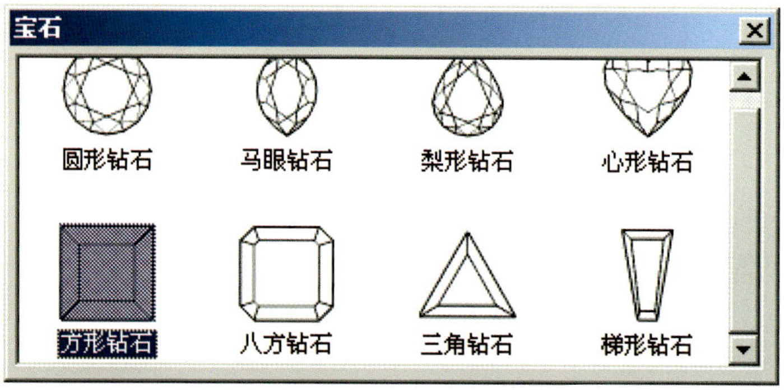

图 4-143　宝石对话框

- 可以看到在视图的坐标原点位置产生一个尺寸为 1 个单位的方形刻面宝石,见图 4-144。

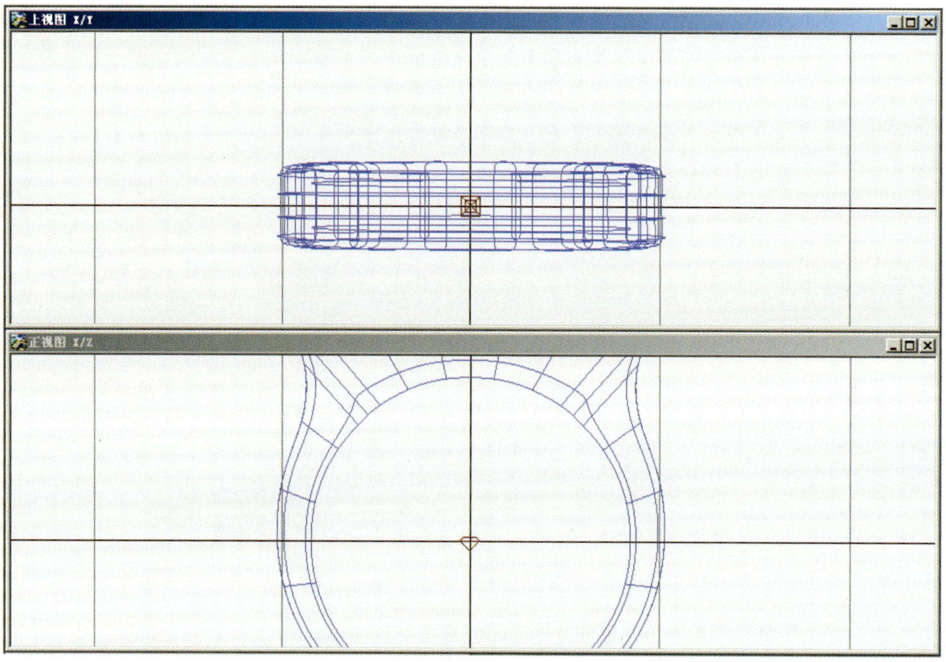

图 4-144　选择的方形剖面宝石

- 使用变形菜单里面的**多重变形**命令精确调整宝石的大小尺寸。

对弹出的对话框进行如图 4－145 所示的设置。

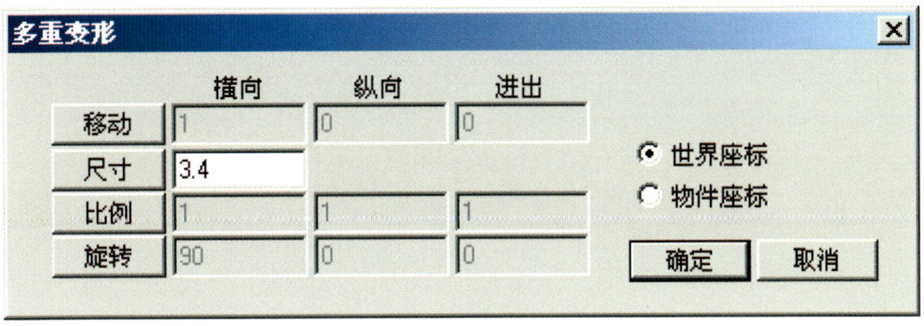

图 4－145　调整宝石尺寸

使用**移动**命令在正视图里面调整宝石的位置，见图 4－146。

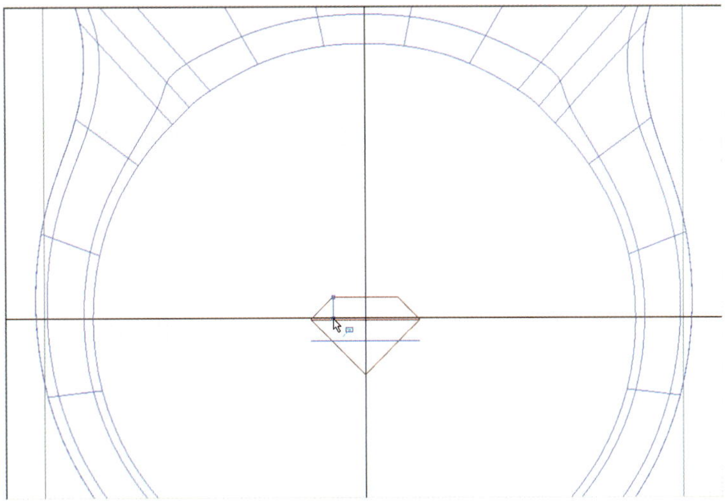

图 4－146　调整宝石位置

将上视图切快为快彩图，这时在戒圈上看不到布林体运算的效果（事实上是已经发生了布林体运算的）。调整视图的显示模式是为了后面使用**剪贴**命令时让宝石按照曲面的法线方向复制，见图 4－147。

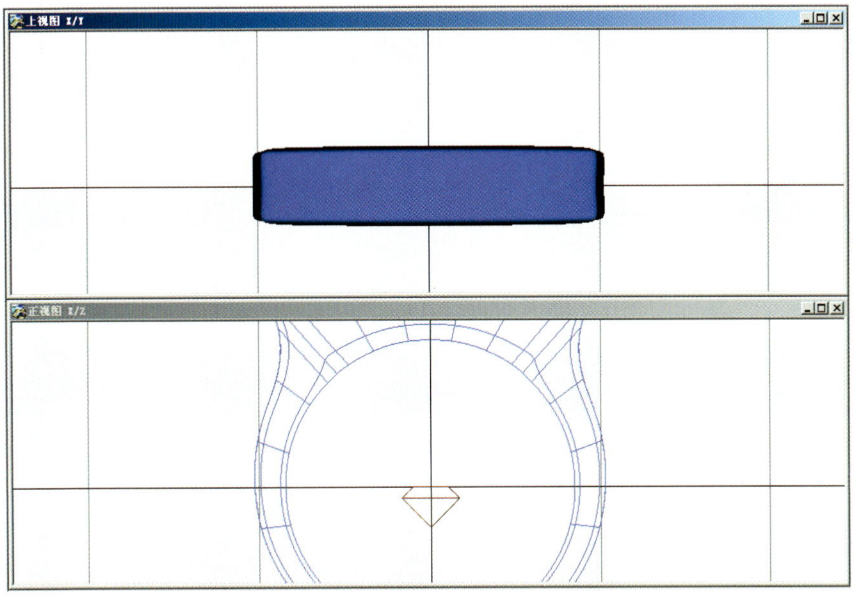

图 4－147　切换成快彩图模式

● 点选复制命令菜单的**剪贴**命令，见图 4－148。

● 可以看到宝石在所有的视图里面消失，这时就在上视图的戒圈顶部曲面上点击要放置宝石的位置，这样就可以在对应的位置产生一个宝石，可以在点击的时候拖动调整宝石的位置，见图 4－149。

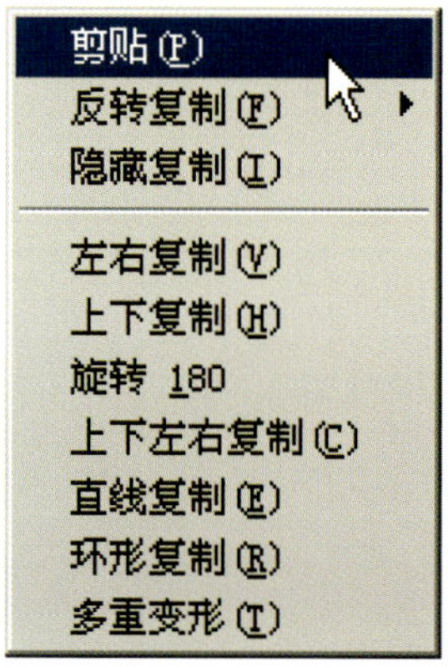

图 4－148　复制下拉菜单

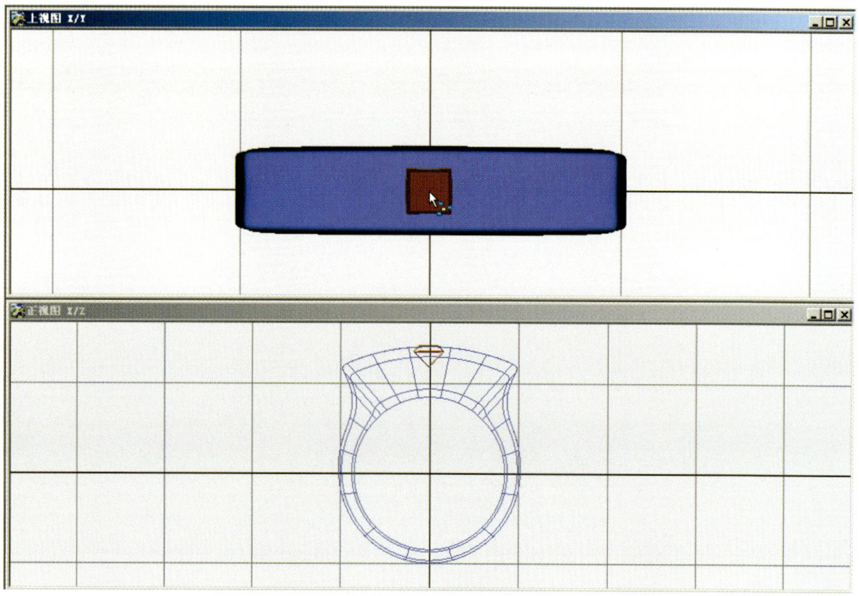

图 4－149　剪贴复制

● 可以看到复制的宝石方向与戒圈顶部曲面法线方向是一致的，见图 4－150。

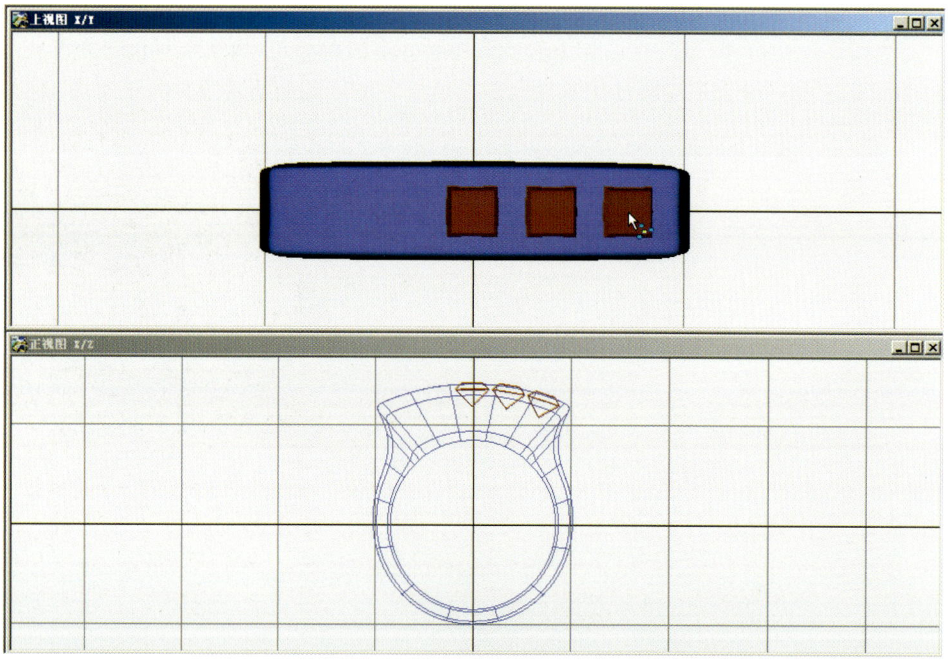

图 4－150　剪贴复制状态

- 选中两个宝石，见图 4－151。

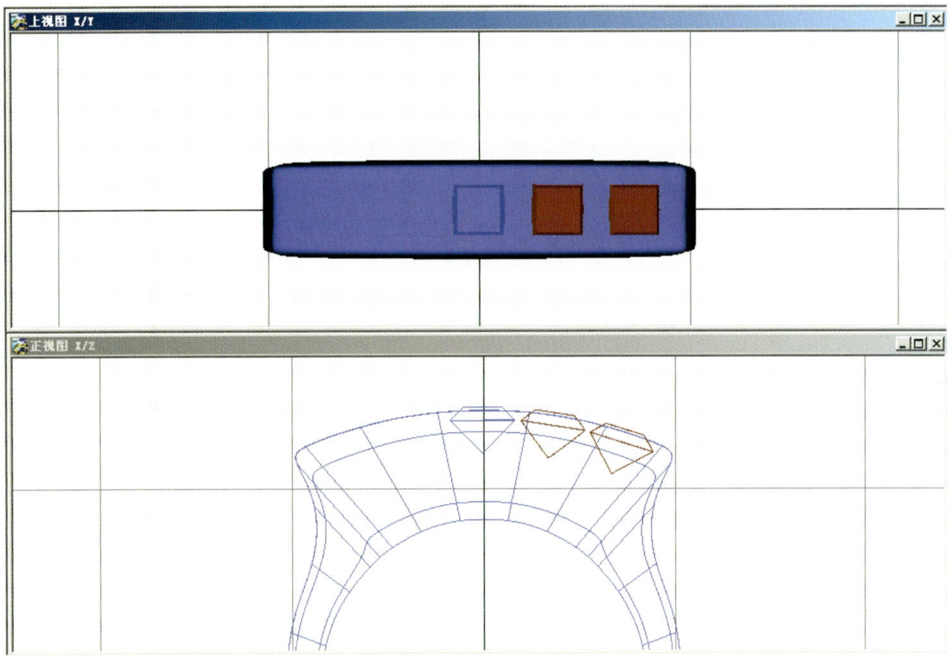

图 4－151 选中宝石

- 使用复制菜单的**左右复制**命令将两颗宝石复制。
- 复制后的效果，见图 4－152。

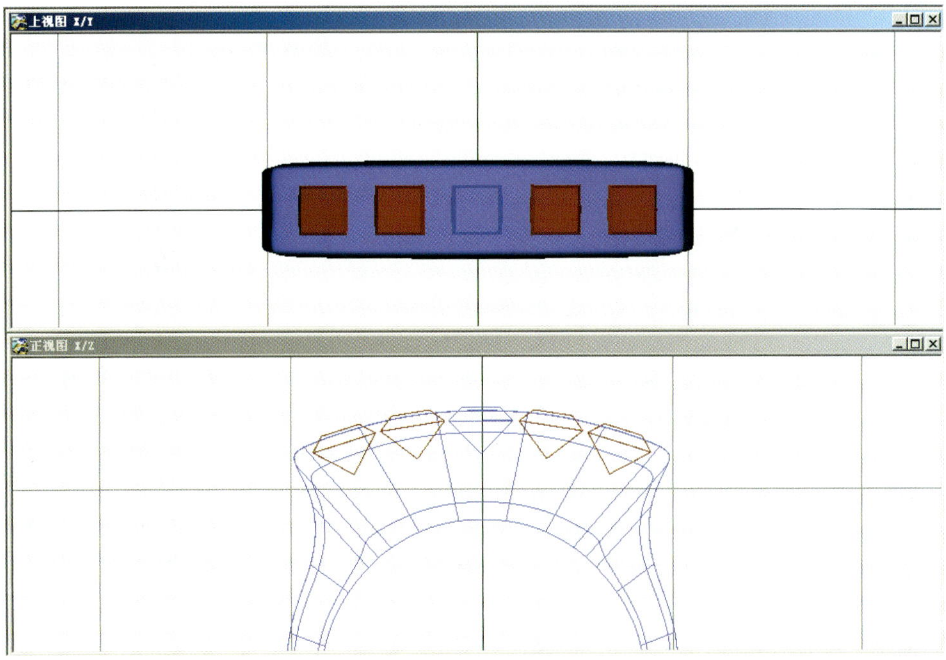

图 4－152 复制宝石

● 光影图效果，见图 4－153。

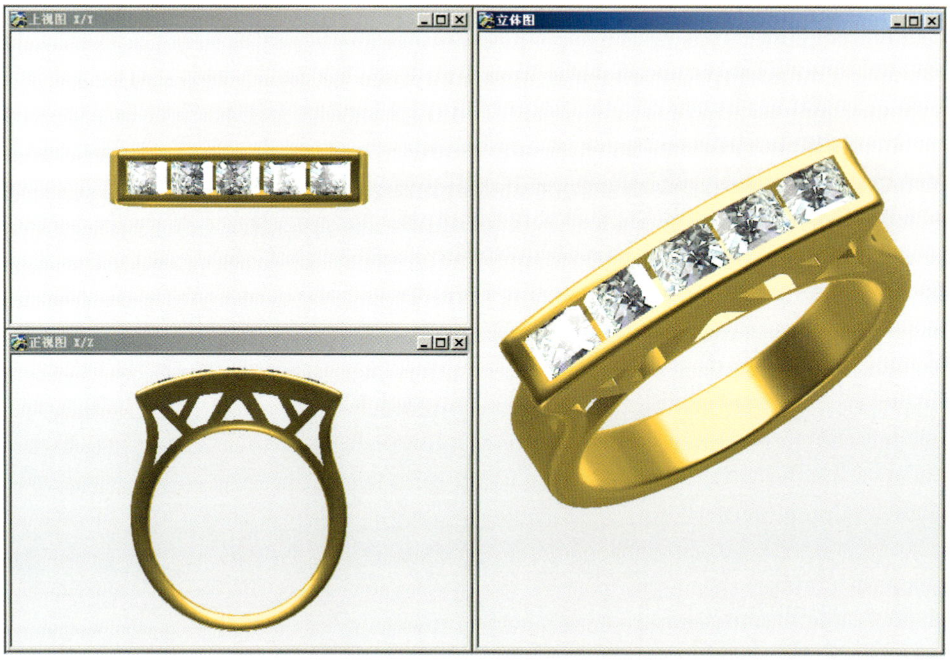

图 4－153　完成的戒指效果图

● 使用编辑菜单里面的**材料**命令修改一下戒圈的材质，见图 4－154。

图 4－154　材质库

- 最后的效果，见图 4－155。

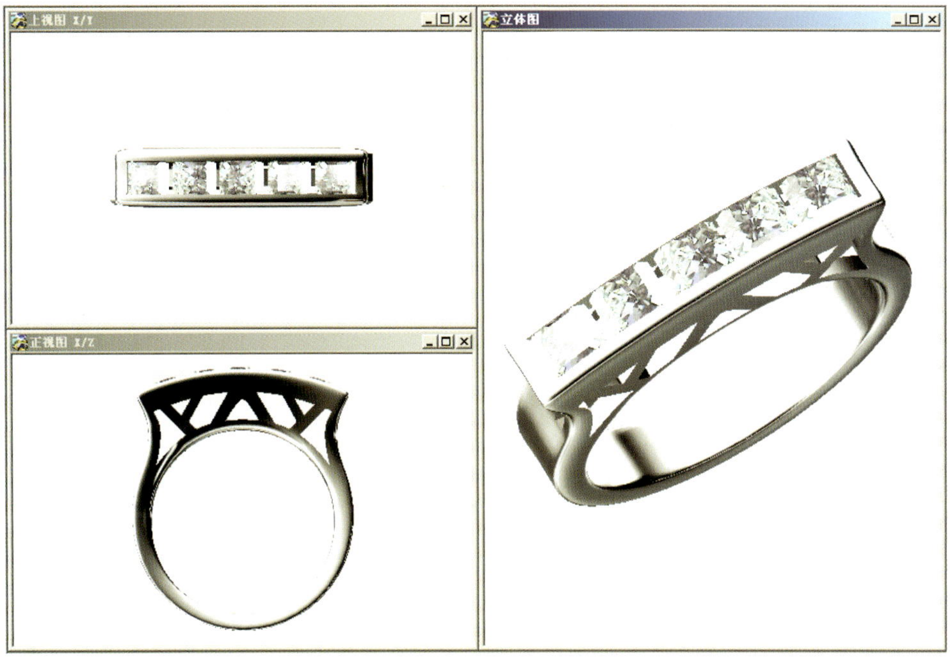

图 4－155　改变材质后的效果图

第五节　复杂戒指设计建模 2

通过该实例介绍**环形复制**、**直线复制**、**曲面/线 映射**命令在建模里面的运用。

- 在正视图里面绘制直径为 17 个单位的基础圆形曲线（小圆）作为导轨。设置见图 4－156。
- 绘制后的效果，见图 4－157。

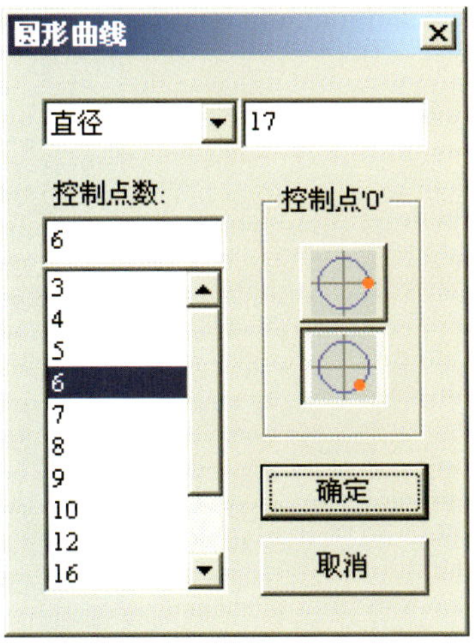

图 4－156　设置对话框

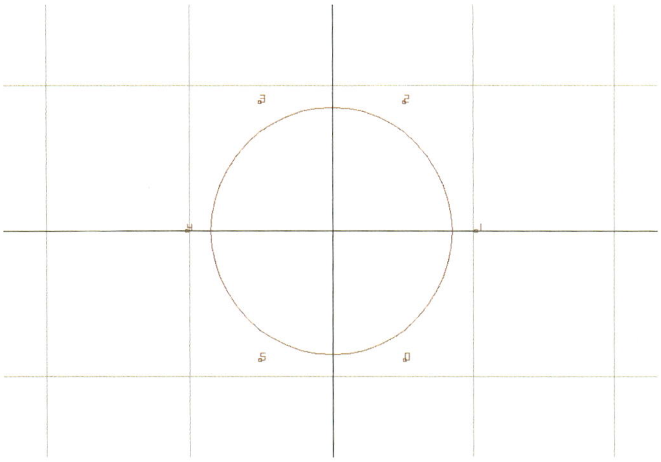

图 4－157　绘制曲线

- 同样在正视图里面绘制直径为 21 个单位的基础圆形曲线（大圆）作为导轨。设置见图 4－158。
- 绘制后的效果，见图 4－159。

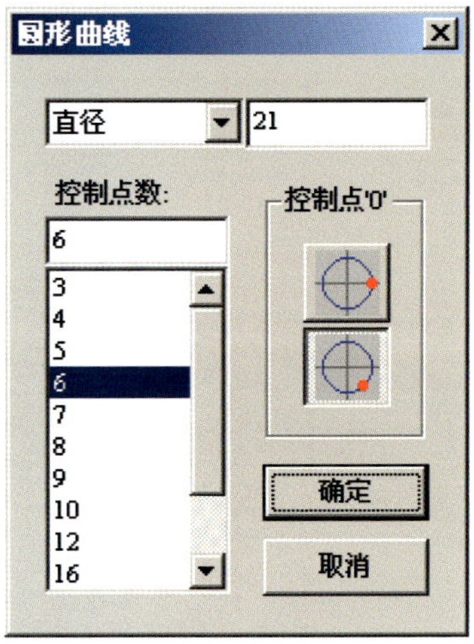

图 4-158 设置对话框

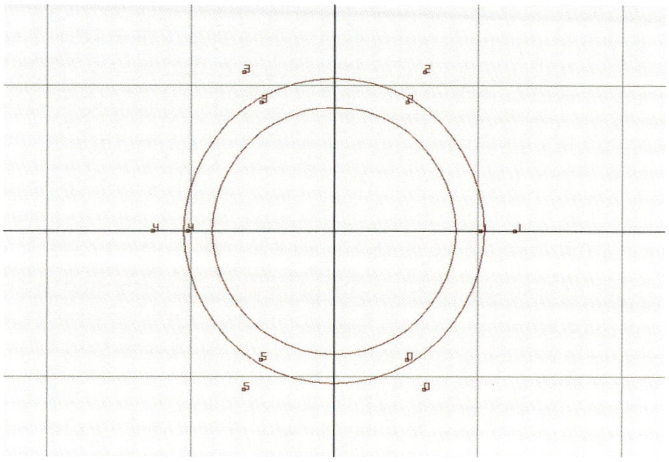

图 4-159 绘制大圆曲线

在正视图中，使用**左右对称线**命令绘制如图 4-160 所示的曲线作为切面轮廓。

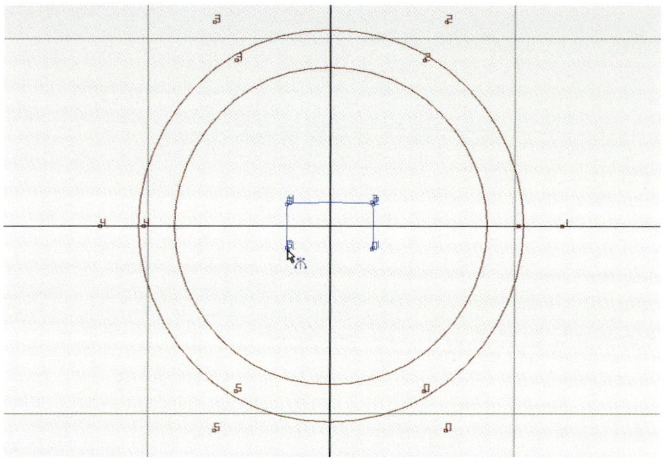

图 4-160 绘制切面曲线

- 使用封口命令将切面曲线封口。封口后的效果见图 4-161。

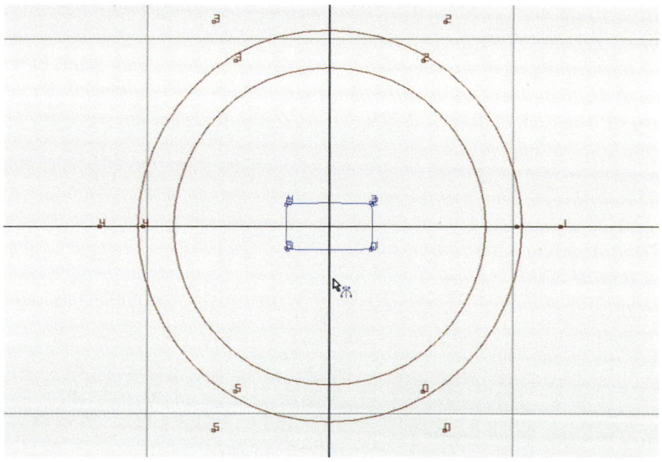

图 4-161 封口切面曲线

- 在右视图使用变形菜单里面的**移动**命令调整较小圆形曲线的空间位置，见图 4－162。

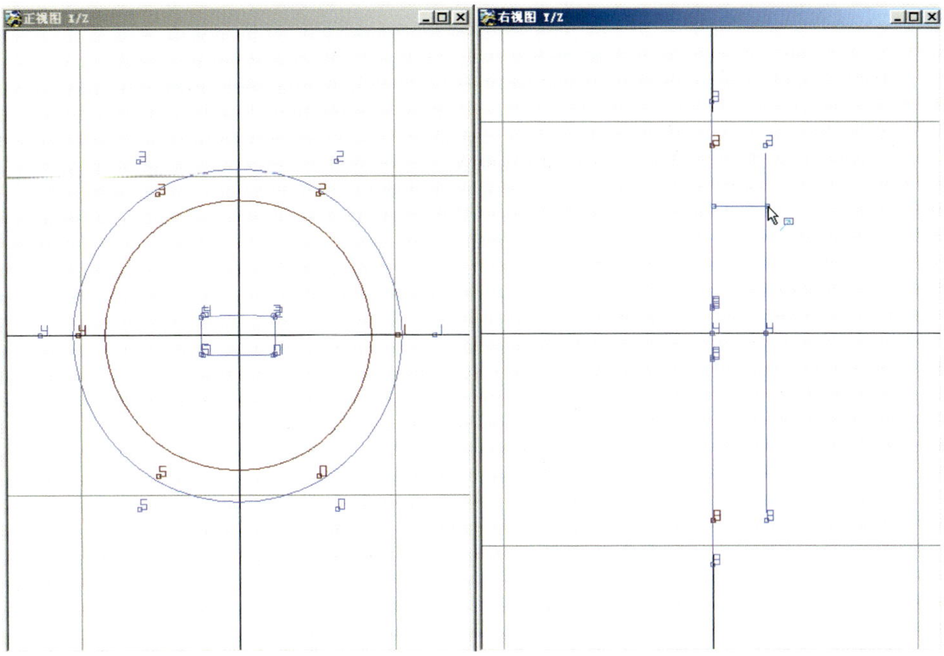

图 4－162　移动小圆曲线

- 使用**左右复制**命令将调整位置的圆形曲线左右复制。
- 点击**导轨曲面**命令，对弹出的导轨曲面对话框进行如图 4－163 所示的设置。

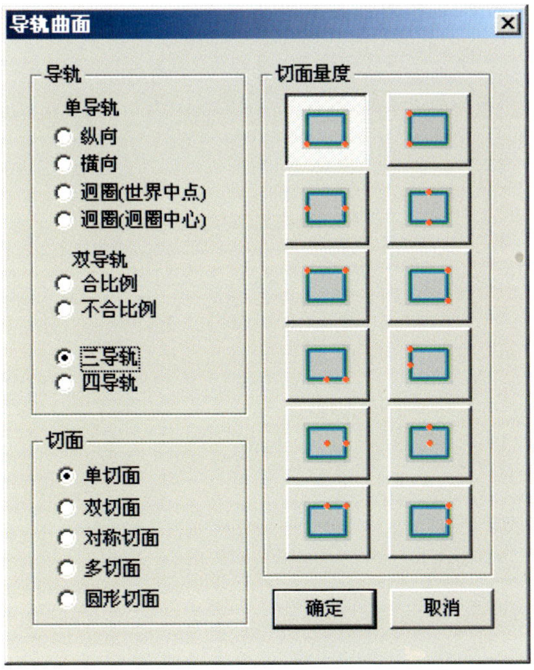

图 4－163　导轨曲面对话框

◎ 按照状态提示栏里面的提示依次点选导轨曲线和切面轮廓曲线，见图 4－164。

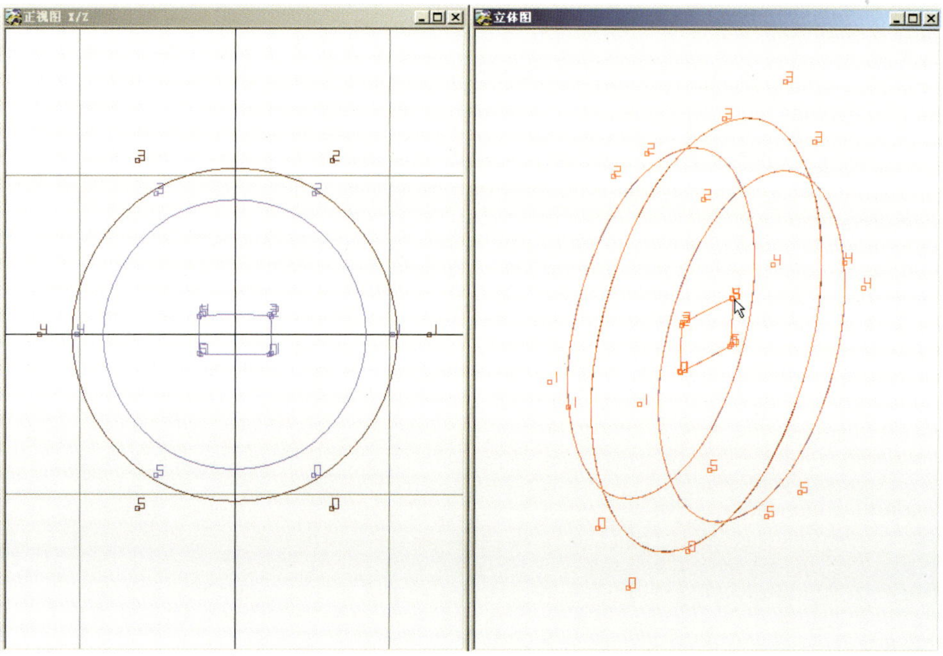

图 4－164　点击导轨曲线和切面曲线

◎ 导轨曲面产生的实体效果，见图 4－165。

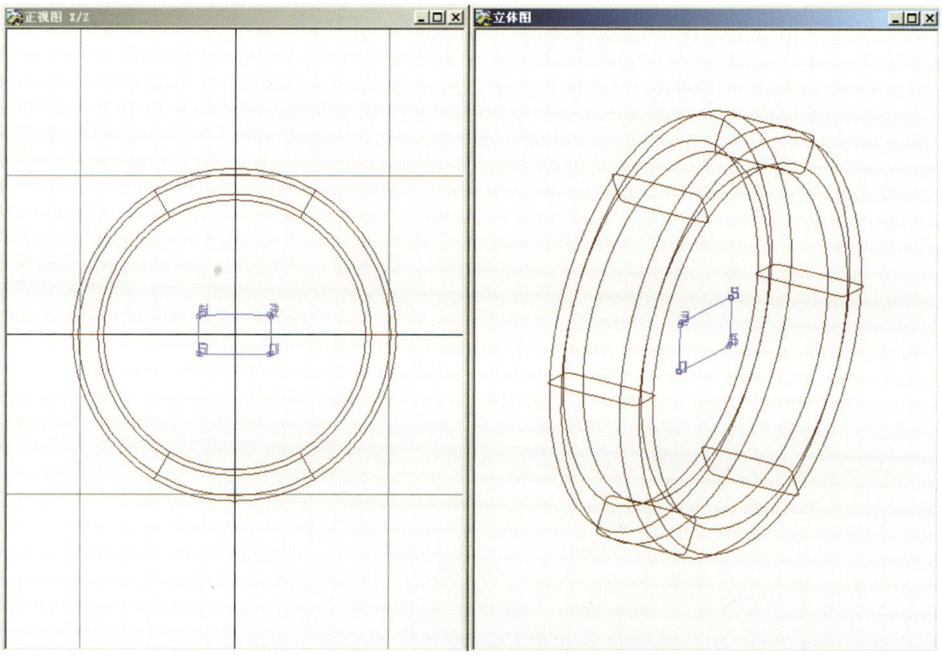

图 4－165　产生的导轨曲面

使用**上下左右对称线**命令在上视图里面绘制如图 4－166 所示的曲线作为导轨。

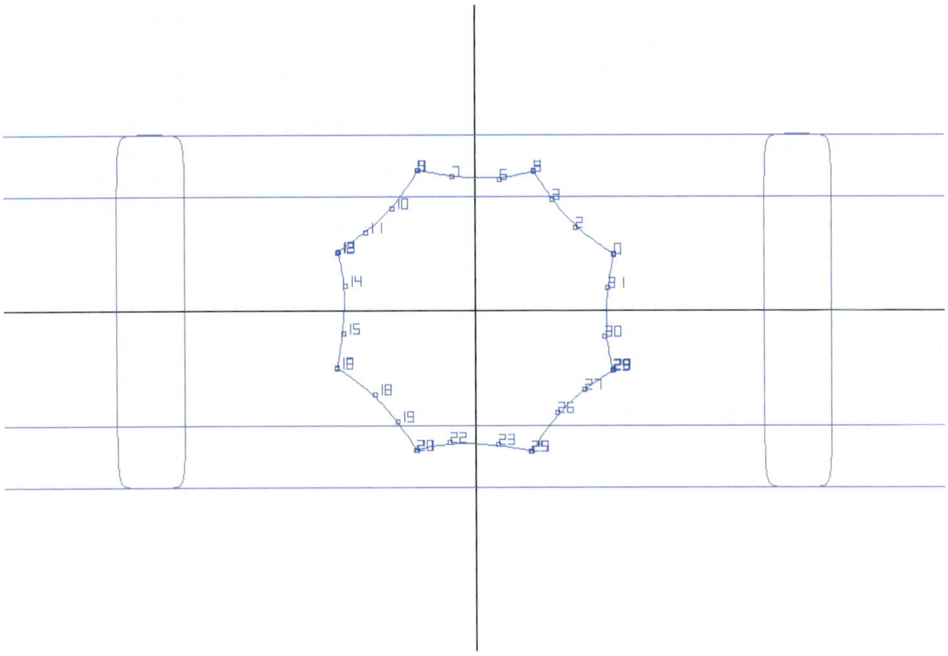

图 4－166　绘制导轨曲线

再使用上下左右对称线命令绘制另外一条导轨曲线，见图 4－167。

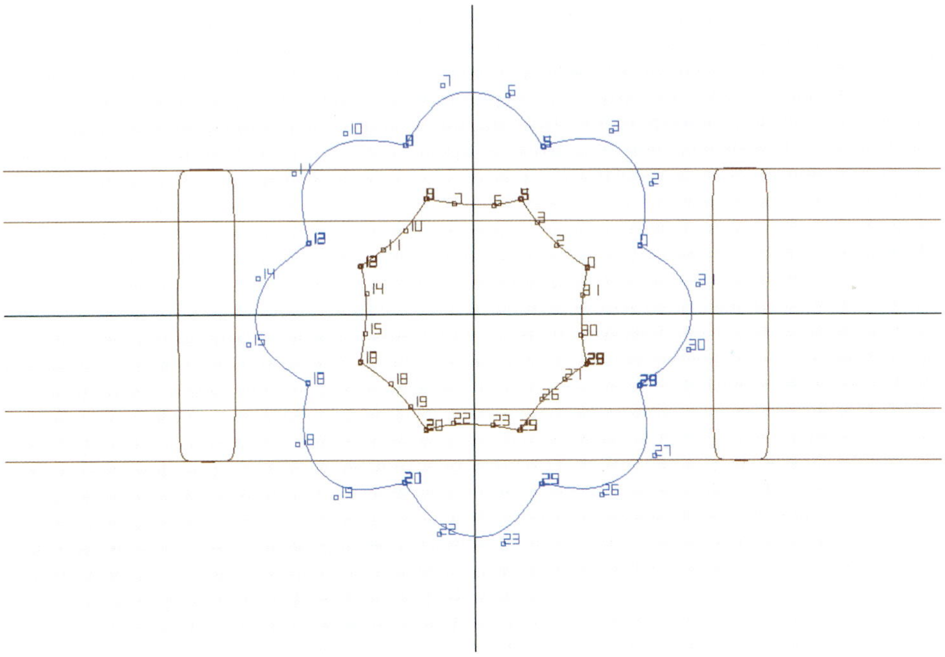

图 4－167　绘制另一条导轨曲线

- 使用上下左右对称线的命令绘画切面轮廓线，见图 4－168。

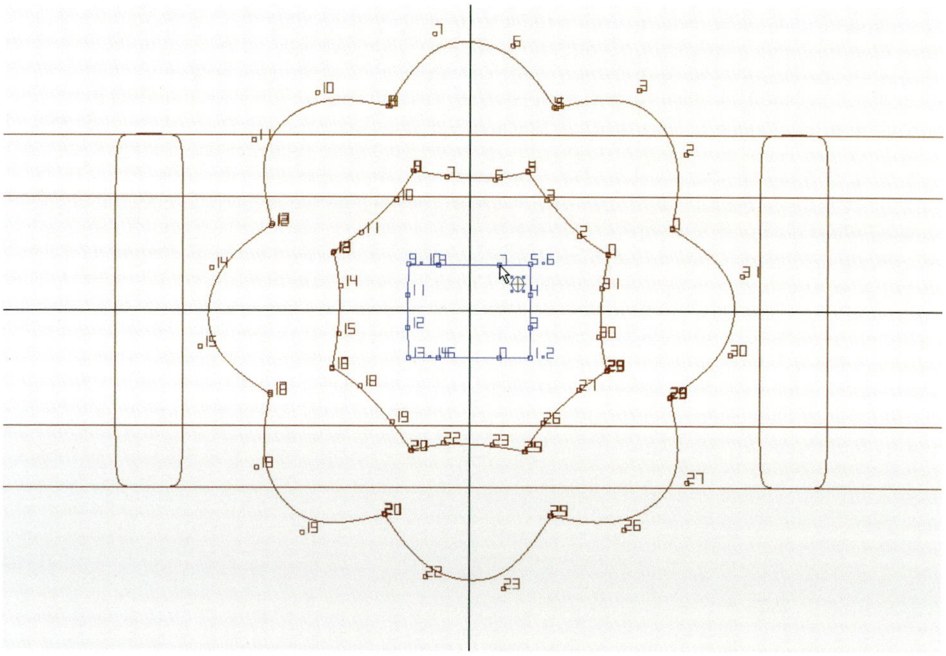

图 4－168　绘制切面曲线

- 点击**导轨曲面**命令，并对弹出的导轨曲面对话框进行如图 4－169 的设置。

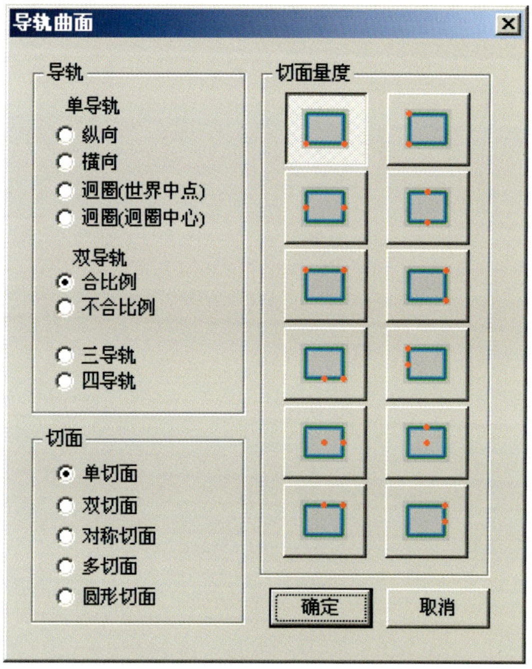

图 4－169　设置导轨曲面对话框

按照提示栏里面的提示依次点选导轨曲线和切面轮廓线，见图4－170。

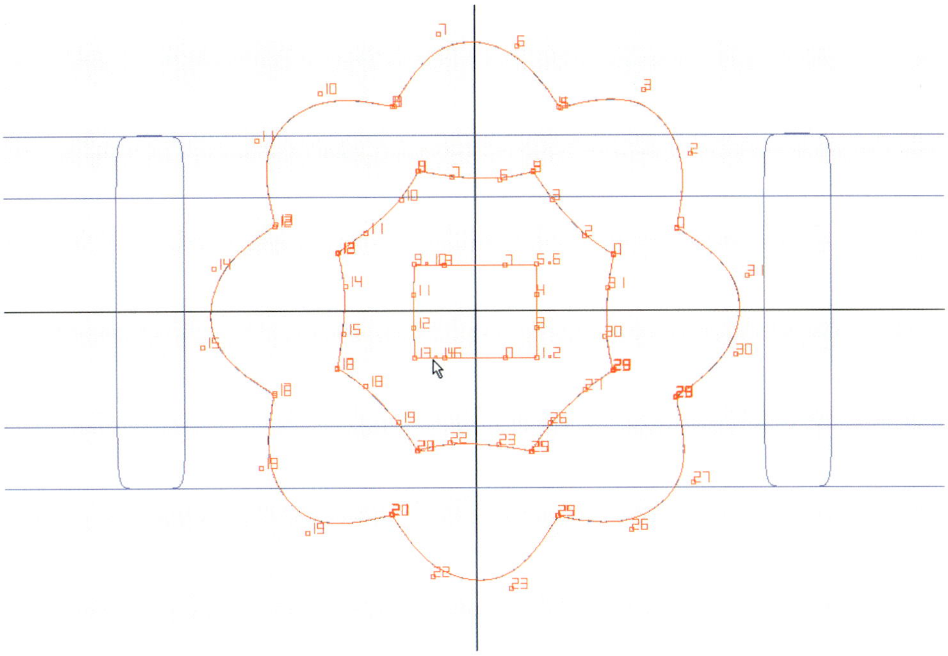

图4－170　点击导轨曲线和切面曲线

导轨曲面产生实体的效果，见图4－171。

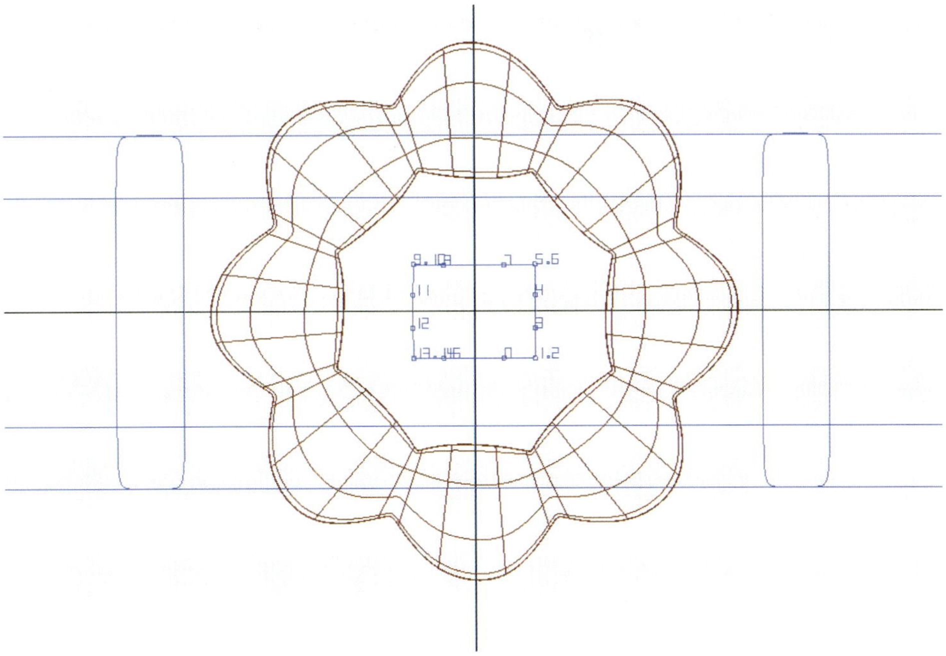

图4－171　产生的导轨曲面

- 以上视图为当前操作视图绘制直径为 0.1 个单位的圆形曲线，见图 4－172 的设置。
- 使用**块状体**命令构建导角镶爪。
- 对弹出的制作块状体对话框进行如下设置，见图 4－173。

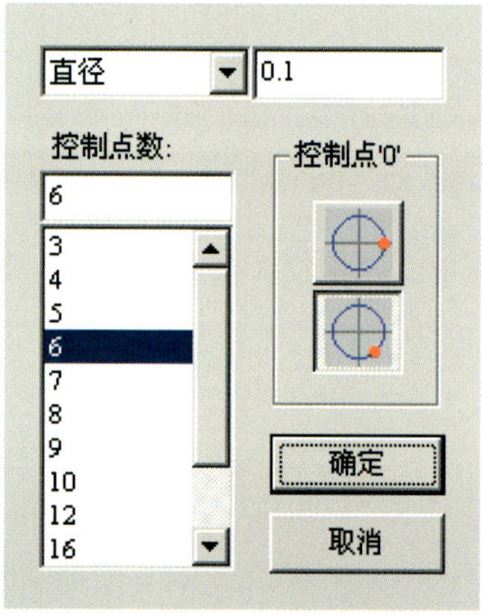

图 4－172　设置对话框

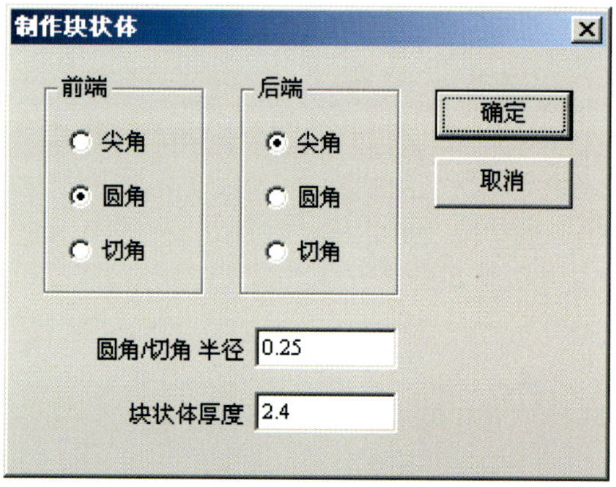

图 4－173　设置对话框

- 产生块状体的效果如图 4－174。

图 4－174　产生镶爪的块状体

在普通线框视图的显示模式下使用**剪贴**命令将镶爪复制，见图 4－175。

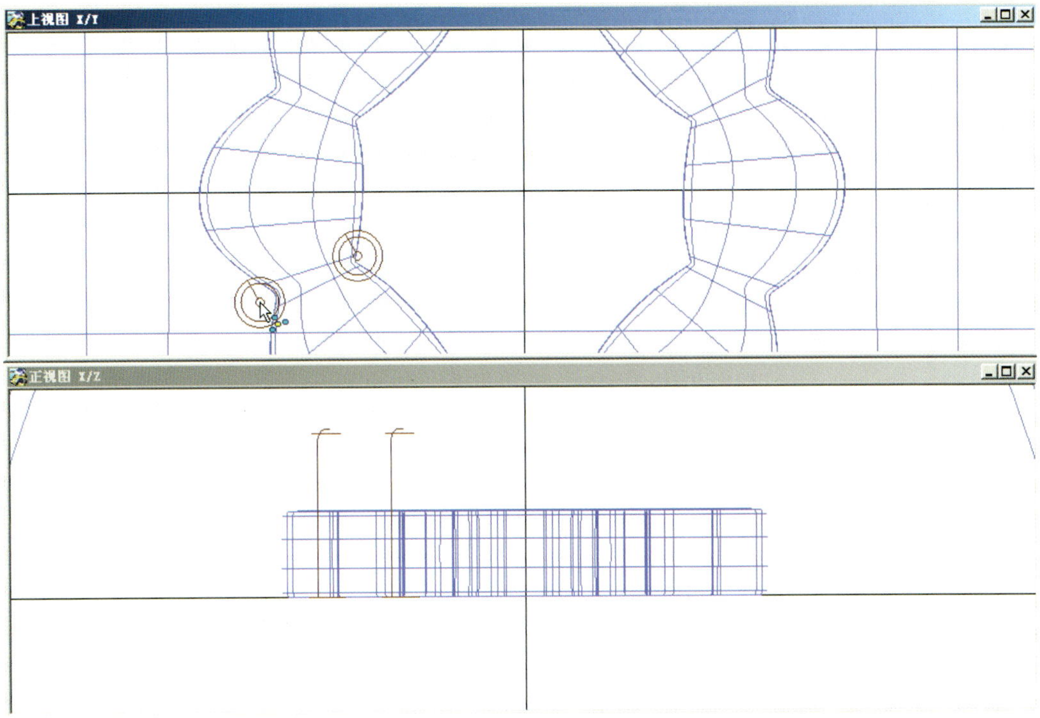

图 4－175 剪贴复制镶爪

以上视图为当前操作视图，选中刚复制的两条镶爪棒，使用**环形复制**命令(图 4－176)将它们环形复制 8 对(16 根)，对弹出的环形对话框进行如下设置，见图 4－177。

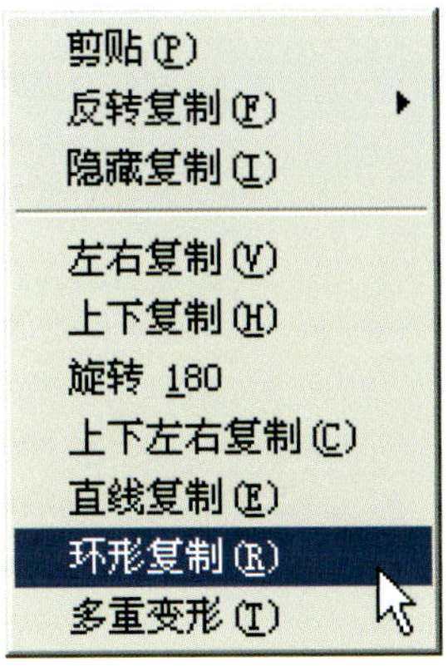

图 4－176 复制下拉菜单

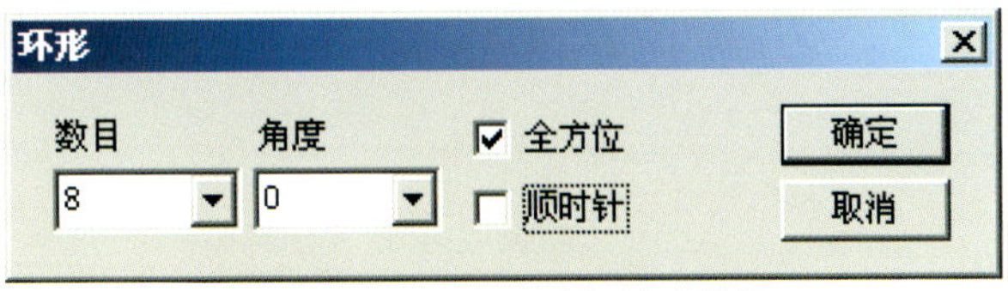

图 4－177 环形复制对话框

将刚复制产生的 16 根镶爪棒作**布林体**命令的**联集**运算。这样方便后面的选取操作。

以上视图为当前操作视图绘制直径为 1.2 个单位的圆形曲线，见图 4－178。

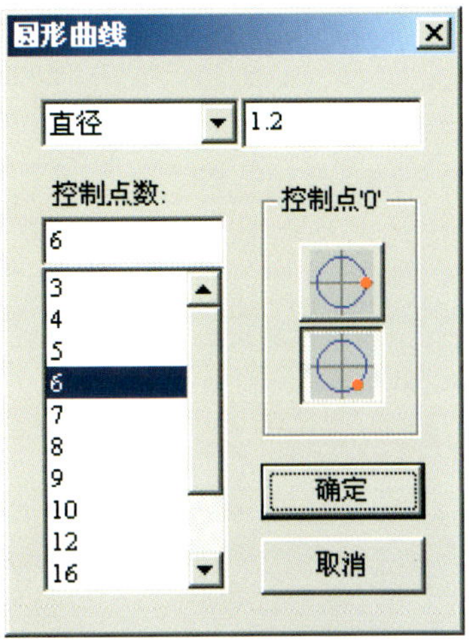

图 4－178 设置对话框

● 绘制完成的效果，见图 4－179。

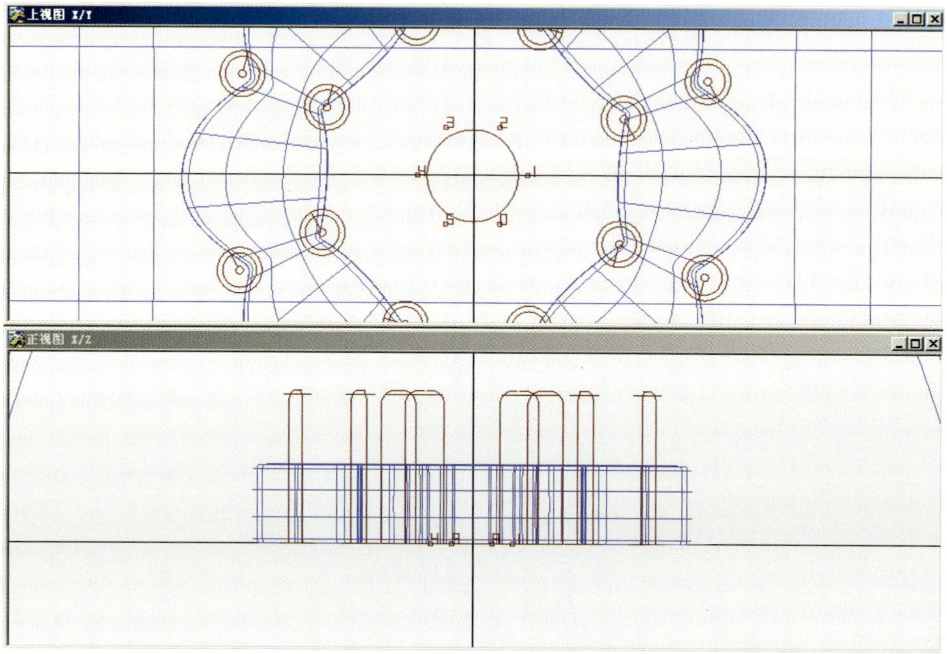

图 4－179　完成镶爪环形复制以及圆形曲线绘制的效果

● 使用**移动**命令调整圆形曲线的空间位置。具体位置见图 4－180。

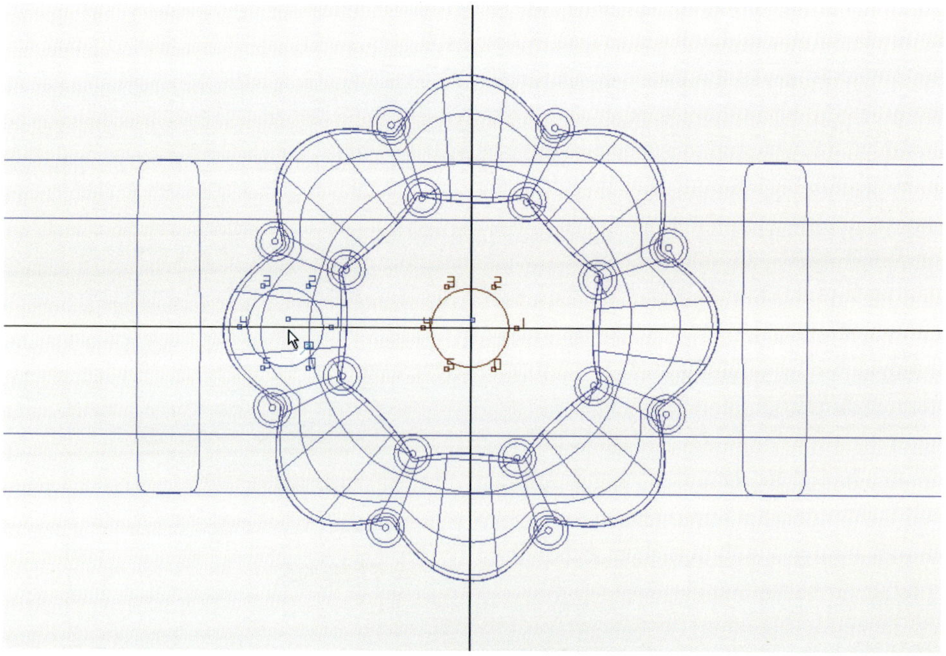

图 4－180　移动圆形曲线

- 使用**直线延伸曲面**命令将圆形曲线延伸成实体曲面。
- 按照图 4－181 所示的操作来设置延伸的数值。

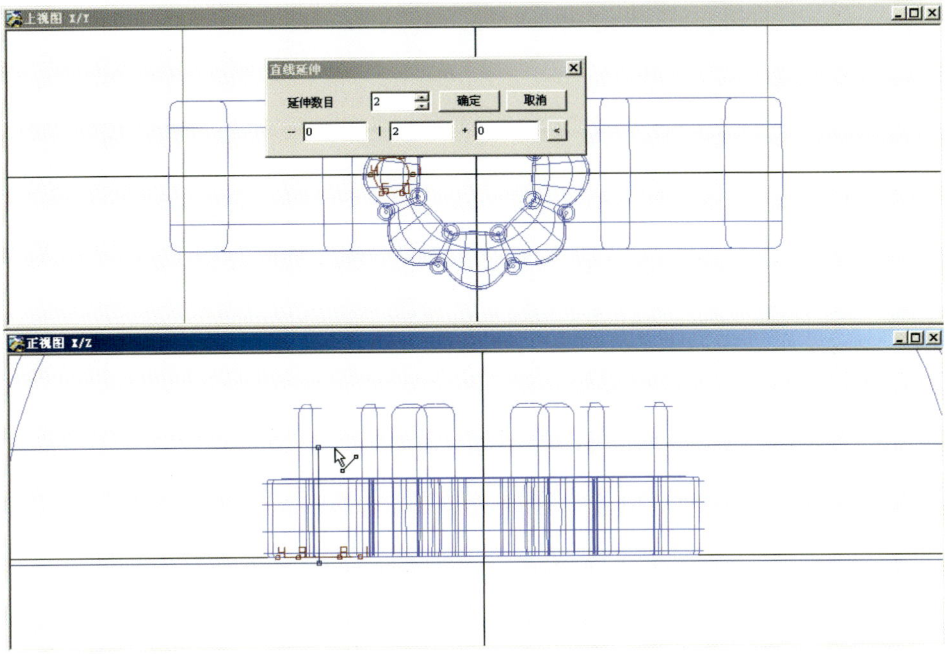

图 4－181　直线延伸圆形曲线成曲面

- 选中延伸产生的实体将它环形复制 8 个后，点击**相减**命令将延伸实体与导轨曲面进行相减布林体运算。
- 相减后的光影图效果，见图 4－182。

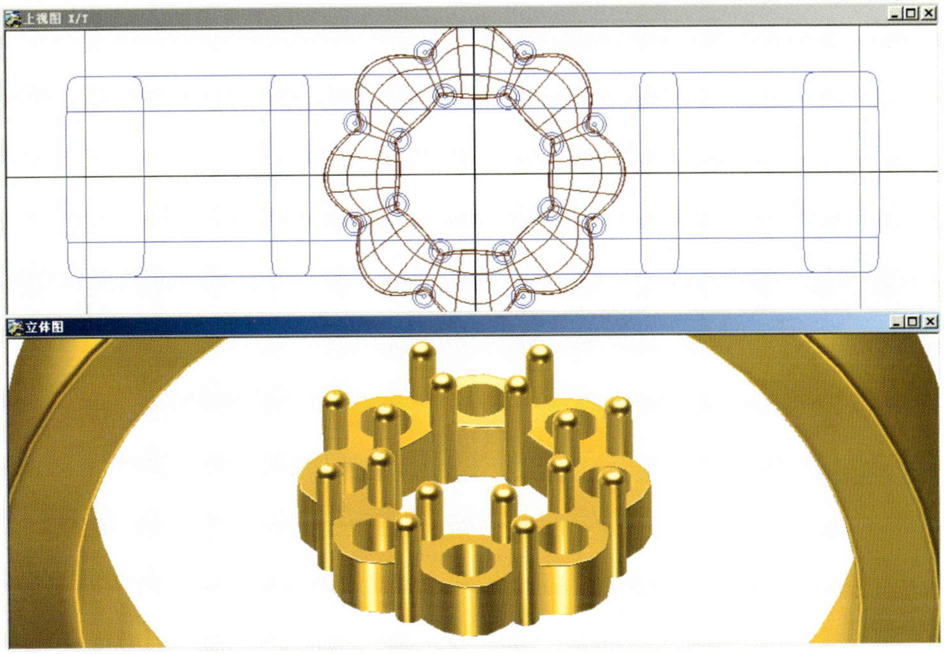

图 4－182　布林体运算后的效果

● 选中镶爪和下面的基座，见图 4－183。

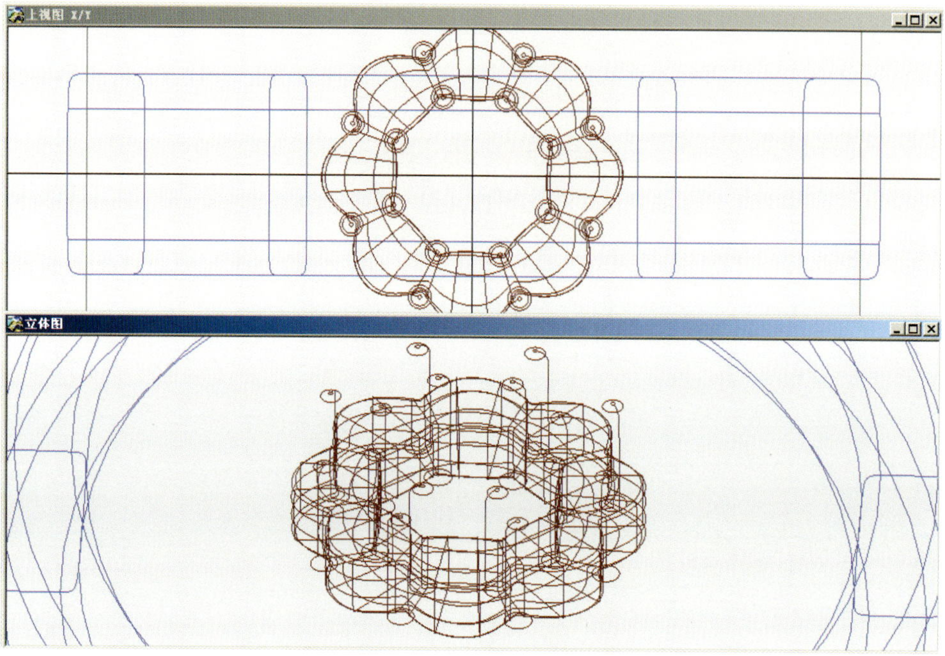

图 4－183　布林体联集运算

● 作布林体的联集运算。将他们合为一个整体方便选择。

● 点击杂项菜单里面的**宝石**命令调用刻面宝石。

● 在弹出的宝石对话框里面选择圆形宝石，并在接下来的圆钻尺码对话框输入 2，以得到直径为 2mm 的圆形钻石，见图 4－184。

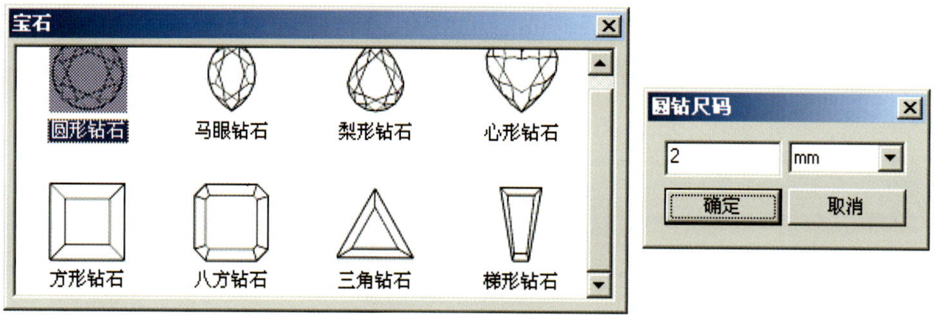

图 4－184　宝石对话框

- 使用**移动**命令调整它的位置，见图 4－185。

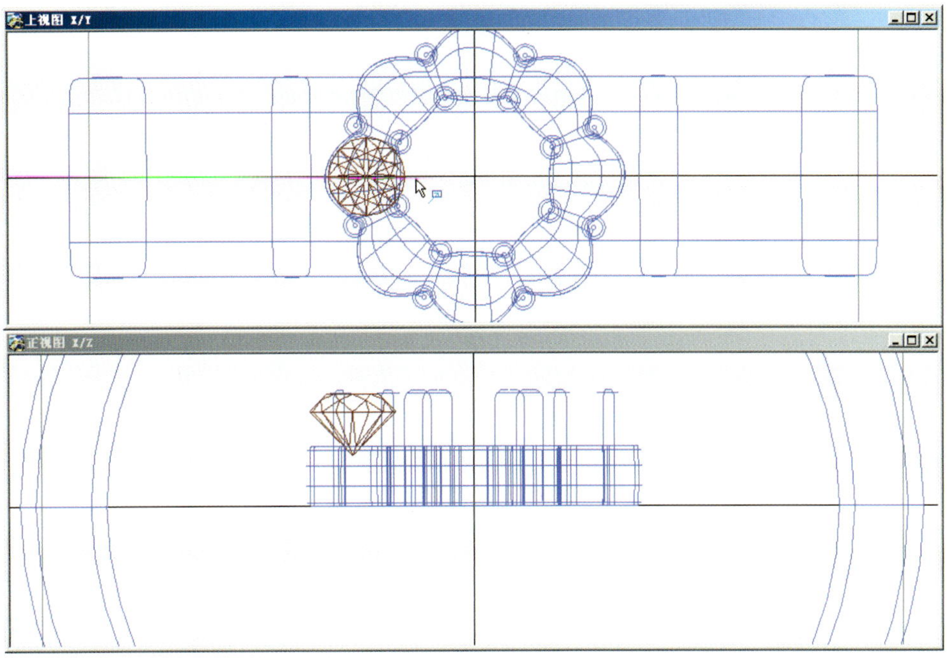

图 4－185　放置宝石

- 选中宝石，以上视图为当前操作视图，使用**环形复制**命令(图 4－186)复制 8 个宝石。
- 并作联集(图 4－187)运算，将它们合为一个整体。
- 选中镶口及宝石集合，作直线延伸复制，见图 4－188。

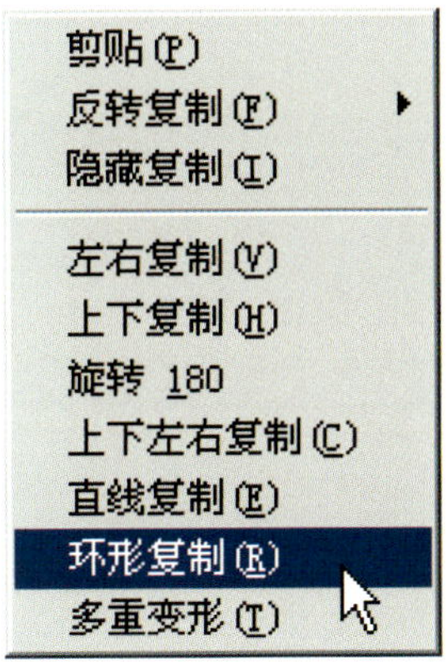

图 4－186　复制下拉菜单

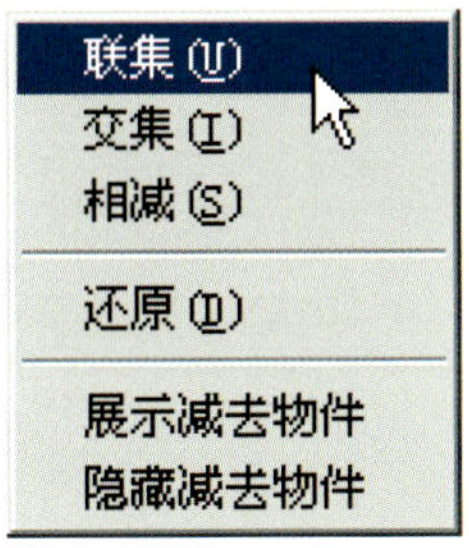

图 4－187　布林体运算下拉菜单

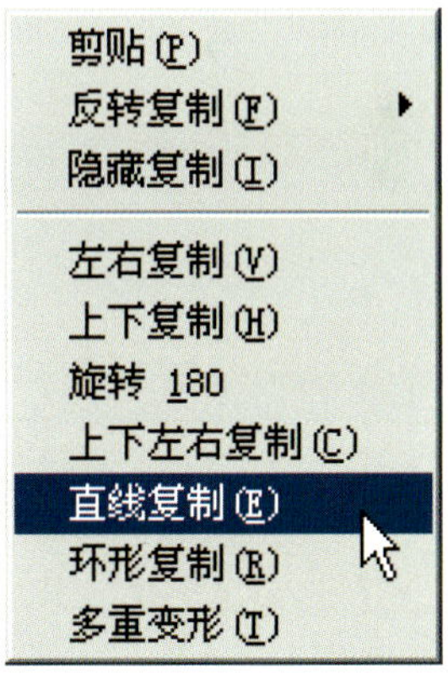

图 4－188　复制下拉菜单

- 按照图 4－189 设置直线延伸复制对话框。

图 4－189　直线延伸复制对话框

● 复制后的效果，见图 4－190。

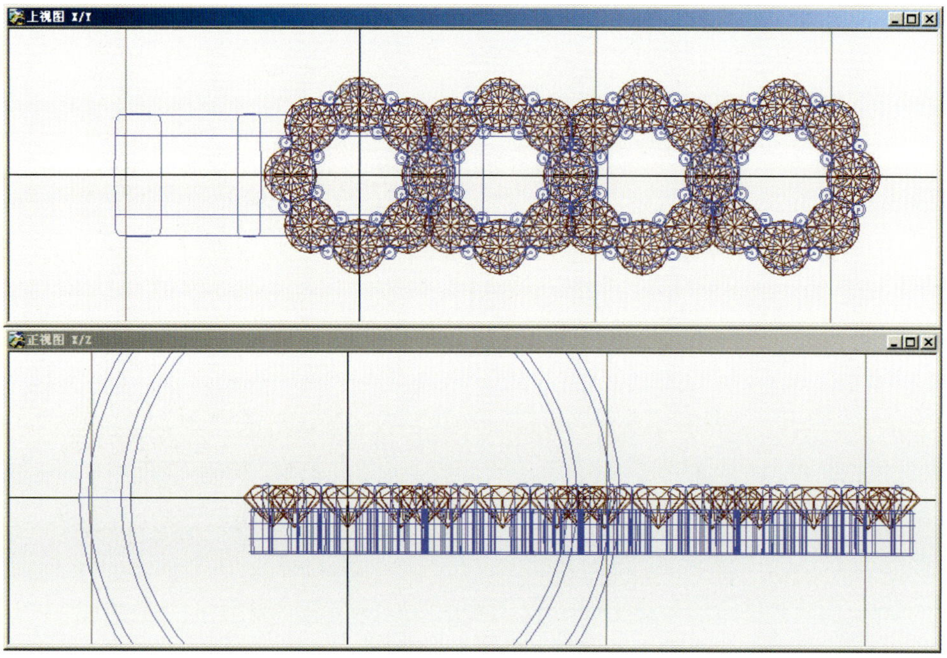

图 4－190　复制后的镶口

● 使用选择菜单里面的**宝石**命令选中所有的宝石，再点击布林体里面的**还原**命令，以解散刚才组成的集合。

● 选中叠加部分重复的宝石将它们删除，见图 4－191。

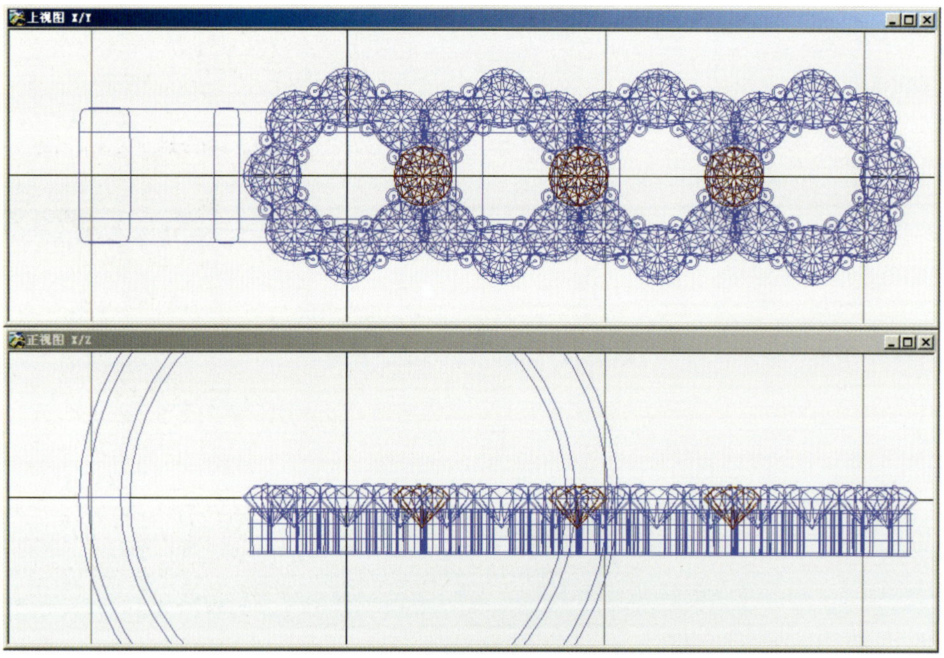

图 4－191　删除重叠部分的宝石

在上视图使用曲线菜单里面的**上下对称线**命令绘制曲线，见图 4－192。

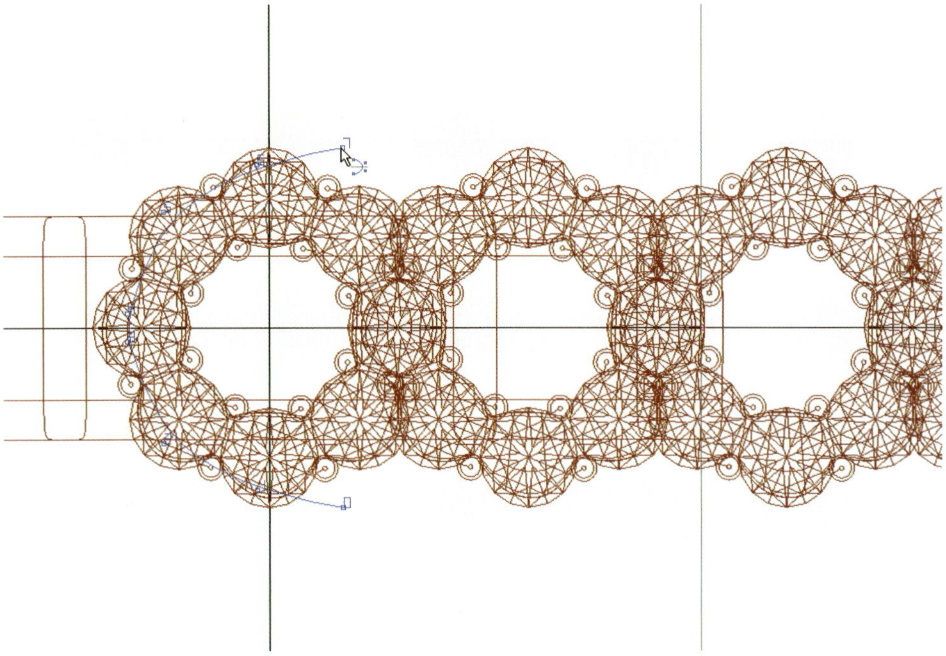

图 4－192 绘制曲线

将它左右复制，并使用**移动**命令调整曲线的位置，再使用曲线里面的**倒序编号**命令将刚复制的一条曲面的编号顺序颠倒，见图 4－193。

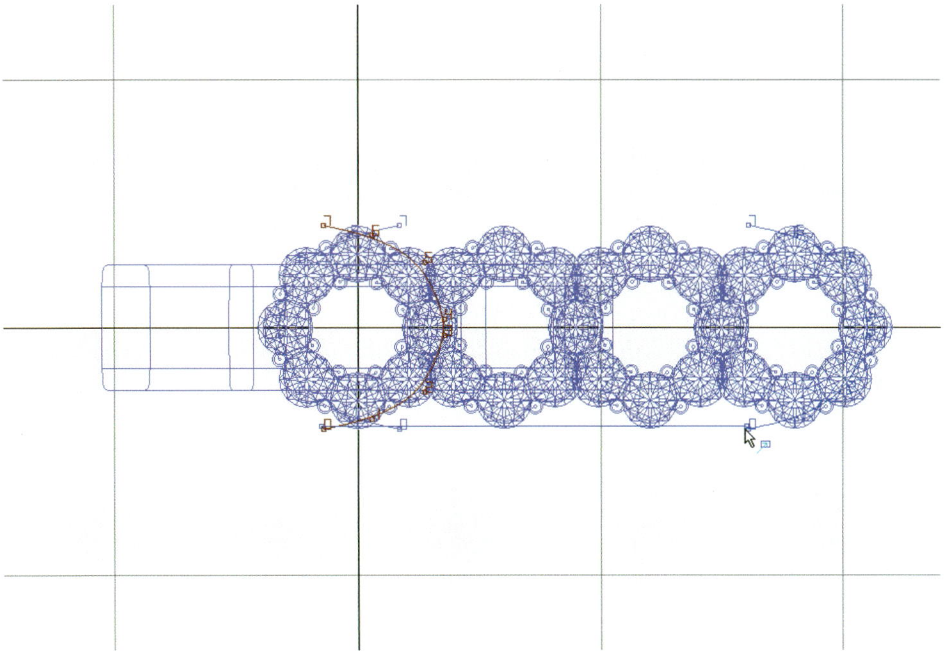

图 4－193 复制曲线并倒序编号

- 使用曲线菜单里面的连接曲线命令将刚才调整好的两条曲线首尾连接起来，见图 4－194。

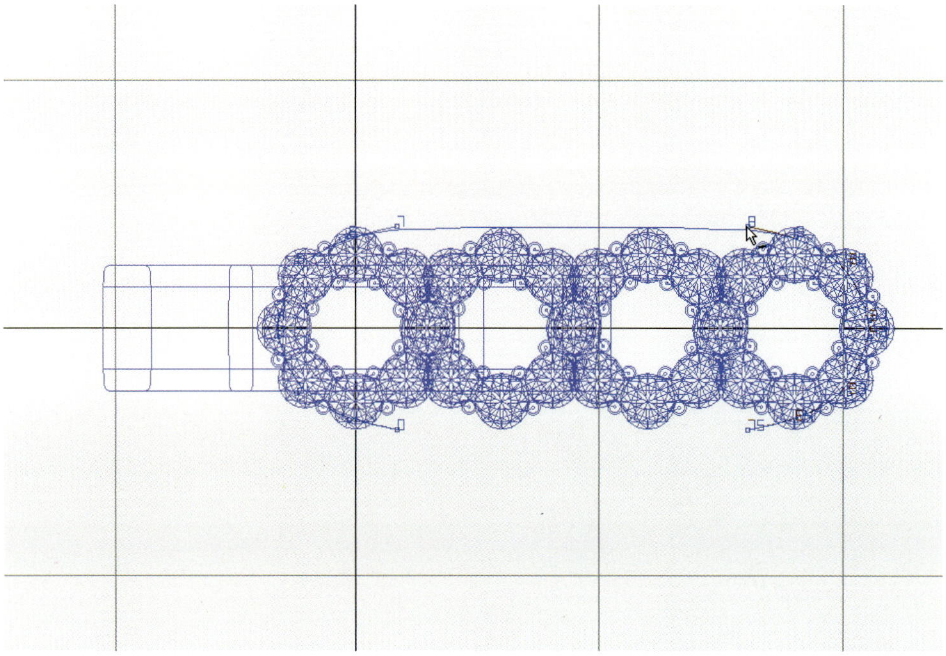

图 4－194　连接曲线

- 再将曲线封口，见图 4－195。

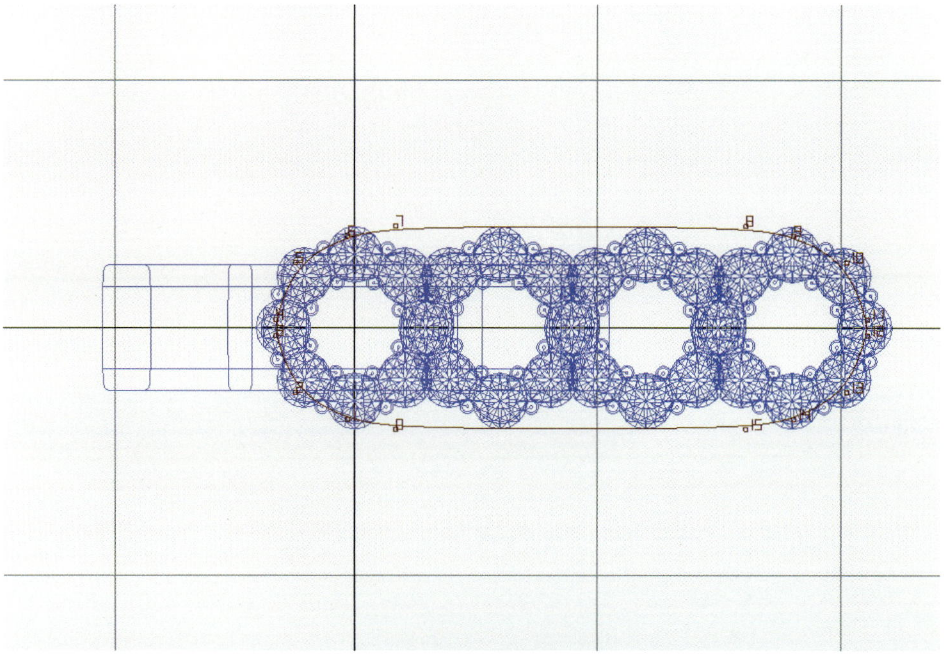

图 4－195　曲线封口

● 选中该曲线，并使用曲面菜单里面的**直线延伸**命令将曲线延伸成为实体，见图 4 - 196。

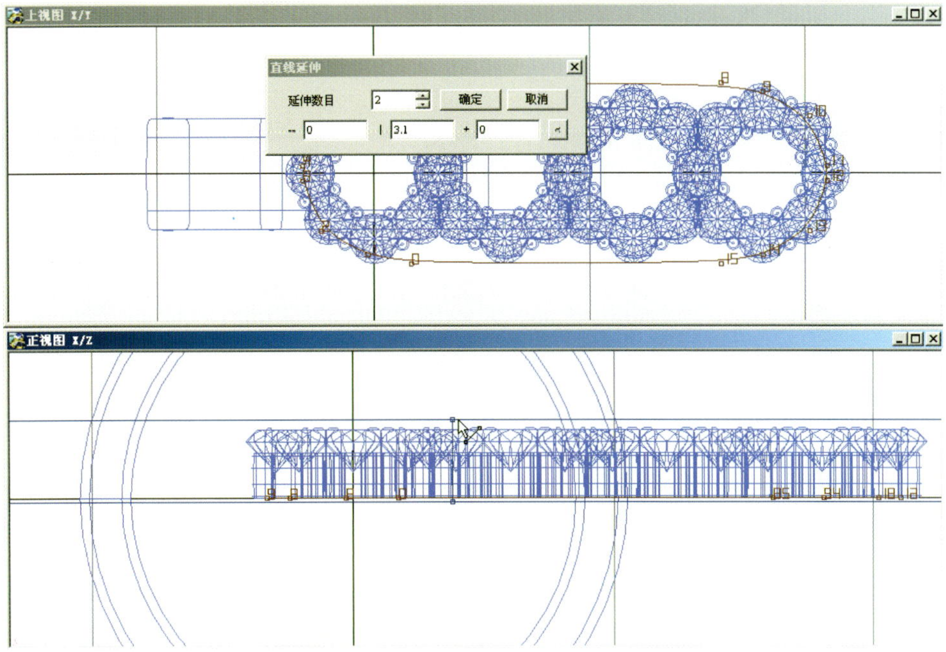

图 4 - 196　直线延伸曲线成曲面

● 使用曲面菜单里面的**增加控制点**命令将刚才延伸曲面实体的控制点数增加，以便在后面使用映射命令时曲面完全映射到需要映射的曲线上面。

● 对弹出的增加曲面控制点对话框进行如图 4 - 197 所示的设置。

● 使用**移动**命令调整位置，见图 4 - 198。

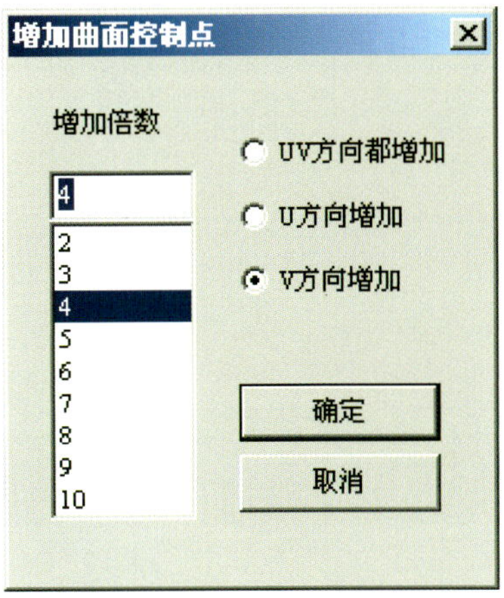

图 4 - 197　设置对话框

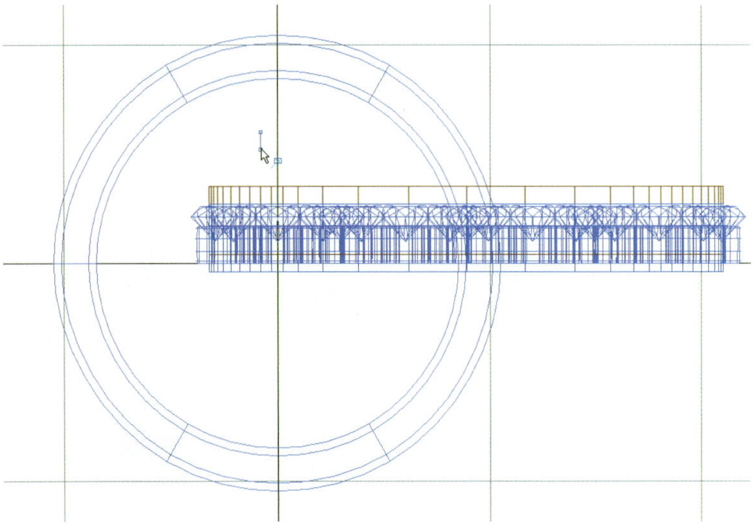

图 4 - 198　调整曲面位置

在正视图使用左右对称线命令绘制映射曲线，见图 4－199。

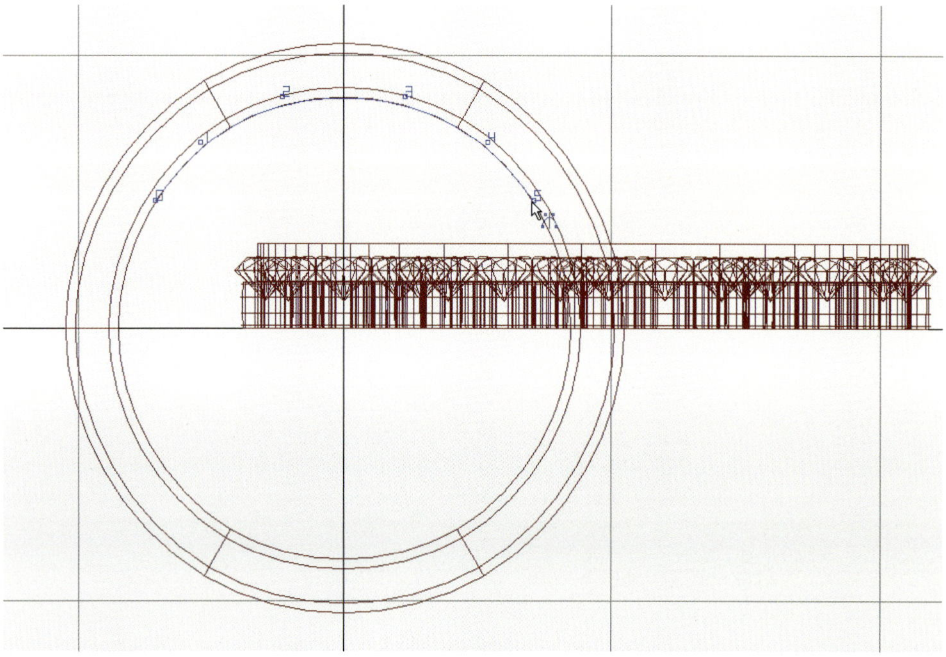

图 4－199 绘制映射曲线

选中需要映射的所有物体将它们作布林体的联集运算后，实体映射命令将它们映射到曲线上，见图 2－200。

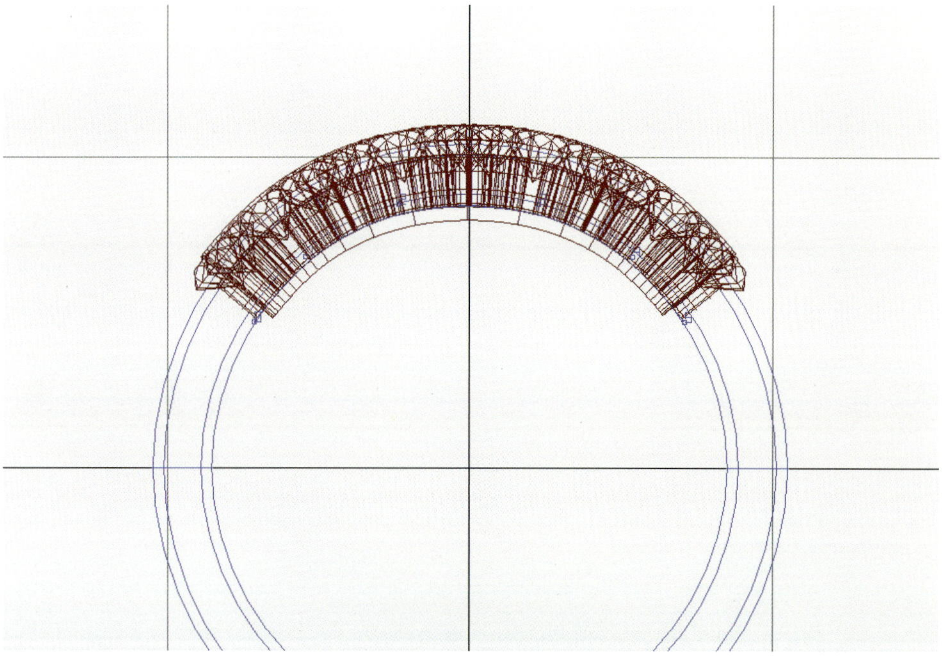

图 4－200 镶口映射到曲线上

选中映射后的实体，点击布林体里面的**还原**命令后，只选中延伸的曲面实体，让它跟戒圈作布林体的相减运算，见图 4－201。

图 4－201　布林体相减运算

光影图效果，见图 4－202。

图 4－202　光影效果图

第六节　简单镶口设计建模

围绕已经有的宝石来构建一个适合的镶口是首饰设计的重要组成部分，该实例就是通过围绕已经给定的心形刻面宝石进行镶口的建模过程。

- 点击杂项菜单里面的**宝石**命令调用宝石。
- 在弹出的对话框内点击需要的心形宝石，见图 4－203。

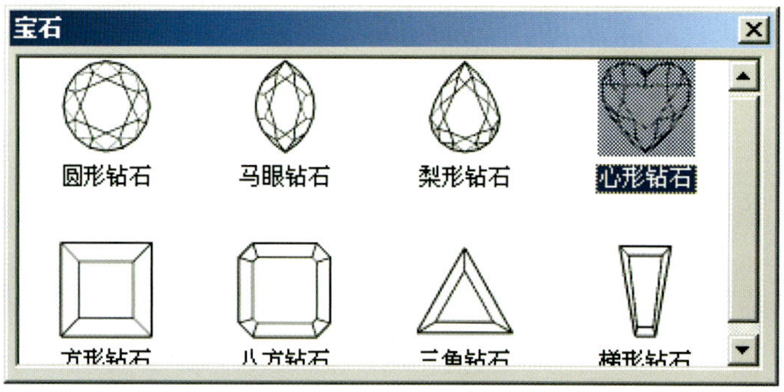

图 4－203　宝石对话框

- 可以看到一个尺寸为 1 个单位的心形刻面宝石在视窗内显示出来，见图 4－204。

图 4－204　调用的心形宝石

- 使用曲线菜单里面的**左右对称线**命令围绕宝石绘制如图 4-205 所示的曲线作为导轨。

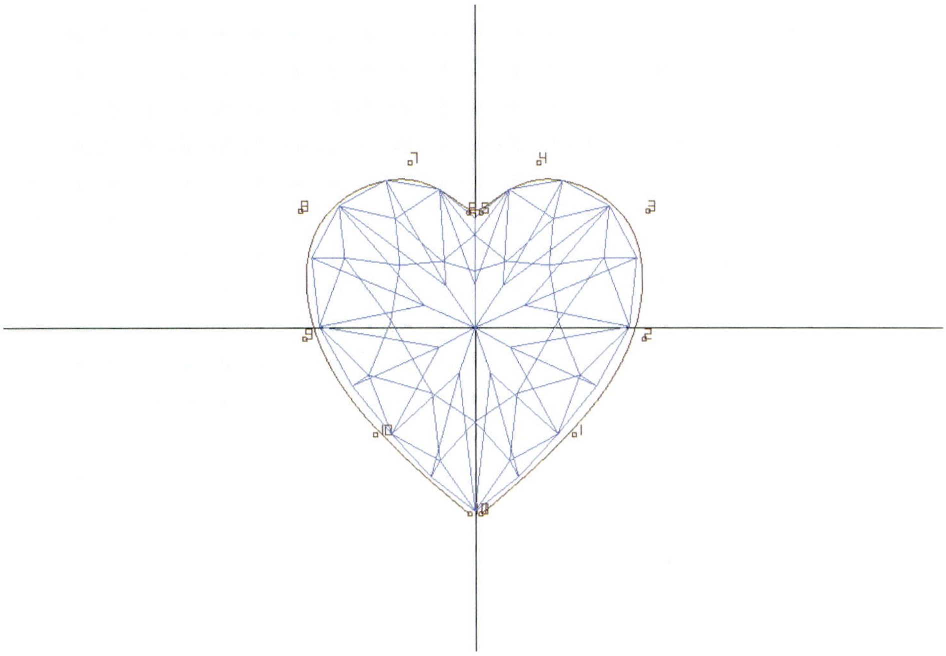

图 4-205　绘制导轨曲线

- 使用**封口曲线**命令将曲线封口，见图 4-206。

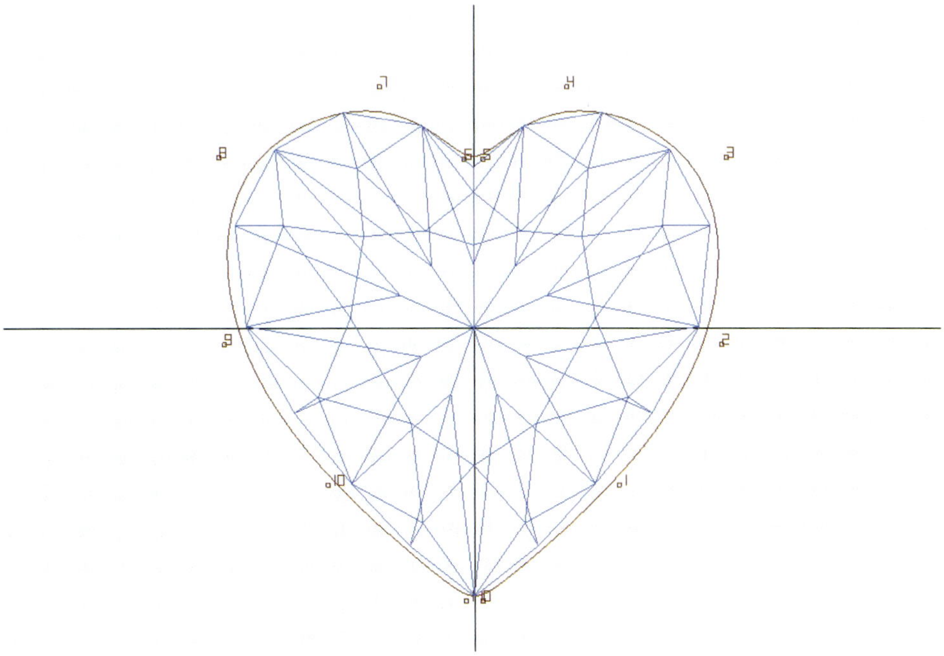

图 4-206　曲线封口

再使用**左右对称线**命令绘制另一条导轨曲线，并将它封闭，见图 4－207。

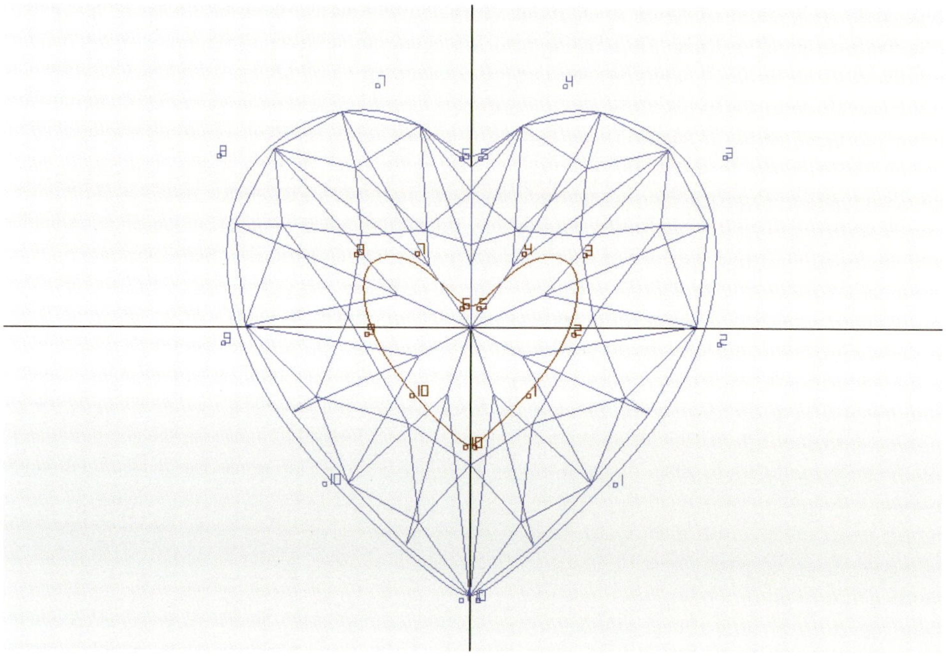

图 4－207　绘制另一条导轨曲线

使用**上下左右对称线**命令绘制如图 4－208 所示的切面曲线。

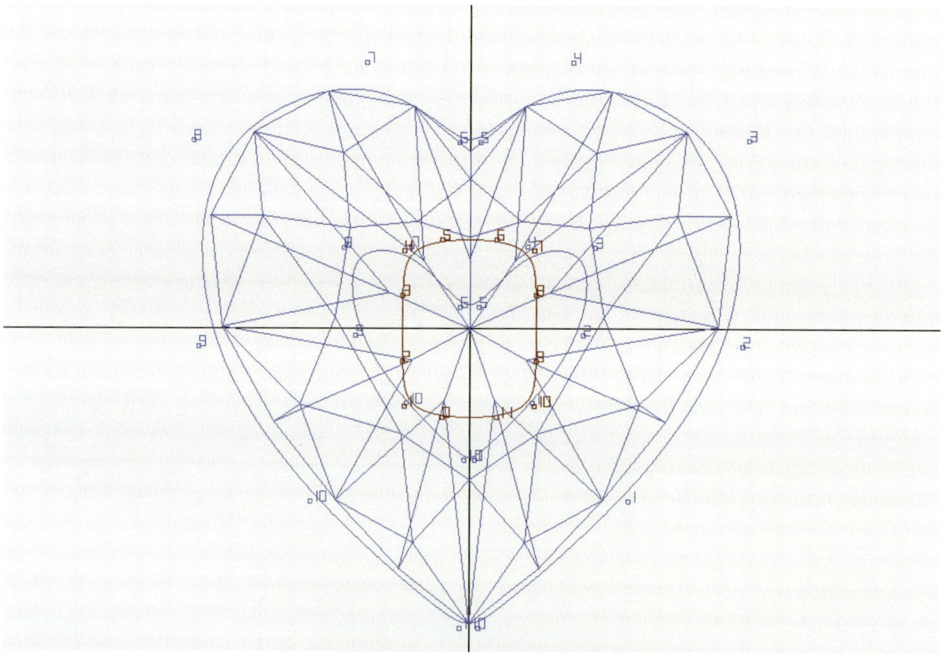

图 4－208　绘制切面曲线

点击**导轨曲面**命令并按照图 4－209 设置弹出的导轨曲面对话框。

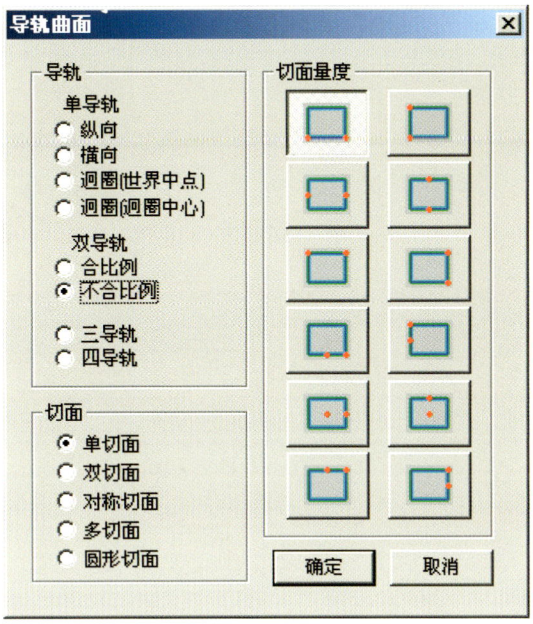

图 4－209 设置导轨曲面对话框

根据状态提示栏里面的提示依次点选导轨曲线与切面轮廓线，见图 4－210。

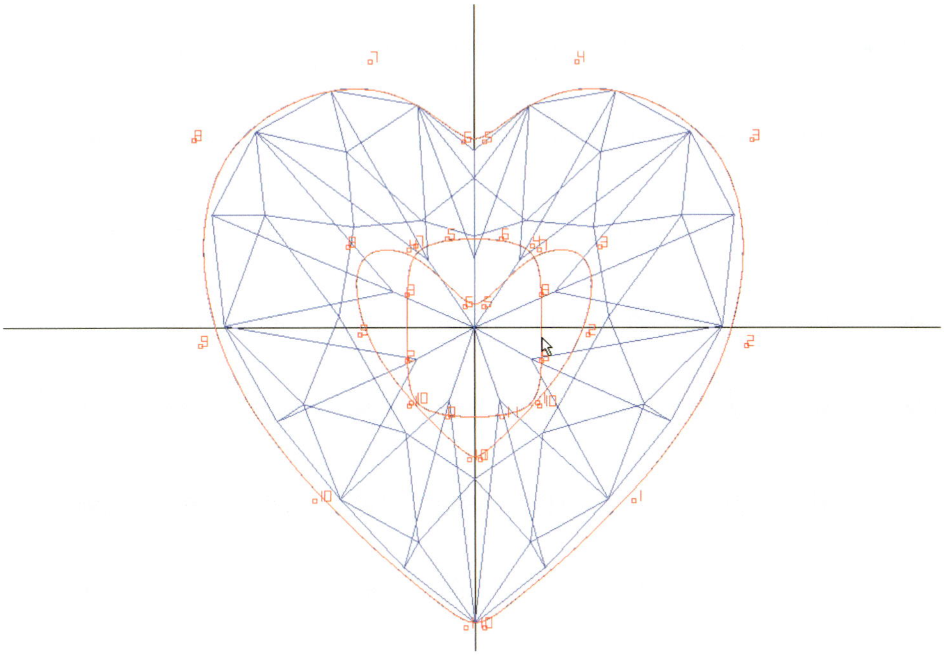

图 4－210 点击导轨曲线和切面曲线

图 2－211 为导轨曲面产生的实体曲面。

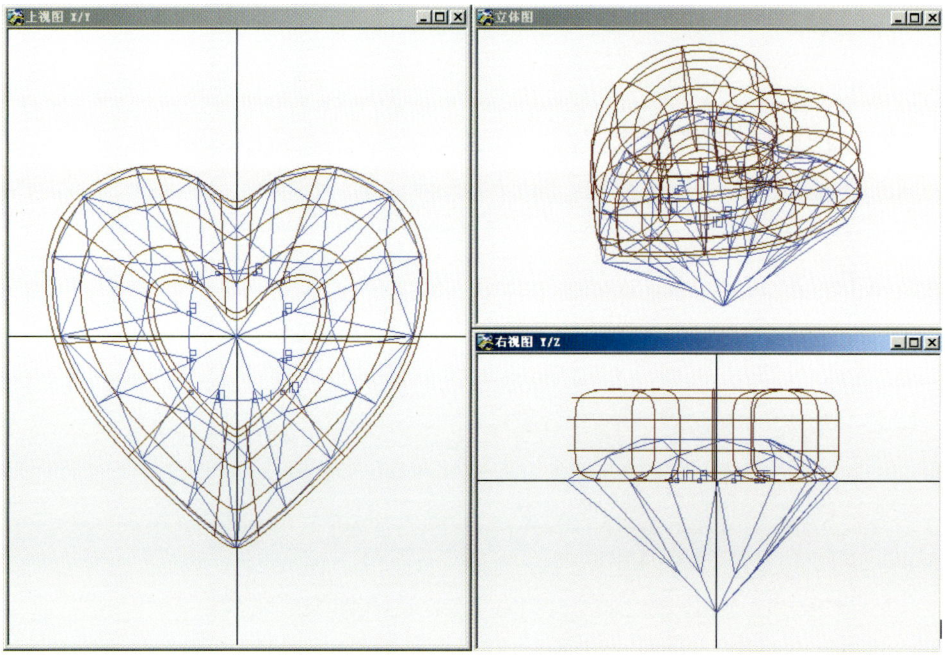

图 4－211 产生的实体曲面

使用**左右对称线**命令，在上视图中绘制如图 4－212 的曲线作为导轨。

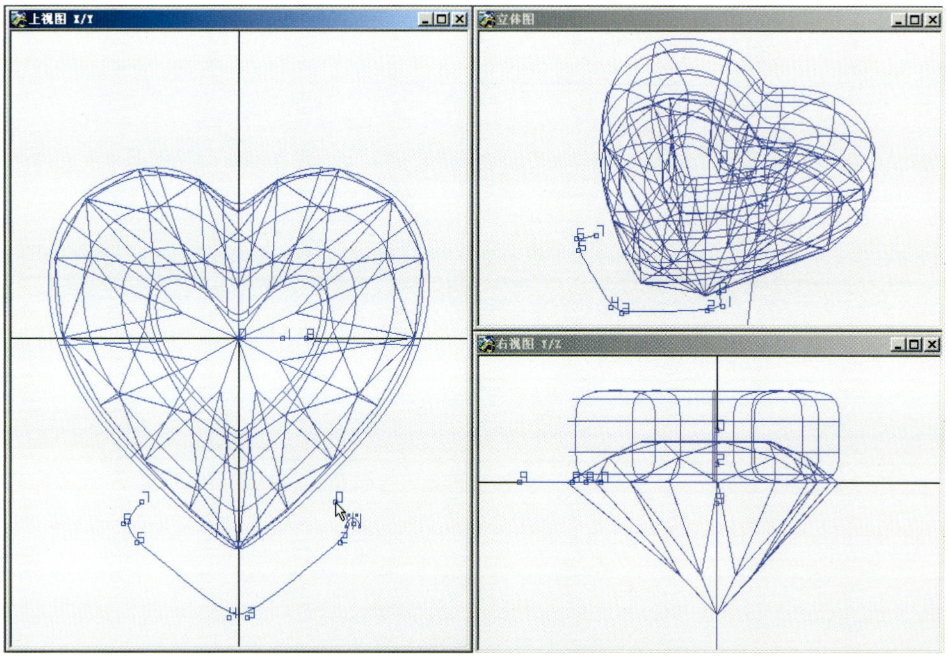

图 4－212 绘制镶爪导轨曲线

再使用**左右对称线**命令，在上视图中绘制如图 4－213 的导轨曲线。

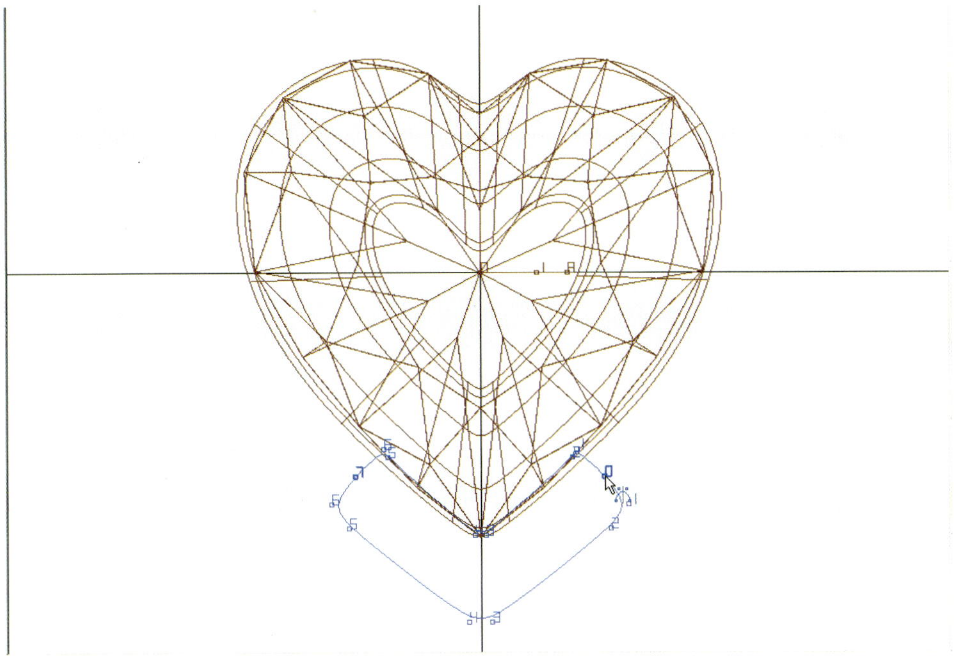

图 4－213　绘制第 2 条镶爪导轨曲线

在相同的视图内使用**左右对称线**命令，绘制切面轮廓曲线，见图 4－214。

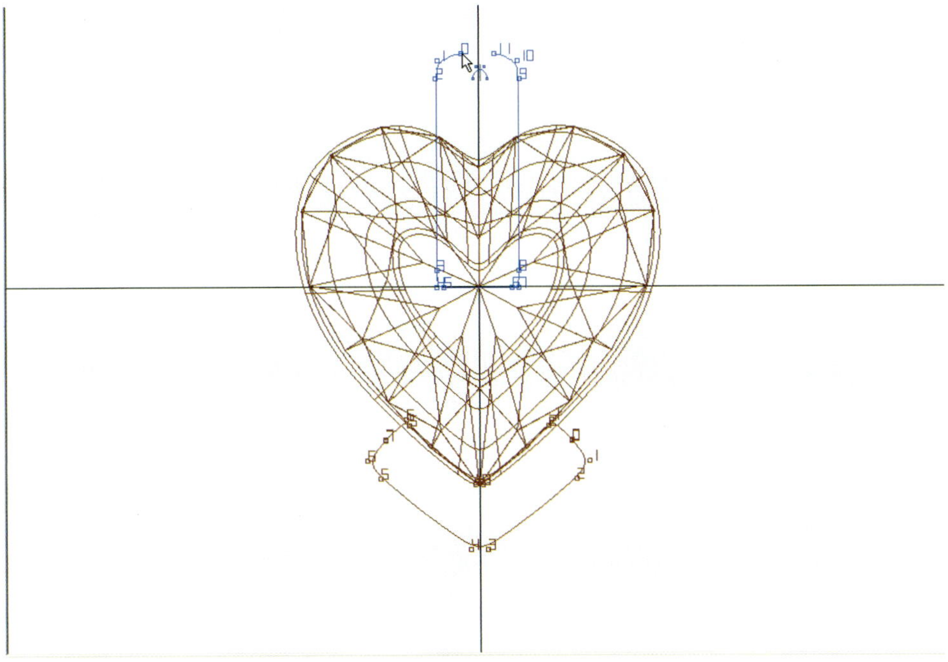

图 4－214　绘制切面曲线

● 将绘制的切面轮廓曲线封口,效果见图 4 - 215。

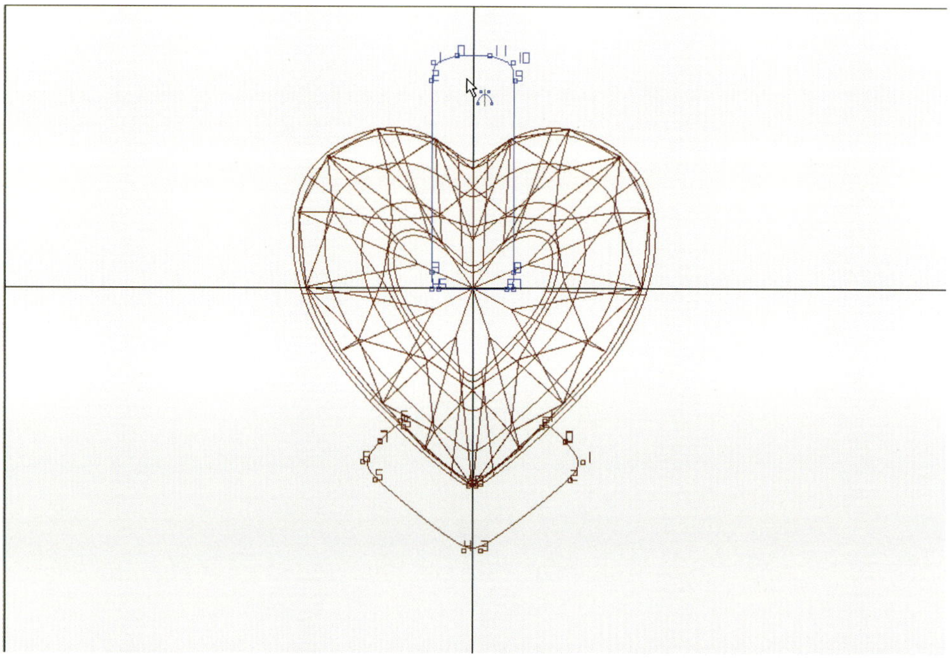

图 4 - 215　封口曲线

● 点击**导轨曲面**命令,对弹出的对话框进行如图 4 - 216 所示的设置。

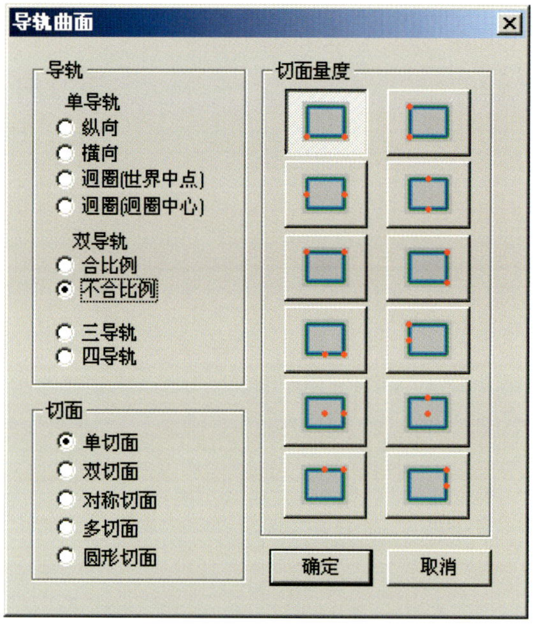

图 4 - 216　设置导轨曲面对话框

根据状态提示栏里面的提示依次点选导轨曲线和切面轮廓线，见图 4－217。

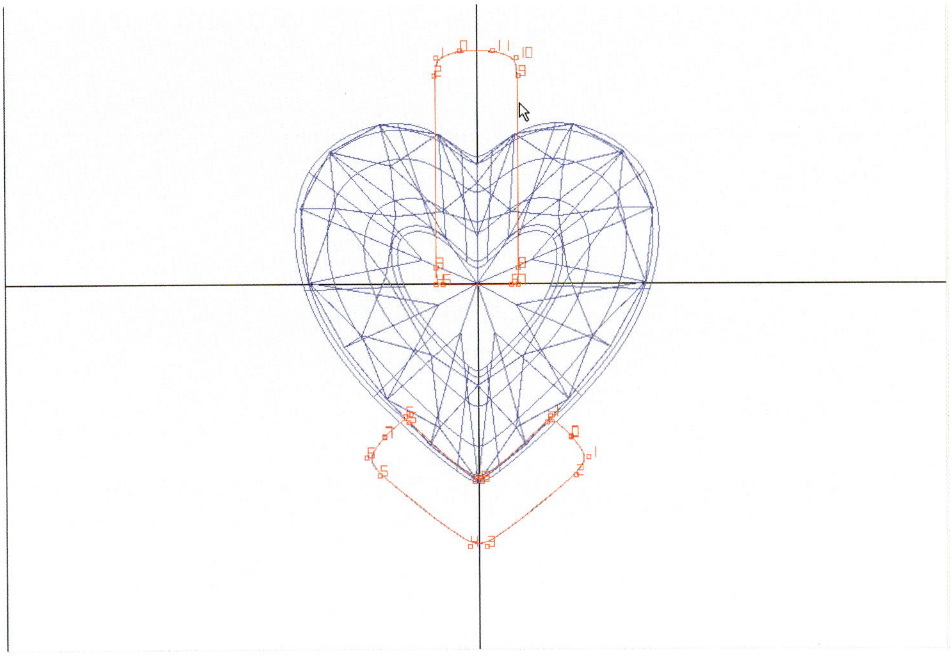

图 4－217　点击导轨曲线和切面曲线

导轨命令产生实体的效果，见图 4－218。

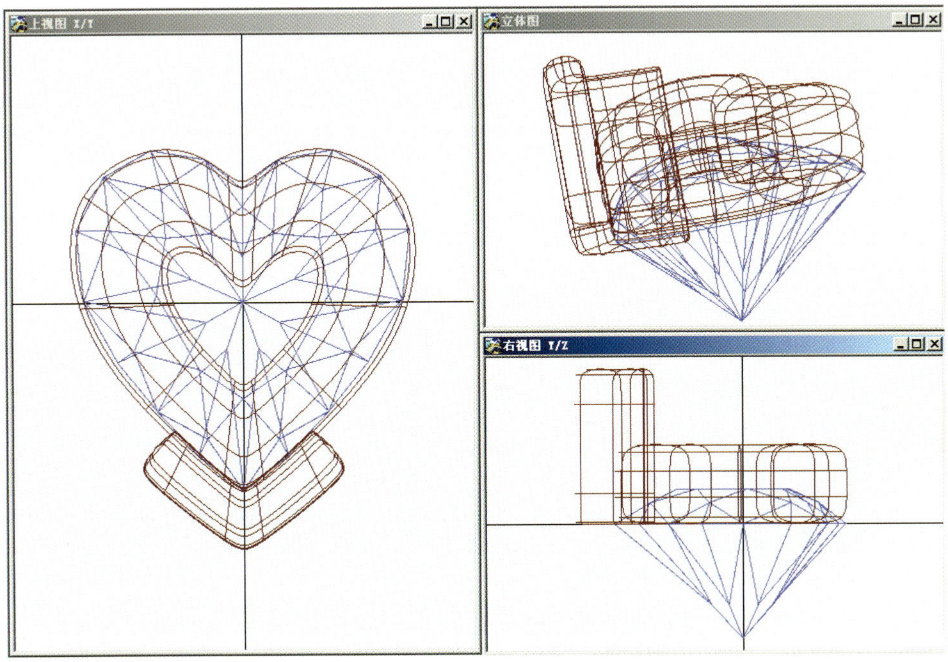

图 4－218　产生的导轨曲面

● 在正视图中使用**任意曲线**命令绘制如图 4－219 所示的曲线。

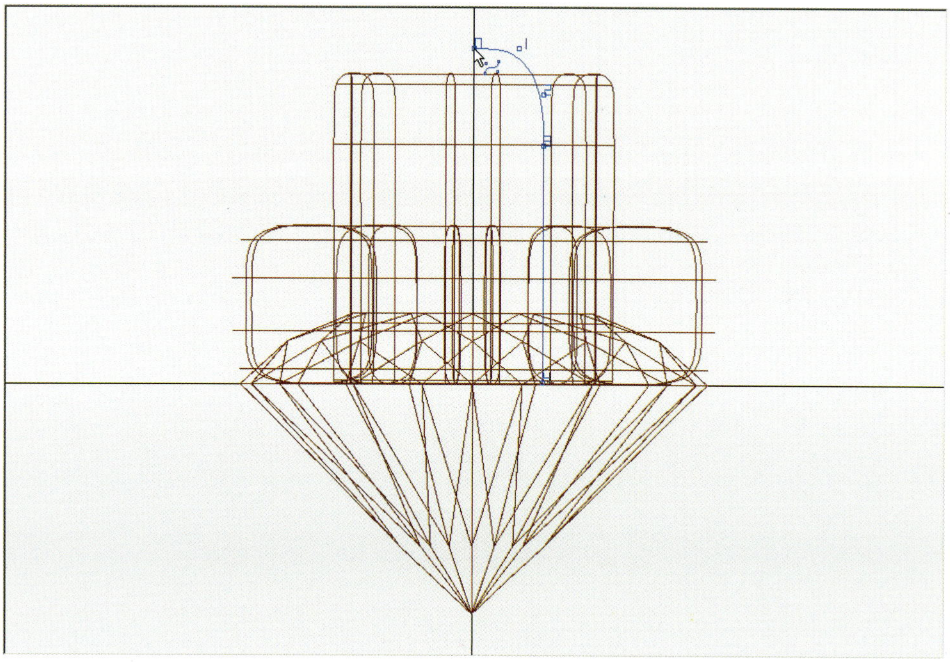

图 4－219　绘制曲线

● 以正视图为当前操作实体，点击曲面菜单里面的**纵向环形对称曲面**命令构建一个通过旋转曲线产生的模型实体。

● 效果见图 4－220。

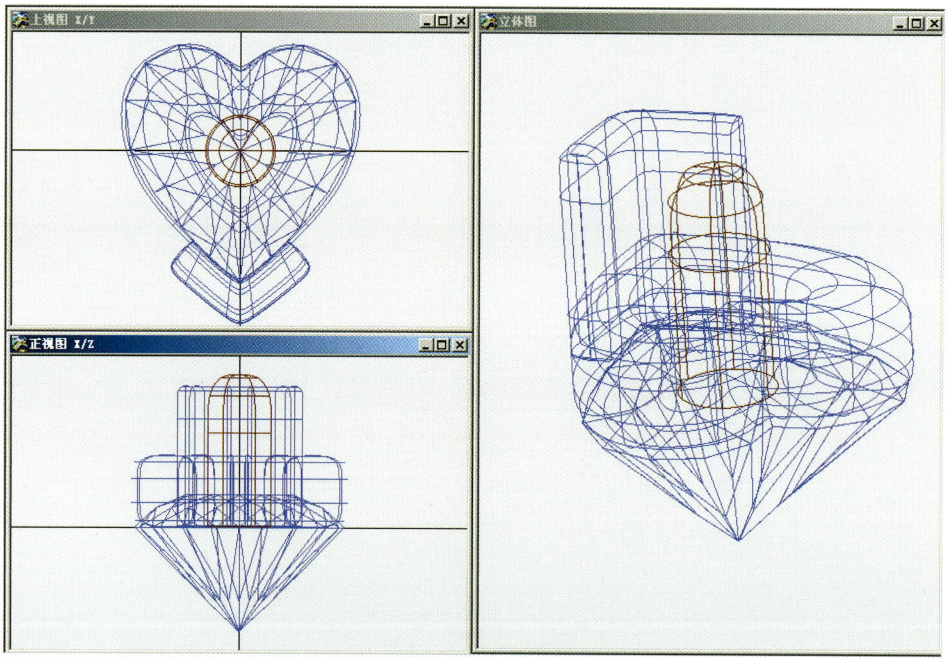

图 4－220　旋转产生的圆爪

点击**移动**命令，通过点击右键拖动鼠标来调整该实体的空间位置，调整完成后的效果，见图4－221。

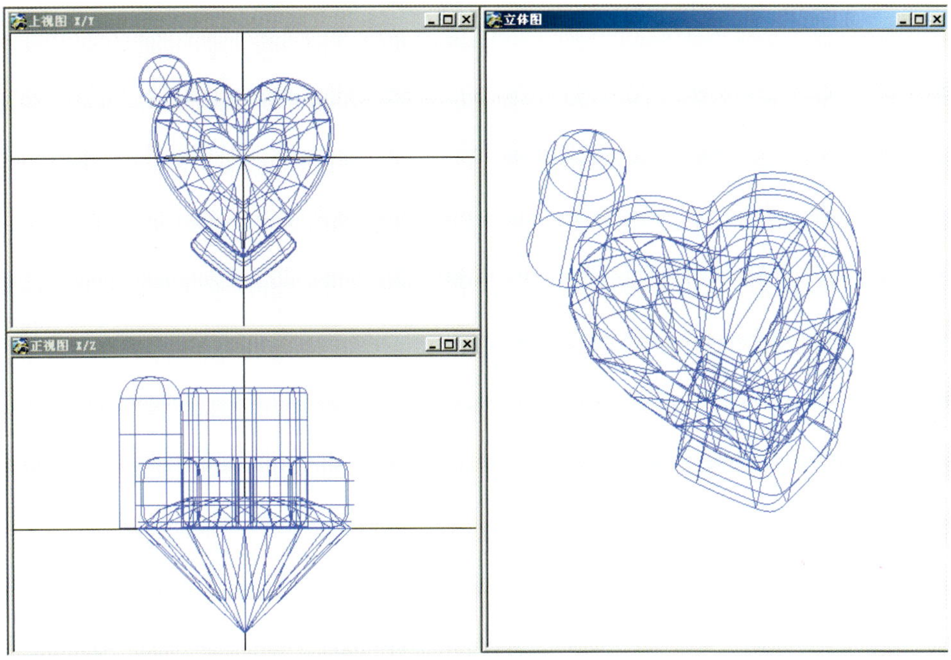

图4－221 调整爪的位置

使用**左右复制**命令将该实体左右复制，见图4－222。

图4－222 复制圆爪

- 选中构建的 4 个实体曲面，在正视图内使用**移动**命令调整它们的空间位置。
- 调整后的效果，见图 4－223。

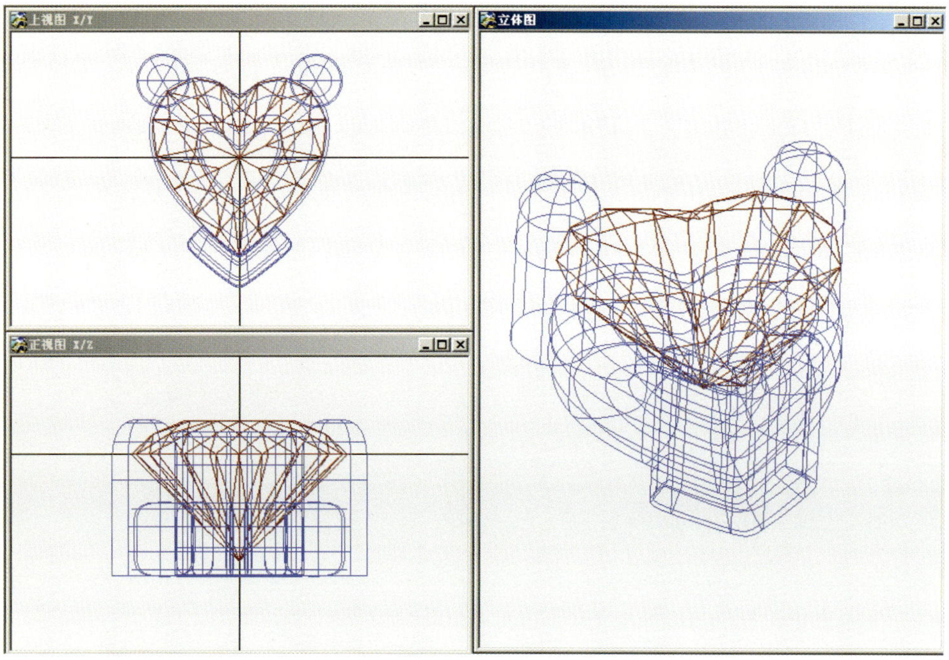

图 4－223　调整镶口和镶爪的位置

- 光影图效果，见图 4－224。

图 4－224　光影效果图

第七节　摆件小熊的设计建模

该实例主要是介绍三导轨建模的方法。通过在空间构建3条导轨曲线来完成空间曲面的编织。在绘制3条导轨曲线之前，需要对即将创建的模型的大概形态有所了解，并分析得到模型上的3条主要轮廓线。

知道摆件小熊的身体是左右对称的。重要的轮廓导轨可以确定前、后、左、右4条，但是因为躯体的结构是左右对称的，所以可以确定前、后加右(左)这3条曲线作为导轨。

还可以将身体的各个部分分开建模，这样方便对模型进行局部的修改和调整。

一、头部

- 使用曲线菜单里面的**任意曲线**命令，在不同的视图里面创建小熊头部的主要轮廓曲线。为了方便调整轮廓的形状，使用6个CV控制点。
- 以右视图为当前操作视图绘制头部轮廓，这是小熊的面部轮廓，见图4-225。

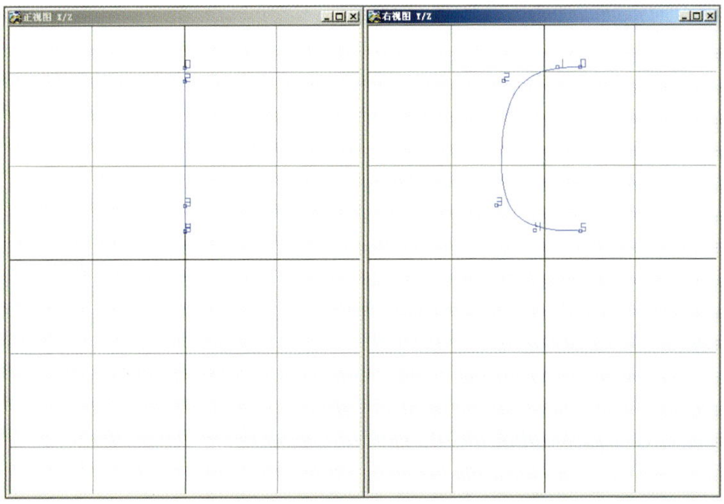

图4-225　绘制头部(面部)导轨曲线

- 同样以右视图为当前操作视图绘制小熊的头部后脑的轮廓，见图4-226。

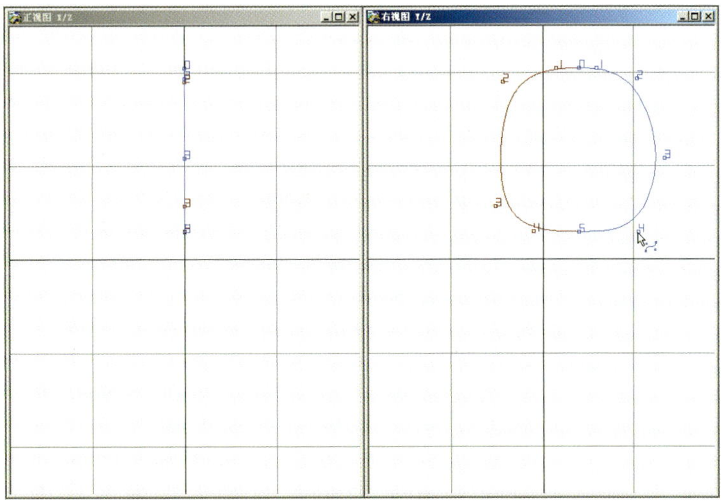

图4-226　绘制头部第2条(后脑)导轨曲线

- 同样以正视图为当前操作视图绘制小熊的头部侧面的轮廓，见图 4－227。

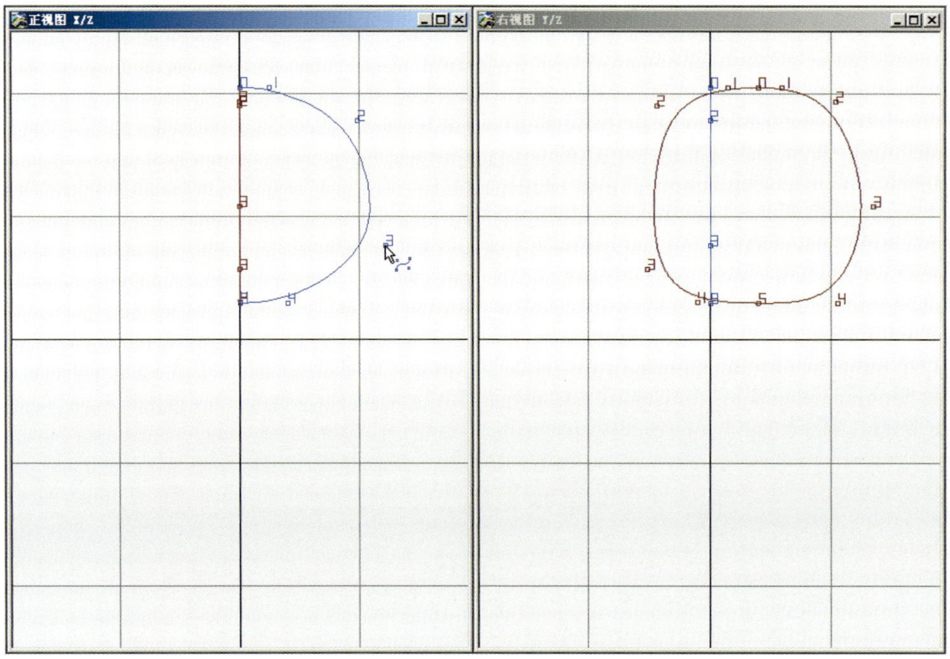

图 4－227　绘制头部第 3 条(侧面)导轨曲线

- 使用曲面菜单里面的**导轨曲面**命令。
- 在点击该命令以后，弹出下面的对话框，进行如图 4－228 所示的设置后点击确定。

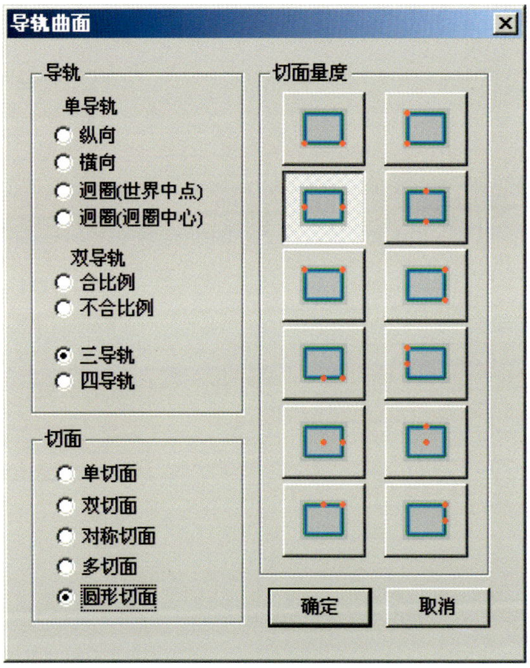

图 4－228　导轨曲面对话框

● 依次点选曲线，见图 4－229。

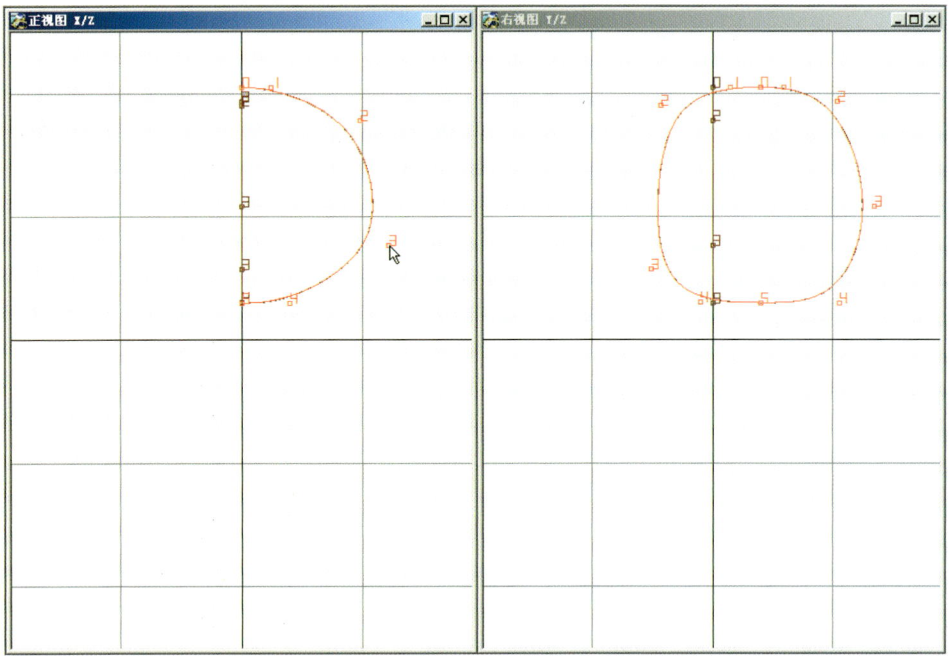

图 4－229　点击 3 条导轨曲线

● 因为使用的是圆形切面，所以这里只需要选取 3 条导轨曲线就可以构建模型，见图 4－230。

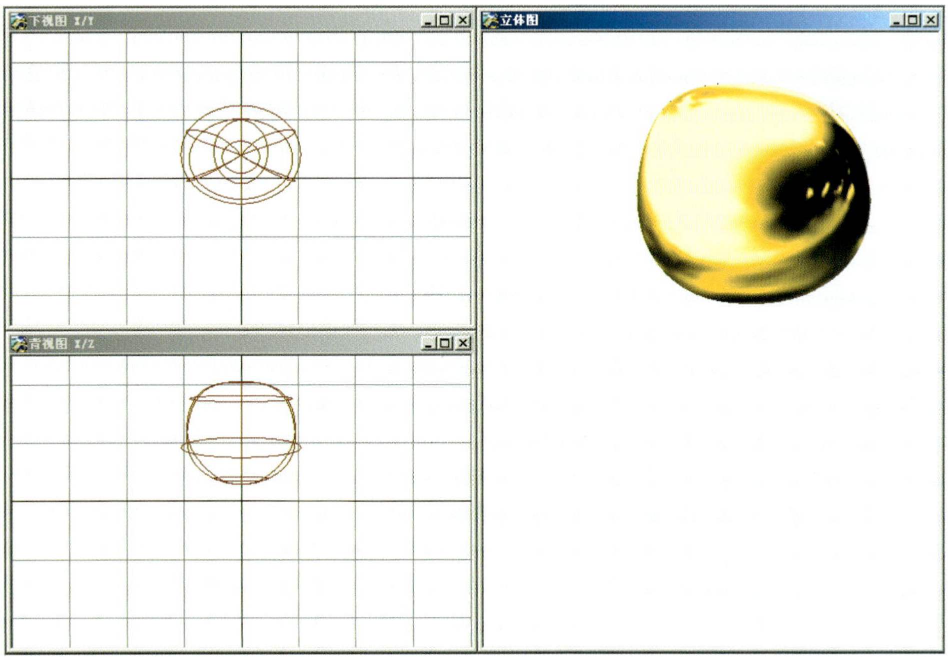

图 4－230　小熊头部模型

二、躯干

- 使用曲线命令里面的**任意曲线**命令，绘制躯干部分的轮廓导轨线。这次使用 7 个 CV 控制点。
- 以右视图为当前操作视图绘制躯干(腹部)的轮廓，见图 4－231。

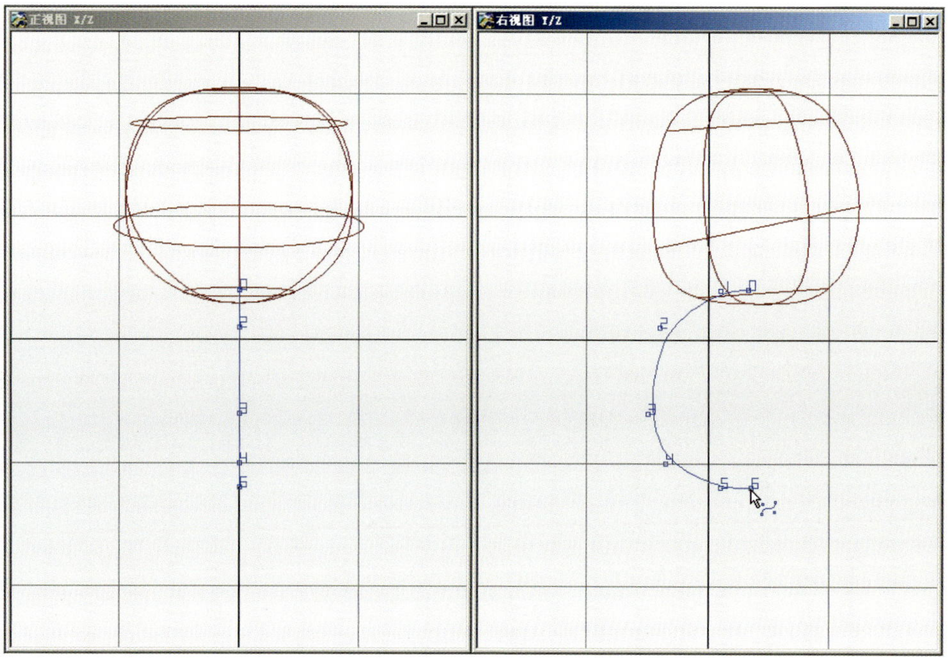

图 4－231　绘制躯干(腹部)导轨曲线

- 以右视图为当前操作视图绘制背部的轮廓，见图 4－232。

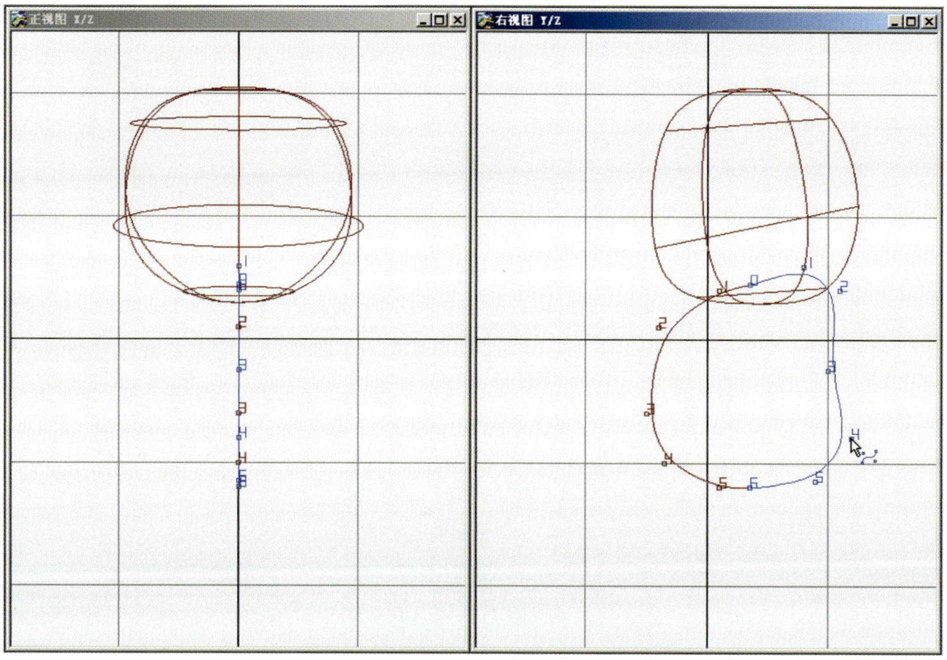

图 4－232　绘制躯干第 2 根(背部)导轨曲线

- 以正视图为当前操作视图绘制躯干的侧面轮廓，见图 4－233。

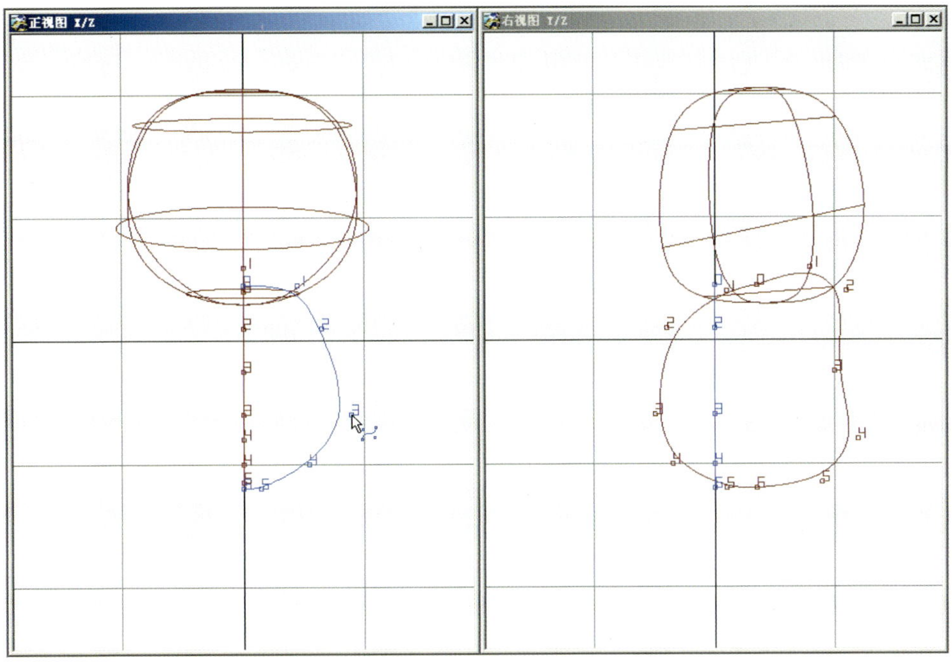

图 4－233 绘制身体第 3 根(侧面)导轨曲线

- 使用曲面菜单里面的**导轨曲面**命令来构建躯干曲面。
- 点击后按照图 4－234 对话框进行设置。

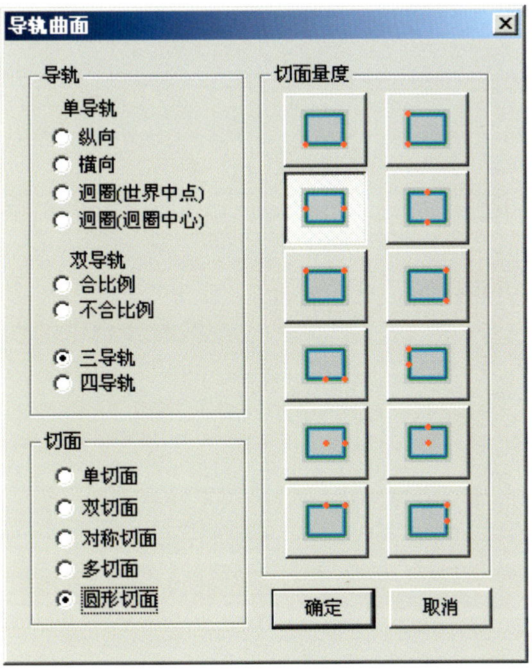

图 4－234 导轨曲面对话框

- 依次点选导轨曲线，见图 4－235。

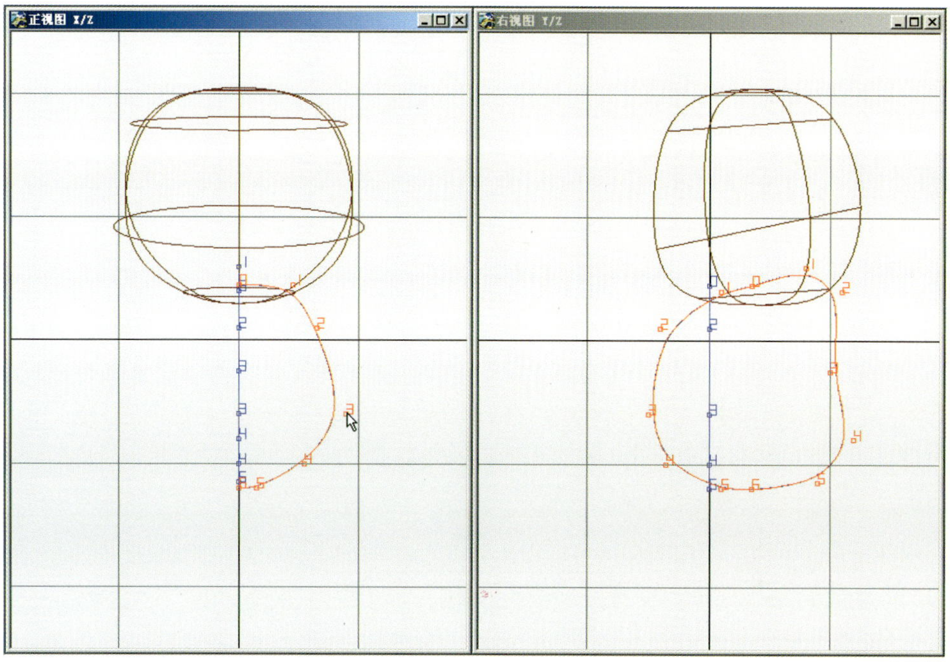

图 4－235　点击导轨曲线

- 在点选完成后可以看到如下效果，见图 4－236。

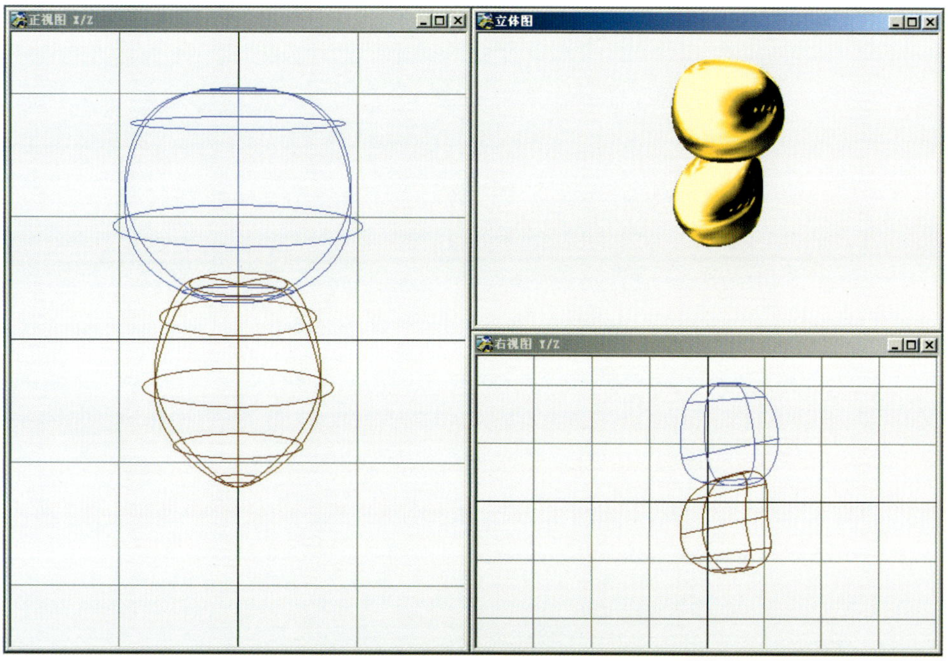

图 4－236　小熊身体模型

三、手臂

- 点击曲线菜单里面的**任意曲线**命令，创建小熊手臂的导轨轮廓曲线。
- 先在正视图里面创建，CV 控制点数为 11 个，见图 4－237，图 4－238。

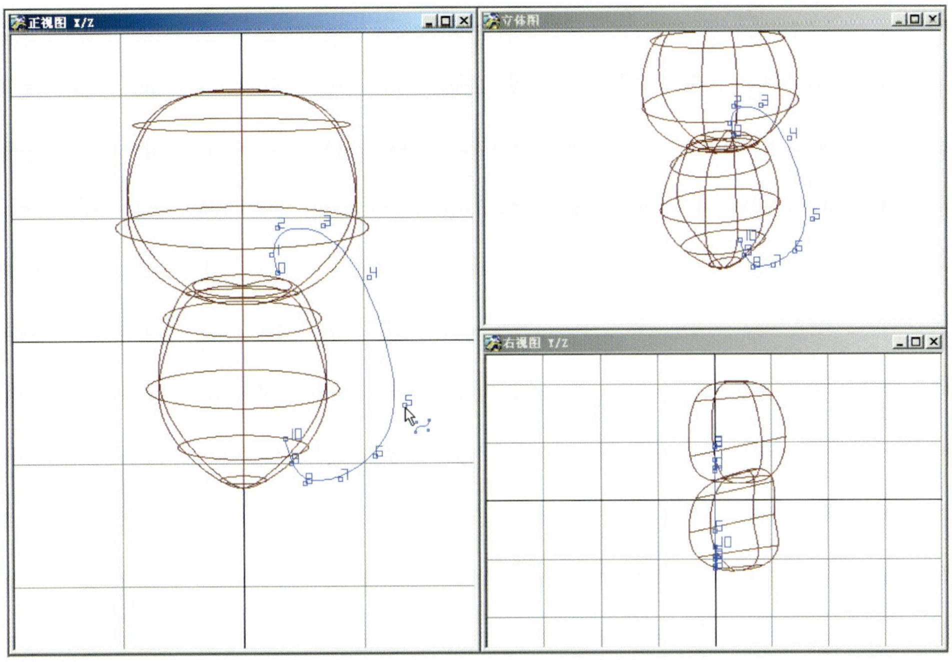

图 4－237 绘制手臂导轨曲线

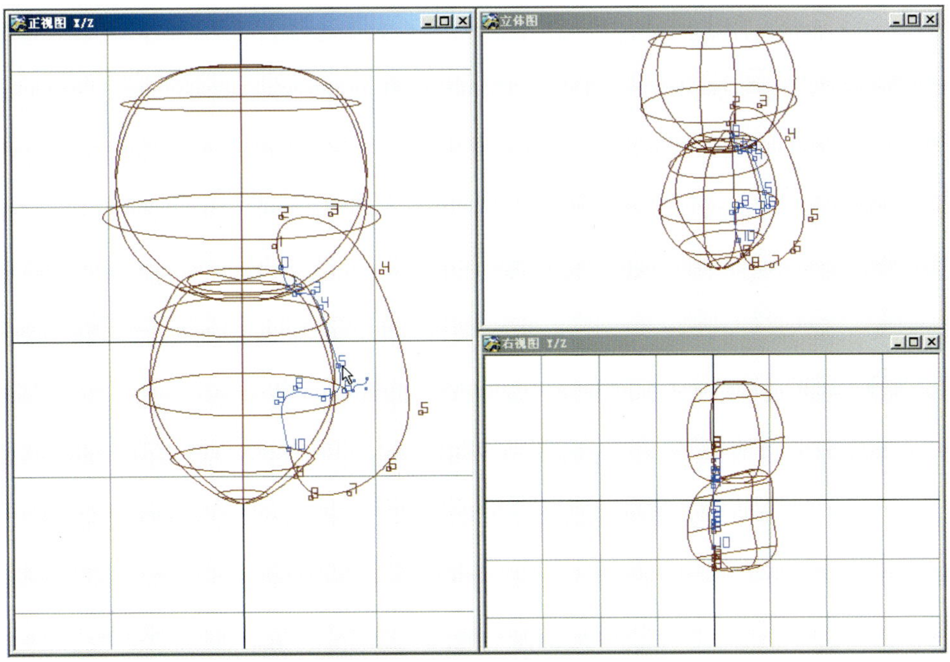

图 4－238 绘制手臂第 2 条导轨曲线

● 在右视图里面创建轮廓曲线，见图 4－239。

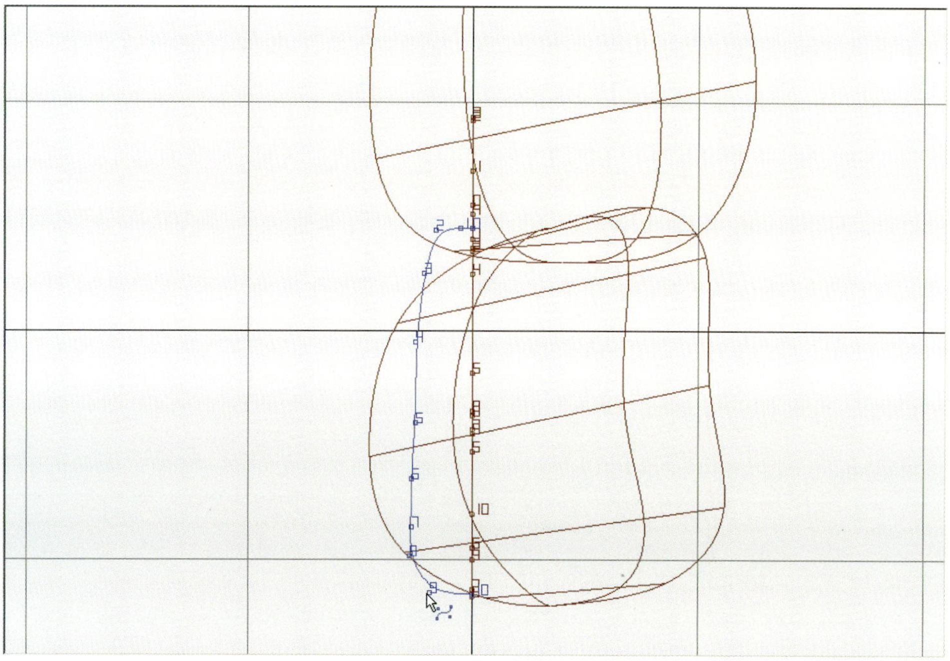

图 4－239　绘制手臂第 3 条导轨曲线

● 3 条导轨曲线创建完成后的总体效果，见图 4－240。

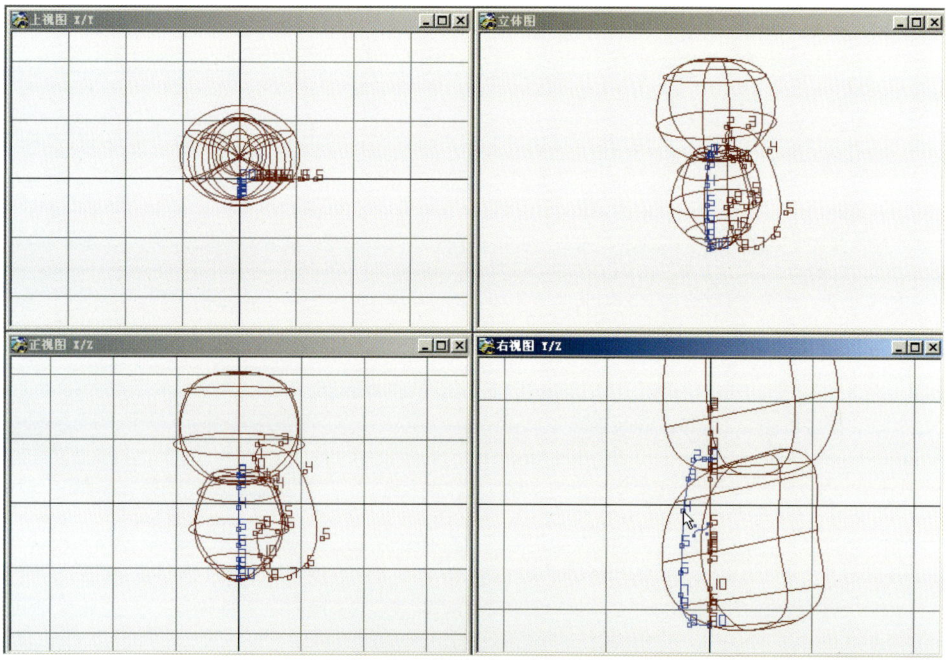

图 4－240　手臂 3 条导轨的形态

- 点击使用曲面菜单里面的**导轨曲面**命令。
- 对弹出的对话框进行如图 4－241 所示的设置。

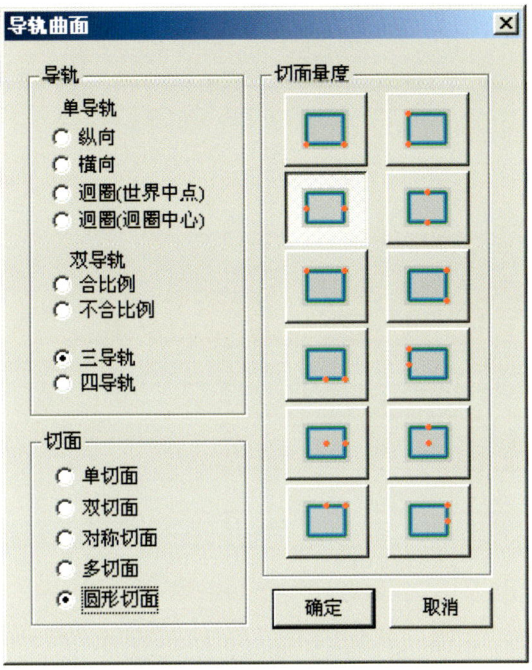

图 4－241　导轨曲面对话框

- 依次点击导轨曲线，见图 4－242。

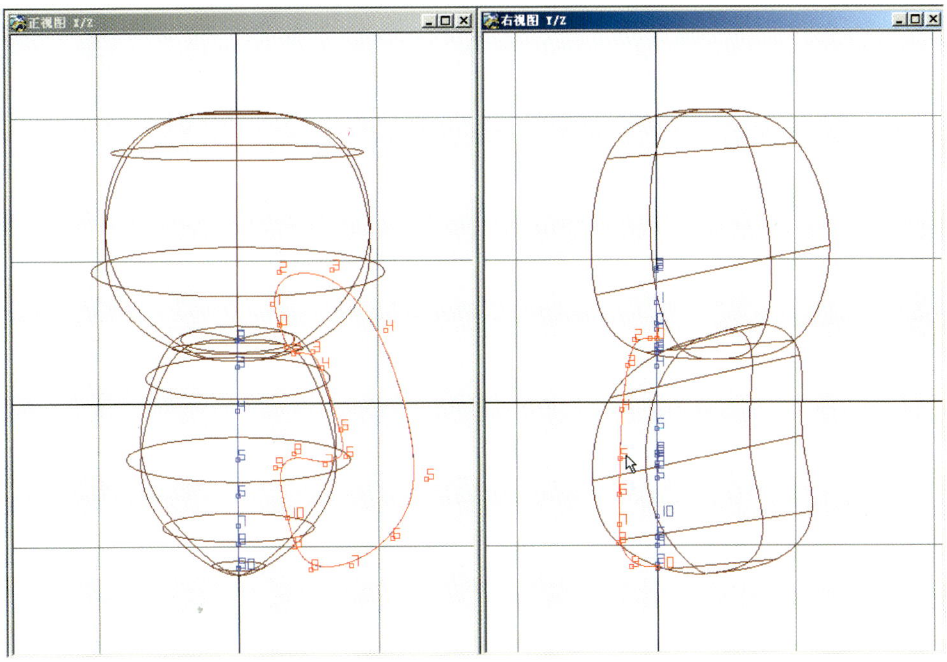

图 4－242　依次点击 3 条导轨线

● 导轨后的效果，见图 4－243。

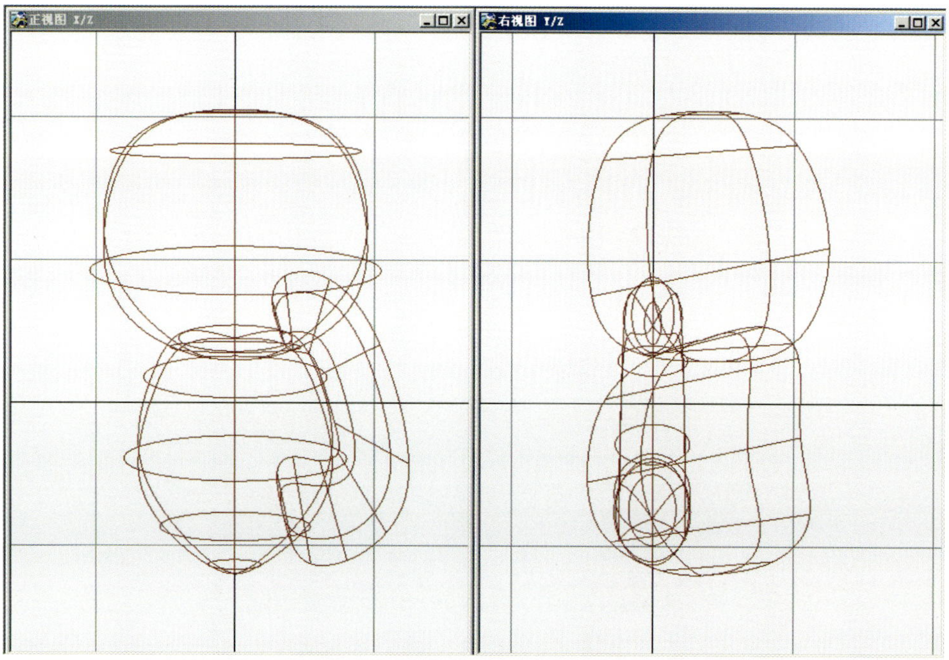

图 4－243　形成的导轨曲面

● 确定正视图为当前操作视图，选中手臂，点击复制菜单里面的**左右复制**命令，将手臂左右复制，见图 4－244。

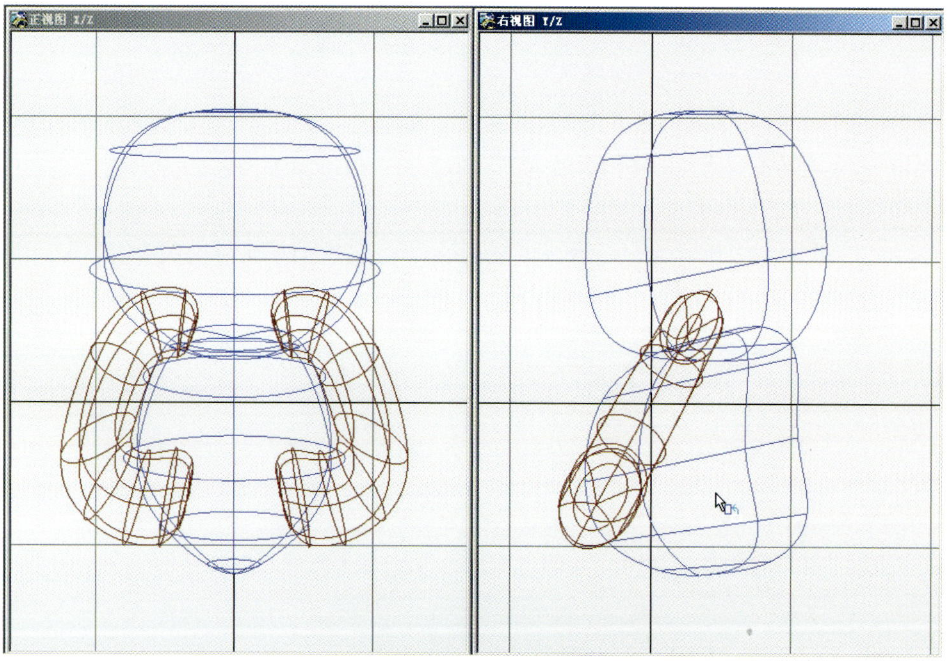

图 4－244　复制手臂

● 选中两只手臂，点击变形菜单里面的**旋转**按钮，将两只手臂稍作旋转。

- 旋转后的效果，见图 4－245。

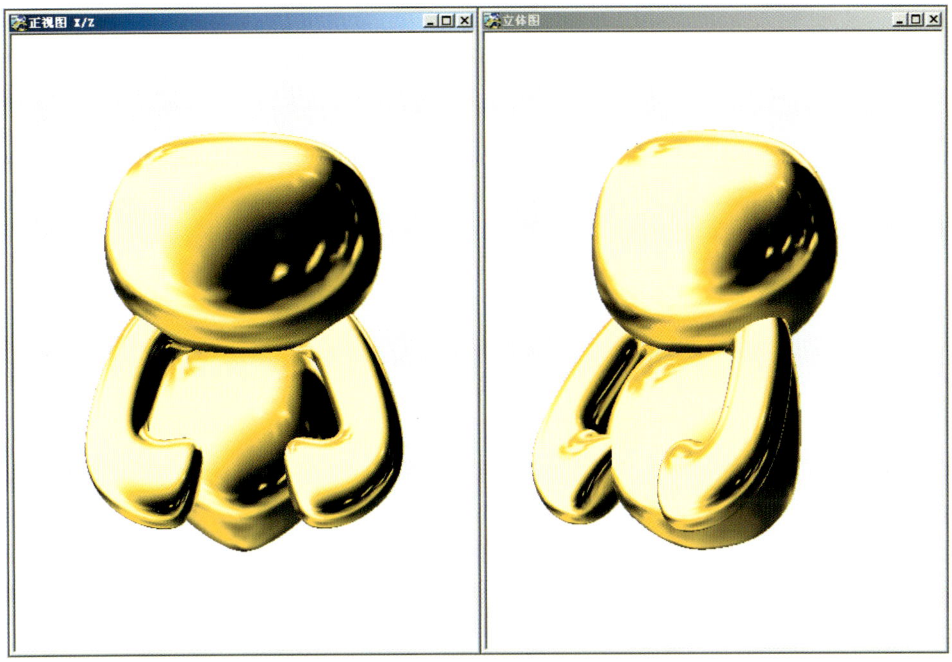

图 4－245　旋转调整手臂的角度

四、腿脚

- 点击曲线菜单里面的**任意曲线**命令，创建脚的轮廓曲线。
- 在右视图绘制 CV 控制点数为 11 的导轨曲线，见图 4－246，图 4－247。

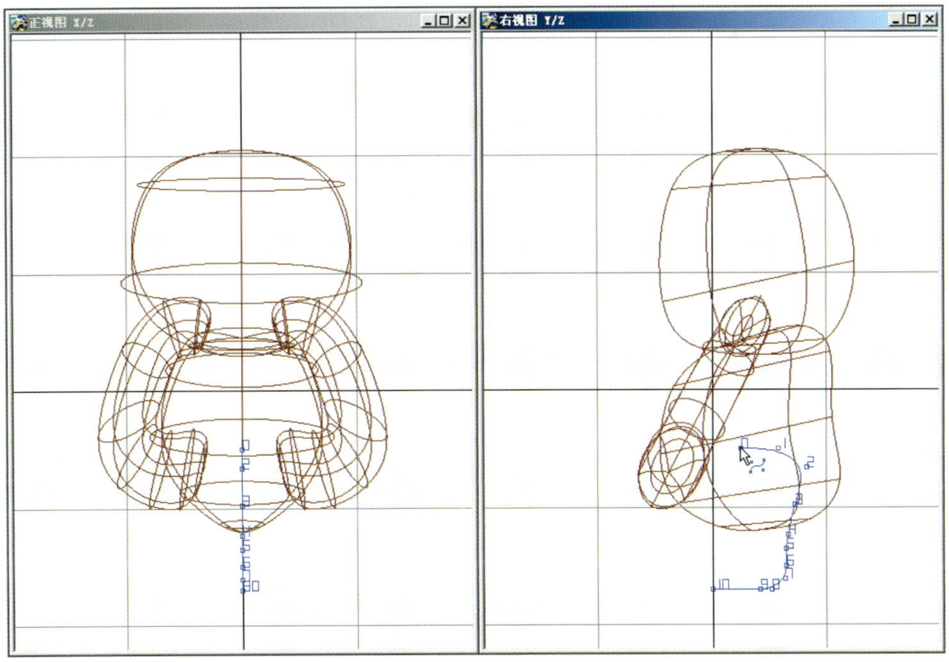

图 4－246　绘制腿脚导轨曲线

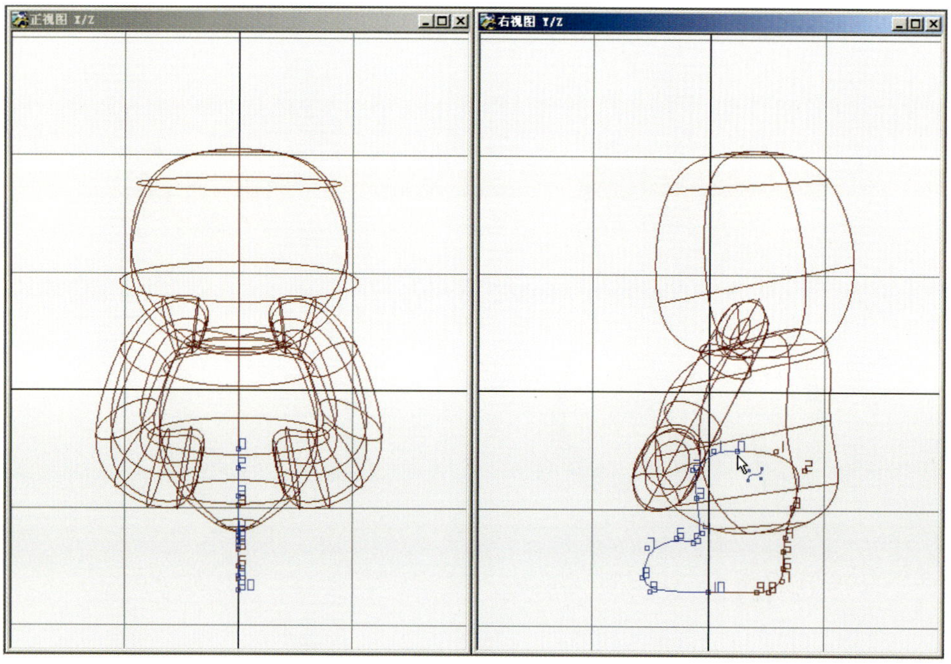

图 4－247　绘制腿脚第 2 条导轨曲线

在正视图也绘制 CV 控制点数为 11 的导轨曲线，见图 4－248，图 4－249。

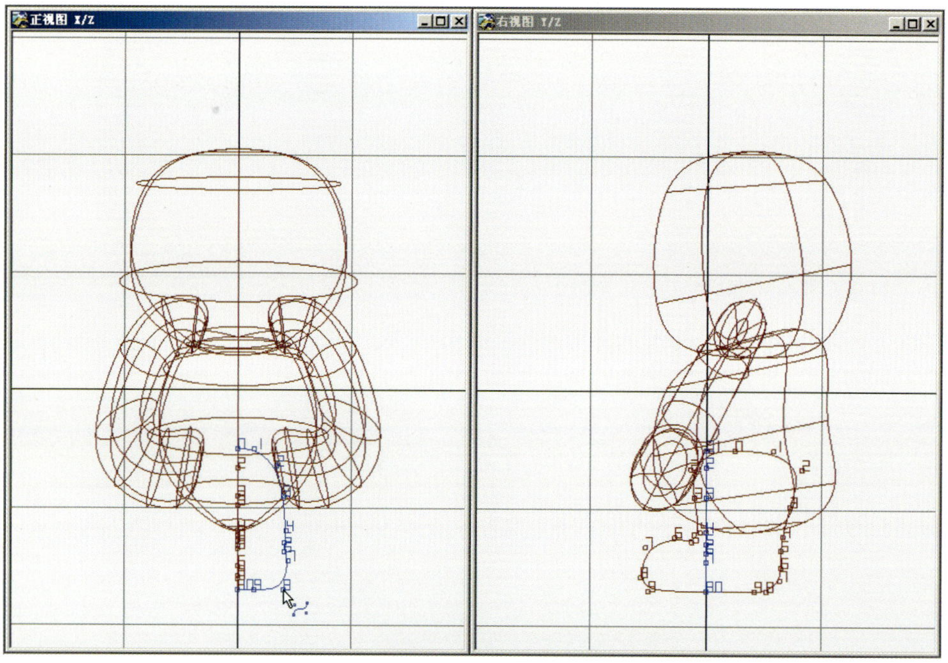

图 4－248　绘制腿脚第 3 条导轨曲线

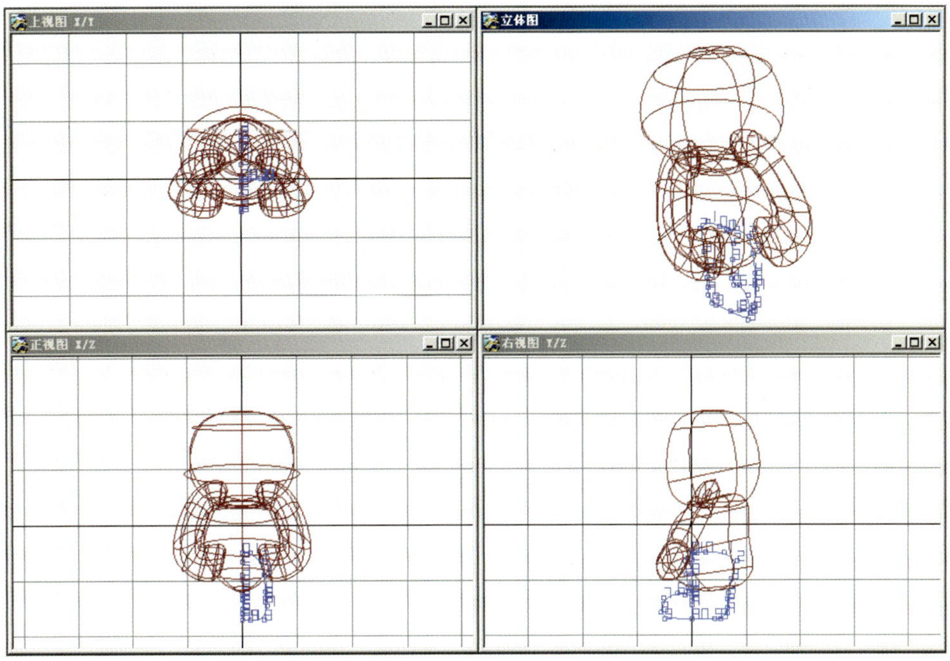

图 4－249　腿脚第 3 条导轨的形态

- 点击曲面菜单里面的**导轨曲面**命令。
- 对弹出的对话框进行如图 4－250 所示的设置。

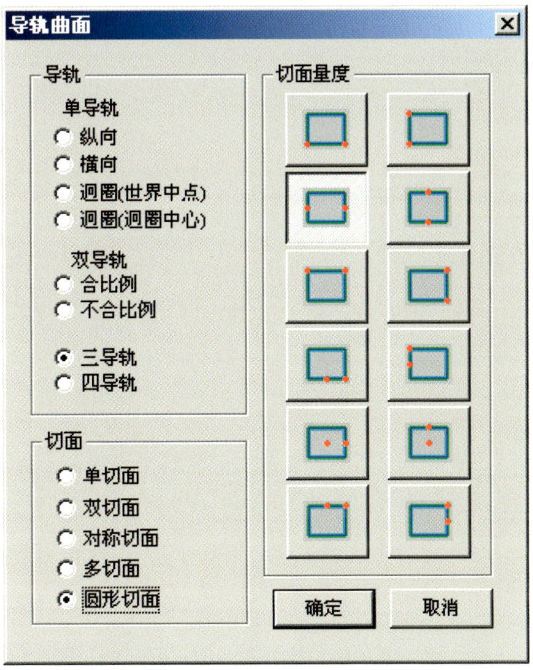

图 4－250　导轨曲面对话框

● 依次点选导轨曲线，见图 4－251。

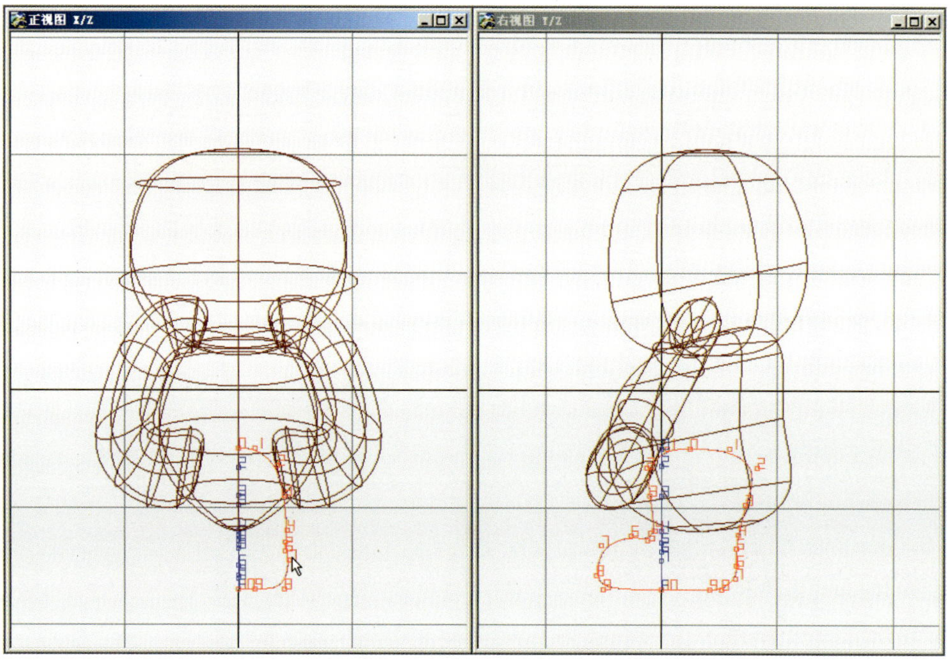

图 4－251 依次点击 3 根导轨

● 产生的曲面效果，见图 4－252。

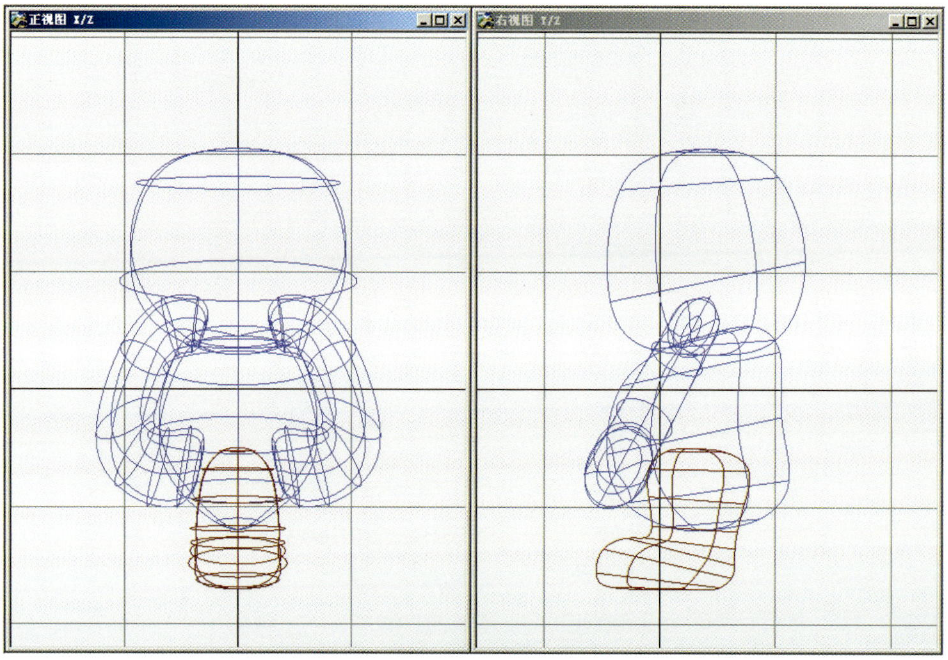

图 4－252 产生的腿脚模型

- 选中小熊的腿脚，使用变形菜单里面的**移动**命令，对脚的位置进行调整，调整之后的效果，见图 4－253。

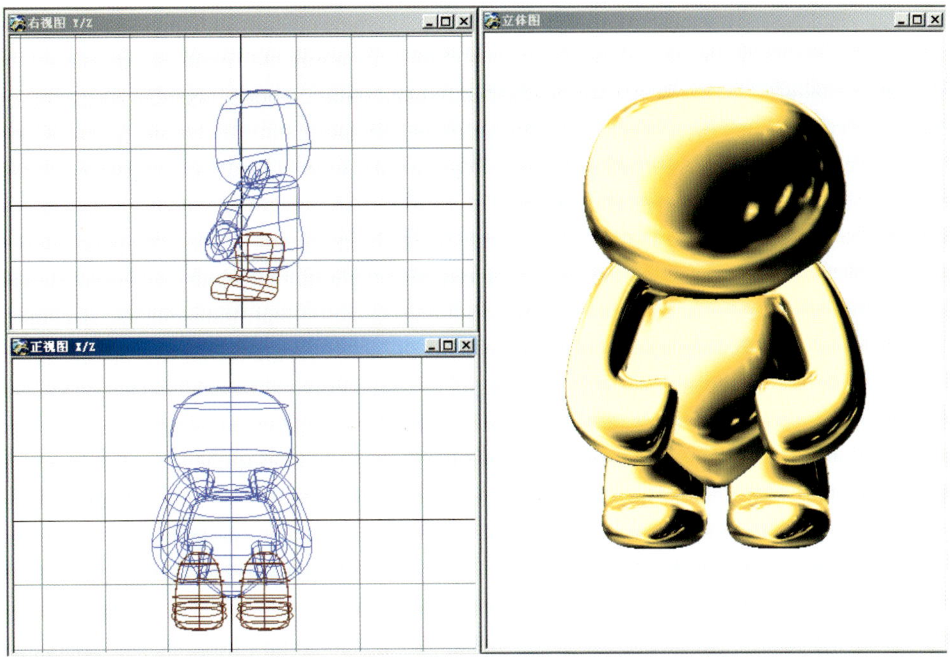

图 4－253 调整脚腿的位置

- 使用复制菜单里面的**左右复制**命令，在正视图里面将选中的腿脚复制。
- 复制后的效果，见图 4－254。

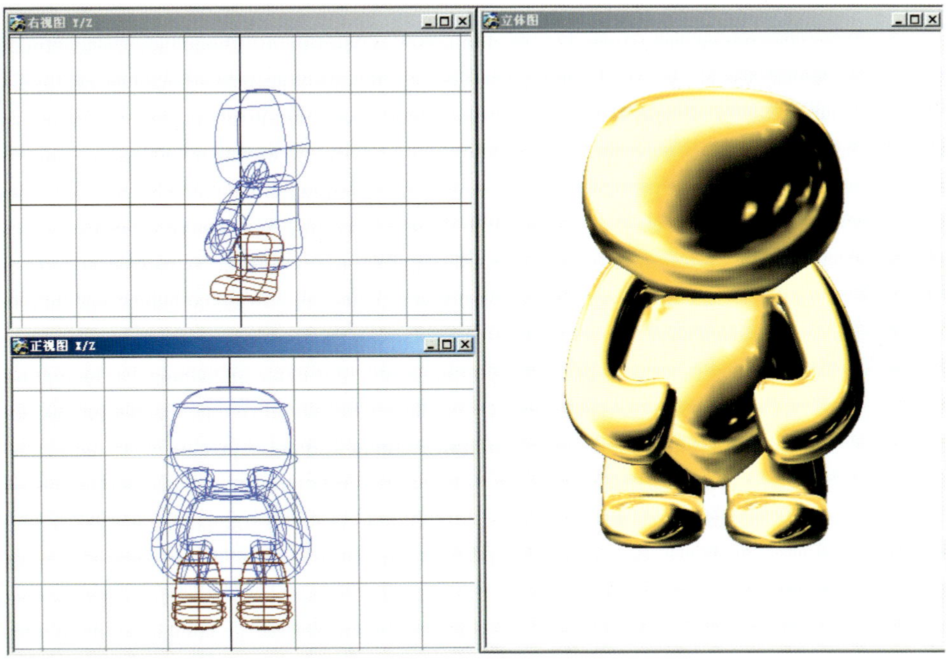

图 4－254 复制后的模型

五、嘴巴

- 点击曲线菜单里面的**任意曲线**命令，创建小熊嘴巴的轮廓。
- 在正视图绘制轮廓曲线，见图 4－255。

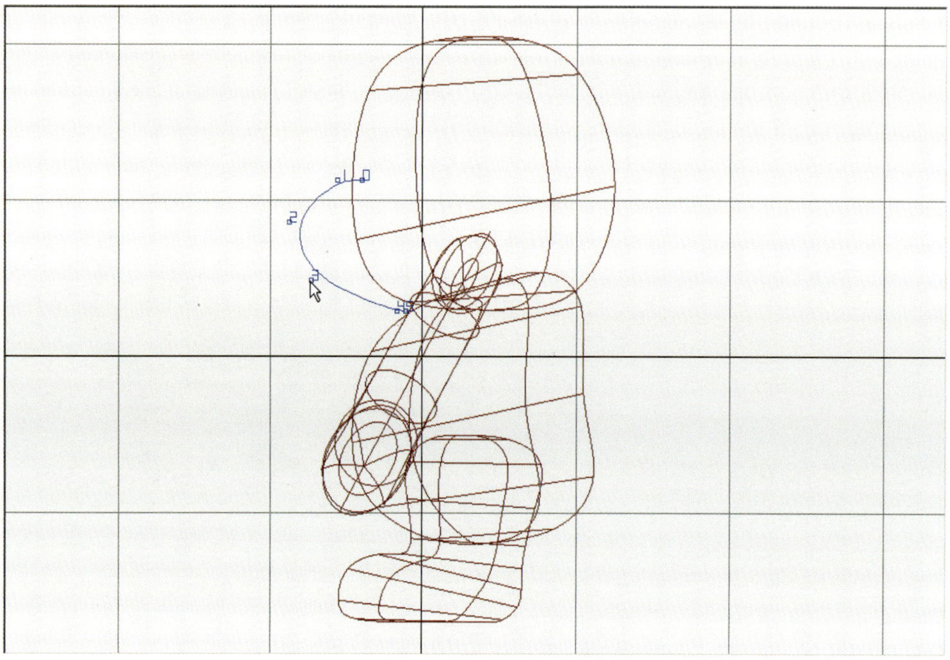

图 4－255　绘制嘴巴导轨曲线

- 在右视图再绘制轮廓曲线，见图 4－256，图 4－257。

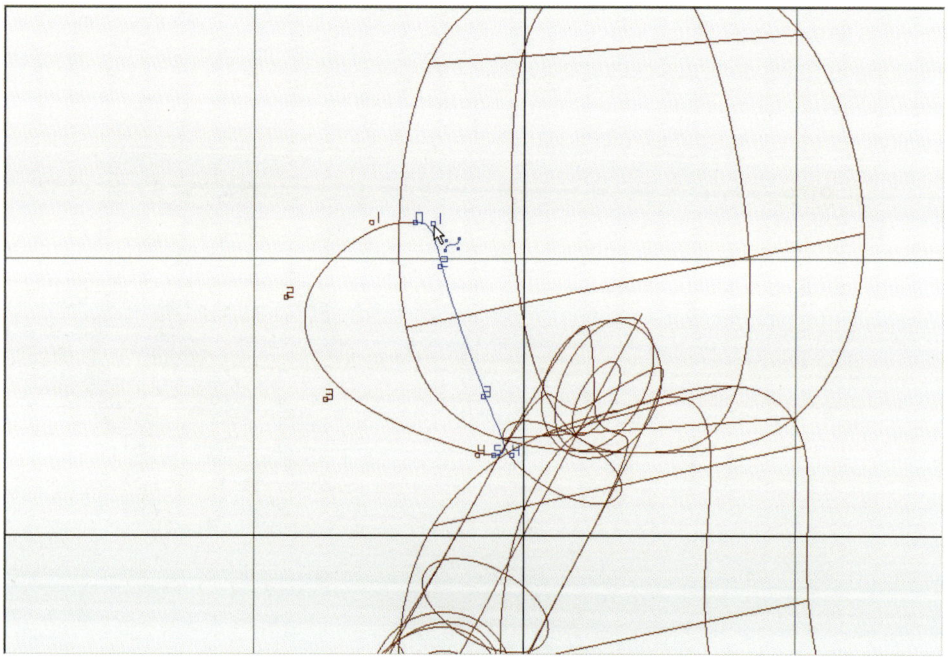

图 4－256　绘制嘴巴第 2 条导轨曲线

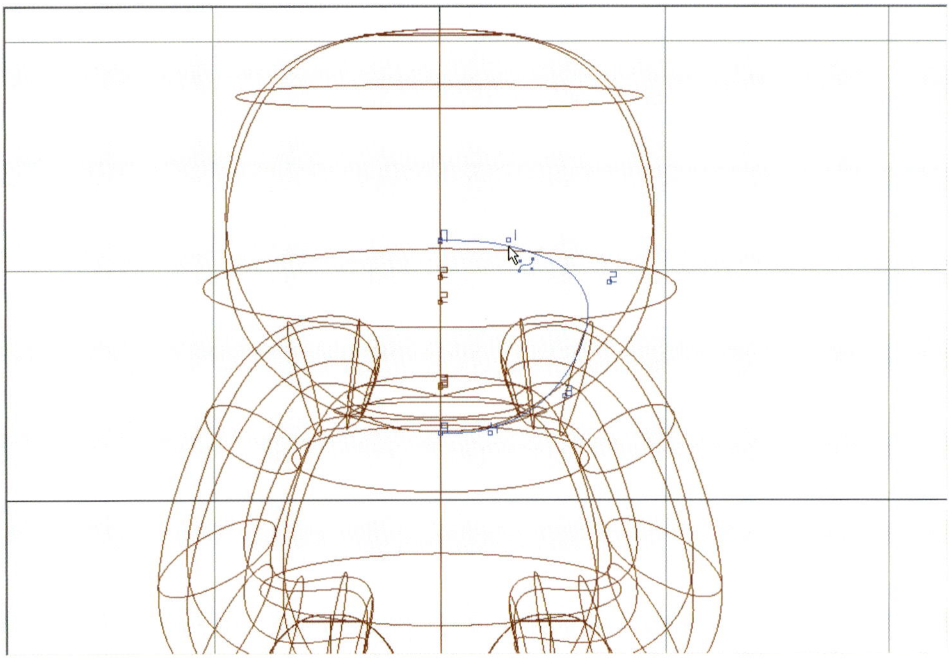

图 4－257　绘制嘴巴切面曲线

- 点击曲线菜单里面的**左右对称线**命令，创建小熊嘴部的切面轮廓。
- 再使用曲线菜单里面的**封口曲线**命令，将刚才绘制的左右对称曲线封口，见图 4－258。

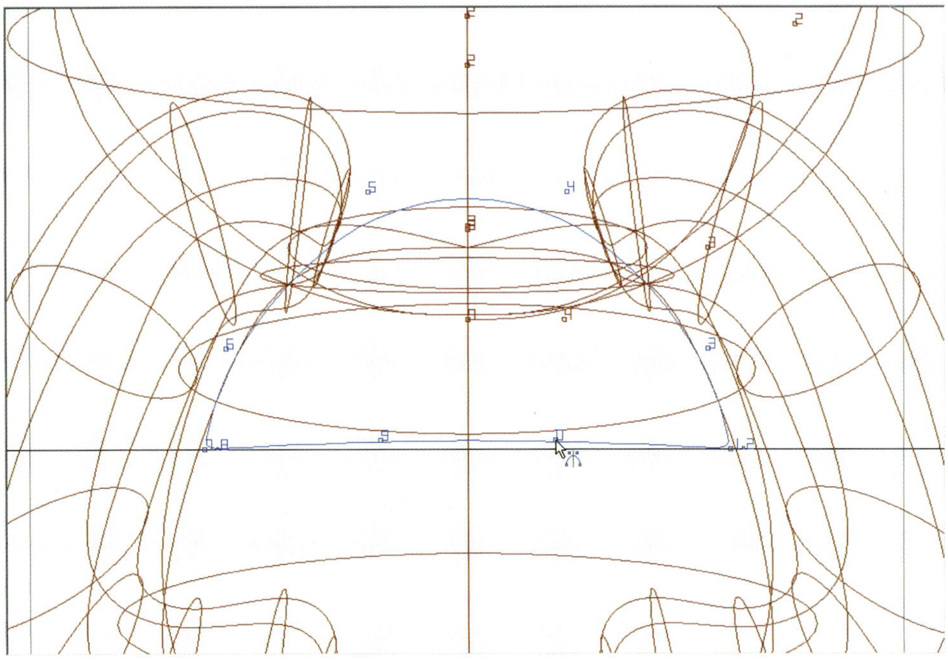

图 4－258　封口曲线

- 点击曲面菜单里面的**导轨曲面**命令。
- 对弹出的对话框进行如图 4 - 259 所示的设置。

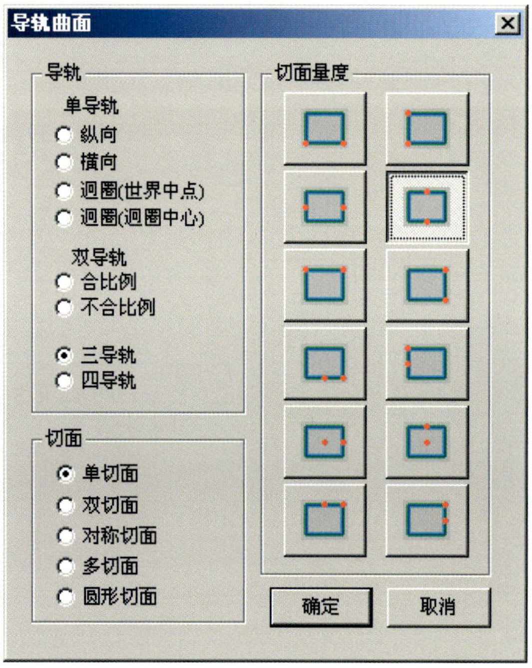

图 4 - 259　导轨曲面对话框

- 依次点选导轨曲线,见图 4 - 260。

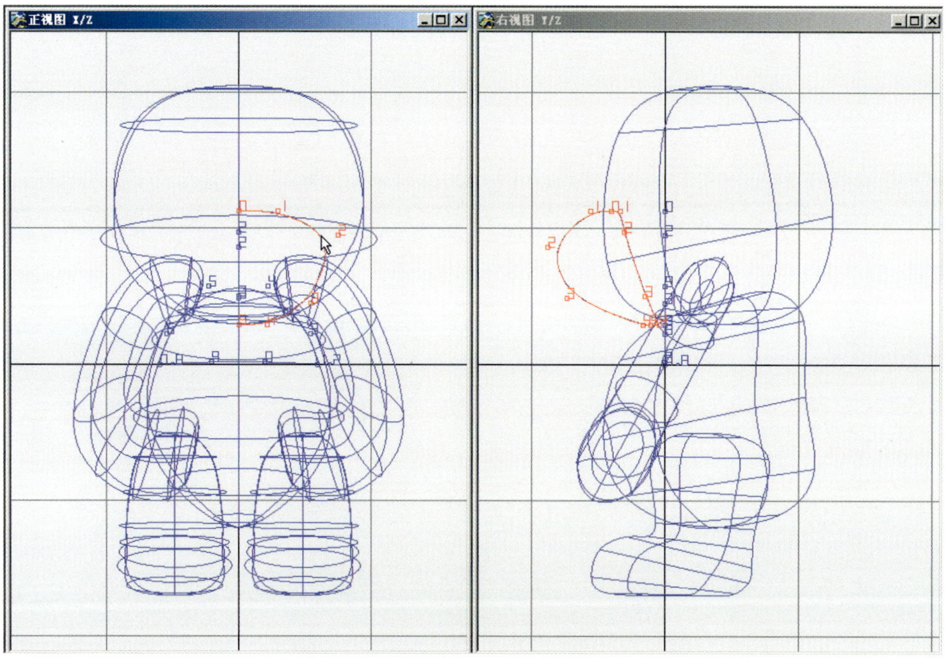

图 4 - 260　依次点击 3 根导轨曲线

- 最后点选切面轮廓，见图 4－261。

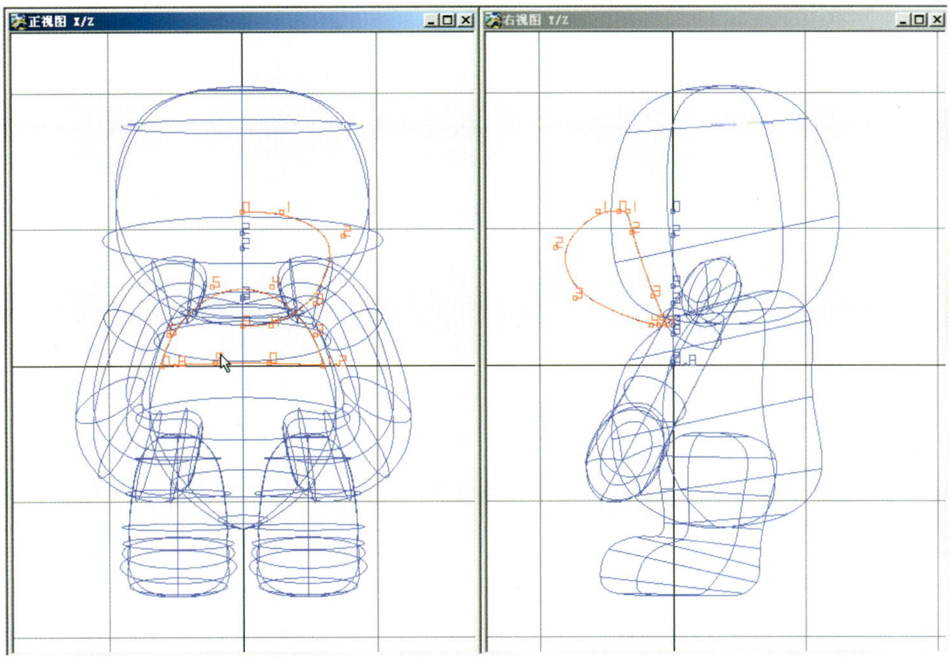

图 4－261　点击切面轮廓线

- 线圈图效果，见图 4－262。

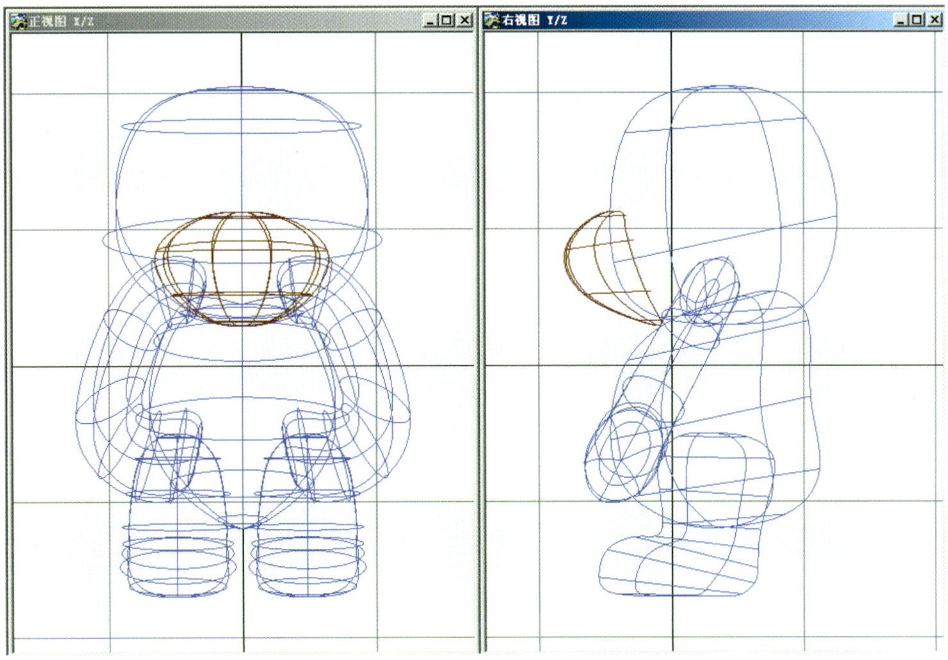

图 4－262　小熊嘴巴模型

● 光影图效果，见图 4－263。

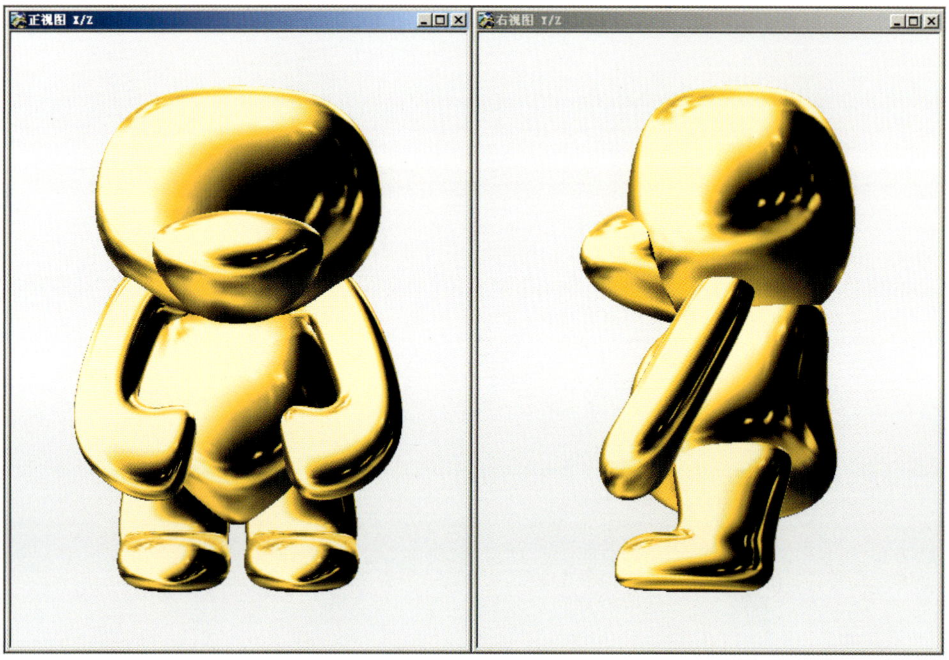

图 4－263　光影效果图

六、耳朵

● 点击使用曲线菜单里面的**任意曲线**命令创建小熊耳朵的切面轮廓。
● 在右视图里面绘制切面轮廓线，见图 4－264。

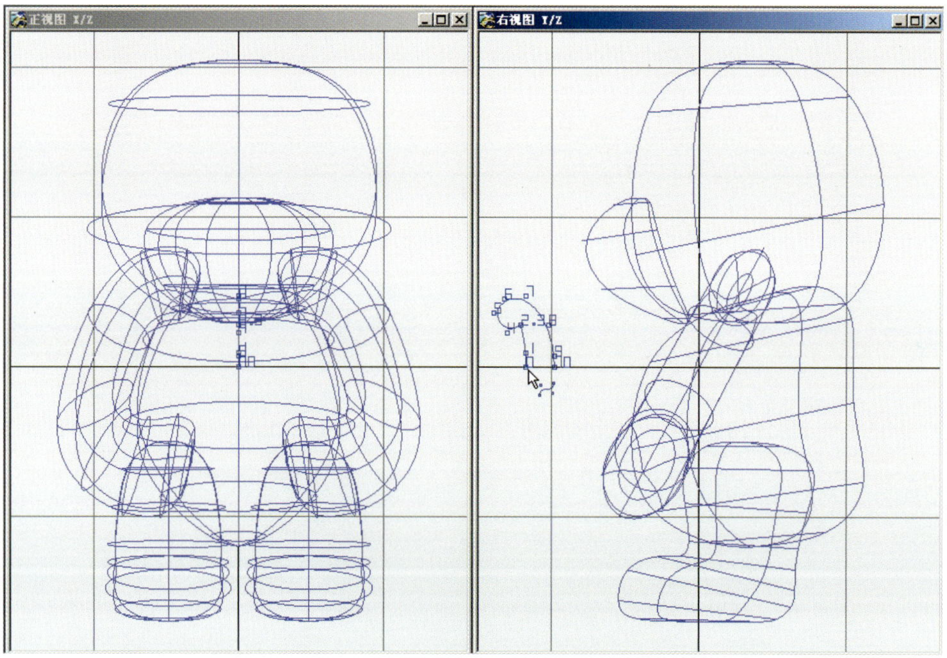

图 4－264　绘制耳朵切面轮廓曲线

- 点击使用曲面菜单里面的**横向环形对称曲面**命令创建耳朵曲面模型。

对点击弹出的对话框进行如图 4－265 所示的设置后点击确定按钮。

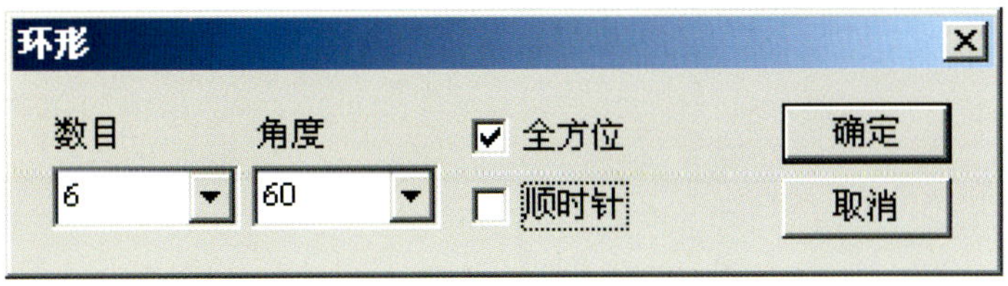

图 4－265　环形对称曲面对话框

- 可以看到产生的曲面，见图 4－266。

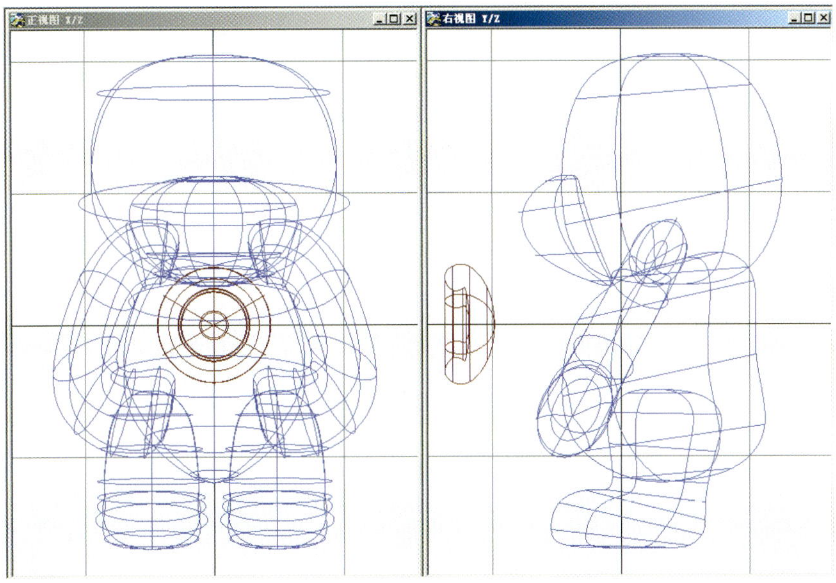

图 4－266　产生旋转曲面

- 点击变形菜单里面的**移动**命令移动小熊耳朵的位置，总体效果见图 4－267。

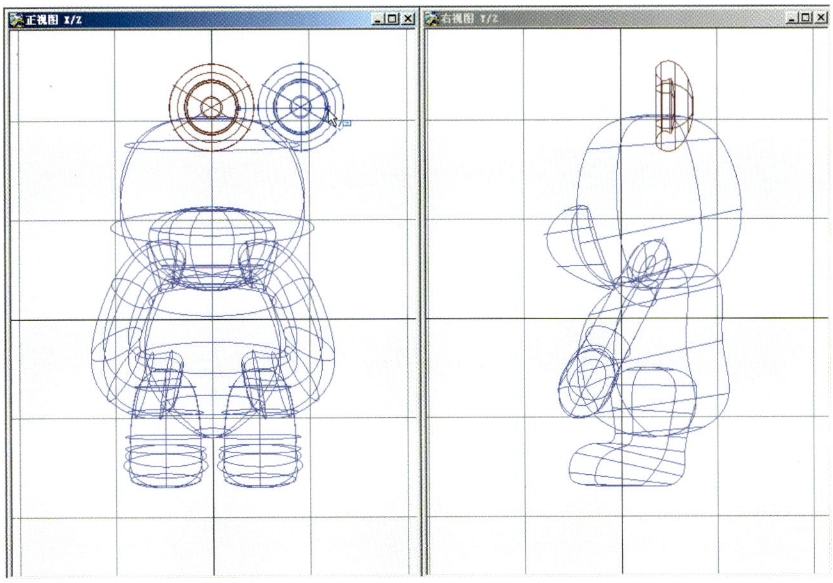

图 4－267　调整小熊耳朵的位置

- 以正视图为当前操作视图，点击复制菜单里面的**左右复制**命令，将小熊的耳朵左右复制。
- 复制后的线框图效果，见图 4－268。

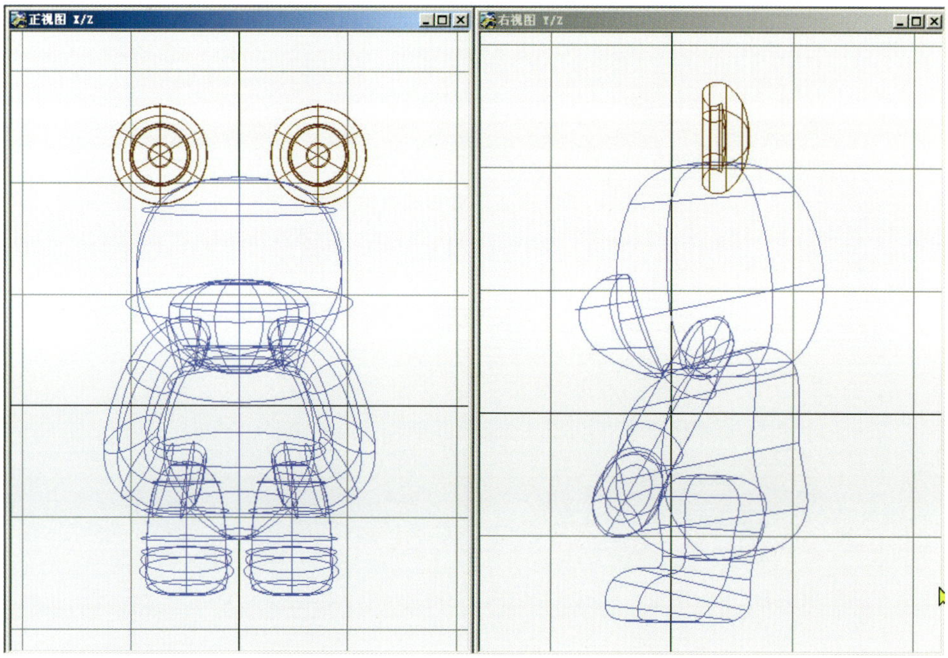

图 4－268　复制小熊耳朵

- 光影图效果，见图 4－269。

图 4－269　光影效果图

七、鼻子

- 点击使用曲线菜单里面的**左右对称线**命令创建小熊鼻子的导轨轮廓。
- 在正视图绘制导轨轮廓线，见图 4－270。

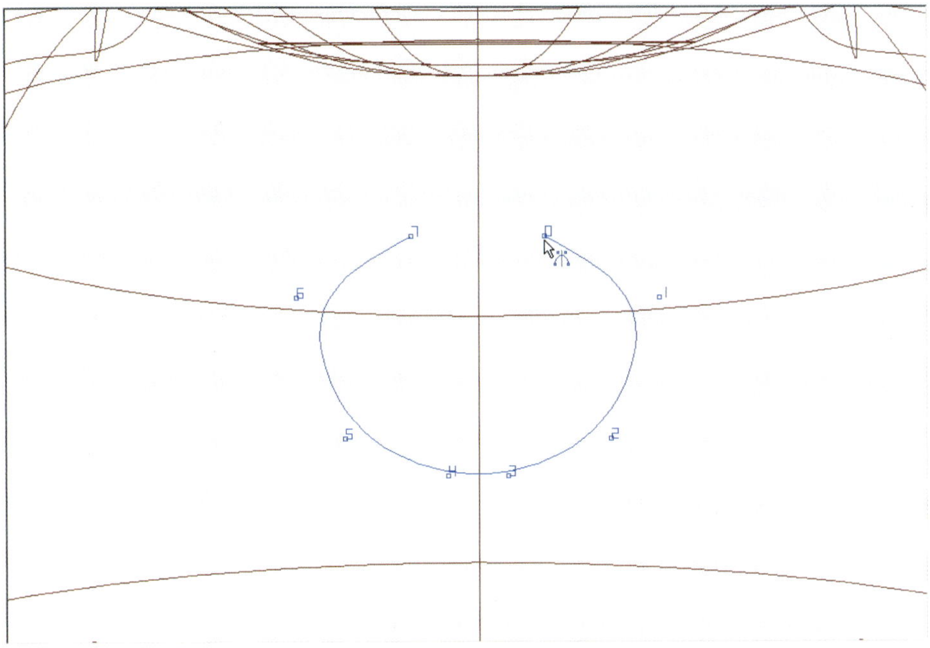

图 4－270　绘制鼻子导轨曲线

- 点击使用曲线菜单里面的**封口曲线**命令将该曲线封口，见图 4－271。

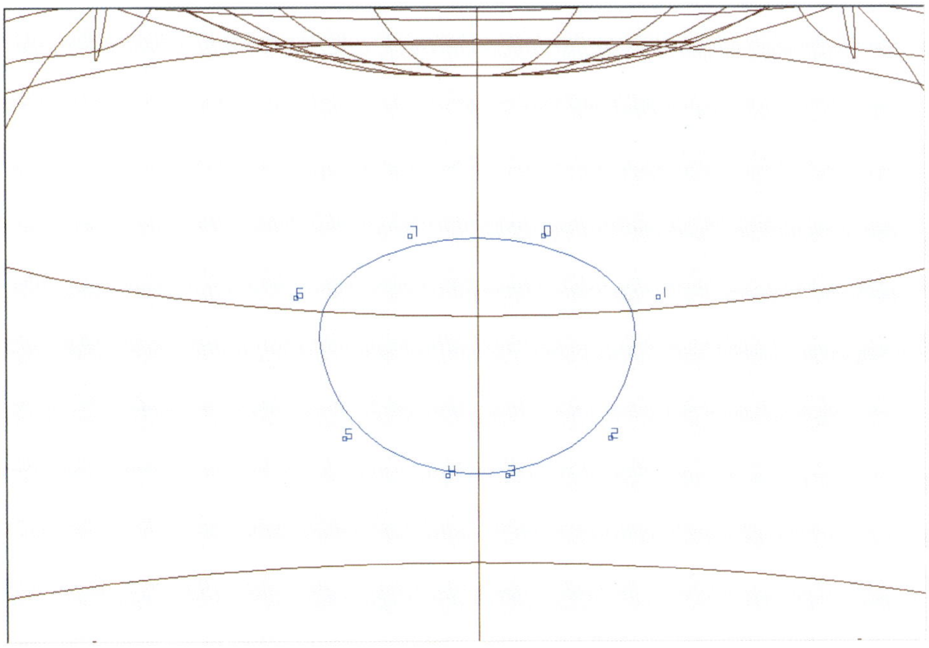

图 4－271　封口曲线

● 使用**任意曲线**命令绘制如图 4－272 所示的曲线。

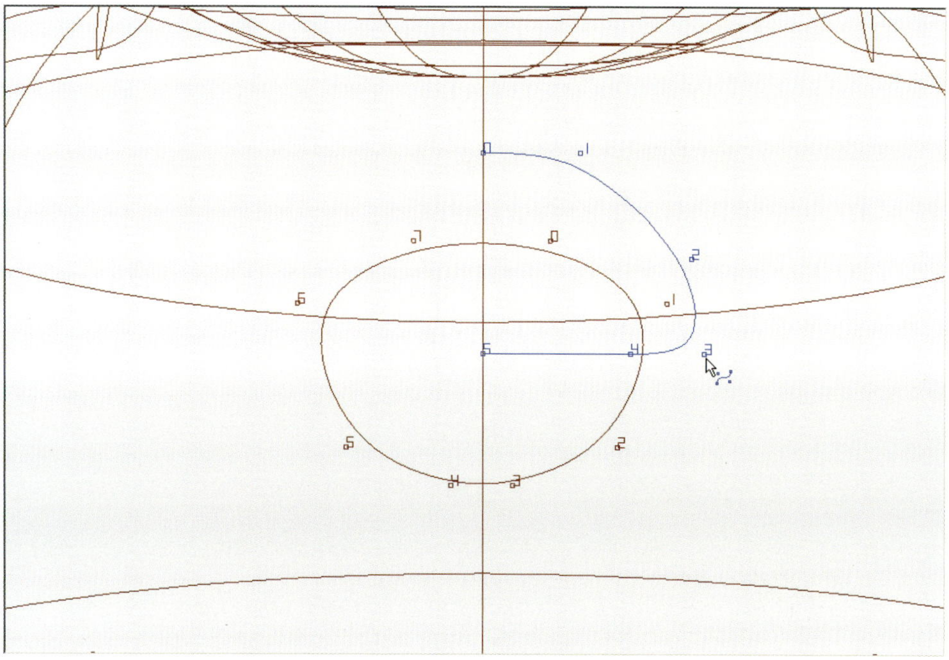

图 4－272　绘制鼻子切面曲线

● 点击曲面菜单里面的**导轨曲面**命令，创建小熊鼻子的模型。
● 对弹出的对话框进行如图 4－273 所示的设置。

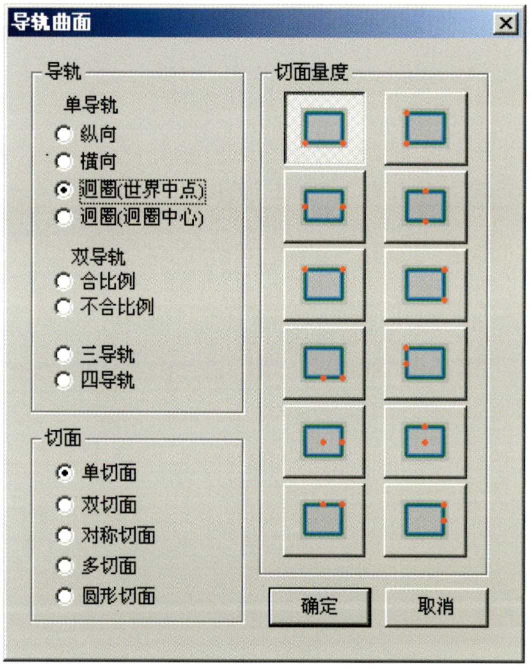

图 4－273　导轨曲面对话框

● 点选导轨和切面曲线，见图 4－274。

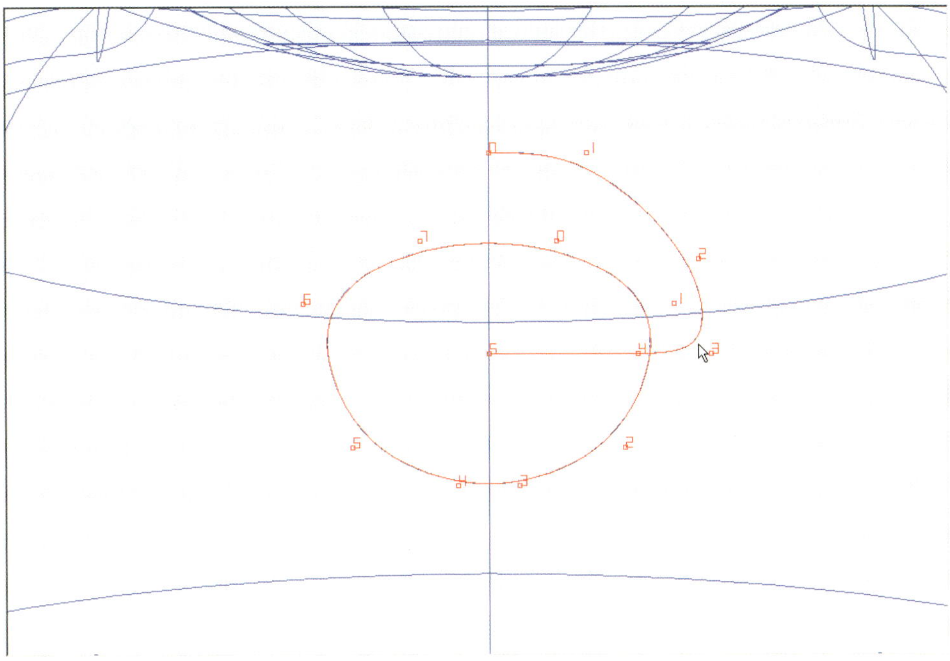

图 4－274　点击导轨和切面曲线

● 使用变形菜单里面的**尺寸**命令将鼻子的大小稍作调整，见图 4－275。

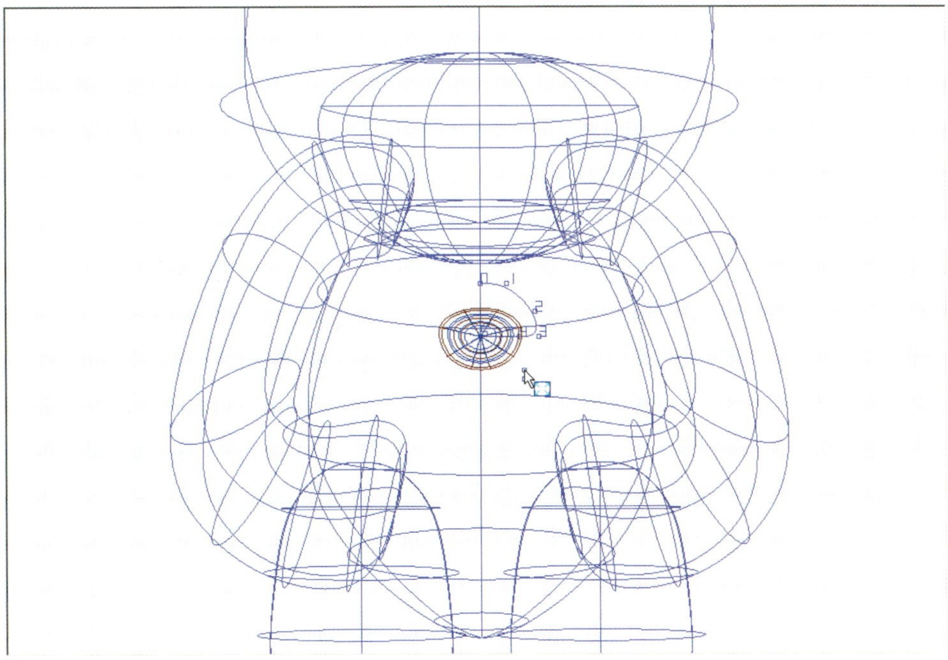

图 4－275　小熊鼻子的模型

● 点击变形菜单里面的**移动**命令调整鼻子的位置，见图 4－276。

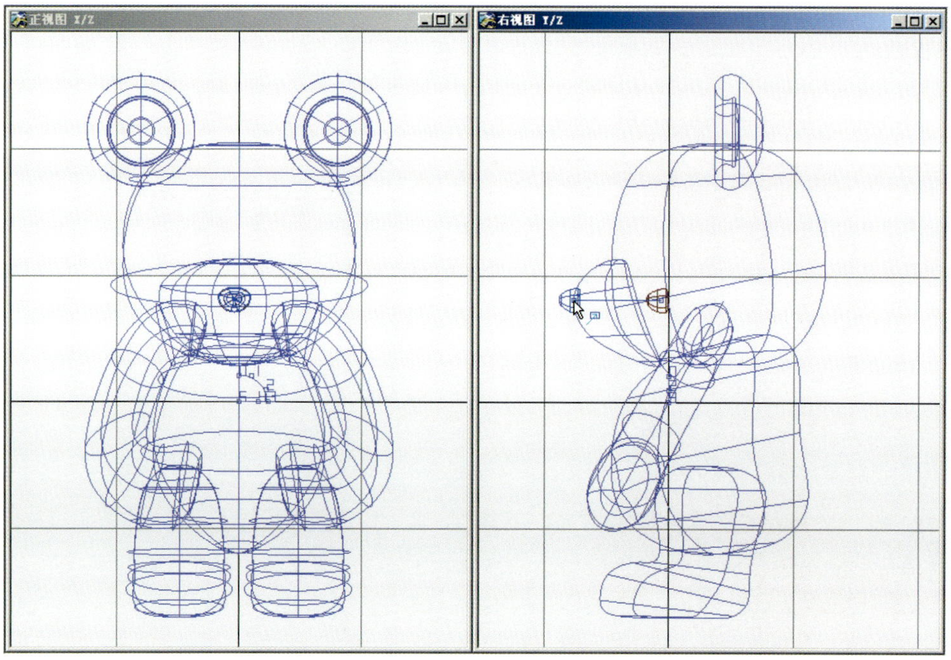

图 4－276　调整鼻子的位置

● 调整好的光影图效果，见图 4－277。

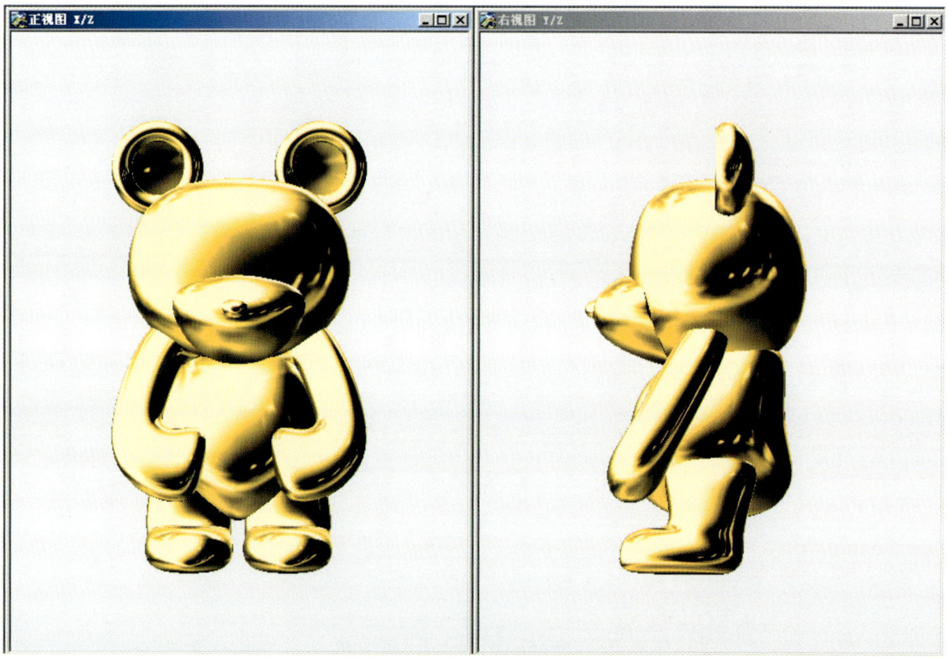

图 4－277　光影效果图

八、眼睛

- 点击使用曲线菜单里面的**任意曲线**命令绘制眼睛的切面轮廓。
- 在右视图绘制轮廓曲线，见图 4－278。

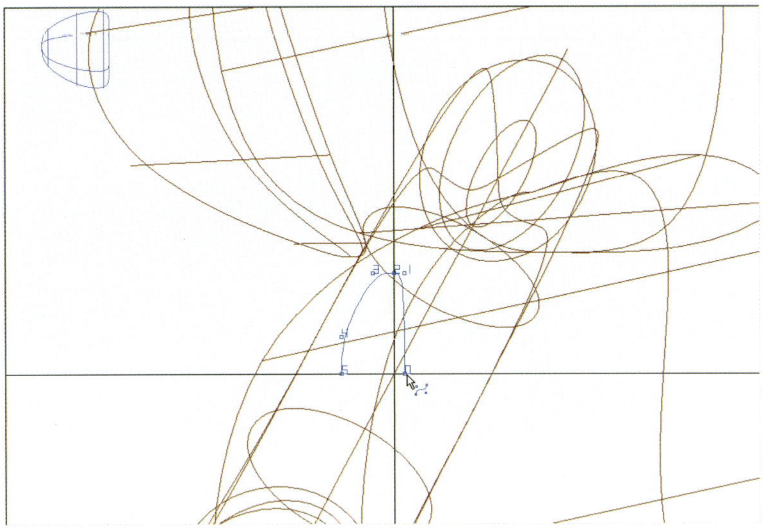

图 4－278 绘制眼睛的切面轮廓曲线

- 选中轮廓曲线，点击曲面菜单里面的**横向环形对称曲面**命令创建眼睛的模型。
- 对弹出的对话框进行如图 4－279 所示的设置。

图 4－279 环形对称曲面对话框

- 可以看到产生的曲面，见图 4－280。

图 4－280 产生的环形对称曲面

- 使用变形菜单里面的**尺寸**命令对眼睛的大小尺寸进行调整，见图 4－281。

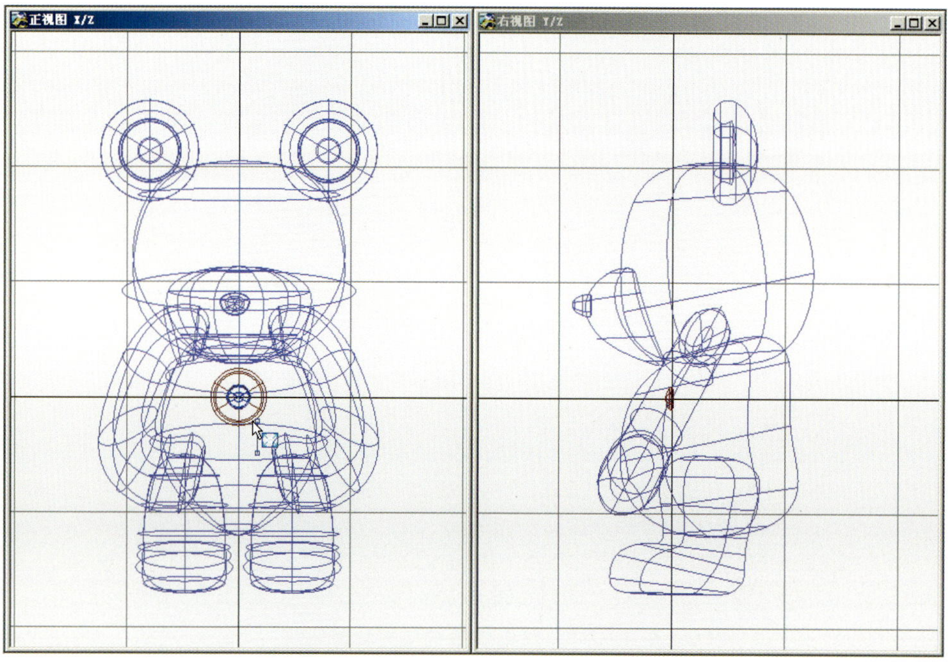

图 4－281　调整眼睛的大小

- 点击使用变形菜单里面的**移动**命令对小熊眼睛的位置进行调整。
- 通过按右键拖动鼠标来设定眼睛曲面的位置，见图 4－282，图 4－283。

图 4－282　调整眼睛的位置

图 4－283 调整眼睛的位置

- 确定正视图为当前操作视图，使用复制菜单里面的**左右复制**命令将眼睛左右复制。
- 复制完成后的光影图效果，见图 4－284。

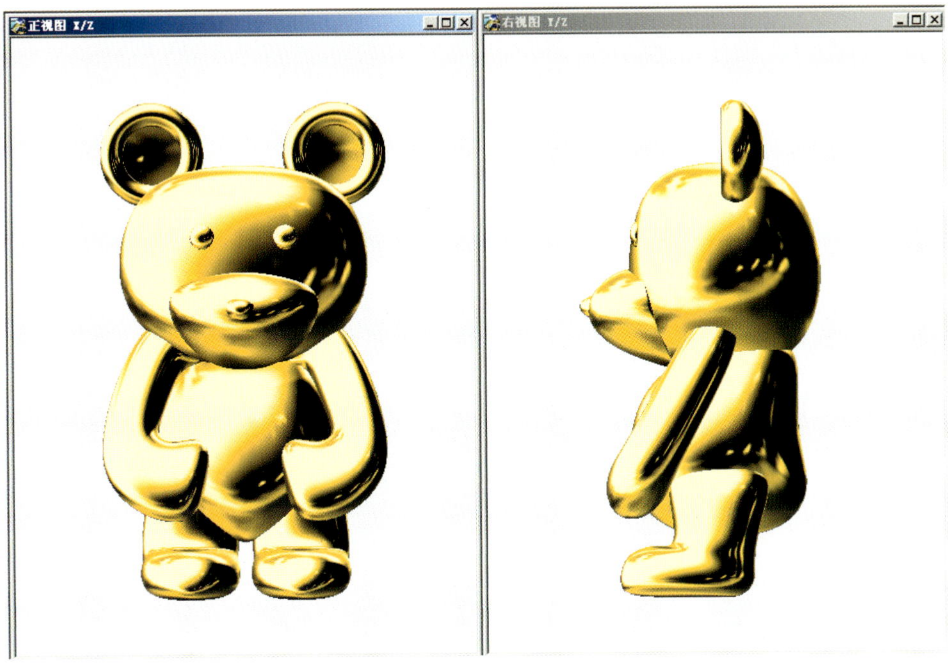

图 4－284 复制后的光影图

● 选中眼睛和鼻子，见图 4－285。

图 4－285 选中眼睛和鼻子

● 点击编辑菜单里面的**材料**命令，对鼻子和眼睛的材质进行设置。
● 点选黑色材质球，见图 4－286。

图 4－286 材质库

- 最终效果，见图 4－287。

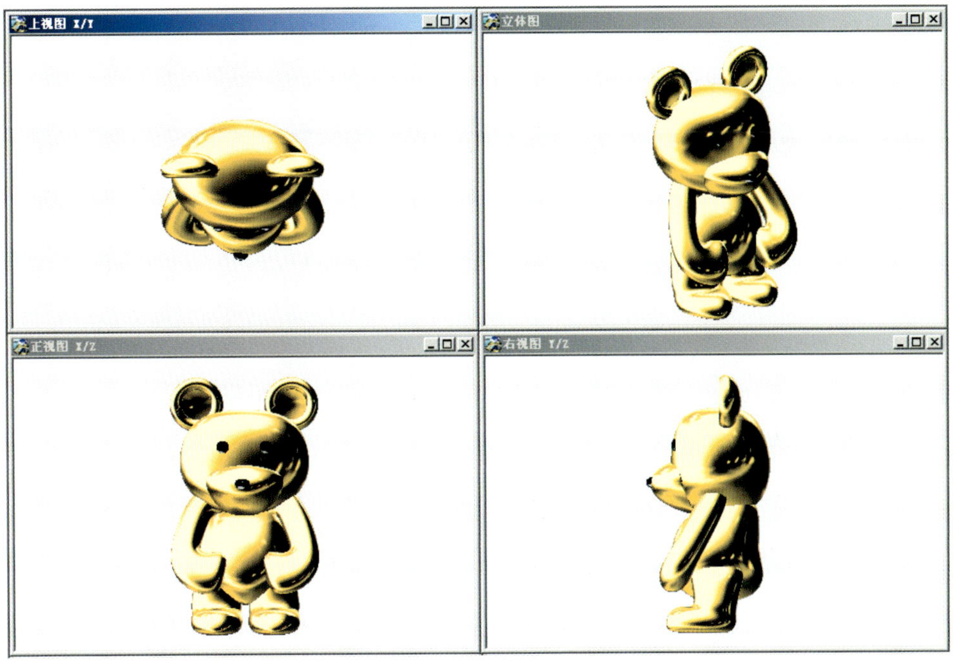

图 4－287 小熊模型的效果图

本章小结

本章通过七个首饰综合建模实例介绍了首饰建模的一般分析方法和建模思路。从实例中可以看出，建模中的曲线绘制和调整是尤其重要的，它直接影响到模型的美观与准确，需要大家在练习过程中用心体会。

第五章　Rhinoceros 简介

Rhinoceros(简称为 Rhino)是 PC 上功能非常强劲的三维造型软件，是 NURBS 曲面造型的巨匠。其设计团队来源于 Alias Studio(制作 Maya 软件)的程序设计师们。该软件的 Beta MAX 和 Softimage 的模型功能部分，对要求精细、有弹性并且复杂的 NURBS 造型有点石成金的功能，尤其对提高整个三维工作团队的建模生产有明显效果，所以使用 3D Studio MAX、AotoCAD、Maya、Softimage、Houdini、Lightwave 等软件的三维设计人员不可不学习使用 Rhinoceros。

Rhinoceros 的启动画面如图 5－1 所示。

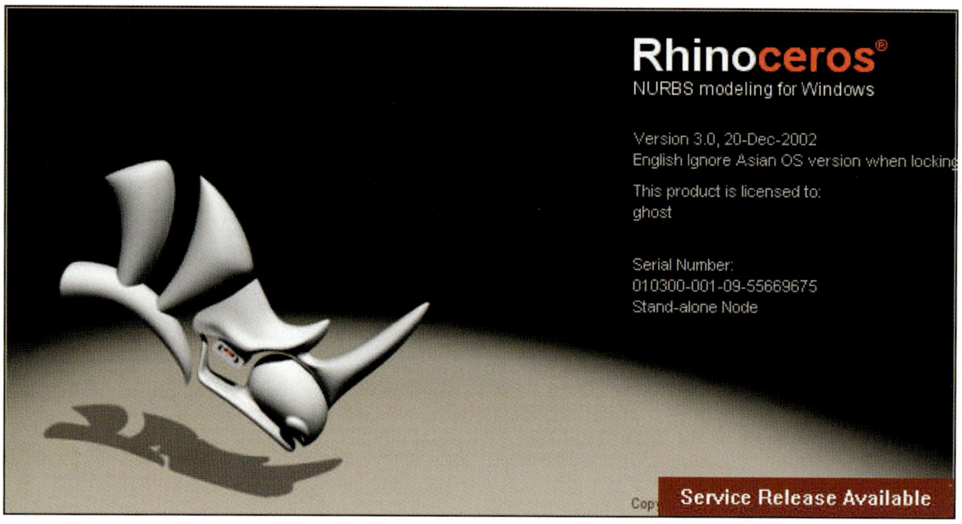

图 5－1　Rhinoceros 软件的启动画面

NURBS 是国际上通用的工业级精度的设计标准，它与多边形网格体模型的不同之处在于：NURBS 曲面可以根据曲线精度的弧度和尺寸构造模型，不需要过多的网格线框来约束形状。这无疑节约了浮点运算的次数，可以在极少的 NURBS 曲线组合中获得足够准确的曲面。NURBS 曲面在渲染时可以设置非常高的渲染分辨率，这与网格体是不同的。网格体是用实际的点面数量来决定渲染分辨率，这对于生成电影胶片尺寸的大型渲染图是不可取的渲染方案，因此 NURBS 曲面造型的应用已经是所有三维制作人员首选的三维解决方案，而 Rhinoceros 软件正是在这个时期产生的。Rhinoceros 软件占用的硬盘空间和内存极小，适合在所有 586 以上类型的电脑上使用。

在开始学习如何使用各个工具前，先认识一下 Rhinoceros 的操作环境。接下来还要学习如何使用 Rhinoceros 中的几个元素，如 Rhinoceros 的视图、指令列、菜单、工具列和状态列。有许多的方法可以用于 Rhinoceros 的指令，如键盘、菜单和工具列。

如果启动 Rhinoceros 软件，只要双击 Windows 桌面上 Rhinoceros 图标即可。

第一节 Rhinoceros 的操作界面

Rhinoceros 软件的操作界面由 5 个部分组成，可以在其中进行建模、输入指令等操作，表 5－1 所示为各个部分的功能。

表 5－1 Rhinoceros 界面各部分的功能

界面区域	说明
菜单	使用指令、选项和 Help 文件
工具列	使用指令和选项的快捷方法
视图区	在绘画中显示不同视角下的三维模型和二维曲线
指令列	列出所执行的指令和相对应的信息
状态列	显示输入点的坐标、物体的状态和切换选择

Rhinoceros 的操作界面如图 5－2 所示。

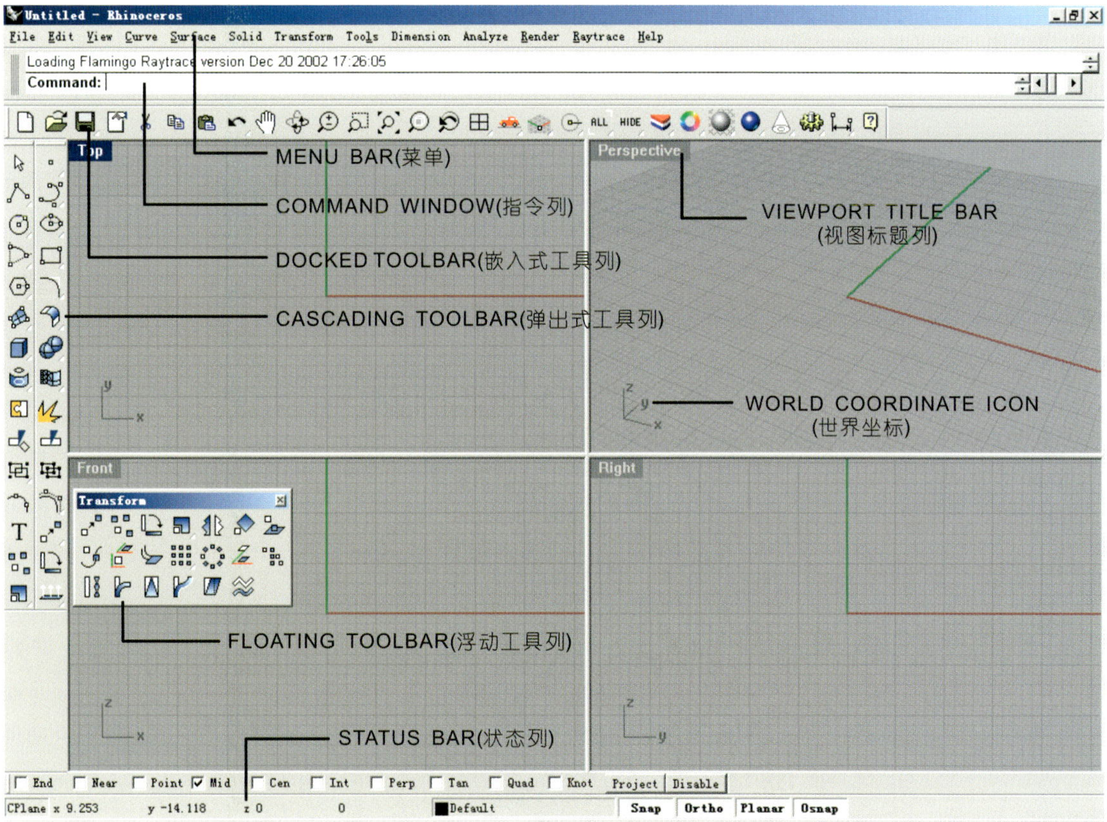

图 5－2 Rhinoceros 操作界面

1. 菜单

菜单位于整个界面的最上层，大部分的指令可以用单击菜单的方法找到，如图 5－3 所示。

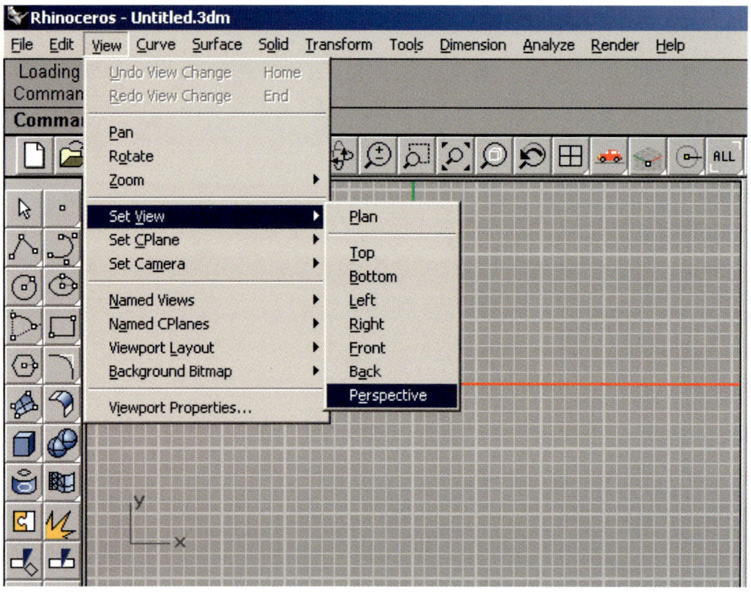

图 5－3　单击 Rhinoceros 的菜单

2. 工具列

Rhinoceros 的工具列提供快速执行指令的按钮。可以在视图的任意位置摆放浮动的工具列，或将工具列嵌在绘图区的边缘位置上。

Rhinoceros 启动时会将通用的工具列(存储和视图控制等按钮)嵌在绘图区的上边位置，将编辑工具列(选择和复制等按钮)嵌在绘图区的左边位置。

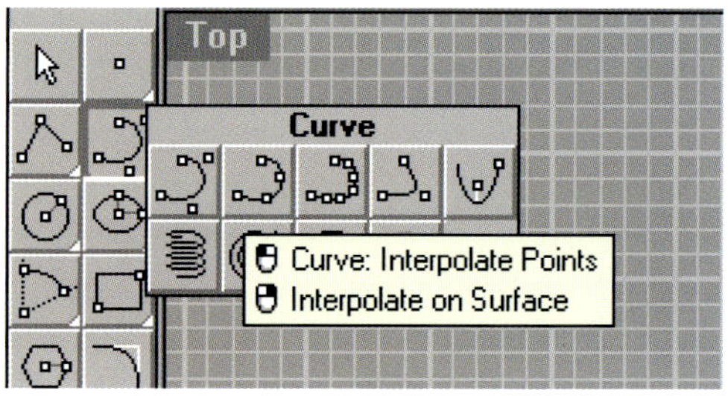

图 5－4　提示框

工具提示的作用是显示每一个工具的名称及功能。移动光标到工具按钮的上方不动，就会出现一个黄色的提示框，如图 5－4 所示。在提示框中显示着指令的名称。在 Rhinoceros 里有很多工具按钮都可以执行两个指令，而工具提示会显示两个指令所使用的快捷键和指令名称。

在工具列上有许多工具都有下拉工具按钮，可以将它弹出使用。弹出式工具列上的工具通常是属于同一类型的工具，而且在单击鼠标以后，该按钮会自动弹回。

在弹出式的工具按钮右下方有一个白色的三角形，如图 5－5 所示。要弹出工具列，只要用鼠标左键按住该按钮不放即可。

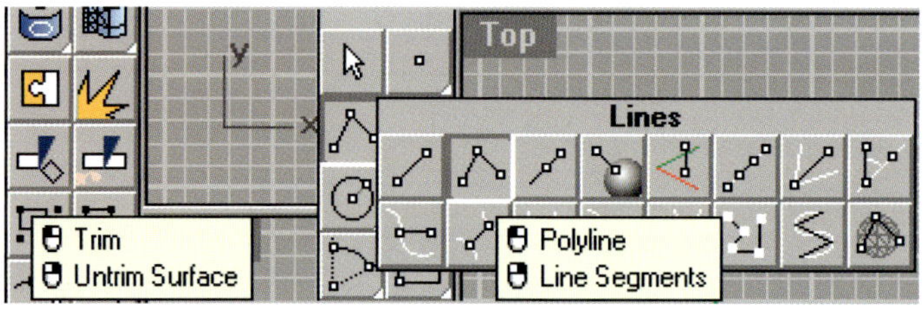

图 5－5　弹出式工具按钮和弹出的工具列

3. 视图

视图是一个显示物体的区域。可以使用拖动视图标题列或拖动边缘的方式移动视图或改变视图尺寸。每一个视图都有自己的基平面和投影方式，可以建立新视图、重新命名视图或重新定义视图的选项。

可以双击视图标题列将小的视图切换为如图 5 - 6 所示的大视图，使其充满整个绘图区域。

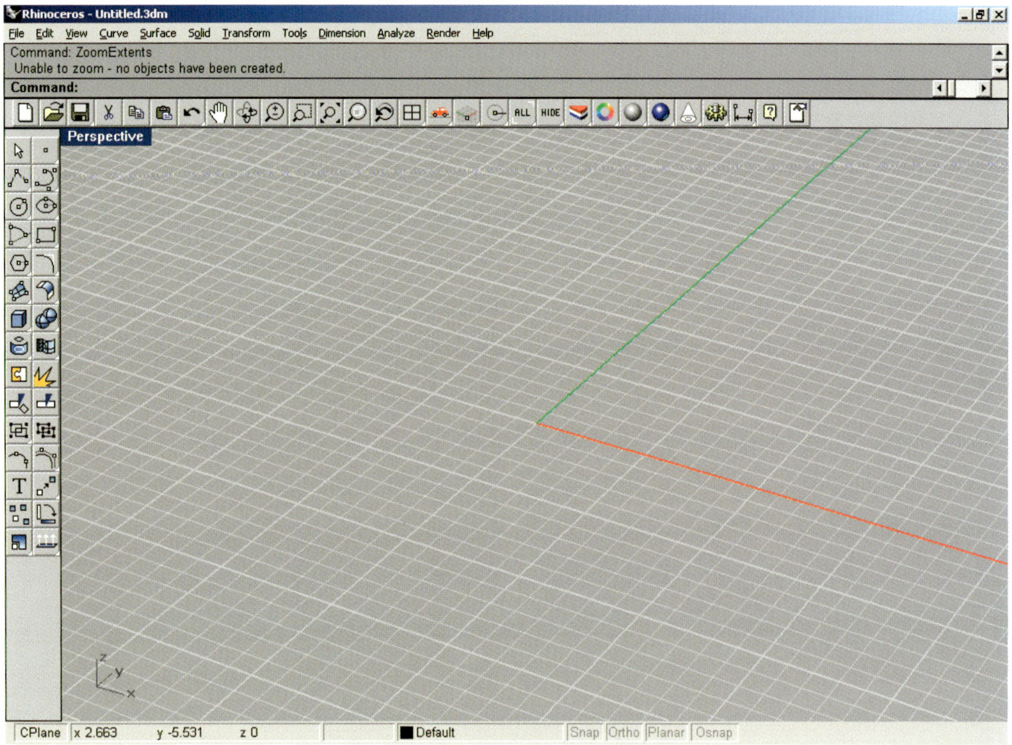

图 5 - 6　将小视图切换为大视图

4. 指令列

指令列是输入指令或显示执行的指令名称的区域。它可以被放置于视图的上方或下方。系统默认的指令列可以显示三行指令。

5. 状态列

状态列显示在整个界面的最下方，它的作用是显示输入点的坐标、物体的状态和切换选项等。状态列还有一个强大的功能就是对当前操作范围进行吸附，这对于准确地建立模型非常有帮助。

第二节　Rhinoceros 的简单使用方法

下面介绍一些非常基础的 Rhinoceros 软件使用方法。通过这些最简单的操作知识带领读者进入 Rhinoceros 的建模殿堂。

1. 输入选项

要输入指令的选项，可以直接键入选项的第一个字母。字母大小写并不会影响指令的执行。例如，想执行 AroundCurve 选项，键入字母 A 即可。如果指令选项的起始字母相同，只要键入足以区分其他选项的字母数即可。

2. 输入指令

可以使用指令列来直接输入指令、指令选项、坐标轴、输入长度、角度或半径以及输入快捷键，此外，指令列还可以用来预览指令的输入提示。

在指令列输入所需的指令后，按下 Enter 键、空格键或鼠标右键即可执行该指令。

3. 使用 Tab 键来完成指令的输入

可以在键入指令的前几个字母后，按下 Tab 键来完成指令的输入。假如与所输入的字母有相符合的指令，指令列会直接列出完整的指令。如果符合的指令不止一个，Rhinoceros 会随着按下 Tab

键的次数去寻找它。

4. 取消指令

可以按下 Esc 键、单击其他的工具按钮或执行新的指令来取消上一个指令。

5. 重复指令

可以按鼠标右键单击视图、按下 Enter 键或空格键来重复执行上一个指令，也可以在指令列按下鼠标右键后，在弹出的菜单中单击上次执行的指令，以便再一次执行该指令。

6. 帮助功能

可以在任何时候按下 F1 键来执行 Rhinoceros 的帮助功能。Rhinoceros 的帮助功能可以用来查询相关的指令，而且有许多图文并茂的指令解说，以协助完成物体的绘制。无论碰上了什么问题，都可以使用帮助功能来查询。在一些特殊的指令执行时，也可直接按下 F1 键以了解该指令的使用方法。

7. 鼠标的使用

在 Rhinoceros 的视图中，一般使用鼠标的左键来选择物体，右键代替 Enter 键。鼠标左键的作用除了选择物体外，也被用来选择菜单中的指令或选项。鼠标右键的作用除了代替 Enter 键外，也有重复上一个指令的功能。

按住鼠标右键拖动，还可以用来移动或旋转视图。按下 Ctrl 键的同时用鼠标右键拖动，可以缩放视图。

8. 查询使用过的指令

在 Rhinoceros 中可以存储使用过的指令多达 500 条。可以在任何时候按下 F2 键来查询使用过的指令。

下面通过配套光盘提供的一个场景文件来进行练习。

(1)从 File 菜单中选择 Open 命令。

(2)在弹出的 Open 对话框中浏览到本书提供的配套光盘中下载到的 3dm 目录，从该目录中选择 Model. 3dm 文件，然后单击 OK 按钮，视图中出现如图 5－7 所示的场景(注：本书所提到的所有场景

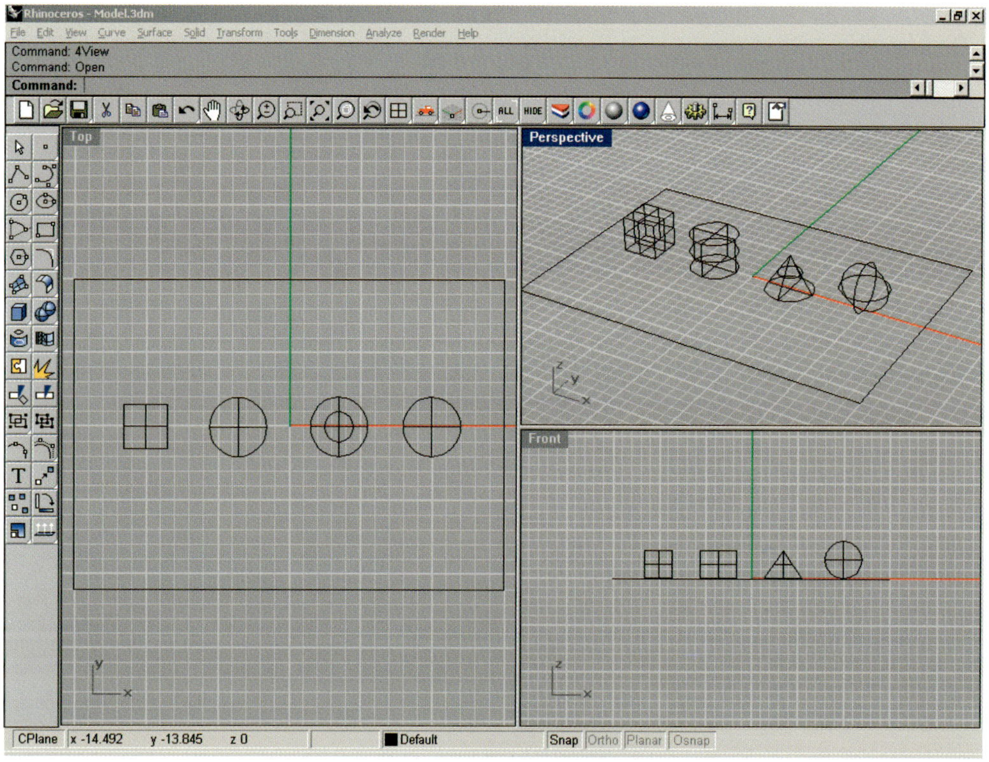

图 5－7　Model. 3dm 文件

文件均可在该 3dm 目录中找到，以后不再赘述）。这个场景中包含了 5 个物体：立方体、圆柱体、圆锥体、球体和一个平面。

(3)从 View 菜单中选择 Viewport Layout 中的 4Viewports 命令，视图将恢复为 3 个平面视图和一个透视视图，如图 5 - 8 所示。

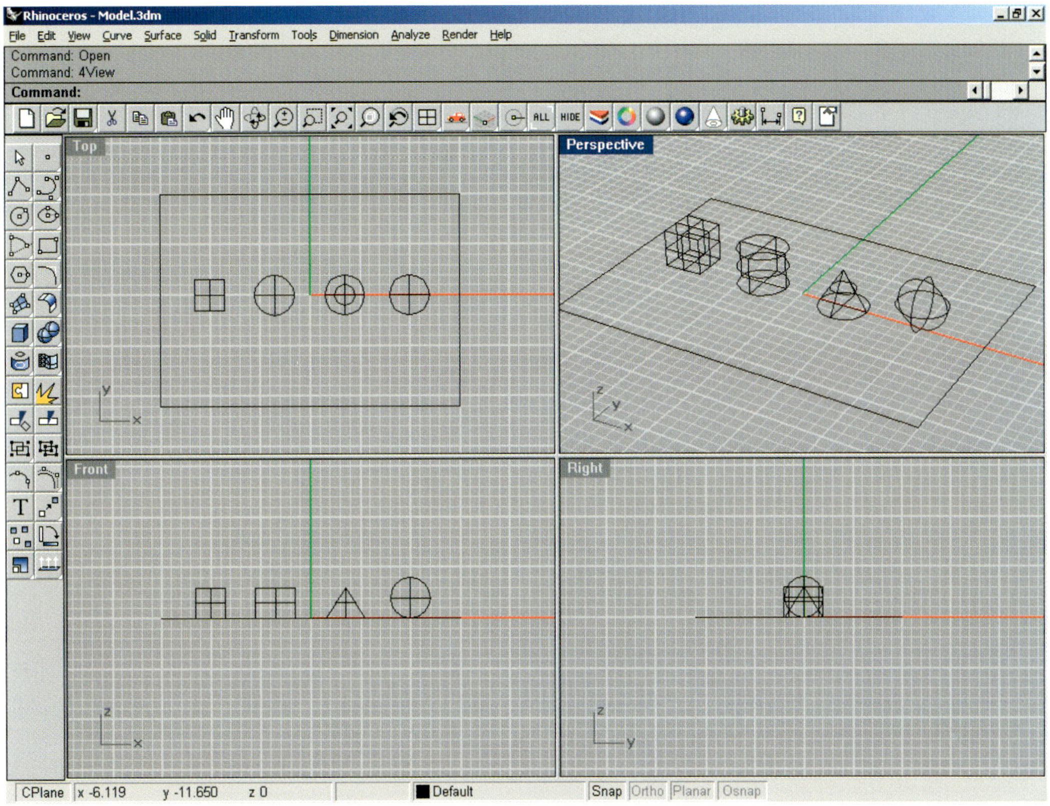

图 5 - 8 3 个平面视图和 1 个透视图

(4)在状态列单击 Snap 按钮，将视图切换到 Grid snap 模式。此时，Grid snap 也许已经处于 on 的状态，所以要注意不要再将它切换成 on 的状态。假如 Grid snap 是 on 的状态，则位于状态列上的“Snap”字体会呈现黑体字。反之状态列上的“Snap”字体则呈现灰色的字。这是个很重要的步骤，Grid snap 可以使光标以一定的间隔来移动。在这个练习中，Grid snap 的默认值是 grid line 一半的长度单位。

(5)选择透视图。当视图为工作视图（当前视图）时，它的标题列会呈高亮度显示。工作视图是所有执行的地方。

(6)从 Render 菜单中选择 Shade 命令，将物体以灰度的方式显示在工作视图上，如图 5 - 9 所示。在 Shade 模式下，一样可以选择视图的观察角度。

(7)从 Render 菜单中选择 Render 命令。渲染物体时，系统会显示一个独立的视窗，如图 5 - 10 所示。

(8)关闭 Render 视窗。

(9)在透视图中拖动鼠标可以旋转视图，如图 5 - 11 所示。

视图中的平面物体这时就可以作旋转的依据。如果物体从视图中消失，可以查看是否旋转到了平面物体的后面。

(10)从 Render 菜单中选择 Render 命令，渲染后的效果如图 5 - 12 所示。

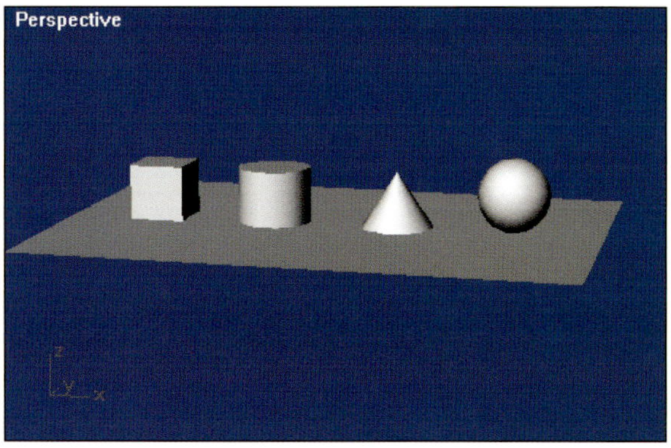

图 5－9　Shade 模式的视图显示

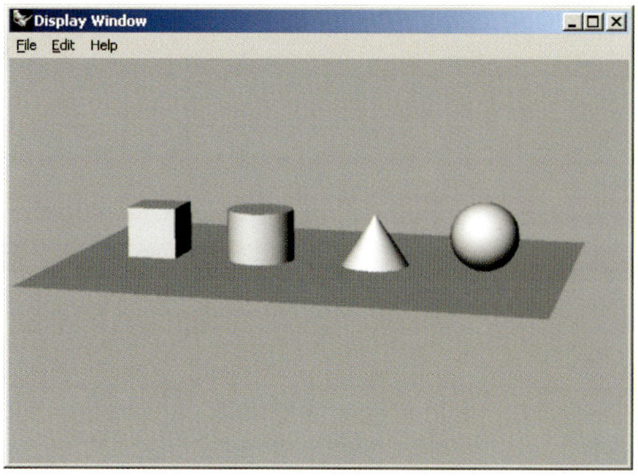

图 5－10　显示独立的视窗

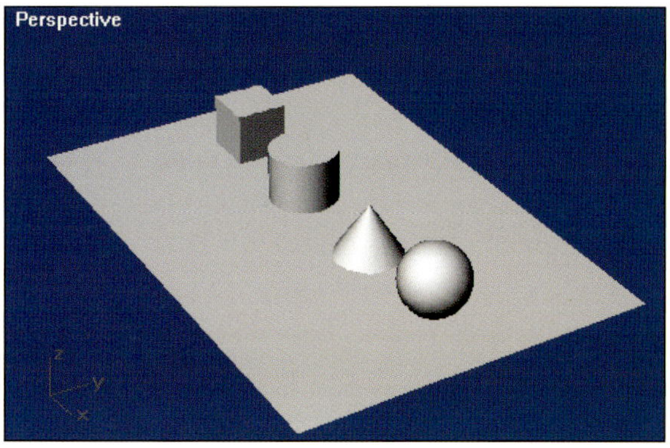

图 5－11　旋转视图的视角

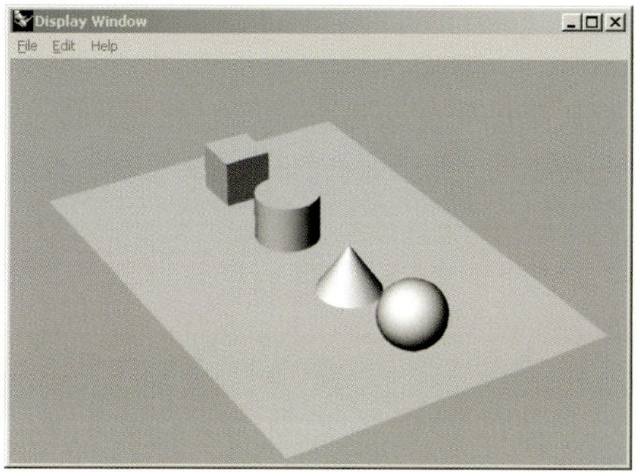

图 5－12　旋转后的视图渲染效果

(11)关闭 Render 视窗。

(12)在透视图中拖动鼠标来转动视图，如图 5－13 所示。

(13)拖动旋转视图视角成(从下朝上看)如图 5－14 所示。现在视角为从物体底部往上看。

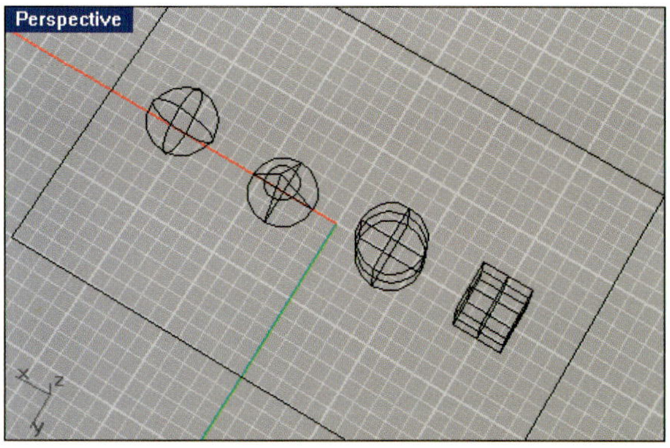

图 5－13　旋转视图

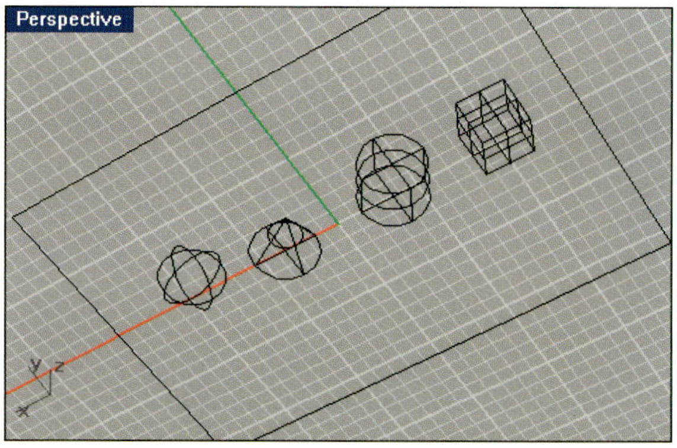

图 5－14　从底部观察物体

(14)从 Render 菜单中选择 Shade 命令，这时物体被隐藏在平面物体的后方，如图 5 - 15 所示。

9. 恢复到从前视角

按下 Home 键可以恢复视图的角度。

如果读者曾经用过鼠标键来旋转视图的视角，可以在按下 Shift 键的同时，按鼠标右键来拖动视图，此时，按下鼠标右键并拖动并不会中断任何指令的执行。

10. 移动视图

在顶视图中，按下 Shift 键的同时拖动鼠标右键来移动视图，如图 5 - 16 所示。

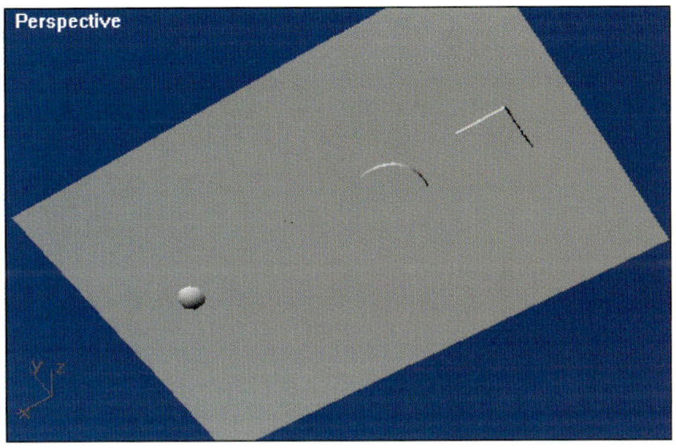

图 5 - 15　物体被隐藏在平面物体的后方

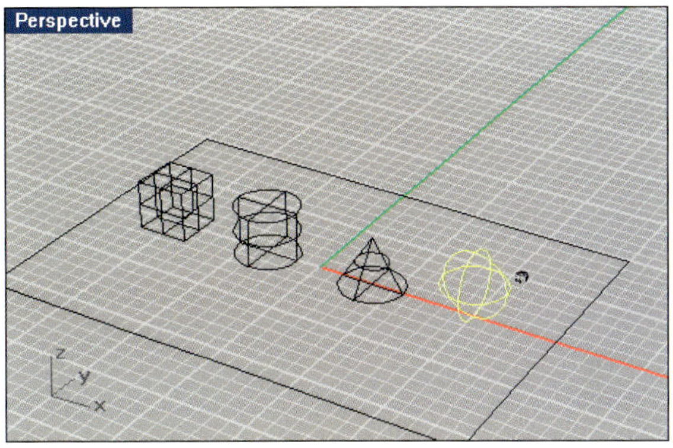

图 5 - 16　按下 Shift 键的同时用鼠标右键来拖动视图

如果只用鼠标右键单击视图，则会重复上一个指令。但如果按住鼠标右键不放，则会移动或旋转视图。

11. 缩放视图

有时候必须靠近物体或远离物体来进行观测，这个靠近物体或远离物体的动作称之为 Zoom。通常 Rhinoceros 对同样的缩放指令都有多个方法来执行，在这里最简单的方法就是按下 Ctrl 键的同时，按鼠标右键拖动视图。假如鼠标有滚轮，转动滚轮也可缩放视图。

在顶视图中，按下 Ctrl 键的同时按住鼠标右键往上或往下拖动视图，如图 5 - 17 所示，往上为放大视图，往下拖动则为缩小视图。

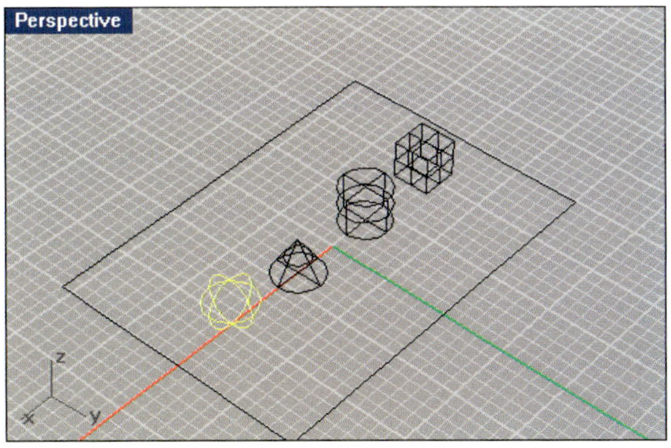

图 5 - 17　按下 Ctrl 键的同时用鼠标右键来缩放视图

Zoom Extents 这个指令能缩放视图至刚好能看到所有的物体。可用这个指令来使所有的物体显示在视图上。

12. 最大化单一视图

假如找不到某个物体，可以在视图上使用 Zoom Extents 指令。对于在单一视图上找寻物体，这个指令是非常方便的。也可直接单击  Zoom Extents 按钮来进行相同的操作。

13. 最大化所有视图

从 View 菜单中选择 Zoom 中的 Extents All 命令即可最大化所有视图。

14. 移动物体

要移动物体，可以在任何视图上将物体拖动。在下面这个练习里，要将每一个物体进行移动并排列整齐。

移动物体的方法如下：

(1)单击圆锥体，如图 5－18 所示，圆锥体会呈现黄色状态以显示被选取。

(2)在透视视图中拖动圆锥体，如图 5－19 所示，直至对齐圆柱体为止。它将位于圆柱体内。圆锥体在一个由 grid line 组成的平面上移动，这个平面被称之为基平面。每一个视图都有自定的基平面。当启动 Rhinoceros 时，透视视图与顶视图的基平面是一样的。

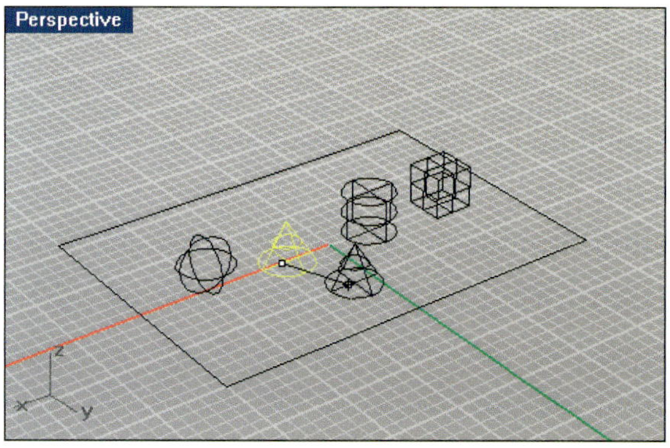

图 5－18　被选取的圆锥体

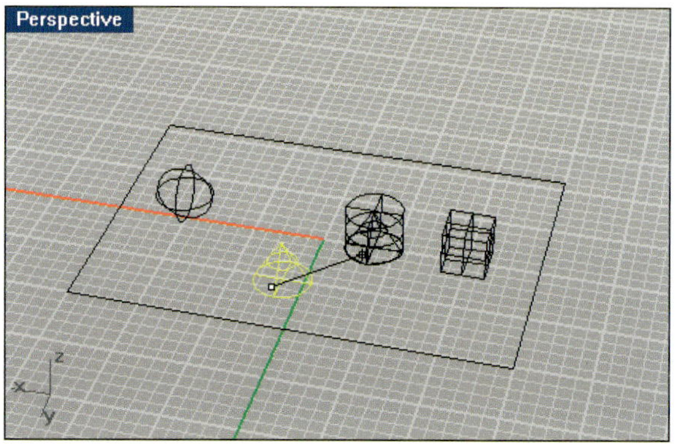

图 5－19　移动圆锥体

(3)在前视图拖动圆锥体至圆柱体的顶端，如图 5－20 所示。必须经常在其他视图观看物体，以便将物体摆放至正确位置上。

(4)单击透视图，从 Render 菜单中选择 Shade 命令，渲染后的效果如图 5－21 所示。

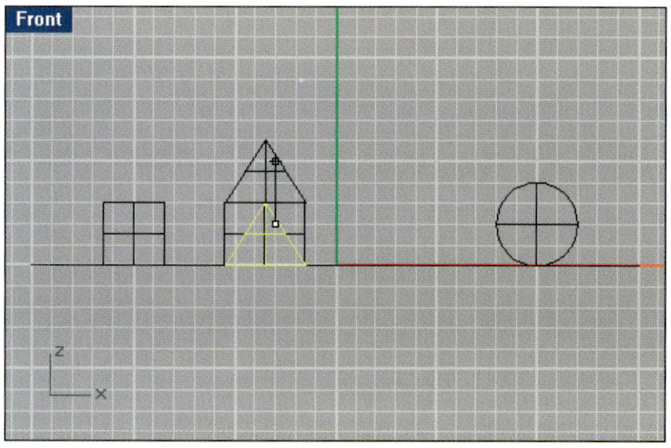

图 5－20　在前视图移动圆锥体

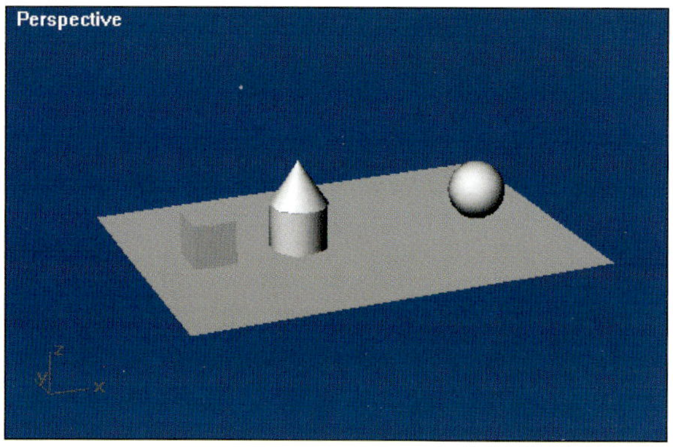

图 5－21　透视图的渲染效果

(5)从 Render 菜单中选择 Render 命令，渲染后的独立视窗如图 5－22 所示。

15. 复制物体

要绘制更多的相同物体，可以将这些物体进行复制，以便节省绘制时间。复制物体的操作步骤如下：

(1)从 File 菜单中选择 Open 命令。

(2)在弹出的提示框中单击 NO 按钮，不存储刚才变更的部分。

(3)在弹出的 Open 对话框中，选择 Model－3dm。

(4)选择球体。从 Transform 菜单中选择 Copy 命令。

(5)在指令列 Point to copy from(Vertical Inplace)的提示下,在顶视图的任意处单击鼠标,如图 5－23 所示。

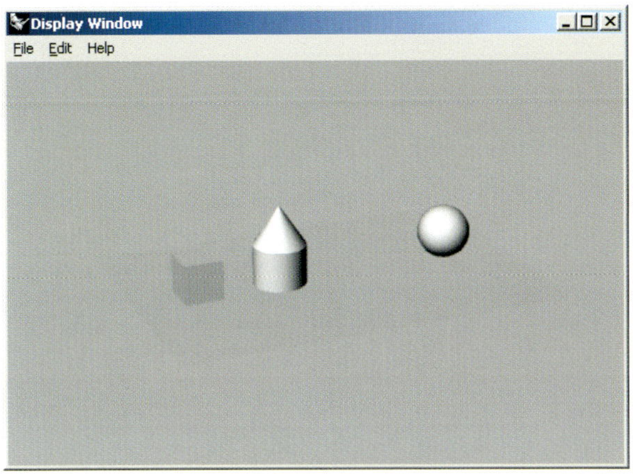

图 5－22　渲染后的效果

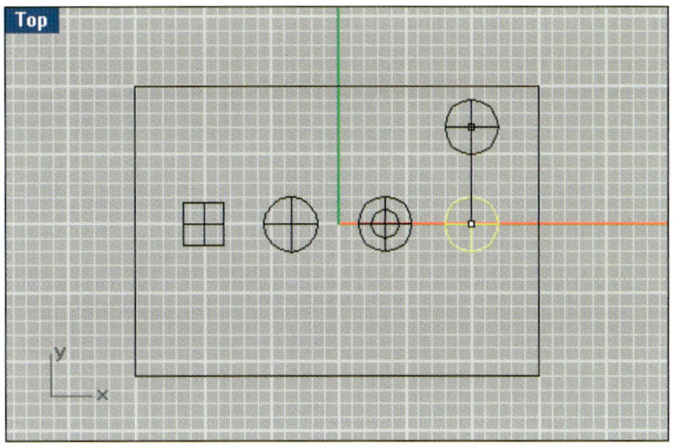

图 5－23　选择并复制物体

(6)在指令列 Point to copy to 的提示下,选择要复制的地方。如果有必要,可以放大视图观看。

(7)要缩放视图,可以按下 Ctrl 键的同时按鼠标右键并拖动。

(8)在指令 Point to copy to 的提示下,单击其他想要复制的地方,此时已经复制两个圆球物体了,如图 5－24 所示。

(9)当觉得数量足够时,按下 Enter 键来停止它,渲染后的效果如图 5－25 所示。

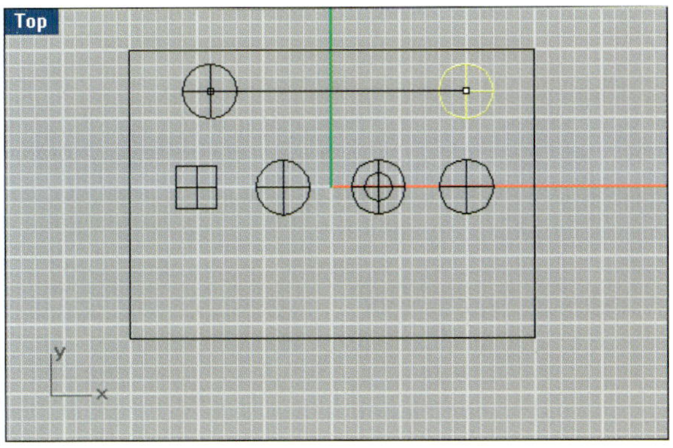

图 5－24　复制两个圆球物体

图 5－25　透视图的最终渲染效果

第三节　Rhinoceros 的视图操作

本节将详细介绍 Rhinoceros 视图的基本知识和控制视角的操作方法。熟练控制视角,不但可以方便建模的操作,还可以更加准确地掌握建模的尺度。本章还将进行一些基本的视图操作练习,如设置视角、缩放视图和移动视图等。

一、视图和视角

视图是在 Rhinoceros 的绘图区中显示物体的区域。可以用拖动视图标题列或拖动视图边缘的方式来移动视图或改变其尺寸大小,也可以建立新的视图、重新命名视图或定义视图。设置工作视图之前,只需在该视图上单击一下,使其标题列成高亮度显示即可,如图 5 - 26 所示。如果此时正在执行某指令,只要移动光标至视图内即可。

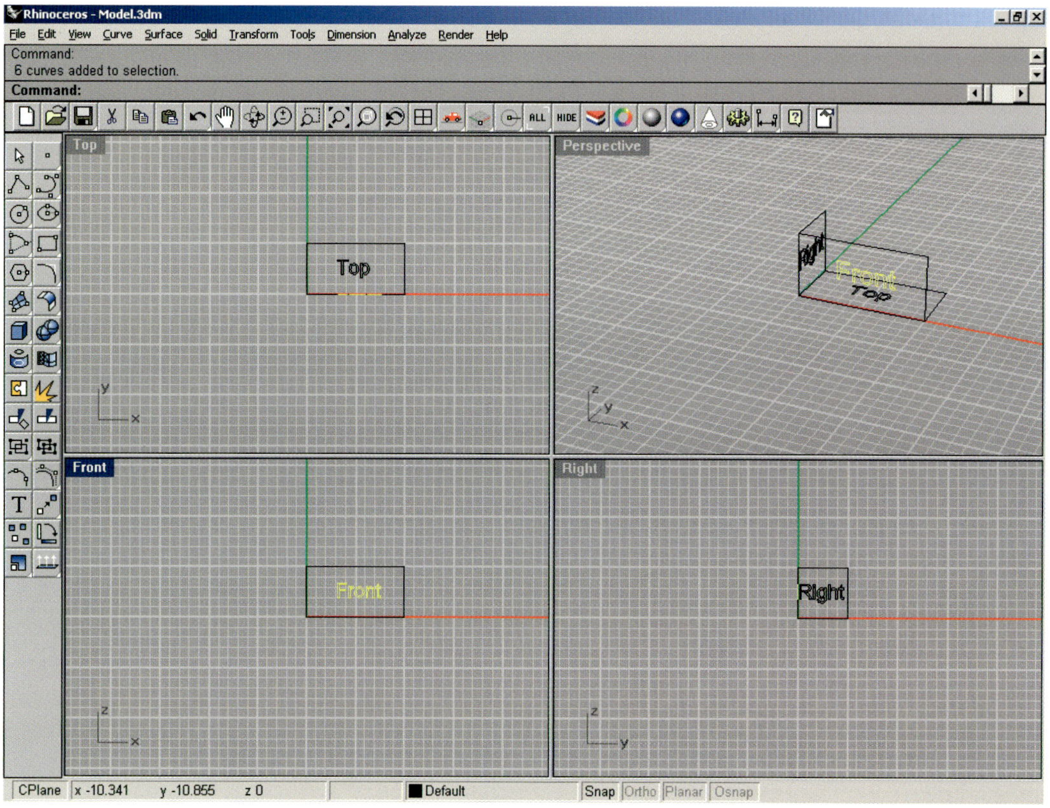

图 5 - 26　当前工作视图的标题列呈高亮度显示

当物体的细节在不断地增加时,你也许需要放大物体的某个部位,或以不同的角度来观看它,这个观察角度便是视角。此时,可以使用指令、鼠标或键盘来改变视图的视角。

每个视图的视角就像是一台虚拟摄像机的镜头,摆在视图的正前方位置,而你正通过这个镜头来观看物体。

二、设置视角

假如在视图内找不到物体,可以使用下列的 4 种方法回到物体的起始位置。

1. 恢复和重置视角的变化

选择视图后,可以按下键盘上的 Home 键来恢复或重置视图的视角变化。

2. 将视角重置为垂直基平面

从 View 菜单中选择 Set View 中的 Plan 命令即可将视角重置为垂直基平面。

3. 将所有的物体显示于视图内

从 View 菜单中选择 Zoom 中的 Zoom Extents 命令即可将所有的物体显示于视图内。

4. 将所有的物体显示到所有视图内

从 View 菜单中选择 Zoom 中的 Extents All 命令即可将所有的物体显示到所有视图内。

三、缩放视图

打开名为 tuiche 的文件,如图 5 - 27 所示。将使用视图中的物体来练习缩放视图,并且分别从 6

个角度来观看这个物体。

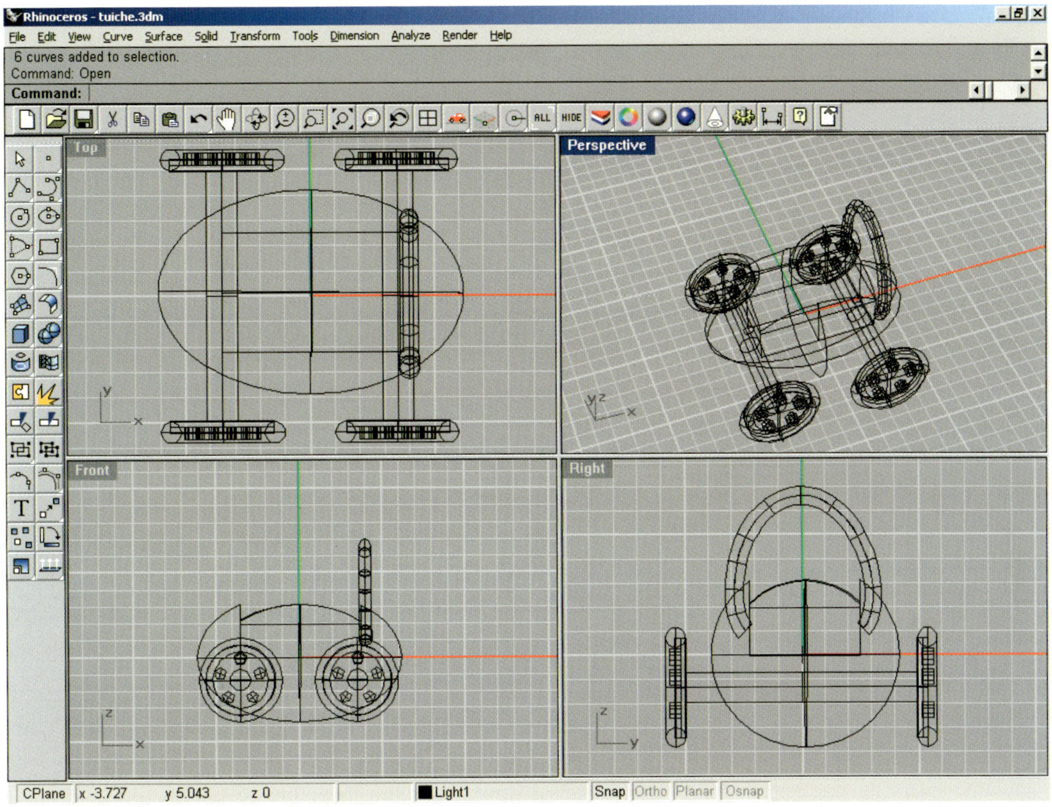

图 5-27 打开场景文件

1. 更改视图版面

(1)从 View 菜单中选择 Viewport Layout 中的 4Viewports 命令，此时界面中出现了 4 个视图。

(2)从 View 菜单中选择 Zoom 中的 Extents All 命令，将所有视图最大化。

2. 更改多个视图

(1)选择顶视图为工作视图。

①从 View 菜单中选择 Viewport Layout 中的 Split Vertical 命令，将顶视图垂直分开。

②从 View 菜单中选择 Set View 中的 Bottom 命令，将其设置为底视图。

③从 View 菜单中选择 Zoom 中的 Extents All 命令，将所有视图最大化。

(2)选择前视图为工作视图。

①从 View 菜单中选择 Viewport Layout 中的 Split Vertical 命令，将前视图垂直分开。

②从 View 菜单中选择 Set View 中的 Left 命令，将其设置为左视图。

③从 View 菜单中选择 Zoom 中的 Extents All 命令，将所有视图最大化。

(3)选择中视图为工作视图。

从 View 菜单中选择 Viewport Layout 中的 Split Vertical 命令，将中视图垂直分开。

(4)选择下方的右视图为工作视图。

①从 View 菜单中选择 Set View 中的 Back 命令，将其设置为后视图。

②从 View 菜单中选择 Zoom 中的 Extents All 命令，将所有视图最大化。

(5)调整并缩放右视图和左视图，调整后的效果如图 5-28 所示。

3. 更改视图尺寸

(1)移动光标至视图边缘，此时光标形状变成上下或左右的箭头，按住鼠标左键拖动视图可改变

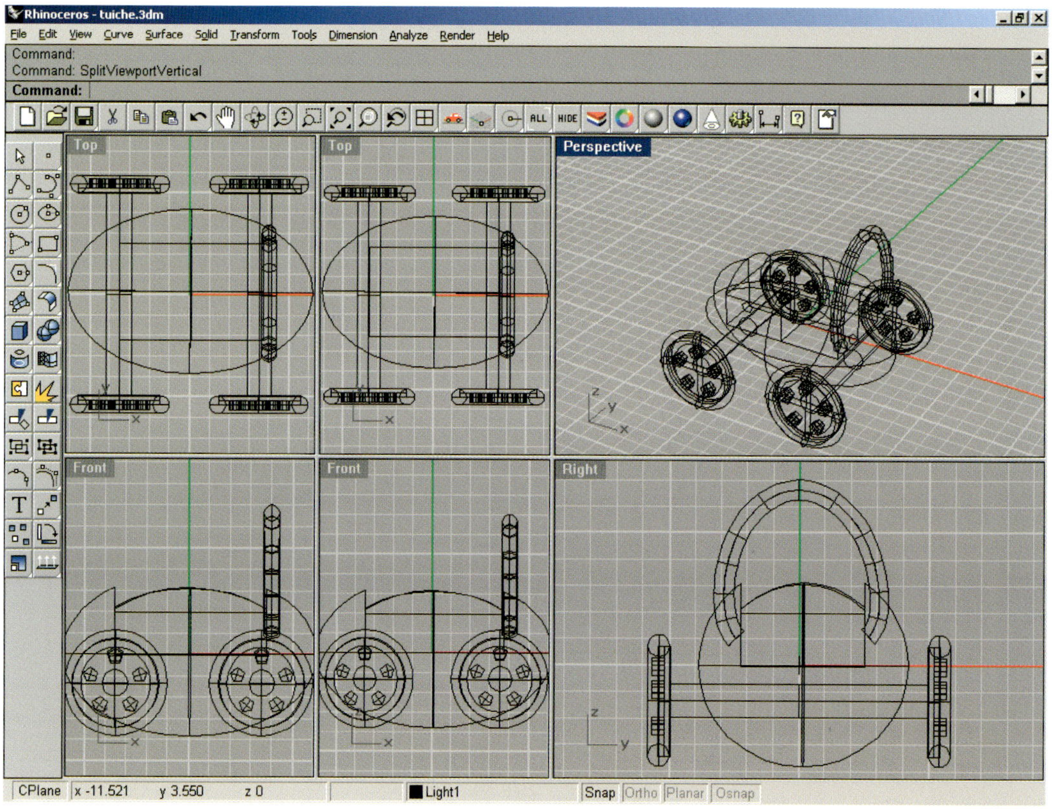

图 5-28　调整后的效果

视图的尺寸。如果两个视图共用一个边缘，则两个视图的尺寸将一起改变。

（2）移动光标至视图角落，直至光标形状变成上下左右 4 个方位的箭头，然后按着鼠标左键拖动视图可改变视图的尺寸。如果多个视图共用一个角，则多个视图的尺寸将一起改变。

4. 移动视图

按住 Shift 键的同时，按住鼠标右键拖动视图。

5. 缩放视图

按住 Ctrl 键的同时，按住鼠标右键上下拖动视图，往上拖动视图为放大，往下拖动视图则为缩小。

6. 旋转视图

（1）按住鼠标右键拖动透视视图，可以旋转视图。

（2）旋转平面视图可使用键盘方向键。

7. 最大化视图和还原视图

（1）双击视图标题列可以最大化视图。

（2）双击最大化的视图标题列可以还原视图。

8. 右键鼠标选项

用鼠标右键单击视图标题列会有一个快捷菜单弹出，如图 5-29 所示。可选择其中的选项进行最大化视图、还原视图、缩放视图、改变视图或关闭视图。

四、通过键盘控制视图

移动视图最快的方法就是按住 Shift 键的同时按住鼠标右键并拖动。要缩放视图，则只需要按

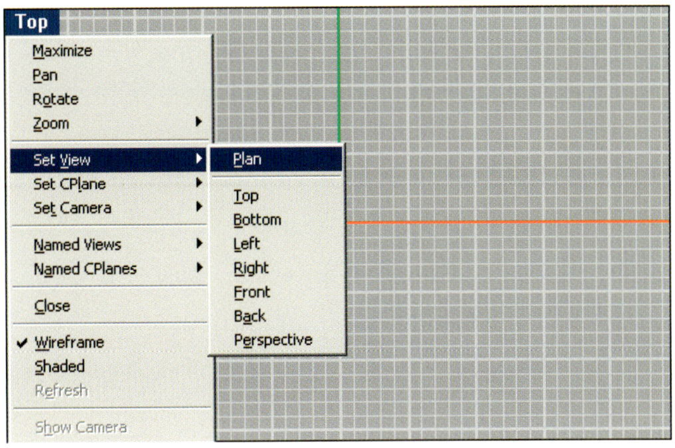

图 5-29 单击鼠标右键弹出的快捷菜单

住 Ctrl 键的同时拖动视图，表 5-2 所示为用键盘来操作视图的方法。

表 5-2 键盘操作视图方法

按钮	动作	+Ctrl
LEFT ARROW	左转	左移
RIGHT ARROW	右转	右移
UP ARROW	上转	上移
DOWN ARROW	下转	下移
PAGE UP	放大	
PAGE DOWN	缩小	

不同于其他的建模软件，Rhinoceros 可以同时在平面视图和透视视图上工作。要切换视图成为顶视图或透视视图，可以直接用鼠标右键在视图的标题列单击，在弹出的快捷菜单中选择 Properties 中的 Top 或 Perspective 选项，然后单击 OK 按钮即可。

本章小结

本章主要介绍了 Rhinoceros 软件的特点、功能、界面布局和软件的基本操作。这些基础知识为读者学习下面的知识作了铺垫，也使读者对 Rhinoceros 软件有了较初步的了解。另外，本章介绍了 Rhinoceros 的基本视图控制方法，希望读者在今后使用 Rhinoceros 进行建模时，能够熟练掌握以上所讲的这些控制按钮和键盘的快捷键，以便更加方便地工作。

下一章将正式切入建模的主题，进行基本的平面造型训练。读者只有熟悉了本章所述的最基本的初级操作，才能为后面章节的高级建模打下良好的基础。

第六章　构建 NURBS 模型的常用命令

由于本书是一本应用类的书籍，所以不会系统地讲解该如何使用 Rhinoceros 的各项命令，但考虑到读者中可能会有一些初学者，或者是已经掌握了其他 3D 软件建模技术而刚刚想转到 Rhinoceros 的学习者，所以在制作实例之前，还是粗略地浏览一下本章将会用到的一些常用命令，部分命令在这里也会通过简单的实例步骤加以解析。

第一节　NURBS 曲线命令工具

 Curve

根据控制点的位置绘制曲线，简称 CV 曲线

菜单：Curve>Free-form>Control Points

命令：Curve

操作：在视窗中随意地添加控制点便能很方便地绘制出曲线。在命令没结束时控制点是可见的：如果有画错的控制点，可以键入“U”回车（在这里回车键、空格键、鼠标右键，这 3 个按键的功能是一样的，后面的回车操作同样适用）取消最后画的控制点；如果想使曲线封闭，可以在绘制最后一个控制点后单击曲线的第一个控制点或键入“C”回车。

 InterpCrv

根据编辑点的位置绘制曲线，简称 EP 曲线。

菜单：Curve>Free-form>Interpolate Points

命令：InterpCrv

操作：和 CV 曲线一样，不同之处在于视图中鼠标单击的都是编辑点，曲线将穿过这些编辑点而形成。

 Circle

根据半径绘制圆形。

菜单：Curve>Circle>Center, Radius

命令：Circle

操作：先输入圆心，再输入半径值或者直接拖动鼠标，在合适位置单击左键。

 用 AroundCurve 方法画圆

单击图标，然后在视窗中选择曲线，再用正常画圆的操作。如果要把圆画在曲线的两端，请打开物体捕捉功能的 End 选项。该命令可以创建一个特殊的圆，通过该圆构成的面垂直于刚刚画圆时选择的曲线。

 PtOn

打开曲线上的 CV 点，一般用于通过拖拉 CV 点来改变曲线的形状，快捷键是 F10 键，关闭 CV 点可以用右键单击该图标或者按 F11 键。

 EditPtOn

打开曲线上的 EP 点，一般用于通过拖拉 EP 点来改变曲线的形状。

注意：当曲线上的 CV 点和 EP 点被打开时，将不能选择曲线。

 Extend

延伸曲线。

菜单：Curve>Extend Curve>Extend Curve

命令：Extend

说明：有 3 个延伸线性选择，Line、Arc 和 Smooth。

 Fillet

菜单：Curve>Fillet Curves

命令：Fillet Curves

说明：在两条曲线之间产生一个由圆弧形成的圆角。

例子：

从 File 菜单中选择 Open 命令，在弹出的 Open 对话框中浏览到本书配套的 3dm 目录，从该目录中选择 Fillet.3dm 文件，然后单击 OK 按钮，如图 6－1 所示。

选择菜单 Curve>Fillet Curves 命令（或者在浮动工具面板中单击 图标），在 Top 视图中使用鼠标左键分别单击线段①、②，导角线段如图 6－2 的③处所示。这里使用的是系统默认值半径为 1 个单位，也可以在指令列输入你所需要的导角半径。

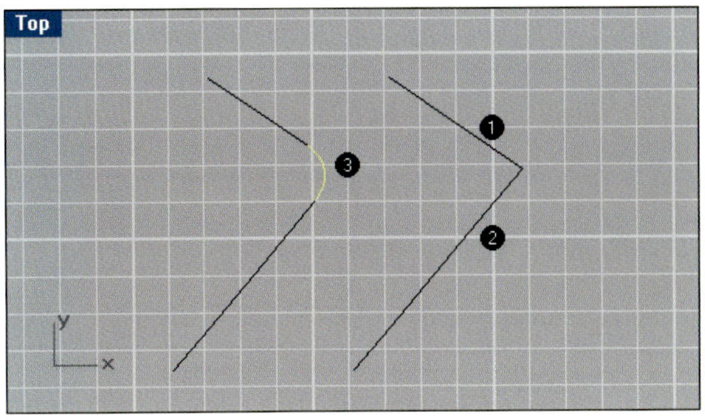

图 6－1　打开 Fillet.3dm 文件

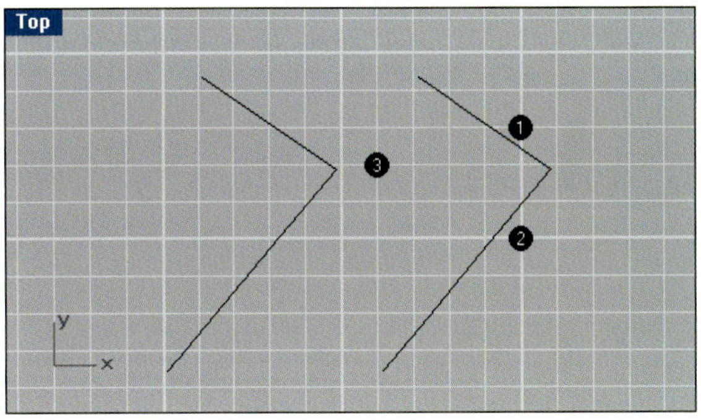

图 6－2　利用 Fillet curves 命令将曲线导角

 Offset

根据预定距离偏移复制曲线。

菜单：Curve>Offset Curves

命令：Offset Curves

操作：先选择需要偏移的曲线，然后在命令行输入偏移距离，在视图中拖动光标确定偏移的方向。输入 T 可以打开交互模式（可以看到即将偏移复制的曲线的模式）。

例子：

打开 3dm \Offset.3dm 文件，然后单击 OK 按钮，如图 6－3 所示。

选择菜单 Curve>Offset Curves 命令（或者在浮动工具面板中单击 图标），在 Top 视图中选取曲线①按鼠标右键结束命令，将鼠标放置第二点偏移复制曲线（保持系统默认值），如图 6－4 所示的曲线②。

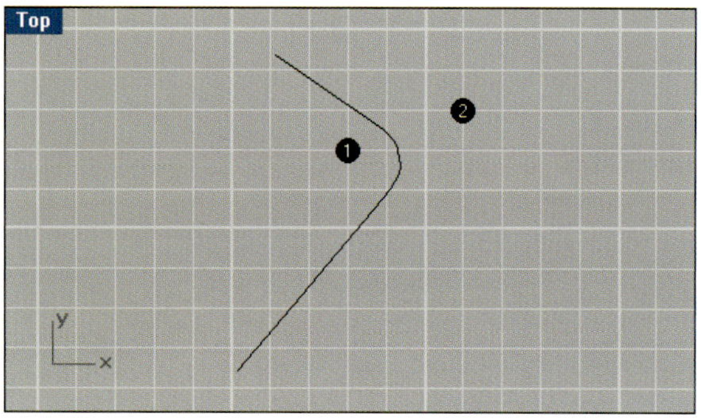

图 6-3　打开 Offset.3dm 文件

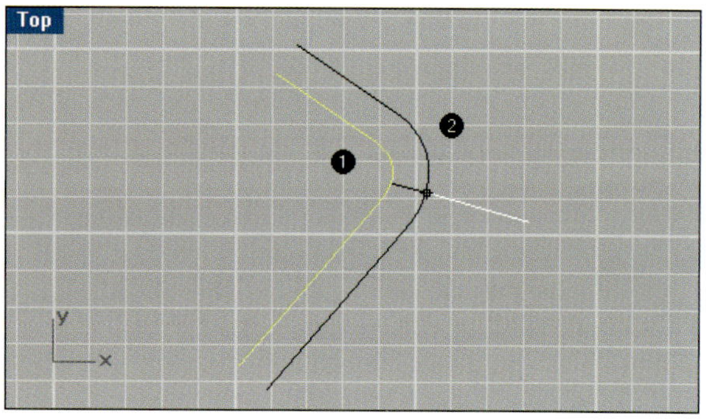

图 6-4　利用 Offset Curves 命令将曲线偏移复制

 Trim

修剪已有的曲线或者表面。

菜单：Edit>Trim

命令：Trim

说明：修剪是把曲线相交的部分以相交点为界，被点击的曲线部分将被删除掉，使保留下来的曲线形成新的图形。

打开 3dm\Trim.3dm 文件，然后单击 OK 按钮(图 6-1)。

选择菜单 Edit>Trim 命令(或者在浮动工具面板中单击图标)，在 Top 视图选取右侧标识①的两条曲线的圆按右键结束，再选择圆以外的要剪切的曲线部分，最终得到如图 6-5 的左侧标识②。

 Rebuild

重建已有的曲线。

菜单：Edit>Rebuild

命令：Rebuild

说明：在尽量保持曲线原来形状的基础上，重新定义曲线上的点数和 NURBS 度数。当新的点数或度数小于曲线原有的点数或度数时，曲线会适度变形。

打开 3dm\Rebuild.3dm 文件，然后单击 OK 按钮，如图 6-6 所示。

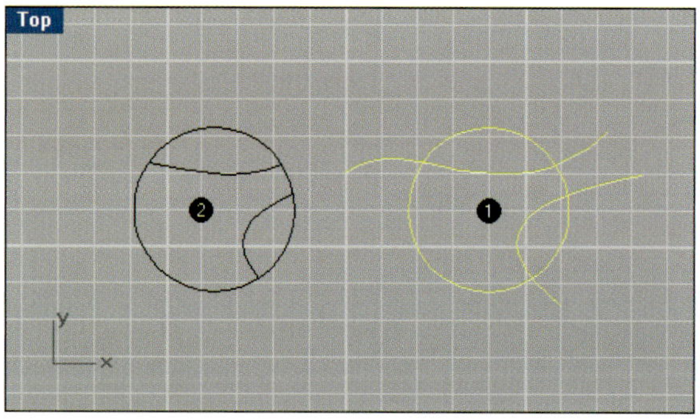

图 6-5　利用 Trim 命令剪切曲线

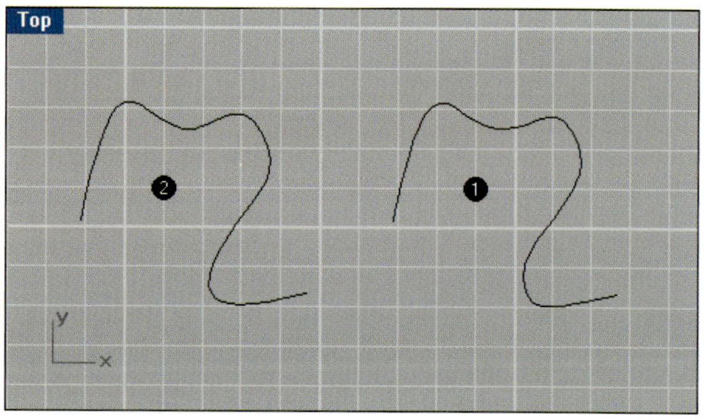

图 6-6　利用 Rebuild 命令重建曲线

选择菜单 Edit>Rebuild 命令（或者在浮动工具面板中单击图标），选取 Top 视图右侧标识①的曲线，按右键结束命令。

弹出 Rebuild Curve 对话框，在 Point 项更改参数为 16 单击 OK 结束。如图 6－7 所示。

选取两条曲线，在键盘上按下 F10 键显示曲线的 CV 点，观察重建后的曲线 CV 的变化，曲线由 9 个 CV 点增加到 16 个 CV 点，如图 6－8 所示。

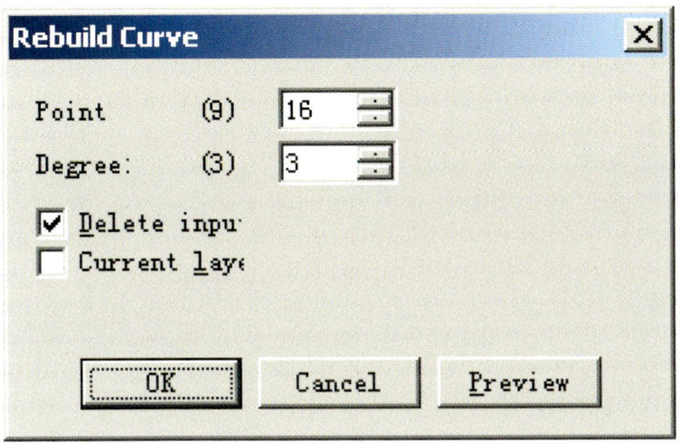

图 6－7　Rebuild Curve 对话框设置曲面点的变化

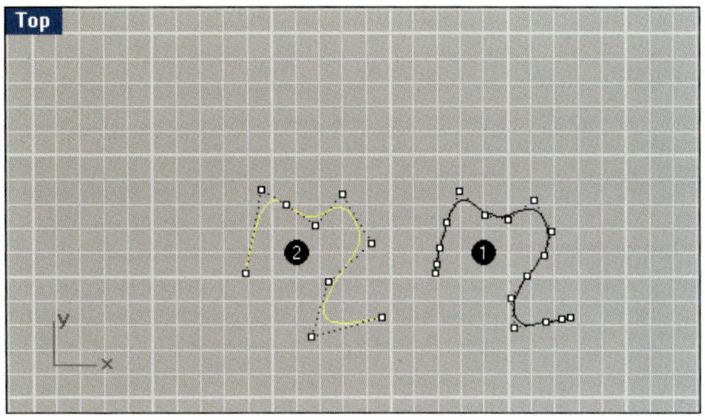

图 6－8　按 F10 显示曲线的 CV 点

第二节　NURBS 曲面命令工具

 Patch

利用封闭曲线或者表面的封闭边生成一个表面。

菜单：Surface>Patch

命令：Patch

说明：Patch 常用来封闭表面上的洞口，它实际上是一个利用曲线修剪封补洞口表面之后的结果。

打开 3dm \Patch. 3dm 文件，然后单击 OK 按钮，如图 6－9 所示。

选择菜单 Surface>Patch 命令（或者在浮动工具面板中单击图标），依次按顺序选择 5 条曲线按右键结束命令，得到如图 6－10 所示的表面。

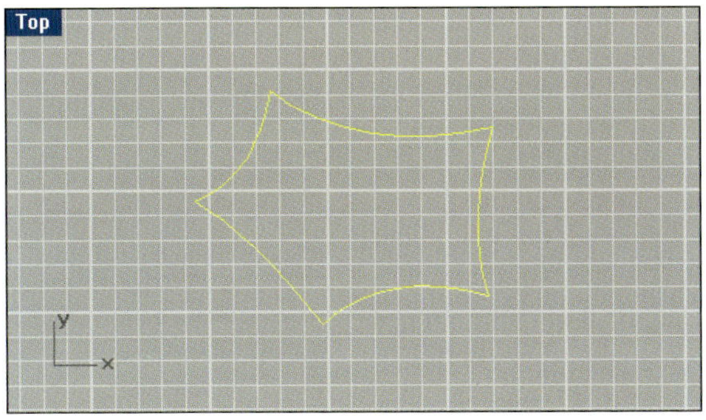

图 6－9　打开 Patch. 3dm 文件

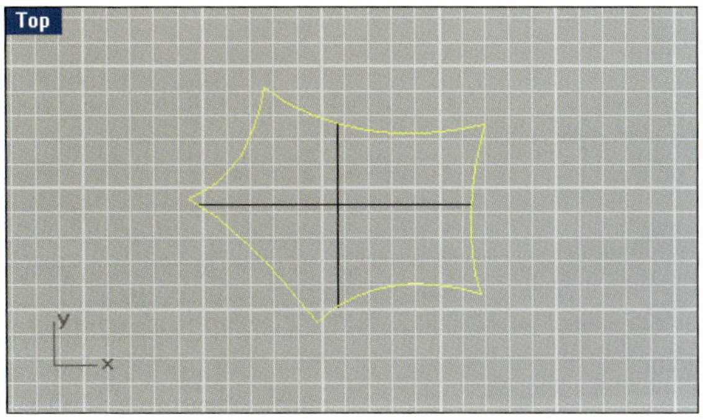

图 6－10　利用 Patch 命令选择曲线生成曲面

 EdgeSrf

利用 2、3、4 条曲线生成一个表面，由曲线决定表面的边。

菜单：Surface>Edge Curves

命令：EdgeSrf

说明：在用 3 条曲线生成边界曲面时，曲面的 U 参数方向总是垂直于第一条被选择的曲线，第二、三条曲线的交叉处形成曲面的顶点。另外，不要求各曲线的端点对齐，用开放的图形也能生成边界曲面。

打开 3dm \EdgeSrf. 3dm 文件，然后单击 OK 按钮，如图 6 – 11 所示。

选择菜单 Surface>Edge Curves 命令（或者在浮动工具面板中单击图标），选择 3 条曲线按右键结束命令，得到如图 6 – 12 所示的曲面。

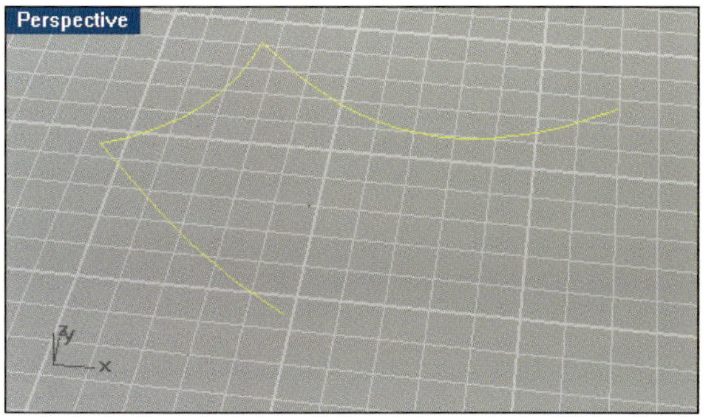

图 6 – 11　打开 EdgeSrf. 3dm 文件

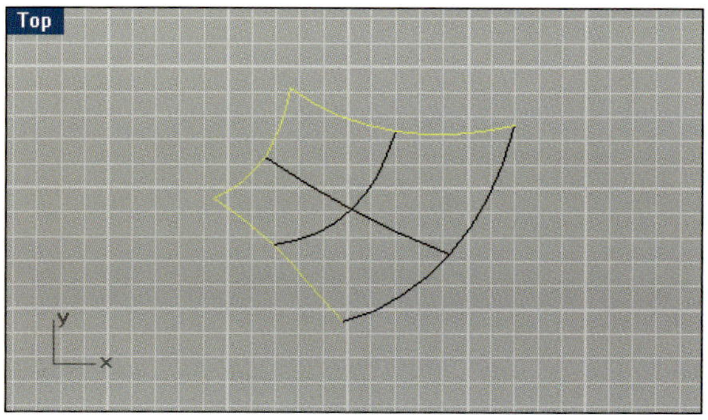

图 6 – 12　选择 Edge Curves 命令，将不在同一平面的曲线生成曲面

Sweep1

通过把截面曲线“扫过”（Sweep）一条作为轨迹（Rail）的曲线而生成的曲面。

菜单：Surface>Sweep1 Rail

命令：Sweep1

说明：Sweep1 表面支持多个形状各异截面曲线。

打开 3dm \Sweep1. 3dm 文件，然后单击 OK 按钮，如图 6 – 13 所示。

选择菜单 Surface>Sweep1 Rail 命令（或者在浮动工具面板中单击图标），先选择大圆轨道曲线，再选取横截面的椭圆曲线按右键结束命令，这时弹出 Sweep1 Rail Options 对话框，参照图 6 – 14 的参数设置按 OK 键结束命令。

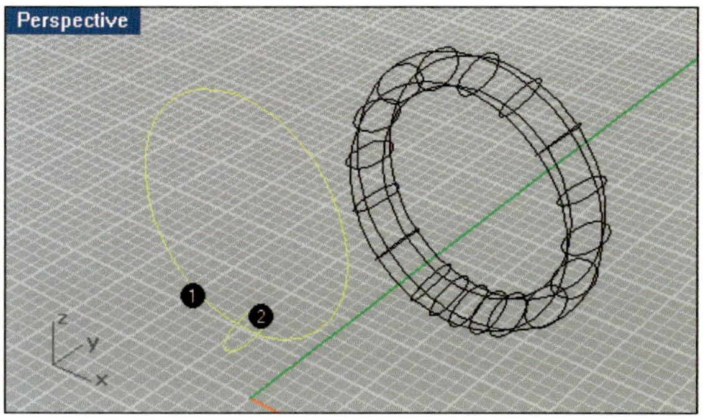

图 6 – 13　打开 Sweep1. 3dm 文件

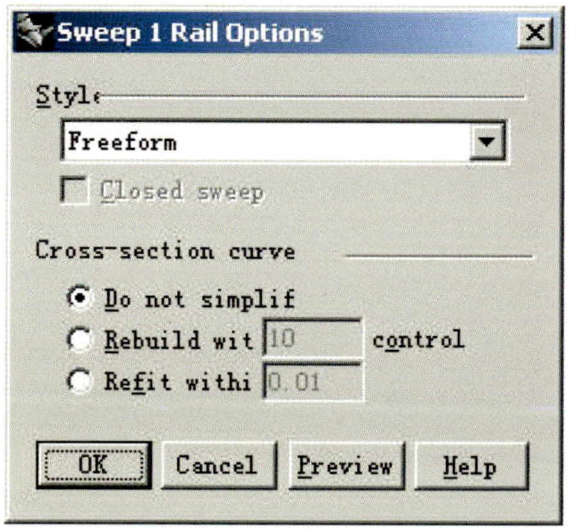

图 6 – 14　Sweep1 Rail Options 对话框

如图 6－15 所示，利用 Sweep1 命令绘制的实体，大圆作为一条轨迹，椭圆曲线围绕轨迹一周而形成圆环。

Sweep2

和 Sweep1 Rail 相比，Sweep2 最大的区别在于它使用了两条作为轨迹的曲线，能生成更复杂的曲面。

菜单：Surface>Sweep2 Rails

命令：Sweep2

打开 3dm \Sweep2. 3dm 文件，然后单击 OK 按钮，如图 6－16 所示。

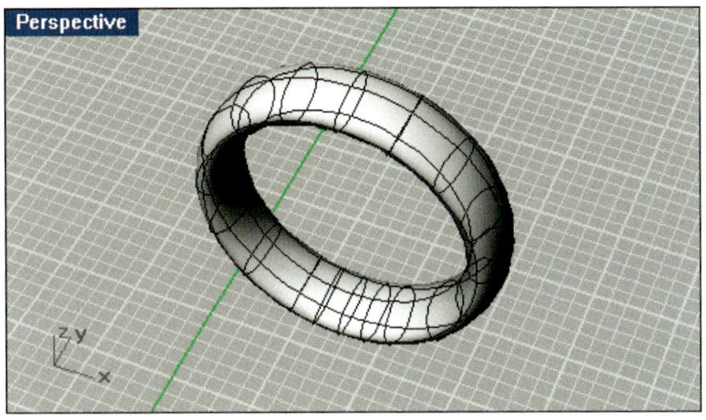

图 6－15　利用 Sweep1 命令绘制的实体

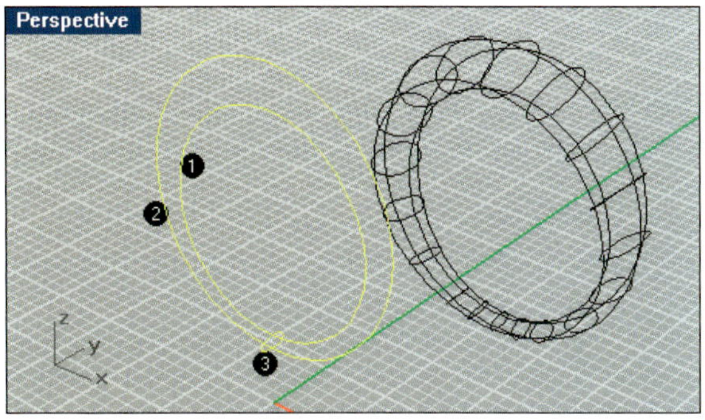

图 6－16　打开 Sweep2. 3dm 文件

选择菜单 Surface>Sweep2 Rail 命令（或者在浮动工具面板中单击图标），在 Perspective 视图中先选择大小圆曲线，再选择椭圆截面曲线，按右键结束命令。

单击右键后弹出 Sweep2 Rail Options 对话框，如图 6－17 所示，保持系统默认参数不变，单击 OK 结束命令。

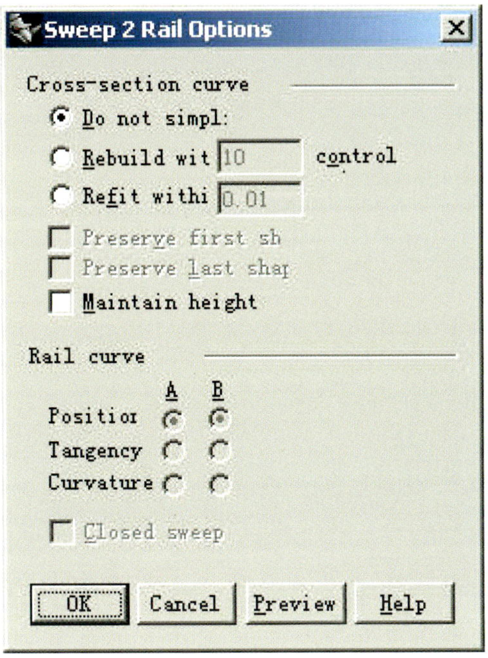

图 6－17　Sweep2 Rail Options 对话框

如图 6－18 所示，Sweep2 命令与 Sweep1 命令虽然在原理上是相同的，但 Sweep2 命令绘制的曲面更为复杂，与 Sweep1 最大的区别在于：它使用了两条作为轨迹的曲线，使它能生成更复杂的曲面。

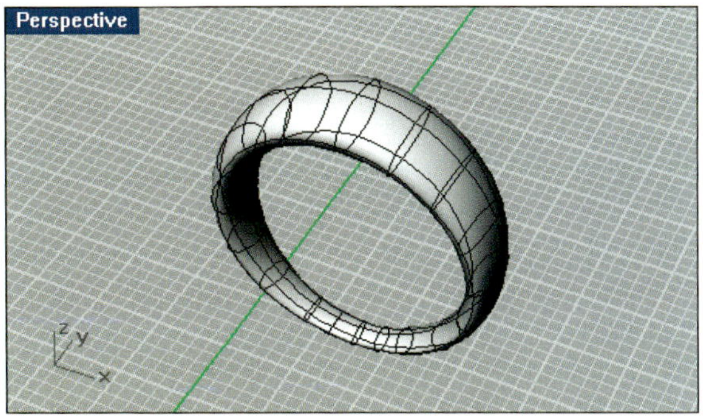

图 6－18　利用 Sweep2 Rails 命令绘制的实体

 Revolve

通过旋转曲线生成曲面。

菜单：Surface>Revolve

命令：Revolve

说明：生成 Revolve 表面时，旋转的角度是可控制的。

打开 3dm \ Revolve1.3dm 文件，然后单击 OK 按钮，如图 6－19 所示。

选择菜单 Surface>Revolve 命令(或者在浮动工具面板中左键单击图标)，选取曲线按右键，以 Z 轴坐标 0 的位置绘制旋转中心轴弹出 Revolve Options 对话框，保持系统的默认设置，单击 OK 结束命令。如图 6－20 所示。

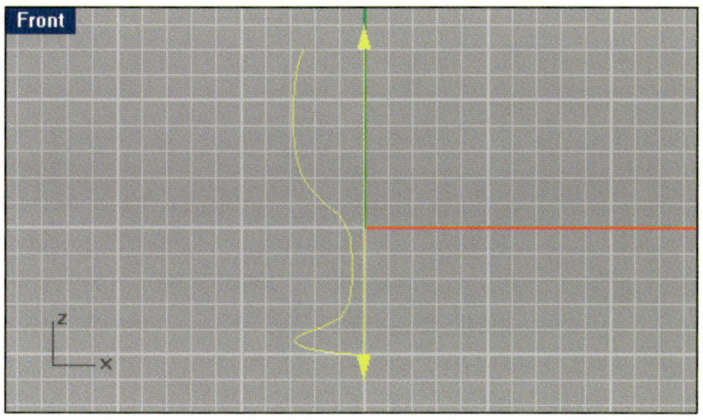

图 6－19　打开 Revolve1.3dm 文件

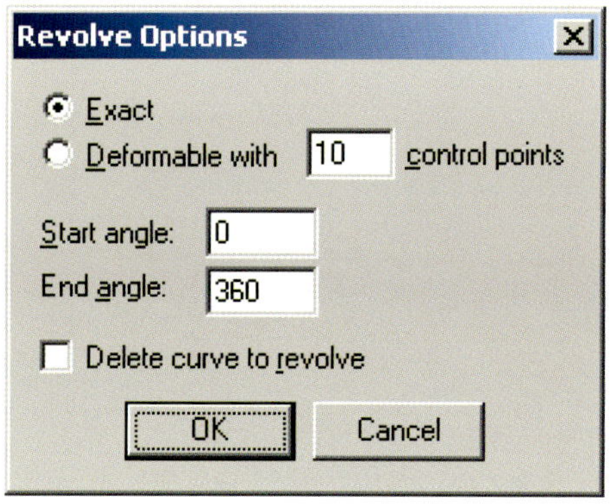

图 6－20　Revolve Options 对话框

以 Z 轴为中心利用曲线旋转 360°生成曲面，如图 6－21 所示。

 RailRevolve

沿指定的轨迹旋转曲线来生成复杂的表面。

菜单：Surface>Rail Revolve

命令：RailRevolve

说明：它在上一个旋转曲面的基础上增加了沿一条轨迹曲线来旋转曲面的功能。这是 Rhinoceros 特有的，它和上面的 Revolve 共用一个图标，但需要用鼠标右键单击该图标进行切换。

打开 3dm \ Revolve2.3dm 文件，然后单击 OK 按钮，如图 6－22 所示。

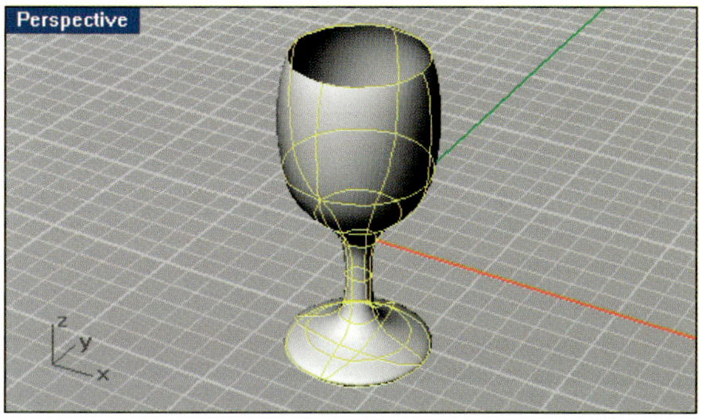

图 6－21　以 Z 轴为中心利用曲线旋转 360°生成曲面

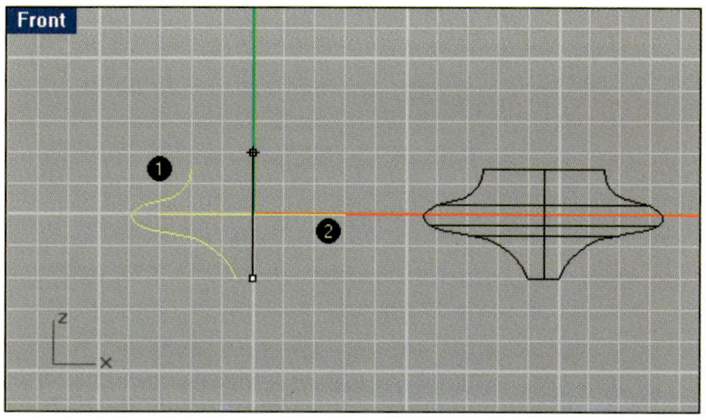

图 6－22　打开 Revolve2.3dm 文件

选择菜单 Surface>Rail Revolve 命令（或者在浮动工具面板中右键单击图标），参照图 6－23 所示，先选择曲线①，再选择椭圆曲线②以 Z 轴为中心绘制中心轴旋转 360°结束命令。

如图 6－24 所示，与 Revolve 不同的是，它在这个旋转曲面的基础上增加了沿一条轨迹曲线来旋转曲面的功能，绘制更为复杂的曲面。

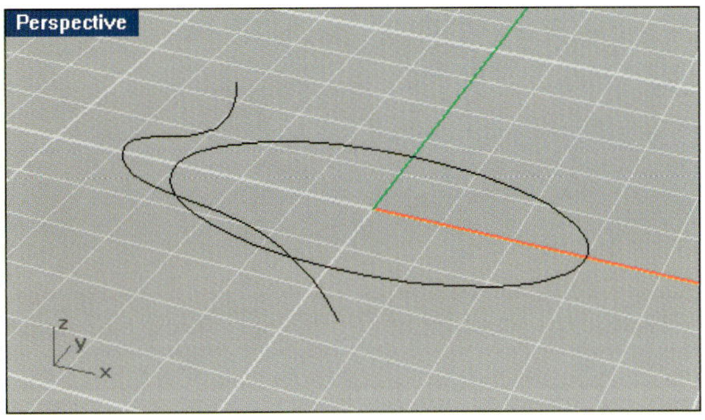

图 6－23　选择菜单 Rail Revolve 命令

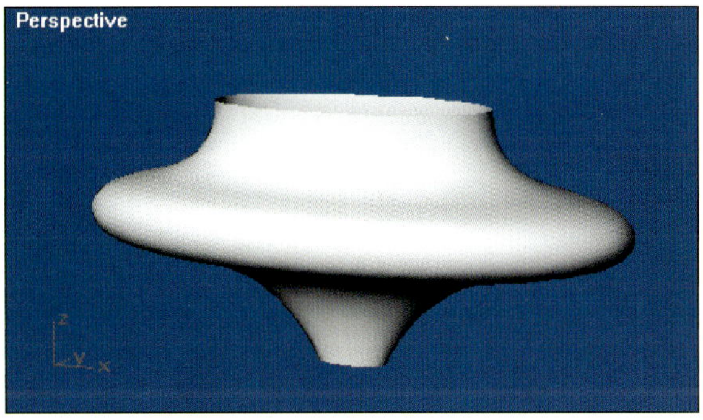

图 6－24　利用 Rail Revolve 命令沿轨道选择曲线生成曲面

Loft

穿过连续多条曲线形成的表面。

菜单：Surface>Loft

命令：Loft

注意：在选择开放的曲线生成 Loft 表面时，鼠标点击曲线的位置和次序都影响着最后表面的形状，而封闭曲线的结合点位置也会影响表面的形状。另外，点物体只能作为 Loft 曲面的开端或者终端。

打开 3dm \ Loft.3dm 文件，然后单击 OK 按钮，如图 6－25 所示。

选择菜单 Surface>Loft 命令（或者在浮动工具面板中单击图标），参照图 6－26 所示，按顺序依次选择 5 条封闭的曲线，按右键结束，这时还可以控制曲面的走向，但这里不必改动它，继续按右键弹出 Loft Options 对话框。

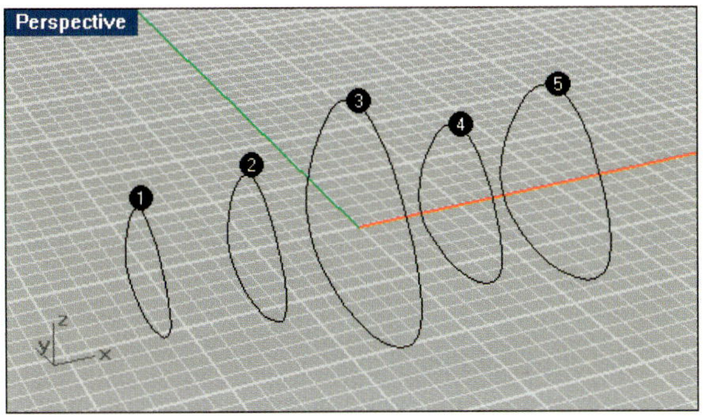

图 6－25　打开 Loft.3dm 文件

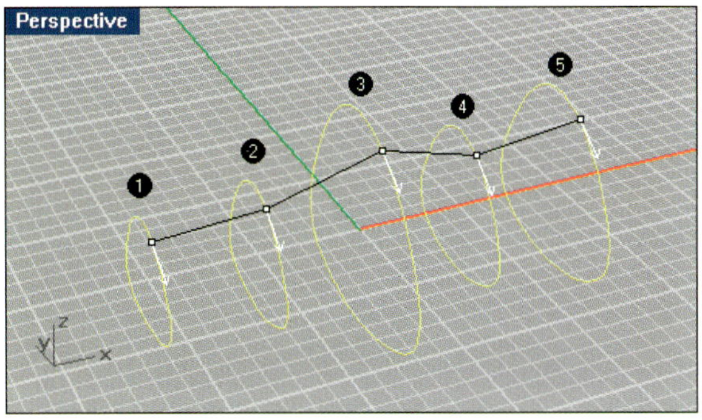

图 6－26　选择 Loft 命令依次选取封闭的曲线

如图 6－27 所示的 Loft Options 对话框，保持系统默认参数不变，按 OK 键结束命令。

利用 Loft 命令绘制的曲面如图 6－28 所示，Loft 在 Rhinoceros 3D 中是非常重要的工具，熟练且灵活的应用 Loft 命令会得到非常精美标准的曲面。

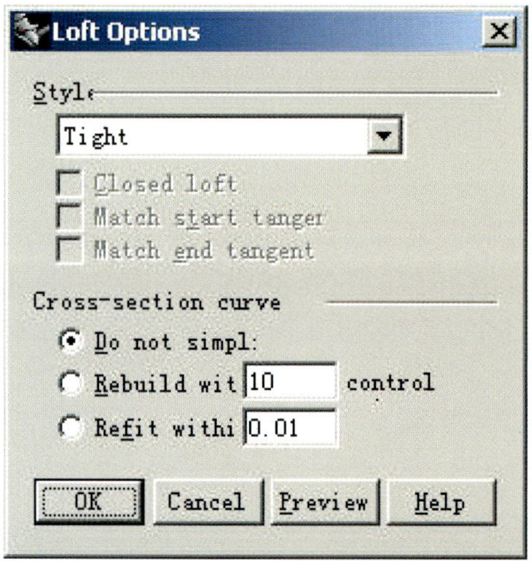

图 6 - 27　Loft Options 对话框

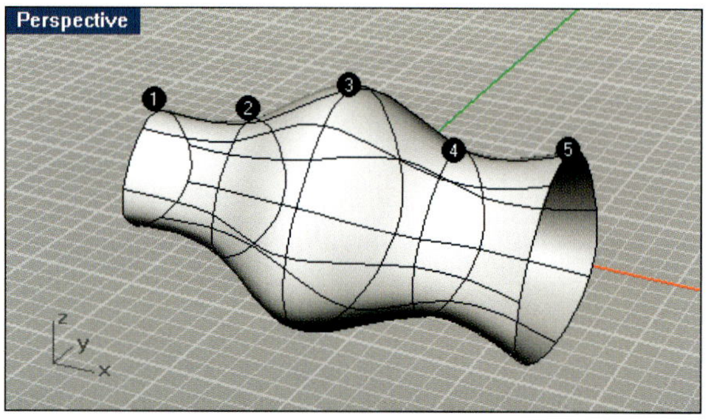

图 6 - 28　利用 Loft 命令生成新的曲面

Extrude　拉伸曲线成曲面

菜单：Surface>Extrude

命令：Extrude

打开 3dm \ Extrude. 3dm 文件，然后单击 OK 按钮。

选择菜单 Surface>Extrude 命令（或者在浮动工具面板中单击图标），在视图中选取曲线按右键，移动鼠标挤压出曲面，也可以在指令列输入所需要的尺寸按回车键，即得到曲面，如图 6 - 29 所示。

Filletsrf

在两个表面之间生成新的圆角表面。

菜单：Surface>Fillet Surface

命令：Filletsrf

打开 3dm \ Filletsrf. 3dm 文件，然后单击 OK 按钮。

选择菜单 Surface>Fillet Surface 命令（或者在浮动工具面板中单击图标），保持指令列的系统默认设置不变，在 Perspective 视图中分别选取曲面①和曲面②，这时它们的夹角处会呈现弧面曲线，如图 6 - 30 所示。

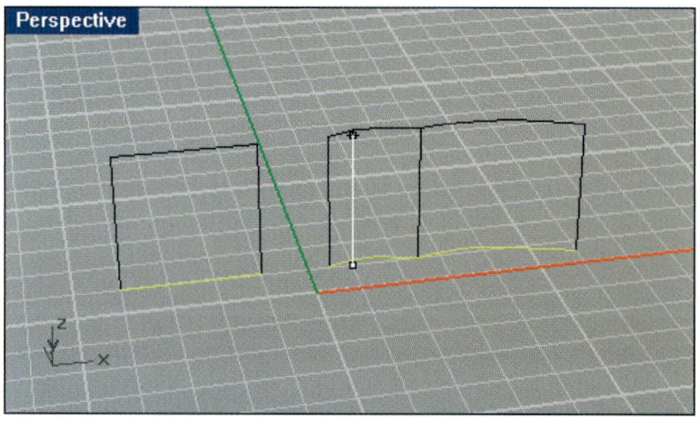

图 6 - 29　利用 Extrude 命令挤压拉伸曲线生成曲面

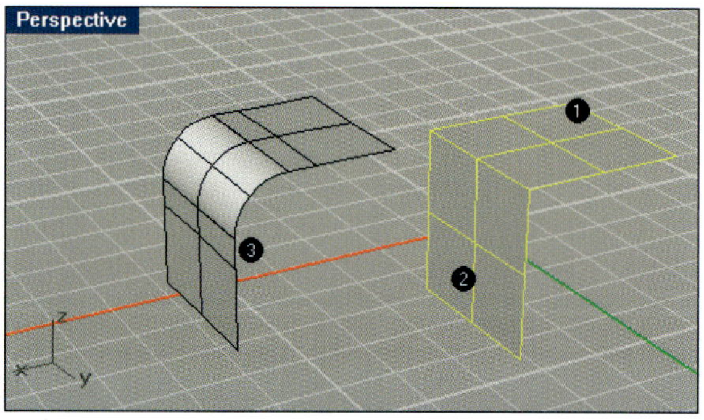

图 6 - 30　利用 Fillet 命令将曲面直角导圆角

 OffsetSrf

根据偏移量生成表面。

菜单：Surface>Offset Surface

命令：OffsetSrf

注意：和偏移曲线不同，偏移表面的偏移方向用正、负符号表示。正数时，曲面的偏移方向为自身坐标系统的 Z 轴正方向；负数(数字前面加"－")时，偏移方向为自身坐标系统的 Z 轴负方向。

 BlendSrf

在两个表面之间生成混合表面。

菜单：Surface>Blend Surface

命令：BlendSrf

说明：在两个表面的边之间生成一个新的表面并使新表面与两个表面相切。和 Loft 表面一样，鼠标点击表面边界的位置会影响混合表面的形状，而封闭边界的结合点位置也会影响混合表面的形状。

打开 3dm \ Filletsrf. 3dm 文件，然后单击 OK 按钮，如图 6－31 所示。

选择菜单 Surface>Blend Surface 命令(或者在浮动工具面板中单击图标)，在 Perspective 视图中选择两个圆曲面的边线，这时视图中会显示曲面的走向，如图 6－32 所示。

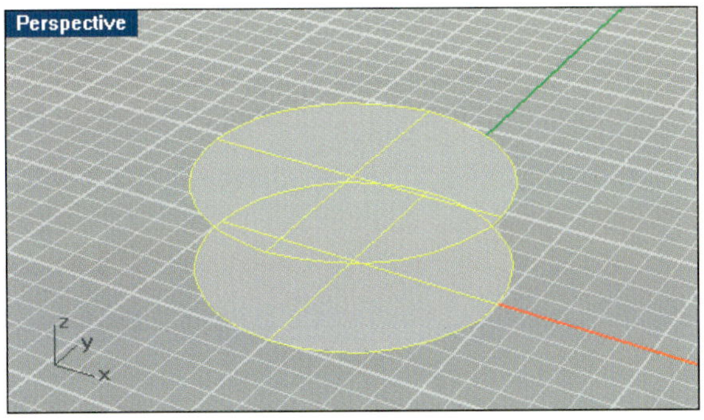

图 6－31　打开 Filletsrf. 3dm 文件

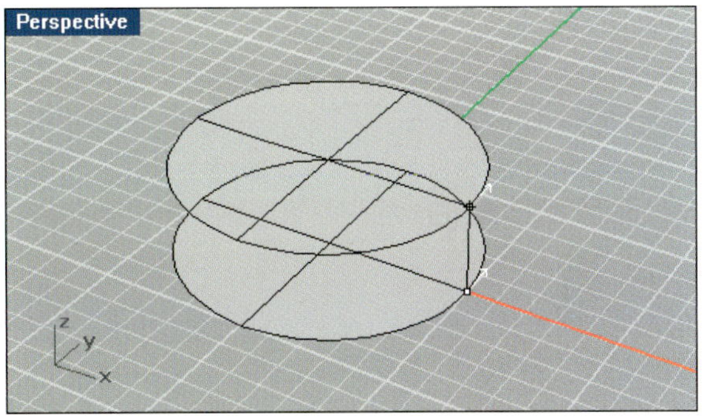

图 6－32　选择菜单 Blend 命令点击上下圆曲面的边线

继续上一步骤按右键结束，系统则会按照一定的参数出现所需要的曲面轨迹，如图 6－33 所示。

同时系统则会弹出 Blend Bulge 对话框，如图 6－34 所示。保持 Blend Bulge 对话框的参数不变，按 OK 键结束命令。

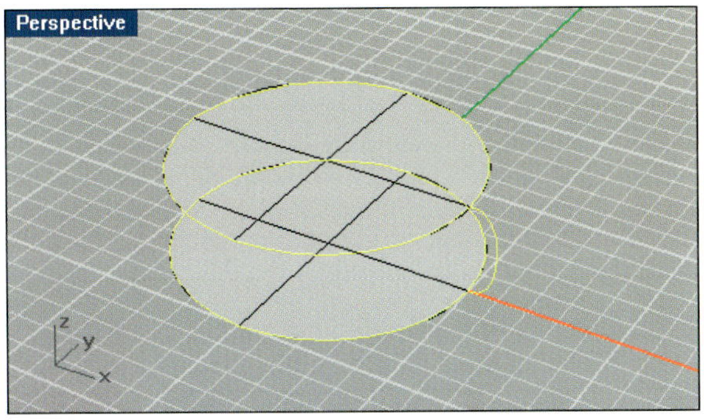

图 6－33　按右键显示曲面轨迹

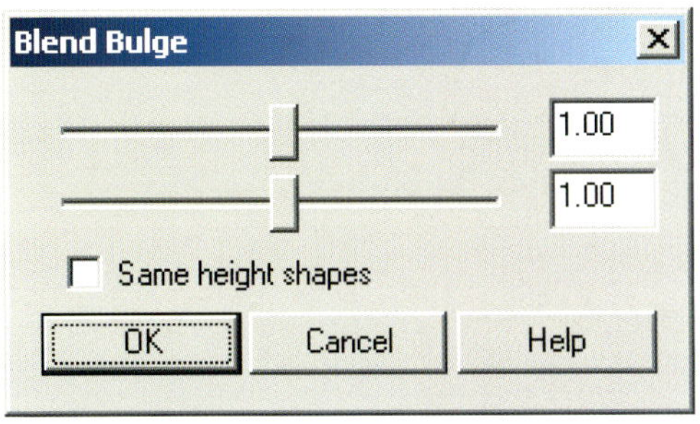

图 6－34　Blend Bulge 对话框

如图 6－35 所示，用 Blend 命令选择两个曲面的边线来生成新的曲面。

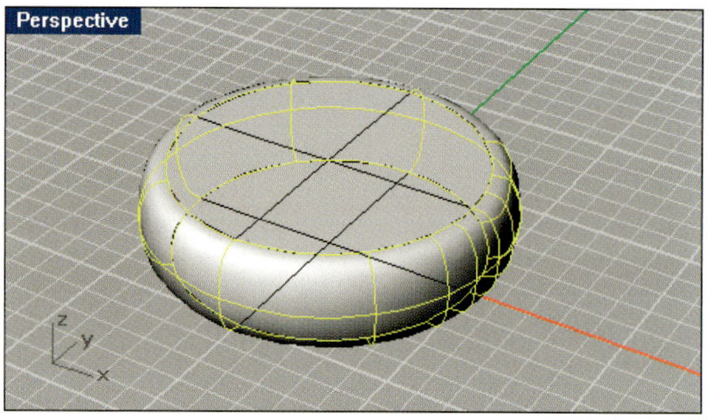

图 6－35　用 Blend 命令选择两个曲面的边线来生成新的曲面

MatchSrf

匹配两个表面。

菜单：Surface>Edit Tools>Match

命令：MatchSrf

说明：使一个表面的边匹配另一个表面，并使相邻边的部分曲面按要求(G0、G1、G2)调整各自的曲率。

注意：选择表面边的次序不同结果也不同。实际上是首先选择的表面去匹配第二个表面。

Rebuildsrf

根据指定的 U、V 方向 CV 点数和度数，重新建造表面。

菜单：Surface>Edit Tools>Rebuild

命令：Rebuildsrf

Explode

爆炸分解物体。

菜单：Edit>Explode

命令：Explode

说明：可以看成一个 JoinSrf 命令的反操作。

Joinsrf

结合选择的表面。

菜单：Edit>Join

命令：Joinsrf

注意：当结合多个表面时，选择表面一定要按次序逐个选择相邻的表面，否则会因为边界没有接触而无法选择。另外，多个单一表面一旦被结合就变成了新的物体类型——Polysurface。

Trim

修剪相交的表面。

菜单：Edit>Trim

命令：Trim

Split

利用物体来分裂表面。

菜单：Edit>Split

命令：Split

注意：曲线应该用点物体来分裂，单一表面可以用曲线，另一个单一表面或者 Polysurface 来分裂，而 Polysurface 不能用曲线来分裂。

Extrude

把封闭曲线挤压成实体。

菜单：Solid>Extrude

命令：Extrude Cap＝Yes

注意：非共面的封闭曲线被挤压后得到的并不是一个实体，因为它的两端呈开口状态没有表面把它们封闭起来。

 Cylinder

生成圆柱体。

菜单：Solid>Cylinder

命令：Cylinder

操作：先绘制圆形的底，再确定高度，就可以生成圆柱体。在输入命令后可以通过在命令行键入“V”来启动垂直视图模式。另外，在绘制圆形底边时，可以键入“D”或者“R”来切换成直径和半径模式。

 BooleanUnion

布尔并集，它的作用是把多个实体合并为单一实体。

菜单：Solid>Union

命令：BooleanUnion

注意：合并后的实体将继承首先被选择的物体的图层。

打开 3dm \ BooleanUnion. 3dm 文件，然后单击 OK 按钮，如图 6－36 所示。

选择菜单 Solid>Union 命令（或者在浮动工具面板中单击图标），在 Perspective 视图中选取圆柱体和标准的圆球体按右键结束命令，观察图 6－37 所示，圆柱体和球体已经合并为一个实体了。

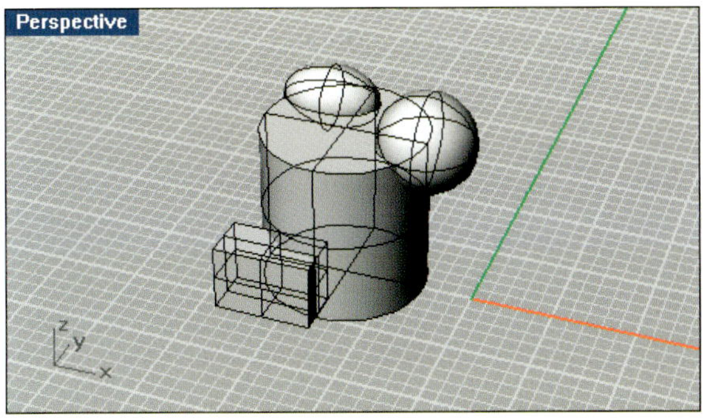

图 6－36　打开 BooleanUnion. 3dm 文件

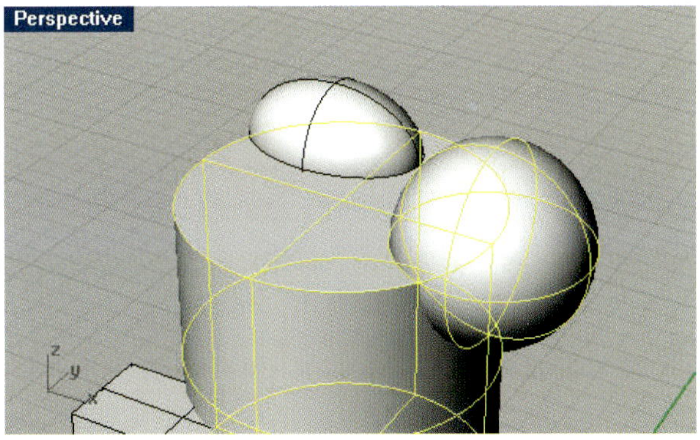

图 6－37　利用 Union 命令将圆柱体和圆球体结合

 BooleanDifference

布尔差集，它的作用是用一个物体减去另一个物体。

菜单：Solid>Difference

命令：BooleanDifference

注意：命令行提示选择第二个物体时，有一个选项 DeleteInput 可以控制是否删除第二个物体，默认值为 Yes，也可以键入“D”把它改变为 No，这时运算后将保留圆球体。

利用相同的场景文件继续下一个步骤的绘制，如图 6－38 所示。

选择菜单 Solid>Difference 命令（或者在浮动工具面板中单击图标），选取刚才合并的实体，按右键结束，再选择椭圆球体按右键结束全部命令，合并的实体剪去了椭圆球体，得到如图 6－39 所示的效果。

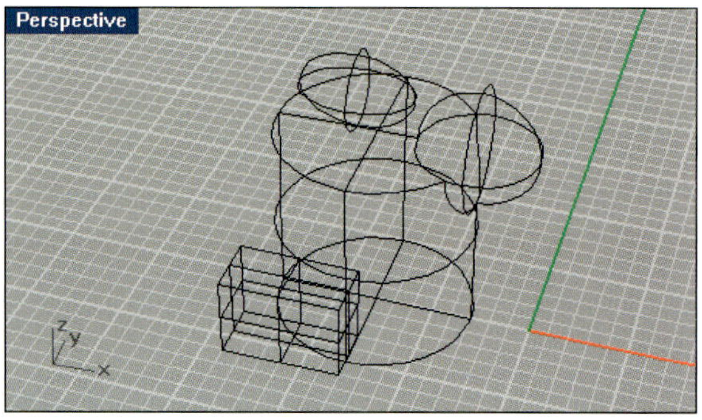

图 6－38　全视图显示物体

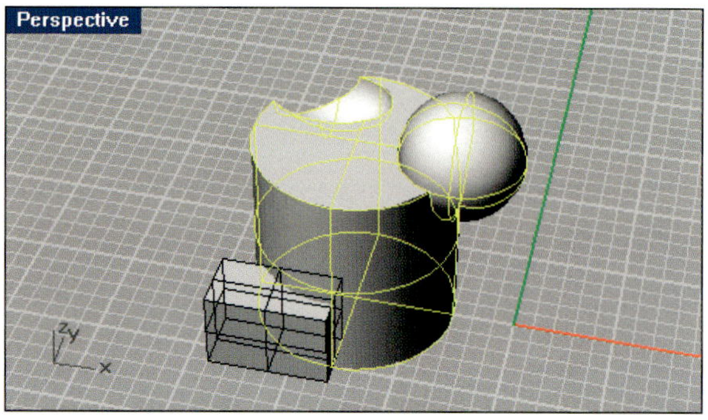

图 6－39　选择 Difference 命令将椭圆球体减去

BooleanIntersection

布尔交集，它的作用是只保留物体相交的部分而删除其他部分。

菜单：Solid>Intersection

命令：BooleanIntersection

注意：虽然选择物体的次序对运算结果的造型没有什么影响，但是最后保留下来的物体将是首先选择物体的一部分。

还是利用刚才的场景，选择菜单 Solid>Intersection 命令（或者在浮动工具面板中单击图标），在 Perspective 视图选取刚才剪切过的实体，按右键，再选择矩形实体按右键结束命令，得到如图 6－40 所示的画面。

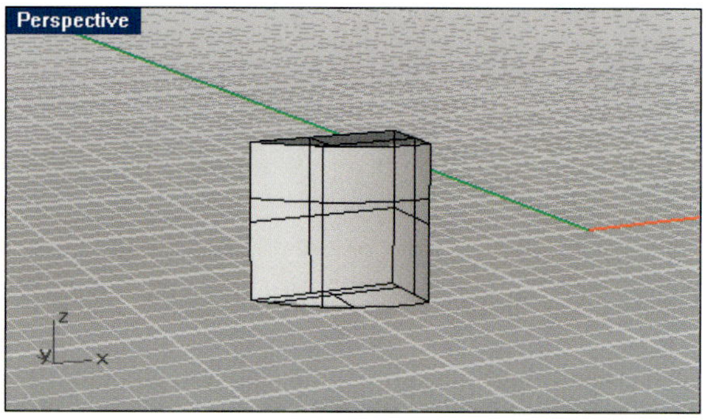

图 6－40　选择 Intersection 命令将物体结合，剩下相结合的部分

第三节　在表面上提取曲线命令工具

Project

投射曲线到表面上。

菜单：Curve>Curve From Objects>Project

命令：Project

说明：把一条曲线按正投影的方式投射到表面上，在表面上形成一条新的曲线，并且该新的曲线继承了投射曲线 XY 坐标平面的信息，而 Z 轴上的数值却和表面是吻合的，使这条曲线看起来像是从表面上提取出来的。

打开 3dm \ Project.3dm 文件，然后单击 OK 按钮，如图 6－41 所示。

选择菜单 Curve>Curve From Objects>Project 命令（或者在浮动工具面板中单击图标），在 Top 视图中选取圆曲面按右键结束，再选择面物体按右键结束命令，这样就把一条曲线按正投影的方式投射到表面上，如图 6－42 所示。

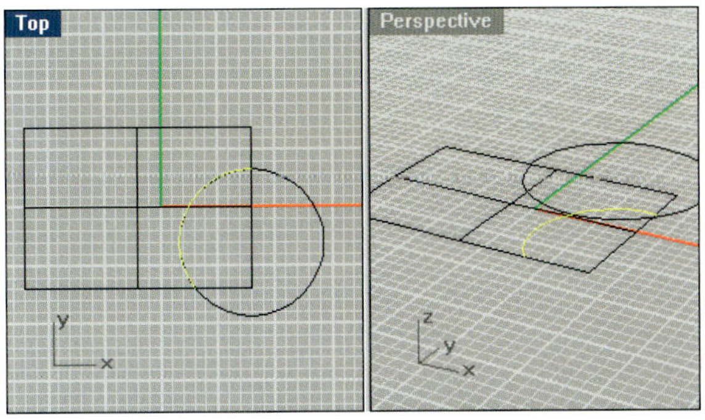

图 6－41　打开 Project. 3dm 文件

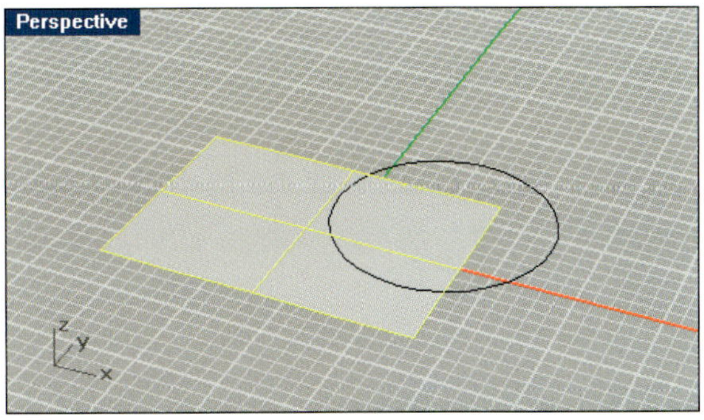

图 6－42　利用 Project 命令圆曲线映射到曲面上

 DupEdge

复制表面的边界线。

菜单：Curve>Curve From Objects>Duplicate Edge

命令：DupEdge

说明：复制表面的边界，使之成为独立的曲线。

利用上面相同的场景，选择菜单 Curve>Curve From Objects>Duplicate Edge 命令(或者在浮动工具面板中单击图标)，在 Perspective 视图中选取面物体的边线按右键结束命令，复制表面的边界线，如图 6－43 所示。

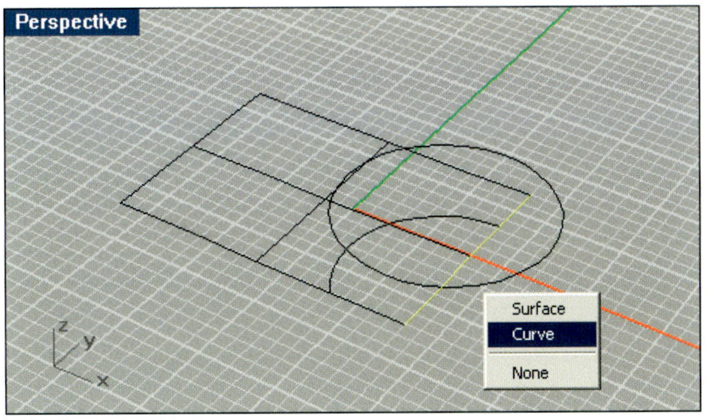

图 6－43　利用 Duplicate Edge 命令提取边线并复制边线

 ExtractIsoparm

从表面和多边形表面上提取等参线。

菜单：Curve>Curve From Objects>ExtractIsocurve

命令：ExtractIsocurve

说明：在表面上提取 U、V 方向的等参线，使之成为独立的曲线。

 InsertKnot

增加表面上的等参线。

菜单：Edit>Point Editing>Insert Knot

命令：InsertKnot

注意：Rhinoceros 没有单独提供增加表面上等参线的命令和图标，它和增加曲线的 CV 点命令共用一个图标。其实增加表面的等参线和增加曲线的 CV 点是一个概念，因为增加等参线就是给表面增加了一列或者一行的 CV 点。

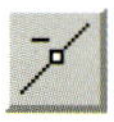 RemoveKnot

删减表面上的等参线。

菜单：Edit>Point Editing>Remove Knot

命令：RemoveKnot

说明：该命令和上一个命令从功能上正好相反，用于删除表面上的 U、V 方向的等参线。不同的是，在表面上增加等参线可以在表面的任何位置，而删除等参线必须是针对已有的等参线。

第四节　物体捕捉模式

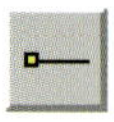 End object snap

命令：End

说明：捕捉到物体端点。包括曲线、多段曲线的端点，内部的节点，连结曲线的连结点，封闭曲线的结合点，还有表面的边角。

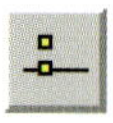 Near object snap

命令：Near

说明：捕捉到物体接近的点。

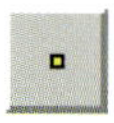 Point object snap

命令：Point

说明：捕捉到点物体。

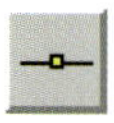 Mid object snap

命令：Mid

说明：捕捉到物体的中间点。

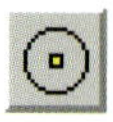 Cen object snap

命令：Cen

说明：捕捉到圆形和弧线的中心点。注意和中间点的区别。

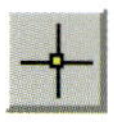 Int object snap

命令：Int

说明：捕捉到两条相交曲线的交叉点。包括曲线与弧线、圆形、多边形等的交叉点。

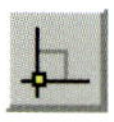 Perp object snap

命令：Perp

说明：捕捉到与线条垂直的点。

 Tan object snap

命令：Tan

说明：捕捉到相切的点。

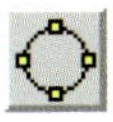Quad object snap

命令：Quad

说明：捕捉到四分圆点。只对圆形有作用。

第五节　视图基本操作命令工具

平移工具

按下 Shift 键和鼠标右键，拖动鼠标。

按下 Shift 键和 Ctrl 键，再压按小键盘上的光标键。

按下 Ctrl 键，再压按 Page Up 键或者 Page Down 键，可以向前或者向后平移。

旋转工具

按下 Shift 键和 Ctrl 键，同时按下鼠标右键拖动鼠标。

当在 Perspective 视窗中时，直接按下鼠标右键拖动鼠标。

通过键盘上的↑、↓、←、→4 个光标键。

按下 Shift 键和 Ctrl 键，再压按 Page Up 键或者 Page Down 键，可以向左或向右倾斜。

动态缩放工具

按下 Ctrl 键和鼠标右键，在视窗中上下拖动鼠标。

滚动鼠标上的轮子，需要鼠标的硬件支持。

压按 Page Up 键或者 Page Down 键。

窗口缩放工具

在该图标上单击鼠标左键，为 Zoom window。

在该图标上单击鼠标右键，为 Zoom target。

范围缩放工具

在该图标上单击鼠标左键，将最大化当前视窗中的可见物体。

在该图标上单击鼠标右键，将最大化所有视窗中的可见物体。

按选择物体的范围缩放视窗

在该图标上单击鼠标左键，将最大化当前视窗中被选择的物体。

在该图标上单击鼠标右键，将最大化所有视窗中被选择的物体。

撤消视窗变化工具

在该图标上单击鼠标左键，将撤消视窗的最后一次改变。快捷方式是按下 Home 键。

在该图标上单击鼠标右键，将恢复视窗的最后一次改变。快捷方式是按下 End 键。

第六节　Rhinoceros 的快捷键

让软件更灵活的快捷键已经很流行了，它的目的是用一两个按键来代替一些命令，而这些命令有的是 Windows 系统通用的，也有一些是重复率很高的命令。下面就列出了 Rhinoceros 软件所有的快捷键。

新建一个文档:【Ctrl】+【N】

打开一个文档:【Ctrl】+【O】

保存文档:【Ctrl】+【S】

打印设置:【Ctrl】+【P】

取消:【Ctrl】+【Z】

重复:【Ctrl】+【Y】

选择全部物体:【Ctrl】+【A】

剪贴:【Ctrl】+【X】

拷贝到剪贴版:【Ctrl】+【C】

粘贴:【Ctrl】+【V】

删除:【Delete】

平移:【Shift】+按住鼠标右键并拖动(在透视图)

按住鼠标右键并拖动(正交视图)

向前平移:【Page Up】

向后平移:【Page Down】

放大:【Ctrl】+按住鼠标左键向上拖动

缩小:【Ctrl】+按住鼠标左键向下拖动

取消最近一次缩放:【Home】

重做最后一次缩放:【End】

旋转:【Ctrl】+【Shift】+按住鼠标右键拖动

按住鼠标右键并拖动(透视视图)

向下旋转:【Down Arrow】

向左旋转:【Left Arrow】

向右旋转:【Right Arrow】

向上旋转:【Up Arrow】

向左倾斜:【Ctrl】+【Shift】+【Page Up】

向右倾斜:【Ctrl】+【Shift】+【Page Down】

调节镜头长度:【Shift】+【Page Up】

【Shift】+【Page Down】

帮助:【F1】

显示命令历史:【F2】

隐藏显示栅格线:【F7】

正交:【F8】

捕捉栅格点:【F9】

打开 CV 点:【F10】

关闭 CV 点:【F11】

查看 *.3dm 文件

Rhinoceros 提供了全部的查看文件的解决方案,它运用 Rhinoceros 软件,只要利用 Windows 系统自带的查看属性命令就能方便地预览文件,具体操作如下:

在 Windows 中选择需要查看的 *.3dm 文件,单击鼠标右键调出快捷菜单,然后选择属性就可以打开文件属性窗口。在该窗口中除了常规没有什么特殊菜单之外,还有 Statistics、Notes 和 Preview 菜单如图 6-44。其中 Statistics 菜单没有什么特殊的地方,Notes 菜单能够显示该文件的说明文本,这是软件特殊的功能。另外 Preview 菜单中还可以预览文件中的模型,相当于给操作系统增加了一个 3D 模型浏览器。

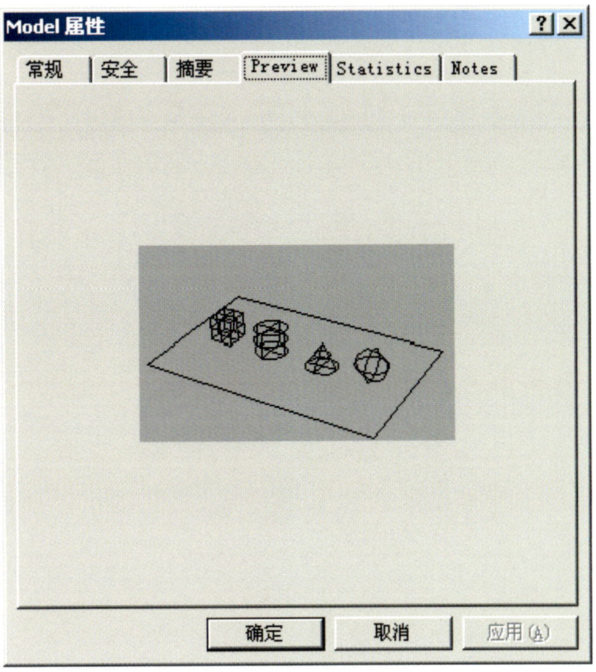

图 6-44　在文件属性菜单里面预览 *.dm 文件

本章小结

本章介绍了构建 NURBS 模型的各种常用命令，这是建模的基础，希望大家熟练掌握。

第七章　常用 NURBS 命令首饰建模练习

在第六章中粗略讲解了各种命令的使用方法及简单的操作；本章将通过简单的模型例子来实际应用 NURBS 命令，并制作模型。

第一节　制作简单的戒指

利用 Solid 工具绘制物体，并用 Solid Tools 工具编辑物体。打开 3dm 文件夹里面名为 finger ring. 3dm 文件，在浮动工具面板中鼠标左键长按 、 图标，调出 Solid 菜单工具和 Solid Tools 菜单工具为所用到的工具命令，并在状态列将吸附工具 Snap 开启，如图 7 - 1 所示。

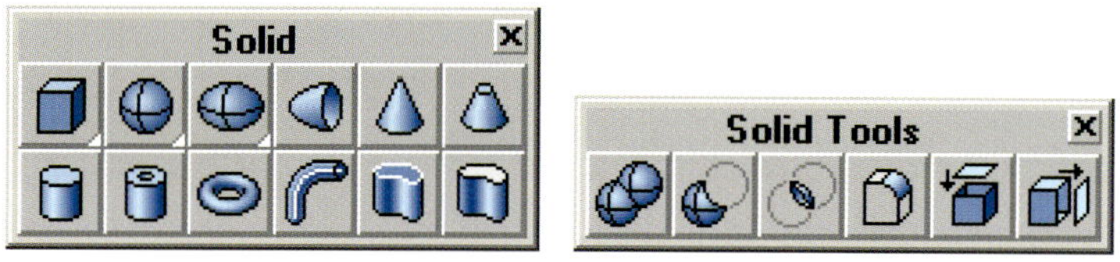

图 7 - 1　浮动工具面板中的 Solid、Solid Tools 工具

选择 Solid＞Tube 菜单命令（或者在浮动工具面板中单击 图标），如图 7 - 2 所示。

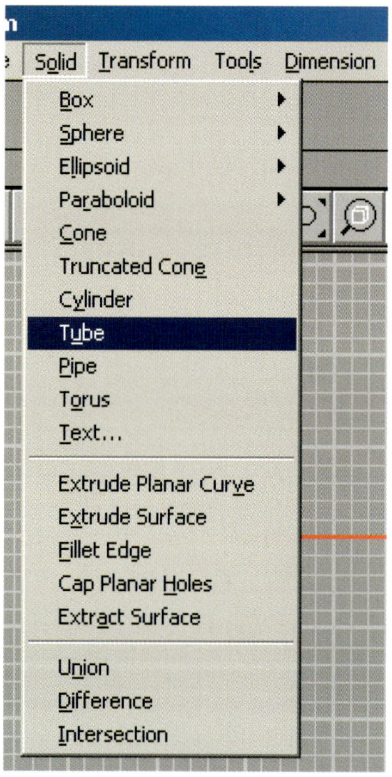

图 7 - 2　选择菜单 Tube 命令

参照图 7 - 3 所示，将鼠标移动至 Front 视图，并在 Front 视图中点击鼠标左键放置第一点在 Front 视图①的位置，放置第二点、第三点在 Front 视图②、③的位置，如图 7 - 3 的 Front 视图所示；

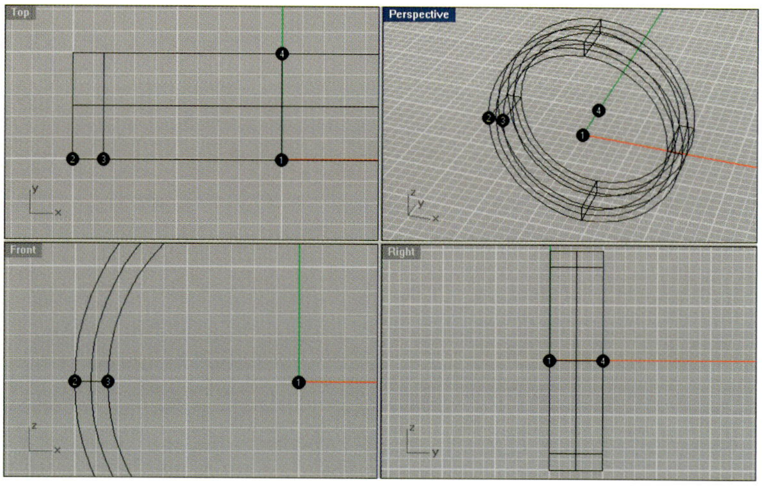

图 7 - 3　在视图中绘制 Tube 物体

接着将鼠标移动至 Top 视图点击鼠标左键在 Top 视图④的位置，绘制出 Tube 物体，如图 7－3 所示的 Top 视图，结束命令。

选择 Solid>Cylinder 菜单命令（或者在浮动工具面板中单击图标），如图 7－4 所示。参照图 7－5 所示，将鼠标移动至 Front 视图，并在 Front 视图中单击鼠标左键依次放置 3 个点在视图中①、②、③的位置，这样就在 Front 视图中绘制了 Cylinder 物体，如图 7－5 的 Front 视图所示，结束命令。

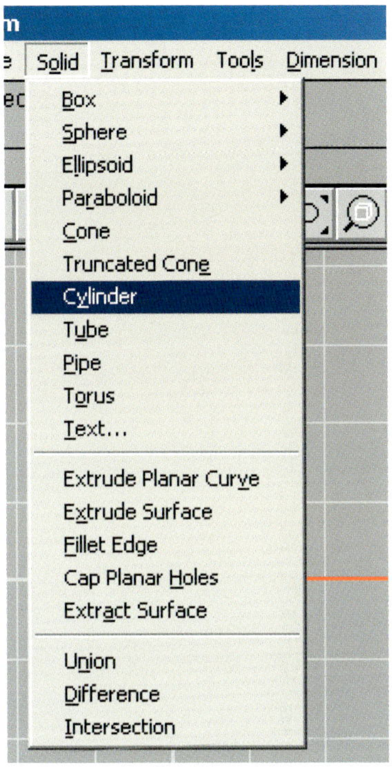

图 7－4　选择菜单 Cylinder 命令

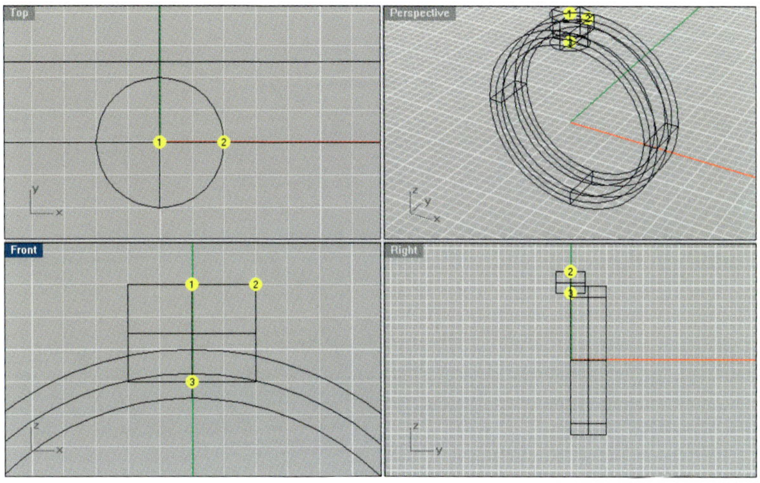

图 7－5　在视图中绘制 Cylinder 物体

在 Top 视图移动物体，点击鼠标左键选取刚绘制的圆柱体，并按住鼠标左键不放，然后向上拖动鼠标，将圆柱体移动到恰当位置，参照图 7－6Top 视图。

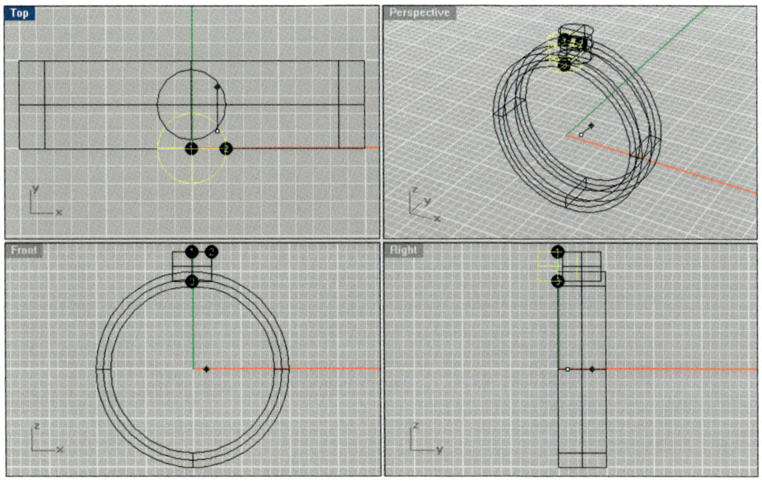

图 7－6　在 Top 视图移动圆柱体

利用 Union 命令合并物体：选择 Solid>Union 菜单命令（或者在浮动工具面板中单击图标），如图 7－7 所示。分别选取 Tube 管物体和 Cylinder 圆柱体，按右键结束命令，这时两个物体就合并为一个实体。

参照图 7－8 所示，在标记①的地方，管物体和圆柱体还是单独存在，而标记②的地方，管物体和圆柱体已经合并为一个物体。

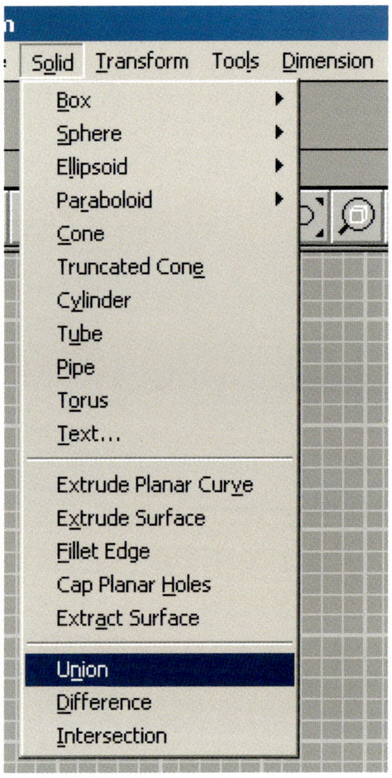

图 7－7　选择 Solid>Union 菜单命令

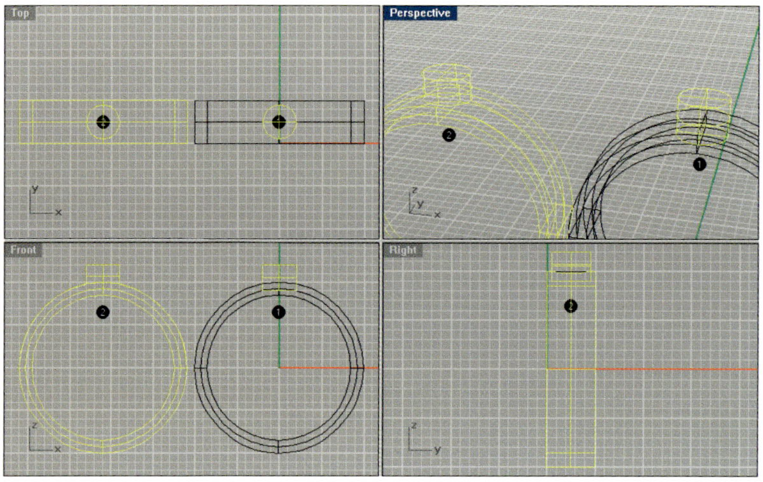

图 7－8　利用 Union 菜单命令合并物体

选择 Solid>Cylinder 菜单命令（或者在浮动工具面板中单击图标），参照图 7－9 所示，在 Top 视图放置第一点，再将鼠标移动到 Front 视图放置第二点，结束命令，这样就又绘制了一个圆柱体。

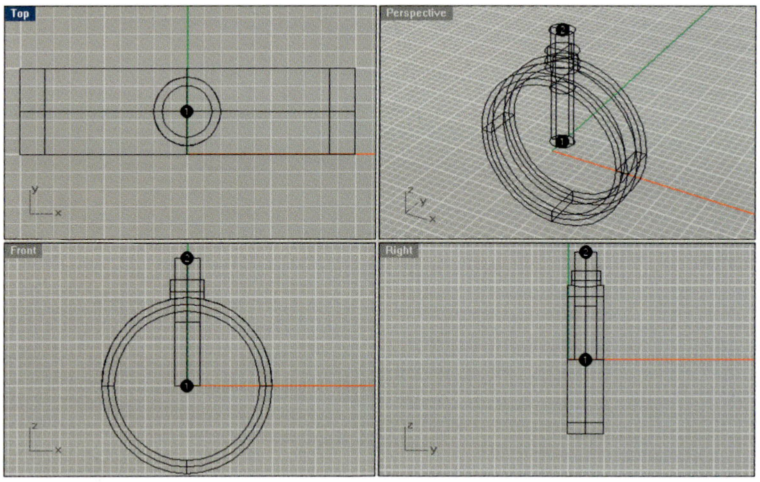

图 7－9　选择 Cylinder 命令绘制圆柱体

利用 Difference 命令剪切物体；选择 Solid>Difference 菜单命令（或者在浮动工具面板中单击图标），如图 7－10 所示。先选取前面合并的物体，按右键，再选取刚绘制的圆柱体，按右键结束命令，如图 7－11 所示。

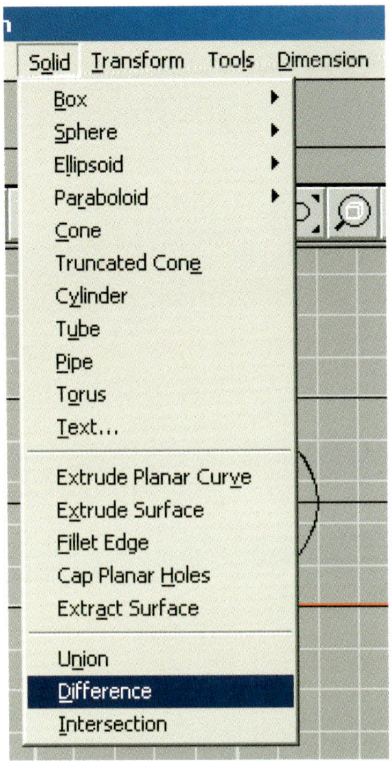

图 7－10　选择 Difference 菜单命令

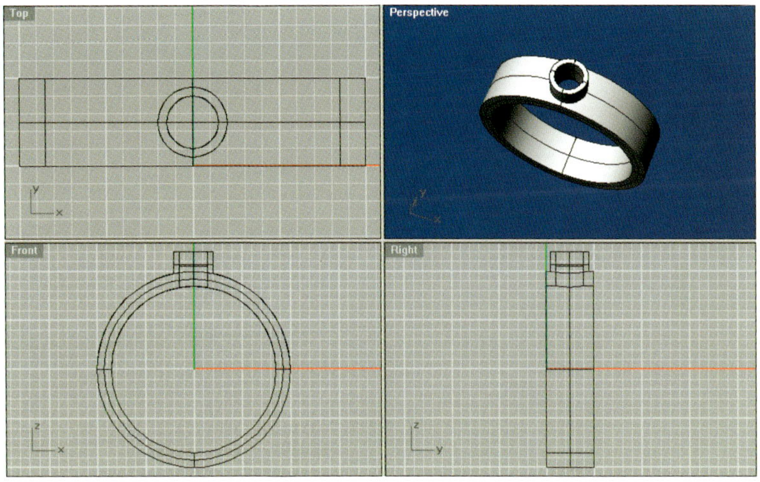

图 7－11　利用 Difference 命令剪切圆柱体

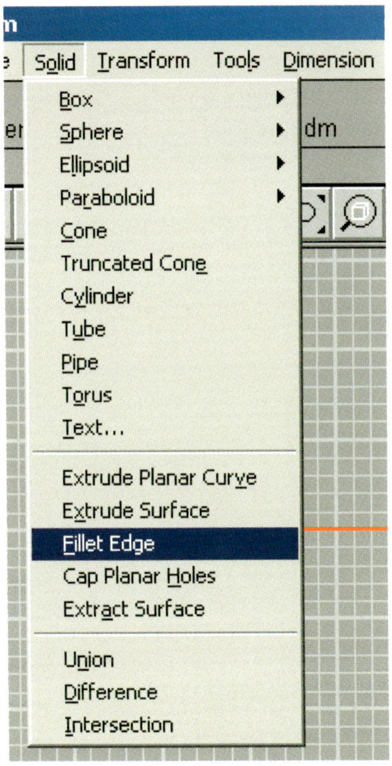

图 7－12　选择 Fillet Edge 导圆角命令

利用 Fillet Edge 命令将物体的边导圆角；选择 Solid>Fillet Edge 菜单命令（或者在浮动工具面板中单击图标），如图 7－12 所示。鼠标左键选取物体的边角部分，可以依次选取多个边角线，这时边角线呈黄色状，如图 7－13 所示。

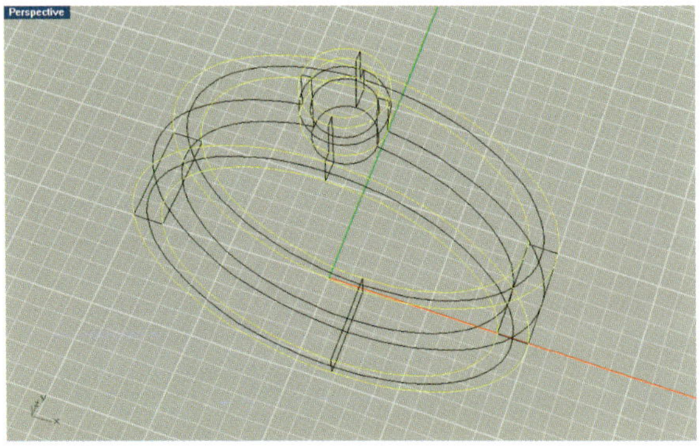

图 7－13　输入命令后选取边角线

选取边角线呈黄色状后，按右键结束命令，观察图 7－14 所示，导角后的物体变化。

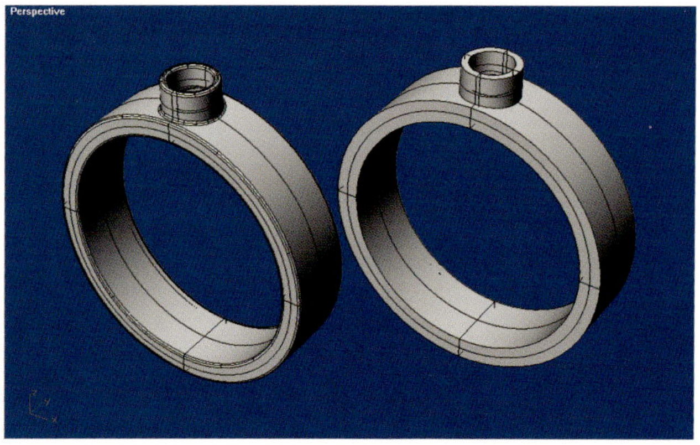

图 7－14　利用 Fillet Edge 命令将物体边线导角后的现象

选择 Edit>Layers>Edit Layers 菜单命令（或者在浮动工具面板中单击图标），选择 Rds_03 图层，并开启这个图层为 On，单击 OK 按钮关闭对话框结束命令，这样就将隐藏的宝石模型呈现在视图里面，如图 7－15 所示。

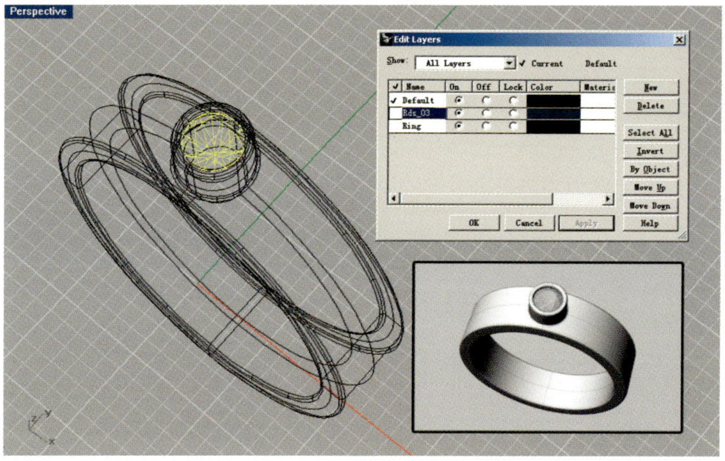

图 7－15　将隐藏的宝石模型打开

第二节　制作简单的吊坠

绘制简单的星形吊坠，首先利用画线工具绘制出星形吊坠的外轮廓线，然后利用 Surface、Surface Tools 工具绘制出星形实体。打开文件夹 3dm 里面文件名为 pendant. 3dm 文件，在浮动工具面板中鼠标左键长按、图标，调出 Surface 菜单工具和 Surface Tools 菜单工具，并在状态列将吸附工具 Snap 开启，如图 7－16 所示。

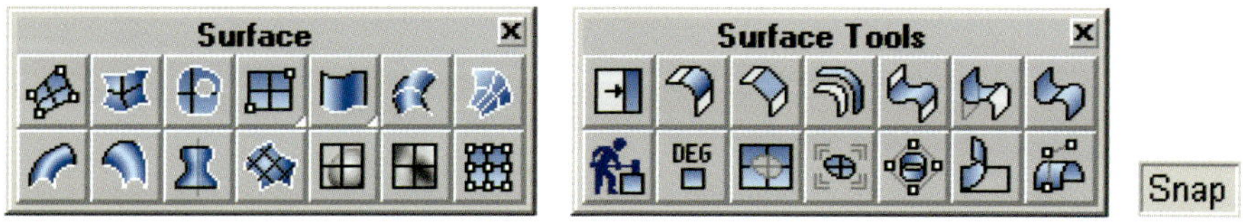

图 7－16　浮动工具面板中的 Surface、Surface Tools 工具

选择 Curve>Line>Polyline 菜单命令（或者在浮动工具面板中单击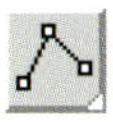图标），如图 7－17 所示。

在 Front 视图绘制直线，如右图 7－18 所示。

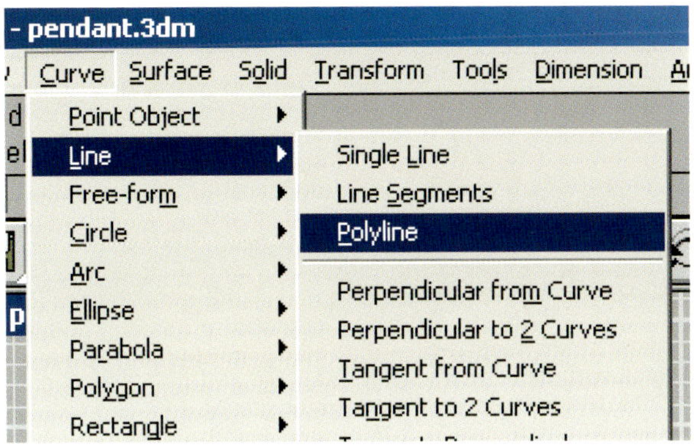

图 7－17　选择 Polyline 菜单命令

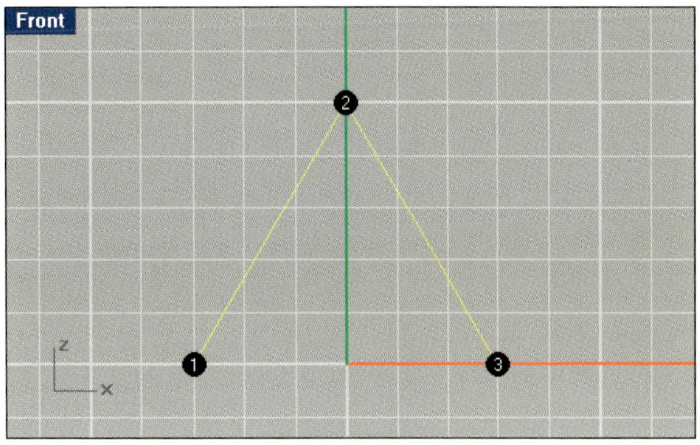

图 7－18　在 Front 视图绘制直线

选取绘制的直线，选择 Transform>Array>Polar 菜单命令（或者在浮动工具面板中单击图标），在 Front 视图(0,0)的位置放置旋转中心点，如图 7－19 所示的①的位置。

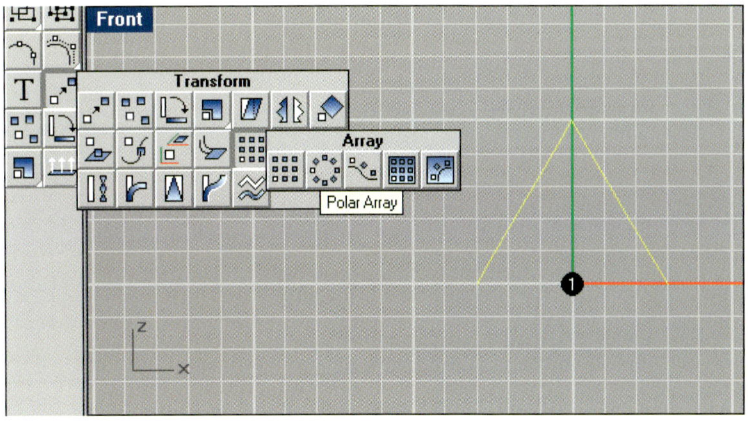

图 7－19　在 Front 视图绘制直线

参照如图 7－20 所示，在键盘上输入 5 回车（围绕中心复制 5 条相同的直线），再输入 360 回车（以中心点旋转一周）。

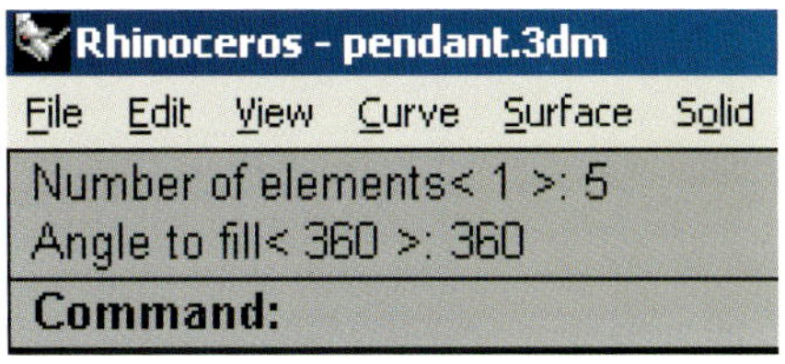

图 7－20　在指令列输入数值

如图 7－21 所示，将直线以中心点旋转 360°并复制 5 条相同的直线。

在键盘上输入 Ctrl＋A 选取视图里所有的直线和物体，再选择 Edit>Trim 菜单命令（或者在浮动工具面板中单击图标），参照图 7－22 所示的五角星形图案，鼠标左键点击多余的直线，这样将叠加在一起的直线修剪并删除掉了。

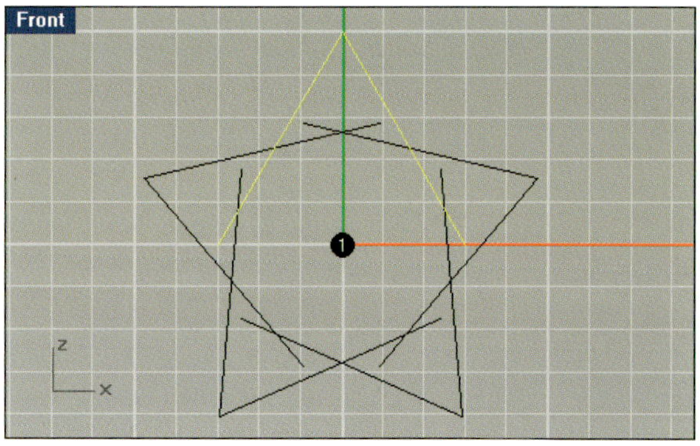

图 7-21　旋转 360°并复制 5 条相同的直线

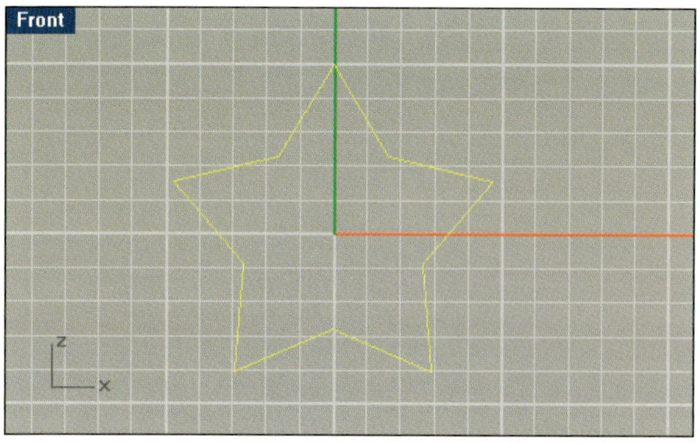

图 7-22　修剪后的五角星形图案

选择 Surface>Fillet Surface 菜单命令(或者在浮动工具面板中单击图标),在键盘上输入 0.4 回车(导角半径 0.4 个单位),用鼠标左键分别点击五角星形图案每个夹角的两线段,这样就将尖锐的角编辑圆滑了,如图 7-23 所示。

Ctrl+A 选取所有的曲线,再按 Ctrl+J 将五角星形曲线结合起来;在命令列里面输入 Surface From Planar Curves 命令(或者在浮动工具面板中单击图标),如图 7-24 所示。

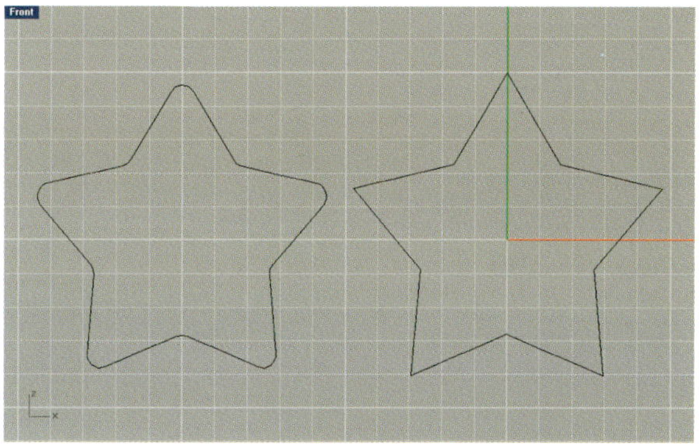

图 7-23　利用 Fillet 命令导圆角

图 7-24　选择 From Planar Curves 菜单命令

选取封闭的五角星形曲线,按右键结束命令,生成一个星形面物体,如图 7-25 所示。

选取刚生成的星形面,再选择 Edit>Copy 菜单命令(或者在浮动工具面板中单击图标),复制星形面物体,如图 7-26 所示。

图 7-25　利用 From Planar Curves 命令生成面物体

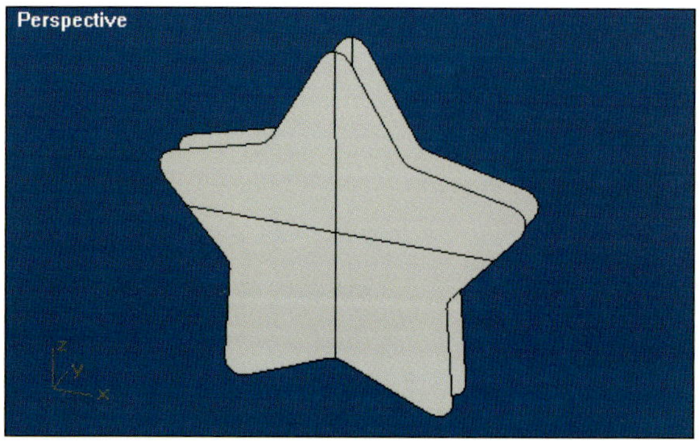

图 7-26　复制物体

选择 Surface>Loft 菜单命令(或者在浮动工具面板中单击图标),分别选取两个星形面的边线处按右键,这时有一直线交接两星形曲面(图 7－27),再按右键弹出 Loft Options 对话框,如图 7－28 所示。

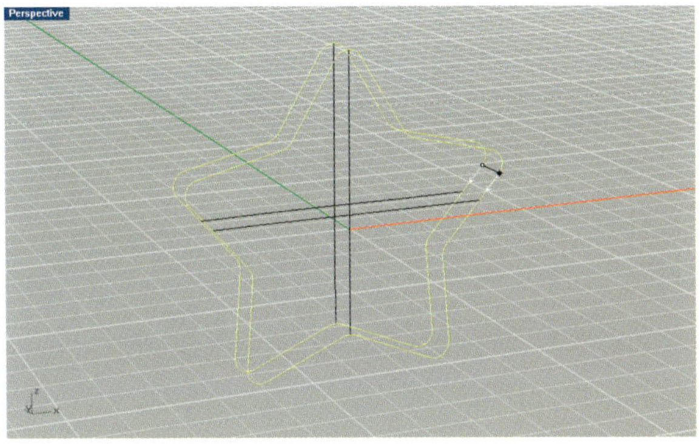

图 7－27　选择 Loft 命令生成曲面

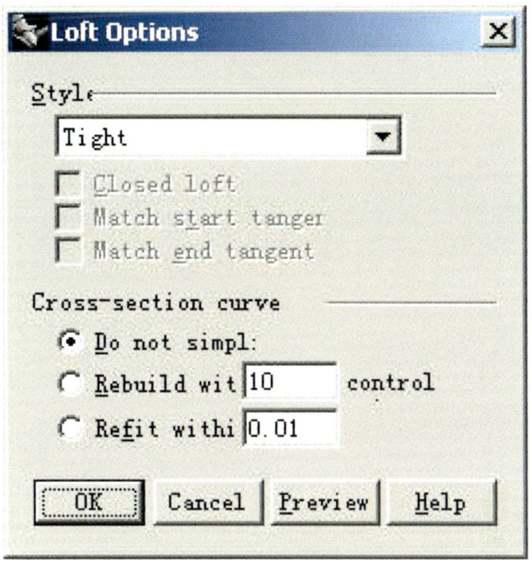

图 7－28　Loft Options 对话框

系统弹出 Loft Options 对话框,保持参数不变,单击 OK 结束命令,这样就将两星形面的中间生成了新的曲面,如图 7－29 所示,同时选取所有的面物体并用 Join 命令将曲面结合起来。

选择 Solid>Cylinder 菜单命令(或者在浮动工具面板中单击图标),星形物体的右下角绘制一圆柱体,如图 7－29 所示。

选择 Solid>Difference 菜单命令(或者在浮动工具面板中单击图标),用圆柱体将星形物体挖出圆孔,如图 7－30 所示。

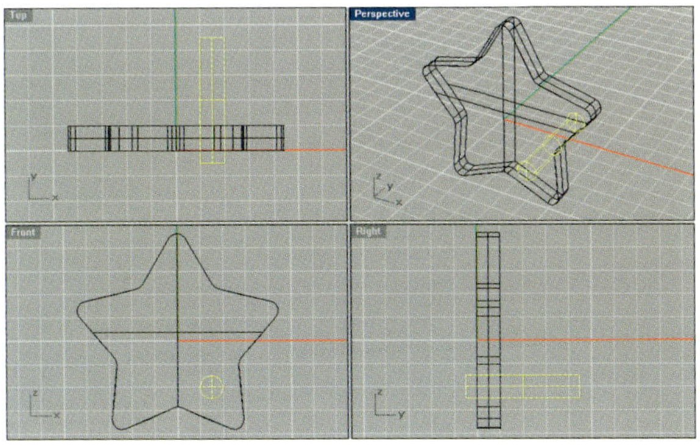

图 7－29　绘制圆柱体

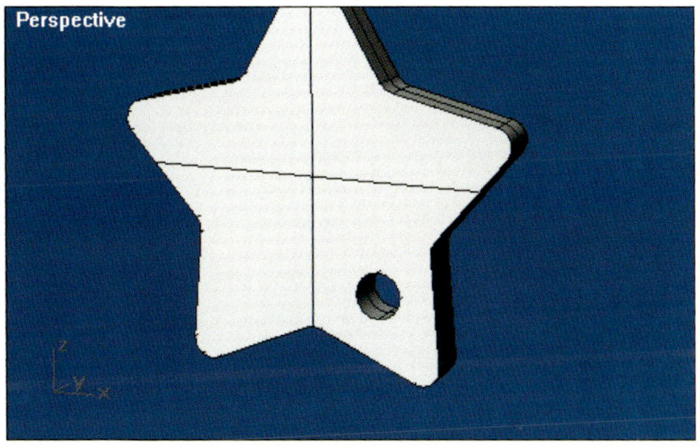

图 7－30　将星形挖出一个圆孔

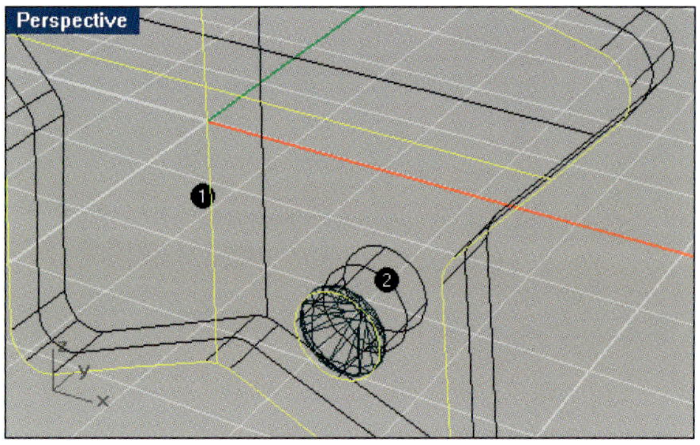

图 7－31　将 Rds_03 图层打开 On

在浮动工具面板中单击图标，将 Rds_03 图层打开 On，显示之前保存的宝石，如图 7－31 所示。

选择 Surface>Surface Chamfer 菜单命令（或者在浮动工具面板中单击图标），如图 7－32 所示，并在指令列输入 0.2 回车，再输入 0.1 回车，用鼠标左键依次选取面物体①和②，观察其变化。

如图 7－33 所示，导角后的变化，并观察 Chamfer 命令导角与 Fillet Edge 命令导角的区别。

用 box 菜单工具绘制一个矩形立方体，如图 7－34 所示，并利用 Difference 菜单命令（或者在浮动工具面板中单击图标）将立方体剪切，留出串链的矩形孔洞。

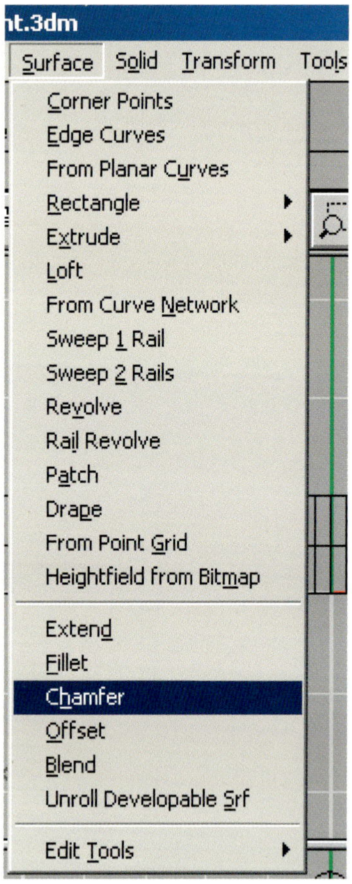

图 7－32　选择 Chamfer 菜单命令

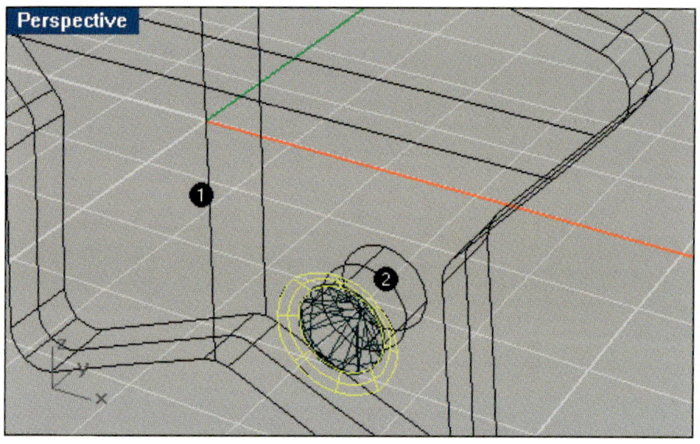

图 7－33　利用 Chamfer 命令导角

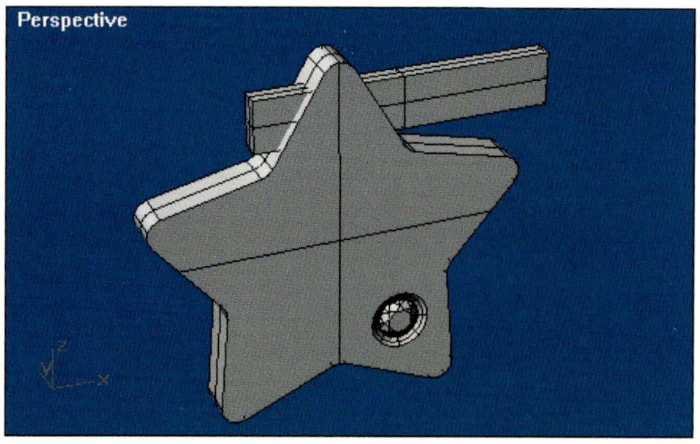

图 7－34　绘制立方体并剪切掉

绘制一个圆环物体，用做金属链，如图 7－35 所示。

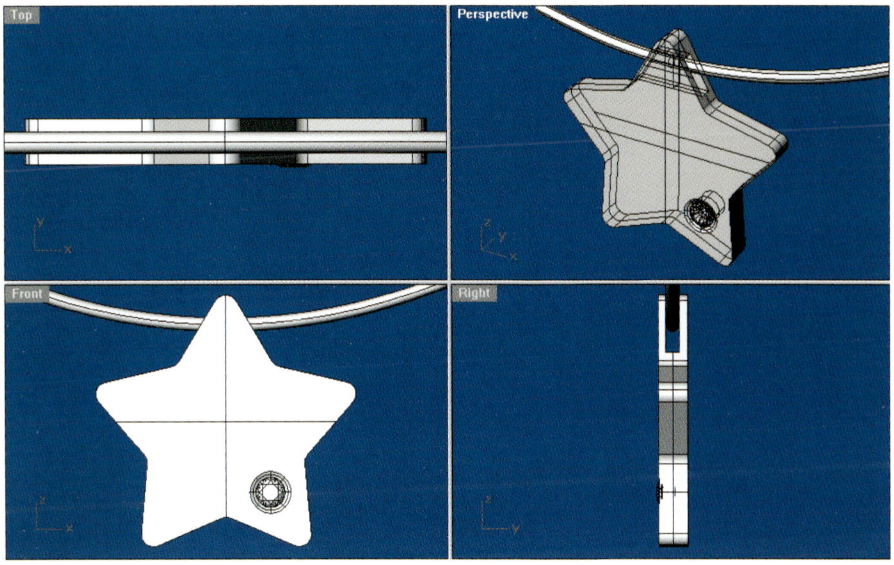

图 7－35　绘制 Tours 金属链

第三节　制作简单的耳钉

耳钉的制作将涉及到拆分线段、曲线的重建、曲线影射到曲面等工具命令，同时也会利用布尔并集、布尔差集等工具命令；打开文件夹 3dm 里面文件名为 ear stud.3dm 文件，并在状态列将吸附工具 Snap 开启。

选择 Curve>Rectangle>Corner to Corner 菜单命令（或者在浮动工具面板中单击图标），参照图 7－36 所示，绘制一个正方形。

选取正方形，选择 Edit>Explode 菜单命令（或者在浮动工具面板中单击图标），这样就将正方形拆分为 4 条封闭但未结合的直线，如图 7－37 所示。

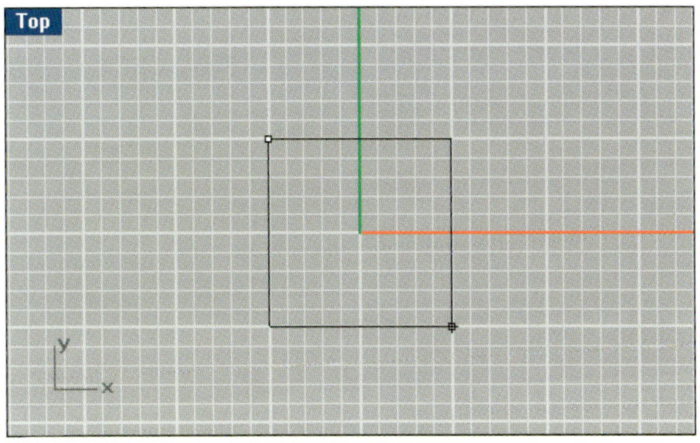

图 7－36　绘制正方形

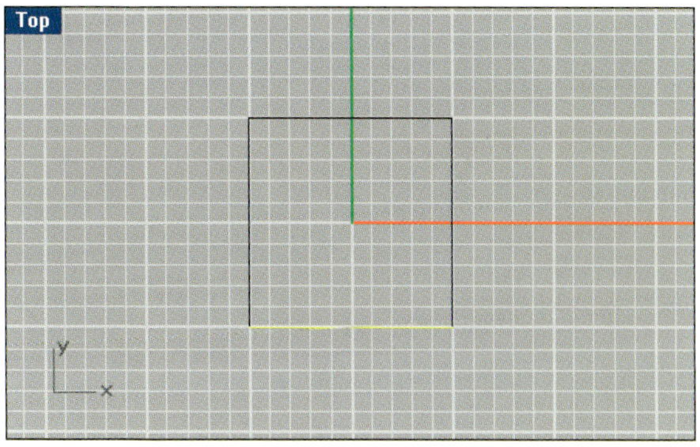

图 7－37　利用 Explode 命令将正方形拆分

选择 Edit>Rebuild 菜单命令(或者在浮动工具面板中单击图标),Ctrl+A 选取 4 条直线选取正方形,如图 7－38 所示。

选取正方形线框后按右键,这时系统会弹出 Rebuild Curve 对话框,参照如图 7－39 所示,输入相应的参数,按 OK 键结束命令。

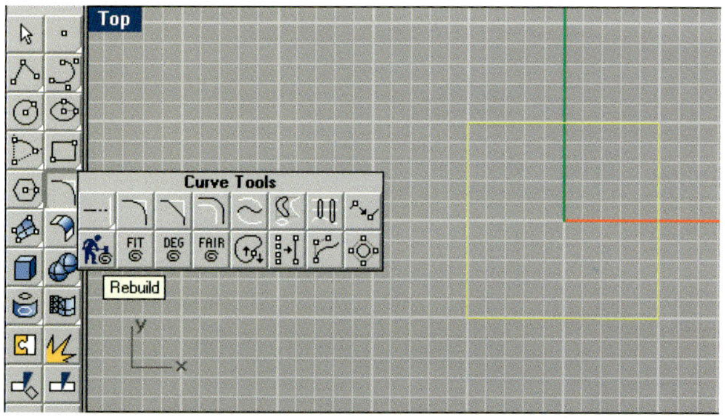

图 7－38 利用 Rebuild 命令重建正方形线框

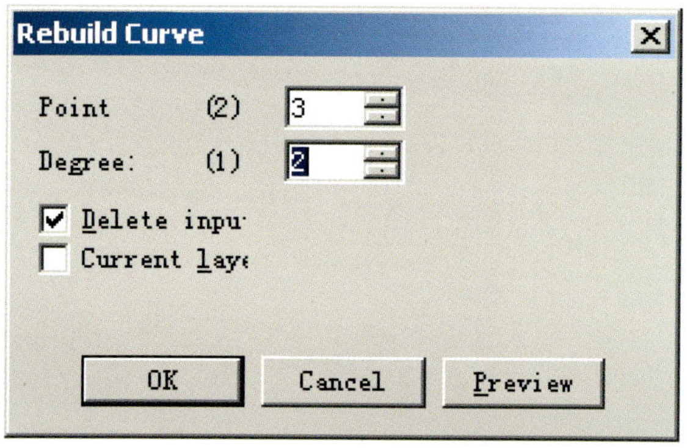

图 7－39 Rebuild Curve 对话框并输入相应的参数

再次选取 4 条直线,选择 Edit>Point Editing Control Point On 菜单命令(或者在浮动工具面板中单击图标),或者在键盘上按 F10,这时线物体的 CV 点显示出来(图 7－40),当改变 CV 点的位置时就可以编辑线的形状了。

参照图 7－41 所示,选取 4 条直线中间部位的 CV 点,选择 Transform>Scale>Scale 3－D 菜单命令(或者在浮动工具面板中单击图标),在视图中心①位置放置第一点,移动鼠标在②的位置放置第二点,最后在③的放置第三点,这样就利用等比例放大缩小命令编辑直线 CV 点的位置,即将直线编辑为弧线。

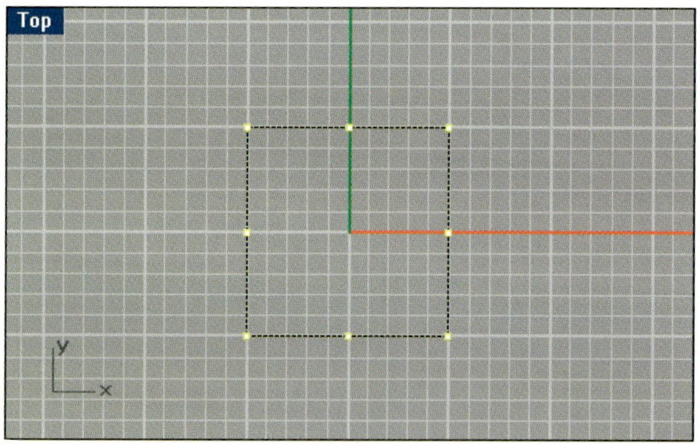

图 7－40 显示线物体的 CV 点

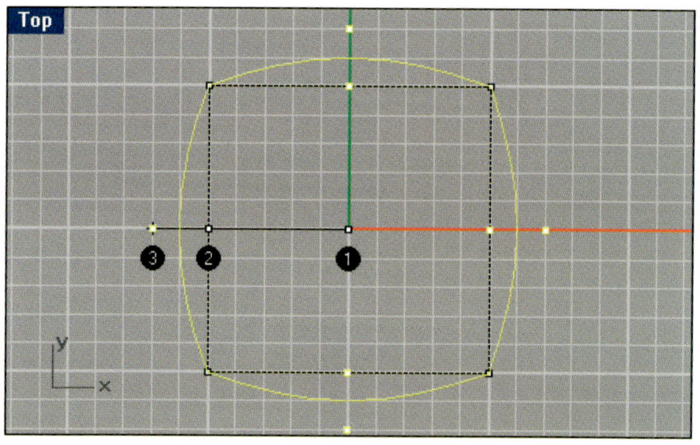

图 7－41 编辑线的 CV 点位置

在键盘上按下 F11 键将曲线的 CV 点隐藏起来,并用 Join 命令将曲线合并。

绘制曲线:选择 Curve>Curve Free-form>Control Point 菜单命令(或者在浮动工具面板中单击图标),在 Front 视图分别放置点①②③,如图 7－42 所示。

选择 Surface>Revolve 菜单命令(或者在浮动工具面板中单击图标),选取曲线按右键,参照左图 7－43 所示,在视图①②的位置放置两点作一中轴线。

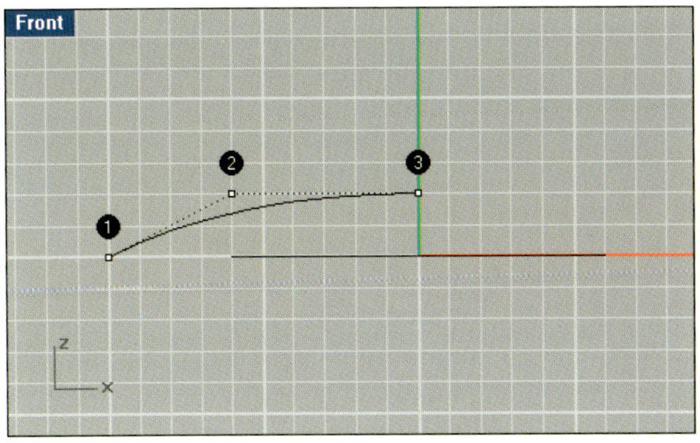

图 7－42　绘制曲线

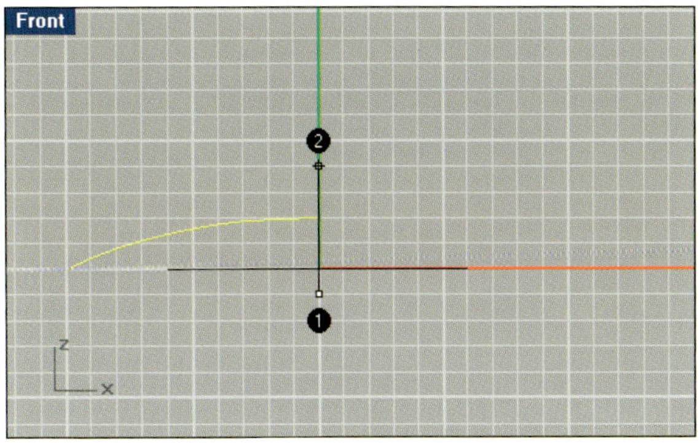

图 7－43　绘制旋转中轴线

这时系统弹出 Revolve Options 对话框，如图 7－44 所示，保持参数不变，按 OK 键结束命令。如图 7－45 所示，利用曲线旋转生成圆弧面。

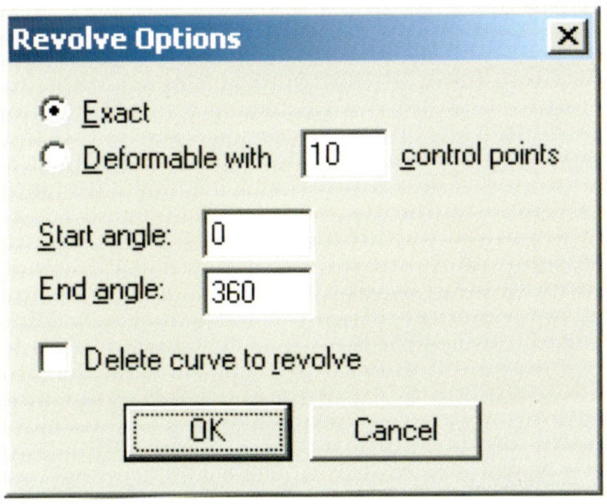

图 7－44　弹出 Revolve Options 对话框

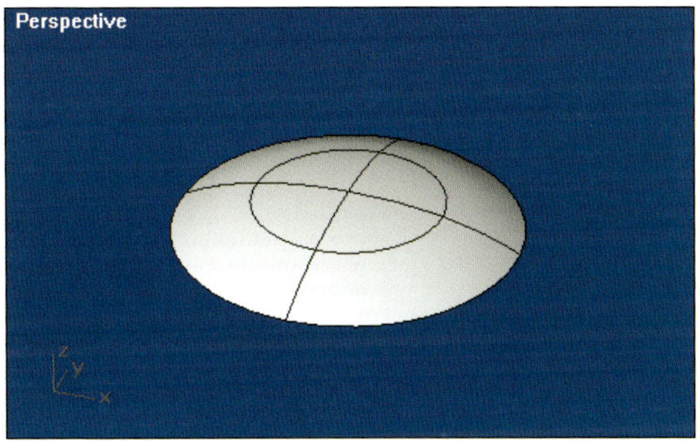

图 7－45　旋转生成曲面

选择 Curve>Curve From Objects>Project 菜单命令（或者在浮动工具面板中单击图标），在 Top 视图中选取曲线按右键，再选取弧面按右键结束命令，这时就将封闭的曲线影射到弧面上了，如图 7－46 所示。

选择 Edit>Split 菜单命令（或者在浮动工具面板中单击图标），选取弧面按右键，再选取影射在弧面上的曲面，按右键结束命令，这时弧面就被剪切为两个部分，如图 7－47 所示，将剪切后的弧面向下移位，按 Delete 键并删除掉。

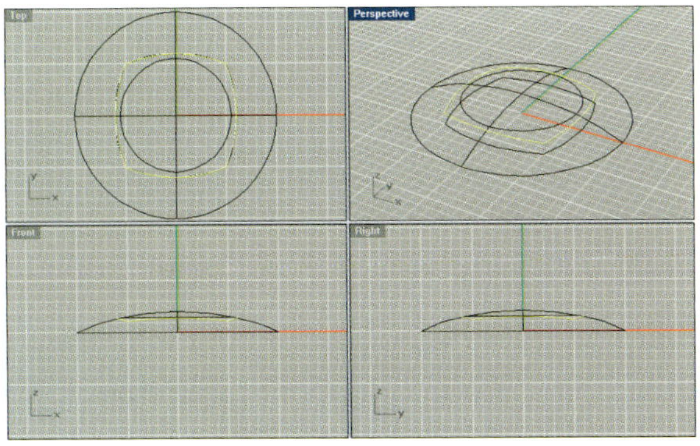

图 7－46　影射曲线到弧面

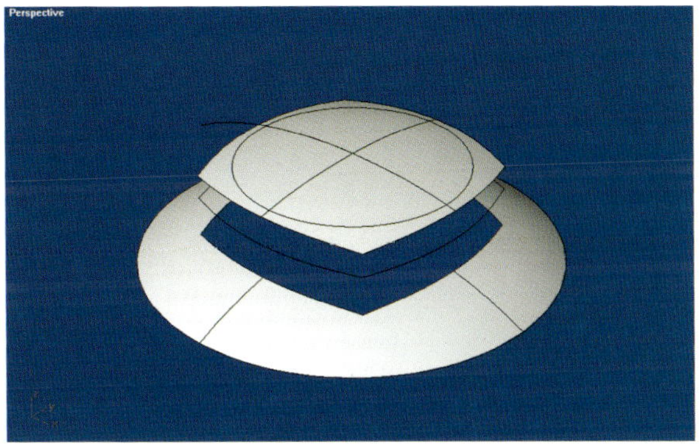

图 7－47　利用曲线剪切弧面

选择 Surface>Loft 菜单命令(或者在浮动工具面板中单击图标),分别选取上下曲线按右键结束,系统弹出 Loft Options 对话框,参照图 7-48 所示参数,单击 OK 结束命令。

在命令列输入 Surface From Planar Curves 命令(或者在浮动工具面板中单击图标),在底部生成新的面,并将所有的面物体用 Join 命令全部结合起来,如图 7-49 所示。

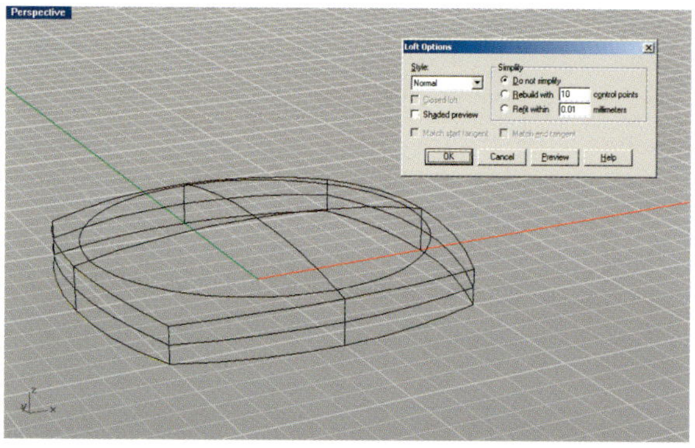

图 7-48　Loft Options 对话框

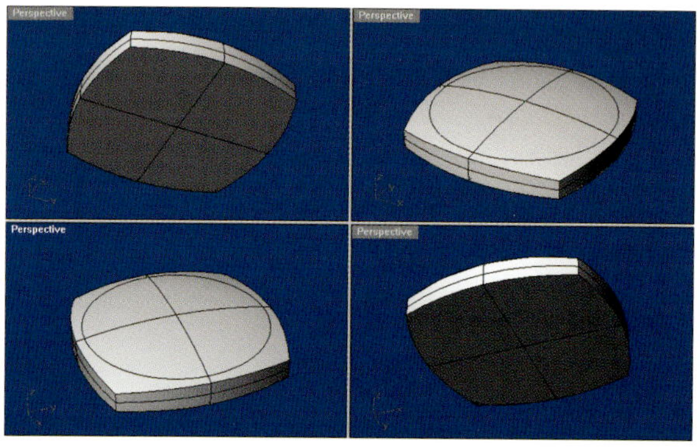

图 7-49　封闭底部面

参照图 7-50 所示,在相应的位置利用 Cylinder 绘制圆柱体。

选择 Solid>Difference 菜单命令(或者在浮动工具面板中单击图标),选择合并后的物体按右键,再选择圆柱体按右键结束命令,这样就在合并的物体上挖出了圆孔,如图 7-51 所示。

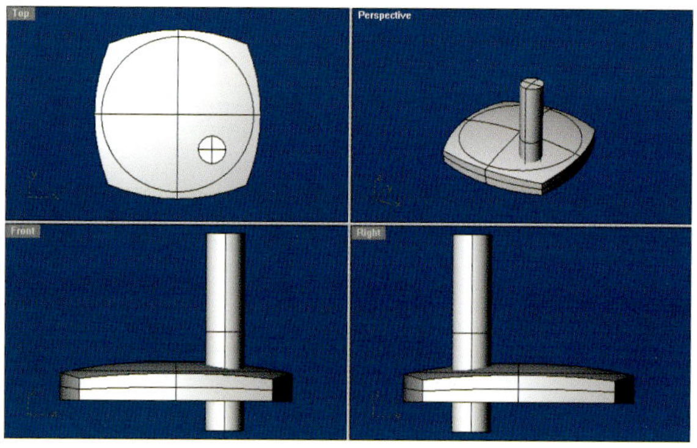

图 7-50　利用 Cylinder 绘制圆柱体

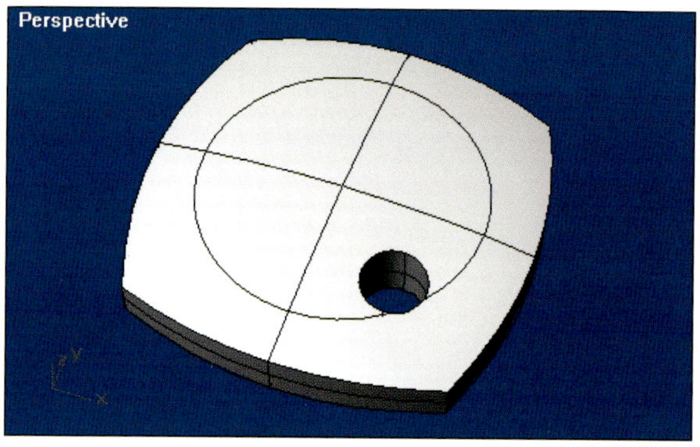

图 7-51　利用 Difference 命令挖出圆孔

在浮动工具面板中单击图标,将 Rds_03 图层打开 On,显示之前保存的宝石,如图 7-52 所示。

选择 Surface>Chamfer Surface 菜单命令(或者在浮动工具面板中单击图标),并在指令列输入 0.1 回车,再次输入 0.1 回车,参照图 7-52,先选取顶部曲面,再选取孔洞的柱面,在两曲面之间导直角,如图 7-52 所示。

最后在中心位置利用 Cylinder 工具绘制圆柱体,并用 Union 命令将它们结合起来,如图 7-53 所示。

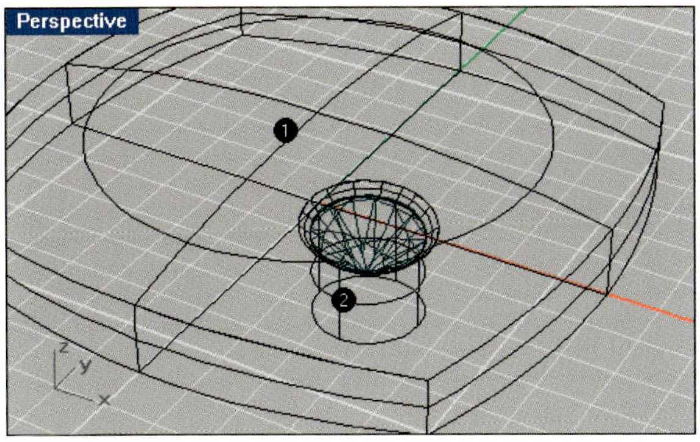

图 7－52　利用 Chamfer 导直角

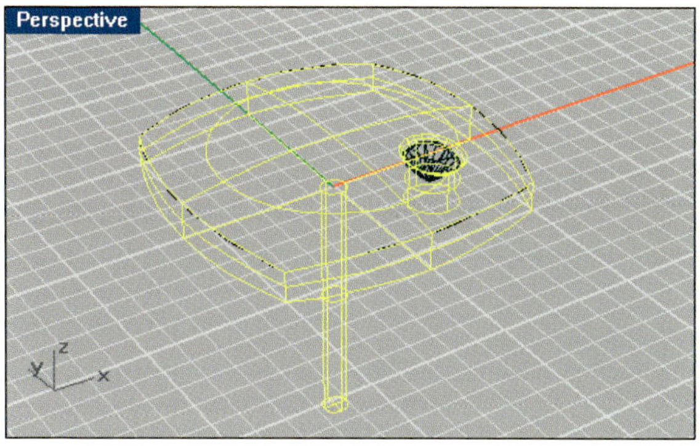

图 7－53　绘制圆柱体并结合物体

本章小结

本章学习了如何利用常用的 NURBS 命令，通过绘制简单的物体来初步了解 Rhino 3D 各种命令工具，绘制模型的基本步骤和基本的操作方法；在接下来的学习中将通过相对复杂的例子来详细讲解用 Rhino 如何来绘制首饰模型。

第八章 Rhino 首饰建模综合实例

基于 Rhino 3D 有着强大的 NURBS 曲面建模，在工业设计领域被广泛地使用，那现在就把首饰也作为一类工业产品的设计，利用 Rhino 3D 的建模功能在三维空间里来构建理想的三维首饰模型。建模的技术和命令是相同的，重要的问题在于建模的思路和方法。

第一节 篆刻设计建模

汉字自产生迄今至少已经过了五千年的演化历程。汉字字型不断变化，形与意相互结合，随着人们的视觉、心理、应用及审美的需求而发展。可以这样说，汉字的笔画构成就可看作是一种图案艺术。从古代的象形文字开始，模仿自然元素的形体，如鸟形文字。经过几千年的演变，再与中国书法的结合，汉字慢慢地也形成了一种艺术门类，一种艺术装饰图案。

下图是一组系列吊坠，图形设计的意义很明确，它是一组文字的造型艺术。笔者正是根据中国古代篆字体，经过再次的造型变化再塑了篆字体艺术，一种古老文化艺术，称它为“篆刻”系列。

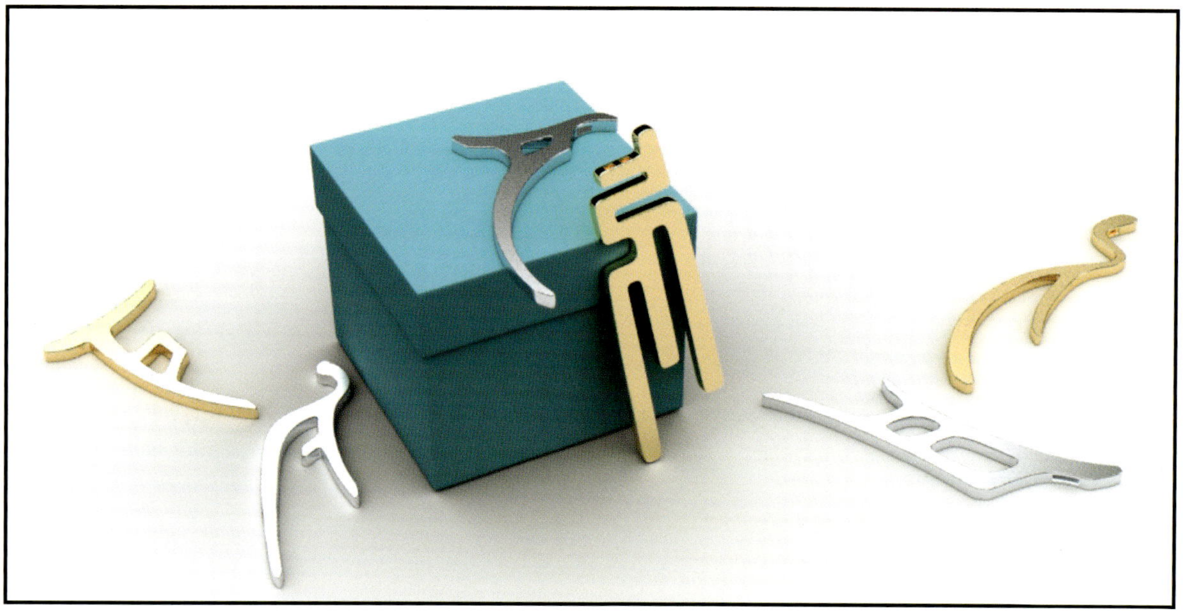

之所以选择篆刻吊坠作为第一个范例模型，是因为它涉及到 Rhino 最为简单的命令编辑，Curve 曲线的编辑，要知道所有的 NURBS 曲面几乎都是用曲线来生成的，曲线的造型决定模型物体的美感和曲面的质量，所以编辑好曲线是最为重要的基础。

一、设置操作环境

在 Rhino 3D 中制作“篆刻”之前先设计操作环境。所谓操作环境就是制定操作单位(Units)、操作空间、栅格(Grid)、捕捉(Snap)和图层(Layer)等，这样才能制作出标准形态的“篆刻”。书中介绍的 5 个对象模型在开始操作前都要进行这样的环境设置，也可以根据需要来改变环境设置。

1. 指定“篆刻”的操作单位(Units)

书中介绍的 3 个模型都是用 Millimeters(毫米)为操作单位的，也就是把 Rhino 3D 的默认操作单位 No Units System 转换成 Millimeters(毫米)。

在 Rhino 3D 中指定操作单位的命令是 Options。可以通过下拉菜单选择 Optins 命令，也可以根据需要在展开工具栏(Tools)或命令提示栏(Command)中直接输入和执行 Options 命令。

(1)执行 Rhino 3D。

(2)选择下拉菜单的 Tools＞Options。在如图 8－1 所示的 Options 对话框中选择 Units，把 Model Units 从 No units System 转换为 Millimeters。

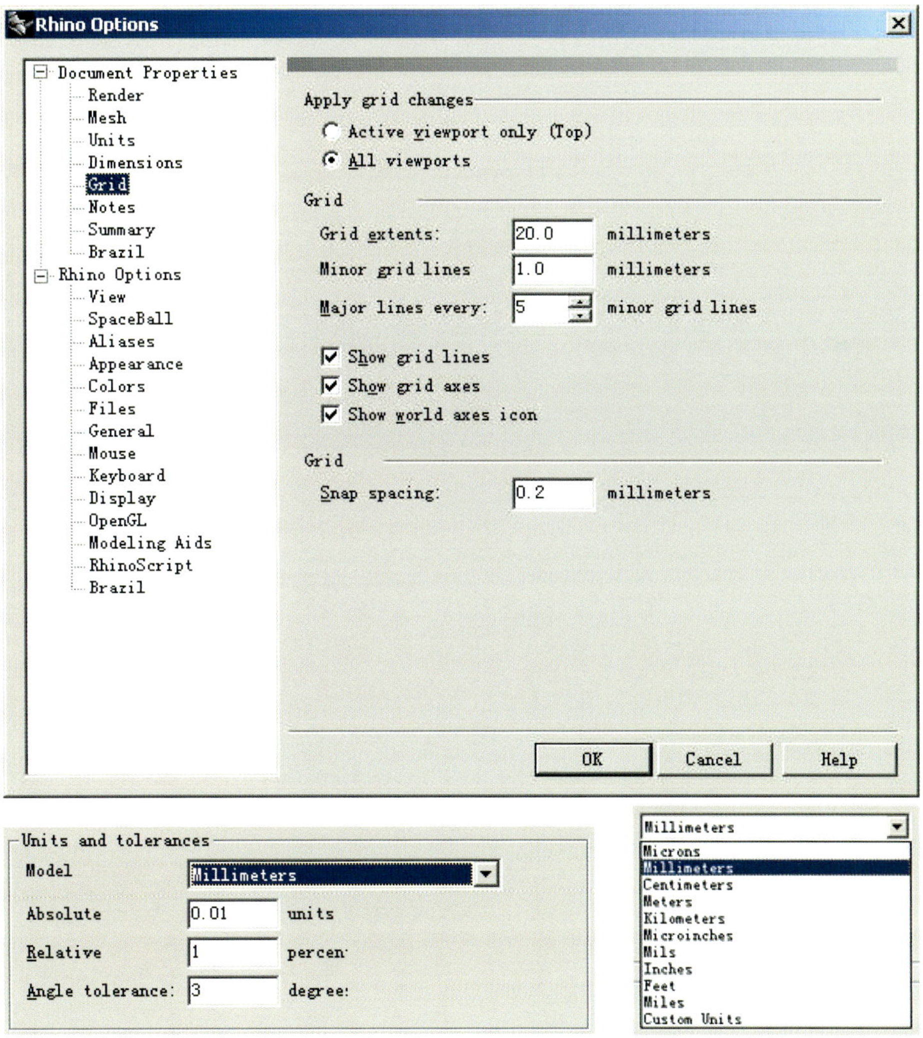

图 8－1 Option 对话框 Units

2. 指定“篆刻”的操作画面

所制作的“篆刻”的大小如图 8－2 所示，平面横长等于 15mm，平面竖长等于 40mm。

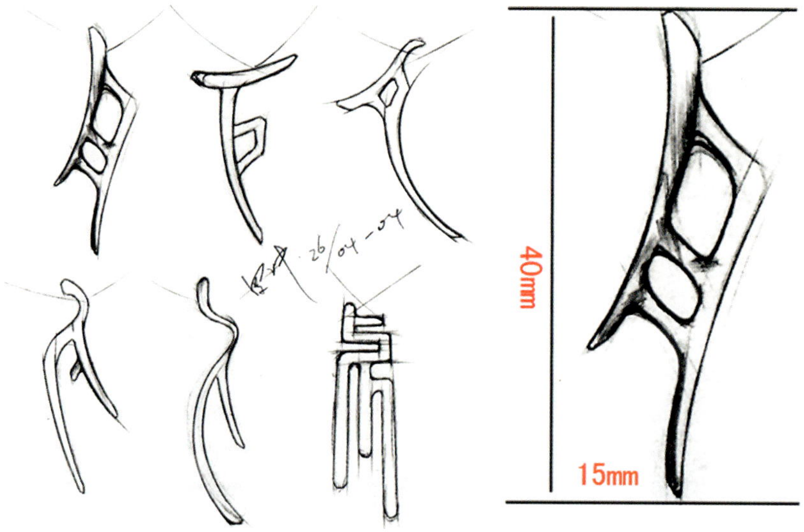

图 8－2　篆刻的线描图与尺寸大小

在 Rhino 3D 中指定操作范围的命令是 Options。如前所述，可以通过下拉菜单选择 Options 命令，也可以根据需要在展开工具栏(Tools)或命令提示栏(Command)中直接输入和执行 Options 命令。

在 Command 命令输入栏中输入 Options 命令，按下 Enter 键就会弹出如图 8－3 所示的 Options 对话框。选择 Grid 选项，把 Grid extents(栅格操作范围)的默认值从 100 调整到 30，你会看到 Rhino 3D 的 Grid Extents(栅格操作范围)，由 100 变小为 30。

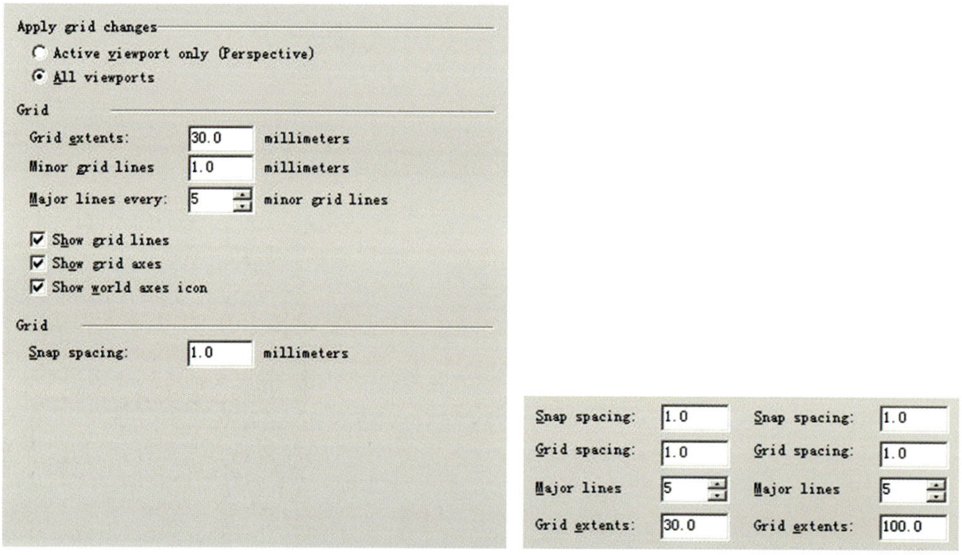

图 8－3　指定“篆刻”的操作范围

在 Options 对话框中把 Grid 选项下的 Grid Extents(栅格突出)的值设为 20，其原因是 Grid Extents 的大小就是图 8－4 所示的 A 范围的大小，而 Rhino 3D 的整个操作范围的大小为包括 A，B，C，

D 在内的长和宽均为 60mm 的网格面。

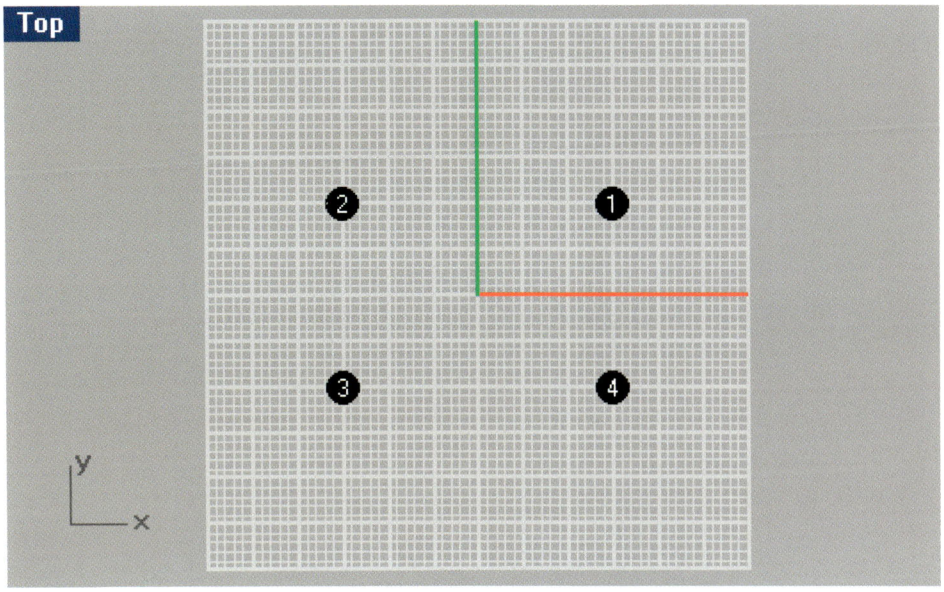

图 8－4　应用 Grid Extents(栅格突出)的 A 范围

3. 载入图层

在制作模型之前，如果先载入各个部分相应的图层，操作起来效率会更高。对于被指定了图层的对象，不需要的时候可以先将其暂时隐藏起来，或者将其锁定，使其不能被删除；而对于较复杂的对象，可以利用图层的编辑，很容易的就可以操作各物体所在的图层来进行模型的制作。所以养成一个载入图层的习惯是很重要的。

篆刻的制作相对容易，只需要载入两个图层即可，如图 8－5 所示。

选择菜单栏中的 Edit＞Layer＞Edit 命令(或者在浮动工具面板中单击  图标)。弹出 Edit Layers 对话框后，如图 8－5 所示，载入“篆刻”各部分相应的图层，并把所有图层的颜色都填充为黑色。

确定 Default 是否被选定为 Current Layer，然后关闭 Edit Layers 对话框。

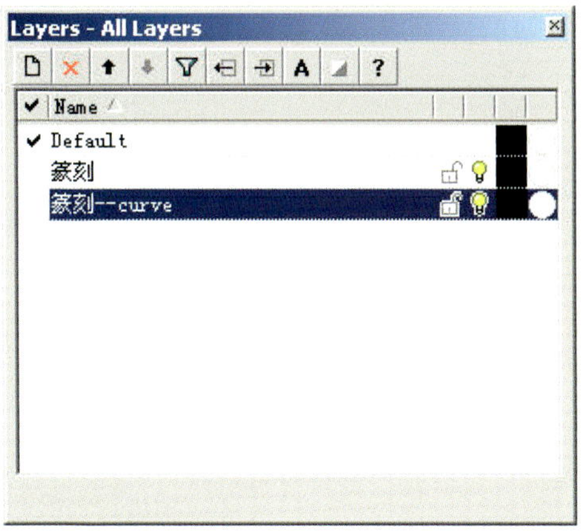

图 8－5　在 Edit Layers 对话框中指定“篆刻”各个部分的两个图层

4. 放置背景参考图

正确地放置参考背景图是准确建模的第一步，对于大多数的造型设计都很重要，不仅仅是对要求造型精确的首饰、手表、汽车等工业产品，还有很多的角色建模也是采用这种方法。下面就在 Top 视图中放置相应的背景图。

前面(指定“篆刻”的操作画面)的介绍中已经见到“篆刻”的线描图，现在把该图放置在场景中，便于准确建模。

激活 Top 视图，选择 View＞BackgroundBitmap＞Place 命令(或者在浮动工具面板中单击  图标)，如图 8－6 所示，并且弹出对话框，如图 8－7 所示。

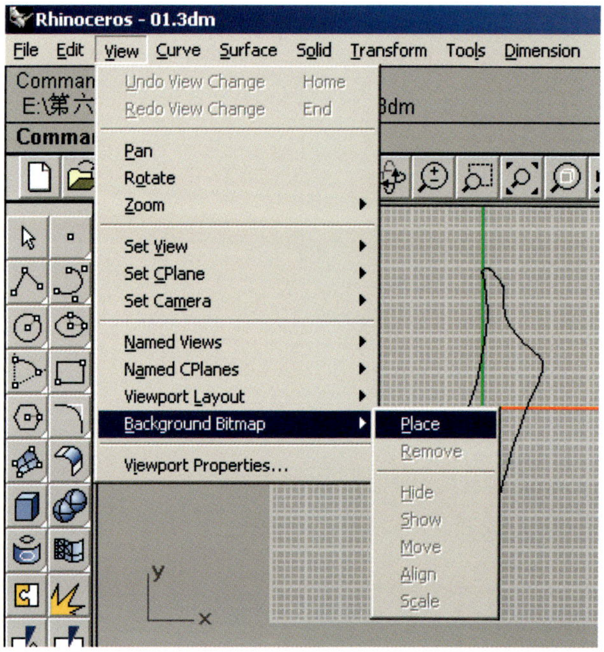

图 8-6　在 3dm 文件夹选择 Top 篆刻.jpeg 文件后单击“打开”按钮

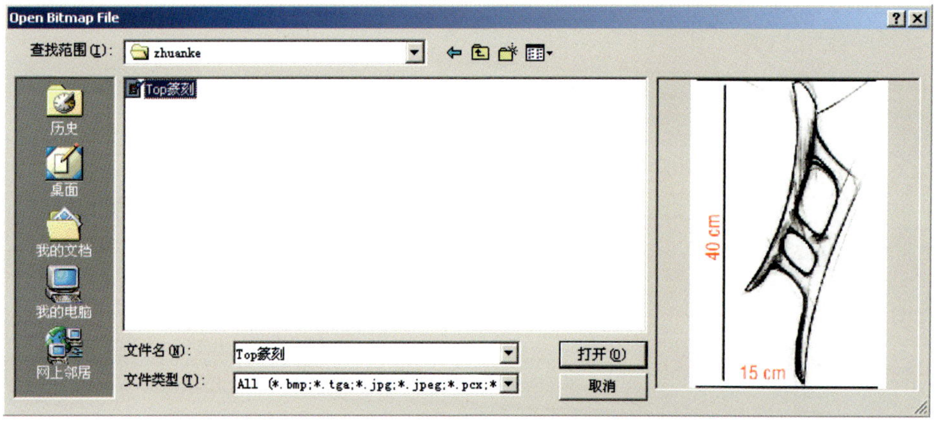

图 8-7　在 Bitmap File 对话框中打开 Top 篆刻图片

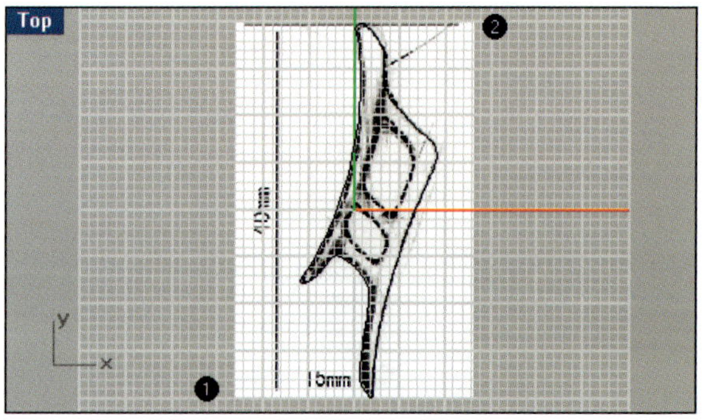

图 8-8　放置 Top 背景参考图

在 Top 视图中，以视图坐标点 X—13，Y—20 处放置第一点，往右上方移动光标，当状态栏显示的 X 的坐标为 13，Y 坐标为 14 时放置第二点，如图 8-8 所示。

保存目前文件的进度。

二、绘制篆刻的外轮廓

篆刻的外轮廓的绘制占主导地位，也很难绘制出标准的外轮廓。可以先绘制出大体曲线，但绘制的曲线 CV 点要足够用于之后的编辑调整，当然在遇到缺少 CV 点时也可以随时插入 CV 点来编辑。

选择 Curve>Free-form>Control Points 菜单命令（或者在浮动工具面板中单击图标），如图 8－9 所示。

双击标有 Top 文字的蓝色区域，放大 Top 视图，或者按 Ctrl＋F1 键来放大 Top 视图。

沿着背景图的外轮廓绘制曲线，尽量保持外轮廓的准确性，如图 8－10 所示。

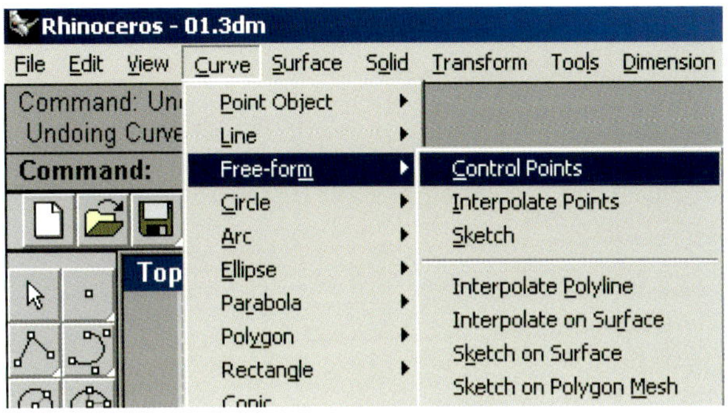

图 8－9　选择菜单曲线命令

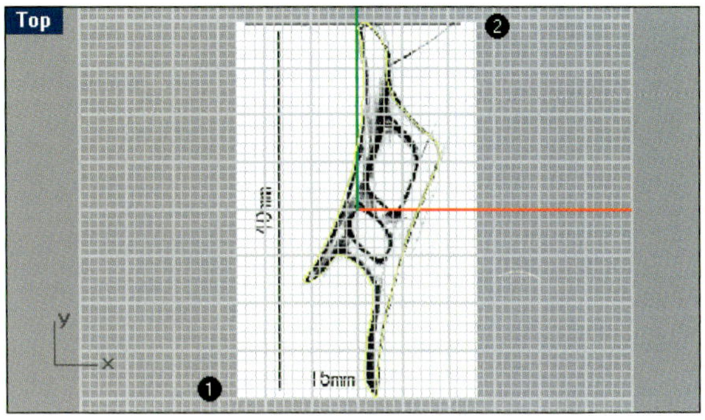

图 8－10　绘制外轮廓线

对于外轮廓曲线的绘制如果不够准确，也可以重新来调整它。

选取外轮廓曲线，按 F10 键（或者在浮动工具面板中单击图标），显示曲线的 CV 点，这样就可以拖动每个 CV 点来调整曲线。如图 8－11 所示。

当曲线调整好后，按 F11 键关闭 CV 点，或者按 Esc 键取消即可。

还可以通过编辑曲线的 EP 点来调整曲线，或者在浮动工具面板中单击图标，显示曲线的 EP 点，EP 点与 CV 点的区别前面提到过，这里就不再重复。选择拖动 EP 点，调整曲线至合适位置，按 F11 键关闭 EP 点，或者按 Esc 键取消即可，如图 8－12 所示。

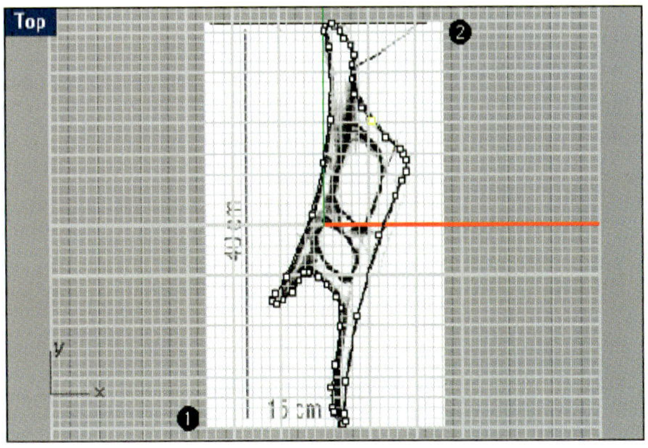

图 8－11　编辑 CV 点调整曲线

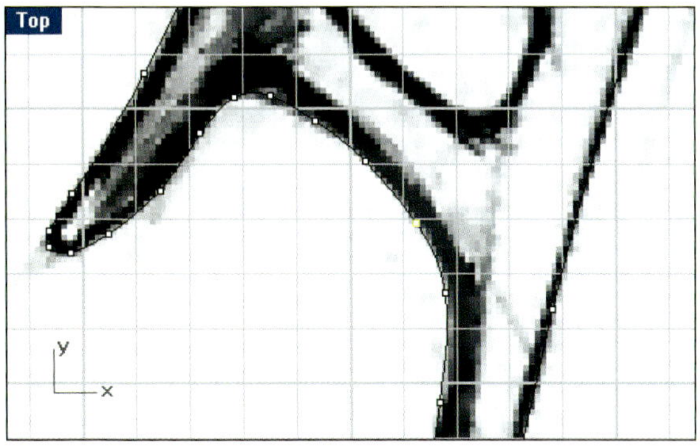

图 8－12　编辑 EP 点调整曲线

三、绘制篆刻内轮廓曲线

内轮廓曲线的绘制与外轮廓曲线的绘制相同，如图 8－13 所示。

或者在浮动工具面板中单击图标，绘制内轮廓曲线，同样选择图标和图标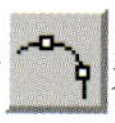来调整曲线。

到这里，篆刻的曲线绘制全部完成，视图里的参考图已经没有意义，这里可以取消参考图（以避免给接下来的工作带来干扰）。选择菜单 View>Background Bitmap>Remove 命令，或者在浮动工具面板中单击图标，如图 8－14 所示。这样就在视图中取消了参考图，视图中只剩下所绘制的曲线，如图 8－15 所示。

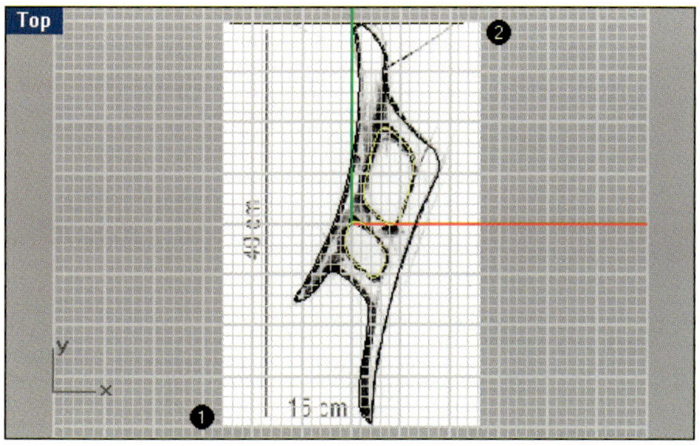

图 8－13　绘制、调整内轮廓曲线

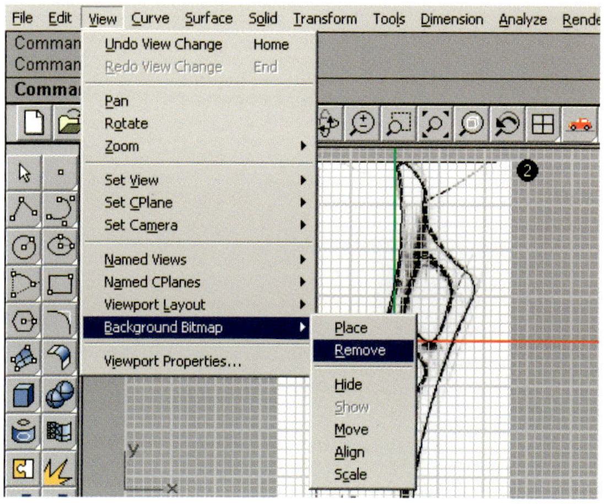

图 8－14　选择菜单 Remove 命令取消参考背景图

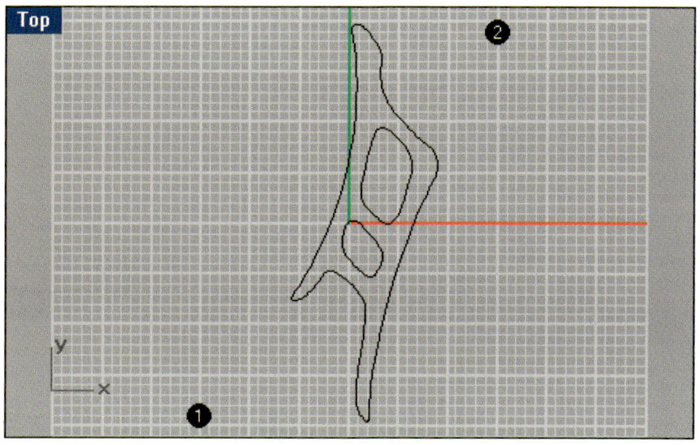

图 8－15　取消参考图后只剩下曲线

四、生成 Surface(篆刻)表面

按住 Shift 键，连续选取 3 条轮廓曲线，选择菜单 Surface>Edge Curves 命令（或者在浮动工具面板中单击图标），如图 8－16 所示。

或者先选择命令，然后再依次选择 3 条轮廓线，按右键，同样生成 surface 曲面。

如图 8－17 所示，完成篆刻的平面图。接下来绘制一个有厚度的篆刻体。

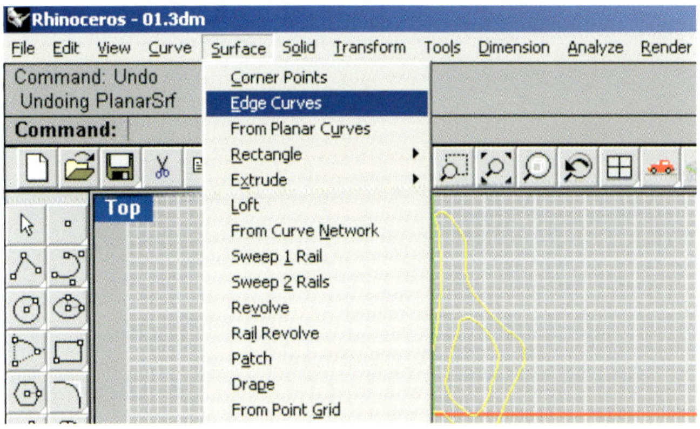

图 8－16 利用 Edge Curves 命令生成 surface 曲面

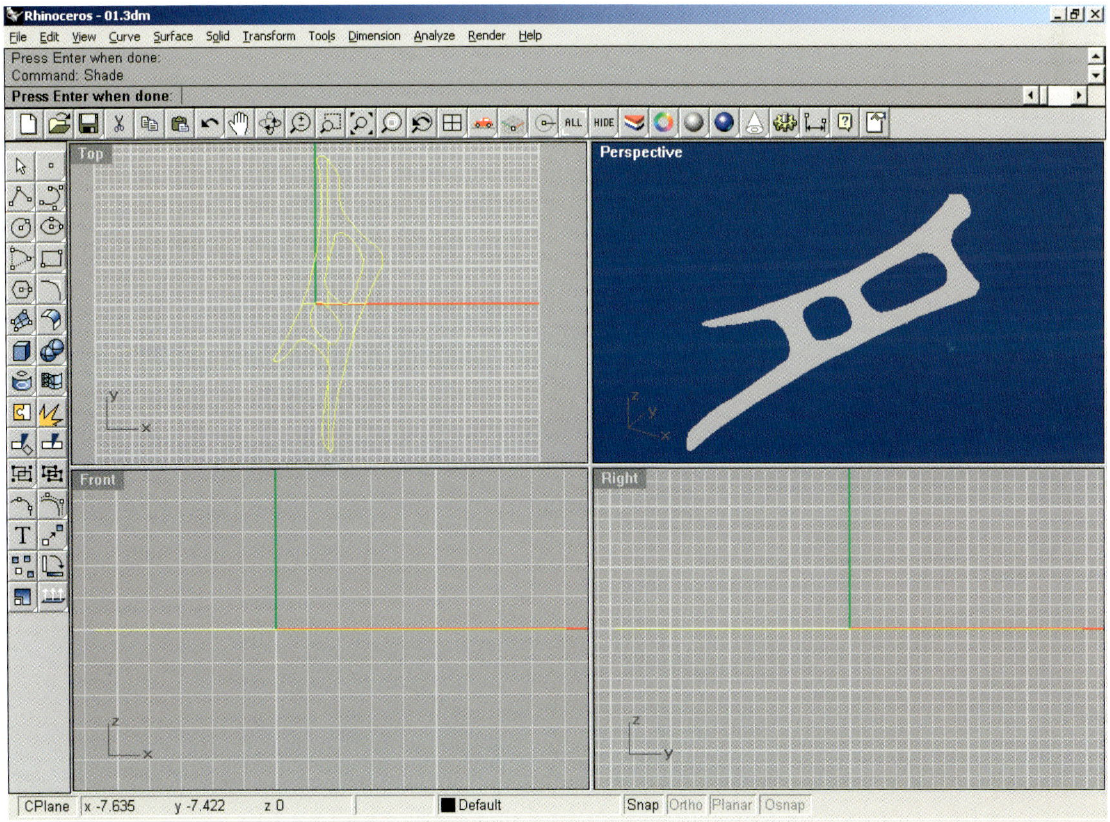

图 8－17 完成篆刻的平面图

五、把曲线指定给曲线图层

选择 3 条曲线，再选择菜单 Edit>Object Properties 命令（或者在浮动工具面板中选择图标），如图 8－18 所示。

执行命令后弹出 Properties 对话框，打开 Layer 下拉菜单，修改图层为篆刻－Curve，如图 8－19

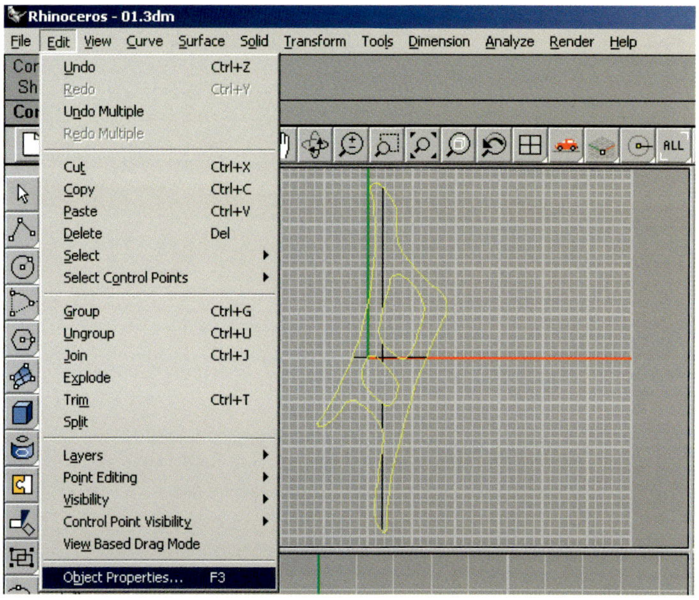

图 8-18 指定曲线图层

所示，单击确定按钮退出 Properties 对话框。

在 Edit Layers 对话框中，点击篆刻- Curve 图层设置为关闭，这样就隐藏了该图层。如图 8-20 所示。

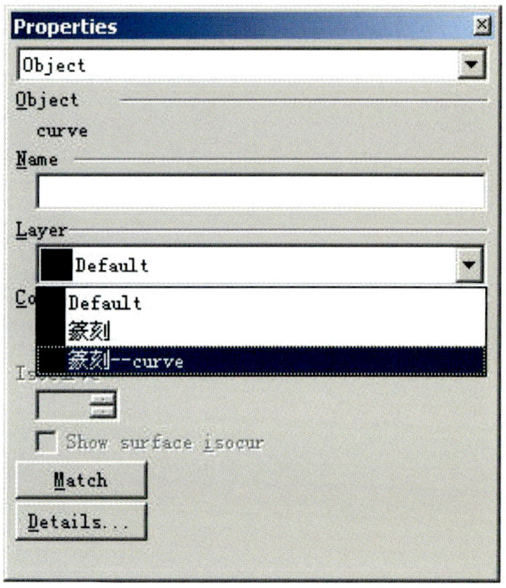

图 8-19 Properties 对话框，修改篆刻- Curve 的图层

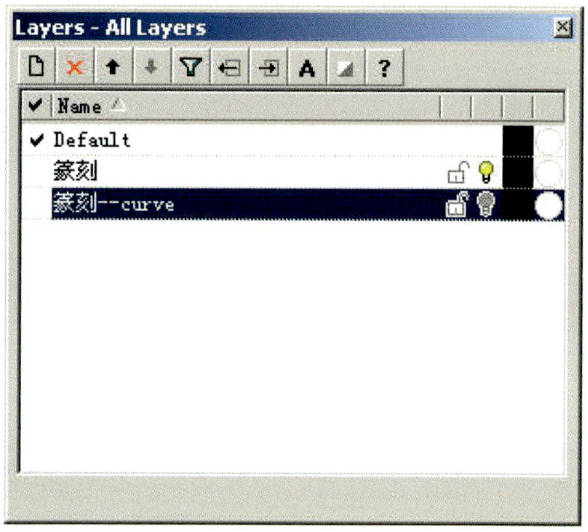

图 8-20 在 Edit Layers 对话框中隐藏曲线

选取刚才生成的 surface 曲面，选择菜单 Edit>Copy 命令（或者在浮动工具面板中单击 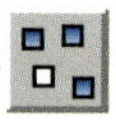 图标），复制曲面。如图 8-21 所示。

打开 Snap 和 Ortho 正交，光标移动到 Front 视图，单击鼠标左键放置第一点在 Front 视图(0,0)位置，然后在指令列中键盘输入 1.5，按回车结束，复制偏移 1.5 个单位，如图 8-22 所示，再按鼠标左键放置第二点结束全部命令，这时就将曲面向上复制了 1.5 个单位。

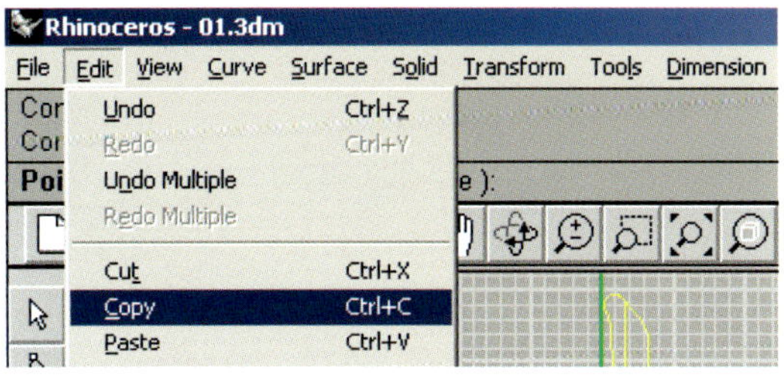

图 8－21　利用 Copy 命令复制物体

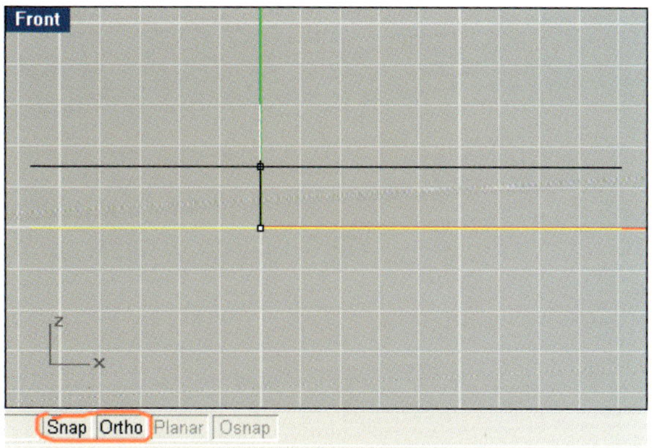

图 8－22　复制曲面

在指令列输入命令，如图 8－23 所示。

图 8－24 所示为复制后的上下两个曲面。注意，打开 Snap 和 Ortho 正交向上垂直复制曲面，保持曲面对齐。

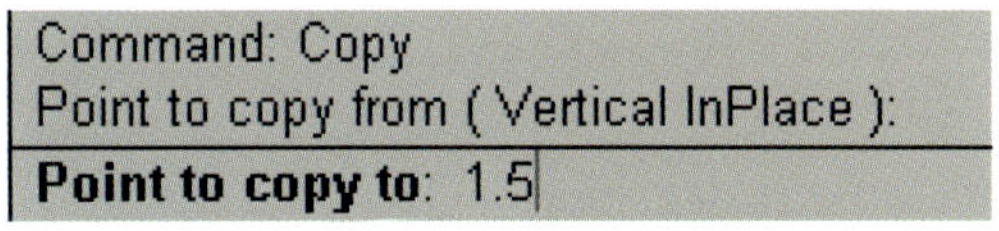

图 8－23　在指令列输入 1.5 回车

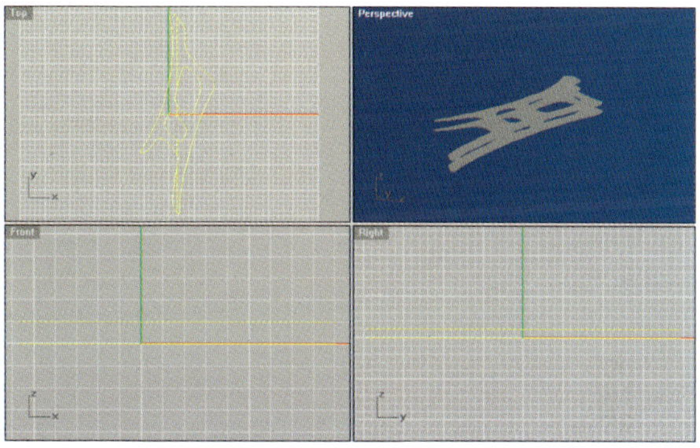

图 8－24　复制后的视图

六、利用 Blend surface 命令绘制篆刻侧面曲线

双击鼠标放大 Perspective 视图，或者按住 Shift 键并按 F4 键放大视图。

选择菜单 Surface>Blend 命令（或者在浮动工具面板中单击图标），如图 8－25 所示。

输入命令后，分别点取上下曲面的边线（图 8－26）。用曲面的边线来生成侧面曲线。

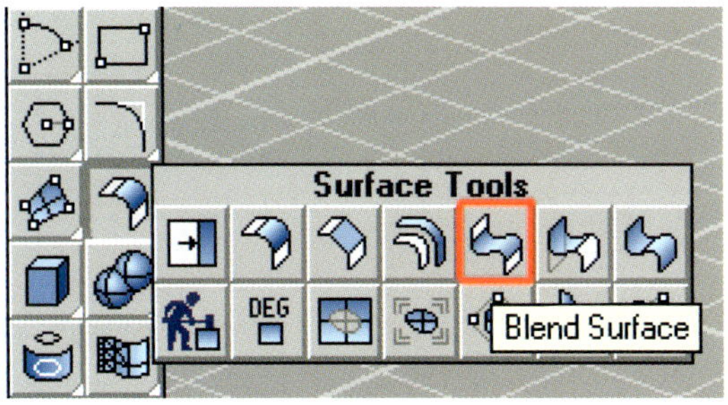

图 8－25　选择 Blend 命令

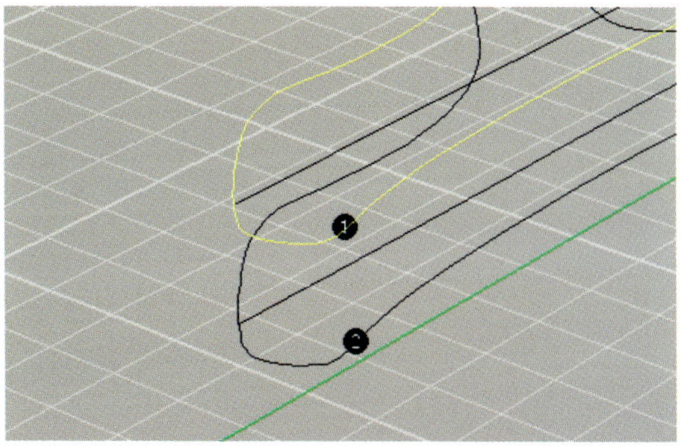

图 8－26　选取上下曲面的边线

按右键，这时出现 Blend Bulge 对话框，默认的弧度值为 1，对于篆刻的侧面曲面过大，这里需要把曲度值改小些，也可以根据自己的习惯更改数值。如图 8－27 所示。

最终更改数值为 0.3，这个数值也足够篆刻曲面的弧度（图 8－28）。点击 OK 结束命令。

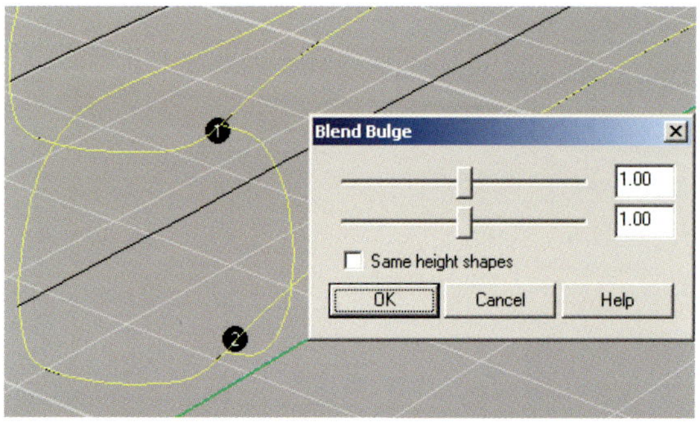

图 8－27　Blend Bulge 对话框

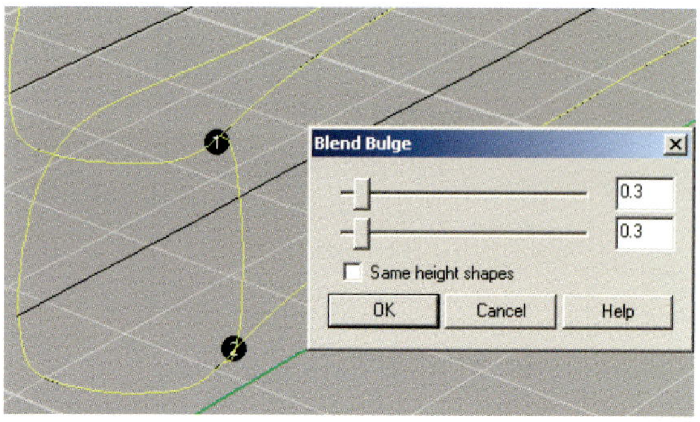

图 8－28　更改 Blend Bulge 对话框数值

在 Perspective 蓝色区域按右键选择 Shaded 视图模式，如图 8－29 所示。

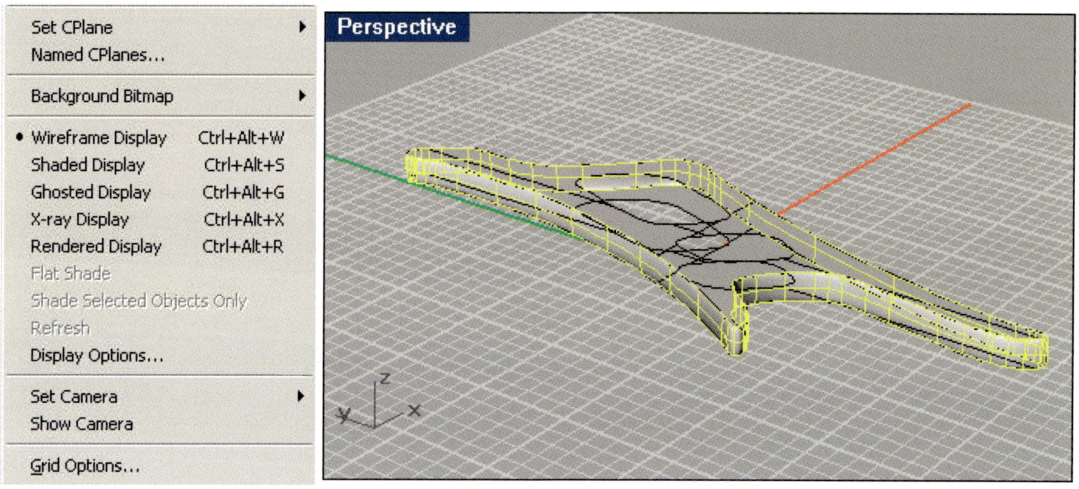

图 8－29　Shaded 视图模式

用同样的方法绘制篆刻内部曲面，弧度值也同样更改为 0.3，如图 8－30 所示。

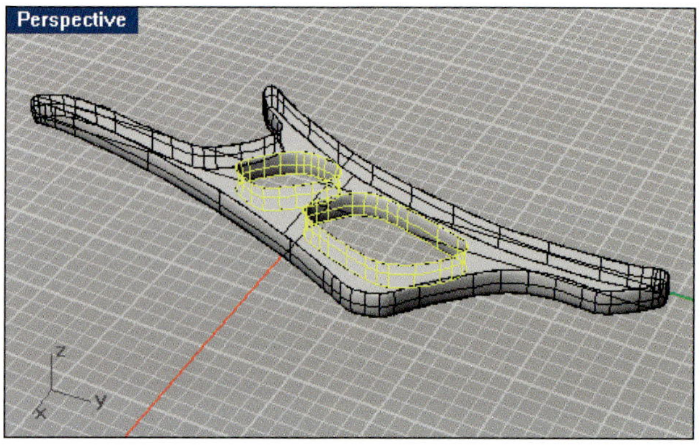

图 8－30　用同样的方法绘制篆刻内部曲面

七、绘制链孔

选择菜单 Curve>Rectangle 命令(或者在浮动工具面板中单击图标),绘制链孔曲线。如图 8-31 所示。

绘制长为 3mm,宽 1mm 的矩型,如果矩型不在篆刻厚度的中间位置,则向上移动 0.25 个单位,如图 8-32 所示。

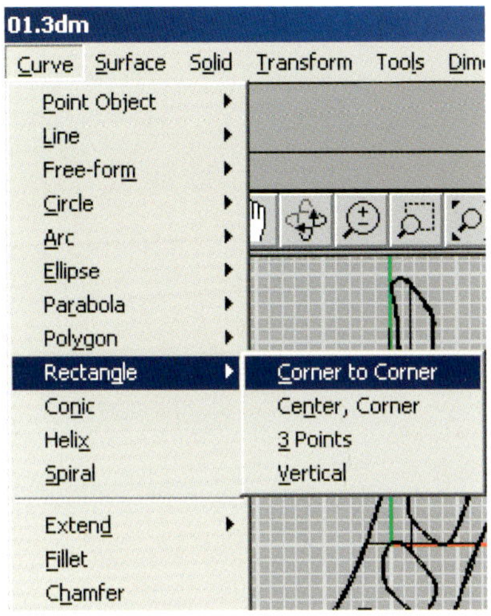

图 8-31 选择 Rectangle 命令绘制链孔曲线

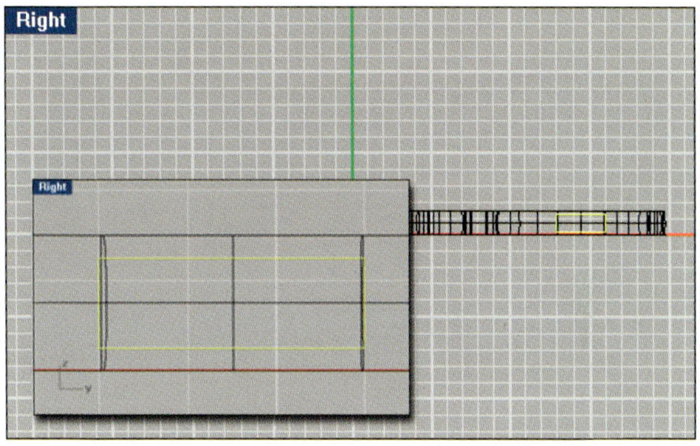

图 8-32 绘制长为 3mm,宽 1mm 的矩型

选择菜单 Curve>Fillet 导角命令(或者在浮动工具面板中单击图标),给刚才绘制的矩型导角。

在指令列输入 0.2 按回车结束,则导角半径为 0.2 个单位;在键盘上输入 j 键按回车结束,表示在导角后生成连接的曲线,如图 8-33 所示。

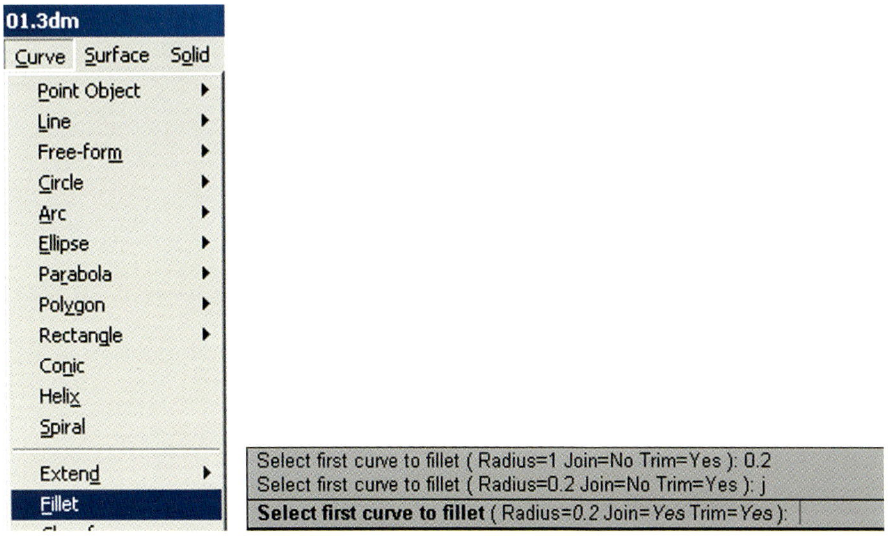

图 8-33 选择菜单 Curve>Fillet 命令,输入导角的参数

输入命令后点击矩型的一条边，再点取相邻的边，这时会发现相邻的边变成 1/4 圆的曲线，半径为 0.2 个单位的圆角，接着依次分别给 3 个角导圆角，如图 8－34 所示。

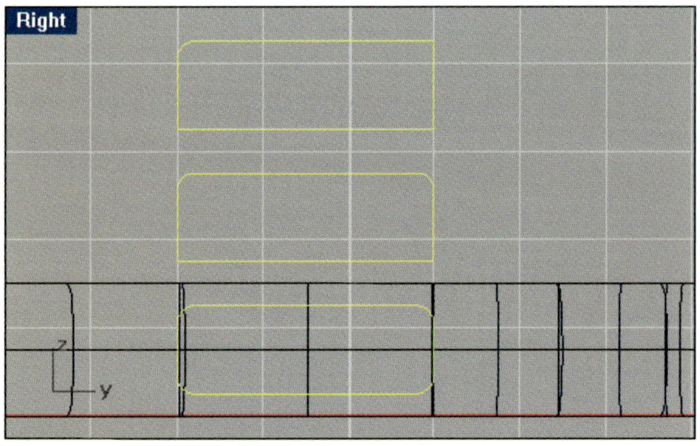

图 8－34　给矩形的 4 个直角导圆角

八、用曲线切割曲面

选择菜单 Edit>Split 命令（或者在浮动工具面板中单击图标），如图 8－35 所示，用曲线切割曲面。

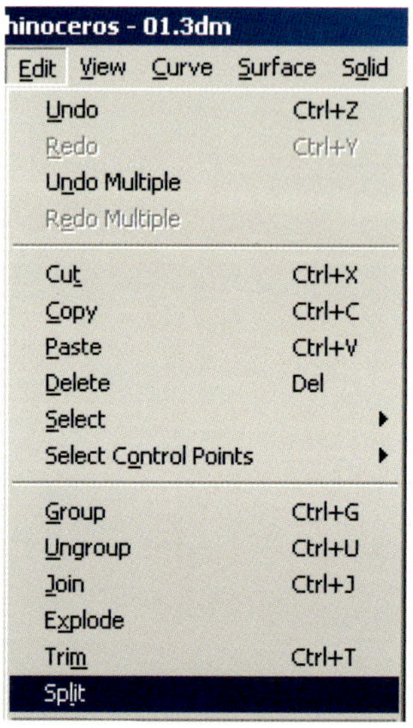

图 8－35　选择菜单 Edit>Split 命令

输入命令后选取曲面，按右键结束，再选取曲线按右键结束命令，如图 8－36 所示。

这样就从篆刻的侧面切割了两个曲面，并删除它们，如图 8－37 所示。

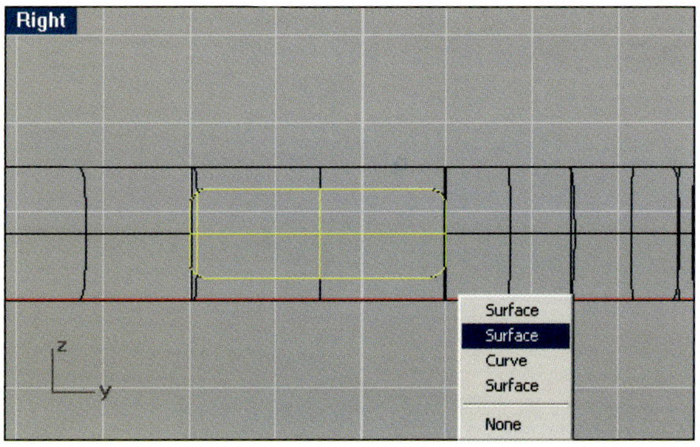

图 8－36　用曲线切割曲面

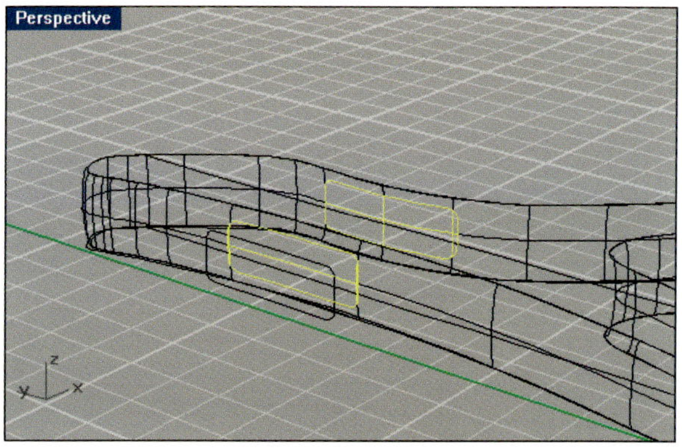

图 8－37　删除切割的曲面

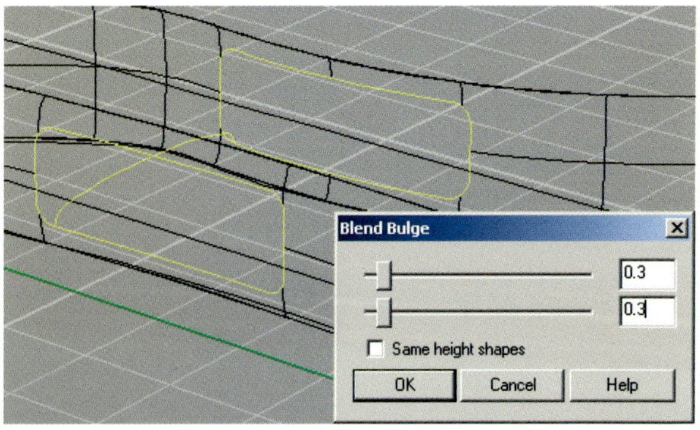

图 8－38　选择菜单 Surface>Blend 命令，生成曲面

选择菜单 Surface>Blend 命令（或者在浮动工具面板中单击图标），选择两条边线，按右键，更改数值为 0.3（图 8－38），按 OK 键结束命令。

把曲线全部指定给篆刻－Curve 图层并隐藏；按住 Ctrl 键和 A 键选取全部曲面，再选择菜单 Edit>Join 命令（或者在浮动工具面板中单击图标），按右键结束命令，如图 8－39 所示。

打开 3dm\篆刻 01.3dm 文件，这是一个完整的篆刻模型，提供参照，如图 8－40 所示。

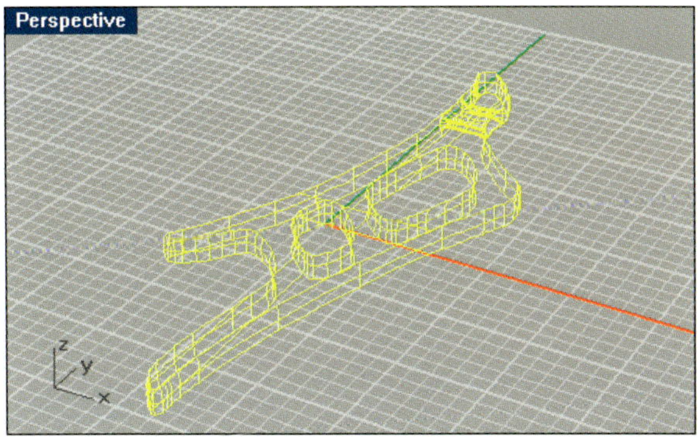

图 8－39 把所有的曲面 Join

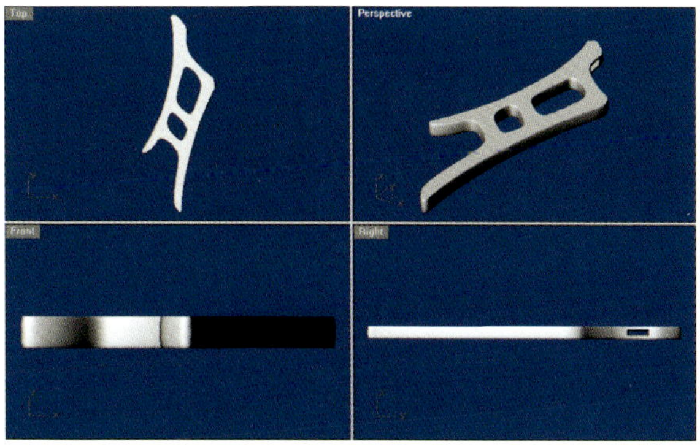

图 8－40 篆刻的完整模型

八、篆形渲染

到这里篆刻的模型绘制全部完成。Rhino 3D 的渲染功能是比较欠缺的，但可以用其他的方法来弥补。需要在如图 8－41 所示的 Export Selected Objects 对话框中把文件的格式选择为你所使用的渲染软件的格式。

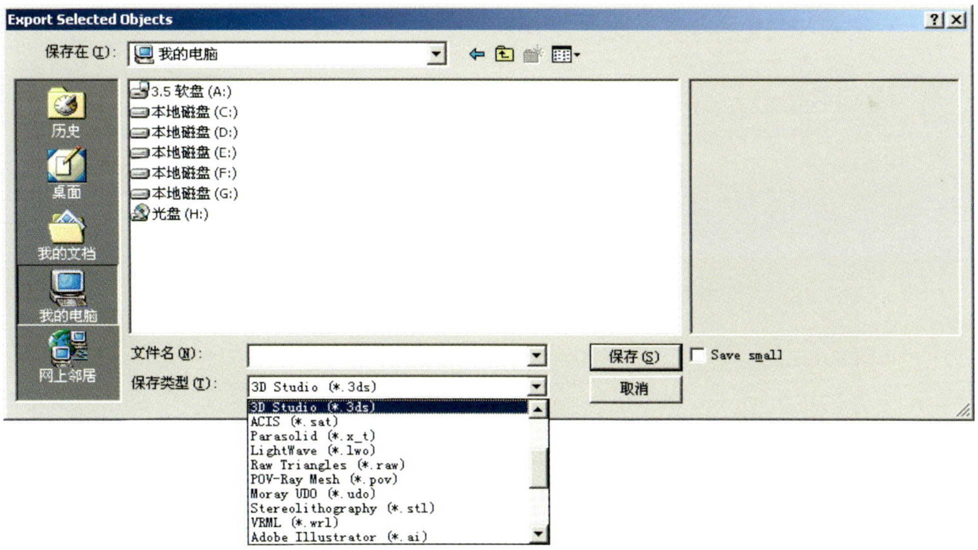

图 8－41 Export Selected Objects 对话框

Rhino 3D 软件提供了广泛的输入、输出功能。因为现在主流的三维软件如 Maya、Soft-Image、Alias 和 3ds max 都支持 NURBS 文件的导入，所以把利用 Rhino 3D 制作的 NURBS 模型按照上述软件的文件格式输出的话，利用上述软件强大的渲染功能，同样可以制作出色的效果。如图 8－42 所示的那样，在 Export Selected Objects 对话框中选择 IGES 格式。然后在 IGES Export Selected Objects(图 8－43)对话框中按照你所使用的渲染软件的名称(Maya、Soft-Image、Alias 和 3ds max 等)对 IGES Type 进行命名，再按下 OK 键。这样在 Rhino 3D 中制作的模型就会以这些文件的格式输出。

图 8－44 是把篆刻以 3ds max3.0(IGES)的格式输出后，导入到 3ds max3.0 中的画面，可以看出

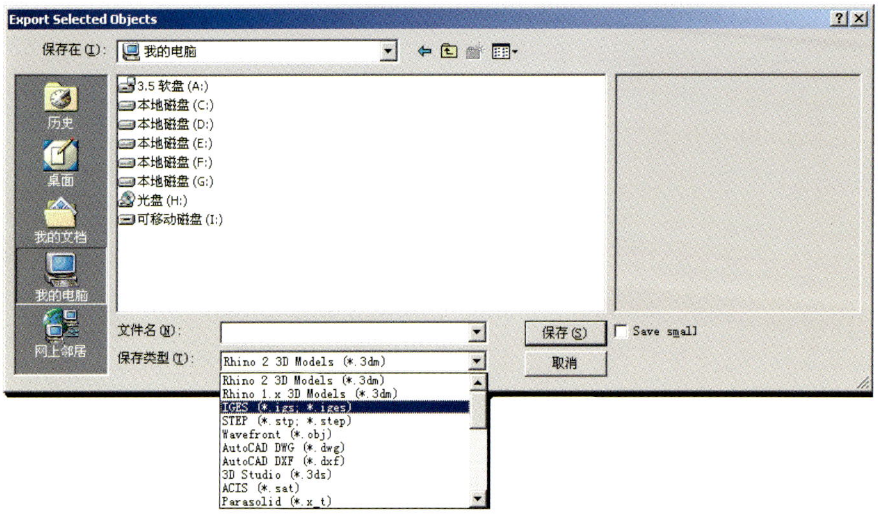

图 8－42　Export Setented Objects 对话框

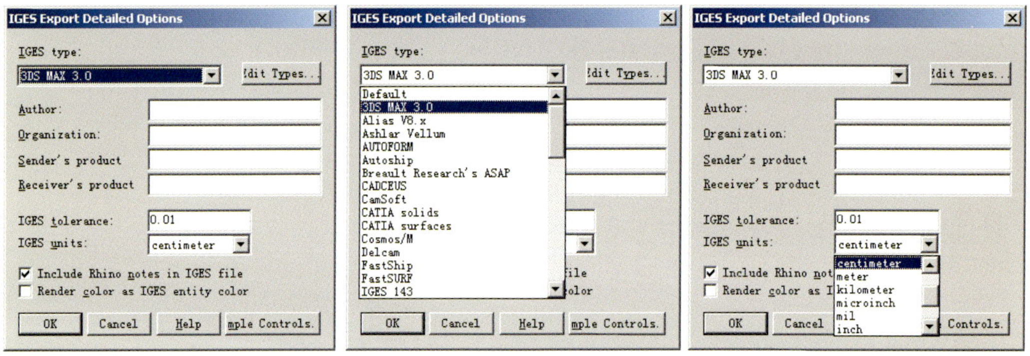

图 8－43　IGES Export Selected Objects 对话框

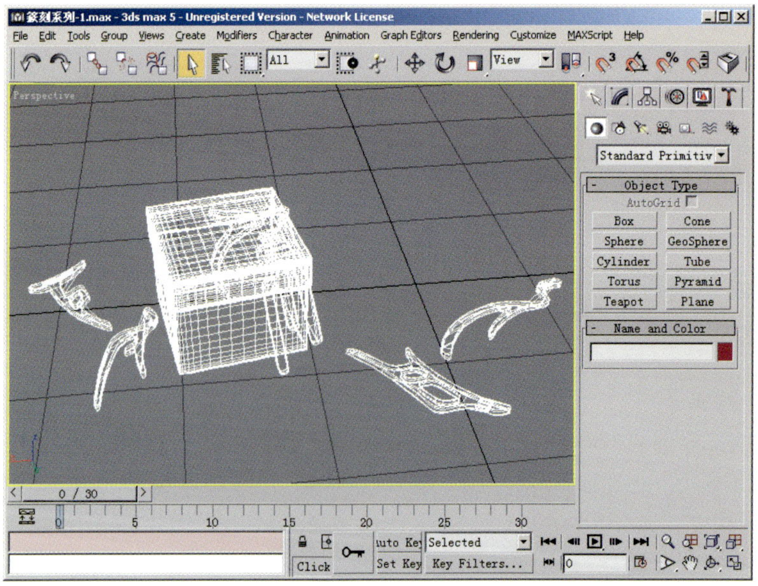

图 8－44　导入以 3ds－max3.0 文件格式(IGES)输出篆刻的画面

导入后的篆刻的形态基本没有变化(图 8－45),图 8－46 是在 3ds-max5.0 中对篆刻指定材质并渲染的画面。

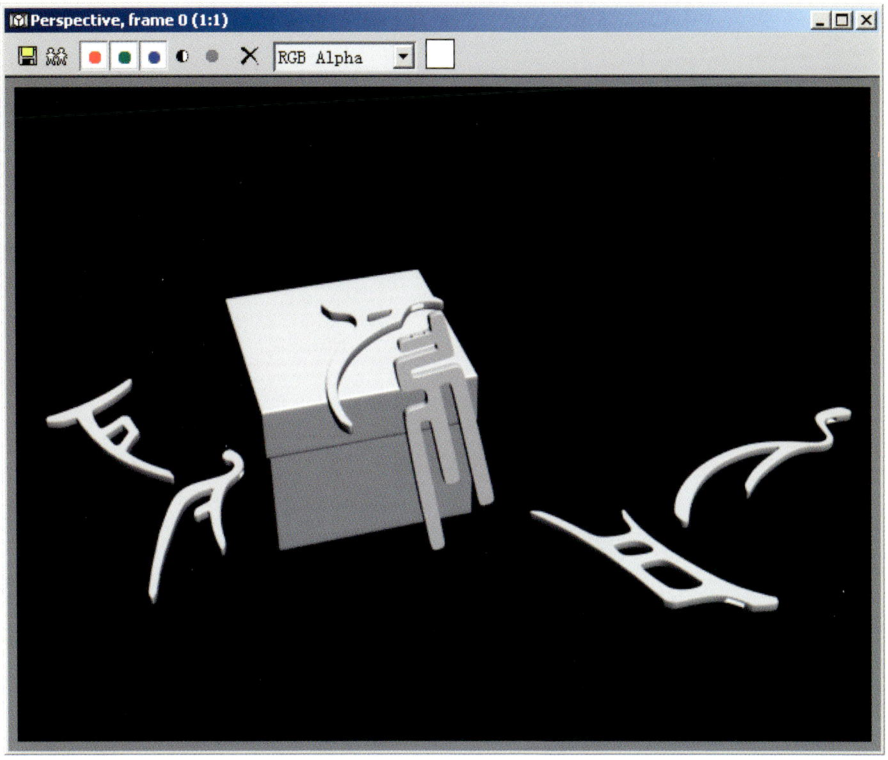

图 8－45　输出以 3ds－max3.0 文件格式导入 3ds－max5.0 渲染的篆刻的画面

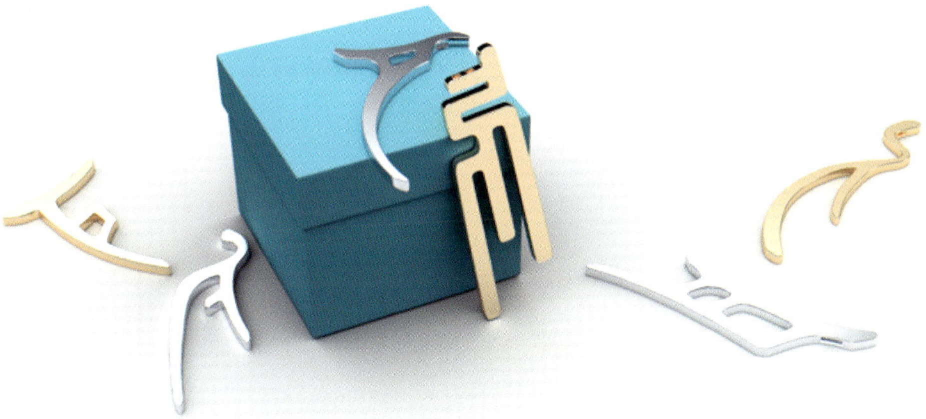

图 8－46　对篆刻指定材质并渲染的画面

第二节　Tiffany & Co 四爪皇冠戒指设计建模

制作的第二个例子是 Tiffany & Co 的一个经典的产品。众所周知，早在上世纪 Tiffany & Co 就推出了四爪皇冠戒指。这一款设计直到今天仍是情侣、婚嫁、庆典中最为热销的。它的经典之处就在于钻石被 4 个金属爪紧紧的包围着，类似一个皇冠的造型。

一、在 Rhino 3D 中设置 Tiffany & Co 四爪皇冠的操作环境

打开 3dm\四爪皇冠.3dm 文件。在文件中已经制定好如表 8-1 所示的四爪皇冠的操作环境（请参考图 8-47、图 8-48、图 8-49）和相应的图层。请重点看图 8-50。

表 8-1　四爪皇冠的操作环境设置

操作单位(Model Units)	Millimeters
操作范围(Grid extents)	20(40mm)
栅格间隔(Grid spacing)	1.0mm
捕捉间隔(Snap spacing)	0.5mm

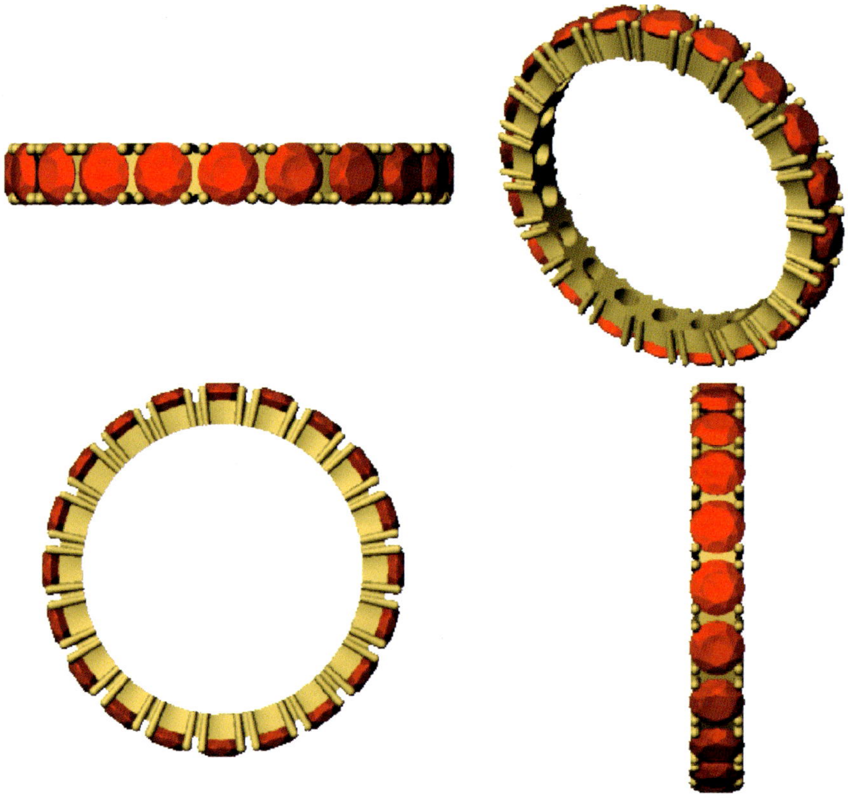

图 8-47　四爪皇冠戒指的三面解析图

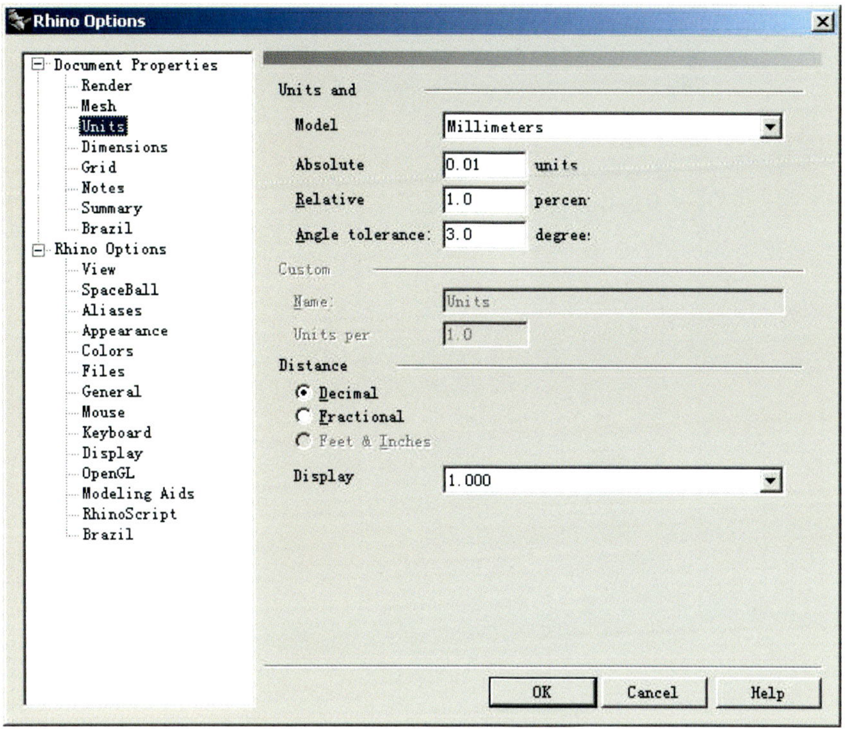

图 8－48 Options 对话框的 Units 项

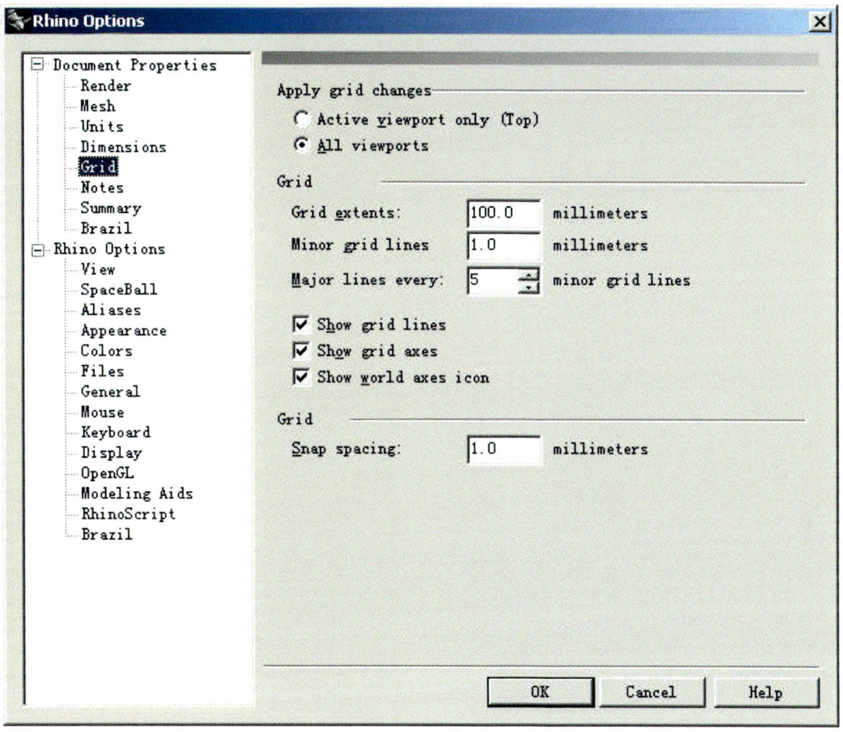

图 8－49 Options 对话框的 Grid 项

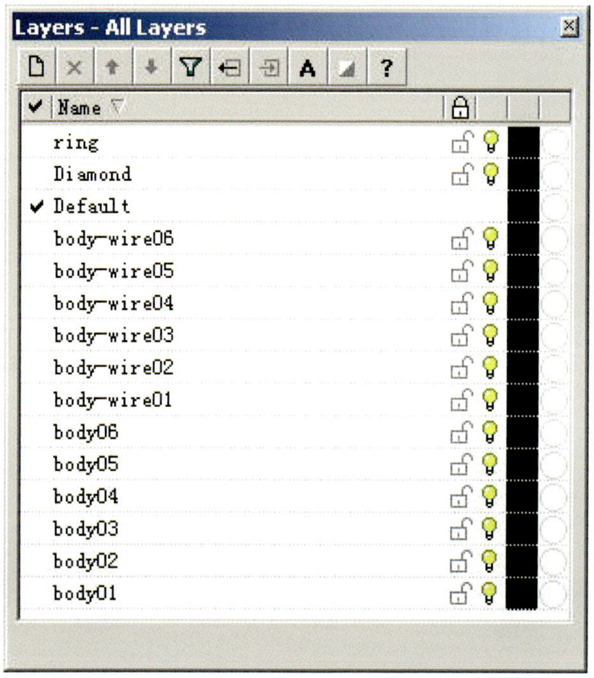

图 8－50　在四爪皇冠文件中指定的图层

二、打开四爪皇冠.3dm 文件，制作戒指的 1/20 部分

首先来看看四爪皇冠戒指是由哪些部分来组成的。戒指由 20 个钻石环绕一周，每一个均由四个爪牢牢地镶嵌着，并且每个钻石和钻石的镶嵌部分都是相同的。这样可以看作四爪皇冠戒指是由 20 个相同的部分组合的，只需要制作出一个之后环绕四周旋转复制即可。

选择菜单 Curve>Circle>Center，Radius 命令（或者在浮动工具面板中单击图标），以 Front 视图的（0，0）位置作中心点绘制半径为 8mm 和 9.5mm 的两个圆，如图 8－51 所示。

选择 Curve>Line>Polyline 命令（或者在浮动工具面板中单击图标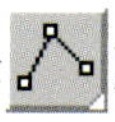），在圆心点向上绘制一条直线，如图 8－52 的①部分所示。

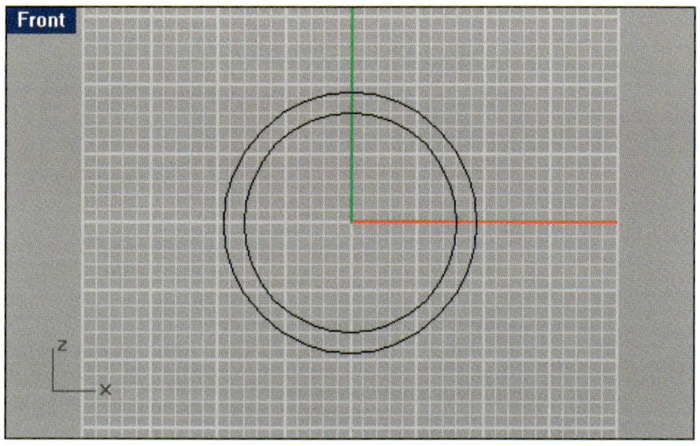

图 8－51　在 Front 视图绘制两个圆

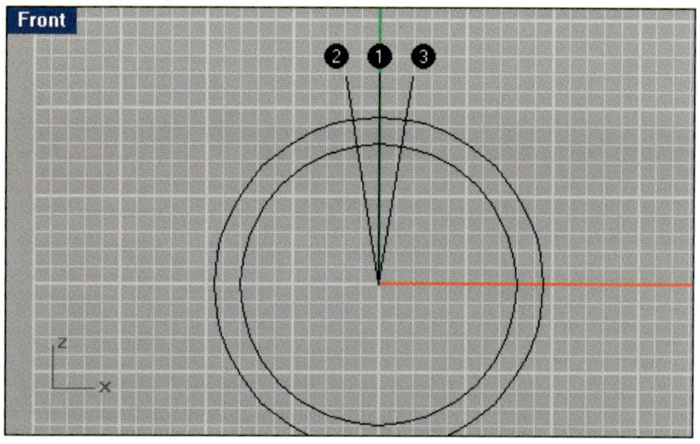

图 8－52　以圆心为中点绘制直线

选择菜单 Transform>Rotate 命令(或者在浮动工具面板中单击图标),打开捕捉 End,捕捉直线的两端点,在指令列输入 9 回车,向左边偏移 9°,如图 8-52 中的②所示。再选取直线,选择 Transform>Shear 命令(或者在浮动工具面板中单击图标),以圆心点为中心镜像复制③直线,如图 8-52 所示。

Ctrl+A 选取全部图形,选择菜单 Edit>Trim 命令(或者在浮动工具面板中单击图标),选取多余的曲线减切多余的部分,如图 8-53 所示。

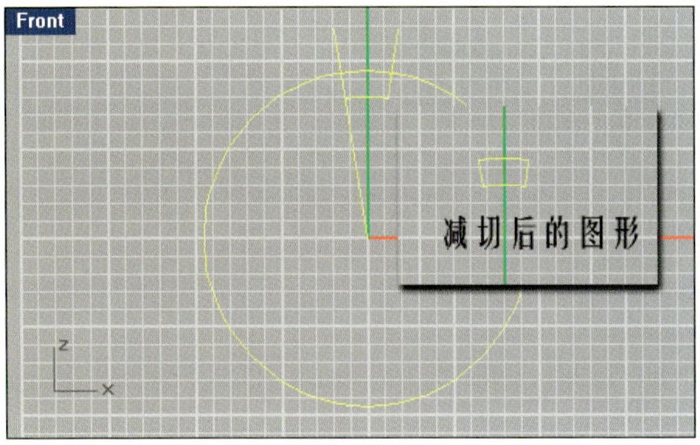

图 8-53 利用 Trim 命令剪切曲线

或者打开图层 Body-wire01 作为参考。

选取上下两条曲线,选择菜单 Surface>Extrude>Straight 命令(或者在浮动工具面板中单击图标),挤压拉伸曲线,在指令列输入 2.25 回车结束命令,如图 8-54 所示。

注意这里是同时拉伸两条曲线,最后所得到的是两个曲面。或者打开图层 Body01 作为参考,同时将图层 Body-wire01 隐藏。

打开 Ortho 正交和 End 端点捕捉,选择画圆工具,将鼠标移动至 Top 视图,在刚绘制好的上下两个曲面边角位置作为吸附点中心,并按鼠标左键,在指令列输入 2 回车,再按鼠标左键或回车,绘制半径为 2 个单位的圆,如图 8-55 所示。

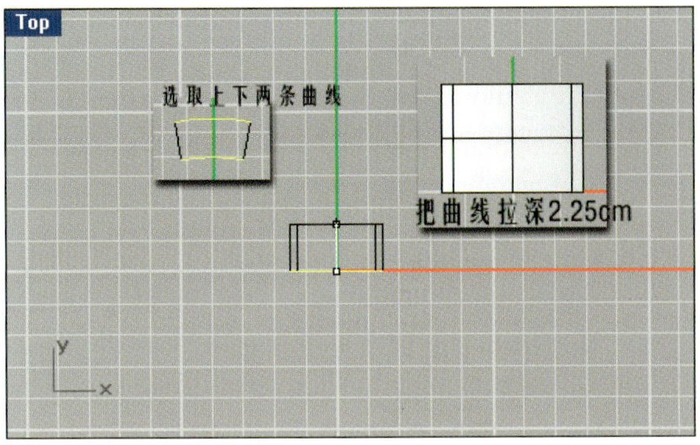

图 8-54 选择 Straight 命令拉伸曲线生成新的曲面

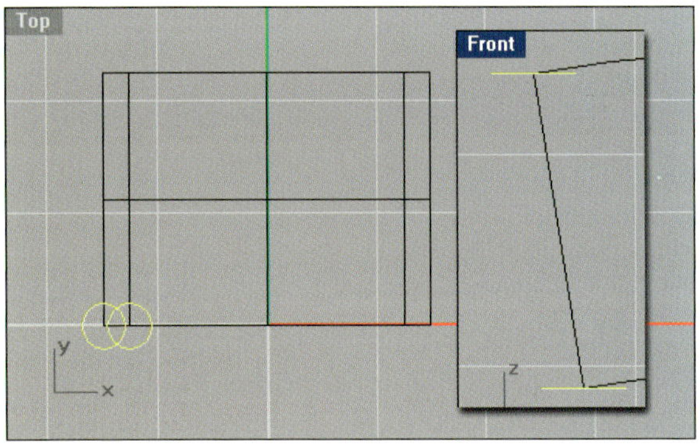

图 8-55 在两曲面的边角绘制圆

选择 Curve>From Objects>Extract Isoparm 命令(或者在浮动工具面板中单击图标),打开 End 或者 Mid 捕捉命令,选择上部分曲面,从曲面提取曲线(注意如果提取的曲线不是这一方向,就在指令列输入 U 或 V 回车命令),如图 8-56 所示。

打开 Mid 捕捉,在提取的曲线的中点绘制一个 point 点物体,目的是为了方便下面的镜像物体。

继续打开 End 捕捉,选取两个圆再选择菜单 Transform>Mirror 命令(或者在浮动工具面板中单击图标),以 Y 轴为中心轴镜像复制圆,如图 8-57 左侧的 Top 视图;再以 X 轴镜像复制圆,如图 8-57 右侧的 Top 所示,或者打开图层 Body-wire02 作为参考,同时将图层 Body01 隐藏。

选择菜单 Edit>Split 命令(或者在浮动工具面板中单击图标),先选取上面大些的曲面,按

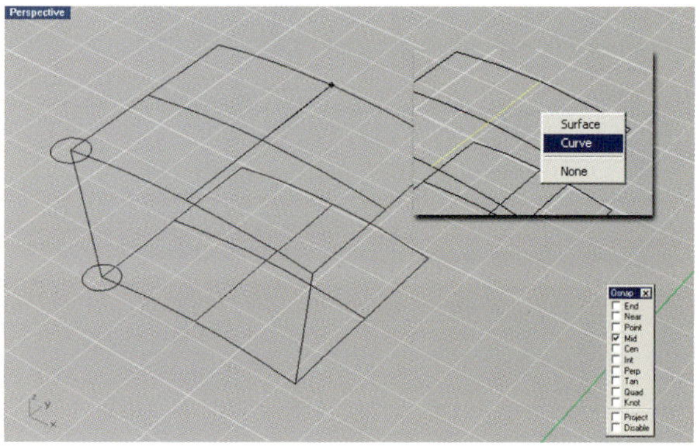

图 8－56　在曲面上提取新的曲线

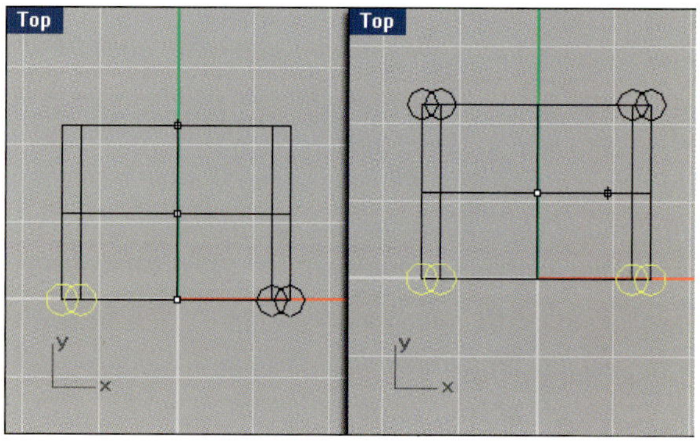

图 8－57　利用 Mirror 命令镜像圆形

右键，再选取曲面四角的圆曲线，再按右键结束命令，这样就剪切了曲面的 4 个角，并删除剪切的曲面，如图 8－58 所示。

用同样的方法，剪切下面曲面的 4 个角，并且删除，如图 8－59 所示。

或者打开图层 Body02 作为参考，同时将图层 Body-wire02 隐藏起来。

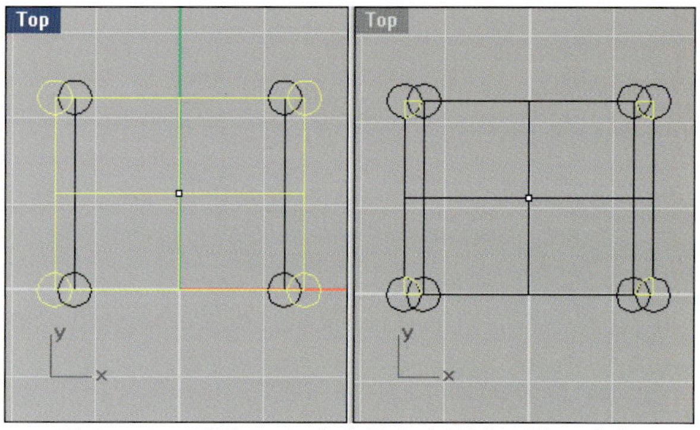

图 8－58　利用 Split 命令剪去上面曲面的 4 个角

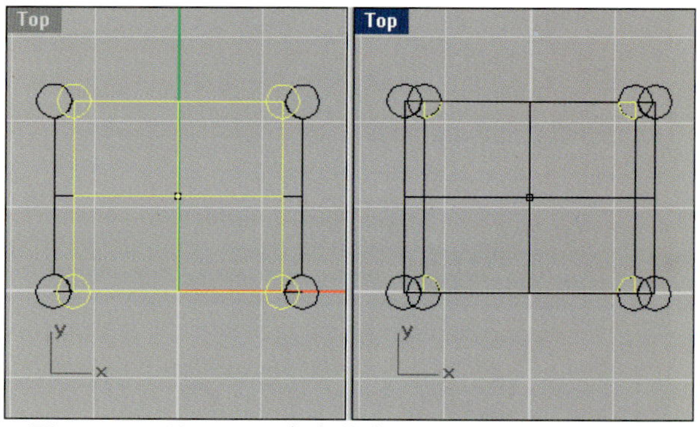

图 8－59　利用 Split 命令剪去下面曲面的 4 个角

隐藏 8 个圆曲线

选择菜单 Curve>Arc>3 Points 命令（或者在浮动工具面板中单击图标），绘制如图 8－60 所示的弧面曲线，这里用曲线再次来切割曲面。

用相同的命令绘制第二条曲线，并且镜像复制曲线，如图 8－61 所示。

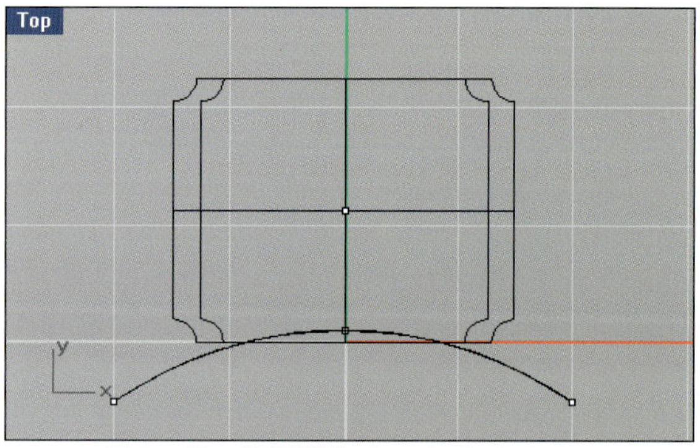

图 8－60　选择菜单 Curve>Arc>3 Points 命令绘制弧面曲线

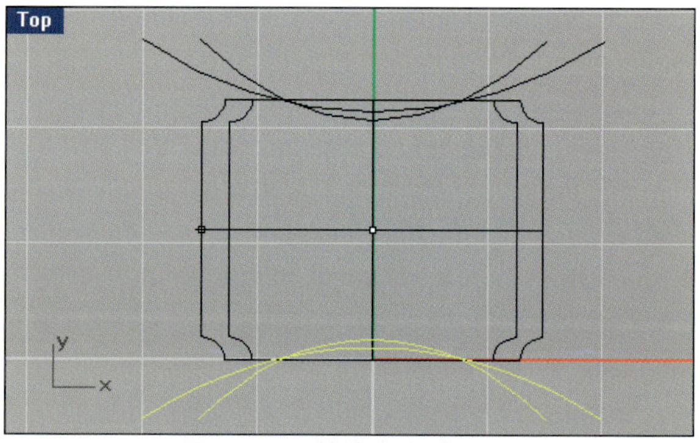

图 8－61　镜像复制曲线

提示：这里绘制了弧度大小不同的两曲线，弧度稍大些的曲线是用来剪切上面曲面，弧度稍小的曲线则是用来剪切下面曲面。

或者打开图层 Body-wire03 作为参考。

选择菜单 Edit>Split 命令（或者在浮动工具面板中单击图标），利用弧度大些的曲线，用 Split 命令来切割上面较大的曲面，并且删除切割的曲面。如图 8－62 所示。

利用弧度小些的曲线，用 Split 命令来切割下面较小的曲面，并且删除切割的曲面。如图 8－63 所示。

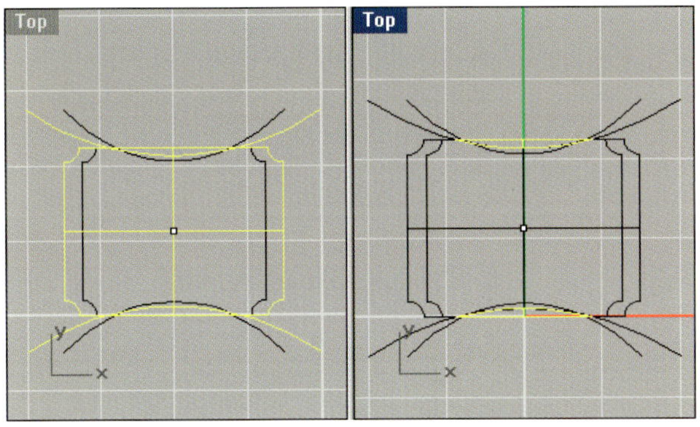

图 8－62 利用 Split 命令切割曲面

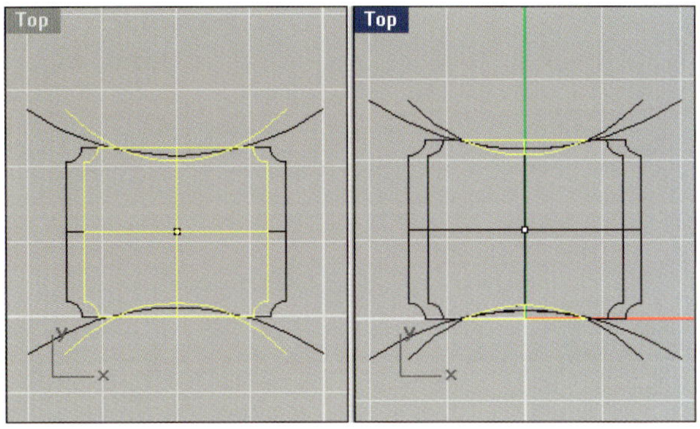

图 8－63 利用 Split 命令切割曲面

删除多余的曲面，如图 8－64 所示，或者打开图层 Body03 作为参考，同时将图层 Body02 和图层 Body-wire03 隐藏起来。

选择菜单 Curve>Form Objects>Duplicate Border 命令（或者在浮动工具面板中单击图标），分别选取这两个曲面的边线处，提取复制曲线外轮廓曲线，如图 8－65 所示。

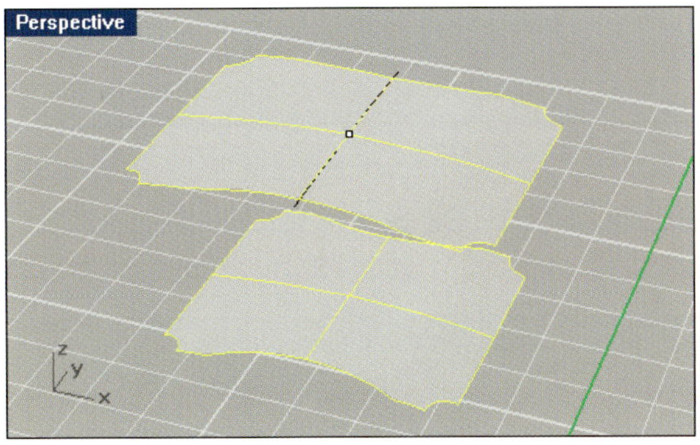

图 8－64 修剪后的曲面

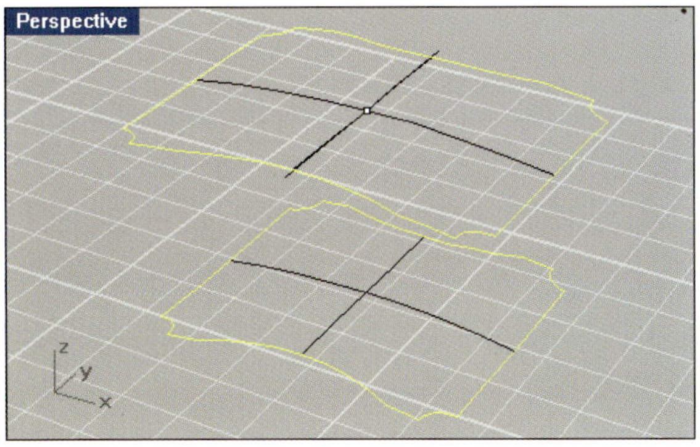

图 8－65 利用 Duplicate Border 命令提取复制曲面的边线

选择菜单 Surface>Loft 命令（或者在浮动工具面板中单击图标），分别选取上下两个刚复制的曲线，打开 End 捕捉，按右键结束命令，分别吸附点①、点②，如图 8－66 所示，按右键结束全部命令，弹出 Loft Options 对话框，参考对话框的数据（图 8－67），按 OK 键结束。

如图 8－68 所示，利用 Loft 命令生成的新曲面。

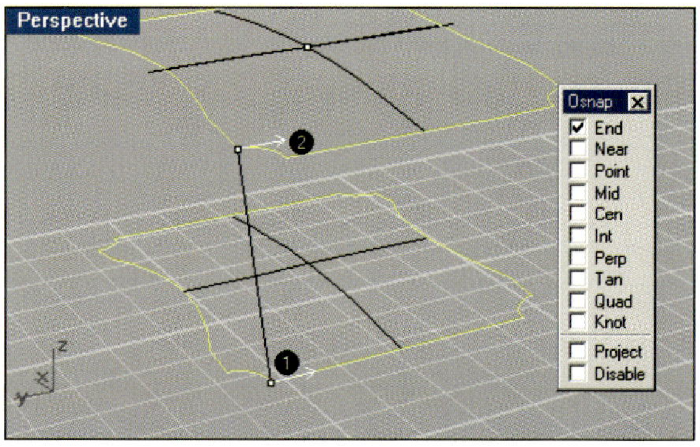

图 8－66　分别吸附点①点②

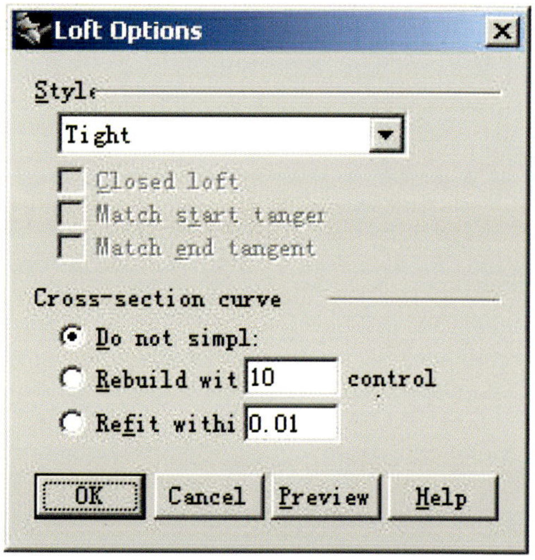

图 8－67　Loft Options 对话框

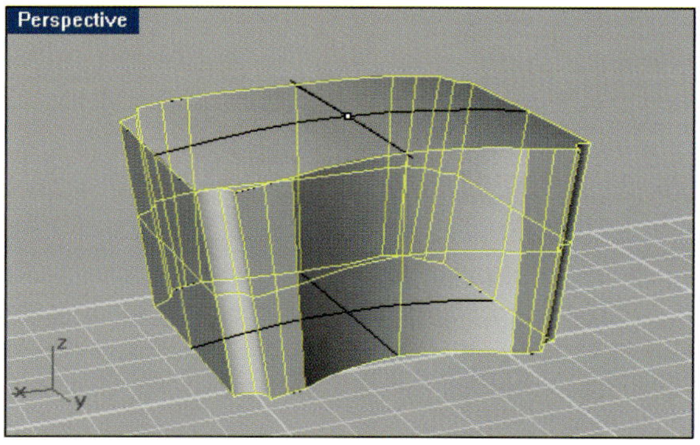

图 8－68　利用 Loft 命令生成的新曲面

三、制作石位底座

在镶嵌首饰中，首饰有无镶嵌底座（也称石位）对宝石的光泽度有着很大的影响。通常在石位是封闭的情况下，宝石的亮度会降低，所以一般情况下，一件首饰是必须留下石位的，好让光线从底座照射到宝石的底部，以使宝石的光泽更加明亮。

选择 Center 画圆工具（或者在浮动工具面板中单击图标），打开 Point 或者 Mid 捕捉，吸附曲线的中点绘制半径为 0.71mm 和 0.87mm 的两个圆曲线，如图 8－69 所示。

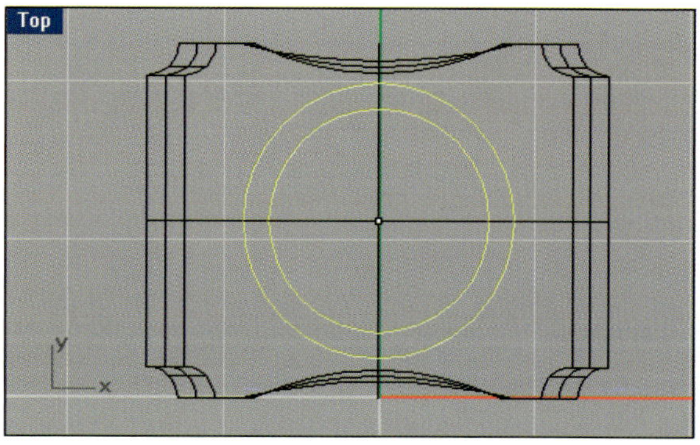

图 8－69　在物体的中点绘制两个圆曲线

或者打开 body-wire04 图层作为参考。

利用 Split 命令（或者在浮动工具面板中单击图标），分别利用大圆切除上曲面，小圆切除下曲面，如图 8－70 所示，并删除大小圆和圆曲面。

选择菜单 Surface>Loft 命令（或者在浮动工具面板中单击图标），选择上下圆曲面的边线，生成曲面，如图 8－71 所示。

或者打开 body04 图层作为参考，同时将图层 Body03 和图层 Body-wire04 隐藏起来。

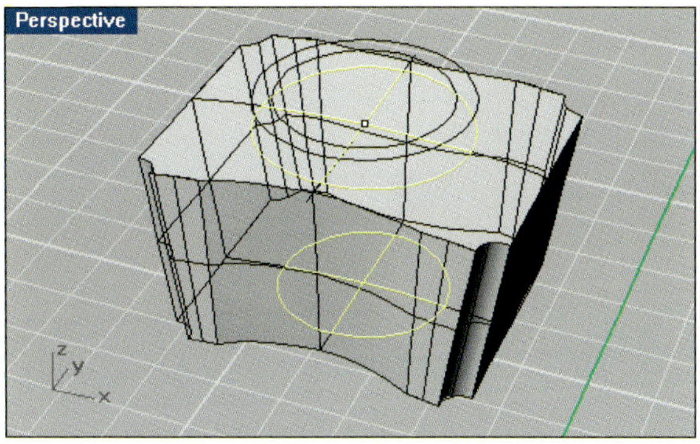

图 8－70　利用大小圆分别剪切上下曲面

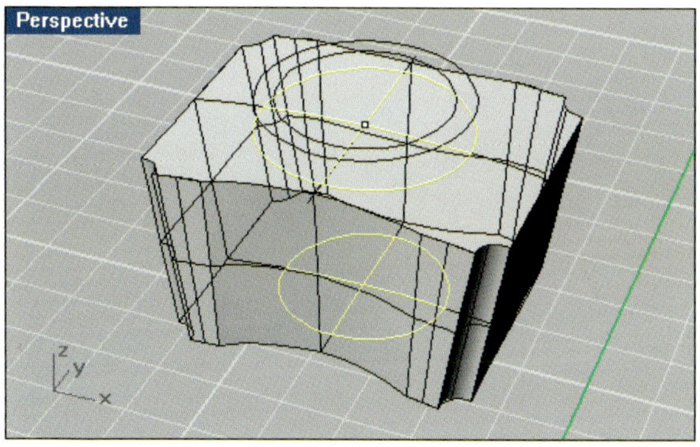

图 8－71　利用 Loft 命令生成新的曲面

四、制作镶口

将鼠标移动至 Top 视图，选择 Center，Radius 命令（或者在浮动工具面板中单击图标），绘制半径分别为 0.18 个单位和 0.28 个单位的圆。将大小圆分别放置在物体的上下部分，参照如图 8－72 所示。

或者打开 body-wire05 图层作为参考。

利用 Loft 命令选择两个圆生成新的曲面，再选择菜单 Solid>Sphere>Diameter 命令（或者在浮动工具面板中单击图标），打开 Knot 捕捉，在圆柱体曲面的边缘处吸附 Knot 点绘制圆球体，如图 8－73 所示。

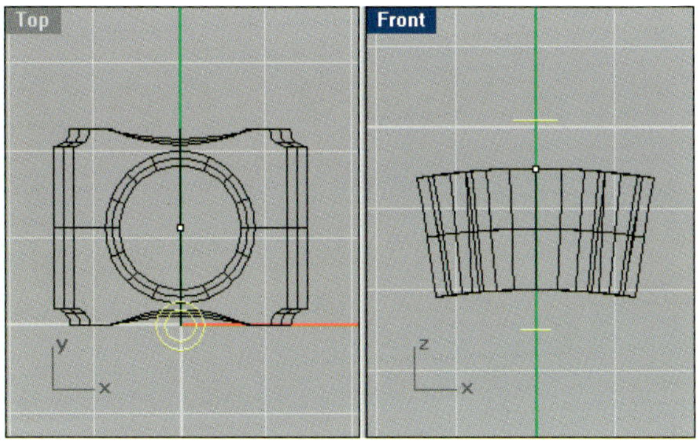

图 8－72　绘制两个大小圆曲线

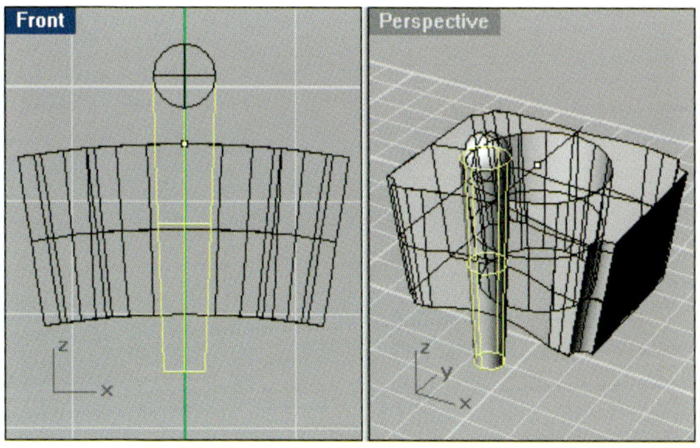

图 8－73　利用 Diameter 命令绘制圆球体

选择菜单 Solid>Union 命令（或者在浮动工具面板中单击图标），分别选择圆球和曲面，按右键结束命令。这样就把两个物体相加为一个实体，这里的实体就作为宝石的镶爪，如图 8－74 所示。

将鼠标移至 Front 视图，选择菜单 Surface>Rotate 命令（或者在浮动工具面板中单击图标），选取刚才相加的物体镶爪实体按右键，将鼠标第一点放置于坐标（0，0）位置，打开 Ortho 正交命令，放置第二点在镶爪的中线位置，在指令列输入 6.5 回车，结束命令，将镶爪偏移 6.5°，如图 8－75 所示。

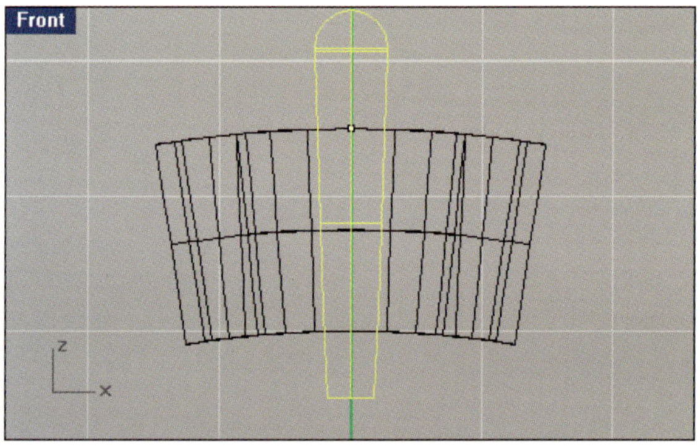

图 8－74　利用 Union 命令将圆球和曲面相加

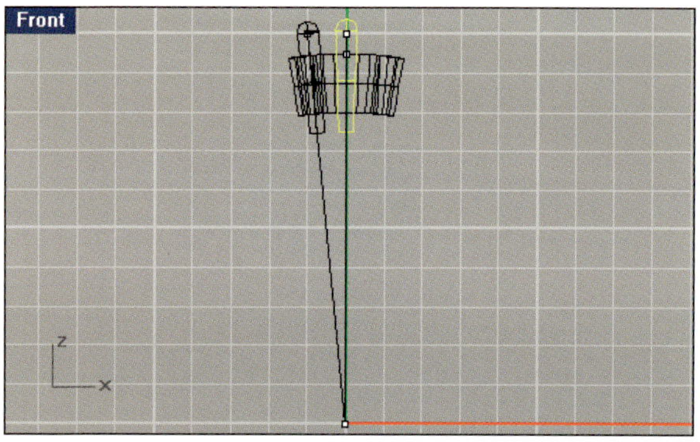

图 8－75　利用 Rotate 命令，以坐标（0，0）位置偏移 6.5°

Top 视图镜像物体，如图 8－76 所示。删除视图中所有的曲线和点物体。

Ctrl＋A 选择视图中所有的物体，再选择菜单 Edit>Join 命令，把曲面连接，如图 8－77 左侧图形。但这时只是把镶石位除镶爪的曲面结合，镶爪并没和底座曲面结合。Ctrl＋A 再次选择视图中所有的物体，然后选择 Union 命令（或者在浮动工具面板中单击图标），把所有的物体相加，如图 8－77 右侧所示。

或者打开 Body-05 图层作为参考，同时将图层 Body-04 和图层 Body-wire05 隐藏起来。

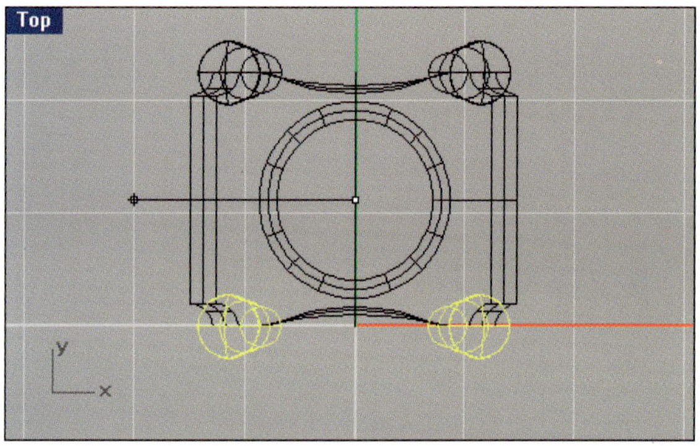

图 8－76　镜像物体

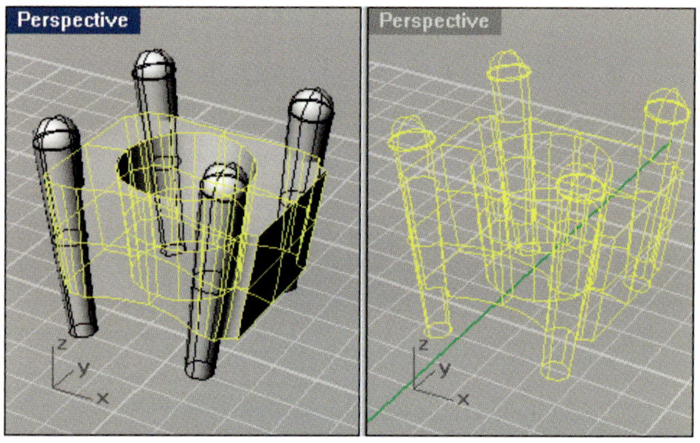

图 8－77　利用 Join 和 Union 命令将曲面结合相加

选择菜单 Curve>Circle Center，Radius 命令（或者在浮动工具面板中单击图标）在 Front 视图绘制半径为 8.1 个单位的圆；选择菜单 Solid>Extrude Planar Curve 命令，或者选择图标，选取圆，按右键，在指令列输入 B 回车，如果显示 Cap＝Yes 就按 C 键回车，再输入 3 回车，如图 8－78 所示。

选择菜单 Solid>Difference 命令（或者在浮动工具面板中单击图标），先选取要剪去多余部分实体，按右键，再选取刚绘制的圆曲面，按右键结束命令，如图 8－79 所示，显示了物体相剪前后的变化。

或者打开 Body-06 图层作为参考，同时将图层 Body-05 隐藏起来。

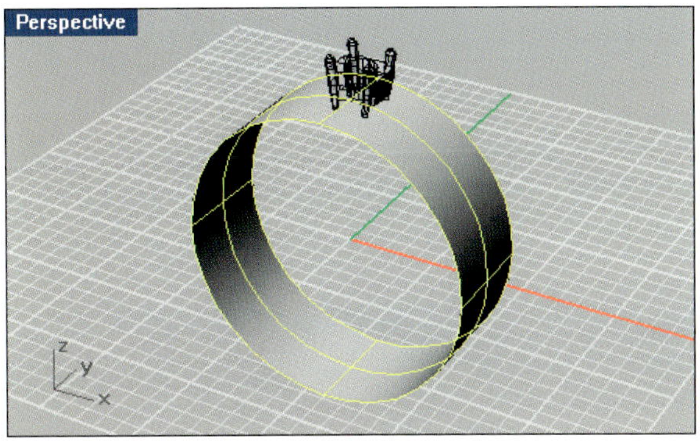

图 8－78　绘制圆曲线，并且挤压成曲面

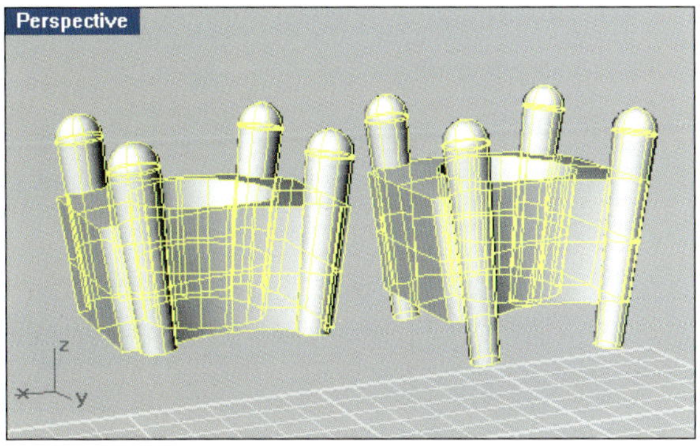

图 8－79　利用 Difference 命令剪去多余部分实体

选取合并相加的物体，再选择菜单 Edit>Explode 命令（或者在浮动工具面板中单击图标），这样就重新把所有的物体拆散，如图 8－80 所示，选择视图里所选取的呈黄色线框的曲面并且删除它们，另一侧的曲面也删除。

输入键盘 Ctrl＋A 选取所有的物体，再选择菜单 Transform>Array>Polar 命令（或者在浮动工具面板中单击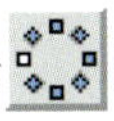图标），在 Frond 视图的（0，0）位置放置中点，在指令列输入 20 回车，观察指令列是否以 360°旋转，或者输入 360°按回车结束全部命令，得到如图 8－81 所示效果。

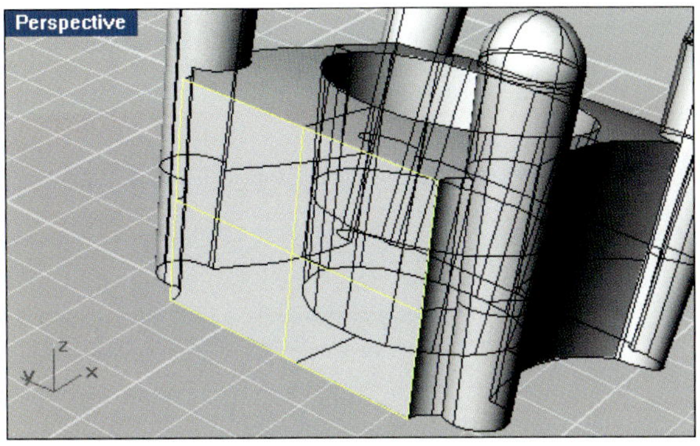

图 8－80　选择菜单 Explode 命令爆炸物体

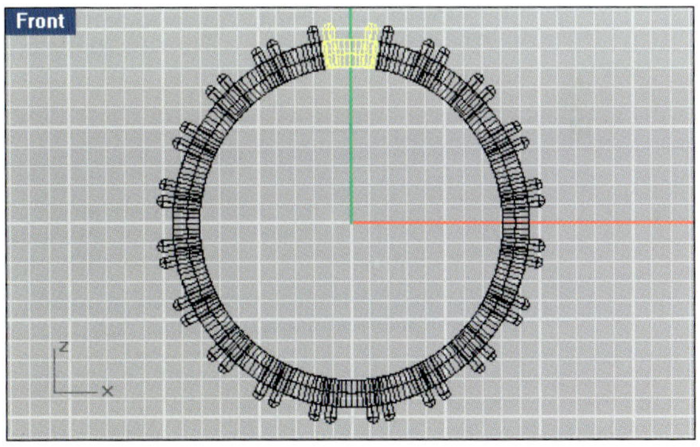

图 8－81　利用 Polar 命令旋转复制

删除多出的部分后再次利用 Join 命令（或者在浮动工具面板中单击图标），把所有的曲面连接起来。

将图层 Body-06 隐藏起来，打开 Ring 图层和 Diamond 图层，这里是笔者事先做好的模型，选择菜单 Render>Shade 命令显示如图 8－82 所示实体。

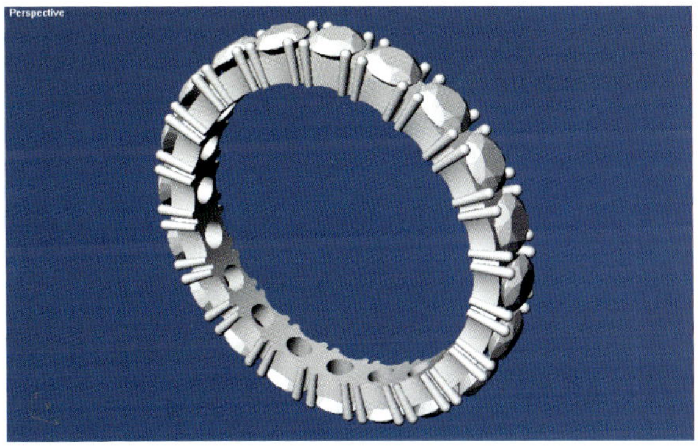

图 8－82　将所有的曲面结合

五、输出模型

Rhino软件提供强大的输入功能，基本上含盖了所有三维软件的输入文件选择。在下面的例子里，选择的输出文件将会使用 *.3ds 文件。这个文件是 Rhino 专门针对 3ds max 的输入文件，与 NURBS 曲面不同。 *.3ds 文件输入 3ds max 后模型类型就转换成多边形模型了。将绘制好的四爪皇冠戒指选取，选择输出命令，在保存类型选项选择 3D Studio.(*.3ds)选项，输入文件名按保存，如图 8－83 所示。

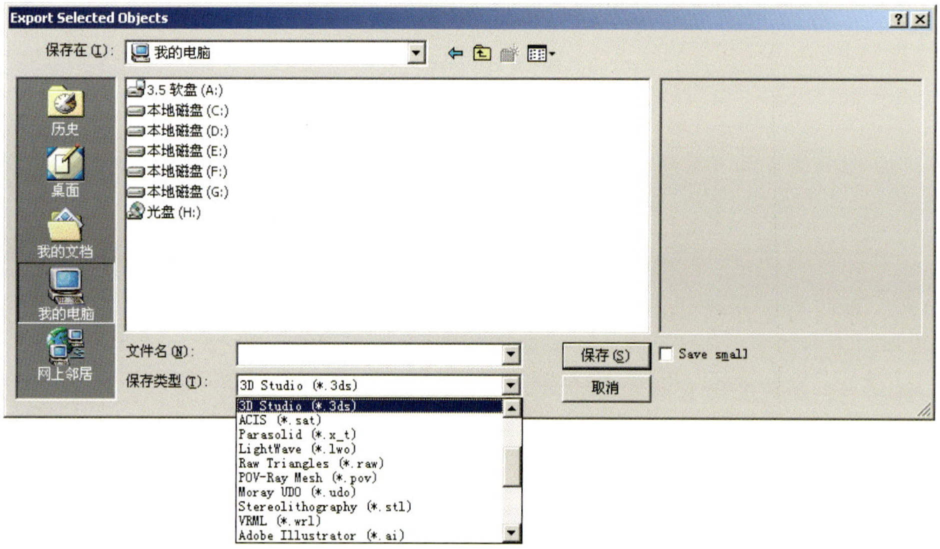

图 8－83　输出文件，保存为 *.3ds 文件

对话框 Polygon Mesh Options 是用来设置输出文件的大小，也可以说模型输出精细程度的设置。一般在默认值情况下就可以了，也可以根据自己的需要来设置，如图 8－84 所示。

输出 *.3ds 文件的其他参数，在这里保持它的默认值即可，如图 8－85 所示。

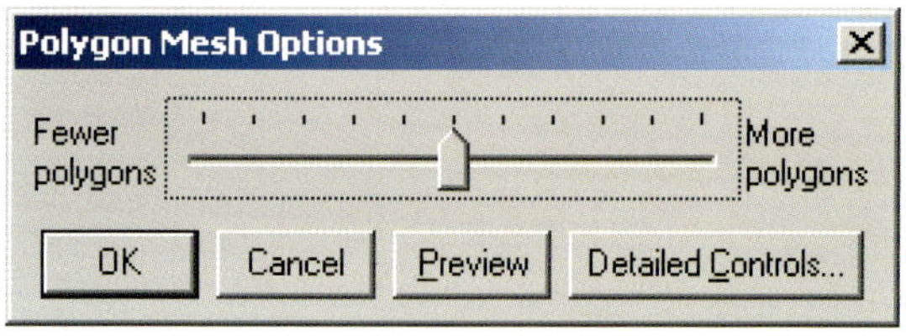

图 8－84　设置输出多边形面的多少

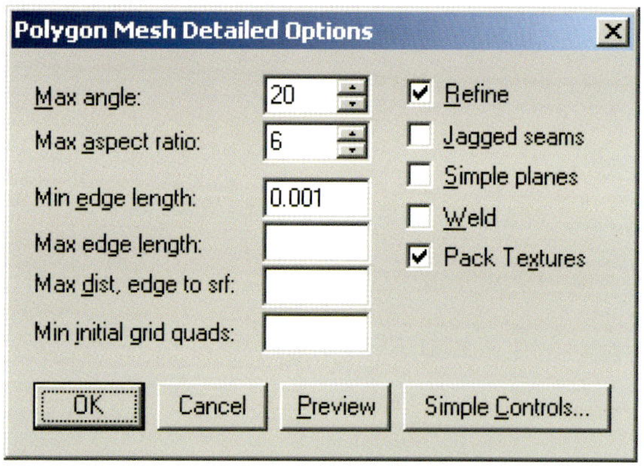

图 8－85　输出多边形的其他参数

将模型输入给 3ds max 软件，如图 8－86 所示。模型的类型变成非常复杂的多边形模型，缺点在于模型在保存后文件会变得很大，在渲染的速度就会变慢。

在 3ds max 中布置场景、赋予模型材质、添加灯光等设置，如图 8－87 所示。

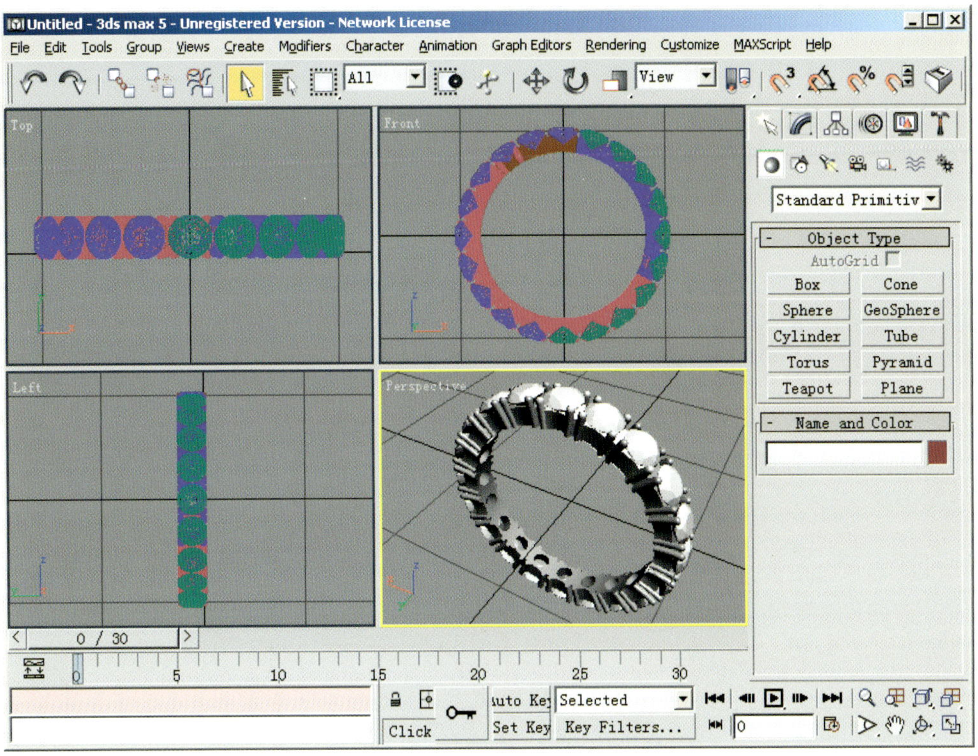

图 8－86　模型输入 3ds max 软件

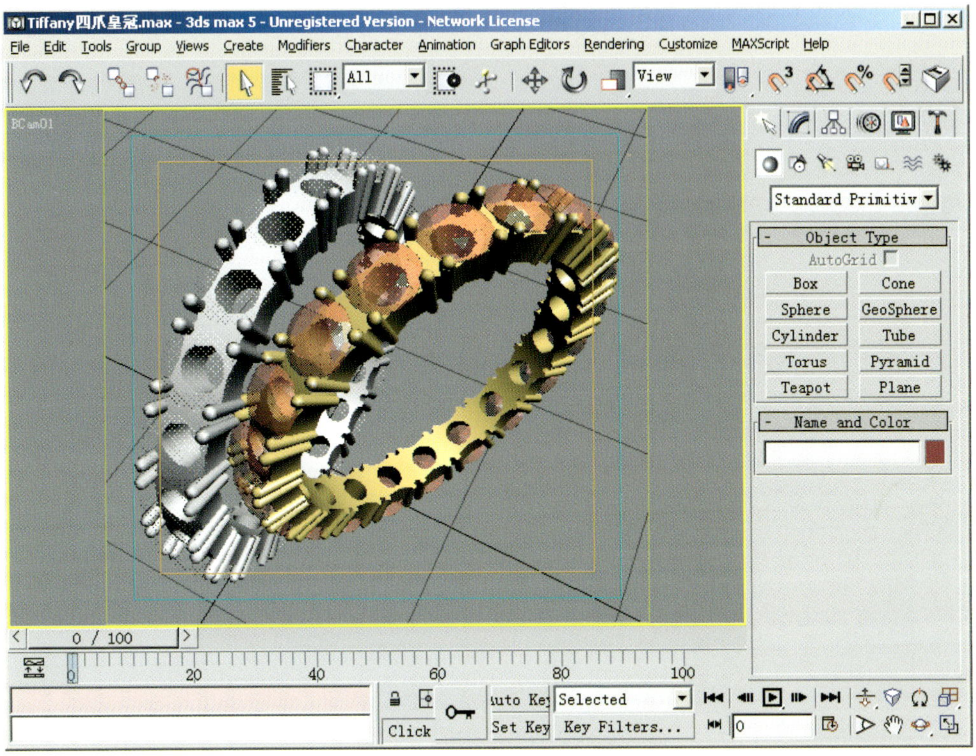

图 8－87　在 3ds max 中布置场景

Tiffany 四爪皇冠最终的渲染结果，如图 8－88 所示。

图 8－88　Tiffany 四爪皇冠最终的渲染结果

第三节　耳钉设计建模

经过前面两个例子的练习，相信读者对三维首饰模型有了一定的认识，在建模过程中使用到的工具命令也有了一定的理解。再回去看看使用过的命令种类也就几十个而已，只要熟练掌握并理解其中的诀窍，制作下面的耳钉也就不会存在任何问题了。

下图是这款耳钉的最终渲染图，大体分为：可转动的椭圆实体并镶嵌碎钻、耳钉与耳拍，以及连接它们的金属链 3 个部分。观察模型的结构并思考怎样去组建耳钉的各个部分，接下来就准备进入耳钉的制作了。

一、在 Rhino 3D 中设置耳钉的操作环境

打开 3dm\耳钉.3dm 文件。在文件中已经制定好如表 8－2 所示的耳钉的操作环境(请参考图 8－89、图 8－90、图 8－91)和相应的图层。请重点看一下图 8－92。

表 8－2 耳钉的环境设置

操作单位(Model Units)	Millimeters
操作范围(Grid extents)	20(40mm)
栅格间隔(Grid spacing)	1.0mm
捕捉间隔(Snap spacing)	0.2mm

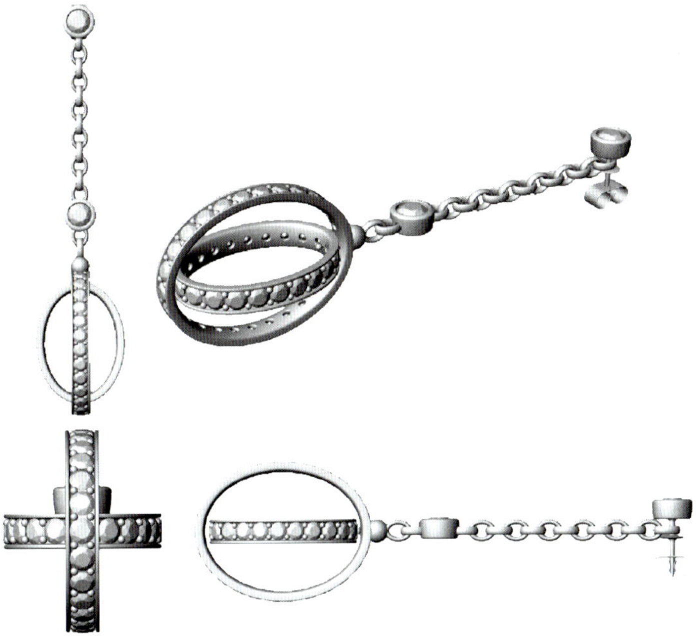

图 8－89 耳钉的三面解析图

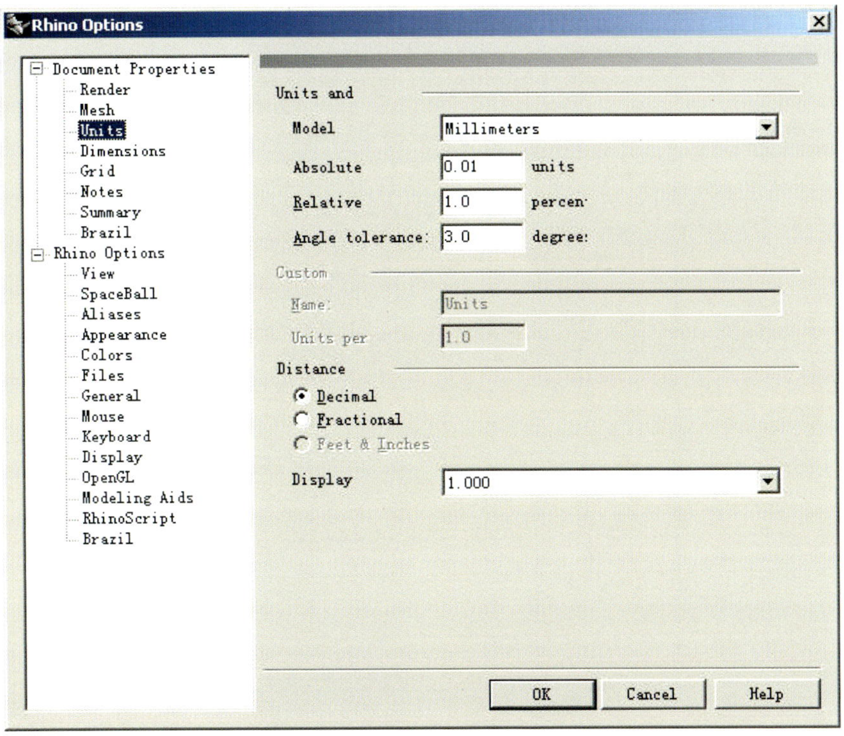

图 8－90 Options 对话框的 Units 项

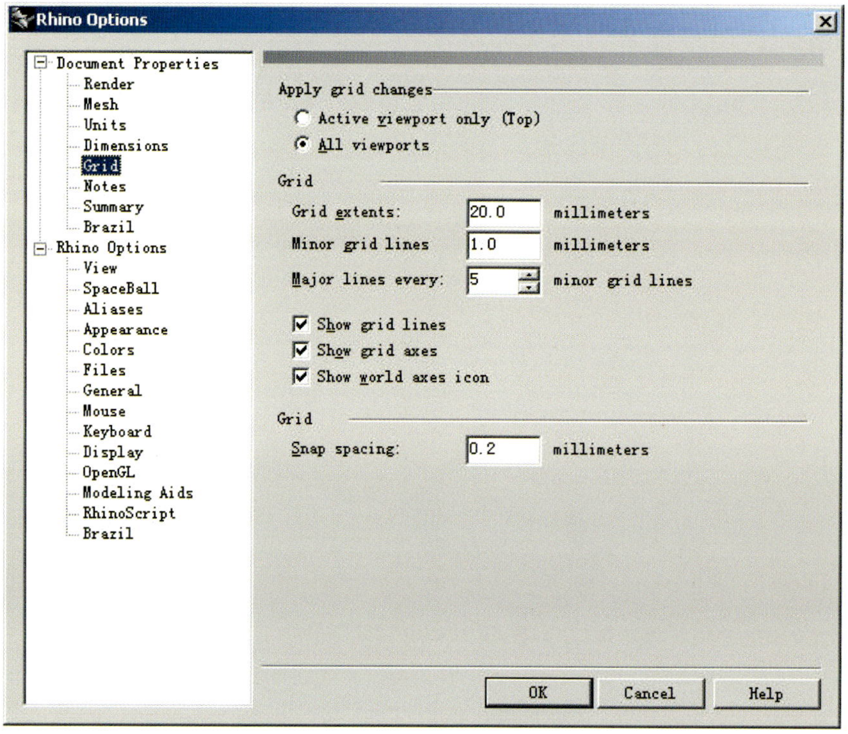

图 8-91　Options 对话框的 Grid 项

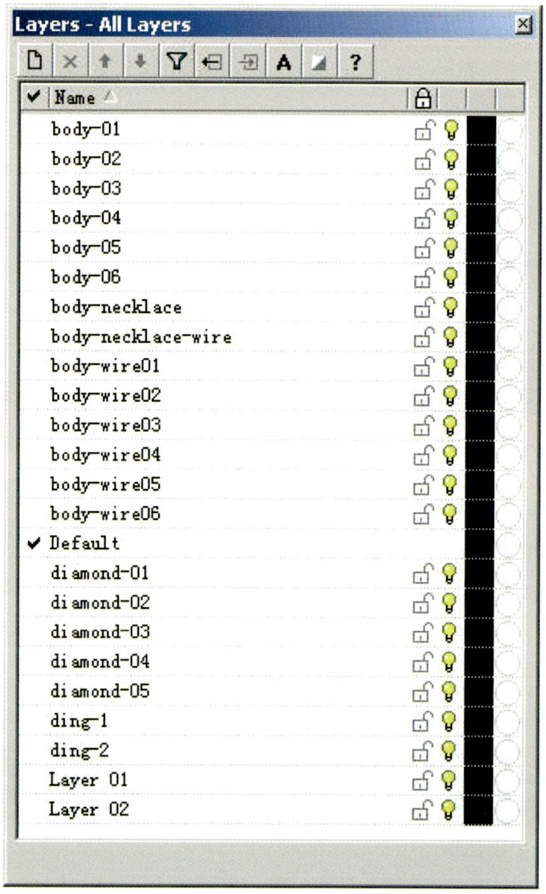

图 8-92　在耳钉文件中制定的图层

二、耳钉制作

打开耳钉（耳钉.3dm）文件，在 Top 视图中绘制曲线①编辑成曲线②，注意曲线②的坐标点在 Top 视图坐标的 $X=0$，$Y=-3$ 位置，它是用来绘制第一个环的横截面曲线。如图 8－93 所示。

分别用不同的直线、曲线命令绘制图 8－93 左边的线框，利用 Trim 命令、Fillet 命令等，把曲线编辑至图 8－93 右边的形状。如需要，可编辑 CV 点来调整曲线。

选择 Curve>Ellipse>From Center 命令（或者在浮动工具面板中单击图标），在 Right 视图绘制椭圆，最大半径和最小半径分别为①＝2.8 个单位和②＝2.1 个单位，如图 8－94 所示的①、②的位置。

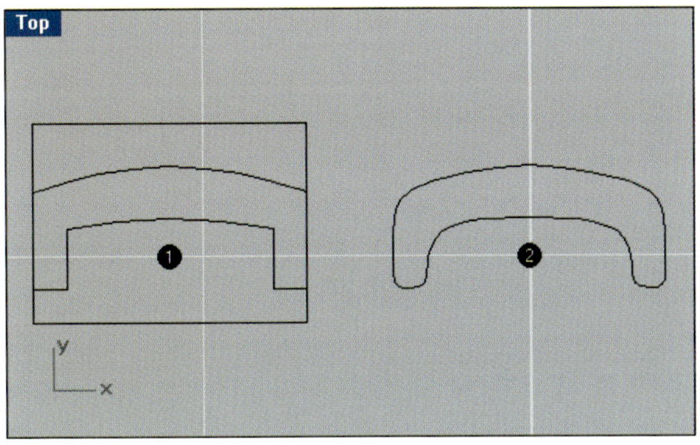

图 8－93　绘制耳钉第一个圈的横截面

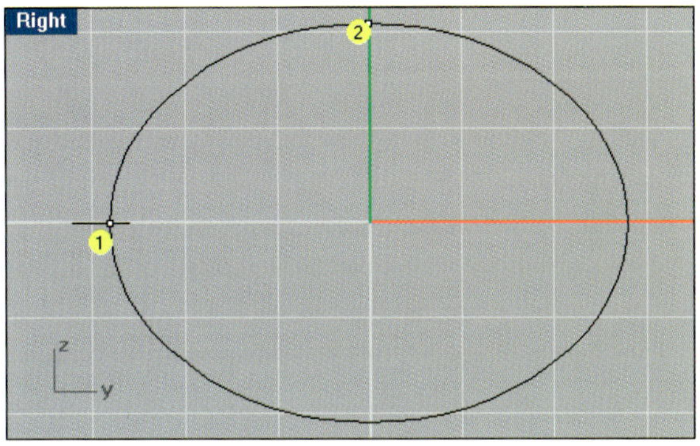

图 8－94　绘制椭圆

选择菜单 Surface>Sweep1 Rail 命令（或者在浮动工具面板中单击图标），先选择椭圆再选择截面曲线，按右键结束命令，如图 8－95 所示。

选择 Hide 命令隐藏刚才生成的物体。

选择画圆工具，在 Front 视图绘制半径分别为 0.2、0.15、0.06 个单位的 3 个圆，如图 8－96 所示，再分别移动 3 个圆，或者打开图层 Body－wire－01，如图 8－97 所示。

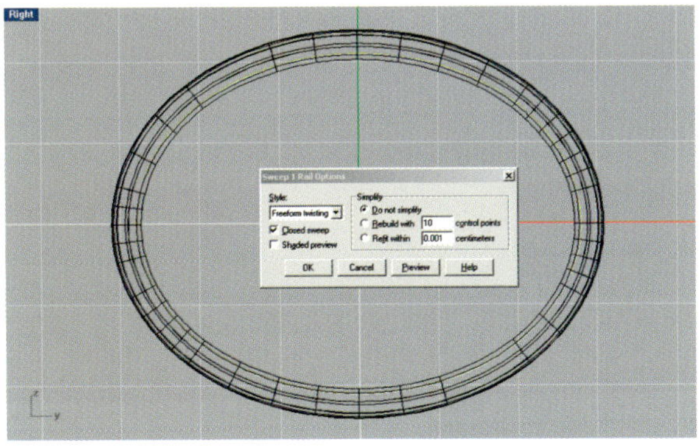

图 8－95　利用 Sweep1 Rail 命令生成椭圆曲面

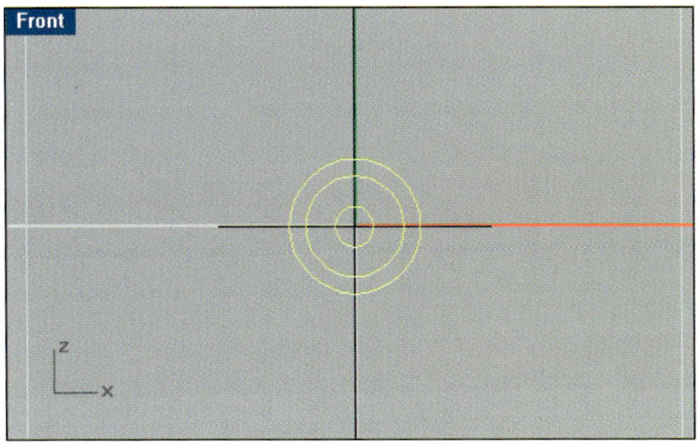

图 8－96　在 Front 视图绘制 3 个圆

选择菜单 Surface>Loft 命令（或者在浮动工具面板中单击图标），利用圆①和②生成新的曲面，如图 8－98 所示。

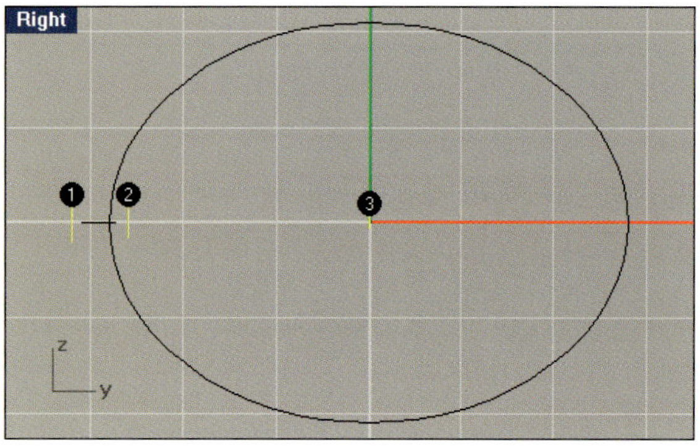

图 8－97　移动 3 个圆到合适的位置

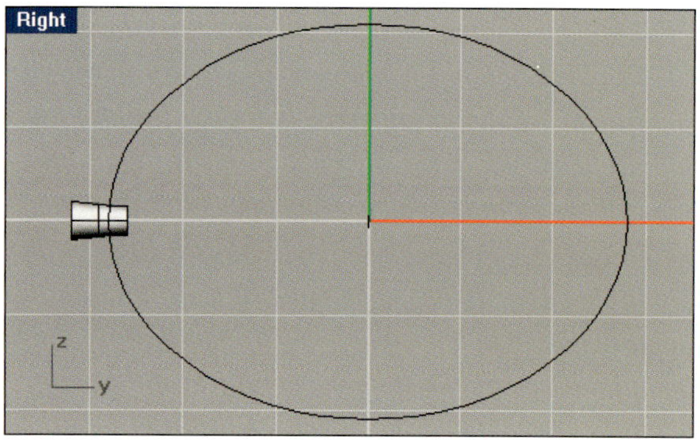

图 8－98　利用 Loft 命令生成曲面

选择菜单 Transform＞Array＞Along Curve 命令(或者在浮动工具面板中单击图标),先选择利用 Loft 命令刚生成的曲面,按右键,再选择椭圆曲线,按右键,系统则会弹出 Array Along Curve Options 对话框,勾选 Number of items 并更改参数值为 26(图 8－99),按 OK 结束命令。

利用 Along Curve 命令将曲面围绕椭圆曲线复制 26 个圆柱曲面,并删除右侧的一个圆柱,如图 8－100 所示。

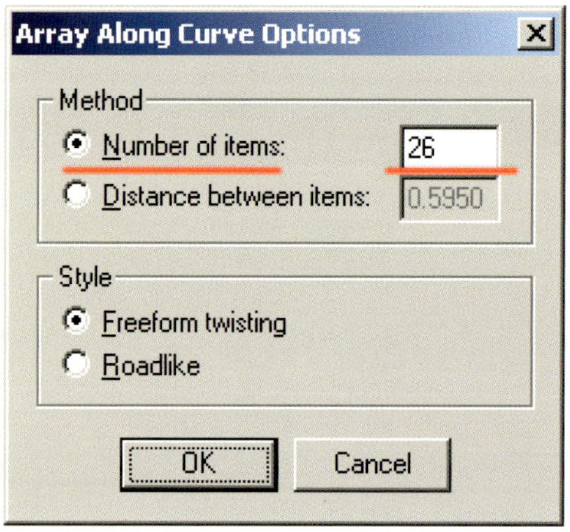

图 8－99　Array Along Curve Options 对话框

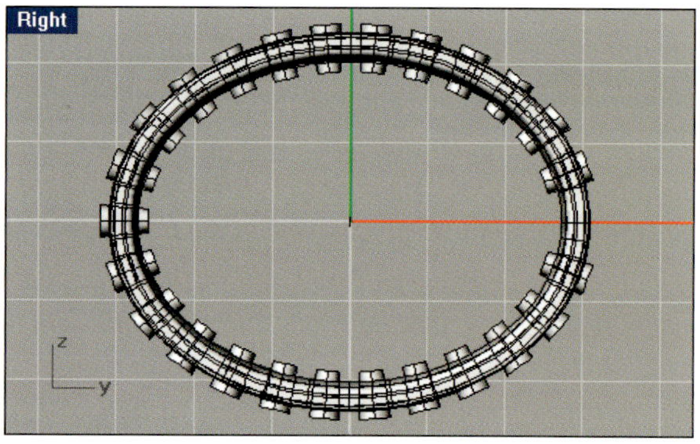

图 8－100　利用 Along Curve 命令围绕椭圆复制曲面

选择菜单 Solid＞Difference 命令(或者在浮动工具面板中单击图标),先选择圆环曲面按右键,再选择圆柱曲面,按右键,结束命令,最好每次选择 3、4 个要剪去的圆柱曲面,依次剪去视图中所有的圆柱曲面,如图 8－101 所示。

选择菜单 Curve＞Form Objects＞Project 命令(或者在浮动工具面板中单击图标),在 Front 视图先选择之前绘制的半径为 0.06 个单位的小圆,按右键,再选择圆环曲面,在 Front 视图按右键结束命令,这样就把小圆曲线映射到圆环曲面上了,如图 8－102 所示。

选择菜单 Edit＞Explode 命令,或者选择图标,选择圆环曲面,按右键把物体爆炸(分裂)。

选择菜单 Edit＞Trim 命令,或者选择图标,先选择圆环曲面,按右键,在 Perspective 视图选择映射到物体的两个圆曲线,再回到 Front 视图按右键结束命令,如图 8－103 所示,并删除新切割的

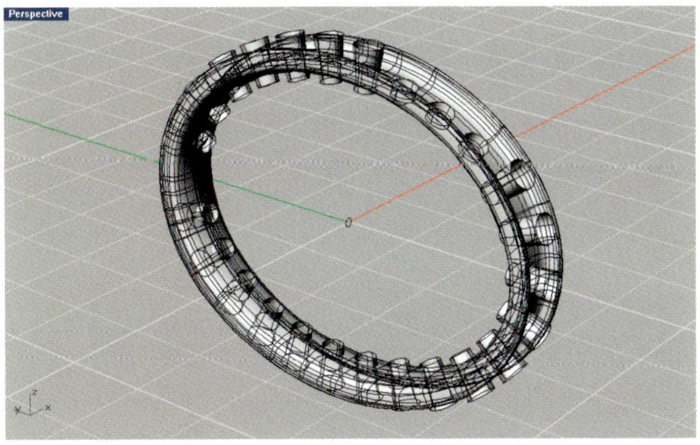

图 8－101 利用 Difference 命令剪去圆柱曲面

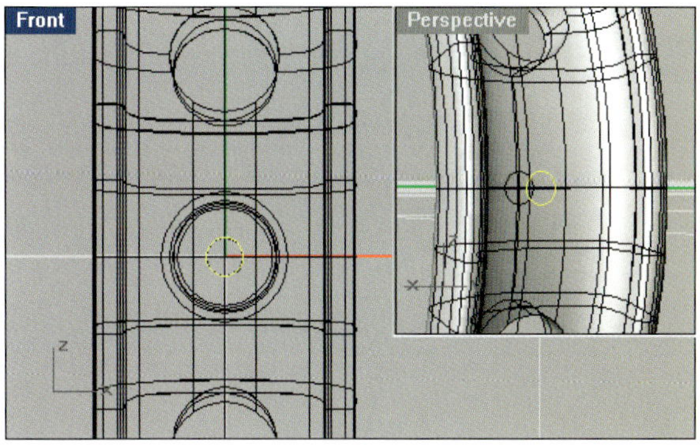

图 8－102 利用 Project 命令将小圆映射到圆环曲面

圆曲面。

在前面步骤中用到了 Explode 命令爆炸了物体，现在可以将不需要的曲面删除掉，如图 8－104 所示，删除曲面。

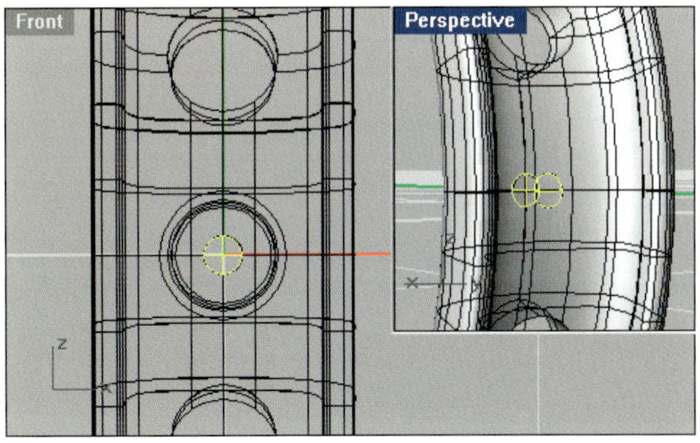

图 8－103 利用 Trim 命令切割物体

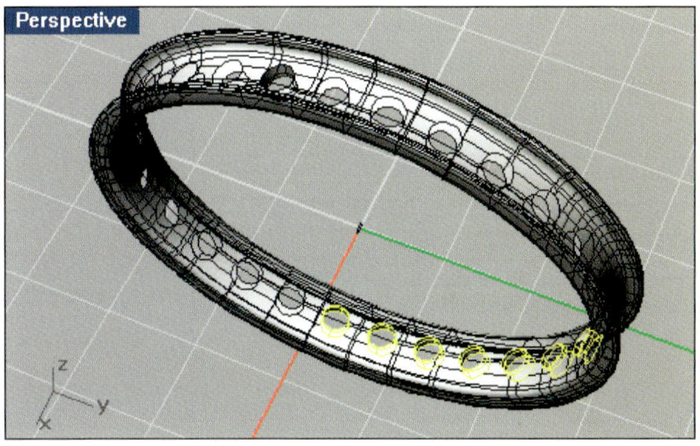

图 8－104 删除曲面

选择菜单 Surface>Blend 命令(或者在浮动工具面板中单击图标)，选择曲面圆边界的曲线，生成新的曲面，如图 8－105 所示。

重复 Blend 命令，补全所有的缺口曲面，或者打开 Edit Layers 对话框，开启 Body－01 图层对照参考你绘制的图形，如图 8－106 所示。

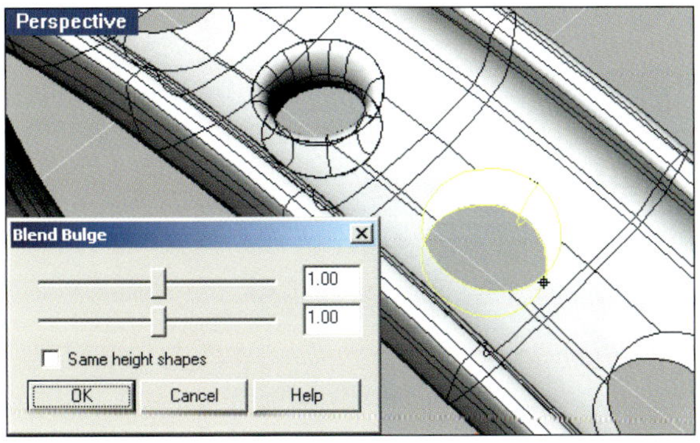

图 8－105 利用 Blend 命令生成新的曲面

图 8－106 打开 Body－01 图层对照参考

打开 Edit Layers 对话框，开启 Diamond－01 图层，钻石是笔者事先绘制好的，钻石围绕曲面旋转排列同样是用到了 Along Curve 命令，或者选择图标，如图 8－107 所示。

选择菜单 Solid>Sphere>Center，Radius 命令（或者在浮动工具面板中单击图标），绘制半径为 0.1 个单位的圆球体，并且利用 Mirror 命令镜像复制圆球体，如图 8－108 所示。

图 8－107　打开图层 Diamond－01

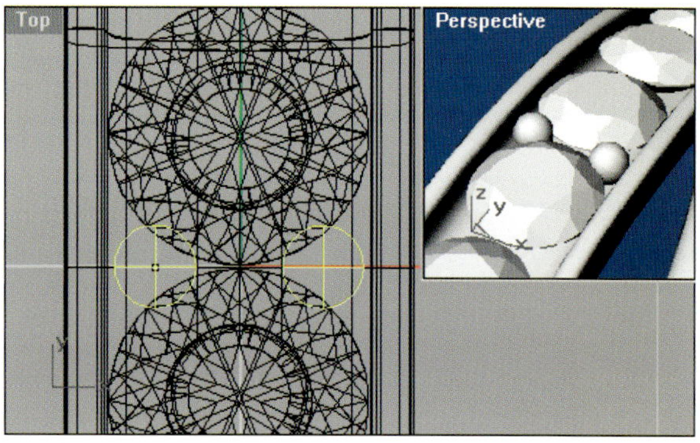

图 8－108　绘制圆球体并且镜像物体

选择两个圆球，利用 Along Curve 命令，或者选择图标，围绕曲面旋转复制圆球，或者打开图层 Ding－1，如图 8－109 所示。

分别关闭图层 Body-01，daimond-01，Ding-01，打开图层 Body-wire-02，并且显示所有曲线，如图 8－110 所示。

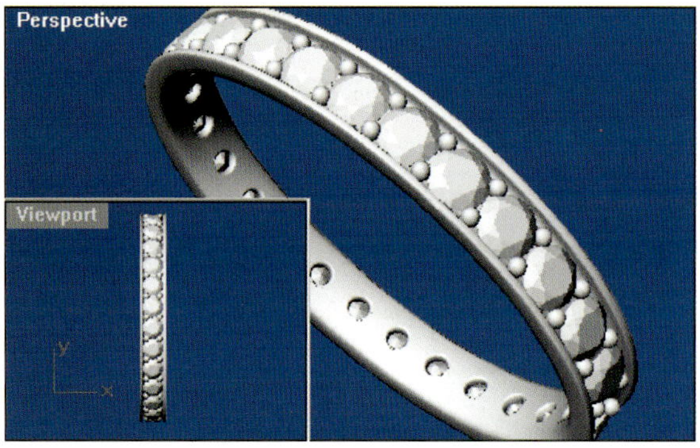

图 8－109　旋转复制圆球

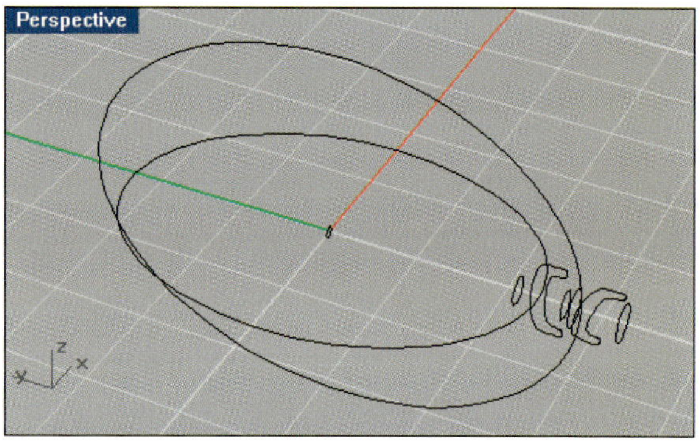

图 8－110　打开图层 Body-wire-02

图层 Body-wire－02 是笔者事先绘制好的曲线，可以看到与图层 Body-wire－01 相比只是椭圆的大小有不同之处，这里要绘制一个比前一个椭圆曲面小的曲面，现在先关闭图层 Body-wire－01。

选择菜单 Surface>Sweep1 Rail 命令（或者在浮动工具面板中单击图标），绘制椭圆曲面，如图 8－111 所示。

选择菜单 Surface>Loft 命令（或者在浮动工具面板中单击图标），利用圆半径为 0.2、0.15 个单位生成新的曲面，如图 8－112 所示。

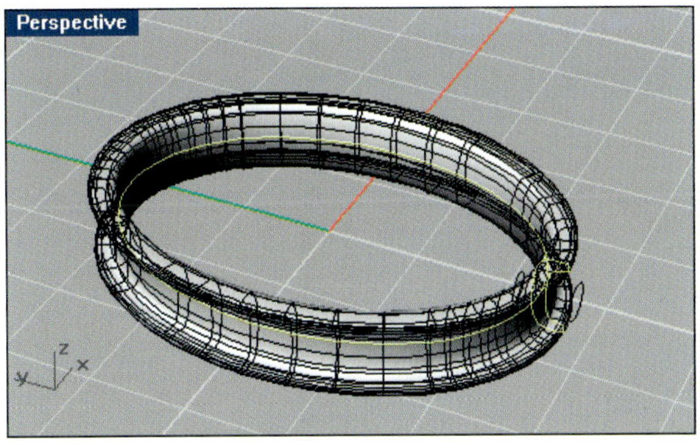

图 8－111　利用 Sweep1 Rail 命令生成椭圆曲面

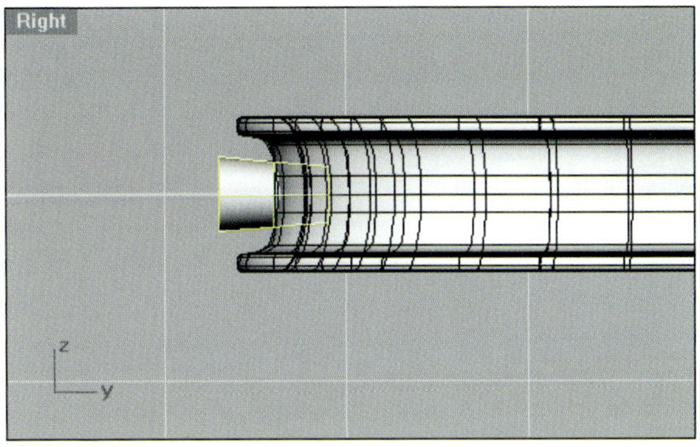

图 8－112　利用 Loft 命令绘制曲面

选择菜单 Transform>Array>Along Curve 命令（或者在浮动工具面板中单击图标），先选择利用 Loft 命令刚生成的曲面，按右键，再选择椭圆曲线，按右键，会出现 Array Along Curve Options 对话框，勾选 Number of items 并更改参数值为 21（图 8－113），按 OK 结束命令。

选择菜单 Solid>Difference 命令（或者在浮动工具面板中单击图标），先选择圆环曲面，按右键，再选择圆柱曲面，按右键，结束命令。最好每次选择 3、4 个剪去的圆柱曲面，依次剪去视图中所有的圆柱曲面，如图 8－114 所示。

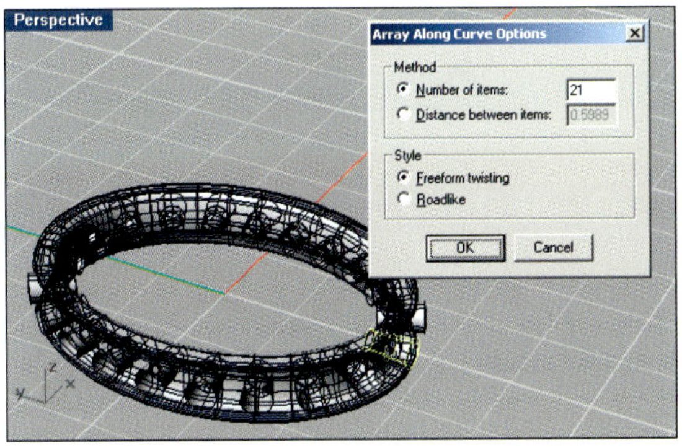

图 8－113　利用 Along Curve 命令围绕椭圆复制曲面

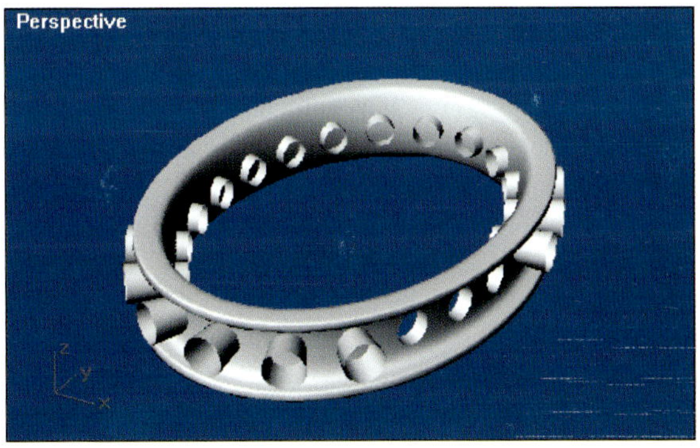

图 8－114　利用 Difference 命令剪去圆柱曲面

选择菜单 Curve>Form Objects>Project 命令（或者在浮动工具面板中单击图标），在 Front 视图先选择之前绘制的半径为 0.06 个单位的小圆，按右键，再选择圆环曲面，在 Front 视图按右键结束命令，这样把小圆曲线就映射到圆环曲面上了，如图 8－115 所示。

选择菜单 Edit>Explode 命令，或者图标，选择圆环曲面，按右键把物体爆炸（分裂）。

选择菜单 Edit>Trim 命令，或者选择图标，先选择圆环曲面，按右键，在 Perspective 视图选择映射到物体的两个圆曲线，再回到 Front 视图按右键结束命令，如图 8－116 示，并删除新切割的圆曲面。

选择菜单 Surface>Blend 命令（或者在浮动工具面板中单击图标），选择曲面圆边界的曲线，生成新的曲面，如图 8－117 所示。

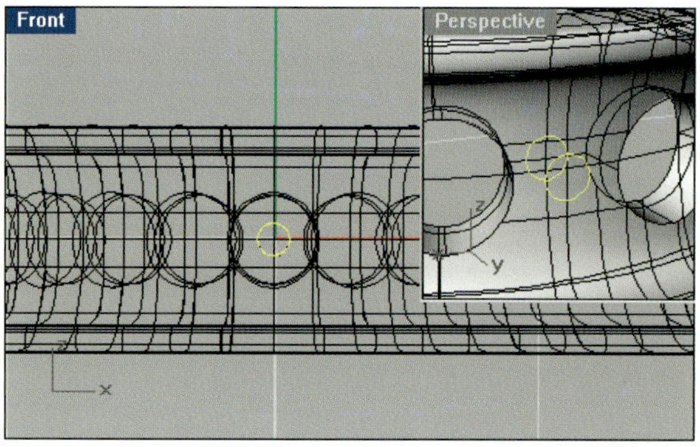

图 8－115　利用 Project 命令将小圆映射到圆环曲面

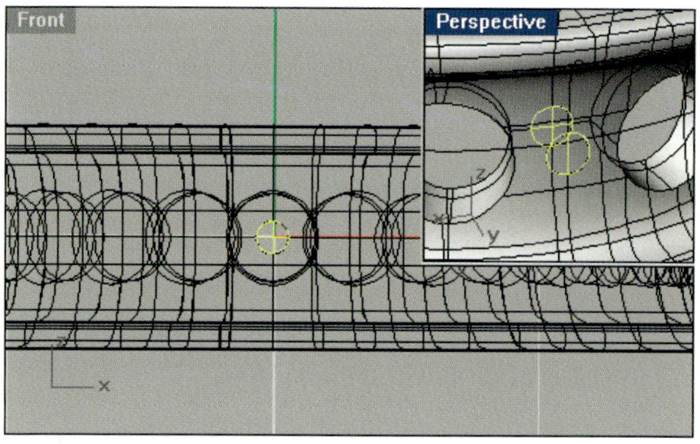

图 8－116　利用 Trim 命令切割物体

重复 Blend 命令，补全所有的缺口曲面，或者打开 Edit Layers 对话框，开启 Body－02 层对照参考你绘制的图形，如图 8－118 所示。

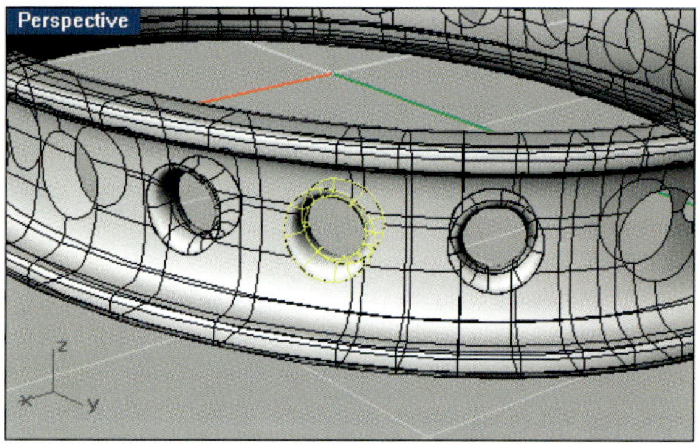

图 8－117　利用 Blend 命令生成新的曲面

图 8－118　打开 Body－02 层对照参考

钻石和镶口钉的制作和前面一样，笔者也是事先做好并隐藏了，在这里可以直接打开图层 Diamond－02 和图层 Ding－02，如图 8－119 所示。

耳钉的两个主要的部分到这里就结束了，接下来要将这两个部分组合，当然不是将它们焊接固定，而是用物体把它们串在一起，并使它们有活动的空间。

图 8－120 是利用菜单 Surface>Revolve 命令（或者在浮动工具面板中单击图标），旋转 360°生成的曲线。

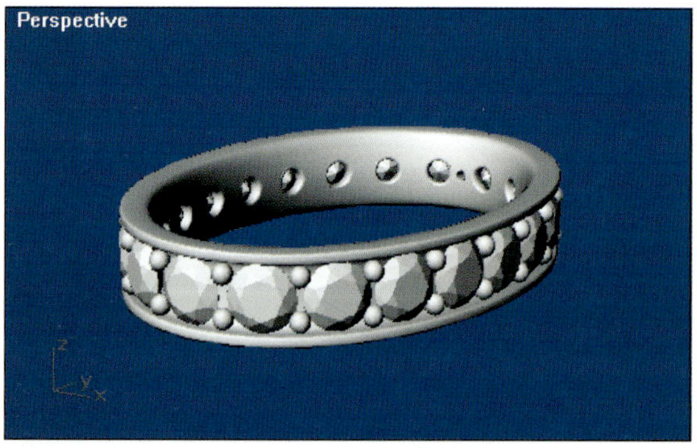

图 8－119　打开图层

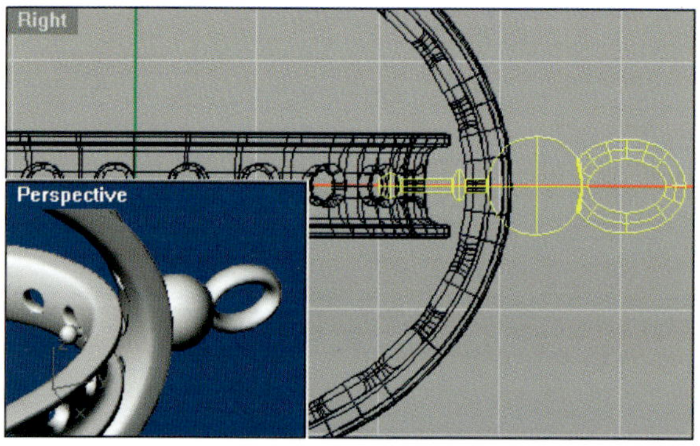

图 8－120　把两个部分连接的物体

分别关闭图层 Body－02 和 Body-wire－02。

先绘制①部分的曲线，再利用 Trim 命令或者选择图标，参照②的曲线进行编辑修剪，如图 8－121 所示。

或者打开图层 Body－wire-03 参考。

选择菜单 Surface>Revolve 命令（或者在浮动工具面板中单击图标），选取曲线按右键结束，打开 End 捕捉命令，在曲线的两个端点吸附两点，这时会弹出 Revolve Options 对话框，参照图 8－122 的数值，点击 OK 结束命令。

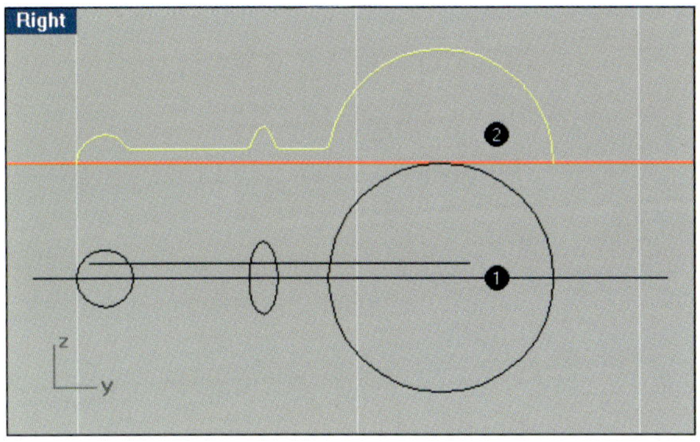

图 8－121　绘制曲线，利用 Trim 命令剪切曲线

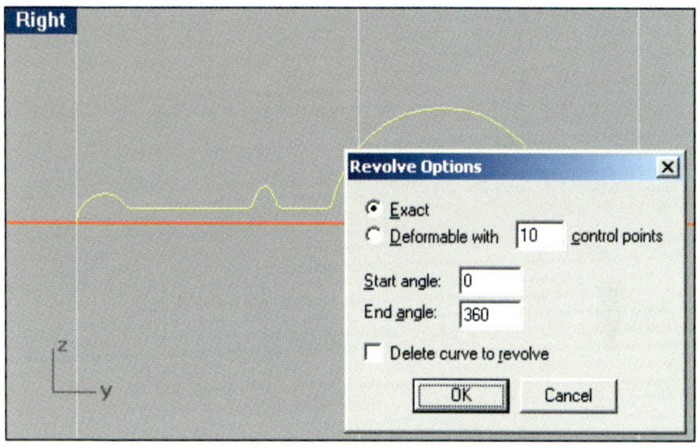

图 8－122　利用 Revolve 命令生成新的曲面

利用曲线旋转 360°后生成新的曲面。如图 8－123 所示。关闭图层 Body－wire-03。

选择菜单 Curve>Free-form>Control Points 命令绘制曲线（或者在浮动工具面板中单击图标），如图 8－124 所示。可以打开图层 Body-wire－04 参考。

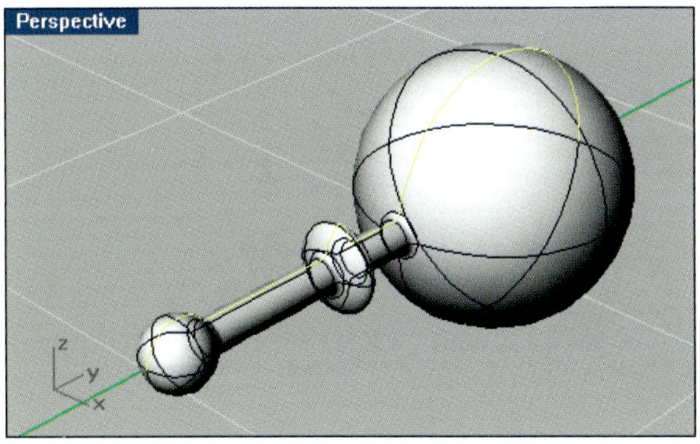

图 8－123　生成新的曲面

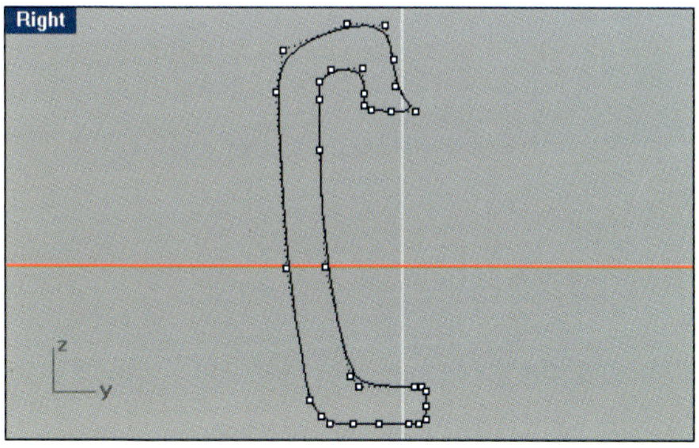

图 8－124　绘制曲线

选择菜单 Surface>Revolve 命令（或者在浮动工具面板中单击图标），选取曲线按右键结束，旋转曲线生成曲面，如图 8－125。

最大化 Front 视图，笔者事先绘制好了两个椭圆曲线，选择菜单 Edit>Split 命令（或者在浮动工具面板中单击图标），选取曲面，按右键结束，再选取两个椭圆曲线，按右键结束命令，选取剪切的曲面并删除它们，关闭图层 Body-wire　04，最大化 Perspective 视图，如图 8－126 所示。

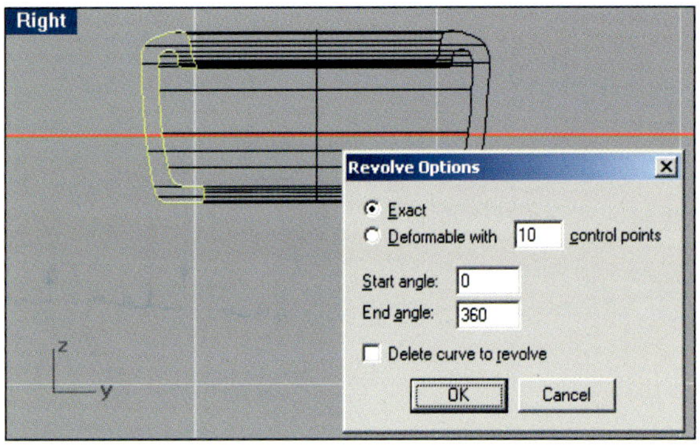

图 8-125　利用 Revolve 命令旋转生成曲面

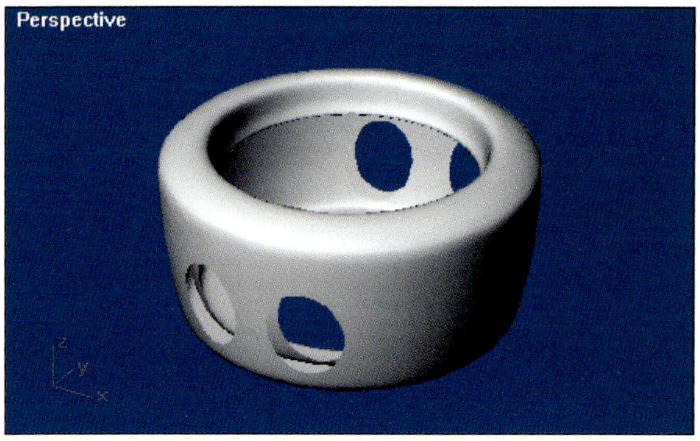

图 8-126　利用 Split 剪切椭圆曲面

选择菜单 Surface>Blend 命令(或者在浮动工具面板中单击图标),选择曲面的椭圆边线,生成新的曲面,如图 8-127 所示。

打开图层 Body-04 对照参考,同时也打开 Diamond-04。如图 8-128 所示。

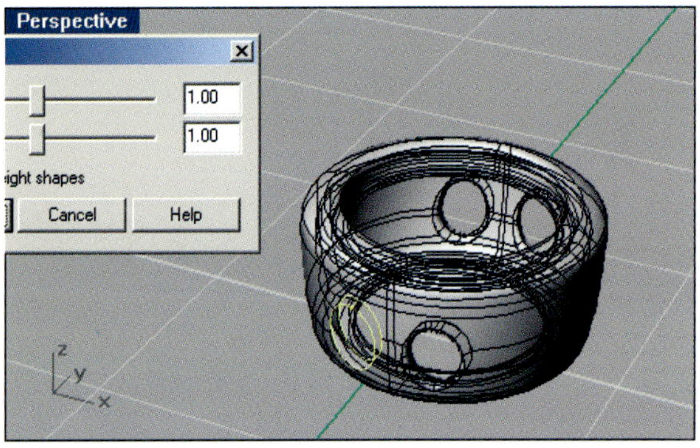

图 8-127　利用 Blend 命令生成新的曲面

图 8-128　打开图层 Diamond-04

在 Top 和 Front 视图绘制椭圆曲线,或者打开图层 Body-necklace-wire,如图 8-129 所示。

选择菜单 Surface>Sweep 1 Rail 命令(或者在浮动工具面板中单击图标),先选择大圆再选择小圆的椭圆,按右键结束命令,如图 8-130 所示。

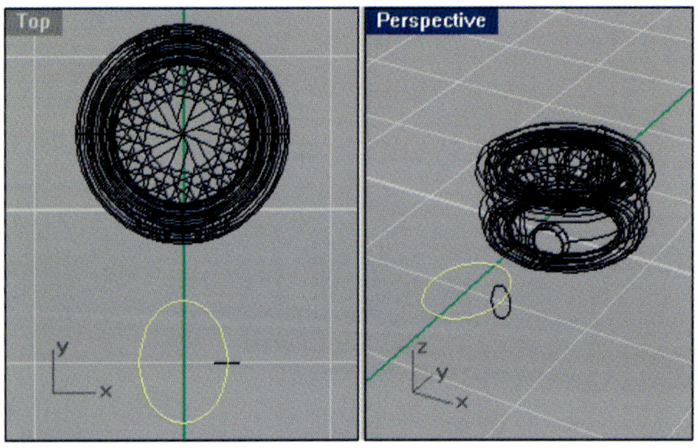

图 8-129　绘制椭圆曲线

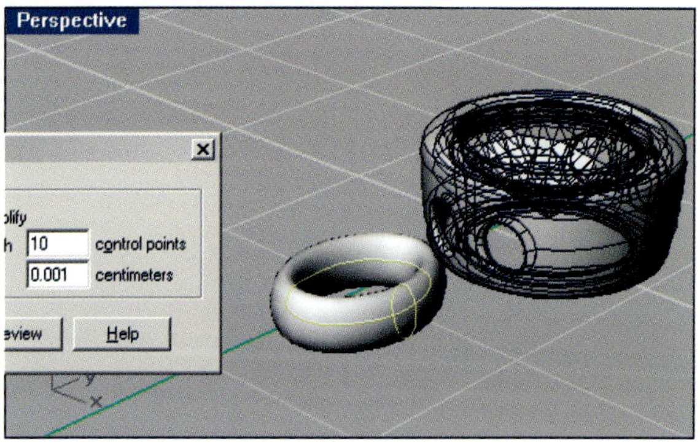

图 8-130　利用 Sweep 1 Rail 命令生成曲面

利用 Move 命令和 Copy 命令移动和复制刚生成的曲面，排列成一组金属链，打开图层 Body-necklace 对照参考，如图 8-131 所示。

关闭图层 Body-necklace-wire，在 Right 视图绘制曲线，或者打开图层 Body-wire-05 对照参考，如图 8-132 所示。

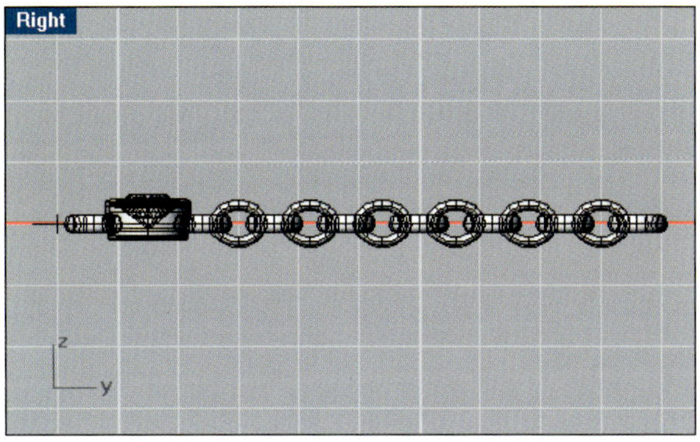

图 8-131 移动复制曲面

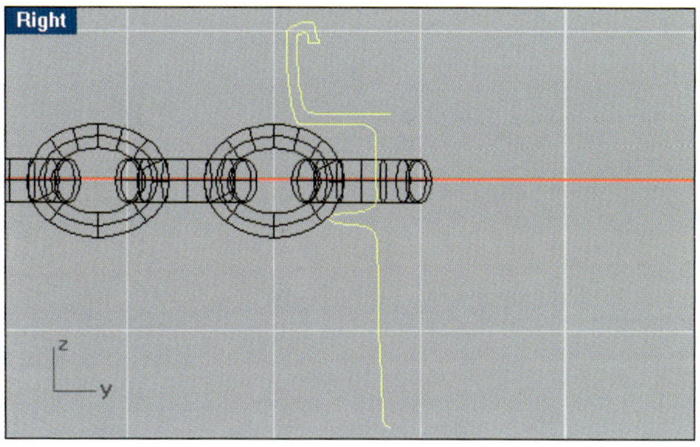

图 8-132 绘制曲线

选择曲线，利用 Revolve 命令旋转曲线生成新的曲面，如图 8-133 所示。

或者打开图层 Body-05 对照参考。同时关闭 Body-wire-05 图层。

打开图层 Diamond-05，如图 8-134 所示。

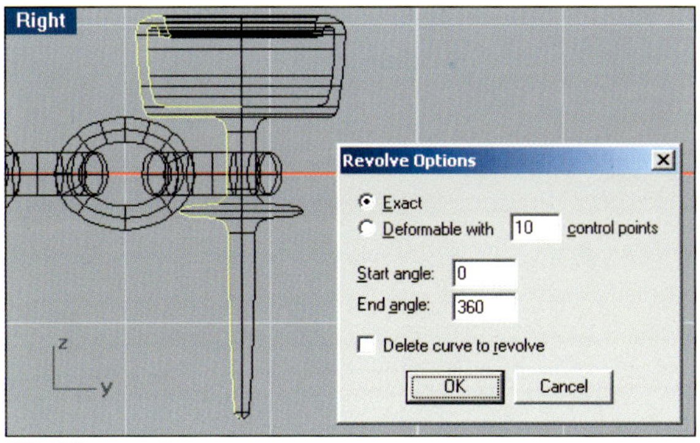

图 8-133 利用 Revolve 命令旋转曲线生成新的曲面

图 8-134 打开图层 Diamond-05

如图 8-135 复制一个环在连接 Body-03 的近处。

选择菜单 Solid>Union 命令（或者在浮动工具面板中单击图标），选取将要相加的物体，按右键结束命令，如图 8-136 所示。

选择菜单 Solid>Fillet Edge 命令（或者在浮动工具面板中单击图标），选取物体相加部分的曲线，在指令列输入 0.02 回车结束命令，这样就在两个物体相加部分进行了导角命令，如图 8-137 所示。

打开 Body-03 图层对照参考。

为了不影响接下来的工作，将只开启 Body-05 图层，并将其他的图层全部关闭。

绘制耳臂，参照右图绘制曲线，利用 Trim 命令将①部分的曲线减切成②部分的形状，如图 8-138 所示。

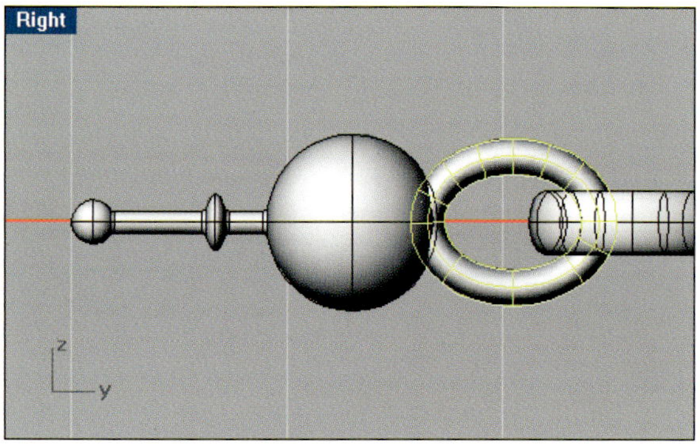

图 8－135　复制圆环物体

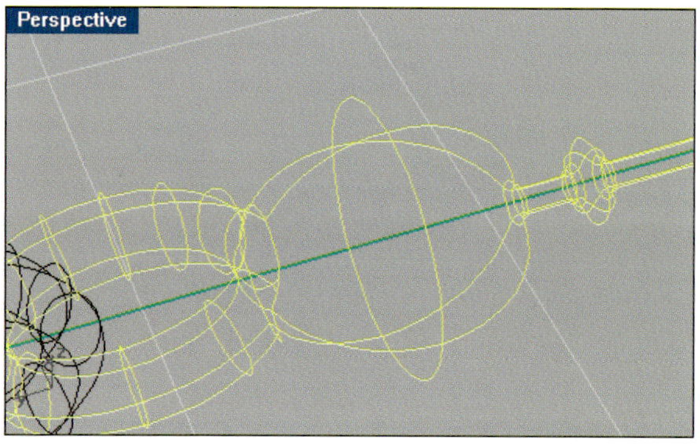

图 8－136　利用 Union 命令把两个物体相加

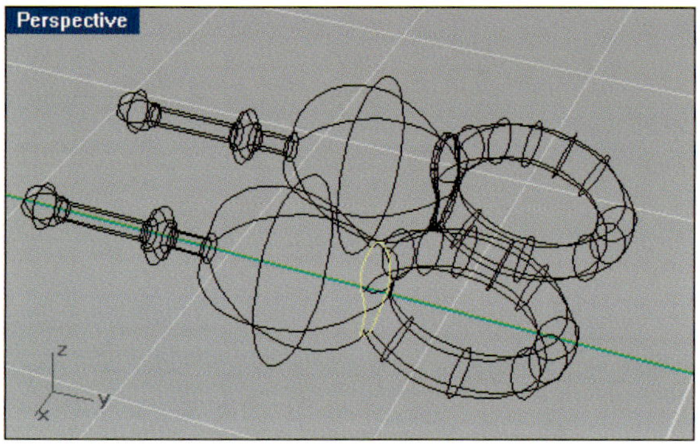

图 8－137　利用 Fillet Edge 命令导角

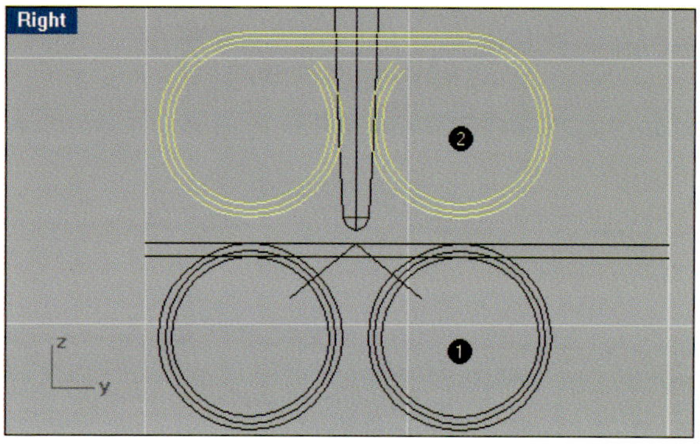

图 8－138　绘制曲线利用 Trim 命令剪切曲线

利用 Join 命令把绘制的曲线结合，参考图 8－139 移动曲线。

选择菜单 Curve>Extend>By Arc to Point 命令（或者在浮动工具面板中单击图标），选择 3 条曲线的外侧曲线的端点，打开 End 捕捉命令，吸附内侧曲线的端点，按左键结束命令，这样就通过吸附两条曲线的端点绘制了半圆曲线，如图 8－140 所示，另一边也要绘制同样的曲线。

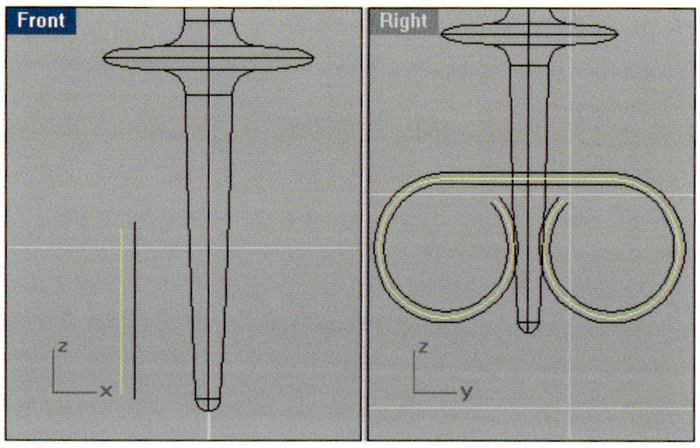

图 8－139　移动曲线

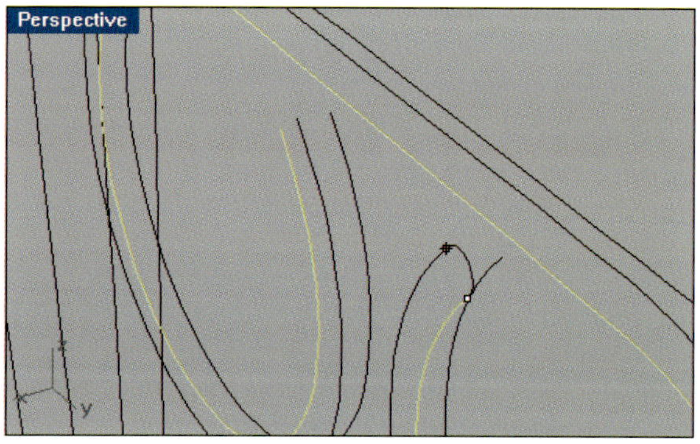

图 8－140　吸附两条曲线的端点绘制半圆曲线

选择中间内侧的曲线也是利用同样的命令，但这次要打开 Mid 捕捉命令，吸附新生成的曲线的中点，如图 8－141 所示，另一边也是要绘制同样的曲线，并且需要绘制 Point 点物体在外侧新生成曲线的中点。利用 Split 命令把它们分割。

或者打开图层 Body－06 对照参考。

选择菜单 Solid>Extrude Planar Curve 命令，在指令列输入 C 回车生成不封闭的曲面；再用 Loft 命令依次选取 3 条曲线生成曲面，如图 8－142 所示。

打开图层 Body-wire－06 参考。

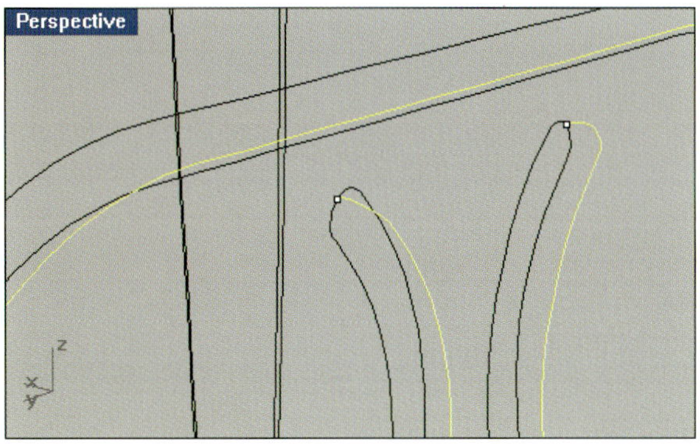

图 8－141 再次生成新的曲线

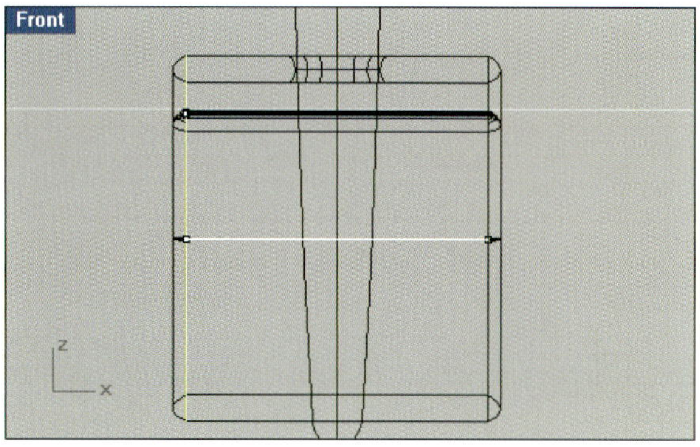

图 8－142 利用 3 条曲线生成曲面

图 8－143 是绘制好的曲面图形，绘制的命令请参照前面的制作过程，或者打开图层 Body－06 参考，并且同时关闭 Body-wire－06 图层。

关闭所有的曲线图层，并且打开所有的曲面图层，参考耳钉完整的模型，如图 8－144 所示。

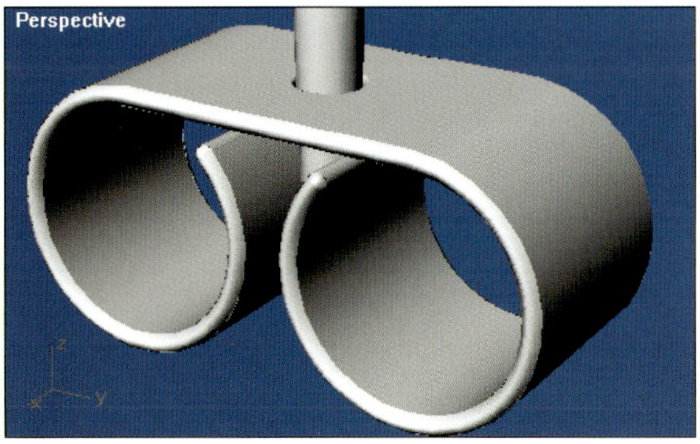

图 8－143 利用 3 条曲线生成曲面

图 8－144 耳钉完整的模型

三、输出模型

输出模型格式仍然保存为 3D Studio.（＊.3ds）文件，并根据自己的需要设置输出的精细程度，保存输出文件。

将模型输入给 3ds max 软件，如图 8－145 所示。

在 3ds max 中布置场景、赋予模型材质、添加灯光等设置，如图 8－146 所示。

考虑到模型的复杂程度，耳钉的多边形数量过大，笔者在首饰金属材质上进行了调整，将首饰的金属材质和宝石透明材质全部设置为一种类似石膏的感觉，没有了金属的反射、宝石的折射和反射等

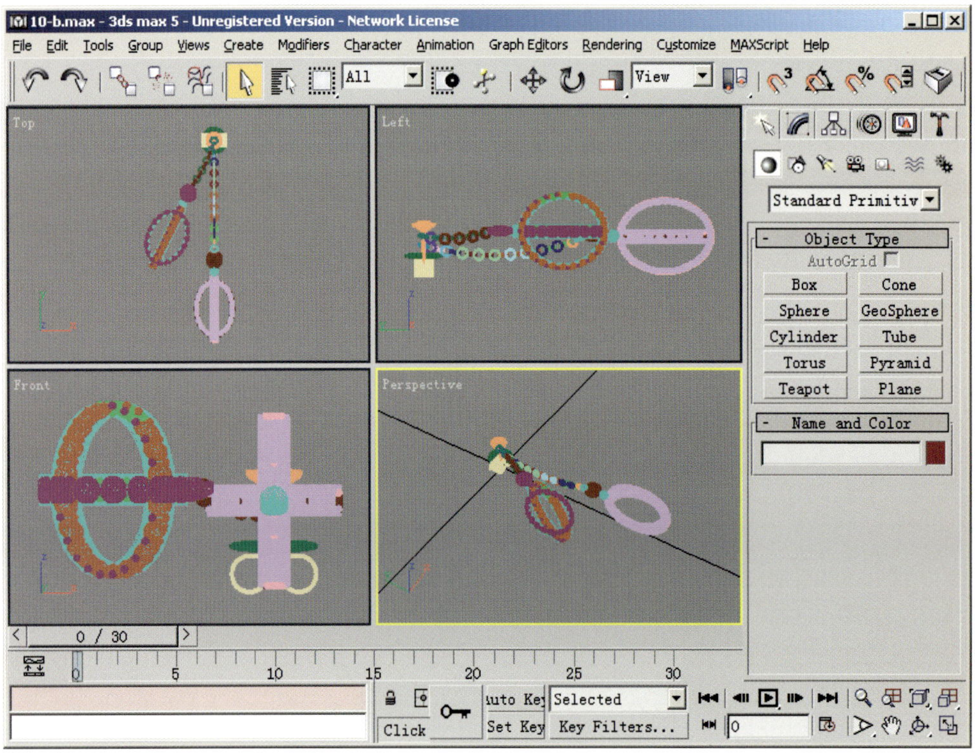

图 8－145　模型输入 3ds max 软件

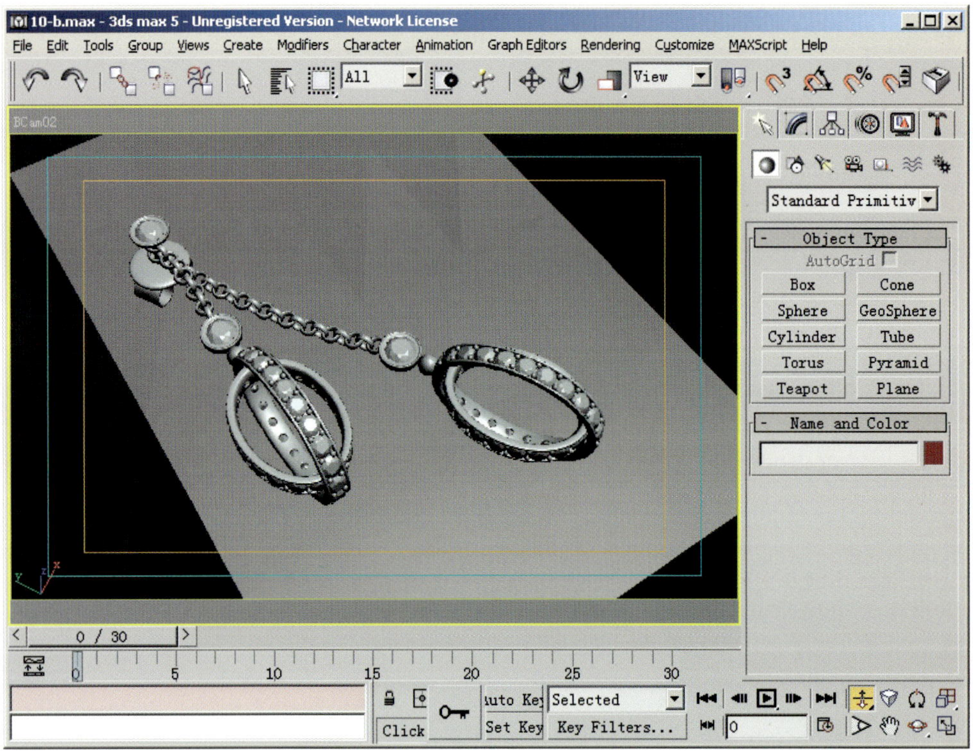

图 8－146　在 3ds max 中布置场景

等，这样的场景大大节省了渲染时间，耳钉的最终渲染结果如图 8－147 所示。

图 8－147 耳钉的最终渲染结果

第四节 Flamingo 高级渲染

一、了解 Rhino 3D 的渲染系统

Rhino 3D 自身的渲染系统是非常有限的，相比其他的三维软件如 3ds max、Maya 等，渲染成了 Rhino 3D 最为薄弱的功能部分，但现在并不需担心 Rhino 在渲染上存在什么问题。在 Rhino2.0 正式版本推出时，由 AccuRender 推出的渲染插件——Flamingo 弥补了 Rhino 的渲染系统，大大增强了 Rhino 的渲染系统，渲染质量也是非同寻常的。

下面进入 Flamingo 高质量图片的渲染输出系统。选择菜单 Render 选项的 Properties 命令，打开 Document Properties 面板，面板中有多个选项，如图 8－148、图 8－149 所示的 Document Properties 主面板中的 Flamingo 面板，现在就来介绍各个渲染参数。

(1)Resolution 下面有两个主要的选项：

Viewport resolution 提供了操作视图实际大小的渲染尺寸。

Custom resolution 提供的是手动渲染尺寸，可以调节渲染尺寸的大小。

(2)Misc 选项：

Use lights…提供了系统内的灯光，勾选并代表打开。

Global 下面的下拉按钮有多个选项，提供了各种气候的光线。

(3)Ambient Light 环境光线：

Color 光线颜色。

Intensity 光线的密度。

(4)Bounces 弹跳值：

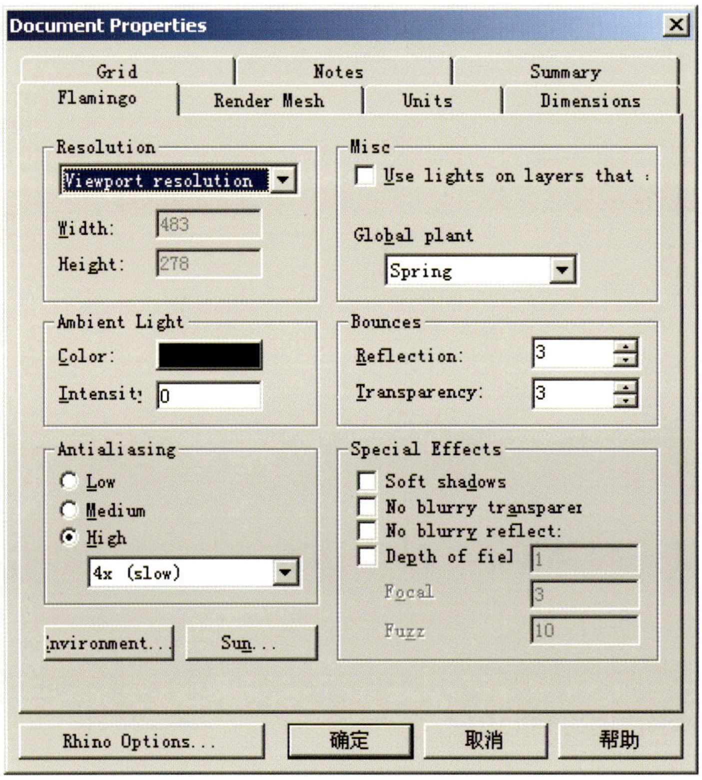

图 8－148　Flamingo 渲染面板参数

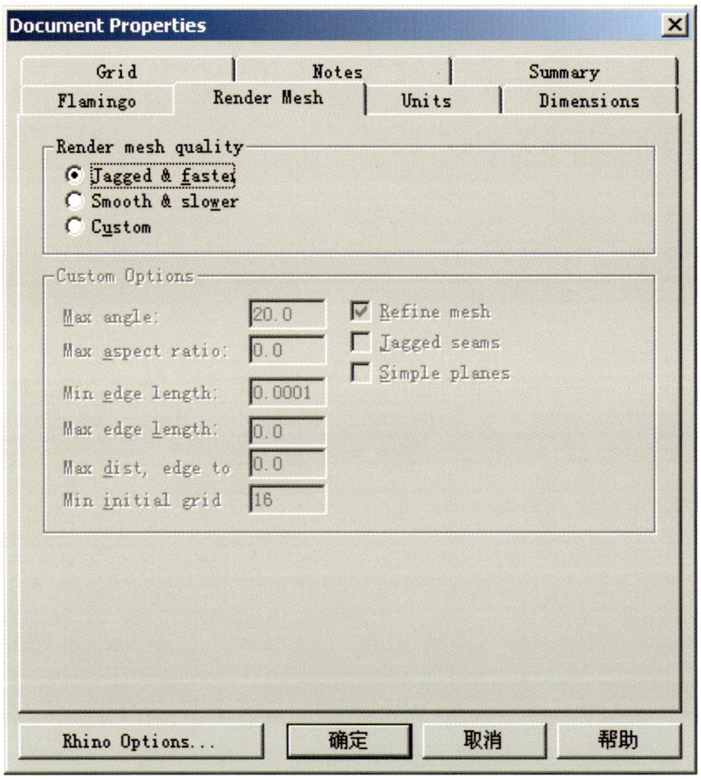

图 8－149　Render Mesh 渲染面板参数

Reflection 可以设置光线的反射次数

Transparency 光线的弹跳次数

(5)Antialiasing 抗锯齿：

Low 抗锯齿底

Medium 抗锯齿中

High 抗锯齿高(4×、6×、8×)

(6)Special Effects 特殊工具选项：

Soft shadows 软阴影，勾选产生软阴影

No blurry transparer 勾选则不产生透明模糊

No blurry reflection 勾选则不产生透明反射

Depth of field 景深选项

Focal 摄像机的焦距值

Fuzz 模糊的质量

(7)Environment 环境设置。

(8)Sun 太阳光设置。

(9)Render Mesh 渲染物体的网格：

Jagged & faster 有锯齿(测试渲染时用)

Smooth & slower 光滑的(最终渲染)

Custom 手动调节(根据自己的要求设置)

二、通过实例来了解 Flamingo 渲染软件

打开前面做过的例子 Tiffany 四爪皇冠. 3dm 文件，如图 8－150 所示。

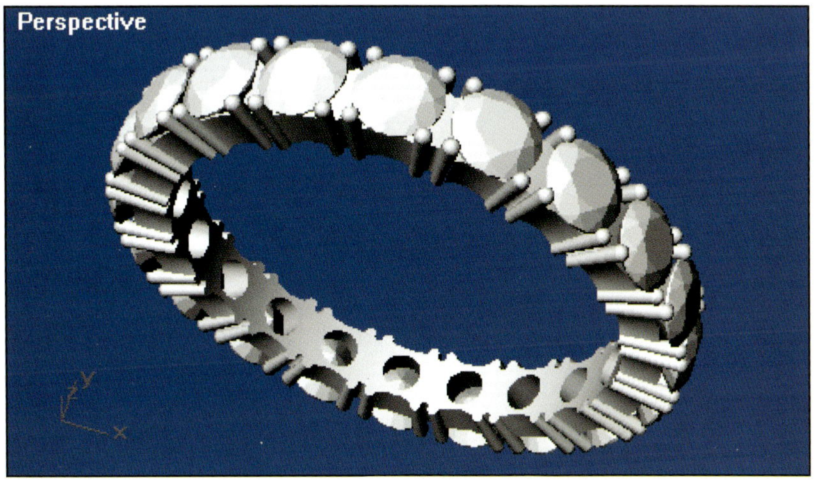

图 8－150　Tiffany&Co. 3dm 文件

选择菜单 Render>Render 命令，或者选择图标，渲染透视图如图 8－151 所示。该图是没赋予物体任何材质的情况下得到的结果。

在菜单中选择 Render>Current Render 命令，将 Rhino 更改为 Flamingo Raytrace 并勾选(系统只有在安装了 Flamingo 渲染软件情况下才能选择该命令)，这时系统将渲染器改为 Flamingo 的渲染方式，如图 8－152 所示。

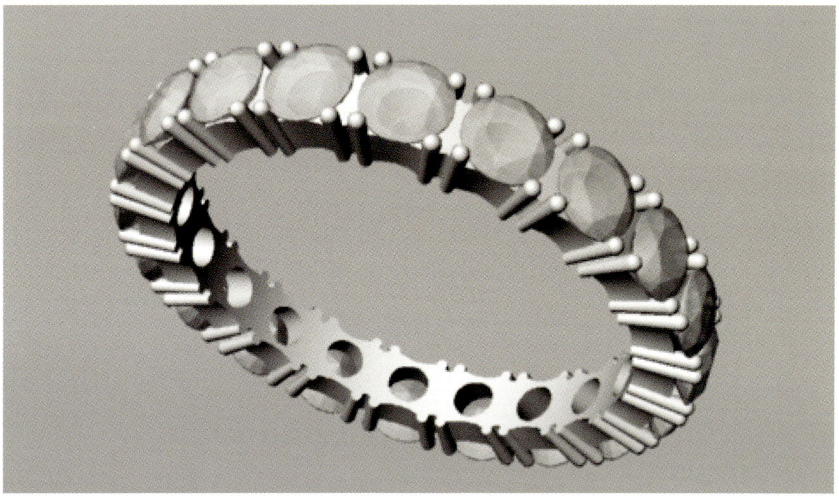

图 8－151　Render 默认渲染

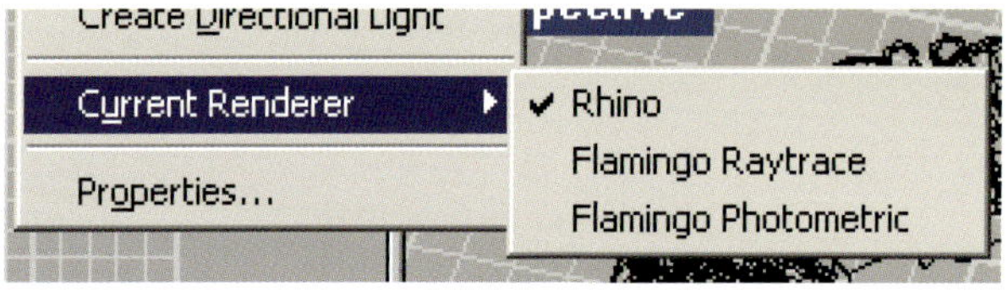

图 8－152　更改渲染器

选取物体，如图 8－153 所示。

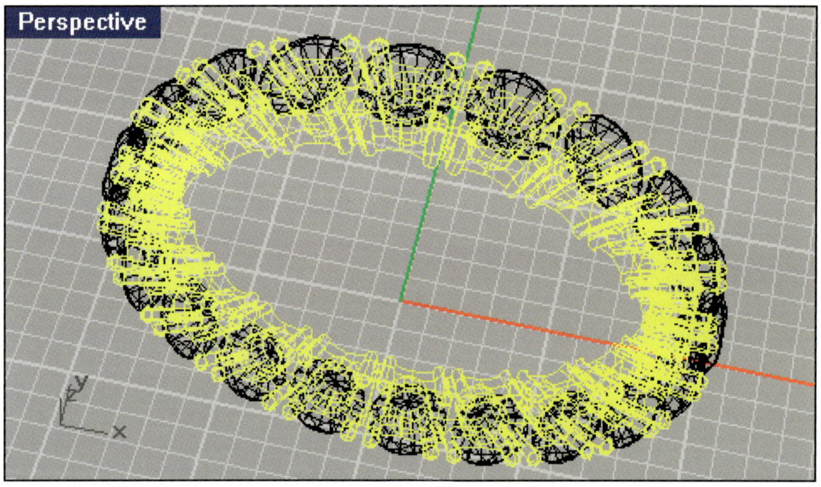

图 8－153　选取物体

选取物体后再单击图标，弹出 Properties 对话框，如图 8－154 所示。

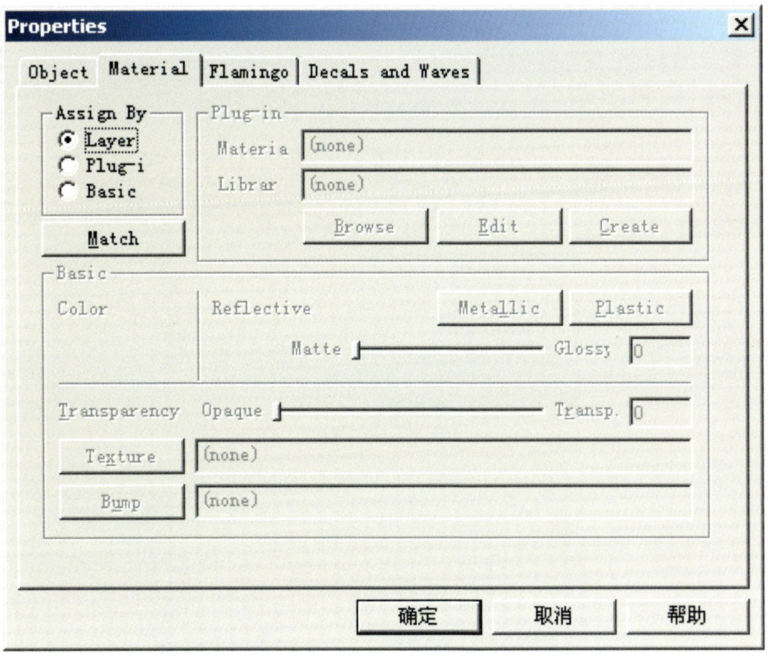

图 8－154 Properties 对话框

在 Properties 对话框中选择 Material 选项，激活 Assign By 栏中的 Plug-in 选项，在 Plug-in 栏中单击 Browse 按钮，如图 8－155 所示。

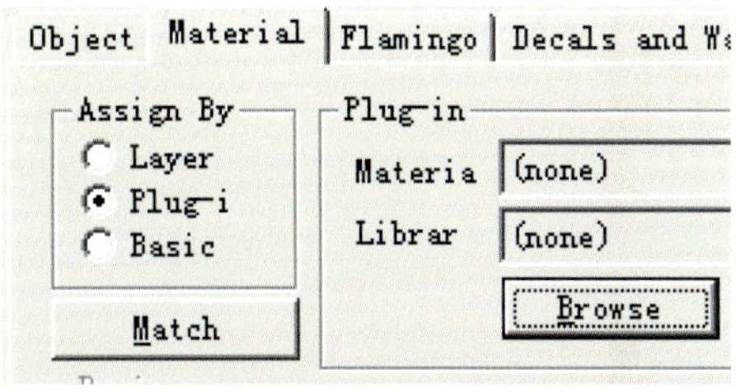

图 8－155 激活 Assign By 栏的 Plug-in 选项

这时系统会出现材质库 Material Library 对话框，如图 8－156 所示。

展开材质编辑器 TECHMATERIALS 材质库（系统只有在安装了 TechGems 软件后才能选择该命令），激活

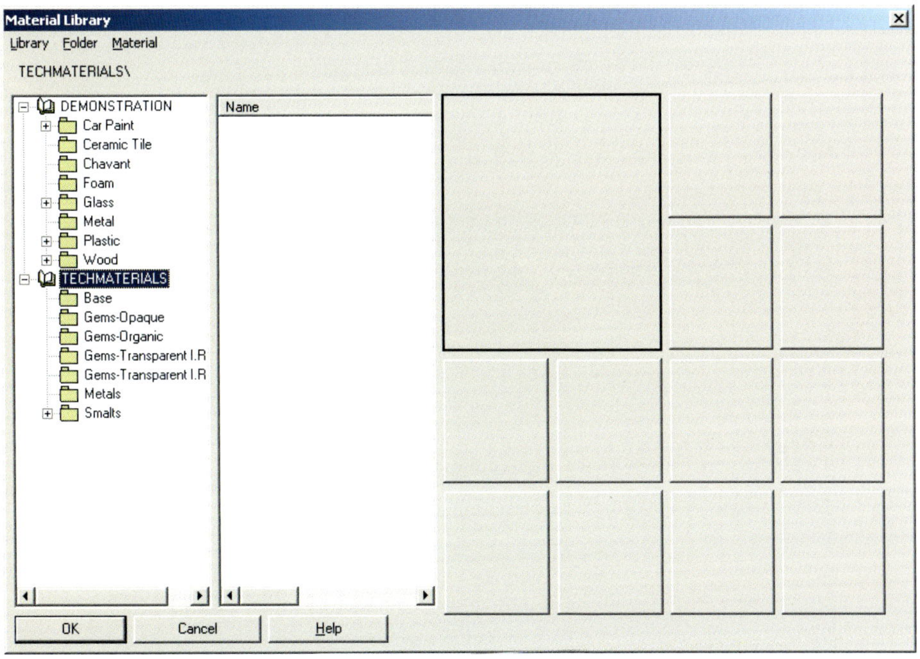

图 8－156 材质库 Material Library 对话框

Metals 金属材质库，如图 8 - 157 所示。

这时会出现各种金属材质的名称，选择 Gold，Yellow Polished 材质，如图 8 - 158 所示。

图表框会以圆球体、立方体的方式展示材质，如图 8 - 159 所示。

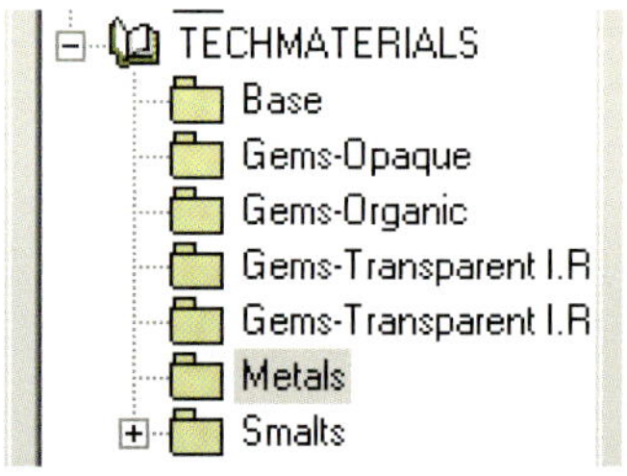

图 8 - 157　Metala 金属材质库

图 8 - 158　选择金属材质

图 8 - 159　以圆球体、立方体的方式展示材质

单击 OK 结束命令，回到 Properties 对话框，这时就将所选择的物体赋予了材质，Materia 中显示 Metals\Gold，Yellow Polished 材质，Librar 中显示 TECHMATERIALS 材质库，如图 8 - 160 所示。

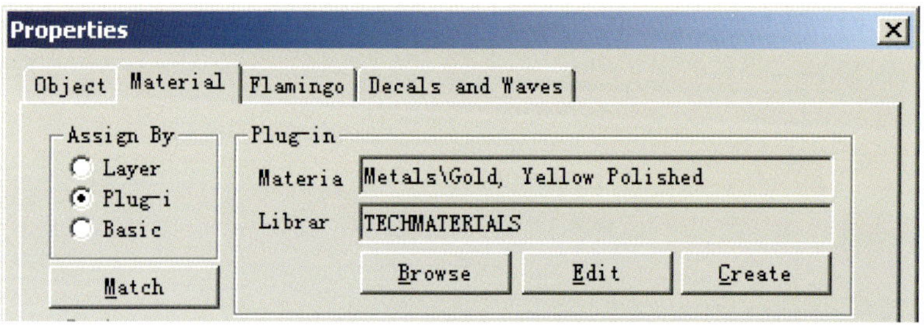

图 8 - 160　赋予物体材质

隐藏物体的金属部分，选取所有的宝石物体模型，下面将赋予宝石物体相应的材质。如图 8 - 161 所示。

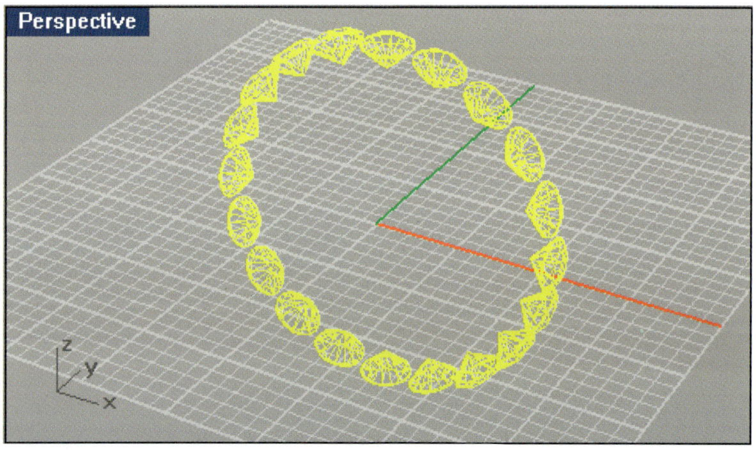

图 8 - 161　选择所有的宝石物体模型

按照前面的方法打开材质库 Material Library 对话框，并展开材质编辑器 TECHMATERIALS 材质库，激活 Gems-TransparentI. R. 2. 40 宝石材质库，这个材质库所有的材质均为 2. 40 的折射率，如图 8－162 所示。

这时会出现各种宝石材质的名称，选择 Aquamarine02 材质，如图 8－163 所示。

图表框同样会以圆球体、立方体的方式展示材质，如图 8－164 所示。

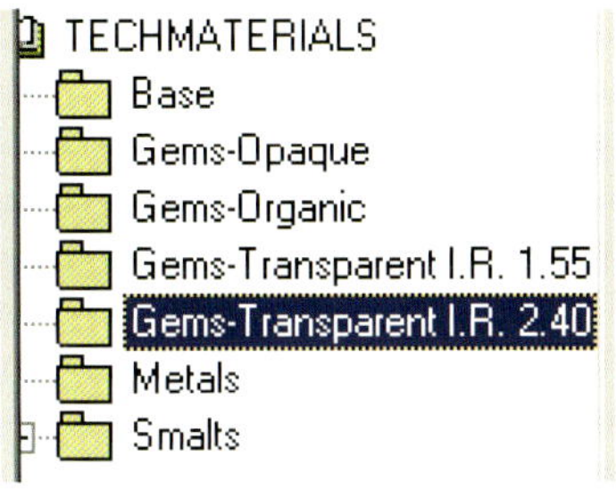

图 8－162　激活 Gems-Transparent I. R. 2. 40 宝石材质库

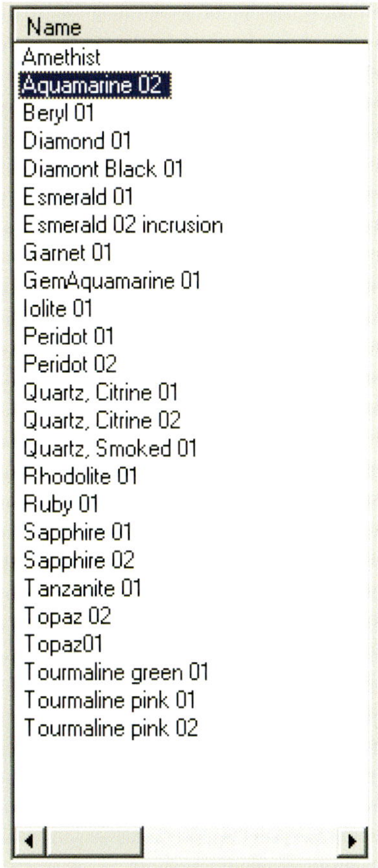

图 8－163　选择金属材质

图 8－164　以圆球体、立方体的方式展示材质

单击 OK 结束命令，回到 Properties 对话框，这时就将所选择的物体赋予了材质，Materia 中显示 Metals\ Gems-TransparentI. R. 2. 40\ Aquamarine02 材质，Librar 中显示 TECHMATERIALS 材质库，如图 8－165 所示。

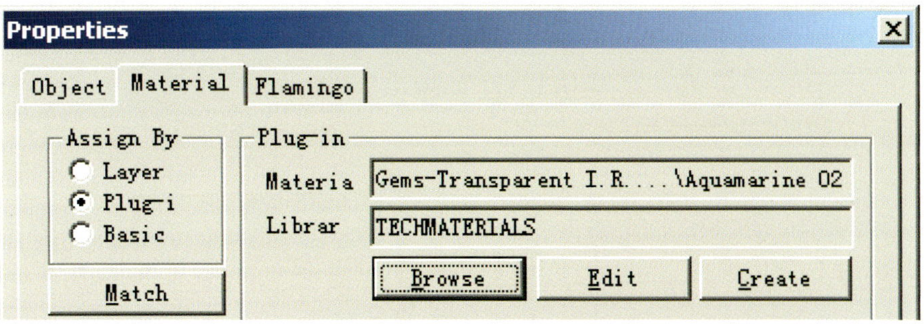

图 8－165　赋予物体材质

三、设置渲染场景

Rhino 的渲染场景与 3ds max、Maya 等三维软件及相关的插件是相同的，都是基于真实空间的模拟渲染着色，只是在其计算方法上有所不同。Flamingo 的渲染方式是以扫描线方式渲染，与 3ds max的默认渲染器-扫描线渲染是相同的。

Rhino 系统中 Techgems 模块插件提供了 6 个非常不错的渲染场景，背景和灯光都是设置好的，下面就将场景调入。

鼠标左键长按 Techgems 模块中图标，出现 6 个新场景图图标，如图 8－166 所示。

选择其中名为 Scenary Textured 图标，如图 8－167 所示。

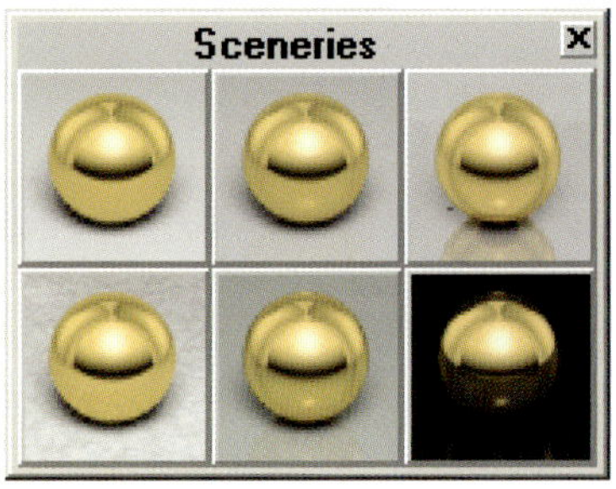

图 8－166　Techgems 模块中 6 个新场景图图标

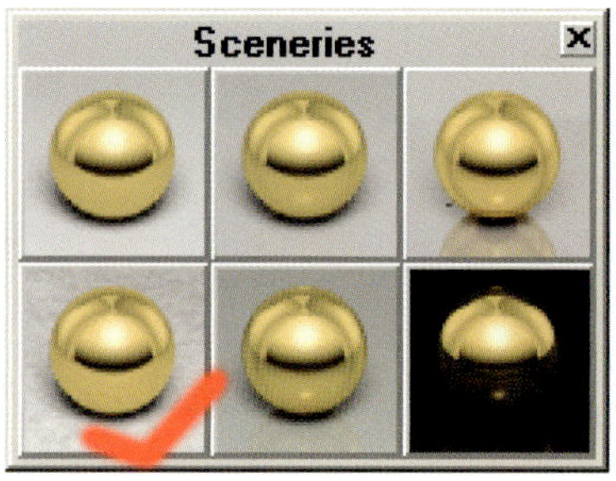

图 8－167　选择名为 Scenary Textured 图标

这时在 Rhino 的操作视图中出现了一盏面光源和地面背景，如图 8－168 所示。

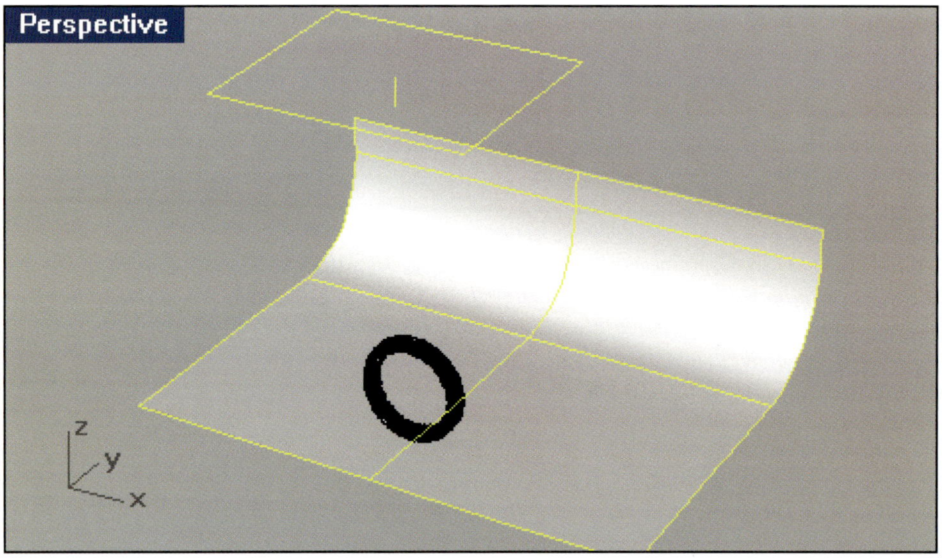

图 8－168　视图中出现面光源和地面背景

调整光源和地面背景，如图 8－169 所示。

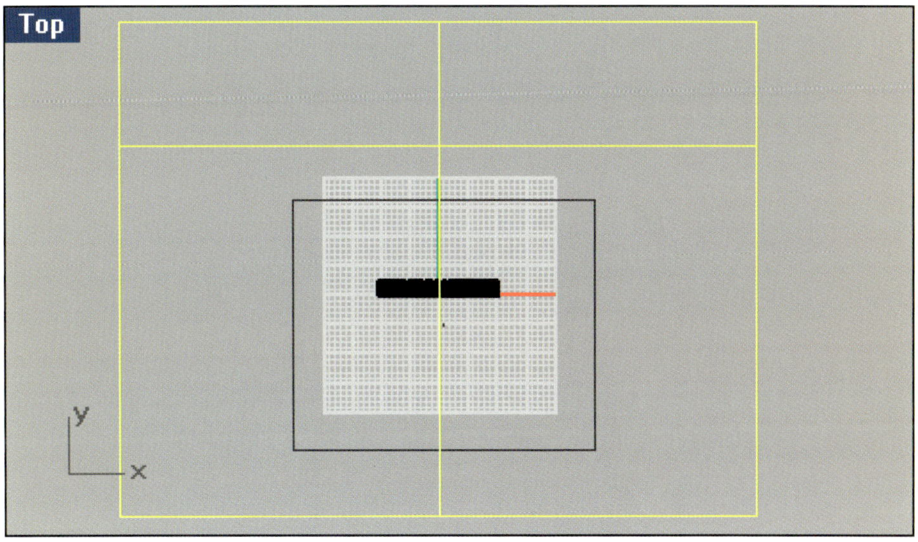

图 8－169　调整光源和地面背景

复制物体，调整视图，并赋予复制物体新的材质，如图 8－170 所示。

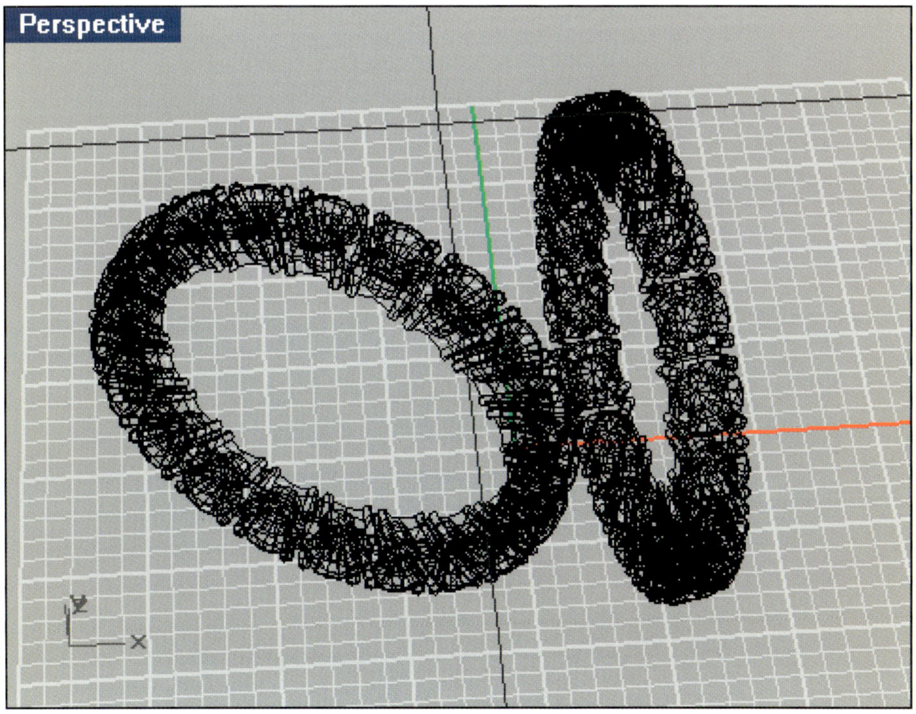

图 8－170　复制物体，并调整视图

四、测试渲染

在 Antialiasing 选项设置为 High 4×(Slow)，将 Special Effects 选项中勾选 Soft shadows 选项，如图 8－171 所示。

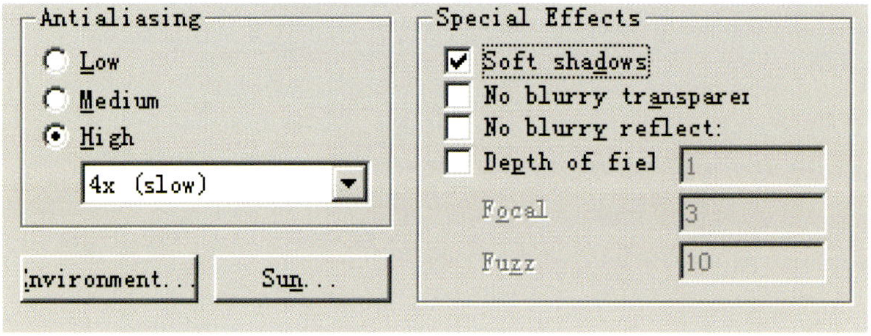

图 8－171　设置参数

单击 Environment 按钮，如图 8－172 所示。

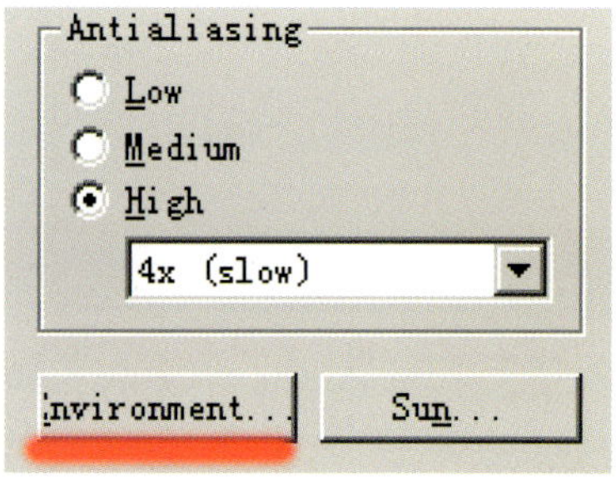

图 8－172　单击 Environment 按钮

这时系统会弹出 Environment 对话框，在 Background Color 背景选项中激活 3 Color Gradient 选项，鼠标单击下面 3 个色块，并设置颜色，如图 8－173 所示。

设置 Render Mesh 参数，勾选 Jagged mesh quality 选项中 Jagged & faster 选项，如图 8－174 所示。

选择菜单 Render＞Render 命令，或者选择浮动工具面板图标。渲染如图 8－175 所示，可以看到图

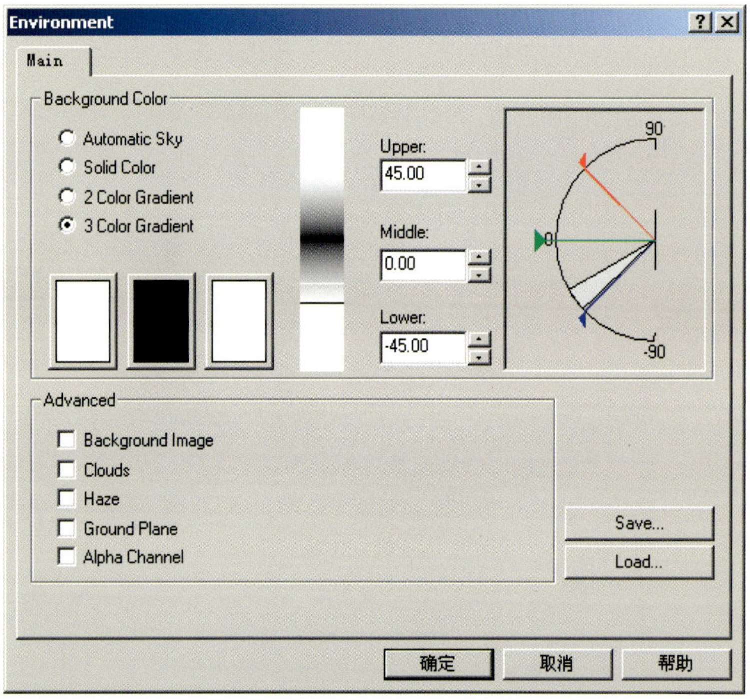

图 8－173　设置 Background Color 背景

片质量并不理想，但速度很快，不过这只是测试渲染。下面就来调节高质量图片的渲染参数。

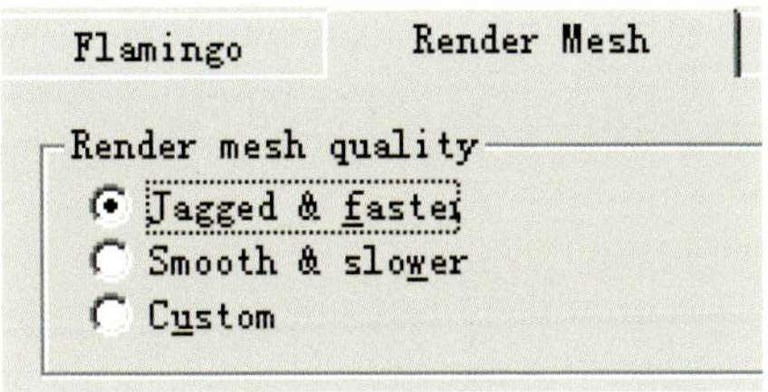

图 8－174　勾选 Render mesh quality 选项中 Jagged & faster 选项

图 8－175　测试渲染

五、渲染高质量图片

在 Antialiasing 选项设置为 High 16×(slowest)，如图 8－176 所示。将 Special Effects 选项中(图 8－171)勾选 Soft shadows 选项。

将 Bounces 选项的值 Reflection 设置为 6，设置 Transparency 值为 8，如图 8－177 所示。

在 Environment 对话框中设置 Advanced 高级选项，并勾选 Background Image 选项(图 8－178)。

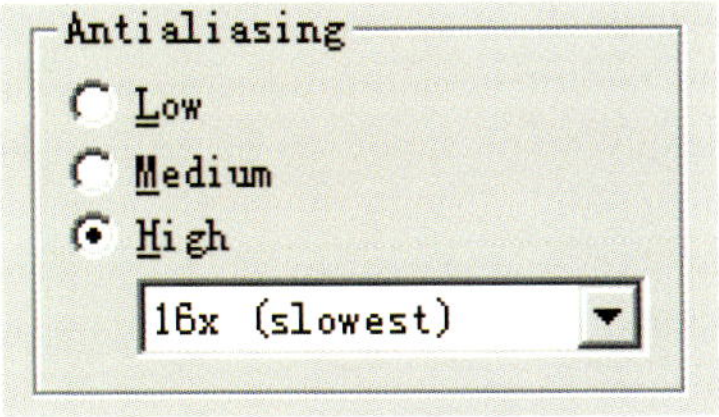

图 8－176　设置参数

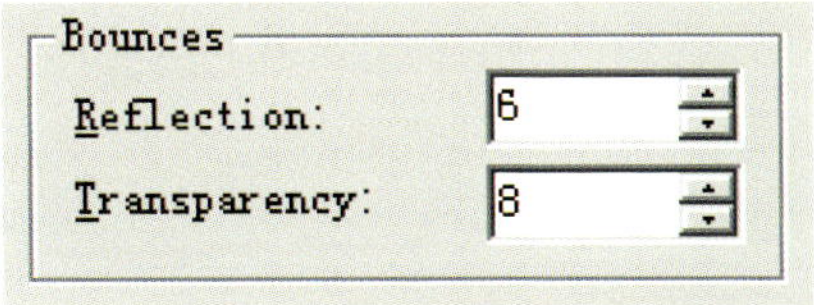

图 8－177　设置 Reflection 设置为 6，设置 Transparency 值为 8

图 8－178　勾选 Background Image 选项

并打开 C:\Techjewel\Escenarios\Textur_reflex_hard.jpg 文件，参照图 8－179 所示，设置背景帖图的各项参数。

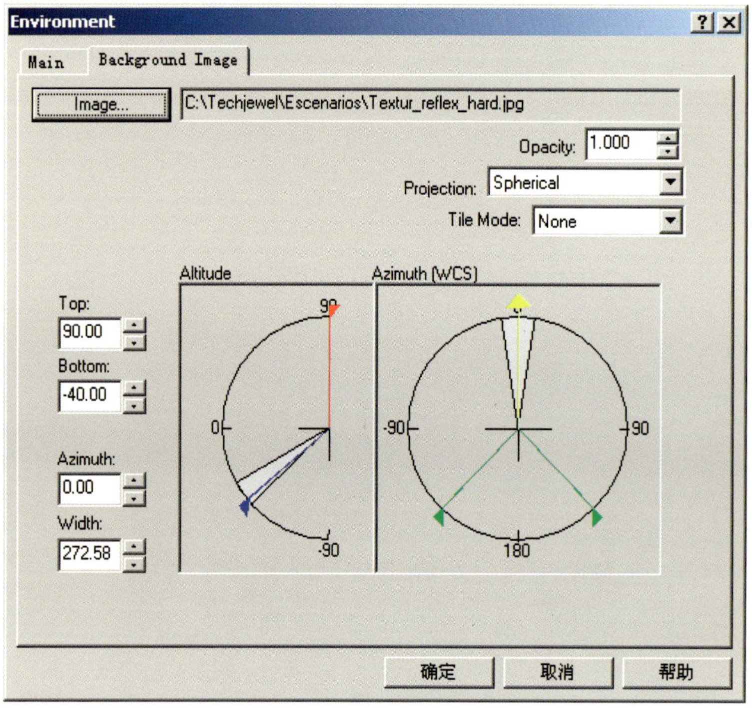

图 8－179　背景帖图的各项参数

单击 Background Image 对话框中 Image 按钮，弹出 Load Image 对话框，并参照图 8－180 所示设置各项参数。

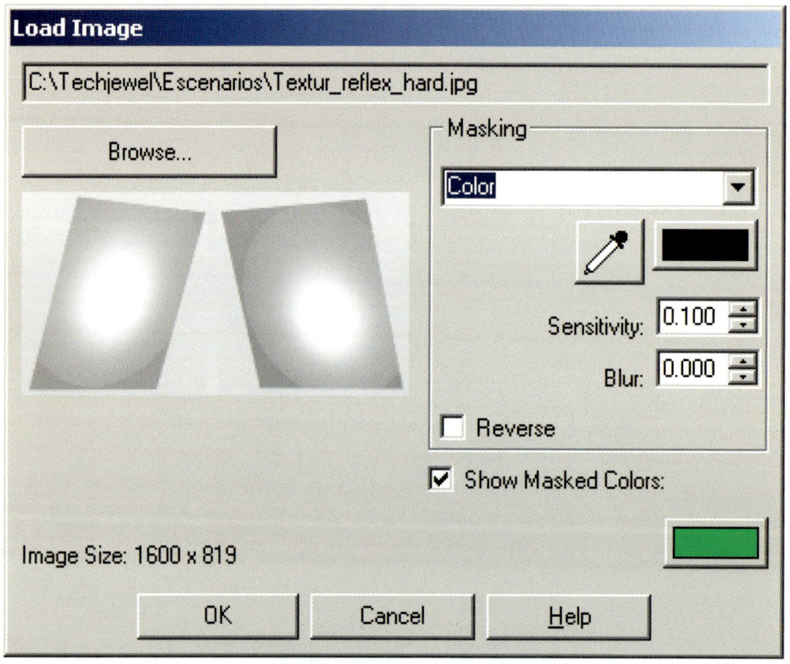

图 8－180　设置 Load Image 对话框

设置 Render Mesh 参数，勾选 Jagged mesh quality 选项中 Smooth & slower 选项，如图 8－181 所示。

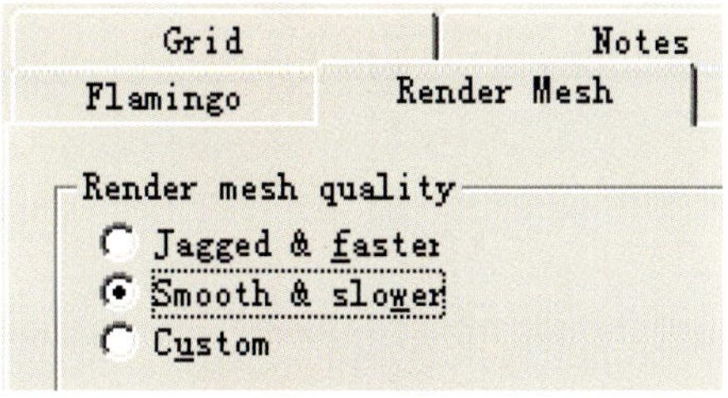

图 8－181 勾选 Jagged mesh quality 选项中 Smooth & slower 选项

各项最终渲染的参数完成后，选择菜单 Render>Render 命令，或者选择浮动工具面板图标。渲染如图 8－182 所示。

图 8－182 最终渲染图

本章小结

从本章介绍的几个首饰建模综合实例中可以看出，Rhino 的建模功能确实非常强大，它可以完成任意形态的曲面建模，这非常适用于富有创意的首饰设计，关键在于熟练地掌握和运用它。在学习本章中介绍的几个首饰建模之后，大家还可以多找一些首饰图片来做练习，相信通过学习，你一定可以成为熟练的电脑首饰设计师。